U0237032

有机化合物结构鉴定
与有机波谱学

（第四版）

宁永成　编著

科学出版社

北京

内 容 简 介

本书全面而深入地阐述了核磁共振、质谱、红外光谱和拉曼光谱的理论，并从方法学的角度全面讨论了几门谱学在确定有机化合物构型、构象上的应用；还反映了学科的最新进展，如阿达玛变换核磁共振、扩散排序谱、轨道阱、直线离子阱、串联质谱、质谱的分子式和结构式检索等，并增加了最新的固体核磁共振的内容。

本书也融入了作者的《有机波谱学谱图解析》（科学出版社，2010）的核心思想，有利于读者提高解析谱图的能力。

本书可供从事有机化合物结构鉴定、谱学研究的科研工作者及相关专业的高等院校师生使用。

图书在版编目(CIP)数据

有机化合物结构鉴定与有机波谱学/宁永成编著. —4 版. —北京:科学出版社,2018.5

ISBN 978-7-03-057166-3

Ⅰ.①有… Ⅱ.①宁… Ⅲ.①有机化合物-结构分析②有机化合物-波谱学 Ⅳ.①O621.15

中国版本图书馆 CIP 数据核字(2018)第 072936 号

责任编辑:丁 里 / 责任校对:樊雅琼 彭珍珍
责任印制:张 伟 / 封面设计:陈 敬

科 学 出 版 社 出版

北京东黄城根北街 16 号
邮政编码:100717
http://www.sciencep.com

北京中科印刷有限公司 印刷

科学出版社发行 各地新华书店经销

*

1989 年 2 月第 一 版　　开本:787×1092 1/16
2000 年 1 月第 二 版　　印张:30
2014 年 6 月第 三 版　　字数:762 000
2018 年 5 月第 四 版　　2023 年 11 月第二十八次印刷

定价:118.00 元

(如有印装质量问题,我社负责调换)

第 一 版 序

有机化合物的结构鉴定,在 50 年代以前基本上以化学反应为主要手段。化学实验的信息量非常有限,往往不一定能顺利地得到明确的结论。近几十年来新的仪器分析法的出现及其迅速发展,已使局面大为改观。有机化学工作者最常用的是所谓"四谱":核磁共振(^{1}H 及 ^{13}C),质谱,红外,紫外。

本书比较详细地介绍了上述几种谱学手段的原理,并列举了大量的谱图解析实例。读者对象主要是研究生及有关专业的大学生。在这一方面,中文参考书寥寥无几,本书是作者针对这种迫切需要所做的可贵尝试。本书的特点之一即是读者可以从所举实例中学习并提高识谱本领,从谱图中获得尽可能多的信息。最后一章还通过例子说明如何同时采用几种谱图来进行结构的判定。这些谱互相补充,互相印证,构成了目前常用的所谓综合解析技术。

一般来说,只靠一种谱来解决问题是困难的。在个别情况下即使是可以只靠一种谱,但用另一种谱从不同的角度加以核对还是可取的,它可以避免或减少出错的可能性。不可讳言,个别实验室也有片面追求"四谱俱全"的倾向,不管需要与否。这是需要避免的一种极端。书中有不少实例,表面上看似乎只靠一种谱图即能解决问题。但例题中往往给出化合物的元素组成式,其实它已暗含其他方面的信息(如质谱,元素分析等,有时来之不易)。样品的来源及理化性质(R_f 值等),也都是有用的线索。

书中除对原理及应用详加阐述外,还提供了详尽的典型数据及经验公式。因此本书也将受到专业研究人员及教师们的欢迎,成为案头常用书之一。

梁晓天

1989 年 2 月

台 湾 版 序

1990 年秋,新竹清华大学同仁组团访问大陆。在北京期间,举办了"海峡两岸清华学术研讨会"。两岸学者通过学术讨论、参观与交谈,加深彼此之间的了解,是一次有意义的盛会。

北京清华大学是一所师质整齐,学生水平高且教研设备齐全的所谓"重点大学"。对学化学的人而言,清华校内的分析中心(类似台湾的精密仪器中心),它的设备,它的服务,给人难忘的印象。

在这一次访问当中,我有幸认识了从事有机化合物光谱学研究多年的宁永成教授。他给人的印象是学有所成,脚踏实地的科学工作者。我得知他编著的《有机化合物结构鉴定与有机波谱学》,在多所大学及研究所中,广泛被采用做教材及参考资料,即向他提议,在台湾发行繁体字版。他毫无迟疑的表示同意,并且为台湾的读者加写了附录 3"二维核磁共振谱"。

两岸之间的学术交流,预料会更加频繁。希望这本书的出版,能带动更多、更好的科技书刊,在两岸间流通。

张昭鼎

1992 年元旦

繁体字版前言

1990 年 8 月,张昭鼎教授率新竹清华大学代表团到校访问,清华园第一次召开了海峡两岸清华大学学术交流会。在化学系的交流会上,我将此书送给了昭鼎先生,他浏览该书后问我是否可联系在台湾出繁体字版,我当即表示积极赞同。

张先生自始至终一直关注着出繁体字版的事,亲自处理具体事宜,在海峡两岸奔波协调,并写了台湾版序。欧亚书局进行了卓有成效的工作,为读者的方便邀请静宜大学林孝道教授主持两地用语的转换;并制作"用语差异对照表"以便利读者查阅。清华大学出版社为此书出繁体字版也予以积极的支持。作者对以上各方深表谢意。

这本书和台湾读者见面了,作者能为海峡两岸科技文化交流作出点滴贡献感到由衷的欣慰,并希望随着两岸同胞进一步的交往而不断扩大海峡两岸的科技文化交流。在用核磁共振、质谱、红外、拉曼、紫外等方法来鉴定有机物结构方面,科学的发展极为迅速,可交流的内容非常广泛,作者十分乐意为进一步开展海峡两岸这方面的交流而不断努力。

此书完稿于 1987 年 5 月。出版前承蒙这一领域国内最负声望的梁晓天教授作序,使此书增光。此书发行后较快销售完毕,作者得到了读者热情的肯定。若干单位选为研究生或本科生教学参考书。Bruker 公司将此书发给国内每家核磁共振仪用户以作参考。我希望这本书也会得到台湾读者的欢迎。

自 1987 年 5 月本书完稿以来,在二维核磁共振谱方面已有了很大进展,特别是二维位移相关谱。在这次出繁体字版时,作者暂先加了一个附录 3,以使读者能对二维核磁共振谱有一个概略的了解。

宁永成

1991 年 7 月于清华园

Foreword to the Second Edition of "Structural Identification of Organic Compounds and Organic Spectroscopy"

The development of chemistry went in the past through distinct and remarkable phases. The nineteenth century was devoted to exploring the molecular nature of chemistry. For the first time, chemical reactions could be rationalized and predicted, leading to an unprecedented development of chemical industry. Most of these achievements were the result of the intuition of ingenious chemists who, combining all known experimental facts, constructed a coherent conceptual frame work.

The first half of the present century brought the revolutionary quantum mechanical concepts which allowed one to understand the origin of molecular structures and to compute the electronic structure of molecules. Chemical bonding changed from a set of rules to a solid theory on firm grounds. The concept of discrete energy levels of molecules became standard knowledge of all chemists, although in the laboratory still the traditional wet chemical procedures of analysis prevailed.

During the second half of this century, finally, full advantage was taken of the acquired quantum chemical knowledge. It was soon recognized that transitions between the discrete energy levels of molecules are highly specific for the identification of molecules by optical spectroscopy in the ultraviolet, the visible, and the infrared spectral regions. It was also recognized that there is no better way of determining molecular structures of crystallized matter than using X-ray diffraction. At the same time, mass spectroscopy became an enormously powerful tool for determining the molecular topology and connectivity. Finally nuclear magnetic resonance turned out to become the most universal technique for studying a great variety of molecular properties, from three-dimensional structures to intramolecular dynamics, chemical equilibrium, chemical reactivity, and supramolecular assemblies.

Today, it is recognized that chemistry is one of the most essential foundations of the natural sciences. Understanding facts in medicine and biology means to reduce them to a set of underlying chemical reactions. In this sense, the spectroscopic tools of chemistry also became essential instruments for biological and biomedical research.

Indeed spectroscopy has during the past fifty years completely changed the daily work of chemists, biologists and biomedical scientists. Spectroscopic techniques became the most reliable and most efficient means for gaining insight into the molecular secrets of nature. They will certainly remain indispensable also for the future development of science and technology and will contribute to the wellbeing of mankind during the next millennium.

I'am sure that this thoughtful, thorough, and comprehensive treatise will provide the reader with much of the spectroscopic knowledge needed for any modern and active chemist. In addition, it will prove to be useful also for scientists in related areas who depend on chemical analysis in their daily work.

Zürich, December 8, 1997

Prof. Dr. Richard R. Ernst

附译文

在以往的岁月里,化学学科的发展走过了独特和令人瞩目的阶段。19 世纪人们致力于探索化学的分子的性质。化学反应第一次能被理解和预言,由此导致化学工业前所未有的发展。这些成就的取得大多归功于天才的化学家们的直觉,他们综合所有已知的实验事实,构筑了一个严密的理论框架。

20 世纪上半叶带来了革命的量子力学,它使人能理解分子结构的起因并能计算分子的电子结构。化学键从一系列规则发展成为具有坚实基础的可靠理论。虽然在实验室里主要仍是传统的湿式化学分析方法,分子具有分立能级的概念已成为化学家们的共识。

本世纪下半叶,已获得的量子力学知识最终得到充分的利用。人们很快认识到:通过紫外、可见、红外光谱区的光谱,分子的分立能级之间的跃迁对于分子的鉴定是非常特征的。同时也认识到对晶体物质的分子结构的鉴定,利用 X 射线衍射乃是最好的方法。与此同时,质谱成为确定分子的结构学和连接顺序的强有力的方法。最后核磁共振被认为是最广泛地研究分子性质的最通用的技术;从三维结构到分子动力学、化学平衡、化学反应性和超分子集体。

时至今日,人们已认识到化学乃是自然科学中最为重要的基础学科之一。在医学和生物学中所理解的事实归结于一系列的基础的化学反应。从这个意义讲,化学的光谱设备也成为生物学和生物医学研究的必不可少的仪器。

的确,在以往的 50 年里,光谱学已全然改变了化学家、生物学家和生物医学家的日常工作。光谱技术成为探究大自然中分子内部秘密的最可靠、最有效的手段。它们在将来的科学和技术的发展中将仍然一定是必不可少的,即便以后的千年岁月仍将造福于人类。

我确信这部有创见、论述透辟、内容丰富的著作将会为读者提供大量的光谱知识,这是任何现代的、积极的化学家都需要的。此外将证明它对于在相关领域的科学工作者,在他们的日常工作中依靠化学分析,亦会获益匪浅。

苏黎世,1997.12.8

教授、博士 Richard R. Ernst

(签名)

第四版前言

本书第一版出版于 1989 年,第二版和第三版分别出版于 2000 年和 2014 年。新的一版总在前一版的十多年以后出版。而第四版和第三版的间隔仅有四年。这的确是特殊的情况。

2016 年 9 月,清华大学分析中心安装了日本电子公司的 600 MHz 固体核磁共振谱仪,由此建议我增加相应的内容出第四版。科学出版社考虑化学工作者的核磁著作现在还没有固体核磁共振内容,于是立项了。

虽然本书增加的固体核磁共振内容似乎并不多,但是我写这一部分的确颇费心思,因为固体核磁共振从核磁共振的基本点(化学位移和耦合作用)就和液体核磁共振有很大的差别。如何尽量避开抽象的算符而从已有的液体核磁共振理论基础扩充到固体核磁共振,如何使读者能够了解固体核磁共振的物理概念,我都经过反复思考才下笔。另外,有关内容也满足鉴定有机化合物结构的需要。

在第三版的质谱部分,曾经介绍了通过串联质谱确定一个相对分子质量超过 1500 的肽类化合物。当时由于委托方尚未发表论文,不能详细介绍。现在按照合同已超过 5 年,我们可以发表了,所以第四版中发表了有关谱图,推导结构的过程有详细的讲述。

其他有少量的勘误或者材料的更换。

第四版的出版得到多方面的帮助。首先感谢清华大学分析中心。杨海军博士提出这个建议,并且组织谱图的配合。周萌、陈春燕完成了需要的有关谱图。布鲁克公司委托王秀梅博士多次发来我需要的材料,解答我的问题。日本电子公司叶跃奇博士给我发送资料,反映该公司的先进水平。在此向上述单位和个人表示诚挚的感谢!

第四版书稿的写作,也是我个人的一个特殊时期。我在 2015 年底的例行体检中,发现罹患早期肺癌。随即于 2016 年 1 月初在北京大学人民医院做了很成功的微创切除手术,恢复良好,基本上没有影响我的写作计划。第四版就是在这个时期完成的。

我从 1984 年春开始写作第一版到现在,经历了 34 个春秋,今已年届八旬。随着年龄的增长,记忆力会减退,但是记忆技巧的积累和运用可以弥补;智力水平更是有非常可喜的提高。后面我将继续几年前的笔耕:怎样提高记忆力(包括怎样记忆外语单词)和提高智力。我相信该书会对读者大有裨益,请关注。

本书理论讨论深入,读者阅读有不少困难。鉴于此,科学出版社邀请我录制了与本书配套的讲解视频,相信对于读者会有很大帮助。视频与本书章节目录对应,读者直接扫描书中标题后二维码即可观看。

附:在 2019 年北京波谱会上的特邀讲座

宁永成

2018 年春于海南文昌

第三版前言

本书第一版于 1989 年 5 月发行,正如梁晓天院士在第一版的序言中所述:"在这一方面,中文参考书寥寥无几,本书是作者针对这种迫切需要所做的可贵尝试",该书面世之后,4000 册很快售罄。作为大陆此领域的第一部著作,1992 年 1 月在台湾出版了繁体字版,《现代中国》1992 年第 6 期有专题报道。

本书第二版得到中国科学院出版基金资助,在 2000 年出版。独得 1991 年诺贝尔化学奖的 Richard R. Ernst 教授签名作序更是亮点。教育部在 2003 年公布全国首批 79 本研究生教学用书,本书第二版被选中,清华大学仅此一本入选,全国化学类著作也仅两本入选。随后,它的英译加增补本 *Structural Identification of Organic Compounds with Spectroscopic Techniques* 于 2005 年由国际顶尖出版社之一的 Wiley-VCH 出版。Ernst 教授在序言中给出了更高评价。由于是同行诺贝尔奖获得者作序,国际顶级出版社出版,《科技日报》报道的标题为《他"书"写了历史》;《科学中国人》报道的题目为《翻开科技著作出版新的一页》。

由于学科发展迅速,科学出版社早就希望我写第三版。但是在此前,我历时六载完笔《有机化合物结构鉴定与有机波谱学》的姊妹篇《有机波谱学谱图解析》及其英译本 *Interpretation of Organic Spectra*,分别在科学出版社和 Wiley(Asia)出版。两本书共用 Ernst 教授的序言,其中写道:one might call the "Ning gold standard" in the spectroscopic text book literature(在波谱学文献中人们可称之为"宁氏金标准")。该书也得到国外同行的极高评价。

经过 3 年多的努力,第三版终于完成,它超越第二版的地方简述如下。

首先是反映了学科的最新进展。

由于生命科学(特别是蛋白质组学和代谢组学)的推动,质谱仪器和相关的软件在近十几年飞速发展。除原有的质量分析器之外,还发展了直线离子阱、轨道阱,体现出优越的性能。再者,质谱的检索已经成为一个独立而有效的体系,可以直接检索出分子式和结构式。因此,相比于本书第二版,第三版的质谱法和质谱解析成为内容更新最为突出的两章。

二维阿达玛变换核磁谱已经出现,它可以把常规的二维核磁谱采样时间大大缩短,甚至到 1/200。第三版也介绍了 DOSY(扩散排序谱)。

第三版还融入了《有机波谱学谱图解析》的中心思想(它们是我多年从事有机化合物结构鉴定的精悟),这对于读者进行谱图解析大有裨益。

针对读者在阅读第二版时普遍感觉理论深奥不易掌握的意见,第三版在关于理论部分作了不少的铺垫。

第三版增加了谱图解析的难度,更换了几乎所有的低频核磁谱图,这些都有利于读者提高解析谱图的能力。

另一方面,当今对于鉴定有机化合物结构参考意义不大的部分,在第三版内进行了大刀阔斧的删除,约为 10 万字的篇幅。最典型的如原来的第八章"紫外和可见光谱"已经彻底删除了。

对比国外同类著作,本书具有下列特点:

（1）创新性。

不同于以往的物理和化学两大类著作,本书填补了这两类著作的鸿沟,克服了物理类著作距离应用较远的缺点,也弥补了化学类著作理论基础不足的缺陷。除了在核磁共振理论的阐述远超过化学类著作之外,对于各种质量分析器原理的讨论也很深入。

体系新颖,典型例子为分析脉冲序列基本单元的作用,从而容易理解由这些单元组成的脉冲序列而产生了核磁二维谱。

对若干主题提出了自己的创见,如在核磁共振氢谱的解析中,峰形分析的重要性大于对化学位移的分析。

首次从方法学的角度全面阐述了几门谱学在确定有机化合物构型、构象中的应用。

（2）先进性。

全面地反映了学科发展的现况。除上述的仪器或方法纳入之外,串联质谱中还介绍了2013年上市的新仪器。

（3）效果突出性。

对各种谱图的解析突出了解析要领,读者遵循这些要领可以事半功倍。

针对不同的未知样品采用不同侧重的方法,收到显著效果。

（4）规律性。

强调对解析谱图中规律的总结。部分例子如下:以对称面法则来判断同碳二基团的化学等价性;运用三类取代基的概念来分析氢谱和碳谱;在电子轰击电离质谱中,对简单断裂和重排反应归纳了简要的总结。

为反映学科的最新进展,介绍新的仪器和方法是最重要的,我特别感谢仪器公司的专家们给予的很大帮助。Agilent公司的蒙昔直接给我介绍了阿达玛变换核磁,还引荐了二维阿达玛变换核磁谱的发明人 E. Kupce,他直接给我发来了资料并且解答我的问题,在此我一并向 E. Kupce博士表示衷心感谢;张晓静为我单独做演示实验,提供了相应的谱图。Thermo Fisher公司的唐佳和高子燊了解到我的需求,为我提供了轨道阱和串联质谱的大量资料。

为完成第三版的书稿,下述高校的专家提供了帮助,在此表示谢意,他们是:清华大学杨海军,烟台大学孙秀燕,暨南大学高昊,他们为我提供了若干谱图,为本书增色。

由于健康原因,Ernst教授不能再为本书写序,但是作者仍然衷心感谢他对本书的关注和鼓励。

在回顾笔耕有成之际,我深感外语是成功的重要条件之一。一则阅读文献几乎不受语种的限制,二则有利于和专家直接交流。作为一位科技工作者,我在外语上的成绩是令人欣慰的:英语在国外顶级出版社出版了两本著作,多次担任讲座翻译;法语担任过全国性新闻发布会译员(前世界制药工业会主席的新闻发布会),通过了国家旅游局的法语导游资格考试;德语获得清华大学教师德语班当届听力口语第一;系统学过俄语、日语;在年届七旬之后,突击自学西班牙语和葡萄牙语,顺利完成自助游。为学好外语,学习方法甚为重要。

保持良好的记忆力亦为成功的重要条件之一,也是学习外语的基础方法。

今后除了继续在专业领域耕耘之外,我准备写一本关于学习方法的书,重点阐述怎样学习外语和提高记忆力。我相信该书定会给更广大的读者以帮助,请关注。

宁永成

2013年11月于多伦多

第二版前言

本书自 1989 年第一版发行以来,被众多高等院校、科研单位及仪器公司作为教材或参考书所采用。两次印刷达 5500 册。为有关的教学和科研起了积极的推动作用。1992 年春又作为大陆此领域第一本著作,由台北欧亚书局在台湾发行了繁体字版,大大地增加了在海外的影响。1992 年冬获国家教委优秀教材二等奖。

近十年过去了,学科的发展是极为引人注目的。R.R. Ernst 教授因对核磁共振的卓越贡献而荣获 1991 年诺贝尔化学奖是最突出的例证。各门谱学的理论、仪器、方法和应用均有很重大的进展。鉴定有机物结构已在更高的水平上进行;进一步确定其构型、构象则是其自然的深化。在这一领域工作的专业人员很需要一本反映发展动态并系统地阐述其理论的著作。为培养高层次的人才,也迫切需要一本新颖广泛、论述深入、解析细腻的教材。

不容否认,这一时期有大量的著作问世,包括不少著作再版,但本书在下列几点有自己的鲜明特点:

1. 全面地反映了几门谱学的最新进展,基本上包含了与有机结构鉴定有关的所有最新课题。从本书的目录和索引很快就可证实。

2. 阐述谱学理论是全面而深入的,体系很具新颖性。典型例子为细致地讨论了各种脉冲序列的单元,从而能较深入地了解各种二维核磁共振谱的原理。

3. 从方法学的角度,全面地讨论了几门谱学在确定有机化合物构型、构象上的应用,并延伸到生物大分子。

4. 针对化学工作者的需要,突出应用,提高用谱学方法解决实际问题的能力。另一方面,对谱学原理的阐述又能使他们更好地选择和应用谱学方法。

本书对理论的阐述比较清楚,故引用文献较少。对于新发展的课题,扼要地给出近期文献。本书由宁永成教授编著。香港科技大学化学系车镇涛博士书写了第九章中的部分内容,为本书提供约 30 幅谱图,并对本书的出版给予积极帮助。

作者衷心感谢谱学泰斗 R.R. Ernst 教授为本书第二版作序,无疑地这将对本书的应用起到极为巨大的推动作用。

作者对为本书第一、第二版予以帮助、关怀的专家、教授深表谢意,他们是:梁晓天院士、陈耀祖院士、周同惠院士、张滂院士、汪尔康院士、孙亦樑教授、张昭鼎教授、唐恢同教授、黄太煌教授、王光辉教授、康致泉教授、何美玉教授等。

Bruker, Varian, JEOL, Micromass(VG), Finnigan-Mat, Ionspec, Bear, Biorad, Nicolet, Perkin-Elmer, dilor, EG&G, Hewlett Packard, Shimadzu, Hitach 公司送来了最新资料,使本书能真正反映各种有机分析仪器及方法的最新发展水平,在此谨表示衷心感谢。

作 者

1998 年 7 月于清华园

第一版前言

建立在有机波谱学基础上的有机化合物结构鉴定是化学和物理的边缘科学、是化学的前沿学科之一。它对有机化学、生物化学、植物化学、药物化学、乃至物理化学、无机化学均起着积极的推动作用。它在化工、石油、橡胶、食品及其他轻、重工业部门有广泛的应用。因此,这门学科既具有很强的理论性,又具有很高的应用价值。

我国对天然有机化合物的结构鉴定及工业产品的有机结构剖析的研究工作正在迅速发展。与此相应,近年来,我国进口了不少用于有机分析的大型仪器,因此,有关的研究工作者迫切需要合适的参考书。

70 年代中、后期以来,随着脉冲傅里叶变换核磁共振波谱仪的商品化,碳谱和一些使用脉冲技术的新方法迅速发展;有机质谱也发展了若干新技术和新方法;有机结构鉴定已开始一个新时期。在此之前较多注意未知物和已知物谱图的比较,此后更多地注重谱图的解释;此前红外光谱的作用较大,此后核磁共振谱的作用较突出。此外,化学(有机结构鉴定)和物理(波谱学)之间还存在着一条鸿沟。直至近期出版的有机结构鉴定的专著,碳谱内容仍未占据应有的比重,而核磁共振二维谱、串联质谱等新课题的原理更未涉及。

作者根据多年从事有机结构鉴定的科研和在清华大学有关课程教学工作中的体会,以及在法国天然物质化学研究所进修(以各仪器专题组为主)中的收获,加以系统整理后写成了这本书。书中同时兼顾专著和教材的特点,归纳起来有下述几点:

1. 内容丰富,材料新颖,反映了本学科 80 年代中期的水平。

本书较全面地介绍了核磁共振碳谱、几种测定碳原子级数的方法(APT、INEPT、DEPT)、二维同核和异核 J 谱、同核和异核的各种位移相关谱、确定碳原子连接顺序的方法(INADE-QUATE 及 2D INADEQUATE)、检测第一无场区亚稳离子的方法、离子动能谱、质量分析离子动能谱、联动扫描、串联质谱、碰撞活化、质谱的计算机检索等。基本上包括了近年来核磁、质谱用于有机结构鉴定的各种重要方法和技术。

2. 较好地阐述了波谱学的基本内容和各种新方法的原理。

由于已出版的有机鉴定的专著对新方法介绍较少,而各种波谱学的论述则专于一谱,化学工作者在阅读有关波谱学的文献时存在一定困难。不了解基本原理,则会影响波谱学及各种新方法在有机结构鉴定中的应用。本书采用矢量图、能级图,进行基本公式的推导,讲清其数学、物理概念,以阐述波谱学基本内容和有关新方法、新技术的原理。具体例子如傅里叶变换、拉曼散射(同时从光的微粒性和波动性讨论)、碳谱的偏共振去耦等。

本书和通常的波谱学的差别在于它所讨论的内容均与有机结构鉴定密切相关,且对象为化学工作者。

3. 适用面广。

对每种方法,本书均从基本原理讲起,初学者可掌握基本内容,经努力也可逐步掌握有关难点。本书也可作为有关专业的教学参考书。

本书论及几种波谱并阐述了近期的发展,这对从事有机仪器分析专业的工作者也有参考价值。

本书详细地讨论了有机波谱学的基本内容,有关的实验方法、几种谱图的解析,并列出了必要的数据,因此本书对从事有机物结构鉴定的科研工作者是一本较为适用的参考书。

4. 注意提高实践工作的能力。

本书对一些较重要的、实际工作运用较多的课题阐述较为充分(如氢谱中的双共振)。解析氢谱的复杂谱图时,根据作者的见解讨论了常见官能团的谱图。本书选择的例题有较大难度并考虑了多样性。

5. 读者易于掌握。

在查阅大量专著和文献的基础上,并经几年教学实践的探索,本书论述线索清晰,要点简明,尽可能地避免了按官能团的冗长讨论。

由于本书内容新,论述面广,又有相当深度和难度,书中难免有论述不完善或不妥当之处,恳请读者提出宝贵意见。

作 者

1987 年 5 月于清华大学化学系

目　　录

第1章　核磁共振概论

1945年,以布洛赫(Bloch)和珀塞耳(Purcell)为首的两个小组几乎同时发现了核磁共振(nuclear magnetic resonance,NMR)现象。他们二人因此获得1952年诺贝尔物理学奖。今天核磁共振已成为鉴定有机化合物结构及研究化学动力学等极为重要的方法,在有机化学、生物化学、药物化学、物理化学、无机化学及多种工业部门中得到广泛应用。

1.1　核磁共振基本原理

1.1.1　原子核的磁矩

核磁共振的研究对象为具有磁矩的原子核。原子核是带正电荷的粒子,其自旋运动将产生磁矩,但并非所有同位素的原子核都有自旋运动,只有存在自旋运动的原子核才具有磁矩。

原子核的自旋运动与自旋量子数 I 相关。$I=0$ 的原子核没有自旋运动。$I\neq0$ 的原子核有自旋运动。

原子核可按 I 的数值分为以下三类:

(1) 中子数、质子数均为偶数,则 $I=0$,如 ^{12}C、^{16}O、^{32}S 等。

(2) 中子数与质子数其一为偶数,另一为奇数,则 I 为半整数,如

$I=1/2$:^{1}H、^{13}C、^{15}N、^{19}F、^{31}P、^{77}Se、^{113}Cd、^{119}Sn、^{195}Pt、^{199}Hg 等;

$I=3/2$:^{7}Li、^{9}Be、^{11}B、^{23}Na、^{33}S、^{35}Cl、^{37}Cl、^{39}K、^{63}Cu、^{65}Cu、^{79}Br、^{81}Br 等;

$I=5/2$:^{17}O、^{25}Mg、^{27}Al、^{55}Mn、^{67}Zn 等;

$I=7/2$、$9/2$ 等。

(3) 中子数、质子数均为奇数,则 I 为整数,如 ^{2}H、^{6}Li、^{14}N 等,$I=1$;^{58}Co,$I=2$;^{10}B,$I=3$。

由上述可知,只有(2)、(3)类原子核是核磁共振研究的对象。它们又分为以下两种情况:

(1) $I=1/2$ 的原子核。电荷均匀分布于原子核表面,这样的原子核不具有电四极矩,核磁共振的谱线窄,最宜于核磁共振检测。

(2) $I>1/2$ 的原子核。电荷在原子核表面呈非均匀分布,可用图1-1表示。

对于图1-1(a)或(b)所示的原子核,我们可考虑为在电荷均匀分布的基础上加一对电偶极矩。对图1-1(a)所示原子核来说,"两极"正电荷密度加大,表面电荷分布是不均匀的。若改变球体形形,使表面电荷密度相等,则圆球变为纵向延伸的椭球。按照电四极矩公式:

$$Q=\frac{2}{5}Z(b^{2}-a^{2}) \tag{1-1}$$

式中,b 和 a 分别为椭球纵向和横向半径;Z 为球体所带电荷。因此,图1-1(a)所示的原子核具有正的电四极矩。同理可知图1-1(b)所示的原子核具有负的电四极矩。

凡具有电四极矩(无论是正值或负值)的原子核都具有特有的弛豫(relaxation)机制,常导致核磁共振的谱线加宽,这对于核磁共振信号的检测是不利的。

当原子核自旋量子数 $I\neq0$ 时,它具有自旋角动量 $\mathbf{P}$,其数值为

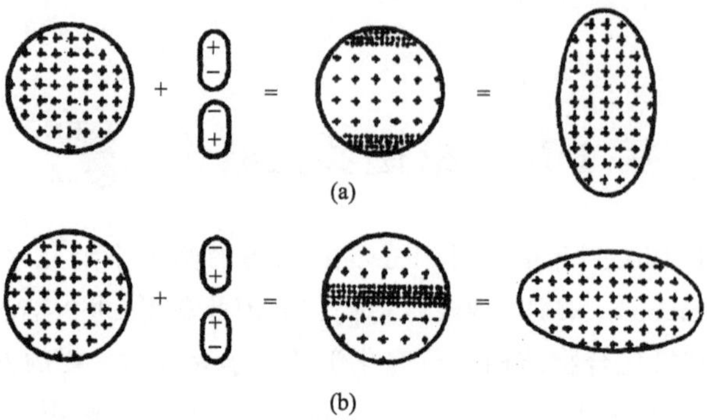

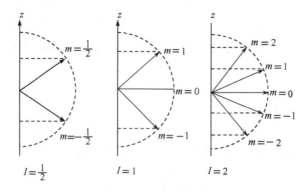

图 1-1　原子核的电四极矩

$$P=\sqrt{I(I+1)}\frac{h}{2\pi}=\sqrt{I(I+1)}\,\hbar \tag{1-2}$$

式中，h 为普朗克常量；$\hbar=\dfrac{h}{2\pi}$。

　　具有自旋角动量的原子核也具有磁矩 $\boldsymbol{\mu}$，$\boldsymbol{\mu}$ 与 $\boldsymbol{P}$ 之间存在下列关系：

$$\boldsymbol{\mu}=\gamma\boldsymbol{P} \tag{1-3}$$

γ 称为磁旋比（magnetogyric ratio），有时也称为旋磁比（gyromagnetic ratio）。

　　γ 是原子核的重要属性。

1.1.2　核动量矩及磁矩的空间量子化

　　当空间存在静磁场，且其磁力线沿 z 轴方向时，根据量子力学原则，原子核自旋角动量在 z 轴上的投影只能取一些不连续的数值：

$$P_z=m\hbar \tag{1-4}$$

式中，m 为原子核的磁量子数，$m=I,I-1,\cdots,-I$，如图 1-2 所示。

图 1-2　在静磁场中，原子核自旋角动量的空间量子化

　　与此相应，原子核磁矩在 z 轴上的投影：

$$\mu_z=\gamma P_z=\gamma m\hbar \tag{1-5}$$

磁矩和磁场的相互作用能

$$E = -\boldsymbol{\mu} \cdot \boldsymbol{B}_0 = -\mu_z B_0 \tag{1-6}$$

将式(1-5)代入式(1-6),则有

$$E = -\gamma m \hbar B_0 \tag{1-7}$$

式中,B_0 为静磁感强度。

原子核不同能级之间的能量差则为

$$\Delta E = -\gamma \Delta m \hbar B_0 \tag{1-8}$$

由量子力学的选律可知,只有 $\Delta m = \pm 1$ 的跃迁才是允许的,因此相邻能级之间发生跃迁所对应的能量差为

$$\Delta E = \gamma \hbar B_0 \tag{1-9}$$

另一方面,$m = I, I-1, \cdots, -I$,即核磁矩共有 $2I+1$ 个取向,再利用式(1-6),可得出相邻能级之间的能量差为

$$\Delta E = \frac{\mu_z B_0}{I} \tag{1-10}$$

当用式(1-10)时,μ_z 表示 $\boldsymbol{\mu}$ 在 z 轴上最大的投影。

1.1.3 核磁共振的产生

在静磁场中,具有磁矩的原子核存在着不同能级。此时,如运用某一特定频率的电磁波来照射样品,并使该电磁波满足式(1-8),原子核即可进行能级之间的跃迁,这就是核磁共振。当然,跃迁时必须满足选律,即 $\Delta m = \pm 1$。因此,产生核磁共振的条件为

$$h\nu = \gamma \hbar B_0$$
$$\nu = \frac{\gamma B_0}{2\pi} \tag{1-11}$$

式中,ν 为该电磁波频率,其相应的圆频率为

$$\omega = 2\pi\nu = \gamma B_0 \tag{1-12}$$

也可以从另一角度来讨论核磁共振现象。在静磁场中,原子核绕其自旋轴旋转(自旋轴与核磁矩 $\boldsymbol{\mu}$ 方向一致),而自旋轴又与静磁场保持某一夹角 θ 而绕静磁场进动(precession),或称为拉莫尔(Larmor)进动,如图 1-3 所示。陀螺在重力场中的进动可帮助读者了解进动现象。

进动频率 ω_L 由式(1-13)决定:

$$\omega_L = \gamma B_0 \tag{1-13}$$

进动的方向则由 γ 的符号决定。

设想在垂直于 $\boldsymbol{B}_0$ 的平面上加一个线偏振交变磁场,其圆频率等于 ω_L。线偏振交变磁场可以分解为旋转方向相反的两个圆偏振磁场。其中一个旋转磁场与核进动方向相反,它与核磁矩作用的时间很短,其作用可以忽略;另

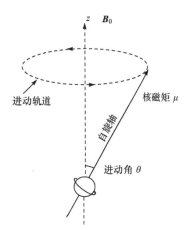

图 1-3 原子核在静磁场 B_0 中进动

一个旋转磁场与核进动方向相同(且同频率),电磁波的能量传递给原子核,产生了原子核的能级跃迁(改变进动夹角 θ),此亦即核磁共振。

表 1-1 列出了各种有磁矩原子核的核磁共振参数:天然丰度、自旋量子数、电四极矩、共振频率、检测时的相对灵敏度等。

表1-1 各种有磁矩原子核的核磁共振参数

同位素		自旋量子数	天然丰度/%	灵敏度		核磁共振频率/MHz									
				相对灵敏度*	绝对灵敏度**	4.6975T 200.000	5.8719T 250.000	7.0463T 300.000	9.3950T 400.000	11.7440T 500.000	14.0926T 600.000	16.4416T 700.000	17.6157T 750.000	18.7900T 800.000	21.1390T 900.000
1	H	1/2	99.98	1.00	1.00	200.000	250.000	300.000	400.000	500.000	600.000	700.000	750.000	800.000	900.000
2	H	1	1.5×10^{-2}	9.65×10^{-3}	1.45×10^{-6}	30.701	38.376	46.051	61.402	76.753	92.102	107.457	115.128	122.804	138.155
3	H	1/2	0	1.21	0	213.327	266.658	319.990	426.664	533.317	639.980	746.641	799.974	853.328	959.981
3	He	1/2	1.3×10^{-4}	0.44	5.75×10^{-7}	152.355	190.444	228.533	304.710	380.888	457.066	533.246	571.332	609.420	685.598
6	Li	1	7.42	8.50×10^{-3}	6.31×10^{-4}	29.431	36.789	44.146	58.862	73.578	88.292	103.012	110.367	117.724	132.440
7	Li	3/2	92.58	0.29	0.27	77.727	97.158	116.590	155.454	194.317	233.180	272.041	291.474	310.908	349.771
9	Be	3/2	100	1.39×10^{-2}	1.39×10^{-2}	28.106	35.133	42.160	56.213	70.267	84.320	98.371	105.399	112.426	126.480
10	B	3	19.58	1.99×10^{-2}	1.39×10^{-3}	21.493	26.886	32.239	42.986	53.732	64.478	75.222	80.598	85.972	96.718
11	B	3/2	80.42	0.17	0.13	64.167	80.209	96.251	128.335	160.419	192.502	224.588	240.627	256.670	288.754
13	C	1/2	1.108	1.59×10^{-2}	1.76×10^{-4}	50.288	62.860	75.432	100.577	125.721	150.864	176.008	188.580	201.154	226.298
14	N	1	99.63	1.01×10^{-3}	1.01×10^{-3}	14.447	18.059	21.671	28.894	36.118	43.342	50.568	54.177	57.788	65.012
15	N	1/2	0.37	1.04×10^{-3}	3.85×10^{-6}	20.265	25.332	30.398	40.531	50.664	60.796	70.931	75.996	81.062	91.195
17	O	5/2	3.7×10^{-2}	2.91×10^{-2}	1.08×10^{-5}	27.113	33.892	40.670	54.227	67.784	81.340	94.899	101.676	108.454	122.011
19	F	1/2	100	0.83	0.83	188.154	235.192	282.231	376.308	470.385	564.462	658.539	705.576	752.616	846.693
21	Ne	3/2	0.257	2.50×10^{-3}	6.43×10^{-6}	15.788	19.736	23.683	31.577	39.472	47.366	55.258	59.208	63.154	71.049
23	Na	3/2	100	9.25×10^{-2}	9.25×10^{-2}	52.902	66.128	79.353	105.805	132.256	158.706	185.157	198.384	211.610	238.061
25	Mg	5/2	10.13	2.67×10^{-3}	2.71×10^{-4}	12.238	15.298	18.358	24.477	30.597	36.716	42.836	45.894	48.954	55.074
27	Al	5/2	100	0.21	0.21	52.114	65.143	78.172	104.229	130.287	156.344	182.399	195.429	208.458	234.516
29	Si	1/2	4.7	7.84×10^{-3}	3.69×10^{-4}	39.730	49.662	59.595	79.460	99.325	119.190	139.055	148.986	159.280	178.785
31	P	1/2	100	6.62×10^{-2}	6.63×10^{-2}	80.961	101.202	121.442	161.923	202.404	242.884	283.367	303.606	323.846	364.327
33	S	3/2	0.76	2.26×10^{-3}	1.72×10^{-5}	15.339	19.174	23.009	30.678	38.348	46.018	53.690	57.522	61.356	69.026
35	Cl	3/2	75.53	4.70×10^{-3}	3.55×10^{-3}	19.596	24.495	29.395	39.193	48.991	58.790	68.586	73.485	78.386	88.184
37	Cl	3/2	24.47	2.71×10^{-3}	6.63×10^{-4}	16.311	20.389	24.467	32.623	40.779	48.934	57.092	61.167	65.246	73.402
39	K	3/2	93.1	5.08×10^{-4}	4.73×10^{-4}	9.333	11.666	13.999	18.666	23.333	27.998	32.669	34.998	37.332	41.999
41	K	3/2	6.88	8.40×10^{-5}	5.78×10^{-5}	5.122	6.403	7.684	10.245	12.806	15.368	17.927	19.209	20.490	23.051

同位素		自旋量子数	天然丰度/%	灵敏度		核磁共振频率/MHz									
				相对灵敏度*	绝对灵敏度**	4.6975T	5.8719T	7.0463T	9.3950T	11.7440T	14.0926T	16.4416T	17.6157T	18.7900T	21.1390T
43	Ca	7/2	0.145	6.40×10^{-3}	9.28×10^{-6}	13.456	16.820	20.184	26.913	33.641	40.368	47.096	50.460	53.826	60.554
45	Sc	7/2	100	0.30	0.30	48.588	60.735	72.882	97.176	121.470	145.764	170.030	182.205	194.352	218.646
47	Ti	5/2	7.28	2.09×10^{-3}	1.52×10^{-4}	11.273	14.092	16.910	22.547	28.184	33.820	39.459	42.276	45.094	50.731
49	Ti	7/2	5.51	3.76×10^{-3}	2.07×10^{-4}	11.276	14.095	16.914	22.552	28.191	33.828	39.466	42.285	45.104	50.743
50	V	6	0.24	5.55×10^{-2}	1.33×10^{-4}	19.940	24.926	29.911	39.881	49.852	59.822	69.790	74.778	79.762	89.733
51	V	7/2	99.76	0.38	0.38	52.576	65.720	78.864	105.152	131.440	157.728	184.023	197.160	210.304	236.592
53	Cr	3/2	9.55	9.03×10^{-4}	8.62×10^{-3}	11.304	14.130	16.956	22.608	28.260	33.912	39.564	42.390	45.216	50.868
55	Mn	5/2	100	0.18	0.18	49.328	61.661	73.993	98.657	123.322	147.986	172.648	184.983	197.314	221.979
57	Fe	1/2	2.19	3.37×10^{-5}	7.38×10^{-7}	6.462	8.078	9.693	12.925	16.156	19.386	22.617	24.234	25.850	29.081
59	Co	7/2	100	0.28	0.28	47.228	59.035	70.842	94.457	118.071	141.684	165.298	177.105	188.914	212.528
61	Ni	3/2	1.19	3.57×10^{-3}	4.25×10^{-5}	17.872	22.340	26.808	35.744	44.681	53.616	62.552	67.020	71.488	80.425
63	Cu	3/2	69.09	9.31×10^{-2}	6.43×10^{-2}	53.010	66.262	79.515	106.020	132.525	159.030	185.535	198.786	212.040	238.545
65	Cu	3/2	30.91	0.11	3.52×10^{-2}	56.788	70.986	85.183	113.577	141.972	170.366	198.758	212.958	227.154	255.549
67	Zn	5/2	4.11	2.85×10^{-3}	1.17×10^{-4}	12.508	15.635	18.762	25.160	31.271	37.524	43.778	46.905	50.320	56.431
69	Ga	3/2	60.4	6.91×10^{-2}	4.17×10^{-2}	48.006	60.008	72.009	96.012	120.016	144.018	168.021	180.024	192.024	216.028
71	Ga	3/2	39.6	0.14	5.62×10^{-2}	60.990	76.238	91.485	121.980	152.476	182.970	213.465	228.714	243.960	274.456
73	Ge	9/2	7.76	1.4×10^{-3}	1.08×10^{-4}	6.976	8.721	10.465	13.953	17.442	20.930	24.416	26.163	27.906	31.395
75	As	3/2	100	2.51×10^{-2}	2.51×10^{-2}	34.253	42.817	51.380	68.507	85.634	102.760	119.882	128.451	137.014	154.141
77	Se	1/2	7.58	6.93×10^{-3}	5.25×10^{-4}	38.135	47.669	57.203	76.270	95.338	114.406	133.469	143.007	152.540	171.608
79	Br	3/2	50.54	7.86×10^{-2}	3.97×10^{-2}	50.107	62.633	75.160	100.214	125.267	150.320	175.371	187.899	200.428	225.481
81	Br	3/2	49.46	9.85×10^{-2}	4.87×10^{-2}	54.012	67.515	81.018	108.025	135.031	162.036	189.042	202.545	216.050	243.056
83	Kr	9/2	11.55	1.88×10^{-3}	2.17×10^{-4}	7.695	9.619	11.543	15.391	19.238	23.086	26.929	28.857	30.782	34.629
85	Rb	5/2	72.15	1.05×10^{-2}	7.57×10^{-3}	19.310	24.138	28.965	38.620	48.276	57.930	67.585	72.414	77.240	86.896
87	Rb	3/2	27.85	0.17	4.87×10^{-2}	65.442	81.803	98.163	130.885	163.606	196.326	229.047	245.409	261.770	294.491
87	Sr	9/2	7.02	2.69×10^{-3}	1.88×10^{-4}	8.667	10.834	13.001	17.335	21.669	26.002	30.331	32.502	34.670	39.004

同位素	自旋量子数	天然丰度/%	灵敏度		核磁共振频率/MHz									
			相对灵敏度*	绝对灵敏度**	4.6975T	5.8719T	7.0463T	9.3950T	11.7440T	14.0926T	16.4416T	17.6157T	18.7900T	21.1390T
89 Y	1/2	100	1.18×10^{-4}	1.18×10^{-4}	9.798	12.248	14.697	19.596	24.496	29.394	34.293	36.744	39.192	44.092
91 Zr	5/2	11.23	9.48×10^{-3}	1.06×10^{-3}	18.660	23.325	27.991	37.321	46.651	55.982	65.310	69.975	74.642	83.972
93 Nb	9/2	100	0.48	0.48	48.885	61.107	73.328	97.771	122.214	146.656	171.094	183.321	195.542	219.985
95 Mo	5/2	15.72	3.23×10^{-3}	5.07×10^{-4}	13.029	16.287	19.544	26.059	32.574	39.088	45.598	48.861	52.118	58.633
97 Mo	5/2	9.46	3.43×10^{-3}	3.24×10^{-4}	13.304	16.630	19.957	26.609	33.261	39.914	46.564	49.890	53.218	59.870
99 Ru	3/2	12.72	1.95×10^{-4}	2.48×10^{-5}	6.779	8.474	10.169	13.559	16.949	20.338	23.723	25.422	27.118	30.508
101 Ru	5/2	17.07	1.41×10^{-3}	2.40×10^{-4}	9.882	12.353	14.824	19.765	24.707	29.648	34.587	37.059	39.530	44.472
103 Rh	1/2	100	3.11×10^{-5}	3.11×10^{-5}	6.295	7.868	9.442	12.590	15.737	18.884	22.029	23.604	25.180	28.327
105 Pd	5/2	22.23	1.12×10^{-3}	2.49×10^{-4}	9.152	11.440	13.728	18.305	22.881	27.456	32.032	34.320	36.610	41.186
107 Ag	1/2	51.82	6.62×10^{-5}	3.43×10^{-5}	8.093	10.116	12.139	16.186	20.233	24.278	28.322	30.348	32.372	36.419
109 Ag	1/2	48.18	1.01×10^{-4}	4.86×10^{-5}	9.304	11.630	13.956	18.608	23.260	27.912	32.564	34.890	37.216	41.868
111 Cd	1/2	12.75	9.54×10^{-5}	1.21×10^{-3}	42.410	53.013	63.616	84.821	106.027	127.232	148.435	159.039	169.642	190.848
113 Cd	1/2	12.26	1.09×10^{-2}	1.33×10^{-3}	44.365	55.457	66.548	88.731	110.914	133.096	155.274	166.371	177.462	199.645
113 In	9/2	4.28	0.34	1.47×10^{-3}	43.733	54.666	65.600	87.466	109.333	131.200	153.062	163.998	174.932	196.799
115 In	9/2	95.72	0.34	0.33	43.828	54.785	65.742	87.656	109.570	131.484	153.398	164.355	175.312	197.226
115 Sn	1/2	0.35	3.5×10^{-2}	1.22×10^{-4}	65.399	81.749	98.099	130.799	163.498	196.198	228.893	245.247	261.598	294.297
117 Sn	1/2	7.61	4.52×10^{-2}	3.44×10^{-3}	71.250	89.063	106.875	142.501	178.126	213.750	249.375	267.189	285.002	320.627
119 Sn	1/2	8.58	5.18×10^{-2}	4.44×10^{-3}	74.544	93.181	111.817	149.089	186.362	223.634	260.904	279.543	298.178	335.451
121 Sb	5/2	57.25	0.16	9.16×10^{-2}	47.860	59.826	71.791	95.721	119.652	143.582	167.510	179.478	191.442	215.373
123 Sb	7/2	42.75	4.57×10^{-2}	1.95×10^{-2}	25.918	32.398	38.878	51.837	64.796	77.756	90.713	97.194	103.674	116.633
123 Te	1/2	0.87	1.80×10^{-2}	1.56×10^{-4}	52.415	65.519	78.623	104.831	131.039	157.246	183.449	196.557	209.662	235.870
125 Te	1/2	6.99	3.15×10^{-2}	2.20×10^{-3}	63.193	78.992	94.790	126.387	157.984	189.580	221.172	236.976	252.774	284.371
127 I	5/2	100	9.34×10^{-2}	9.34×10^{-2}	40.014	50.018	60.021	80.029	100.036	120.042	140.049	150.054	160.058	180.065
129 Xe	1/2	26.44	2.12×10^{-2}	5.60×10^{-3}	55.321	69.151	82.981	110.642	138.302	165.962	193.620	207.453	221.284	248.944
131 Xe	3/2	21.18	2.76×10^{-3}	5.84×10^{-4}	16.399	20.499	24.598	32.798	40.998	49.196	57.393	61.497	65.596	73.796

续表

同位素		自旋量子数	天然丰度/%	灵敏度		核磁共振频率/MHz									
				相对灵敏度*	绝对灵敏度**	4.6975T	5.8719T	7.0463T	9.3950T	11.7440T	14.0926T	16.4416T	17.6157T	18.7900T	21.1390T
133	Cs	7/2	100	4.74×10^{-2}	4.74×10^{-2}	26.234	32.792	39.351	52.458	65.585	78.702	91.819	98.376	104.916	118.043
135	Ba	3/2	6.59	4.90×10^{-3}	3.22×10^{-4}	19.868	24.835	29.802	39.736	49.670	59.604	69.538	74.505	79.472	89.406
137	Ba	3/2	11.32	6.86×10^{-3}	7.76×10^{-4}	22.226	27.783	33.339	44.452	55.566	66.678	77.791	83.349	88.904	100.018
138	La	5	0.089	9.19×10^{-2}	8.18×10^{-5}	26.386	32.982	39.579	52.772	65.965	79.158	92.351	98.946	105.544	118.737
139	La	7/2	99.91	5.92×10^{-2}	5.91×10^{-7}	28.252	35.315	42.378	56.404	70.631	84.756	98.882	105.945	112.808	127.035
141	Pr	5/2	100	0.29	0.29	58.582	73.227	87.872	117.163	146.454	175.744	205.037	219.681	234.326	263.617
143	Nd	7/2	12.17	3.38×10^{-3}	4.11×10^{-4}	10.875	13.594	16.313	21.750	27.188	32.626	38.059	40.782	43.500	48.938
145	Nd	7/2	8.3	7.86×10^{-4}	6.52×10^{-5}	6.690	8.364	10.036	13.381	16.727	20.072	23.415	25.092	26.762	30.108
147	Sm	7/2	14.97	1.48×10^{-3}	2.21×10^{-4}	8.256	10.320	12.384	16.512	20.640	24.768	28.896	30.960	33.024	37.152
149	Sm	7/2	13.83	7.47×10^{-4}	1.03×10^{-4}	6.578	8.224	9.868	13.156	16.446	19.736	23.023	24.672	26.312	29.602
151	Eu	5/2	47.82	0.18	8.51×10^{-2}	49.601	62.001	74.401	99.202	124.002	148.802	173.607	186.003	198.404	223.204
153	Eu	5/2	52.18	1.52×10^{-2}	7.98×10^{-3}	21.903	27.378	32.854	43.805	54.757	65.708	76.699	82.134	87.610	98.562
155	Gd	3/2	14.73	2.79×10^{-4}	4.11×10^{-5}	7.639	9.549	11.458	15.278	19.097	22.916	26.733	28.647	30.556	34.375
157	Gd	3/2	15.68	5.44×10^{-4}	8.53×10^{-5}	9.548	11.935	14.323	19.097	23.871	28.646	33.418	35.805	38.194	42.968
159	Tb	3/2	100	5.83×10^{-3}	5.83×10^{-2}	45.357	56.695	68.035	90.713	113.391	136.070	158.746	170.085	181.426	204.104
161	Dy	5/2	18.88	4.17×10^{-4}	7.87×10^{-5}	6.588	8.236	9.883	13.177	16.471	19.766	23.058	24.708	26.354	29.648
163	Dy	5/2	24.97	1.12×10^{-3}	2.79×10^{-4}	9.166	11.458	13.750	18.333	22.917	27.500	32.081	34.374	36.666	41.250
165	Ho	7/2	100	0.18	0.18	41.026	51.282	61.538	82.051	102.564	123.076	143.591	153.846	164.102	184.615
167	Er	7/2	22.94	5.07×10^{-4}	1.16×10^{-4}	5.780	7.226	8.671	11.560	14.451	17.342	20.230	21.678	23.120	26.011
169	Tm	1/2	100	5.66×10^{-4}	5.66×10^{-4}	16.543	20.679	24.814	33.086	41.358	49.628	57.897	62.037	66.172	74.444
171	Yb	1/2	14.31	5.46×10^{-3}	7.81×10^{-4}	35.226	44.032	52.839	70.452	88.065	105.678	123.291	132.096	140.904	158.517
173	Yb	5/2	16.13	1.33×10^{-2}	2.14×10^{-4}	9.704	12.130	14.556	19.409	24.261	29.112	33.964	36.390	38.818	43.670
175	Lu	7/2	97.41	3.12×10^{-2}	3.03×10^{-2}	22.815	28.518	34.222	45.629	57.036	68.444	79.849	85.554	91.258	102.665
176	Lu	7	2.59	3.72×10^{-2}	9.63×10^{-4}	15.858	19.822	23.786	31.715	39.644	47.572	55.496	59.466	63.430	71.359
177	Hf	7/2	18.5	6.38×10^{-4}	1.18×10^{-4}	6.240	7.801	9.361	12.481	15.602	18.722	21.840	23.403	24.962	28.083

同位素		自旋量子数	天然丰度/%	灵敏度		核磁共振频率/MHz									
				相对灵敏度*	绝对灵敏度**	4.6975T	5.8719T	7.0463T	9.3950T	11.7440T	14.0926T	16.4416T	17.6157T	18.7900T	21.1390T
179	Hf	9/2	13.75	$2.16×10^{-4}$	$2.97×10^{-5}$	3.739	4.674	5.609	7.479	9.349	11.218	13.083	14.022	14.958	16.828
181	Ta	7/2	99.98	$3.60×10^{-2}$	$3.60×10^{-2}$	23.940	29.925	35.910	47.880	59.850	71.820	83.790	89.775	95.760	107.730
183	W	1/2	14.4	$7.20×10^{-4}$	$1.03×10^{-5}$	8.322	10.402	12.483	16.644	20.805	24.966	29.127	31.206	33.288	37.449
185	Re	5/2	37.07	0.13	$4.93×10^{-2}$	45.027	56.284	67.541	90.055	112.569	135.082	157.591	168.852	180.110	202.624
187	Re	5/2	62.93	0.13	$8.62×10^{-2}$	45.488	56.861	68.233	90.977	113.722	136.466	159.208	170.583	181.954	204.699
187	Os	1/2	1.64	$1.22×10^{-5}$	$2.00×10^{-7}$	4.606	5.758	6.909	9.212	11.515	13.818	16.121	17.274	18.424	20.727
189	Os	3/2	16.1	$2.34×10^{-3}$	$3.76×10^{-4}$	15.517	19.397	23.276	31.035	38.794	46.552	54.306	58.191	62.070	69.829
191	Ir	3/2	37.3	$2.53×10^{-5}$	$9.43×10^{-5}$	3.437	4.296	5.156	6.875	8.593	10.312	12.026	12.888	13.750	15.468
193	Ir	3/2	62.7	$3.27×10^{-5}$	$2.05×10^{-5}$	3.743	4.678	5.614	7.486	9.357	11.228	13.097	14.034	14.972	16.843
195	Pt	1/2	33.8	$9.94×10^{-3}$	$3.36×10^{-3}$	42.998	53.747	64.497	85.996	107.495	128.994	150.493	161.241	171.992	193.491
197	Au	3/2	100	$2.51×10^{-5}$	$2.51×10^{-5}$	3.425	4.281	5.138	6.850	8.563	10.276	11.984	12.843	13.700	15.413
199	Hg	1/2	16.84	$5.67×10^{-3}$	$9.54×10^{-4}$	35.654	44.568	53.481	71.309	89.136	106.962	124.789	133.704	142.618	160.445
201	Hg	3/2	13.22	$1.44×10^{-3}$	$1.90×10^{-4}$	13.199	16.499	19.799	26.399	32.998	39.598	46.193	49.497	52.798	59.397
203	Tl	1/2	29.5	0.18	$5.51×10^{-2}$	114.298	142.873	171.448	228.597	285.747	342.896	400.043	428.619	457.194	514.344
205	Tl	1/2	70.5	0.19	0.13	115.416	144.270	173.124	230.832	288.540	346.248	403.956	432.810	461.664	519.372
207	Pb	1/2	22.6	$9.16×10^{-3}$	$2.07×10^{-3}$	41.843	52.304	62.765	83.687	104.609	125.530	146.447	156.912	167.374	188.296
209	Bi	9/2	100	0.13	0.13	32.139	40.174	48.208	64.278	80.348	96.416	112.483	120.522	128.556	144.626
235	U	7/2	0.72	$1.21×10^{-4}$	$8.71×10^{-7}$	3.580	4.475	5.371	7.161	8.951	10.742	12.530	13.425	14.322	16.112

* 在恒定的场强或相等的核数下。

** 相对灵敏度和同位素天然丰度的乘积。

注:此表由布鲁克公司提供。

1.1.4 连续波核磁共振谱仪

为满足发生核磁共振的条件，即式(1-11)，有两种方式：①固定静磁感强度 B_0，扫描电磁波频率 ν；②固定电磁波频率 ν，扫描静磁感强度 B_0。这两种方式均为连续扫描方式，其相应的仪器称为连续波(continuous wave)核磁共振谱仪。一般的连续波核磁共振谱仪均可分别用这两种方式作图。

磁感强度的建立是采用电磁铁或永久磁铁。因此，核磁共振谱仪可分为电磁铁型谱仪和永久磁铁型谱仪。

随着脉冲-傅里叶变换核磁共振波谱仪的兴起，连续波谱仪已被其取代。

1.2　化学位移

1950 年普罗克特(Proctor)和当时旅美学者虞福春研究硝酸铵的 ^{14}N 核磁共振时，发现硝酸铵的共振谱线为两条。显然，这两条谱线分别对应硝酸铵中的铵离子和硝酸根离子，即核磁共振信号可反映同一种原子核的不同化学环境。

1.2.1 屏蔽常数 σ

设想在某磁感强度 B_0 中，按式(1-11)，不同的原子核因有不同的磁旋比 γ，共振频率是不同的；但对同一种同位素的原子核来说，由于核所处的化学环境不同，其共振频率也会稍有变化。这是因为核外电子对原子核有一定的屏蔽作用，实际作用于原子核的磁感强度不是 B_0，而是 $B_0(1-\sigma)$，σ 称为屏蔽常数(shielding constant)，它反映核外电子对核的屏蔽作用的大小，也就是反映了核所处的化学环境。因此，式(1-11)应写为

$$\nu = \frac{\gamma}{2\pi} B_0 (1-\sigma) \tag{1-14}$$

不同的同位素的 γ 差别很大，但任何同位素的 σ 均远小于 1。

σ 与原子核所处化学环境有关，可用式(1-15)表示：

$$\sigma = \sigma_d + \sigma_p + \sigma_a + \sigma_s \tag{1-15}$$

σ_d 反映抗磁(diamagnetic)屏蔽的大小。以氢原子为例，氢核外的 s 电子在外加磁场的感应下产生对抗磁场，使原子核实受磁场稍有降低，故此屏蔽称为抗磁屏蔽。设想以固定电磁波频率扫描磁感强度的方式作图，横坐标从左到右表示磁感强度增强的方向。若某一种官能团的氢核 σ_d 较大，相对其他官能团的氢核而言，核外电子抵消外磁场的作用较强，此时则应进一步增加磁感强度方能使该核发生共振，因此其谱线在其他官能团谱线的右方(在相对高磁感强度的位置)。

σ_p 反映顺磁(paramagnetic)屏蔽的大小。分子中其他原子的存在(或所讨论的原子周围化学键的存在)，使所讨论的原子核的核外电子运动受阻，即电子云呈非球形。这种非球形对称的电子云所产生的磁场与抗磁效应的方向相反(加强了外加磁场)，故称为顺磁屏蔽。因为 s 电子是球形对称的，所以它对顺磁屏蔽项无贡献，而 p、d 电子则对顺磁屏蔽有贡献。

顺磁屏蔽也可以从另一角度来讨论。当用一个外加磁场时，样品体系出现了新的能量项。在无磁场时计算的电子波函数，此时不再是哈密顿本征函数。新的电子波函数可由无磁场时的本征函数线性组合而成，即可以考虑为激发态的电子波函数混入了基态电子波函数[1]。理

论计算指出,激发态的能级越低,σ_p的绝对值越大。

σ_a表示相邻基团磁各向异性(anisotropic)的影响。

σ_s表示溶剂、介质的影响。

对所有的同位素,σ_d、σ_p的作用大于σ_a和σ_s。

对于^{1}H,只有σ_d,但对^{1}H以外的所有同位素,σ_p比σ_d重要得多。

1.2.2 化学位移 δ

如上所述,某种同位素原子核因处于不同的化学环境(不同的官能团),核磁共振谱线位置是不同的。前面已讲过,核磁谱图的横坐标从左到右的方向表示(当固定照射频率时)磁感强度增强的方向。此方向也可以认为是(当固定磁感强度时)频率减小的方向。这是因为从连续波核磁仪的角度来看,若将磁感强度增至右端而固定下来,对其左面的峰来说,磁场是偏高一些的,为发生共振,根据式(1-11),照射频率需适当增加方可。因此,从这种方式考虑,谱图从右到左表示(固定磁感强度时)照射频率逐渐增加的方向。至今的核磁共振专著一直沿用这种概念。

核所处的化学环境不同,即σ不同,出峰位置也就不同。因为σ总是远小于1的,所以峰的位置不便精确测定,故在实验中采用某一标准物质作为基准,以基准物质的谱峰位置作为核磁谱图的坐标原点。不同官能团的原子核谱峰位置相对于原点的距离反映了它们所处的化学环境,故称为化学位移(chemical shift)δ。δ按式(1-16)计算:

$$\delta = \frac{\nu_{样品} - \nu_{标准}}{\nu_{标准}} \times 10^6 \tag{1-16}$$

δ所表示的是距原点的相对距离。其单位是 ppm(百万分之一),是量纲为1的量。

同理,δ也可表示为

$$\delta = \frac{B_{标准} - B_{样品}}{B_{标准}} \times 10^6 \tag{1-17}$$

当固定磁场、扫描频率时,采用式(1-16)计算δ。$\nu_{样品}$表示被测样品的共振频率,$\nu_{标准}$表示标准物的共振频率;当固定频率、扫描磁场时,采用式(1-17)计算δ,$B_{样品}$为被测样品共振时的磁感强度,$B_{标准}$为标准物共振时的磁感强度。

由于式(1-16)右端分子相对分母小几个数量级,$\nu_{标准}$也十分接近仪器的公称频率ν_0,因此式(1-16)可写为

$$\delta = \frac{\nu_{样品} - \nu_{标准}}{\nu_0} \tag{1-18}$$

四甲基硅烷(tetramethylsilane,TMS)最常用作测量化学位移的基准。这是因为:TMS只有一个峰(四个甲基对称分布);甲基氢核的核外电子及甲基碳核的核外电子的屏蔽作用都很强,无论氢谱或碳谱,一般化合物的峰大多出现在 TMS 峰的左边,按"左正右负"的规定,一般化合物的各个基团的δ均为正值;TMS 沸点仅 27 ℃,很容易从样品中除去,便于样品回收;TMS 与样品之间不会发生分子缔合。在氢谱、碳谱中都规定$\delta_{TMS}=0$。

需要强调的是,核外电子感应磁场与外加磁场的强度成正比,式(1-14)也反映了这点。δ是一个相对值,它与所用的磁感强度无关。用不同磁感强度的仪器(也就是用不同电磁波频率的仪器)所测定的δ数值均相同。

不同的同位素因σ变化幅度不等,δ变化的幅度也不同,如^{1}H 的δ小于 20 ppm,^{13}C 的δ可达 600 ppm,^{195}Pt 的δ可达 13 000 ppm。

在普罗克特等发现了硝酸铵氮谱谱线的多重性之后,古托夫斯基(Gutowsky)等在1951年报道了另一种峰的多重性现象。他们发现 $POCl_2F$ 溶液的 ^{19}F 谱图存在着两条谱线,而分子中只有一个 F 原子,显然这两条谱线是不能用化学位移来解释的,由此发现了自旋-自旋耦合(spin-spin coupling)。

1.3.1 自旋-自旋耦合引起峰的分裂(裂分)

$POCl_2F$ 溶液中,^{19}F 有两条谱线乃是分子中的 ^{31}P 与其作用的结果。^{31}P 的自旋量子数 I 为 $\frac{1}{2}$,在外磁场中有两种取向,一种与外磁场方向大体平行,另一种与外磁场方向大体反平行。由于 ^{19}F 核与 ^{31}P 核之间存在着耦合作用,^{19}F 核实际所受磁感强度在式(1-14)的基础上应再作进一步的修正。当 ^{31}P 核磁矩大体与外磁场平行时,^{19}F 实际所受磁感强度略有增强;当 ^{31}P 核磁矩大体与外磁场反平行时,^{19}F 核实际所受磁感强度略有减弱。因此,在按式(1-14)计算出的位置上并无共振谱线,而是分别在此位置左、右距离相等处各有一条谱线。若推广到一般情况,与所讨论的核相耦合的核有 n 个(其耦合作用均相同),这些核的磁矩均有 $2I+1$(I 为自旋量子数)个取向,则这 m 个核共有 $2nI+1$ 种"分布"情况,因此使所研究的核的谱线分裂为 $2nI+1$ 条。核磁共振最常研究的核,如 ^{1}H、^{13}C、^{19}F、^{31}P 等,I 都为 $1/2$,自旋-自旋耦合产生的谱线裂分数为 $2nI+1=n+1$,这称为 $n+1$ 规律。

为阐明上述现象,设想分子中有结构单元 $\underset{H^*}{\overset{H}{-C}}\underset{H}{-C}-H$,我们所讨论的为注 * 号的氢原子。由于甲基可以自由旋转,甲基中任何一个氢原子与 H^* 的耦合作用相同。甲基中的每一个氢有两种取向($I=1/2,2I+1=2$)。粗略地说,这两种取向的概率是相等的。三个氢就有八种可能的取向($2^3=8$),这八种可能取向的任何一种出现的概率都为 $1/8$。现把甲基上三个氢标号为 H_1、H_2、H_3。其核磁矩大体与外磁场方向相同的标为"+",它对 H^* 产生附加磁感强度 $+B'$。反之,甲基氢的核磁矩大体与外磁场方向相反的标为"-",它对 H^* 产生附加磁感强度 $-B'$。考虑甲基上三个氢的总效果,这八种取向可归纳为表1-2中四种"分布"情况。

表 1-2 甲基三个氢对邻碳氢产生的附加磁场

	I			II			III			IV		
甲基中三个氢原子取向	H_1 +	H_2 +	H_3 +	H_1 + + -	H_2 + - +	H_3 - + +	H_1 + - -	H_2 - + -	H_3 - - +	H_1 -	H_2 -	H_3 -
甲基产生的总附加磁感强度	$3B'$			B'			$-B'$			$-3B'$		
出现概率	$1/8$			$3/8$			$3/8$			$1/8$		

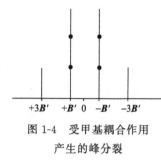

图 1-4 受甲基耦合作用
产生的峰分裂

在表 1-2 中,将 ＋ ＋ －,＋ － ＋和－ ＋ ＋列在一起,因为它们的三个氢产生的总附加磁感强度都为＋B'。＋ － －,－ ＋ －,－ － ＋与上类似,它们产生的总附加磁感强度都为 －B'。

由上述可知,H^*应呈图 1-4 所示峰形。图中 0 为 H^* 按式(1-14)计算的共振位置,即无自旋耦合时的共振位置。由于相邻甲基的存在,该处已不复存在共振谱线,该谱线分裂成了四条谱线。左端的谱线对应于 CH^* 与"＋ ＋ ＋"甲基相连的分子,这样的分子占总分子数的 1/8。由于甲基三个氢产生的附加磁感强度为＋3B',因此在固定电磁波频率从低到高增强磁感强度扫描时,左端的谱线首先出峰,其余谱线均可按此理分析。

另外,从图 1-4 还应注意到下列情况:

(1) 谱线共四条,这即是 $n+1$ 规律。n 表示产生耦合的原子核(其自旋量子数 I 为 1/2)的数目。现产生耦合的基团为甲基,n 为 3。

(2) 每相邻两条谱线间距离都是相等的。

(3) 谱线间强度的相对比为 1：3：3：1,为$(a+b)^3$展开式的各项系数。就一般情况而论,若产生耦合的原子核数为 n,则耦合裂分的谱线间强度的相对比用$(a+b)^n$展开式各项系数值来描述(表 1-3)。

表 1-3　耦合裂分的结果用二项式$(a+b)^n$展开后的系数表征

n	二项式展开系数	峰形
0	1	单峰
1	1　1	二重峰
2	1　2　1	三重峰
3	1　3　3　1	四重峰
4	1　4　6　4　1	五重峰
5	1　5　10　10　5　1	六重峰
6	1　6　15　20　15　6　1	七重峰

1.3.2　能级图

在讨论各种自旋体系时,能级图是一种很有效的工具。

现以讨论两个核组成的 AX 体系为例。关于自旋体系的划分及命名,在 2.3 节中将进行详细讨论。现 A 及 X 分别代表相互耦合的两个核。

设这两个核的自旋量子数均为 1/2,即其 $\boldsymbol{B}_0$ 中有两种取向。当 $m=1/2$ 时,以 α 表示,按式(1-7)原子核处于低能态;当 $m=-1/2$ 时,以 β 表示,原子核处于高能态(这是相对于 $\boldsymbol{B}_0$ 沿＋z 轴方向而言,参阅 2.7.2)。因此,A 及 X 两个核组成的体系就存在四个能级。它们是:$A(\alpha)X(\alpha)$、$A(\beta)X(\alpha)$、$A(\alpha)X(\beta)$、$A(\beta)X(\beta)$。为简化书写,可将上述四能级依次写为:$\alpha\alpha$、$\beta\alpha$、$\alpha\beta$、$\beta\beta$。我们约定第一个希腊字母属于 A,第二个希腊字母属于 X。

1. A 与 X 无耦合作用时的能级图

当 A 与 X 无耦合作用时,可以画出其能级图,如图 1-5 所示。

图 1-5 中,能级从低到高表示能量增加的方向。四个能级分别标以 1、2、3、4。从能级 1 到 2,反映 A 核由 α 变为 β 态(X 核则始终保持 α 态),因此产生了 A 的谱线。从能级 3 到 4 与之类似:A 核由 α 变为 β 态,但 X 核始终保持 β 态。此跃迁仍产生 A 的谱线。从能级 1 到 3 或从 2 到 4 则表示在 A 核自旋保持不变下 X 核发生的跃迁,它们分别产生 X 的谱线。

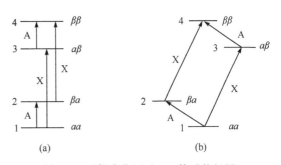

图 1-5 无耦合作用时 AX 体系能级图

为更清楚地表示能级图,习惯上采用图 1-5(b) 的方式。

从图 1-5 可知,两条 A 线对应的能级差相同,因此两条 A 线完全重合,在核磁谱上只见一条 A 线。同理,在核磁谱上也仅见一条 X 线。

2. A 与 X 有相互耦合作用时的能级图

当 A 与 X 有相互耦合作用时,其能级图会发生一定的变化。前面我们已分析了耦合的核产生一附加磁场,它使所讨论的核的谱线发生分裂。现在我们可以从另一角度来讨论。核磁矩和外加磁场有相互作用能,两个核磁矩之间也有相互作用能。设当 A 核与 X 核二者取向相同时,较无耦合时能量增加。此时能级相应于无耦合时增加的数值以 $J/4$ 表示。而两个核磁矩取向相反时的能级较无耦合时相应降低一数值,以 $-J/4$ 表示。因此,我们在图 1-5 的基础上重画能级图。原能级以虚线表示,相互耦合后的能级以实线表示。原能级 1、2、3、4 相应变为 $1'$、$2'$、$3'$、$4'$。$1'$ 较 1、$4'$ 较 4 升高 $J/4$。$2'$ 较 2、$3'$ 较 3 降低 $J/4$。其变化情况如图 1-6 所示。

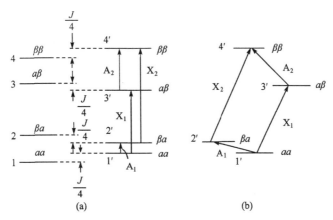

图 1-6 存在相互耦合时 AX 体系能级图

从图 1-6 可以看出:

$$E_{2'} - E_{1'} = (E_2 - J/4) - (E_1 + J/4) = (E_2 - E_1) - J/2 \tag{1-19}$$

$$E_{4'} - E_{3'} = (E_4 + J/4) - (E_3 - J/4) = (E_4 - E_3) + J/2 \tag{1-20}$$

$$E_{3'} - E_{1'} = (E_3 - J/4) - (E_1 + J/4) = (E_3 - E_1) - J/2 \tag{1-21}$$

$$E_{4'}-E_{2'}=(E_4+J/4)-(E_2-J/4)=(E_4-E_2)+J/2 \qquad (1\text{-}22)$$

设无耦合时 A 核的跃迁频率为 ν_A，它相应于 E_2-E_1 或 E_4-E_3。设无耦合时 X 核的跃迁频率为 ν_X，它相应于 E_3-E_1 或 E_4-E_2。现 A 与 X 存在相互耦合，ν_A 已不复存在，而是代之以：

$$\nu_{A_1}=\nu_A-J/2 \qquad (1\text{-}23)$$

$$\nu_{A_2}=\nu_A+J/2 \qquad (1\text{-}24)$$

同理，ν_X 也代之以：

$$\nu_{X_1}=\nu_X-J/2 \qquad (1\text{-}25)$$

$$\nu_{X_2}=\nu_X+J/2 \qquad (1\text{-}26)$$

因此，AX 体系核磁共振谱线如图 1-7 所示。

从图 1-7 可见：

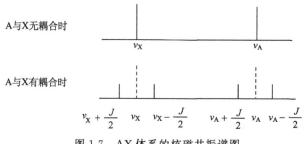

图 1-7　AX 体系的核磁共振谱图

（1）无耦合时的一条谱线在有耦合时分裂为两条谱线，后者相对前者位置左右对称，距离为 $\pm J/2$。

（2）有耦合时引起的谱线裂分间距，对 A 核及 X 核来说都为 J。

（3）有耦合时形成的两条裂分谱线强度相等，二者之和等于原谱线强度。

1.3.3　耦合常数 J

当自旋体系存在自旋-自旋耦合时，核磁共振谱线发生分裂。由分裂所产生的裂距反映了相互耦合作用的强弱，称为耦合常数（coupling constant）J。J 以 Hz（赫兹，周/秒）为单位。从能级图更易理解到耦合常数 J 反映了核磁矩之间相互作用能的大小。

耦合常数 J 反映的是两个核之间作用的强弱，故其数值与仪器的工作频率无关。耦合常数的大小与两个核在分子中相隔化学键的数目密切相关，故在 J 的左上方标以两核相距的化学键数目，如 $^{13}C{-}^1H$ 之间的耦合标为 ^1J。而 $^1H{-}^{12}C{-}^{12}C{-}^1H$ 中两个 ^1H 之间的耦合常数标为 ^3J。耦合常数随化学键数目的增加而迅速下降，因为自旋耦合是通过成键电子传递的。两个氢核相距四根键以上即难以存在耦合作用，若此时 $J\neq0$，则称为远程耦合或长程耦合（long-range spin-spin coupling）。碳谱中 ^2J 以上即称为长程耦合。

谱线裂分的裂距反映耦合常数 J 的大小，确切地说是反映 J 的绝对值。然而 J 是有正负号的，有耦合作用的两核，若它们取向相同时能量较高，或它们取向相反时能量较低，这相应于 $J>0$（如图 1-6 所示），反之则为 $J<0$。

1.4 宏观磁化强度矢量

1.4.1 宏观磁化强度矢量的概念

本书将系统而且比较深入地讨论核磁共振的理论。无论是核磁共振的基本术语,如纵向弛豫、横向弛豫,还是由傅里叶变换核磁共振谱仪产生的一维核磁共振谱,或者是利用脉冲序列产生二维核磁共振谱,宏观磁化强度矢量(简称宏观磁化矢量,或者再进一步简称为磁化矢量)的概念都可以作为讨论的基础。更需要注意的是,宏观磁化矢量的理论可以为化学工作者所接受(至少比其他理论容易接受)。因此,读者需要掌握这个概念和有关的理论。对于自学的读者来说,阅读这些理论会遇到困难,但经过努力是可以克服的。作者作为从化学工作者过来的人,深切地体会到这点。

在1.1节中我们已讨论了自旋量子数 $I \neq 0$ 的原子核具有核磁矩。它们在一定条件下可以发生核磁共振。既然核磁共振是大量原子核的行为,因此可以从宏观的角度来讨论,而且要强调的是只有从宏观角度讨论,才能清楚地阐明核磁共振的理论。

设样品的单位体积中有 N 个原子核,当置样品于静磁场中时,各原子核的磁矩 $\boldsymbol{\mu}_i$ 会围绕 $\boldsymbol{B}_0$ 进动。进动将沿着以 $\boldsymbol{B}_0$ 为轴的几个圆锥面,圆锥面的数目取决于自旋量子数 I 的数值。若该核自旋量子数 $I = 1/2$,将有两个进动圆锥面。从统计规律说,$\boldsymbol{\mu}_i$ 在两个圆锥面上的分布是均匀的,但在这两个圆锥面上进动的核磁矩数目略有差别。沿着 $\boldsymbol{B}_0$ 方向的圆锥面进动的核磁矩数目稍多些,因为粒子按能级的分布可用玻耳兹曼定律来描述:

$$N_i \propto e^{-\frac{E_i}{kT}} \tag{1-27}$$

式中,N_i 为第 i 个能级的原子核数目;E_i 为第 i 个能级的能量;k 为玻耳兹曼常量;T 为热力学温度;e 为自然对数底数。

核磁共振的能级差是极小的,因此两个能级的粒子数非常接近,但低能级的粒子(其核磁矩沿着 $\boldsymbol{B}_0$ 方向的圆锥面进动)相对高能级稍微多一些。沿 $\boldsymbol{B}_0$ 方向的圆锥面进动的核磁矩有一合成磁矩 $\boldsymbol{M}_+$,沿 $-\boldsymbol{B}_0$ 方向的圆锥面进动的核磁矩则有合成磁矩 $\boldsymbol{M}_-$。这些可用图1-8进行定性描述。由于沿 $+\boldsymbol{B}_0$ 方向的圆锥面进动的核磁矩比沿

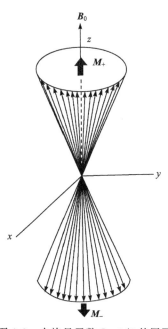

图1-8 自旋量子数 $I = 1/2$ 的原子核在静磁场中沿两个圆锥面进动

$-\boldsymbol{B}_0$ 方向的圆锥面进动的核磁矩稍多,所以考虑原子核在两个圆锥面上进动的总效果,是一定数量的核磁矩(在两个圆锥面上进动的核磁矩之差)沿着 $+\boldsymbol{B}_0$ 方向的圆锥面进动。现定义,宏观磁化强度矢量(macroscopic magnetization vector)$\boldsymbol{M}$ 为单位体积内 N 个原子核磁矩 $\boldsymbol{\mu}_i$ 的矢量和:

$$\boldsymbol{M} = \sum_{i=1}^{N} \boldsymbol{\mu}_i \tag{1-28}$$

式中,$\boldsymbol{M}$ 可分解为两个分量:沿 $\boldsymbol{B}_0$ 方向分量 $\boldsymbol{M}_{/\!/}$

$$\boldsymbol{M}_{/\!/}=\boldsymbol{M}_z=\boldsymbol{M}_+-\boldsymbol{M}_- \tag{1-29}$$

和垂直于 $\boldsymbol{B}_0$ 方向分量 $\boldsymbol{M}_\perp$。在只有 $\boldsymbol{B}_0$ 存在时, $\boldsymbol{M}_\perp=0$。

1.4.2 旋转坐标系

有的公园有转动的木马,家长带着儿童来乘坐。从家长来看儿童的轨迹,儿童既有沿圆心的转动,又有上下的运动。可是从乘坐木马的儿童看前面另外一位乘坐木马的儿童,则只有上下的运动。也就是说乘坐木马的儿童观察其他儿童的运动就简单了。之所以会有这样的情况,是因为儿童自己处于一个转动的坐标系中,因而使观察的情况简单了。

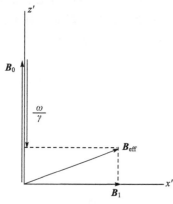

图 1-9　旋转坐标系中的有效磁场

我们下面要讨论的就是用转动坐标系来讨论核磁共振现象。

从 1.1 节已知一个线偏振交变磁场(电磁波沿直线振荡而传播)可分解为两个旋转方向相反的圆偏振磁场(两个旋转方向相反的旋转磁场在与传播方向垂直的分量相互抵消,而在传播方向则叠加)。其中旋转方向与核磁矩进动方向相同且频率相同的旋转磁场(圆偏振磁场)可导致核的跃迁,另一个旋转方向与核磁矩进动方向相反的旋转磁场则不起作用而被忽略。我们现在就只讨论前者,即讨论该圆偏振磁场对宏观磁化强度矢量 $\boldsymbol{M}$ 的作用。为便于讨论,我们采用一旋转坐标系(rotating frame) $x'y'z'$,

实验室坐标系则为 xyz。旋转坐标系的 z' 与实验室坐标系的 z 重合,但 $x'y'$ 绕 z 轴旋转,其旋转角速度为圆偏振磁场的旋转角速度。在此旋转坐标系中,圆偏振磁场成为一固定磁场,以 $\boldsymbol{B}_1$ 表示。设它沿 x' 方向。在 z' 方向(也就是实验室坐标系的 z 方向)则有 $\boldsymbol{B}_0$(为实现核磁共振所加的静磁场)。可以证明[2],在 z' 方向还存在着另一矢量 $\dfrac{\boldsymbol{\omega}}{\gamma}$, $\boldsymbol{\omega}$ 为旋转坐标系的角速度矢量, γ 为磁旋比。这一项的产生是坐标系旋转引起的(这如同牛顿第二定律,只有在匀速直线运动的坐标系才成立)。由于 $\dfrac{\boldsymbol{\omega}}{\gamma}$ 具有磁场的量纲,因此称为"虚设场"。所以 $\boldsymbol{M}$ 在旋转坐标系中所受的总作用是三磁场的矢量和,其和称为有效磁场(图 1-9),以 $\boldsymbol{B}_{\mathrm{eff}}$ 表示,即

$$\boldsymbol{B}_{\mathrm{eff}}=\boldsymbol{B}_0+\frac{\boldsymbol{\omega}}{\gamma}+\boldsymbol{B}_1 \tag{1-30}$$

当发生核磁共振时,按式(1-12)

$$\omega=\gamma B_0$$

$$\frac{\omega}{\gamma}=B_0$$

但因 $\dfrac{\boldsymbol{\omega}}{\gamma}$ 和 $\boldsymbol{B}_0$ 的方向相反,所以在共振时

$$\boldsymbol{B}_0+\frac{\boldsymbol{\omega}}{\gamma}=0 \tag{1-31}$$

将式(1-31)代入式(1-30),有

$$\boldsymbol{B}_{\mathrm{eff}}=\boldsymbol{B}_1 \tag{1-32}$$

式(1-32)表明,在发生共振现象时,宏观磁化强度矢量仅被 $\boldsymbol{B}_1$ 作用,$\boldsymbol{M}$ 绕 x' 轴($\boldsymbol{B}_1$ 作用在 x' 方向)朝着 y' 方向转动。$\boldsymbol{M}$ 离开 $\boldsymbol{B}_0$ 方向,按式(1-6),$\boldsymbol{M}$ 能量增加,它从 $\boldsymbol{B}_1$(圆偏振磁场,也就是射频电磁波)吸收了能量。

从检测的角度来看,当 $\boldsymbol{M}$ 沿 z' 方向时,它在 y' 轴上无分量,无检出信号。当 $\boldsymbol{M}$ 转向 y' 轴时,在 y' 轴上产生分量,从实验室坐标系来看,此分量在不断旋转,它切割检出线圈,因而有信号产生。

式(1-32)非常重要,它是讨论傅里叶变换核磁共振的基础。

若不是处于共振条件,$\boldsymbol{M}$ 仍绕有效磁场转动,但此时 $\boldsymbol{B}_{\text{eff}} \neq \boldsymbol{B}_1$,即 $\boldsymbol{M}$ 不绕 x' 轴转动。

可将式(1-30)改写为

$$\boldsymbol{B}_{\text{eff}} = \boldsymbol{B}_0 + \frac{\boldsymbol{\omega}}{\gamma} + \boldsymbol{B}_1 = \left(B_0 - \frac{\omega}{\gamma} \right) \boldsymbol{k} + B_1 \boldsymbol{i} \tag{1-33}$$

式中,$\boldsymbol{k}$、$\boldsymbol{i}$ 分别为旋转坐标系 z'、x' 轴上的单位矢量。再将式(1-33)代入式(1-12)并把共振时的圆频率加注脚"0",可得

$$\boldsymbol{B}_{\text{eff}} = \left(\frac{\omega_0}{\gamma} - \frac{\omega}{\gamma} \right) \boldsymbol{k} + B_1 \boldsymbol{i} \tag{1-34}$$

式中,ω_0 为核的共振圆频率;ω 为旋转坐标系旋转的圆频率。

1.5 弛 豫 过 程

1.5.1 什么是弛豫过程

所有的吸收光谱、波谱都具有其共性。当电磁波量子的能量 $h\nu$ 等于样品分子的某种能级差 ΔE 时,样品可以吸收电磁波量子(因而电磁波强度减弱),从低能级跃迁到高能级。同样在此频率的电磁波的作用下,样品分子也能从高能级回到低能级,放出该频率的电磁波量子。以上两过程是方向相反的。由于玻耳兹曼分布,低能级粒子数多于高能级粒子数,而发生两种过程的概率是相同的,因此能观察到净的吸收。但若要保持电磁波量子的吸收,必须低能级粒子数始终多于高能级粒子数(能级上的粒子数又称布居数)。

高能级粒子可以通过自发辐射回到低能级,但自发辐射的概率和两个能级能量之差 ΔE 成正比。一般的吸收光谱,自发辐射已相当有效,能保持低能级粒子数始终大于高能级粒子数。但在核磁共振波谱中,ΔE 非常小,自发辐射的概率实际为零。因此,若要能在一定时间间隔内持续检测到核磁共振信号,必须有某种过程存在,它使高能级的原子核能够回到低能级,以保持低能级布居数始终略大于高能级布居数。这个过程就是弛豫过程。

若无有效的弛豫过程,高、低能级的布居数很快达到相等,此时不能再有核磁共振吸收信号,这种现象称为饱和(saturation)。

需要强调的是,两能级布居数之差是很小的,按式(1-27)计算,对 ^{1}H 来说,若外加磁场为 1.4092 T(相当于 60 MHz 射频仪器所用磁感强度),温度为 300 K 时,低、高两能级氢核数目之比仅为 1.000 009 9。因此,在核磁共振中,若无有效的弛豫过程,饱和现象是容易发生的。

1.5.2 纵向弛豫和横向弛豫

每本关于核磁共振的书上都会介绍纵向弛豫和横向弛豫,如果不采用宏观磁化强度矢量

的概念,读者不太容易理解它们的含义。现在我们有了宏观磁化强度矢量的概念,就可以深入地讨论弛豫过程了。当满足共振条件时,M 或相应的进动圆锥向 y' 轴倾倒。它的两个分量的变化是:$M_{/\!/}$ 从 M_0(M 倾倒前的数值)下降到某一数值;$M_\perp$ 从零上升到某一个数值。从 M 偏离 z' 轴之时起,弛豫使 M 朝着恢复到初始(平衡)状态($M_{/\!/}=M_0$,$M_\perp=0$)而变化。使 $M_{/\!/}$ 朝着 M_0 恢复和使 $M_\perp$ 朝着零恢复有着不同的机制和物理含义(虽然二者之间也有一定的联系),它们分别称为纵向弛豫(longitudinal relaxation)和横向弛豫(transverse relaxation)(因 z' 轴为纵向,$x'y'$ 平面为横向)。

纵向弛豫是 M 的纵向分量 $M_{/\!/}$ 的弛豫。在 M 倾倒前(共振前)

$$M_{/\!/}=M_0=M_+-M_- \tag{1-35}$$

所以 $M_{/\!/}$ 涉及的是能级间的布居数之差。共振前,低能级布居数高于高能级布居数。M 倾倒后,$M_{/\!/}$ 减小,能级间布居数之差减小。从能量的角度看,此过程是体系吸收了环境的能量。纵向弛豫则使 $M_{/\!/}$ 朝着 M_0 恢复,使能级间布居数之差逐步恢复到共振前的数值,体系向环境释放能量。纵向弛豫反映了体系和环境之间的能量交换,因此也称为自旋-晶格弛豫(spin-lattice relaxation)。此处"晶格"意指"环境",并非指晶格点阵(因样品为溶液)。

横向弛豫是 M 的横向分量 $M_\perp$ 的弛豫。在 M 倾倒前(共振前),进动圆锥面上核磁矩的分布是均匀的,这相当于各核磁矩围绕 B_0 的进动相位是非相干的。它们在 $x'y'$ 平面上的投影均匀分布,因此使合成的垂直分量 $M_\perp$ 为零。共振时,M 偏离 z' 轴,产生了 y' 轴上的分量或考虑为进动圆锥向 y' 轴倾倒。进动圆锥面上核磁矩在 $x'y'$ 平面上投影的分布不再是均匀分布的,而是以 y' 轴为中心散开一个角度,即进动圆锥面上核磁矩在 $x'y'$ 平面的投影有了一定的相关性。横向弛豫使核磁矩在 $x'y'$ 平面上的投影趋于均匀分布,即为使它们分散开。也就是说,横向弛豫使核磁矩在 $x'y'$ 平面上的旋转圆频率分散开,这是一个熵的效应。

样品所在空间磁场的不均匀性使不同部分的原子核受到的磁感强度不同,从而使其进动圆频率不同,因此磁场的不均匀性也造成旋转圆频率的分散,即对横向弛豫有贡献。

横向弛豫反映核磁矩之间的相互作用,此作用使核磁矩在 $x'y'$ 平面上的投影绕原点均匀散开,因此横向弛豫又称为自旋-自旋弛豫。

类似于化学反应动力学中的一级反应,纵向弛豫、横向弛豫过程的快慢分别用 $\dfrac{1}{T_1}$、$\dfrac{1}{T_2}$ 来描述。T_1 称为纵向弛豫时间,T_2 称为横向弛豫时间,它们有时间的量纲。存在下列二式:

$$\frac{\mathrm{d}M_{/\!/}}{\mathrm{d}t}=\frac{\mathrm{d}M_z}{\mathrm{d}t}=-\frac{M_z-M_0}{T_1} \tag{1-36}$$

$$\frac{\mathrm{d}M_\perp}{\mathrm{d}t}=-\frac{M_\perp-0}{T_2}=-\frac{M_\perp}{T_2} \tag{1-37}$$

式中,M_0 为 $M_{/\!/}$ 在起始(平衡)状态时的数值;0 为 $M_\perp$ 在起始(平衡)状态时的数值。式中的负号反映弛豫过程是共振时宏观磁化矢量变化的逆过程。

当 M 从 z 轴向 y' 轴倾倒时,同时有 $M_{/\!/}$ 的减小和 $M_\perp$ 的产生。当 B_1 作用停止后,$M_{/\!/}$ 和 $M_\perp$ 的恢复过程各自有其时间常数(以不同的速度恢复到平衡状态),分别以式(1-36)和式(1-37)表示;从图 1-10 可以知道,恢复到共振前的平衡状态的最后一刹那是 $M_{/\!/}\rightarrow M_0$,因此 $T_1 \geqslant T_2$。

宏观磁化矢量 M 被射频脉冲倾倒后,纵向弛豫过程和横向弛豫过程如图 1-10 所示。

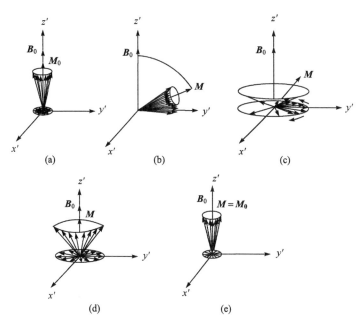

图 1-10　宏观磁化矢量 M 被射频脉冲倾倒后的弛豫过程

（a）平衡状态；（b） B_1 使 M 偏离平衡位置；（c）停止 B_1 作用之后，弛豫过程即开始，经一时间间隔，已有明显的横向弛豫；（d）到某一时刻，横向弛豫过程结束，纵向弛豫过程还在进行；（e）纵向弛豫过程也结束，M 回复到平衡状态

1.5.3　核磁共振谱线宽度

谱线具有一定宽度起因于测不准原理（uncertainty principle）：

$$\Delta E \cdot \Delta t \approx h \tag{1-38}$$

式中，Δt 为粒子停留在某一能级上的时间。在核磁共振现象中，核磁矩在某能级停留的时间取决于自旋-自旋相互作用。而这个作用的时间常数是 T_2，所以

$$\Delta E \cdot T_2 \approx h \tag{1-39}$$

而 $\Delta E = h \Delta \nu$，因此

$$\Delta \nu \approx \frac{1}{T_2} \tag{1-40}$$

按式（1-40）计算的谱线宽度称为自然线宽。实际谱线宽度远宽于自然线宽，这是因为磁场的不均匀性也对横向弛豫有贡献，因此产生表观横向弛豫时间 T_2'，$T_2' < T_2$。式（1-40）变成

$$\Delta \nu \approx \frac{1}{T_2'} \tag{1-41}$$

因此，谱线实际宽度相对自然线宽大为增加。

1.6　脉冲-傅里叶变换核磁共振波谱仪

1.6.1　连续波谱仪的缺点

由前述化学位移和耦合常数的概念，我们知道对某种同位素来说，由于其所处基团不同以

及原子核之间相互耦合作用的存在,因此对应某一化合物有一核磁共振谱图。当使用连续波仪器时(无论是扫场方式还是扫频方式),是连续变化一个参数使不同基团的核依次满足共振条件而画出谱线来的。在任一瞬间最多只有一种原子核处于共振状态,其他的原子核都处于"等待"状态。为记录无畸变的核磁谱,扫描速度必须很慢(如常用 250 s 记录一张氢谱),以使核自旋体系在整个扫描期间与周围介质保持平衡。

当样品量小时,为记录到足够强的信号,必须采用累加的方法。信号 S 的强度与累加次数 n 成正比;但噪声 N 也随累加而增加,其强度与 $\sqrt{n}$ 成正比;所以信噪比 S/N 与 $\sqrt{n}$ 成正比。如需把 S/N 提高到 10 倍就需要累加 100 次,即需 25 000 s。如 S/N 需进一步提高,所需时间更长,这不仅造成仪器机时的消耗,而且谱仪也难以保证信号长期不漂移。

为克服上述缺点,必须采用新型仪器:脉冲-傅里叶变换核磁共振(pulse and Fourier transform NMR)波谱仪,其核心思想就是要使所有的原子核同时共振,从而能在很短的时间间隔内完成一张核磁共振谱图的记录。

1.6.2 强而短的射频脉冲的采用

我们下面将讨论,如果采用强而短的脉冲可以使不同官能团的原子核同时共振[1]。

在旋转坐标系中,式(1-34)表达了原子核所受的有效磁场,即

$$\boldsymbol{B}_{\text{eff}} = \left(\frac{\omega_0}{\gamma} - \frac{\omega}{\gamma}\right)\boldsymbol{k} + B_1\boldsymbol{i}$$

$$\begin{aligned}
B_{\text{eff}} &= \left[\left(\frac{\omega_0}{\gamma} - \frac{\omega}{\gamma}\right)^2 + B_1^2\right]^{\frac{1}{2}} \\
&= \frac{1}{\gamma}\left[(\omega_0 - \omega)^2 + (\gamma B_1)^2\right]^{\frac{1}{2}}
\end{aligned} \tag{1-42}$$

式中,ω_0 为该核的共振频率;ω 为旋转坐标系的旋转圆频率;B_1 为圆偏振磁感强度。

对于一个化合物来说,不同官能团中的核有不同的化学位移,即在不同位置出峰,因此其谱图会占据相当的宽度(自旋耦合引起峰的分裂,也使谱线在一定范围内分开,因此对自旋耦合的讨论可并入对化学位移的讨论之中;而且需看到,自旋耦合引起的谱线的分开较化合物中不同官能团化学位移的变化范围是小的)。

对每一种共振频率的原子核来说都有其相应的式(1-42),可以写出通式:

$$B_{\text{eff}i} = \frac{1}{\gamma}\left[(\omega_{0_i} - \omega)^2 + (\gamma B_1)^2\right]^{\frac{1}{2}} \tag{1-43}$$

式中,$B_{\text{eff}i}$ 为第 i 种核所受的有效磁场;ω_{0_i} 为第 i 种核的共振圆频率;ω 为旋转坐标系旋转的角速度。

设该化合物的核磁谱图共振频率的分布为 ΔF(以赫兹计),如果 B_1 足够强,使

$$\gamma B_1 \gg 2\pi\Delta F \tag{1-44}$$

则式(1-43)中方括号内第一项远远小于第二项,因而可略去,此时有

$$B_{\text{eff}i} \approx B_1 \tag{1-45}$$

式(1-45)说明当 B_1 足够强时,不同共振频率的核所受到的有效磁场都是近似相等的,都近似于 B_1。也就是说,它们的宏观磁化强度矢量 $\boldsymbol{M}_i$ 都绕着 x' 轴(B_1 作用在 x' 轴方向)转动。这也就是说,虽然它们的共振频率有一定的差异,但却同时都发生了共振。

因此,式(1-45)是傅里叶变换核磁最重要的公式。由于可能使所有的原子核同时共振,去除了大量原子核的等待状态,因而测试能够在很短的时间内完成。

为满足式(1-45),B_1 必须很强(连续波仪器中 B_1 是 10 mGs①(毫高斯)数量级,而傅里叶变换谱仪是几到几十高斯数量级)。在应用强 B_1 的同时,B_1 的作用时间也应该很短。下面加以说明:

类似于式(1-13),在旋转坐标系中 M 绕 x' 轴转动可用式(1-46)描述:

$$\Omega = \gamma B_1 \tag{1-46}$$

式中,Ω 为 M 绕 x' 轴转动的角速度;B_1 为圆偏振磁感强度(在旋转坐标系中 B_1 相对静止,沿 x' 轴方向)。

设 B_1 的作用时间,也就是脉冲的宽度为 t_p,则 M 在 t_p 时间间隔内转动的角度 α 为

$$\alpha = \Omega t_p$$

将式(1-46)代入上式,得

$$\alpha = \gamma B_1 t_p \tag{1-47}$$

设 $\alpha = 90°$(这样的脉冲称为 90° 脉冲),此时式(1-47)成为

$$\frac{\pi}{2} = \gamma B_1 t_p$$

$$t_p = \frac{\pi}{2\gamma B_1} \tag{1-48}$$

将式(1-44)代入式(1-48),得

$$t_p \ll \frac{1}{4\Delta F} \tag{1-49}$$

因此,为同时激发具有一定频谱宽度的所有原子核,必须用短而强的脉冲。

需补充说明的是,当式(1-44)不能满足时,M 则不绕 B_1 旋转而是绕 B_{eff} 旋转,此时 B_{eff} 不是作用在 x' 轴上,而是由式(1-33)或图 1-9 的矢量图决定。

1.6.3 时畴信号和频畴谱,二者之间的傅里叶变换

从式(1-43)我们知道,射频电磁波的圆频率为 ω,虽然它不等于原子核的进动频率,但只要它的强度大,作用时间短,具有一定频谱宽度的原子核都能同时发生共振。从理论上说,ω 可以在 ΔF 之内,也可以在 ΔF 之外。

由于时间短、强度大的射频脉冲的作用,各种共振频率的原子核的 M 都向 y' 轴倾倒,产生可检测的 $M_\perp$ 分量。当脉冲停止作用之后,任何一个 $M_{\perp i}$ 在 y' 轴上的投影——检测信号 $M_{y_i'}$ 为

$$M_{y_i'} = M_{y_i'}(0) \mathrm{e}^{-\frac{t}{T_{2_i}}} \cos(\omega_{0_i} - \omega)t \tag{1-50}$$

式中,t 为脉冲停止作用后的时间(脉冲停止时刻 $t=0$);$M_{y_i'}$ 为 $M_{\perp i}$ 于 t 时在 y' 轴上的投影;$M_{y_i'}(0)$ 为 $t=0$ 时的 $M_{y_i'}$;T_{2_i} 为 i 核的横向弛豫时间;ω_{0_i} 为 i 核的共振频率;ω 为旋转坐标系的旋转圆频率,也就是射频脉冲的圆频率。

式(1-50)中 $\mathrm{e}^{-\frac{t}{T_{2_i}}}$ 来自描述横向弛豫的式(1-37)。$\cos(\omega_{0_i} - \omega)t$ 起因于 $\omega_{0_i} \neq \omega$,因此 $M_{\perp i}$ 相对于旋转坐标系转动。式(1-50)所表达的信号是脉冲停止作用后 $M_\perp$ 的衰减信号,因此称

---

① Gs 为非法定单位,1 Gs $= 10^{-4}$ T。

为自由感应衰减(free induction decay,FID)信号。由于样品中有多种共振频率的核存在,各自有其 ω_{0_i} 和 T_{2_i},因此检测的是它们 FID 的干涉图。这样的图中的变量是时间 t,为时畴(time domain)信号。

对于连续波核磁谱仪,一个个基团相继共振画出的谱图很容易理解,横坐标以频率为变量,是频畴谱(frequency domain spectrum),是我们熟悉的。傅里叶变换谱仪直接测出的结果我们是不能识别的,因为此时所有基团都共振,同时产生信号,此时横坐标是以时间为变量,是多种频率共同存在的干涉图。FID 的干涉图其中有多种频率 ω_{0_i} 存在,人们不能识别,也就是说需要把时畴信号转换为频畴谱。这个"转换"就是计算机完成的傅里叶变换(Fourier transform,FT)。傅里叶变换就是把时畴图转换为频畴图或者把频畴图转换为时畴图的方法。为进行傅里叶变换,需要进行一定的运算,对于从时畴图转换为频畴图,运算为

$$F(\omega) = \frac{1}{2\pi} \int_{-\infty}^{\infty} f(t) e^{-i\omega t} dt \tag{1-51}$$

如果要从频畴谱转换为时畴信号,则进行下面的运算:

$$FID = f(t) = \int_{-\infty}^{\infty} F(\omega) e^{-i\omega t} d\omega \tag{1-52}$$

上面两式中 i 为单位复数。

式(1-51)较式(1-52)多 $\dfrac{1}{2\pi}$,这是因为式(1-51)的单位是弧度/秒,而式(1-52)的单位是秒。

对式(1-51)的傅里叶变换可作一较易理解的说明。

按照复数的三角函数表达式:

$$e^{-i\omega t} = \cos\omega t - i \sin\omega t \tag{1-53}$$

式(1-51)可改写为

$$F(\omega) = \frac{1}{2\pi} \int_{-\infty}^{\infty} f(t)(\cos\omega t - i \sin\omega t) dt \tag{1-54}$$

由式(1-54)的计算将得出傅里叶变换的实数部分和虚数部分。

在进行计算时,我们可以用 $\int_{-\infty}^{\infty} f(t)\sin\omega t\, dt$ 为例,因为 $\cos\omega t = \sin(\omega t + \pi/2)$,计算是相似的。

上面的积分对于化学工作者来说仍然抽象,不易理解,为此我们采用一个形象而且直观的说明[3]。

$\int_{-\infty}^{\infty} f(t)\sin\omega t\, dt$ 的计算可用图 1-11 说明。

当 $f(t) = \sin\omega' t \cdot e^{-t/T}$ 中的 ω' 等于 $\sin\omega t$ 中的 ω,且 $f(t)$ 与 $\sin\omega t$ 相位相同时,两函数的乘积总是正值,因而其积分为某一正值。

反之,当 $f(t) = \sin\omega_2' t \cdot e^{-t/T}$,$\omega_2' = \dfrac{5}{3}\omega_2$ 时,二者的乘积有正有负,因而积分为零(数学可以严格地证明)。

$f(t)$ 是若干频率的 FID 的叠加,即它包含若干频率分量。在进行傅里叶变换时,我们进行逐点的计算。核磁谱图有一定的谱宽。设想从设定谱宽的最低场开始运算,在核磁谱图上的这个位置相应有某一频率。以这个频率去乘 FID 信号,如果这个频率和 FID 中的每个频率都不等,那就是图 1-11 中(d)、(e)、(f)的情况,即乘积都为零,累加也为零,于是在谱图的基线上就是没有谱峰的一个点。然后我们的运算针对谱图上稍右的一点,再用相应的频率去乘

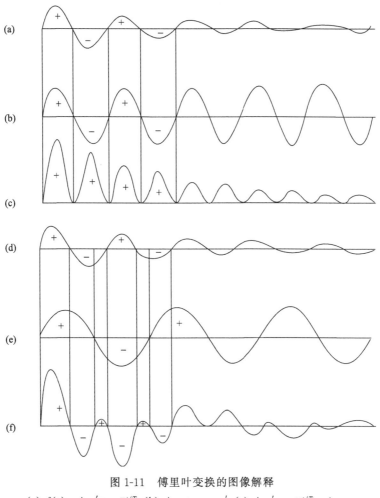

图 1-11　傅里叶变换的图像解释

(a) $f(t) = \sin\omega'_1 t \cdot \mathrm{e}^{-t/T}$;(b) $\sin\omega_1 t, \omega_1 = \omega'_1$;(c) $\sin\omega'_1 t \cdot \mathrm{e}^{-t/T} \cdot \sin\omega_1 t$;

(d) $f(t) = \sin\omega'_2 t \cdot \mathrm{e}^{-t/T}$;(e) $\sin\omega_2 t, \omega_2 = \dfrac{3}{5}\omega'_2$;(f) $\sin\omega'_2 t \cdot \mathrm{e}^{-t/T} \cdot \sin\omega_2 t$

FID 信号,如果这个频率仍然不等于 FID 中的任何频率,则仍然是谱图基线上的一个点。如果这个频率和某个频率相等,这就是图 1-11 中(a)、(b)、(c)的情况,得到一个正值,也就是在谱图中出了一个峰。依次进行运算,直到所选谱宽的最高场处。完成所有的计算,就得到了完整的核磁谱图,也就是把时畴谱转换成了频畴谱。傅里叶变换核磁的原理早就知晓了,但是由于计算的工作量大,因而没有实现,只有到计算机快速傅里叶变换实现之后,傅里叶变换核磁谱仪才问世。

1.6.4　从傅里叶分解讨论脉冲-傅里叶变换核磁共振

前面我们以磁化矢量为基础讨论了脉冲-傅里叶变换核磁共振原理。它阐明了强而短的脉冲的作用,使 δ 值有一定差异的原子核能够同时满足共振条件。现在我们从另一角度,即从傅里叶分解来讨论脉冲-傅里叶变换核磁共振,这将深化对其原理的了解,并有助于理解核磁共振实验的实施。

从数学考虑,一个方波分解为一系列谐波之和,这可以用图 1-12 定性地说明。

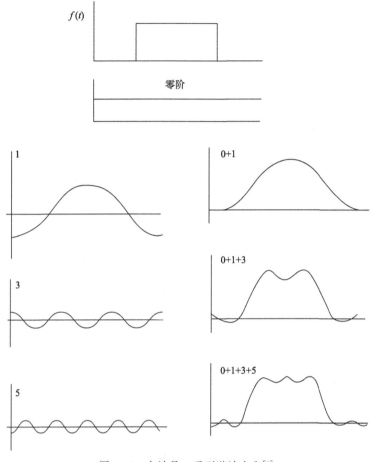

图 1-12   方波是一系列谐波之和[4]

从图 1-12 可知,当所取的谐波的级数越高时,其和就越近似于方波。因此,若谐波的数目趋于无穷大时,其和就等于方波。从图 1-12 谐波相加来说,这是一个傅里叶合成的概念。从方波出发,则是傅里叶分解的概念。我们可以想象:如果对样品施加一个矩形的电脉冲,那么在样品中实际上可以"感受"到无数个频率的作用,即共振频率不同的磁性核在矩形电脉冲的作用之下,可以同时受到激发。

当然,这里所述的仅是原理上的说明。因为从图 1-12 可知,频率越高的高阶谐波,其振幅越小,即对原子核的作用也越小。因此,在核磁共振实验中,若真的只是单纯地加一个方波脉冲,那么产生的核磁共振的实际效果将是极其微弱的。

实际上,在核磁共振实验中我们采用频率为 f_0 的连续、等幅的射频波,如图 1-13(a)所示。用一个周期为 PD,每次持续时间为 t_p,强度为 A 的方波[图 1-13(b)]去调制。从数学来看,即是两函数相乘,这就得图 1-13(c)。图 1-13(a)、(b)和(c)的横坐标都是时间 t。

从物理概念上说,我们对样品施加的是(c),在样品中则"感受"到一个很宽频带的、多个分立的射频分量的作用,如图 1-13(d)所示。(d)中横坐标为频率,纵坐标为射频的强度。射频分量强度的外包络线用式(1-55)表示。这是对(c)进行数学处理,即傅里叶分解的结果。

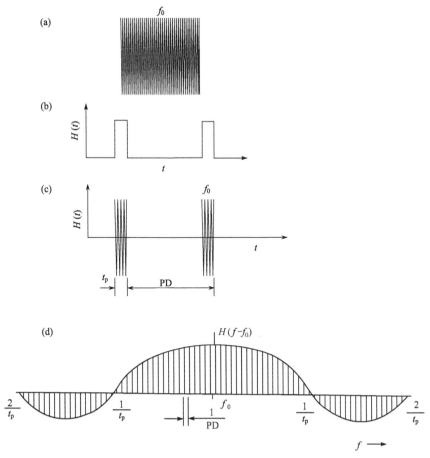

图 1-13 脉冲-傅里叶变换核磁共振波谱仪原理

(a) 频率为 f_0 的连续、等幅射频波;(b) 周期性的脉冲方波;

(c) 用(b)调制(a)所得的结果;(d) (c)对应多个分立的射频分量

$$H(f-f_0)=\frac{At_p}{PD}\frac{\sin[\pi(f-f_0)t_p]}{\pi(f-f_0)t_p} \tag{1-55}$$

式中,$H(f-f_0)$ 为频率与 f_0 之差为 $f-f_0$ 的射频分量的强度;A 为周期性方波的强度;PD 为方波的周期;t_p 为方波的持续时间。

图 1-13 应该这样理解:当我们对样品施加一个用方波调制的频率为 f_0 的连续、等幅的射频波时,在样品中实际上"感受"到很多的射频,射频是分立的[形象地把图 1-13(d)看成"梳子"样的]。需要注意的是,图 1-13(d)中的曲线是射频强度端点的包络线。

从图 1-13(d)及式(1-55)可知,当 $f-f_0=\dfrac{1}{t_p}$ 时,$H(f-f_0)$ 为零。以氢谱而论,一般 $t_p<10\ \mu s$,因此 $\dfrac{1}{t_p}>10^5\ Hz$,频谱非常宽。当取核磁谱图中心为 f_0,在谱图中所可能出现的 $f-f_0$ 小于二分之一谱宽,对氢谱来说,仅约 5 ppm。设所用仪器为 500 MHz,5 ppm 仅对应 2500 Hz,它远远小于 $10^5\ Hz$。从图 1-13(d)可知,相应于核磁谱图,$f-f_0$ 相距 f_0(中心)较近。$H(f-f_0)$ 实际上近似等于 $H(f_0)$,即各种氢核虽然共振频率不同,但受射频作用的强度近似相等,这对于用核磁共振进行定量测定是很必要的。

从图 1-13(d)可知,各分立频率的间隔为$\dfrac{1}{PD}$,设 PD＝2 s,则$\dfrac{1}{PD}$＝0.5 Hz。而核磁共振的谱线总有一定宽度,因此不会因某一谱线处于两分立频率之间而被漏激发。

以上从傅里叶分解的角度讨论了脉冲-傅里叶变换核磁共振波谱仪的原理。这是一套独立的分析讨论。此处暂称为第二种说法。1.6.2 和 1.6.3 则暂称为第一种说法。实际上,这两种说法是有内在联系的。作者在下面提出自己的看法供读者参考。

从需要强而短的射频脉冲来说,第一种说法,从式(1-43)到式(1-49)给出了清楚的说明。关键是$(\gamma B_1)^2 \gg (\omega_{0_i} - \omega)^2$,就使$B_{eff}$实际相等,即共振频率有差别的原子核均受到强度近似相等、方向近似相同的有效磁场的作用,因而都能产生共振并且有较好的定量关系。因此,从功率要大的要求来看,从磁化矢量模型考虑是一个明显的结果。

从傅里叶分解的角度来看,为使δ有差别的原子核都得到近似相同强度的激发,就需t_p小,这才能使频谱宽,$H(f-f_0)$与$H(f_0)$相近。核磁共振时样品吸取射频的能量,t_p小,即能量传输的时间短,因而要求高功率。

从频谱的分布来看,从傅里叶分解的角度来看直观而易于理解,但从磁化矢量模型的角度来看也是一致的。在图 1-13(d)的中心为f_0,而在图 1-9 中,讨论的前提是旋转坐标系。旋转坐标系相对于实验坐标系的旋转速度则为$2\pi f_0$,与图 1-13(d)的中心是相对应的。式(1-44)中的ΔF则与图 1-13(d)中心附近的频谱分布一致。

综上所述,无论从磁化矢量模型还是傅里叶分解的角度,都对脉冲-傅里叶变换核磁共振实验作出深刻的说明,而且这两种讨论是相互呼应的。

1.6.5　傅里叶变换核磁共振波谱仪的优点

使用 FT 仪器时:

(1) 在脉冲作用下,该同位素所有的核(无论处于何官能团)同时共振。

(2) 脉冲作用时间短,为微秒数量级。若脉冲需重复使用,时间间隔一般也小于几秒(具体数值取决于样品的T_1)。在样品进行累加测量时,相对 CW(连续波)仪器远为节约时间。

(3) 脉冲 FT 仪器采用分时装置,信号的接收在脉冲发射之后,因此不致有 CW 仪器中发射机能量直接泄漏到接收机的问题。

(4) 可以采用各种脉冲系列。

(1)、(2)、(3) 点使 FT 仪器灵敏度远较 CW 仪器为高。样品用量可大为减少,以氢谱而论,CW 仪器的用量为几十毫克,FT 仪器的用量可降低到微克数量级。一般情况下,测量时间也大为缩短。

(3)、(4) 点,特别是第(4)点,使 FT 仪器可以进行很多 CW 仪器无法进行的工作,最典型的工作就是开辟了核磁共振的新篇章——二维甚至多维核磁共振,将在第 4 章叙述。

参 考 文 献

[1] Harris R K. Nuclear Magnetic Resonance Spectroscopy:a Physicochemical View. Marshfiled:Pitman,1983

[2] Farrar T C, Becker E D. Pulse and Fourier Transform NMR:Introduction to Theory and Methods. New York:Academic Press,1971

[3] Lallmand J Y. Seminar of NMR. Beijing, 1985

[4] Shaw D. Fourier Transform N. M. R. Spectroscopy. 2nd ed. New York:Elsevier,1984

第 2 章　核磁共振氢谱

在所有核磁共振谱图的测定中,核磁共振氢谱的测定最先实现,因为测定氢谱最灵敏、最简单、最方便。即便在二维核磁共振谱广为应用的今天,由于氢谱的可解析性高,峰形分析带来丰富的结构信息,氢谱仍然是一种重要的谱图。

典型的氢谱如图 2-1 所示。图中横坐标为化学位移 δ。$\delta=0$ 处的峰为 TMS 的谱峰。图的横坐标从左到右代表磁场增强或频率减小的方向,也是 δ 逐渐减小的方向。图的纵坐标代表谱峰的强度。峰组下方所示数值为峰组面积的积分值。

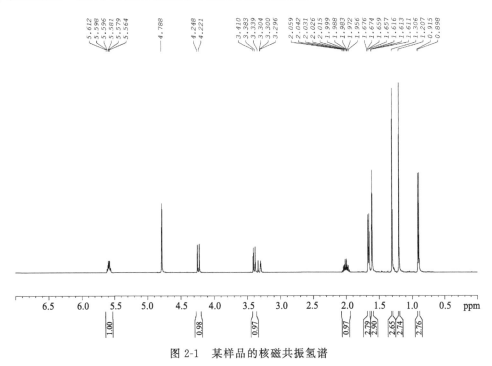

图 2-1　某样品的核磁共振氢谱

核磁共振氢谱能提供重要的结构信息:化学位移、耦合常数及峰的裂分情况、峰面积。前两项将在后面详细讨论。峰面积能定量地反映氢核的信息。在核磁共振氢谱中,氢的峰面积与氢的数目成正比,这样的定量关系在红外光谱、紫外光谱、质谱中是难以求得的。测出各种官能团的氢数目之比对推出结构式至关重要。例如,在确定常见的非离子型表面活性剂烷基酚聚氧乙烯醚 $R \!-\!\!\!\left\langle\!\!\bigcirc\!\!\right\rangle\!\!-\! O(C_2H_4O)_nH$ 中环氧乙烷的数目时,积分曲线更是有独特功效。由于存在峰面积和氢数目的正比关系,因此核磁共振氢谱成为有机定量分析的重要手段。

本章将详细讨论核磁共振氢谱的各个课题。其中有些内容并非仅限于氢谱,如化学等价及磁等价、核磁共振中的动力学现象等,这些课题在核磁共振波谱学中具有共同性。本章有关上述课题的结论对其他原子核也是适用的。

2.1 化学位移

2.1.1 化学位移的基准

如 1.2.2 所述,通常以 TMS 作为化学位移的基准,20 世纪 60 年代除采用 δ 值来表示化学位移外,还经常采用 τ 值来表示。$\tau = 10 - \delta$,即 TMS 的 τ 值为 10 ppm。1970 年国际纯粹与应用化学联合会(IUPAC)建议采用 δ 值,因此在其后出版的文献中已逐渐少见用 τ 值来表示化学位移的了。

在测试样品时,将 TMS(CCl$_4$ 溶液)直接加于样品溶液中作为内标。目前所售氘代试剂中常已加入 TMS。若 TMS 不能溶于样品溶液,则将 TMS(CCl$_4$ 溶液)装入毛细管再放入装有样品溶液的样品管中作为外标。在用毛细管外标时,由于样品溶剂与 TMS 溶剂不同,其容积磁化率(bulk susceptibility)不同,样品和 TMS 所受的局部磁感强度也不同,因此应进行修正。如样品管为圆柱型(一般样品管均如此),TMS 管也为圆柱型,修正式为

$$\delta_{corr} = \delta_{obs} + \frac{2\pi}{3}(\chi_s - \chi_r) \tag{2-1}$$

式中,δ_{corr} 为校正后的 δ 值;δ_{obs} 为观察到的 δ 值;χ_s 为样品溶剂的容积磁化率;χ_r 为 TMS 溶剂的容积磁化率。

除 TMS 外,DSS $\left(\begin{array}{c} CH_3 \\ | \\ CH_3-Si-CH_2-CH_2-CH_2SO_3Na \\ | \\ CH_3 \end{array} \right)$ 被用作强极性样品化学位移基准的内标。应注意的是,它的三个 CH$_2$ 的谱峰在 0.5~3.0 ppm 之间,对样品测试有干扰。

2.1.2 氢谱中影响化学位移的因素

化学位移的大小取决于屏蔽常数 σ 的大小。屏蔽常数的一般表达式如式(1-15)所示。氢原子核外只有 s 电子,故抗磁屏蔽 σ_d 起主要作用,σ_a 及 σ_s 对 σ 有一定的影响。

由于抗磁屏蔽起主导作用,可以预言:若结构上的变化或介质的影响使氢核外电子云密度降低,将使谱峰的位置移向低场(谱图的左方),这称为去屏蔽(deshielding)作用;反之,屏蔽作用则使峰的位置移向高场。

关于氢谱化学位移的影响因素已有较好的归纳,其主要影响因素有下列几点。

1. 取代基电负性

由于诱导效应,取代基电负性越强,与取代基连接于同一碳原子上的氢的共振峰越移向低场,反之亦然。以甲基的衍生物为例:

化合物	CH$_3$F	CH$_3$OCH$_3$	CH$_3$Cl	CH$_3$I	CH$_3$CH$_3$	Si(CH$_3$)$_4$	CH$_3$Li
δ/ppm	4.26	3.24	3.05	2.16	0.88	0	-1.95

取代基的诱导效应可沿碳链延伸,α-碳原子上的氢位移较明显,β-碳原子上的氢有一定的位移,γ-位以后的碳原子上的氢位移甚微。

常见有机官能团的电负性均大于氢原子的电负性,因此 δ_{CH_2} 比相应的 δ_{CH_3} 大,而相应的 δ_{CH} 更大。取代基对不饱和烃的影响较复杂,需同时考虑诱导效应和共轭效应。

2. 相连碳原子的 s-p 杂化(hybridization)

与氢相连的碳原子从 sp^3（碳碳单键）到 sp^2（碳碳双键），s 电子的成分从 25% 增加至 33%，键电子更靠近碳原子，因而对相连的氢原子有去屏蔽作用，即共振位置移向低场。至于炔氢谱峰相对烯氢处于较高场，芳环氢谱峰相对于烯氢处于较低场，则是另有较重要的影响因素所致。

3. 环状共轭体系的环电流效应

乙烯的 δ 值为 5.23 ppm，苯的 δ 值为 7.3 ppm，而它们的碳原子都是 sp^2 杂化。有人曾计算过，若无其他影响，仅从 sp^2 杂化考虑，苯的 δ 值应约为 5.7 ppm。实际上，苯环上氢的 δ 值明显地移向了低场，这是因为存在环电流效应。

设想苯环分子与外磁场方向垂直，其离域 π 电子将产生环电流。环电流产生的磁力线方向在苯环上、下方与外磁场磁力线方向相反，但在苯环侧面（苯环的氢正处于苯环侧面），二者的方向则是相同的，即环电流磁场增强了外磁场，氢核被去屏蔽，共振谱峰位置移向低场（图 2-2）。

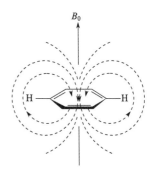

图 2-2 苯环的环电流效应

高分辨核磁共振所测定的样品是溶液，样品分子在溶液中处于不断翻滚的状态。因此，在考虑氢核受苯环 π 电子环电流的作用时，应以苯环平面相对磁场的各种取向进行平均。苯环平面垂直于外磁场方向时，前已论及。若苯环平面与外磁场方向一致，则外磁场不产生诱导磁场，氢不受去屏蔽作用。对苯环平面的各种取向进行平均的结果，氢受到的是去屏蔽作用。

不仅是苯，所有具有 $4n+2$ 个离域 π 电子的环状共轭体系都有强烈的环电流效应。如果氢核在该环的上、下方则受到强烈的屏蔽作用，这样的氢在高场方向出峰，甚至其 δ 值可小于零。在该环侧面的氢核则受到强烈的去屏蔽作用，这样的氢在低场方向出峰，其 δ 值较大。例如：

(C2-1)

$\delta_{H_a}= 9.28$ ppm
$\delta_{H_b}= -2.99$ ppm

(C2-2)

$\delta_{CH_3}= -4.25$ ppm
$\delta_{环上氢}=8.14 \sim 8.67$ ppm

4. 相邻键的磁各向异性(magnetic anisotropy)[1]

为简化讨论，我们考虑一个双原子分子 AB。在外磁场 B_0 的作用下，于 A 原子处诱导出一个磁矩 μ_A。

$$\boldsymbol{\mu}_A=\chi_A \boldsymbol{B}_0 \qquad (2-2)$$

式中，χ_A 为 A 原子的磁化率(magnetic susceptibility)。

以 A—B 键为 x 轴方向，$\boldsymbol{\mu}_A$ 可以分解为三个分量 $\mu_A(x)$、$\mu_A(y)$ 和 $\mu_A(z)$。AB 分子在外磁场中有不同取向，如图 2-3 所示。

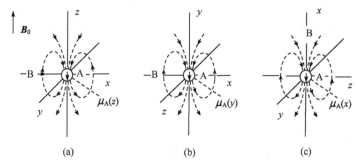

图 2-3　外磁场诱导产生的 $\boldsymbol{\mu}_A$ 分解为三个分量

$\boldsymbol{\mu}_A$ 对 B 原子核将产生影响，它对 B 原子核屏蔽常数的贡献 $\Delta\sigma$ 由式(2-3)给出：

$$\Delta\sigma = \frac{1}{12\pi} \sum_{i=x,y,z} \chi_A^i (1-3\cos^2\theta_i)/R^3 \tag{2-3}$$

式中，χ_A^i 为 A 原子核沿 i 方向的磁化率；θ_i 为 $\mu_A(i)$ 与 A—B 键轴间的夹角；R 为 A、B 两原子核间的距离。

当 A—B 分子如图 2-3(a)所示时，在 B 处诱导场增强了外场，B 共振峰出现在较低场处，即 B 被去屏蔽。图 2-3(b)的情况同(a)。AB 分子如图 2-3(c)时，在 B 处诱导场和外场方向相反，B 被屏蔽。在溶液中，样品分子在快速翻转，式(2-3)表示的是平均结果。当 $\chi_A(x) = \chi_A(y) = \chi_A(z)$ 时，$\Delta\sigma = 0$，我们说 A 是磁各向同性的。当 $\chi_A(x)$、$\chi_A(y)$、$\chi_A(z)$ 三者不等时，A 是磁各向异性的，$\Delta\sigma \neq 0$，此时：

$$\mu_A(x) = \chi_A(x)B_0 = \chi_{/\!/} B_0 \tag{2-4}$$

式中，$\chi_{/\!/}$ 表示沿键的方向的磁化率。

$$\mu_A(y) = \chi_A(y)B_0 = \chi_\perp' B_0 \tag{2-5}$$

$$\mu_A(z) = \chi_A(z)B_0 = \chi_\perp'' B_0 \tag{2-6}$$

式中，$\chi_\perp'$、$\chi_\perp''$ 表示与键垂直方向的磁化率。

当键的垂直截面上电子云分布为圆形对称(C—C、C≡C 属于这种情况)时，$\chi_\perp' = \chi_\perp''$。

令

$$\Delta\chi = \chi_{/\!/} - \chi_\perp \tag{2-7}$$

则式(2-3)变成

$$\Delta\sigma = \Delta\chi(1-3\cos^2\theta)/12\pi R^3 \tag{2-8}$$

因此，由于 A 的磁各向异性，$\Delta\chi \neq 0$，A 对 B 的屏蔽常数 σ 将产生影响。

若所讨论对象为一般分子，式(2-2)至式(2-8)仍成立，只不过有关 A 核的参数相应变成某一键的参数，即 χ 为该键的磁化率，$\Delta\sigma$ 表示该键对附近空间某点产生的屏蔽(或去屏蔽)作用，R 为该点距键中心的距离，θ 为键中心到该点连线与键轴形成的角度。当该键电子云为圆柱对称时，式(2-8)成立，此时在键轴方向或在其垂线方向形成两个圆锥角均为 108°88′ 的屏蔽或去屏蔽的圆锥(这取决于 $\chi_{/\!/}$ 与 $\chi_\perp$ 哪个大)。两个圆锥面外，屏蔽(或去屏蔽)作用符号相反。当 $\chi_\perp' \neq \chi_\perp''$，屏蔽(或去屏蔽)的区域为两个椭圆锥，＼C=O、—N=O 属于这种情况。／

几种键的屏蔽或去屏蔽圆锥如图 2-4 所示。

炔氢处于 C≡C 键轴延长线，受到强烈的屏蔽(图 2-4 中以"＋"表示)，因此相对烯氢在高场出峰。这种强烈的屏蔽作用是与 C≡C 键 π 电子只能绕键轴转动密切相关的。

由于单键也有磁各向异性，当 CH_2 不能自由旋转时，CH_2 上的两个氢化学位移就略有差别。以固定的六元环为例，参见图 2-5。

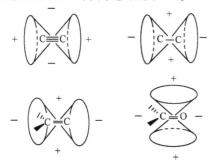 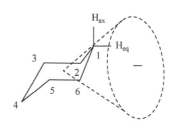

图 2-4　几种键的屏蔽或去屏蔽圆锥　　　　图 2-5　固定六元环上同一碳原子的直立
　　　　　　　　　　　　　　　　　　　　　　氢和平伏氢受到不同的去屏蔽作用

现考虑 C_1 上的平伏氢 H_{eq} 和直立氢 H_{ax}，C_1—C_6 键和 C_1—C_2 键均分别对它们产生屏蔽和去屏蔽作用，这两根键对 H_{ax} 的总的作用与它们对 H_{eq} 的总的作用相同，不致产生 δ_{ax} 和 δ_{eq} 的差别。但 H_{eq} 处于 C_2—C_3 键和 C_5—C_6 键的去屏蔽圆锥之中，H_{ax} 则处于 C_2—C_3 键和 C_5—C_6 键的去屏蔽圆锥之外，因此 $\delta_{ax} < \delta_{eq}$，差值约 0.5 ppm。当然，$C_3$—$C_4$ 键、C_4—C_5 键及 C—H 键对此差值也稍有贡献。

前面所说的环电流效应也可以并入磁各向异性讨论，但环电流效应更以存在较多的离域 π 电子为特征，它产生的磁各向异性作用也较强，故单独列为一项讨论了。

5. 相邻基团电偶极和范德华力

当分子内有强极性基团时，它在分子内产生电场，这将影响分子内其余部分的电子云密度，从而影响其他核的屏蔽常数。设由此而对所讨论的氢核屏蔽常数的影响为 $\Delta\sigma_e$：

$$\Delta\sigma_e = -A \times 10^{-12} E_z - B \times 10^{-18} E^2 \tag{2-9}$$

式中，E_z 为电场沿 C—H 键方向的分量；E 为氢核所在处的电场强度；A、B 为两个常数。

有人用式(2-9)对硝基苯的邻、间、对位氢进行计算，其计算值与实测值变化趋势相符。

当所研究的氢核与邻近的原子间距小于范德华半径之和时，氢核外电子被排斥，σ_d 减小，共振移向低场，如化合物(C2-3)中，H_b 较 H_c 明显移向低场共振。

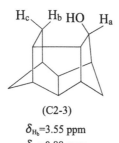

(C2-3)
$\delta_{H_b} = 3.55$ ppm
$\delta_{H_c} = 0.88$ ppm

6. 介质

介质的影响可从下面几方面来考虑。前面已讨论过不同溶剂有不同的容积磁化率,使样品分子所受的磁感强度不同,因此对 δ 值会产生影响;在样品溶液中,溶剂分子能接近溶质分子,从而使溶质分子的质子外的电子云形状改变,产生去屏蔽作用;溶剂分子的磁各向异性导致对溶质分子不同部位的屏蔽和去屏蔽;溶质分子的极性基团诱导周围电介质产生电场,此诱导电场反过来影响分子其余部分质子的屏蔽;氢键对 δ 值也有影响,这将在后面另行讨论;其余对 δ 值影响不大的各种因素不再一一讨论。值得一提的是,当用氘代氯仿作溶剂时,有时加入少量氘代苯,利用苯的磁各向异性,可使原来相互重叠的峰组分开,这是一项有用的实验技术。通过滴加不同量的氘代苯,测定各基团 δ 值的变化,可以得出有关分子结构信息。由于介质的不同会引起 δ 值的改变,因此核磁共振的数据或谱图必须注明所用溶剂。

7. 氢键

虽然有些作者认为氢键的形成将氢核拉向形成氢键的给予体,从而氢被去屏蔽,但另一些作者认为氢键的影响不能如此简单地加以解释。

实验的结果是,无论分子内还是分子间氢键的形成都使氢受到去屏蔽作用,羧酸强氢键的形成使羧酸氢的 δ 值常超过 10 ppm。下面即为一例:

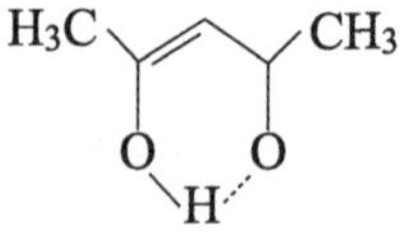

(C2-4)

δ_H=15.4 ppm

由于氢键对化学位移的影响较大,羟基、胺基等基团的 δ 值可以在一个较大的范围内变化,其数值与样品的浓度、温度有关。

2.1.3 常见官能团化学位移数值

各种常见官能团在氢谱中的化学位移数值变化的范围早已有所归纳,如图 2-6 所示。

现在计算机技术已被广泛应用,采用 ChemDraw 软件可以计算任意一个化合物的氢谱化学位移数值(见 2.9.2)。因此,再没有必要去应用以前的各种官能团化学位移的计算公式。当然,作为经常解析氢谱的人来说,应该对最为常见的官能团的典型化学位移数值有一个概括的了解。因此,下面讨论最常见的一些官能团的化学位移数值。

1. 甲基

在相同的条件下,甲基比亚甲基具有较小的化学位移数值。

电负性基团的取代使甲基的化学位移数值加大。

如果是一个长碳链的端甲基,它一般出现在该氢谱的最右端,也就是说具有最小的化学位移数值,约为 0.88 ppm。甲氧基是常见官能团。甲氧基如果连接脂肪基团,其化学位移数值约为 3.6 ppm,如果连接芳香基团,其化学位移数值约为 3.9 ppm。

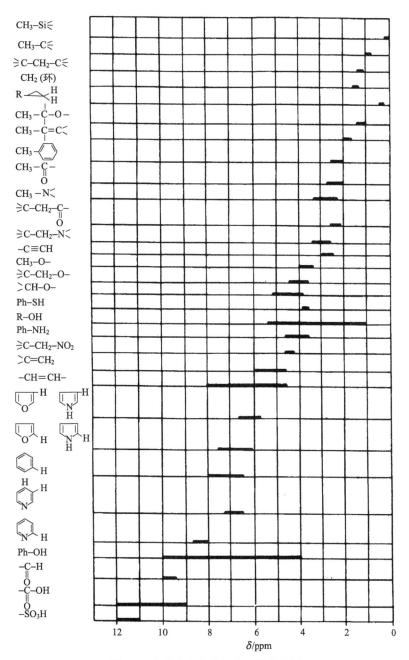

图 2-6 各种含氢官能团的 δ 值范围[2]

2. 亚甲基

在一个正构烷基中,处于中间的亚甲基一般在 1.19～1.25 ppm 出峰。
电负性基团的取代使亚甲基的化学位移数值加大。

3. 烯基

在无取代的情况下,烯氢的化学位移数值为 5.25 ppm。一般情况下,一个基团的取代对于顺式氢和反式氢化学位移的影响不同。

4. 苯环

在氘代氯仿的溶剂中,苯的化学位移数值约为 7.26 ppm。

在单取代时,苯环的剩余 5 个氢分为三组:邻位氢,对位氢,间位氢。单取代苯环和多取代苯环的剩余氢的化学位移数值请参阅 2.5.1 中苯环三类取代基的讨论。

5. 杂芳环

杂芳环含有杂原子,而杂原子是具有电负性的,因此距杂原子较近的杂芳环氢原子具有较大的化学位移数值,而距杂原子较远的杂芳环氢原子具有较小的化学位移数值。

杂芳环被取代之后,由于取代基的影响,杂芳环剩余的氢的化学位移数值会变化。

6. 活泼氢

所谓活泼氢是指连接在氧、氮、硫原子上的氢。这些杂原子和氢原子之间的化学键是不稳固的,氢原子之间可以发生化学交换。另外,氢键的存在对于活泼氢的化学位移数值会有比较大的影响,因此活泼氢的化学位移数值与测试的条件(样品的浓度、温度、所用溶剂的性质)有关。

进一步请参阅 2.8.2。

7. 羰基化合物中的氢

由于强烈的氢键,羧酸中的氢具有很大的化学位移数值,一般大于 10 ppm。具体数值与作图的条件有关。醛基的氢具有狭窄的化学位移数值,一般为 9.5~10.0 ppm。

2.2 耦合常数 J

耦合常数反映有机结构的信息,特别是反映立体化学的信息。其绝对值的大小易于从核磁共振谱图中找出,它们的相对符号则只有在一些特定情况下才能确定。

2.2.1 耦合的矢量模型

耦合的矢量模型描绘了耦合的简单物理图像,当然这是一个粗糙的简化模型。该模型由下列几条原则构成:由于费米接触作用,核自旋和其核外电子自旋是方向相反的(准确地说,它限于该核磁旋比 γ 为正的情况);按照泡利原理,在同一轨道上的一对电子其自旋方向相反;洪德(Hund)规则说明占据不同轨道的围绕同一原子的几个电子,其自旋方向相同。上述几点可用图 2-7 表示。

在图 2-7 中,电子的自旋以细箭头表示,核的自旋以粗箭头表示。由于碳元素的 99% 为 ^{12}C,它没有磁矩,所以在图中碳原子没有粗箭头。从图 2-7 可以看出,当两个氢核相距奇数根键时,它们自旋方向相反(能态较低),这符合于 J 符号为正的定义。而两个氢核相距偶数根键时,它们自旋方向相同,这符合于 J 符号为负的

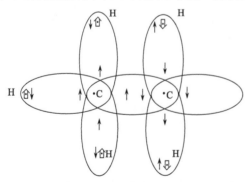

图 2-7 饱和碳氢链的耦合的矢量模型

定义。上述结论是与实验数据基本符合的。

从图 2-7 还可看出耦合作用是通过成键电子对传递的,因此可以预言耦合作用随键的数目的增加而迅速下降。这与实验结果也是符合的。

2.2.2 ^1J 与 ^2J

氢核的 ^1J 只有在氢核与有磁矩的异核直接相连时才表现出来。最重要的 ^1J 为 $^1J_{^{13}C-^1H}$,它将在碳谱中讨论。

氢核的 ^2J 最常见的为同碳二氢的耦合常数。这样的耦合也称为同碳耦合(geminal coupling),此时耦合常数可标记为 $J_{同}$ 或 J_{gem}。

自旋耦合是始终存在的,但由它引起的峰的分裂则只有当相互耦合的核的化学位移值不等时才能表现出来。端烯的两个氢,由于双键对周围显示磁各向异性,一般情况下两个氢的 δ 值不等,能显示出 ^2J 引起的分裂。CH_3 上面的三个氢因甲基的自由旋转,化学位移值相同,因此看不到 ^2J 引起的峰的分裂。对饱和碳的 CH_2,则应区分它是在环上还是链上。环上的 CH_2 因其不能自由旋转,两侧的化学键又是磁各向异性的,故屏蔽和去屏蔽作用不能相互抵消(见 2.2 节);当环不能快速翻转时,环上 CH_2 的两个氢化学位移值不等,因而 ^2J 可以反映出来。链上的 CH_2 由于碳链可以自由旋转,经常两个氢的 δ 值相近(严格的讨论见 2.3 节),此时 ^2J 在谱图中就不易反映出来了。

对 ^2J 的代数值的影响可从下列几方面讨论。

1. s-p 杂化

甲烷的 ^2J 是 -12.4 Hz,而乙烯的 ^2J 则是 $+2.3$ Hz,两者耦合常数相差 14.7 Hz,这是不同 s-p 杂化引起的;因此在讨论饱和碳上的 $^2J_{H-C-H}$ 时以 -12.4 Hz 作为出发点,而讨论端烯的 $^2J_{H-C-H}$ 时以 $+2.3$ Hz 作为出发点。由于后者绝对值较小,因此在端烯的峰组中,由 ^2J 引起的峰的分裂经常不很明显。

2. 取代基

取代基影响 ^2J 的代数值。当取代基为吸电子基团时,^2J 往正的方向变化,因而绝对值减小;取代基为给电子基团时,^2J 往负的方向变化,因而绝对值增大。例如:

化合物	CH_4	CH_3Cl	CH_2Cl_2
^2J/Hz	-12.4	-10.8	-7.5

杂原子孤对电子的超共轭作用使 ^2J 往正的方向变化。甲醛是一个突出的例子。甲醛与乙烯对比,其一侧 $=CH_2$ 为氧原子所取代,后者是吸电子的,而它的一对孤对电子又参加超共轭,这两个作用方向一致,所以甲醛的 $^2J_{H-C-H}$ 高达 $+42$ Hz。

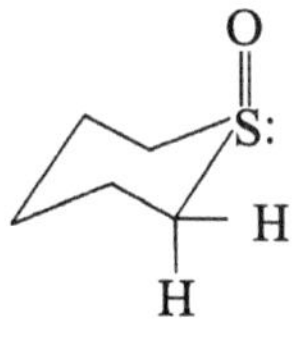

(C2-5)$_{ax}$ (C2-5)$_{eq}$

$^2J = -13.7$ Hz $^2J = -11.7$ Hz

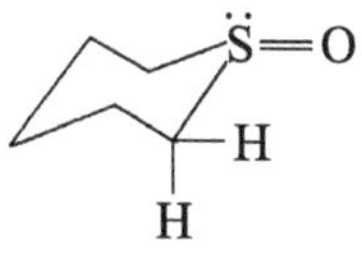

3. 构象

在化合物$(C2\text{-}5)_{eq}$中,S 的孤对电子与邻碳直立氢的键平行,较好地参与超共轭,因此^2J更"正"一些。

4. 邻位 π 键

邻位 π 键(包括 $\diagdown C{=}C\diagup$ 、苯环、 $\diagdown C{=}O$ 、—$C{\equiv}C$—)使饱和碳$^2J_{H-C-H}$往负的方向变化。

5. 环的大小

三元环的^2J相对其他环变化较大(往正的方向变化,其绝对值减小)。这与三元环其他光谱数据(红外光谱中的 C—H 振动频率、核磁共振中的化学位移)的特殊性是一致的。

2.2.3 ^3J

在氢谱中,同碳二氢的 δ 值经常相等,因而常不产生峰的裂分;距离大于三根键的氢核之间的耦合常数又较小,所以^3J在氢谱中占有突出的位置。

最常见的$^3J_{H-C-C-H}$又标记为 $J_{邻}$ 或 J_{vic},以表示邻位耦合(vicinal coupling)的 J。一般情况下邻碳二氢的 δ 值不相等,所以在谱图中能见到由^3J引起的峰的分裂。

影响邻位耦合常数^3J数值的因素有下列几点。

1. 二面角 ϕ

^3J 与二面角 ϕ 有关,表达这种关系的是有名的 Karplus 公式:

$$^3J=\begin{cases}J_0\cos^2\phi+C & (\phi=0°\sim90°)\\ J_{180}\cos^2\phi+C & (\phi=90°\sim180°)\end{cases} \tag{2-10}$$

式中,J_0 表示 $\phi=0°$ 时的 J 值;J_{180} 表示 $\phi=180°$ 时的 J 值;C 为常数。

Karplus 公式可用图 2-8 表示。

因 $J_{180}>J_0$,有人又将式(2-10)改写为

$$^3J=A+B\cos\phi+C\cos2\phi \tag{2-11}$$

式中,A、B、C 均为常数。有人取 $A=7$,$B=-1$,$C=5$。由式(2-10)或式(2-11)可解释下列现象:

(1) H—C=C—H 的 $J_{反}>J_{顺}$。

因顺式二氢对应的 $\phi=0°$,而反式二氢对应的$\phi=180°$。

(2) 六元环中 $J_{aa}>J_{ae}\geqslant J_{ee}$。

若六元环中邻碳二氢均在直立键位置,其对应的 $\phi_{aa}\approx180°$,故 $J_{aa}\approx J_{180}$。若二氢分别处在直立键及平伏键位置,其对应的二面角为 ϕ_{ae};若二氢均处于平伏键位置,其对应的二面角为 ϕ_{ee};因 $\phi_{ae}\approx\phi_{ee}\approx60°$,

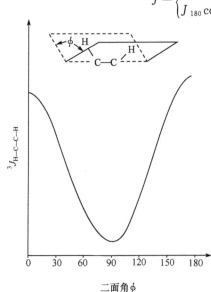

图 2-8 $^3J_{H-C-C-H}$是二面角 ϕ 的函数

故 $J_{ae} \approx J_{ee}$,且它们都小于 J_{aa}。

（3）赤式和苏式的 ^3J 不等。

图 2-9 表示了赤式和苏式的三种构象的纽曼（Newman）投影,有关纽曼投影的概念请参阅 2.3.1。

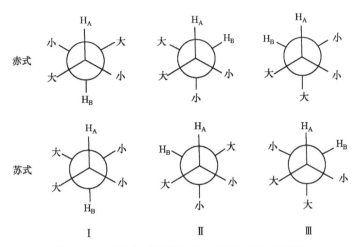

图 2-9　赤式和苏式异构体的各种构象的纽曼投影

无论是赤式还是苏式,在谱图上反映出来的 ^3J 都是三种构象的 ^3J 的平均值。当 H_A 与 H_B 构成二面角 $\phi = 180°$（图 2-9 中赤式 I 及苏式 I 的构象）时,^3J 较大;而 H_A 与 H_B 构成的二面角 $\phi = 60°$ 时,^3J 较小。在苏式 I 的构象中,两个大基团互相排斥,因此其存在概率小于 1/3;反之,赤式 I 构象的存在概率则大于 1/3,因此赤式平均的 ^3J 大于苏式;由于二者 ^3J 不等,通过 ^3J 的测定可以得到立体化学的信息。

2. 取代基团的电负性[1]

从下列数据可看到,随着取代基电负性的增加,^3J 的数值下降,烯氢的 ^3J 数值下降较快。

	$^3J/\mathrm{Hz}$		$^3J_{顺}/\mathrm{Hz}$	$^3J_{反}/\mathrm{Hz}$
$CH_3{-}CH_2{-}Li$	8.9		19.3	23.9
$-SiR_3$	8.0	$-SiR_3$	14.6	20.4
$-CN$	7.6	$-CH_3$	10.0	16.8
$-Cl$	7.2	$-Cl$	7.3	14.6
$-OCH_2CH_3$	7.0	$-F$	4.7	12.8

（结构式：$\overset{H}{\underset{H}{}}C{=}C\overset{H}{\underset{Li}{}}$）

3. 键长 $R_{\mu\nu}$ [1]

有人研究了若干个不饱和烃,它们的相邻二氢相应的二面角为零,又无取代基效应,因此 ^3J 仅受键长影响。

从图 2-10 中可看出 ^3J 随键长的减小而增大。

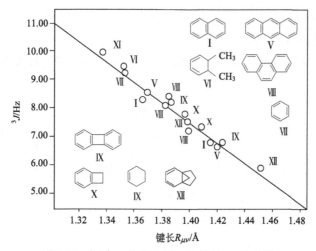

图 2-10　^3J 与不饱和六元环烃键长 $R_{\mu\nu}$ 的关系

4. 键角[1]

^3J 与键角的关系可从下列数据反映出来：^3J 随键角的减小而增大。

^3J/Hz	0.5~1.5	8.8~11.0	4.0
^3J/Hz	2.5~3.7	9~12.6	7.5
^3J/Hz	5.1~7.0	10~13	10.3

2.2.4　长程耦合的 J

跨越四根键及更远的耦合称为长程耦合(long-range coupling)。饱和体系的 J 值随耦合跨越的键数增加而下降很快，只有折线型 H ∿∿ H 及 H ∿∿ H 有小的 J 值，一般小于 2 Hz。

不饱和体系中由于 π 电子的存在，耦合作用能够传递到较远的距离。下列情形具有长程耦合：

(1) H—C≡C—C—H（烯丙体系，allylic），　H—C—C≡C—C—H（高烯丙体系，homoallyllic）。

(2) 共轭体系。

(3) 含有累积不饱和键的体系，如

$$\text{H}\overset{}{\underset{}{(\text{C}\equiv\text{C})_n}}\text{H} \qquad \text{H—C}\overset{}{\underset{}{(\text{C}\equiv\text{C})_n}}\text{H}$$

$$H-C \xleftarrow{} C=C \xrightarrow{}_n H \qquad H-C-C \xleftarrow{} C=C \xrightarrow{}_n H$$

（4）芳环上氢与侧链氢的耦合。

一般说来,不饱和体系长程耦合 J 值较饱和体系长程耦合 J 值为大。特殊情况下,如化合物(C2-6)的顺式高烯丙二氢的 ^5J 达 9.63 Hz,反式高烯丙二氢的 ^5J 达 8.04 Hz。可能也存在着通过空间的耦合,表现在一些笼式化合物中。

（C2-6）

当长程耦合 J 值小时(这是最经常遇见的情况),不易见到由它引起的峰的分裂,这时只能从峰的半高宽的加宽而发现长程耦合的存在。

2.2.5 芳环与杂芳环

苯环氢 ^3J 和烯氢的 $J_{顺}$、$J_{反}$ 均不等,芳环氢 ^3J 数值为 6～9 Hz。

由于苯环是大共轭体系,因此存在 ^4J、^5J。$^4J=1\sim3$ Hz,$^5J=0\sim1$ Hz。

杂芳环中由于杂原子的存在,^3J 与所考虑的氢相对杂原子的位置有关,紧接杂原子的 ^3J 较小,远离杂原子的 ^3J 较大。

常见的各种官能团的 J 值如表 2-1 所示。

表 2-1 常见官能团的 J 值[3]

序号	结构类型	J_{AB}数值/Hz	J_{AB}典型值/Hz
1	$\underset{H_B}{\overset{H_A}{C}}$	0～−22	−10～−15
2	$CH_A CH_B$ 自由旋转	6～8	7
3	$CH_A—C—CH_B$	0～1	0
4	$\underset{H_B}{\overset{H_A}{}}$ ax-ax ax-eq eq-eq	7～13 2～5 2～5	8～11 2～3 2～3
5	$\overset{H_A}{\underset{H_B}{}}$ 顺式或反式	0～7	4～5
6	$\overset{H_A}{\underset{H_B}{}}$ 顺式或反式	5～10	8
7	$\overset{H_A}{\underset{H_B}{\triangle}}$ 顺式 反式	7～12 4～8	8 6
8	$H_AC—CH_B$ $X=S$ 顺式 反式	4～7 2～6	4～6 2～5
9	CH_AOH_B 无交换反应时	4～10	5
10	$\overset{CH_A CH_B}{\underset{O}{}}$	1～3	2～3

序号	结构类型	J_{AB}数值/Hz	J_{AB}典型值/Hz
11	=CH_ACH_B (CH_ACH_B, O)	5~8	6
12	H_A\C=C/ \H_B	12~20	15~17
13	\C=C/ (H_A, H_B)	−2~+3	0~2
14	H_A H_B \C=C/	6~15	10~11
15	CH_A CH_B \C=C/	0~3	1~2
16	CH_A \C=C/ H_B	5~11	7
17	CH_A \C=C/ H_B	−0.5~−3.0	−1.5
18	H_B CH_A \C=C/	−0.5~−3.0	−2
19	C=CH_ACH_B—C	10~13	11
20	CH_AC≡CH_B	−2~−3	
21	CH_AC≡CCH_B	2~3	
22	H_A H_B \C=C/ 环 五元环 / 六元环 / 七元环	3~4 / 6~9 / 10~13	
23	H_A —H_B J(邻) / J(间) / J(对)	7~9 / 1~3 / 0~0.6	8 / 2 / 0.3
24	CH_A H_B	0~1	0.5
25	吡啶 J(2-3) / J(3-4) / J(2-4) / J(3-5) / J(2-5) / J(2-6)	5~6 / 7~9 / 1~2 / 1~2 / 0.7~0.9 / 0~1	5 / 8 / 1.5 / 1 / 0.8 / 约0
26	呋喃 J(2-3) / J(3-4) / J(2-4) / J(2-5)	1.7~2.0 / 3.1~3.8 / 0.4~1.0 / 1~2	1.8 / 3.6 / / 1.5

序号	结构类型		J_{AB}数值/Hz	J_{AB}典型值/Hz
27	(thiophene 4,5,S,2,3)	$J(2\text{-}3)$	4.7～5.5	5.0
		$J(3\text{-}4)$	3.3～4.1	3.7
		$J(2\text{-}4)$	1.0～1.5	1.3
		$J(2\text{-}5)$	2.8～3.5	3
28	(pyrrole 4,5,N,H,2,3)	$J(1\text{-}2)$	2～3	
		$J(1\text{-}3)$	2～3	
		$J(2\text{-}3)$	2～3	
		$J(3\text{-}4)$	3～4	
		$J(2\text{-}4)$	1～2	
		$J(2\text{-}5)$	1.5～2.5	
29	(pyrimidine 5,4,N,6,N,2)	$J(4\text{-}5)$	4～6	
		$J(2\text{-}5)$	1～2	
		$J(2\text{-}4)$	0～1	
		$J(4\text{-}6)$	?	
30	(thiazole 4,5,S,N,2)	$J(4\text{-}5)$	3～4	
		$J(2\text{-}5)$	1～2	
		$J(2\text{-}4)$	约0	

2.3　自旋耦合体系及核磁共振谱图的分类

本节所讨论的课题及得出的结论不仅限于氢谱,对其他核的核磁共振谱也是适用的。

2.3.1　化学等价

化学等价(chemical equivalence)是立体化学中的一个重要概念。若分子中两相同原子(或两相同基团)处于相同化学环境时,它们是化学等价的。化学不等价的两个基团,在化学反应中可以反映出不同的反应速率;在光谱、波谱的测量中,可能有不同的测量结果,因而可用谱学方法来研究化学等价性。

先以柠檬酸(C2-7)为例:

$$HOOC—CH_2—\overset{\displaystyle OH}{\underset{\displaystyle COOH}{C}}—CH_2—COOH$$

(C2-7)

从上述表示来看,连接亚甲基的两个羧基似乎是对等的,实际上,在酶解反应中,这两个羧基的酶解速率不同,说明两个羧基不是化学等价的。

δ-维生素 E(C2-8):

HO（色满环结构）CH₃, CH₂—CH₂—CH₂—CH₂—CH—CH₂—CH₂—CH₂—CH—CH₂—CH₂—CH₂—CH—CH₃, CH₃, CH₃, CH₃

(C2-8)

其结构式末端两个甲基连在同一 CH 上。虽然 δ-维生素 E 的氢谱中看不到这两个甲基的差别,但在其碳谱中,可观察到两个甲基的 δ 值略有不同而清晰地呈现了两条谱线[4]。由此说明这两个甲基是化学不等价的。

从这里,我们知道化学等价性与否联系着核磁共振谱图的外观。对核磁共振谱来说,化学等价与否是决定谱图复杂程度的重要因素。因此,有必要对化学等价的概念进行较深入的讨论。我们的讨论包括两种情形。

1. 考虑分子中各原子核处于相对静止的情况

由于分子中各原子核相对静止,这时可用对称操作看两基团能否相互交换来判断两相同基团(或两相同核)的化学等价性。通过对称操作两基团可相互交换又分为两种。

分子中的两基团经某些对称操作(如二重轴旋转)可互换,它们是等位的(homotopic)。无论在何种溶剂中,它们都在同一频率共振,即它们是等频的(isochronous)。总之,这样的两个基团(或两个核)无论在任何环境都是化学等价的。

若分子中的两相同基团通过对称面而相互交换,它们是对映异位的(enantiotopic),犹如物体和它的镜像的关系。对映异位二基团在非手性溶剂(不含手性中心的溶剂)中是等频的,也即是化学等价的;但在手性溶剂中,它们是异频的(anisochronous),此时它们不再是化学等价的。现以化合物(C2-9)为例:

$$\begin{matrix} & X & \\ & | & \\ Y & C\text{—}R'' & R'=R'' \\ & R' & \end{matrix}$$

(C2-9)

其中 R′ 和 R″ 本为两个相同的基团,但为讨论方便,把它们标注不同以相互区别。从 R′ 的方向来观察剩下的三个取代基,按顺时针方向记其顺序是 X—R″—Y。但从 R″ 的方向来观察剩下的三个取代基,按顺时针方向记其顺序则是 X—Y—R′。因此,在手性溶剂中 R′ 和 R″ 是异频的。二者共振频率差异的大小与 X、Y 二取代基的性质、所用的手性溶剂、核磁共振仪器的频率有关。

若分子中两个相同基团不能通过对称操作而相互交换,则称为非对映异位的(diastereotopic)。非对映异位的两个基团无论在何种溶剂中均是异频的,也即非化学等价的。它们有可能在一特定情况下偶然等频(accidentally isochronous),此时谱峰偶然性地重合。

2. 分子内存在快速运动

常见的分子内运动有链的旋转、环的翻转等。

由于分子内的快速运动,一些不能通过对称操作而交换的基团有可能成为化学等价的、等频的基团;但也不是两相同基团就一定能成为等频的基团。现以讨论链的旋转为例。在讨论链旋转时,采用纽曼投影是很有效的。其表示法如图 2-11 所示。

现以纽曼投影来讨论分子的内旋转(图 2-12)。考虑有 RCH_2—$CXYZ$。由于后面的碳原子连接了 X、Y 和 Z 三个不同的基团,前面的碳原子上连接的两个氢:H_A 和 H_B 无论怎样旋转都是化学不等价的。

我们从旋转的过程来考虑,分子经内旋转而到达 H_A、H_B、R 分别与 X、Y、Z 相重叠时,分子处于势能的极大值。分子处于这样位置的时间可忽略,即分子总处于 Ⅰ、Ⅱ 和 Ⅲ 三种构象之

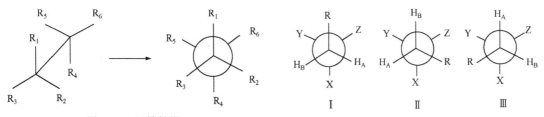

图 2-11　纽曼投影　　　　　图 2-12　用纽曼投影讨论分子的内旋转

一。由于几个基团的空间关系,分子处在 Ⅰ、Ⅱ 和 Ⅲ 构象的时间是不相同的,因此每种构象的分子数是不等的。对 H_A 和 H_B 来说,它们的化学位移是三种构象的加权平均值,即

$$\delta(H_A) = P_Ⅰ \delta_{XZ} + P_Ⅱ \delta_{XY} + P_Ⅲ \delta_{YZ} \tag{2-12}$$

$$\delta(H_B) = P_Ⅰ \delta_{XY} + P_Ⅱ \delta_{YZ} + P_Ⅲ \delta_{XZ} \tag{2-13}$$

上述两式中,$P_Ⅰ$、$P_Ⅱ$、$P_Ⅲ$ 分别表示分子处于 Ⅰ、Ⅱ、Ⅲ 构象的概率;δ_{XY}、δ_{YZ}、δ_{XZ} 分别表示氢原子处于 X、Y、Z 的某两个基团之间时的 δ 值。

由于 $P_Ⅰ \neq P_Ⅱ \neq P_Ⅲ$,因此 $\delta(H_A) \neq \delta(H_B)$。

当温度升高时,链的旋转速度加大,三种构象的分子数逐渐接近,但在实验条件下,难于达到其数目相等。即使三种构象的分子数相等,要仔细观察,H_A 和 H_B 也不是化学等价的。例如,构象 Ⅰ 中 H_A 的化学环境并不与构象 Ⅲ 中的 H_B 的化学环境完全相同。Ⅰ 中的 H_A,一侧是 X、H,另一侧是 Z、R。Ⅲ 中的 H_B,一侧是 X、R,另一侧是 Z、H。因此,H_A 和 H_B 仍然是化学不等价的。

从图 2-12 可知,如果把 R 换成 H,则三个氢是完全等价的,正因为如此,在分析核磁共振氢谱时,甲基上的三个氢总是在一处出峰。

环的翻转与上述讨论类似。例如,环己烷翻转(改变构象)时,直立氢和平伏氢交互变化,因此二者等频,谱图上只有一个信号。

3. 前手性

在有机化合物中,若与某碳原子相连的四个基团互不等同时,该碳原子则是一手性中心 (chiral center)。若某碳原子连有一对相同基团时,该碳原子则是前手性中心(prochiral center),该分子就具有前手性(prochirality)。事实上前面的讨论已涉及前手性,如化合物 (C2-7)、(C2-9)。

从一般情况考虑,为判断前手性中心上两个相同基团的关系,需用一个非手性试验基团进行取代试验。现命取代前化合物为 X/X,试验基团 T 取代后为 X/T 及 T/X。存在三种可能:

(1) X/T ≡ T/X,即二者可以相互重叠,两个 X 是等位的。

(2) X/T 与 T/X 成镜像关系,两个 X 是对映异位的。

(3) X/T 与 T/X 是非对映异位的,两个 X 是非对映异位的。

由于取代试验烦琐、费时,有人提出以下简化方法[5]:

若分子存在对称面,且此对称面平分∠XCX,两个 X 是对映异位的(若存在分子内运动,则对每一种构象来说,都应存在平分∠XCX 的分子对称面)。若上述条件不满足,两个 X 是非对映异位的。化合物(C2-7)是对映异位的例子。化合物(C2-10)环上二甲基及异丙基上的两个甲基则分别都是非对映异位的。

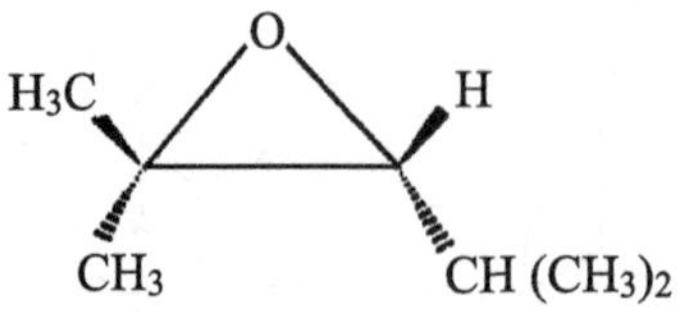

$$(C2\text{-}10)$$

4. 同一碳原子上相同二基团(或二核)化学等价性的考虑

上面讨论的是关于化学等价的定义、判断原则及方法等。下面将讨论一些具体情况。

因旋转,甲基上面三个氢(或连接于同一碳原子上的三个相同基团)是化学位移等价的,故现在讨论 CH_2(或同碳上两个相同基团)的化学等价性。

(1) 固定环上 CH_2 的两个氢不是化学等价的,在分析谱图时经常可见到。

(2) 单键不能快速旋转时,同一原子上两相同基团不是化学等价的。典型的例子即是化合物(C2-11)。由于 C—N 单键具有部分双键性质,不能自由旋转,N 上两个甲基受到分子内不同的屏蔽作用,因此这两个甲基呈现两个峰(高温下则只出现一个峰)。

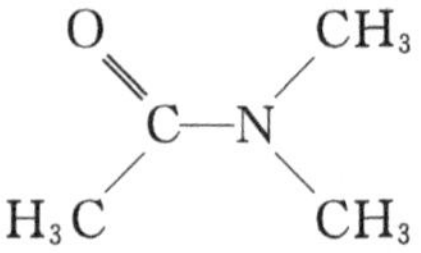

$$(C2\text{-}11)$$

(3) 与手性碳相连的 CH_2 的两个氢不是化学等价的,图 2-12 即是其说明。

(4) 不与手性碳相连的 CH_2 可按前面所述的是否存在平分 $\angle XCX$ 的分子对称面来讨论。需要说明的是:"对称面原则"对研究前手性中心是普遍适用的,但若前手性中心与手性中心相连时,肯定不存在该对称面,因此有(3)。另一方面,前手性中心不与手性中心相连,两个 X 也可能是非对映异位的,如化合物(C2-12)中乙氧基中 CH_2 的两个氢,因为分子的对称面不能平分该 CH_2 的键角。

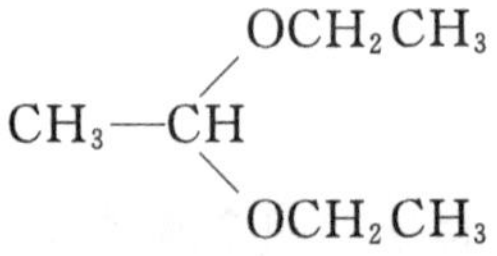

$$(C2\text{-}12)$$

由于 CH_2 上两个氢不等价,产生 AB 体系的 4 条谱线(参阅 2.4.1),它们再受邻位 CH_3 裂分,因此若无谱线重叠,此 CH_2 可观察到 16 条谱线。

2.3.2 磁等价

两个核(或基团)磁等价(magnetic equivalence)必须同时满足下列两个条件:

(1) 它们是化学等价的。

(2) 它们对任意另一核的耦合常数 J 相同(数值及符号)。

磁不等价的经典例子是(C2-13)。

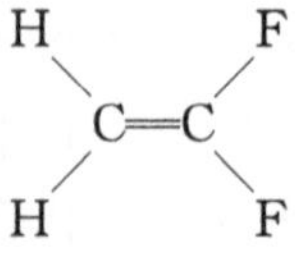

$$(C2\text{-}13)$$

从分子的对称性很容易看出两个 H 是化学等价的,两个 F 也是化学等价的。但以某一指定的 F 考虑,一个 H 与它是顺式耦合,而另一个 H 与它则是反式耦合,不符合上述条件(2),因此两个 H 化学等价而磁不等价。同理,两个 F 也是磁不等价的。由于两个氢磁不等价,其氢谱谱线数目超过 10 条。

苯环对位取代衍生物(C2-14)中,H_A 和 $H_{A'}$ 是化学等价的,因为分子通过二重轴(该二重轴通过两个取代基)旋转可相互交换。但它们对 H_B(或 $H_{B'}$)来说,一个是邻位耦合(耦合常数 ^3J),另一个是对位耦合(耦合常数 ^5J),因此它们是磁不等价的。但在对称三取代苯环(C2-15)中,H_A 及 $H_{A'}$ 化学等价且磁等价(设 X,Y 均非磁性核),因为它们对 H_B 都是间位耦合,其耦合常数 ^4J 相同。

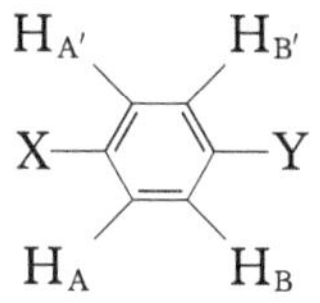

(C2-14) 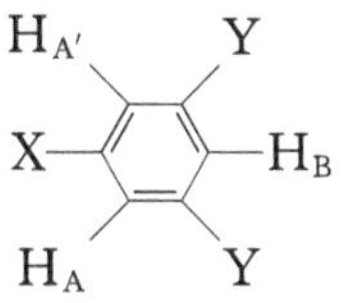   (C2-15)

2.3.3 自旋体系

1. 定义

相互耦合的核组成一个自旋体系(spin system)。体系内部的核相互耦合但不与体系外的任何一个核耦合。在体系内部并不要求一个核与它以外的所有核都耦合。由上述可知体系与体系之间是隔离的。以化合物(C2-16)为例:

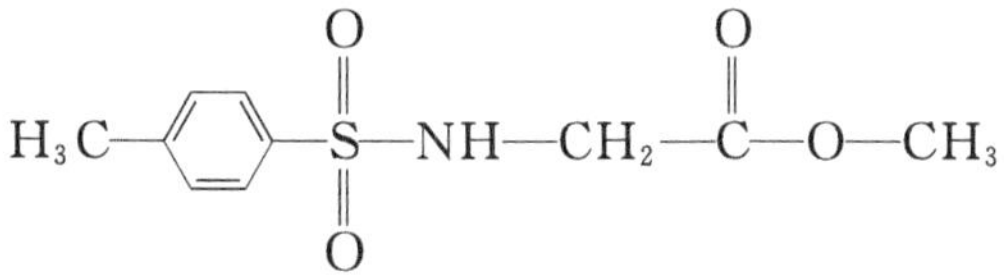

(C2-16)

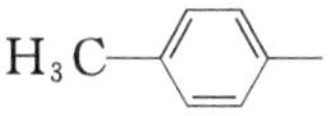

$H_3C-\bigcirc-$ 是一个自旋体系,该体系内部的核都不与体系外的任何核有耦合作用。在体系内部,苯环上四个氢之间相互耦合;甲基的三个氢相互耦合(但因三个氢的 δ 值相同,它们之间的耦合裂分在谱图中表现不出来);甲基的氢与苯环上的邻碳氢相互(长程)耦合(甲基与苯环上间位的氢则无耦合作用);因此甲基与苯环构成一个自旋体系,该分子的另外两个自旋体系是:—NH—CH_2— 和 —CH_3。

2. 命名

(1) 化学位移相同的核构成一个核组,以一个大写英文字母标注。

(2) 几个核组之间分别用不同的字母标注,若它们化学位移相差很大,标注用的字母在字母表中的距离也大,反之亦然。例如,两个核组间 $\Delta\delta$ 大则标为 A 与 X,$\Delta\delta$ 小则标为 A 与 B。

(3) 核组内的核若磁等价,则在大写字母右下角用阿拉伯数字注明该核组核的数目。

(4) 若核组内的核磁不等价,则用上标"′"加以区别。例如,一核组内有三个磁不等价核,可以标为 $AA'A''$。

以前面讨论过的H_3C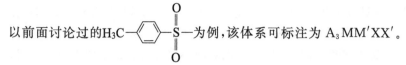为例,该体系可标注为 $A_3MM'XX'$。

上述(1)、(3)、(4)项都十分明确。现对(2)作进一步讨论。

一个自旋体系内两个核组间相互(耦合)作用的强弱与它们化学位移值之差密切相关;或者更确切地说,当以赫兹为共同单位时,它们相互作用的强弱是以 $\Delta\nu/J$ 的数值来衡量的(此处 $\Delta\nu$ 是化学位移之差,以赫兹表示)。当 $\Delta\nu \gg J$ 时,两核组间的相互作用是弱的,理论计算时可忽略一些近似为零的项,其谱图的确也是简单的;反之当 $J \approx \Delta\nu$ 或 $J > \Delta\nu$ 时,两核组间的相互作用是强的,理论计算时不能近似处理,其谱图峰组复杂。强耦合的两核组以 A、B 表示,弱耦合的两核组则以 A、X 表示。具体以何种 $\Delta\nu/J$ 数值来划分,没有统一的规定。$\Delta\nu/J > 6$ 可认为是弱耦合作用。

2.3.4　核磁共振谱图的分类

核磁共振谱图分为一级谱(first-order spectra)和二级谱(second-order spectra)。

一级谱可用 $n+1$ 规律分析(对于 $I \neq 1/2$ 的原子核则应采用更普遍的 $2nI+1$ 规律)。$n+1$ 规律不适用于二级谱。产生一级谱的条件如下:

(1) $\Delta\nu/J$ 大,至少应大于 6。

(2) 同一核组(其化学位移相同)的核均为磁等价的。这一条件甚至比(1)更重要。化合物(C2-13)的两个氢是磁不等价的,因此其谱图不是一级谱。

一级谱具有下列特点:

(1) 峰的数目可用 $n+1$ 规律描述。但要注意这 n 个氢对于所讨论的氢应是磁等价的,即只有一个耦合常数。若所讨论的核组所相邻的 n 个氢存在两个耦合常数 J_1 及 J_2,其对应核数分别为 n_1 及 $n_2(n_1+n_2=n)$,则此时所讨论的核组具有 $(n_1+1)(n_2+1)$ 个峰。其余类推。

(2) 峰组内各峰的相对强度可用二项式展开系数近似地表示(参阅 1.3 节)。

(3) 从图可直接读出 δ 和 J。峰组中心位置为 δ。相邻两峰之间距离(以赫兹计)为 J。

不能同时满足产生一级谱的两个条件时,则产生二级谱。二级谱与一级谱的区别如下:

(1) 一般情况下,峰的数目超过根据 $n+1$ 规律计算的数目。

(2) 峰组内各峰之间相对强度关系复杂。

(3) 一般情况下 δ、J 都不能直接读出。

因此,必须对常见二级谱进行讨论。

2.4　几种常见的二级谱体系　

2.3 节我们讨论了产生一级谱的条件,即 $\Delta\nu/J$ 大,而且同一核组的核是磁等价的。如果不符合产生一级谱的条件,就会产生二级谱。

本节从自旋体系的角度讨论几种常见的二级谱。2.5 节将对几种常见官能团的复杂谱图进行分析。

各种二级谱的解析曾经是核磁共振著作的重要内容[6,7],这与当时的实验条件是密切相关的,更准确地说,是与所用的核磁共振谱仪的频率密切相关的。现在高频核磁共振谱仪已经占据了主要地位,一般的测试都用 400 MHz 以上的核磁共振谱仪进行。因此,当今在实际工作中遇见二级谱的可能性相当小(AB体系除外)。也就是说,一般情况下我们面对的是一级谱。鉴于上述情况,本书在此仅讨论相对易见的二级谱。重点移到常见官能团的氢谱特征(2.5节)。

2.4.1 AB体系

AB体系经常可见,如环上孤立的CH_2、二取代乙烯、四取代苯等。

AB体系的能级图类似于AX体系能级图(图1-3),但能级2、3的波函数都是由$\alpha\beta$和$\beta\alpha$线性组合而成的。

AB体系谱图如图2-13所示。AB体系各参数间有以下关系:

$$J_{AB} = \nu_1 - \nu_2 = \nu_3 - \nu_4 \tag{2-14}$$

$$\Delta = \delta_{AB} = \delta_A - \delta_B = \sqrt{D^2 - J^2}$$
$$= \sqrt{(\nu_1 - \nu_3)^2 - (\nu_1 - \nu_2)^2}$$
$$= \sqrt{(\nu_1 - \nu_4)^2 - (\nu_2 - \nu_3)^2} \tag{2-15}$$

$$\frac{I_2}{I_1} = \frac{I_3}{I_4} = \frac{D+J}{D-J} = \frac{\nu_1 - \nu_4}{\nu_2 - \nu_3} \tag{2-16}$$

式中,I为峰的强度。

从式(2-16)知,内侧峰(2和3)总比外侧峰(1和4)高,只有当$\delta_{AB} \gg J_{AB}$,外侧峰和内侧峰才能近似等高。因此,二氢核形成AX体系是很罕见的(二异核则形成AX体系)。

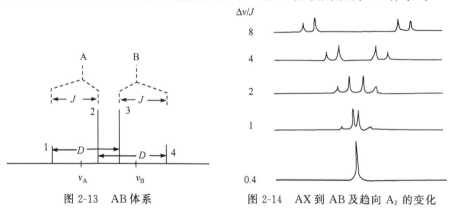

图2-13　AB体系　　　　　图2-14　AX到AB及趋向A_2的变化

从式(2-15)知$D^2 > J^2$。因此,高场(或低场)一侧相邻二谱线距离一定为J,J不可能为1、3(或2、4)间的距离。这个结论从图2-14也可以看出来。

从图2-14可清楚看出,随着$\Delta\nu/J$的减小,谱图从一级谱(AX体系)过渡到二级谱,但当$\Delta\nu = 0$时,变成一条谱线。这种变化趋势以及$\Delta\nu = 0$时众多谱线会变成一条谱线这一事实,对所有其他自旋体系也都是适用的。

2.4.2 AB$_2$体系

AB$_2$体系见于苯环对称三取代、吡啶环对称二取代、$-CH-CH_2-$ 等。

AB$_2$的能级图如图2-15所示。

核磁共振能级间跃迁的选律为:①$\Delta m = \pm 1$;②跃迁前后波函数的对称性不改变。

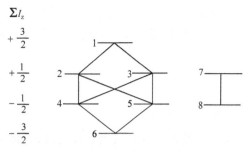

图 2-15　AB₂ 体系能级图

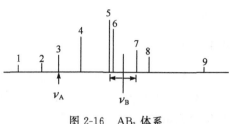

图 2-16　AB₂ 体系

AB₂ 体系可能发生的跃迁如图 2-15 中的各连线所示,由此可知有 9 条谱线。其中 4→3 为综合谱线,强度低。

AB₂ 体系的谱图如图 2-16 所示,图中 $\nu_A > \nu_B$,如果 $\nu_A < \nu_B$,则只需将该图旋转 180°,使图的左、右两侧交换即可。此时标号也需相应更换。

AB₂ 体系谱线间有以下关系:

$$\nu_1 - \nu_2 = \nu_3 - \nu_4 = \nu_6 - \nu_7 \qquad (2\text{-}17)$$

$$\nu_1 - \nu_3 = \nu_2 - \nu_4 = \nu_5 - \nu_8 \qquad (2\text{-}18)$$

$$\nu_3 - \nu_6 = \nu_4 - \nu_7 = \nu_8 - \nu_9 \qquad (2\text{-}19)$$

第 5、6 两线往往很靠近,如图 2-17 所示。

又

$$\delta_A = \nu_3 \qquad (2\text{-}20)$$

它对应图 2-15 中两个反对称波函数能级(7,8)间的跃迁。

$$\delta_B = \frac{1}{2}(\nu_5 + \nu_7) \qquad (2\text{-}21)$$

$$J_{AB} = \frac{1}{3}[(\nu_1 - \nu_4) + (\nu_6 - \nu_8)] \qquad (2\text{-}22)$$

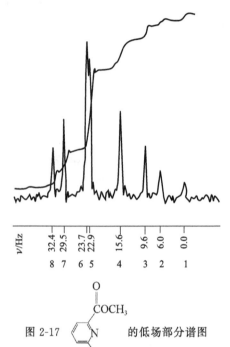

图 2-17　的低场部分谱图

式(2-22)可用下列叙述帮助记忆:$\nu_1 - \nu_4$ 表示 A 的谱线裂分宽度;$\nu_6 - \nu_8$ 近似为 B 的谱线裂分的宽度(因第 6 线经常很接近第 5 线,第 9 线是综合谱线且一般强度很弱);现在相互耦合的核共三个,故前面除以 3。

掌握 AB₂ 体系的解析方法对推测结构是很有用的。以图 2-17 为例,从谱图形状可知它为 AB₂ 体系。从峰组处于较低场位置可知该化合物为对称二取代吡啶衍生物。按式(2-22)可算出 $J \approx 8$ Hz,这与吡啶环 3-、4-位(或 4-、5-位)氢的耦合常数对应,因此可知该化合物在吡啶环上 3-、4-、5-位有三个相邻的氢,这就可加速推测结构的进程。

AB₂ 体系是介于 A₃ 和 AX₂ 体系之间的体系。

2.4.3　AMX 体系

AMX 体系是最简单的三核体系。

AMX 体系的谱图是一级谱,如图 2-18 所示。三个 δ 和三个 J 从谱图直接读出。

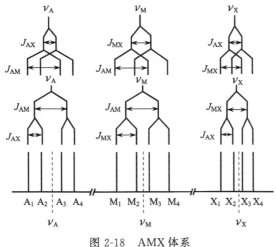

图 2-18　AMX 体系

2.4.4　AA′BB′体系

苯环的对称二取代、—CH_2—CH_2—均可能形成 AA′BB′体系。

AA′BB′体系谱图的特点为左右对称,如图 2-19 所示。

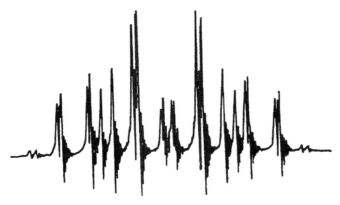

图 2-19　邻二氯苯的[1]H NMR 谱

2.5　常见官能团的氢谱特征

　　虽然在采用高频核磁共振谱仪的条件下,我们一般面对的氢谱是一级谱,但是熟悉常见官能团的氢谱特征仍然是很有必要的。这样,我们能够从拿到的一张氢谱迅速地作出初步判断。

　　本书在氢谱、碳谱、质谱、红外光谱各章中均将论述常见官能团的谱图特征。在 2.1.3 中,我们已经讨论了常见官能团的化学位移数值,本节我们讨论常见官能团在氢谱中的特征,侧重峰形。

2.5.1 取代苯环

1. 单取代苯环

如果在氢谱的苯环取代区显示存在 5 个氢原子,可确定有单取代苯环。

取代基不同的性质会使苯环剩余的 5 个氢(邻位、对位和间位氢)有不同的变化,因此它们在氢谱的峰组的位置和峰形都将随之改变。在 Chamberlain[8] 提出苯环两类取代基概念的基础上,本书(从第一版开始)结合苯环取代基的电子效应,综合分析苯环上剩余氢的谱峰的峰形及化学位移,并明确地提出三类取代基的概念,以此来讨论取代苯环的氢谱时,能迅速地判别谱图类型,从而确定苯环上的可能取代基团,效果很好,现论述如下。

1) 第一类取代基

第一类取代基是使邻、间、对位氢的 δ 值(相对于未取代苯)位移均不大的基团。属于第一类取代基的有:—CH_3,—CH_2—,—$\overset{|}{C}H$,—CH=CHR,—C≡CR,—Cl,—Br 等。

由于苯环上剩下的邻位、间位和对位的氢的化学位移数值相差不大,它们的峰组几乎重叠,不像下面讨论的第二、第三类取代基(能够看到某些峰组位于相对低场或相对高场)。

2) 第二类取代基

第二类取代基是有机化学中使苯环活化的邻、对位定位基,这类基团是含饱和杂原子的基团。由于饱和杂原子的未成键电子对和苯环的离域电子有 p-π 共轭作用,苯环被活化,特别是邻、对位氢,电子密度有明显的增高。从有机化学的角度来看,就是苯环上的邻、对位氢易进行亲电反应;从核磁共振的角度来看,就是邻、对位氢因电子密度增高,其谱峰有较大的高场位移。间位氢也有高场位移,但移动幅度小。因此,苯环上剩余的五个氢的谱峰分成了两组:较高场的邻、对位三个氢的峰组和相对低场的间位二氢的峰组。间位氢两侧都有氢,因而显示 ^3J 引起的三重峰。^4J,^5J 会产生进一步的细微裂分,但我们着重观察 ^3J 引起的裂分。

属于第二类取代基的有:—OH,—OR,—NH_2,—NHR,—NR'R" 等。

3) 第三类取代基

第三类取代基是有机化学中使苯环钝化的间位定位基。这类基团是含不饱和杂原子的基团。它们与苯环形成大的共轭体系,但由于杂原子的电负性,苯环电子密度降低,尤其是邻位,因此苯环剩下五个氢的谱峰都往低场移动,而邻位二氢移得最多。因而在核磁共振氢谱上苯环区的相对低场处,显示因 ^3J 引起的双峰,由此判断第三类取代基的存在。

属于第三类取代基的有:—CHO,—COR,—COOR,—COOH,—CONHR,—NO_2,—N=NR 等。

总之,我们在判断这三类取代基时,集中观察因 ^3J 引起的耦合裂分,在分析峰形的同时,也分析化学位移的数值。

2. 对位取代苯环

对位取代苯环具有二重旋转轴的对称性,它们的氢谱也具有对称性,以氢谱的某一点为对称中心,其两侧的峰组左右对称。

由于苯环上仅余隔离的两对相邻氢,因此它们的谱图远比同是 AA'BB' 体系的相同基团邻位取代苯环谱图简单。对位取代苯环谱图具有鲜明的特点,是取代苯环谱图中最易识别的。它粗看是左右对称的四重峰,中间一对峰强,外面一对峰弱,每个峰可能还有各自小的卫星峰(以某谱线为中心,左右对称的一对强度低的谱峰)。

解析此类谱图时需注意下列两点:

(1) 若取代基与其邻位二氢有长程耦合(如 CH_3 —⟨H ⟩— X),则长程耦合使谱线半高宽加大,高度减低。这在谱图相应的一侧会反映出来。

(2) 若两个取代基性质相近(如羟基和甲氧基),则两对化学位移等价氢的 δ 值相近,此时谱图类似于图 2-14 中 δ 值很相近的 AB 体系的谱图,即中间二谱线强度高、距离近,外侧二峰强度很低。当苯环上两对氢的 δ 值逐渐靠近时,外侧二峰逐渐消失。

3. 邻位取代苯环

(1) 相同基团邻位取代,此时形成典型的 $AA'BB'$ 体系,其谱图左右对称。它的谱图一般比脂肪族 X—CH_2—CH_2—Y 的 $AA'BB'$ 体系谱图复杂(当然,脂肪族 $AA'BB'$ 和苯环 $AA'BB'$ 体系二者化学位移相差很大,它们不可能混淆,上面仅是从谱图的形状进行比较)。

(2) 不同基团邻位取代,此时形成 ABCD 体系,其谱图很复杂。由于单取代苯环分子保持有对称性;在二取代苯环中,对位、间位取代的谱图比邻位取代简单;多取代则使苯环上氢的数目减少,从而谱图得以简化,因此不同基团邻位取代苯环具有最复杂的苯环谱图。

如果两个取代基性质差别大(如分属第二、第三类取代基),或二者性质差别虽不很大,但仪器的频率高(这是仪器发展方向,使用高频仪器的机会越来越多),苯环上四个氢近似于 AKPX 体系,即每个氢的谱线可解析为首先按 ^3J 裂分(两侧邻碳上有氢者粗看为三重峰,一侧邻碳上有氢者粗看为双重峰),然后按 ^4J,^5J 裂分(耦合裂分的距离按 ^3J,^4J,^5J 顺序递减)。

4. 间位取代苯环

相同基团间位取代,苯环上四个氢形成 AB_2C 体系,若两基团不同,则形成 ABCD 体系。

间位取代苯环的谱图一般也是相当复杂的,但两个取代基团中间的隔离氢因无 ^3J 耦合,经常显示粗略的单峰。当该单峰未与其他峰组重叠时,由该单峰可以判断间位取代苯环的存在。当该单峰虽与其他峰组重叠,但从中仍然看出有粗略的单峰时,由此仍可估计间位取代苯环的存在。

5. 多取代苯环

苯环上三取代时,苯环上所余三个氢构成 AMX 或 ABX、ABC、AB_2 体系。苯环上四取代时,苯环上所余二氢构成 AB 体系。五取代时苯环上所余孤立氢产生不分裂的单峰。

综上所述,对苯环谱图的分析归纳为下列要点:

(1) 取代基可分为三类。它们对其邻位、间位、对位氢的化学位移影响不同。

(2) 苯环上剩余的氢之间 δ 值相差越大,或所用核磁仪器的频率越高,其谱图越可近似地按一级谱分析,反之则为典型的二级谱。

(3) 当按一级谱近似分析时,^3J 起主要作用,所讨论的氢的谱线主要被其邻碳上的氢分裂。

2.5.2 取代的杂芳环

由于杂原子的存在,杂芳环中相对杂原子不同位置的氢有较大的化学位移数值的差别。取代基在杂芳环上的取代更进一步增加了杂芳环剩余氢原子化学位移的差别。基于上述情况,即便使用低频核磁共振谱仪,杂芳环的氢谱也是一级谱,可用 $n+1$ 规律分析。

由于存在杂原子,杂芳环内 ^3J 相对于杂原子的位置改变。如同前面所说的,电负性基团的取代会降低 ^3J 的数值,在吡啶环内,α-氢和 β-氢之间的数值就较小,约 5 Hz;β-氢和 γ-氢之间的数值就较大,约 8 Hz。这个变化趋势在呋喃和吡咯中也是类似的。

2.5.3 单取代乙烯

单取代乙烯烯键上的氢之间存在顺式、反式、同碳耦合,它们同取代的烷基还有 ^3J 及长程耦合,因此谱线很复杂(比两侧都有取代的乙烯复杂)。

现以 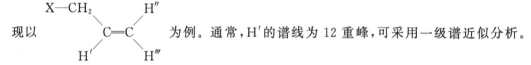 为例。通常,H′ 的谱线为 12 重峰,可采用一级谱近似分析。

我们可把它的 12 重峰标为 d×d×t(或 d,d,t)。一个 d 表示因 H″ 的反式耦合,形成一个双重峰(doublet)。另一个 d 表示因 H‴ 的顺式耦合,每条谱线将被进一步分裂为两条谱线。t 表示因 CH_2 的 ^3J 耦合,每条谱线被进一步分裂为三重峰。因此,把它们标注为四组三重峰可使谱图清楚、明了。从任意一个三重峰中可找到 ^3J 数值,从四组三重峰的中心可找到 $J_{反}$、$J_{顺}$。

因存在几个耦合常数,H″ 和 H‴ 的谱线是复杂的。可对 H″ 和 H‴ 具体分析:① H″ 和 H‴ 各自被 H′ 分裂为二重峰,$J_{反}$ 及 $J_{顺}$ 具有较大的数值;② H″ 和 H‴ 之间的耦合常数 ^2J 具有较小的数值;③ H″ 或 H‴ 与 CH_2 之间的长程耦合常数 ^4J 较小。因此,主要由 $J_{反}$ 和 $J_{顺}$ 决定 H″ 和 H‴ 谱线的分布,而 $J_{反}$ 和 $J_{顺}$ 形成的两组双重峰中常有两峰很靠近,故 H″ 和 H‴ 的谱线粗看是三重峰(参阅 2.9 节例题)。

2.5.4 正构长链烷基

饱和长碳链也是常可遇见的结构单元。其通式为 $X-(CH_2)_n-CH_3$。在常见的有机化合物中,各种取代基相对烷基而言都是吸电子的,因此 X 的 α-位 CH_2 的谱峰移向低场;β-位 CH_2 的谱峰也移向低场,但移动距离较前者小得多。位数更高的 CH_2 化学位移很相近,在 $\delta \approx 1.19 \sim 1.25$ ppm 处形成一个粗略的单峰。由于它们的化学位移数值相差小,而 $^3J \approx 6 \sim 7$ Hz,因此形成强耦合体系,峰形复杂。

长链烷基中连接取代基的亚甲基显示三重峰。

2.5.5 活泼氢

活泼氢的化学位移数值已经在 2.1.3 中讨论了。这里主要讨论它们的峰形。

羟基的峰相比于胺基窄(当然比烃基的峰要宽),羟基的峰为单峰。

胺基一般情况下显示较宽的峰,峰形可能为钝的单峰,也可能显示钝的三重峰。少数情况显示单峰。

为什么会有上述的峰形,请参阅 2.8.2。

2.6　简化谱图分析的一些方法

2.6.1　使用高频仪器

在 2.3 节中我们已讨论了 $\Delta\nu/J$ 决定了谱图的复杂程度。J 的数值反映了核磁矩间相互作用能量的大小,它是分子所固有的属性,不因作图条件的改变而改变。化学位移之差以 ppm 计,是不随仪器的频率而改变的;但以 Hz 计的 $\Delta\nu$ 确与仪器的频率成正比。因此,使用高频核磁共振谱仪就把原来低频谱仪得到的二级谱变为了一级谱,即谱图大为简化。

使用高频仪器,在简化谱图的同时,谱线信噪比也大为改善。因 $\Delta E \propto \nu$,若 ν 上升,ΔE 将增大,再按式(1-27),Δn 也将增大。从这个角度考虑,信号强度与 ν 成正比;从电子学线路的信号检测可知,信号强度也与 ν 成正比;所以总的结果,从理论上考虑,信号强度与 ν^2 成正比。实际上达不到理论值,信号强度只能与 $\nu^{1.5}$ 成正比。

由于上述两个原因,不断提高核磁共振谱仪的磁场强度,相应地采用高频电磁波,是仪器制造的重要发展方向。

2.6.2　重氢交换

重氢交换最经常使用重水 D_2O。

与氧、氮、硫相连的氢是活泼氢,在溶液中它们可以进行不断的交换。交换反应速率的顺序为 OH>NH>SH。如果样品分子含有这些基团,在作完谱图后滴加几滴重水,振荡,然后重新作图,此时活泼氢已被氘取代,相应的谱峰消失,由此可以完全确定它们的存在。

虽然醇、酚、羧酸、胺、芳胺等因氢键的作用,其 δ 值与作图条件有关,但它们的 δ 值各自都有一定的变化范围,再加上峰形可能有所不同,因此可以相互区分。氨基除有时显示尖锐峰形外,常显示较钝的峰形,除交换反应速率不够快外,与 ^{14}N 的四极矩也有关系(将在 2.8 节讨论)。羟基常显示尖锐峰形。

重氢氧化钠(NaOD)可以把羰基的 α-氢交换掉,应用此法,犹如 2.7 节中的自旋去耦,可帮助推断结构。

2.6.3　介质效应

苯、乙腈等分子具有强的磁各向异性。在样品溶液中加入少量此类物质,会对样品分子的不同部位产生不同的屏蔽作用。在核磁测定时,最常采用氘代氯仿($CDCl_3$)作为溶剂(因其价廉、极性适中)。若这时有些峰组相互重叠,可滴加少量氘代苯(C_6D_6),重叠的峰组有可能分开,从而简化了谱图。

除上述方法外,双共振也是一种重要方法。因双共振内容丰富,故单独列为一节进行讨论。

2.7　双　共　振

双共振(double resonance)又称双照射(double irradiation)。

在进行双照射实验时,除应用电磁波 B_1 为所检测的核产生共振之外,还应用第二个电磁

波 B_2，B_2 所作用的核可以是与被测核相同的核种，也可以是与被测核不同的核种。无论被干扰的核与被测核种是否相同，在表示时，把被干扰的核写在大括号中，被检测的核则写在大括号之前，如$^{13}C\{^1H\}$、$^1H\{^1H\}$。当然，被干扰的核可以不止一种，这时即称为多重共振（multiple resonance）。

类似式(1-12)$\omega = \gamma B_0$，对被干扰核的照射可写出

$$\omega_2 = \gamma B_2$$

或

$$\nu_2 = \frac{\gamma}{2\pi} B_2 \qquad (2\text{-}23)$$

式中，γ 为被干扰核的磁旋比；B_2 为照射被干扰核的交变磁场的强度。

由式(2-23)算出的 ν_2 代表被干扰核被照射的频谱宽度，它反映 B_2 场强的大小。B_2 越强，被干扰核被照射的频谱宽度越大。当采用不同强度的 B_2 时，被干扰核被照射的频谱宽度不同，所得的实验结果也不同，相应地也有不同的理论解释。为简捷起见，我们仅讨论最常使用的自旋去耦及 NOE。

2.7.1　自旋去耦

自旋去耦（spin decoupling）是双共振中过去常使用的实验方法。

自旋耦合引起的谱线裂分可以提供结构信息，但谱线的裂分通常太复杂，造成谱图解析的困难，自旋去耦则可简化谱图或发现隐藏的信号，或得到有关耦合的信息。

以 AX 体系为例，A 的谱线被 X 分裂。但若 A 被照射而共振的同时（该照射频率记为 ν_1），以强的功率照射 X（该照射频率记为 ν_2），X 核发生共振并被饱和，X 核在两个能级间快速跃迁，在 A 核处产生的附加局部磁场平均为零，这就去掉了 X 核对 A 核的耦合作用。

若 A、X 核均为氢核，标为$^1H\{^1H\}$，称为同核自旋去耦。^{13}C 与相连的^1H 有耦合作用，记录碳谱时可照射^1H 而使^{13}C 出单峰，这时记为$^{13}C\{^1H\}$，称为异核自旋去耦。

化合物(C2-17)中连氧的 CH_2 既与一侧的 CH_2 耦合，也与氧一侧的^{31}P 耦合（$J_{P-O-C-H}$ 数值近似等于 $J_{H-C-C-H}$），为使该 CH_2 出单峰，我们可以同时辐照 P 和 β-CH_2。这时记为 $^1H\{^{31}P,^1H\}$。这就是三重共振。

$$O—CH_2—CH_2—CH_2—CH_3$$
$$O=P—O—CH_2—CH_2—CH_2—CH_3$$
$$O—CH_2—CH_2—CH_2—CH_3$$

(C2-17)

被去耦的核（前述 AX 体系中的 A 核），峰形会发生变化，当 A 核与 X 核的共振频相差不大时，去耦时 A 核的共振频率也会有些改变，这称为布洛赫-西格特（Siegert）位移，其数值可由式(2-24)计算：

$$\Delta\nu \approx \frac{\gamma B_2^2}{8\pi^2(\nu_A - \nu_X)} \qquad (2\text{-}24)$$

式中，$\Delta\nu$ 为布洛赫-西格特位移；B_2 为去耦的交变磁感强度。

自旋去耦具有下面两个主要作用：

（1）确定核之间的耦合关系，找出耦合体系的有关信息。

当辐照某峰组时，与该峰组有耦合关系的峰组的峰形会改变，由此可以找到有关的耦合体

系(一般是^3J耦合关系)。

(2) 简化复杂的谱图。

当辐照某峰组时,与该峰组有耦合关系的峰组的峰形简化,因为去掉了该峰组的耦合,裂分的数目减少了,所以在去耦的情况下,氢谱得到简化。

由于作同核位移相关谱COSY(参阅4.6节)时,从一张这样的二维谱就可以找到所有的耦合关系。对比于自旋去耦,一张COSY谱相当于完成了所有峰组的去耦实验。因此,在二维谱已经普及的今天,同核自旋去耦已经很少再应用。

2.7.2 核 Overhauser 效应

本小节所论述的核 Overhauser 效应(nuclear Overhauser effect,NOE)为狭义的分子内的核 Overhauser 效应。

1953 年,Overhauser 研究金属钠的液氨(顺磁)溶液,当用一个高频场使电子自旋发生共振并达到饱和时,核(^{23}Na)自旋能级粒子数的平衡分布被破坏,核自旋有关能级上粒子数差值增加很多,共振信号大为加强,这称为 Overhauser 效应。

后来发现,若对分子中空间相距较近(<5 Å)的两核之一进行辐照,使之达到跃迁的饱和状态,此时记录另一核的核磁共振峰,可发现较无此辐照时谱峰强度有所变化,这即是核的 Overhauser 效应。两个核空间距离相近即有发生核 Overhauser 效应的充分条件,与它们相隔的化学键的数目无关。因此,NOE 就成为研究立体化学的重要手段。

以谱学方法来研究立体化学课题相对于非谱学方法具有显著的优点,而几种谱学方法中,核磁共振是研究立体化学课题最有力的工具(参阅第9章)。其中主要采用三种方法:化学位移 δ 值的变化、耦合常数 J 值(与二面角的关系)和 NOE。这三种方法中 NOE 是最有效的,在第9章中将进一步阐述。

NOE 产生的机制是磁性核之间的偶极耦合(dipole coupling)。我们知道,以为数不多的化学键相连的磁性核之间有自旋-自旋耦合,也称为标量耦合(scalar coupling),在 1.3 节中已论述过了。磁性核具有磁矩,两个磁矩通过空间相互作用,因此只要二者空间距离在一定范围之内,这种作用就能反映出来。由于是磁矩之间的作用,因而称为偶极耦合。从这个叙述可知,此作用和化学键的存在与否无关,决定因素仅在于空间距离的远近。这种作用构成弛豫中的一种重要机制(参阅 3.4 节)。

下面我们结合能级图,定性地讨论 NOE 的原理[9,10]。设分子中有 δ 值不同而空间相近的 I 和 S 两个原子核,它们构成一个 IS 二旋体系(下面我们讨论的是同核体系,但完全可以推广到异核体系)。此处 S 表示对其辐照,使之达到跃迁饱和的核;I 表示进行检测的核。

由于 NOE 的产生仅以二核空间相近为决定性条件而不依靠二核之间跨越多少根化学键,因此我们假设 $J_{IS}=0$,所以 I 核的两个跃迁具有相同的能量差,对 S 亦然。

在上述条件下,IS 体系的能级图如图 2-20 所示。

图 2-20 中的 W 表示跃迁概率,具体来说:

W_{1I}:S 自旋状态保持不变时,I 核单量子跃迁(α 到 β 或 β 到 α 的跃迁)的概率;

W_{1S}:I 自旋状态保持不变时,S 核单量子跃迁(α 到 β 或 β 到 α 的跃迁)的概率;

W_{2IS}:双量子跃迁概率,跃迁时两种核的自旋状态同时往一个方向变化,如 $\alpha\alpha\rightarrow\beta\beta$ 或 $\beta\beta\rightarrow\alpha\alpha$;

W_{0IS}:零量子跃迁概率,跃迁时两种核的自旋状态同时发生相反方向的变化,$\alpha\beta\rightarrow\beta\alpha$ 或 $\beta\alpha\rightarrow\alpha\beta$。

需指出,W_{1I} 和 W_{1S} 我们已经很熟悉了。W_{2IS} 和 W_{0IS} 则需进一步讨论。如果从射频的激发

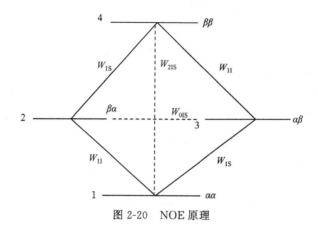

图 2-20 NOE 原理

或信号的检测来看,W_{2IS} 和 W_{0IS} 都是量子力学的禁戒跃迁,在通常的一维核磁共振实验中是不能激发和检出的。但在 NOE 实验中则不然,由于磁性核具有磁矩,两个磁性核空间距离相近时就有偶极耦合,或称为偶极-偶极相互作用(dipole-dipole interaction),因而有 W_{2IS} 和 W_{0IS}。从下面的讨论可知,由于有 W_{2IS} 和 W_{0IS},就会产生 NOE。W_{2IS} 和 W_{0IS} 的跃迁通称为"交叉弛豫"(cross relaxation),因为一个核的自旋状态发生变化时,另一核的自旋状态同时也发生了变化。

能级的布居数以 P 表示,平衡状态时的布居数以 P^0 表示。能级 2 和 3 的能量近似相等,我们可把它们的布居数认为近似相等,以 Π 表示。能级 1 的布居数将比 Π 略高(多一个 δ'),即 $\Pi+\delta'$。类似地可得出能级 4 的布居数为 $\Pi-\delta'$。

当对 S 核进行照射,使它的跃迁达到饱和时

$$P_1=P_3 \qquad P_2=P_4$$

因此有

$$P_1=P_3=\Pi+\frac{\delta'}{2} \qquad P_2=P_4=\Pi-\frac{\delta'}{2}$$

I 核谱线强度正比于 $(P_1-P_2)+(P_3-P_4)$(在假设 $J_{IS}=0$ 的条件下,I 的两条谱线重合在一起)。

在平衡状态时,I 谱线的强度 I_1 有

$$I_1 \propto [(P_1-P_2)+(P_3-P_4)] \propto (P_1^0-P_2^0)+(P_0^3-P_0^4)$$
$$\propto [(\Pi+\delta')-\Pi]+[\Pi-(\Pi-\Pi')] \propto 2\delta' \qquad (2\text{-}25)$$

当 S 被照射,其跃迁达到饱和时,可计算出 $(P_1-P_2)+(P_3-P_4)$ 仍然是 $2\delta'$。但这时 P_1-P_4 已从平衡时的 $2\delta'$ 降到 δ'。如果存在有效的 W_2 弛豫机制,它则要力图恢复到平衡状态的差值。由于此弛豫的存在,P_1 将从 $\Pi+\frac{\delta'}{2}$ 增加到 $\Pi+\frac{\delta'}{2}+d$,P_4 则将从 $\Pi-\frac{\delta'}{2}$ 降低到 $\Pi-\frac{\delta'}{2}-d$。在这种情况下,I_1 谱线的强度将有

$$I_1 \propto [(P_1-P_2)+(P_3-P_4)]$$
$$\propto (\Pi+\frac{\delta'}{2}+d)-(\Pi-\frac{\delta'}{2})+(\Pi+\frac{\delta'}{2})-(\Pi-\frac{\delta'}{2}-d)]$$
$$=2\delta'+2d \qquad (2\text{-}26)$$

对比式(2-26)和式(2-25),可以看到 I_1 在照射 S 核时有了增加,这即是 Overhauser 效应。

我们可以把上述的讨论总结为表 2-2 及表 2-3。

表 2-2　IS 体系各能级布居数

能级布居数	平衡时	S 被照射达饱和时	有效 W_2 作用时
P_1	$\Pi+\delta'$	$\Pi+\dfrac{\delta'}{2}$	$\Pi+\dfrac{\delta'}{2}+d$
P_2	Π	$\Pi-\dfrac{\delta'}{2}$	$\Pi-\dfrac{\delta'}{2}$
P_3	Π	$\Pi+\dfrac{\delta'}{2}$	$\Pi+\dfrac{\delta'}{2}$
P_4	$\Pi-\delta'$	$\Pi-\dfrac{\delta'}{2}$	$\Pi-\dfrac{\delta'}{2}-d$

表 2-3　I 核谱线强度

	P_1-P_2	P_3-P_4	I_A
平衡时	$2\delta'$	$2\delta'$	$2\delta'$
S 被照射达饱和时	$2\delta'$	$2\delta'$	$2\delta'$
有效 W_2 作用时	$\delta'+d$	$\delta'+d$	$2\delta'+2d$

如果 W_0 很有效,采用类似的分析可以得出 I_1 将相对降低的结论。这时就是负的 Overhauser 效应。

对 NOE 的定量处理是所谓的所罗门(Solomon)方程。它是相应于图 2-20 得出的,因此该方程具有普遍适用性。其形式为

$$\eta=\frac{\gamma_S}{\gamma_I}\cdot\frac{W_2-W_0}{2W_{1I}+W_2+W_0} \tag{2-27}$$

式中,η 为 NOE 增益,即辐照 S 核时 I 核信号增强的倍数;γ_S 和 γ_I 分别为 S 核和 I 核的磁旋比;其他符号如前定义。

从式(2-27)可知,NOE 源于存在 W_2 和 W_0。如果 $W_2>W_0$,则呈正的 NOE,即辐照 S 核时 I 核的信号将增强。反之,如果 $W_0>W_2$,则呈负的 NOE,I 核的信号将减弱。

要具体计算 η 的大小,就需找出 W_2、W_0、W_{1I} 的表达式。有关理论计算得出:

$$W_2=\frac{3}{5}\kappa^2\frac{\tau_c}{1+(\omega_I+\omega_S)^2\tau_c^2} \tag{2-28}$$

$$W_0=\frac{1}{10}\kappa^2\frac{\tau_c}{1+(\omega_I-\omega_S)^2\tau_c^2} \tag{2-29}$$

$$W_{1I}=\frac{3}{20}\kappa^2\frac{\tau_c}{1+\omega_I^2\tau_c^2} \tag{2-30}$$

$$\kappa=\frac{\mu_0}{4\pi}\hbar\gamma_I\gamma_S r_{IS} \tag{2-31}$$

上述诸式中,ω_I 和 ω_S 分别为 I 核和 S 核的共振频率;τ_c 为相关时间,是分子在溶液中转动失去相的相关性的时间常数,请参阅 3.4.1;r_{IS} 为 I 核与 S 核之间的距离;其他符号为通常含义。

将式(2-28)至式(2-31)代入式(2-27),化简后得

$$\eta=\frac{\gamma_S}{\gamma_I}\cdot\frac{\dfrac{6}{1+(\omega_I+\omega_S)^2\tau_c^2}-\dfrac{1}{1+(\omega_I-\omega_S)^2\tau_c^2}}{\dfrac{6}{1+(\omega_I+\omega_S)^2\tau_c^2}+\dfrac{1}{1+(\omega_I-\omega_S)^2\tau_c^2}+\dfrac{3}{1+\omega_I^2\tau_c^2}} \qquad (2\text{-}32)$$

对于同核的情况,有 $\gamma_I=\gamma_S$,且有 $(\omega_I-\omega_S)\tau_c\ll1$,并近似处理 $\omega_I\approx\omega_S\approx\omega$,式(2-32)可简化为

$$\eta=\frac{5+\omega^2\tau_c^2-4\omega^4\tau_c^4}{10+23\omega^2\tau_c^2+4\omega^4\tau_c^4} \qquad (2\text{-}33)$$

对小分子而言,它们在溶液中翻转很快,即 τ_c 很小,$\omega\tau_c\ll1$,此时式(2-33)近似为

$$\eta=50\% \qquad (2\text{-}34)$$

即在上述条件下,I 核信号的强度可增加到 50%。

反之,若为大分子,τ_c 大,$\omega^4\tau_c^4$ 项起决定性作用,式(2-33)近似为

$$\eta=-1 \qquad (2\text{-}35)$$

因此,从小分子到大分子,η 从 0.5 降到 -1,即通过零值。

从式(2-33)可计算出 η 为零的条件:

$$5+\omega^2\tau_c^2-4\omega^4\tau_c^4=0$$
$$\omega\tau_c\approx1.12 \qquad (2\text{-}36)$$

η 无论是正值或负值,都能观察到 NOE。若 η 为零,则不能观察到 NOE,因此在做 NOE 实验时应尽量避开 $\omega\tau_c\approx1.12$ 这一段。

从式(2-33)也可知,NOE 实验与谱仪有关。由于 τ_c 是样品分子(在某种溶剂中)的固有特性,而 ω 则取决于谱仪(近似地说,ω 就是谱仪的公称频率),因此改用另一种频率的核磁共振仪做 NOE 实验时,需重新摸索条件。

随着脉冲序列的进步,NOE 的测定已可达到很高的精度,如用 GOESY 序列,已测出极小的增长($\sim0.03\%$),请参阅 4.1.9。

以上是对 S 与 I 为同一核种时 NOE 的讨论。若 S 与 I 为不同核种,在小分子快速翻转的极限情况下,式(2-32)简化为

$$\eta=\frac{\gamma_S}{2\gamma_I} \qquad (2\text{-}37)$$

若 A 核与 X 核为不同种类的核,且二者 γ 异号时,$\eta<0$,$^{15}\mathrm{N}$ 和 $^1\mathrm{H}$ 即属此情况。

在氢谱中,NOE 的最大用途是解决立体化学的问题,二核偶极-偶极作用与 $\dfrac{1}{r^6}$(r 为二核距离)成正比。因此,空间相距很近的核(无论它们是否有直接的键合关系),辐照一核时,另一核的共振信号会增强。反之,若二者距离较大,则无 NOE。

2.8 核磁共振中的动力学现象

2.8.1 动态核磁共振实验

动态核磁共振(dynamic nuclear magnetic resonance)实验是核磁共振波谱学中有一定独立性的一个分支。它以核磁共振为工具,研究一些动力学过程,得到动力学和热力学的参数。在理论处理上有两种方式:以布洛赫方程为出发点的经典处理[6,11]和量子力学密度矩阵的方法[12]。本

书仅对动力学核磁共振的基本概念作一介绍。

每种仪器有其相应的"时标"(time scale),相当于照相机快门速度。当自然界过程远快于仪器时标时,仪器测量的是一个平均结果;当自然界过程远慢于仪器时标时,仪器测量的结果不反映变化的全过程而只是一个瞬间的写照。时标的量纲为 s,频率的量纲为 s^{-1},即时标与频率互为倒数关系。从红外光谱到紫外吸收光谱,电磁波频率范围为 $10^{12}\sim10^{15}$ Hz,核磁共振氢谱所用电磁波频率约为 10^8 Hz,比前者低了几个数量级。从时标的角度看,核磁共振氢谱的时标比红外光谱、紫外吸收光谱的时标长(慢)了几个数量级。实际情况还不止于此。高分辨核磁共振氢谱研究的对象为溶液,经常遇到的课题为分子内旋转、化学交换反应等。与这样的运动或变化(或反应)所对应的两种核的状态有相应的化学位移的差值。对固定的仪器来说,化学位移之差可以频率之差 $\Delta\nu$ 来表示。对这样的动力学过程来说,实际时标为 $\dfrac{1}{\Delta\nu}$,这已经相当于毫秒数量级了。因此,很多动力学过程速度变化的范围相应于核磁共振的时标可从快过程一直到慢过程,即用核磁共振可以对这些过程进行全面的研究。

从动力学角度,即从时间平均的角度来考虑化学位移或耦合裂分,这在 2.3 节已经论及。无论是化学位移还是耦合常数的测定值,实际上都是一个对时间的平均值。当然,这是相对于核磁共振时标快过程而言的。以前的讨论并未涉及相对核磁共振时标的慢过程,因而没有从慢过程到快过程的全面讨论。

动力学过程有若干种类,现以化合物(C2-18)为例来讨论受阻旋转。

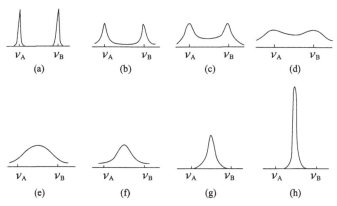

$$(C2\text{-}18)$$

由于分子内 C—N 键具有双键的性质,它不能自由旋转,N 上两个甲基不是化学等价的,各自有其 δ 值,在室温下作图可以观察到两个单峰。随着温度升高,阻碍 C—N 键旋转的能垒(它相当于化学反应中的活化能)起的作用相对减小,C—N 键旋转加快,在相对于时标快速旋转的情况下,两个甲基各自的平均效果是一样的。因此,当温度由低到高时,核磁信号有图 2-21 中从左至右的变化。

图 2-21 温度变化时核磁信号的线形变化

从图 2-21 可以看到,在图的左端(相当低的温度)或图的右端(相当高的温度),核磁信号都是尖锐的,中间部分信号则较钝。当两个宽的峰会合、两个峰间的凹处正好消失时,这时的温度称为融合温度(coalescence temperature)T_c,它是动态核磁(DNMR)实验的一个重要参数,由 T_c 可求出一些重要的动力学和热力学参数。

下述过程都与上面所说的受阻旋转类似。

(1) 构象互变:如环的翻转,直立氢和平伏氢相互交换。

(2) 异构化反应:

$$CH_3-\overset{\overset{\displaystyle O}{\|}}{C}-CH_2COOC_2H_5 \Longleftrightarrow CH_3-\overset{\overset{\displaystyle OH}{|}}{C}=CHCOOC_2H_5$$

(3) 化学交换反应[13]:

$$M^{++}+2Lig \Longleftrightarrow M^{++}\cdot 2Lig$$

式中,M^{++} 为金属离子;Lig 为配位体。

(4) 原子反转及非刚性有机金属化合物氢谱的温度相关性等[14]。

2.8.2 活泼氢(OH、NH、SH)的谱图

前述内容不完全属于结构分析的范畴,但掌握其基本概念对核磁谱图的分析是必要的。当存在快速交换反应时,如:

$$RCOOH_{(a)}+HOH_{(b)} \Longleftrightarrow RCOOH_{(b)}+HOH_{(a)}$$

有相应的计算 δ 值的公式:

$$\delta_{观测} = N_a\cdot\delta_a + N_b\cdot\delta_b \tag{2-38}$$

式中,$\delta_{观测}$ 为观测到的活泼氢的平均化学位移值;N_a、N_b 分别为(a)、(b)两种活泼氢的摩尔分数;δ_a、δ_b 分别为(a)、(b)两种活泼氢的 δ 值。

从式(2-38)可知,以上述的羧酸水溶液为例,其核磁谱图并不显示纯水或纯羧酸的信号,而是只能观察到一个综合的、平均的活泼氢信号。

当体系存在多种活泼氢时,如样品分子既含羧基,也含胺基、羟基时,在它们均进行快交换的条件下,其核磁谱图也只显示一个综合的、平均的活泼氢信号。此时式(2-38)演变为

$$\delta_{观测} = \sum N_i\cdot\delta_i \tag{2-39}$$

式中,N_i 为第 i 种活泼氢的摩尔分数;δ_i 为第 i 种活泼氢的 δ 值。

OH、NH、SH 是常见的活泼氢基团,其交换速度的顺序为 OH>NH>SH(巯基在一般条件下不显示快速交换反应)。当它们进行快速交换反应时,除有式(2-39)所示的一个"表观"的化学位移外,由于快速交换反应的存在,活泼氢和相邻的含氢基团的谱线都不再存在它们之间的耦合裂分现象,这两点在解释谱图时应加以注意。

下面对羟基、胺基作进一步讨论。

1. OH

醇、酚、羧酸交换反应速度均很快。由于存在氢键缔合,它们的 δ 值都有一较大的变化范围,具体测出的 δ 值与实验条件(样品浓度、温度、溶剂)有关。若样品很纯,不含痕量的酸或碱(它们是交换反应的催化剂),则交换反应慢,可观察到羟基和邻碳氢之间的 ^3J 裂分。

在样品作核磁谱图之后,加几滴重水并振荡,羟基的 H 即被 D 取代,再作图时,原来的羟基峰即消失,这是判断 OH(包括醇、酚、羧酸)存在的好方法,它比红外光谱、质谱对羟基的检测更可靠。除加重水并振荡的方法外,可滴加氘代乙酸,由于交换反应,羟基的信号会往低场方向移动,这是另一种证明羟基存在的方法。

当用二甲基亚砜作溶剂时,醇的羟基可与它强烈缔合,氢交换(deuterium exchange)速度也大为降低,此时有下列优点:

(1) 可分别观测到羟基和水的信号。

(2) 可观测到多元醇样品中不同羟基的信号。

(3) 溶液为中性时,可观测到羟基被邻碳氢的耦合分裂,从而便于区别伯、仲、叔醇。

2. NH

NH 的峰形受到两方面的影响:交换反应和四极矩弛豫。

现以—NH_2 为例,首先考虑交换反应。当交换反应很快时,—NH_2 呈尖锐的单峰(此时暂不考虑四极矩弛豫的影响)。当交换反应很慢时,出现 $1:1:1$ 的三重峰,因 N 元素天然丰度最大的同位素是 $^{14}N(99.6\%)$,它的 $I=1, 2nI+1=3$,即 N 使其上相连的氢分裂为三重峰。

再考虑 N 的四极矩的影响。凡有电四极矩的核都有其特殊的弛豫方式。对这样的原子核来说,其核电荷在原子核表面的分布是不均匀的。当核外电子云的分布非球形对称时,由于样品分子在溶液中总会不断翻转运动,不对称的电子云的运动会产生波动的电场,此电场产生一力矩,它作用于具有四极矩的原子核,导致核在磁场中定向的改变,从而使有四极矩的原子核得到弛豫。也就是说,当核电荷分布非球形对称,核外电子云分布也非对称时,就具有这种特殊的弛豫机制——四极矩弛豫机制。当这种机制的作用强时,这种核的弛豫速度很快,它对邻近的核只产生一个平均的自旋"环境",即它对邻近的核不产生耦合、分裂作用。^{35}Cl、^{37}Cl、^{79}Br、^{81}Br、^{127}I 等都属此情况。反之,若四极矩弛豫很慢,则类似无四极矩的原子核,它对邻近的核产生正常的耦合分裂。因此,若 ^{14}N 四极矩弛豫很快,对 H 不产生耦合分裂,—NH 应表现为尖锐单峰(不考虑交换反应使峰变宽的影响);若 ^{14}N 四极矩弛豫慢,—NH 应呈尖锐的三重峰;若处于中间状态,—NH 则呈现较宽的单峰。

综合考虑交换反应及四极矩弛豫两方面的因素,胺基的峰形有可能尖锐也可能钝,但时常呈现出较钝的峰形。无论峰形如何,采用重水交换而去除其共振信号的方法,可确认活泼氢的存在。

2.9 核磁共振氢谱的解析

本书关于推测未知物结构的指导思想,是以核磁共振的数据为主要的依据而推导结构。对于结构不太复杂的化合物,我们不需作二维核磁共振谱,仅用核磁共振氢谱和碳谱再结合其他谱图即可。此时氢谱的解析就特别重要,它可以提供丰富的结构信息;对于从几种可能结构中选择出一个时,往往也起着举足轻重的作用。之所以如此是因为氢谱中往往有因耦合裂分而产生的复杂峰形,也显示相应的耦合常数,这对于推测结构是很重要的。下面将进行详细的分析。

2.9.1 样品的配制及作图

1. 选择溶剂、配制溶液

制样时一般采用氘代试剂作溶剂,它不含氢,不产生干扰信号;其中的氘又可作核磁共振谱仪锁场用(以这种采用氘代溶剂的"内锁"锁场方式作图,所得谱图分辨率优于不采用氘代溶剂的"外锁"锁场方式,高频率核磁共振谱仪只能内锁)。

选择溶剂主要考虑对样品的溶解度。氘代氯仿(CDCl$_3$)是最常用的溶剂,除强极性的样品之外均可适用;它价格便宜、易获得。极性大的化合物可采用氘代丙酮 $\left(CD_3-\overset{\overset{\displaystyle O}{\|}}{C}-CD_3 \right)$、重水(D$_2$O)等。

针对一些特定的样品,可采用相应的氘代试剂,如氘代苯(用于芳香化合物,包括芳香聚合物)、氘代二甲基亚砜(用于某些在一般溶剂中难溶的物质)、氘代吡啶(用于难溶的酸性或芳香物质及皂苷等天然化合物)等。

当作低温检测时,应采用凝固点低的溶剂,如氘代甲醇等。

样品的溶液应有较低的黏度,否则会降低谱峰的分辨率。若溶液黏度过大,应减少样品的用量。

2. 作图

(1) 作图时应考虑有足够的谱宽,特别是当样品可能含羧基、醛基时。

(2) 当谱线重叠时,可加少量磁各向异性溶剂(如氘代苯)使重叠的谱线分开。

(3) 作积分曲线可得出各基团含氢数量的比例。

(4) 怀疑样品分子中有活泼氢存在时,可加重水交换,以证实其是否存在。

2.9.2 解析步骤

1. 区分出杂质峰、溶剂峰、旋转边带、^{13}C 卫星峰等

杂质含量相比于样品总是少的,因此杂质的峰面积与样品的峰面积相比也是小的,且样品和杂质的峰面积之间没有简单的整数比关系,据此可将杂质峰区别出来。

氘代试剂总不可能达到 100% 的同位素纯(大部分试剂氘代率为 99.0%~99.8%),其中的微量氢会有相应的峰,如 CDCl$_3$ 中的微量 CHCl$_3$ 在约 7.27 ppm 处出峰。

为提高样品所在处磁场的均匀性,以提高谱线的分辨率,作图时样品管在快速旋转。当仪器调节未达良好工作状态时,会出现旋转边带(spinning side-bands),即以强谱线为中心,左右等距处出现一对较弱的峰。旋转边带的特点为左右对称;当以周/秒为单位时,边带到中央强峰的距离为样品管的旋转速度。改变样品管旋转速度时,边带相对中心峰的距离也改变,由此可进一步确认边带。

^{13}C 具有磁矩,它可与 ^{1}H 耦合而产生对 ^{1}H 峰的分裂,这就是 ^{13}C 卫星峰(^{13}C satellite peaks),但 ^{13}C 的天然丰度只有 1.1%,因此只有强峰才能观察到。一般情况下卫星峰不会对样品谱图造成干扰。

2. 计算不饱和度

不饱和度(unsaturation number,index of hydrogen deficiency)又称"环加双键"数,是根据分子式计算出的该化合物的环加双键的数目。在推测结构时,计算不饱和度是一个必经的步骤。因为本书在这里首次说到不饱和度,故对其计算作一说明。

有机化合物中常见元素所示价态为一至四价(N 可能显示五价,后面将讨论这种情况)。在考虑不饱和度的计算时,显示同样价态的原子,其作用是相同的,如 C 和 Si、H 和 Cl。

以饱和链状烷烃为讨论出发点,它的元素组成式为 C_nH_{2n+2};它的不饱和度为零,因它既无双键也无环。由这个通式可知不饱和度 Ω 的计算式为

$$\Omega = C + 1 - \frac{H}{2} \tag{2-40}$$

式中,C 为化合物中 C 原子的数目;H 为化合物中 H 原子的数目。

分子中含有卤素原子(以 X 表示)时,它的作用等价于氢原子。

当分子中含有二价原子时,有两种可能:一是二价原子把饱和基团"间隔"开,如 R—O—R′,这样并不改变不饱和度;另一种可能是存在 $\diagdown$C=O、$\diagdown$C=S 等,它们造成氢(相对于链状烷烃)的缺少,从氢的缺少程度可知化合物有多少个不饱和度。但无论是哪种情况,二价原子数目不直接进入计算式。

三价元素如 N,可以考虑为—NH$_2$,设想它取代了一个 H,总的来看,造成该化合物相比于链状烷烃多了一个 H。因此,化合物中若含有一个三价 N 原子,它相应的化合物比链状烷烃会"多出"一个 H,应该扣除。

当分子中含有四价原子时,它们的作用同 C。

当分子中存在一个环时,比链状烷烃少两个氢,它等价于分子中有一双键。

综上所述,对式(2-40)进行补充,有机化合物的不饱和度可写为

$$\Omega = C + 1 - \left(\frac{H}{2} + \frac{X}{2} - \frac{N}{2} \right)$$
$$= C + 1 - \frac{H}{2} - \frac{X}{2} + \frac{N}{2} \tag{2-41}$$

式中,X 表示化合物中卤素原子的数目;N 表示化合物中三价 N 原子的数目。

对于有机化合物可写出概括性的分子式 $I_y II_n III_z IV_x$ (如 $C_xH_yN_zO_n$),其中 I 是 H、F、Cl、Br、I、D 等任何一价原子;II 是 O、S 或任何其他二价原子;III 是三价 N、P 或任何其他三价原子;IV 是 C、Si 或任何其他四价原子。这样,上述式(2-41)可写成更一般的形式:

$$\Omega = x - \frac{y}{2} + \frac{z}{2} + 1 \tag{2-42}$$

如果 N 为五价,可设想为—NH$_4$ 取代一个 H 原子,即化合物含有一个五价 N 原子时,比链状烷烃多了三个氢,若化合物中 N 均为五价,此时式(2-41)应写为

$$\Omega = C + 1 - \left(\frac{H}{2} + \frac{X}{2} - \frac{3}{2}N\right)$$
$$= C + 1 - \frac{H}{2} - \frac{X}{2} + \frac{3}{2}N \qquad (2\text{-}43)$$

例如,化合物 $CH_3CH_2NO_2$,不饱和度为

$$\Omega = C + 1 - \frac{H}{2} + \frac{3}{2}N = 2$$

当分子中不含氧原子或分子中氧原子数为 1 时,化合物分子中不可能存在硝基,计算不饱和度时应该用式(2-41)。当分子中氧原子数目大于 2 时,应考虑到存在硝基的可能性,此时应分别用式(2-41)及式(2-43)计算出两种可能的不饱和度。

一个苯环或一个吡啶环相当于 4 个不饱和度(三个 π 键加一个环)。当化合物的不饱和度大于 4 时,应考虑到它可能存在一个苯环(或吡啶环)。

3. 确定谱图中各峰组所对应的氢原子的数目,对氢原子进行分配

根据氢谱的积分曲线(或积分值)可求出各种(官能团的)氢的数目的比例关系。当知道元素组成式,即知道该化合物总共有多少个氢原子时,根据积分曲线便可确定谱图中各峰组所对应的氢原子的数目。如果不知道元素组成式,但谱图中若有能判断氢原子数目的峰组(如甲基、羟基、单取代苯环等),以此为基准也可以找到化合物中各种含氢官能团的氢原子数目。

对一些比较复杂的谱图,峰组重叠,各峰组对应的氢原子数目不很清楚时,氢原子数的分配需仔细考虑。若对氢原子的分配有错误,将会使推测结构的工作步入歧途。

4. 对分子对称性的考虑

当分子具有对称性时,会使谱图出现的峰组数减少(分子具有局部对称性时也是如此)。例如,当峰组相应的氢原子数目为 $2\left(-\overset{|}{\underset{|}{C}}H\times 2\right)$、$4\left(\diagup\overset{}{C}H_2\times 2\right)$、$6\left(-CH_3\times 2,\ \diagdown CH_2\times 3\right)$、$9(-CH_3\times 3)$ 时,应考虑到若干化学等价基团存在的可能性,即因分子存在对称性,某些基团在同一处出峰(峰的强度则相应增加)。

5. 对每个峰组的 δ、J 都进行分析

对每个峰组的 δ、J 都进行分析是进行氢谱解析的最关键步骤,例 2-2 是一个绝好的例子。

首先要检查分子是否存在对称面。如果没有对称面或虽有对称面但不能平分相连于同一碳原子的两基团的键角,则该两基团是化学不等价的,这会使氢谱复杂得多。

根据 2.1.3,可以估计未知物氢谱中各峰组是什么官能团,并估计其相邻基团。

本书特别强调氢谱中的峰形分析,作者认为,如果峰形分析与从化学位移数值的分析结果相悖时,应该首先尊重峰形分析的结论。这样一个观点对于氢谱的解析非常重要,但是迄今在国内外同类其他著作中没有见到。

由于高频核磁共振谱仪的应用,我们面临的氢谱的绝大部分情况都属于一级谱,即可以用 $n+1$ 规律来分析。

虽然是利用 $n+1$ 规律来分析,读者也需要注意:应用 $n+1$ 规律的前提是参加耦合的氢原子必须具有相同的耦合常数。

设想化合物中有结构单元—XCH_2—CHY—CH_2Z—,其中的 X、Y 和 Z 均是某些基团,它们不参与耦合作用。现在讨论 CHY 中的 CH 被耦合裂分。CH 两侧的亚甲基对它都有跨越三根化学键的耦合作用,即 ^3J 耦合作用。前已述及,官能团的电负性会影响 ^3J 的数值。如果 X 和 Z 的电负性相近,XCH_2 和 CH_2Z 对 CH 的耦合常数近似相等,在这种情况下,我们考虑 CH 受两侧 4 个氢原子耦合裂分,它被裂分为 5 重峰。

如果 X 和 Z 的电负性相差大,XCH_2 和 CH_2Z 对 CH 的耦合常数相差也大,也就是说,CH 受到两个耦合常数的裂分。在这种情况下,$n+1$ 规律需要被应用两次。CH 的峰形是 3 裂分再 3 裂分,会显示 9 个谱峰。

如果 X 和 Z 的电负性相差不大不小,CH 被裂分的情况就复杂了。

利用 $n+1$ 规律预测会出多少重峰,以及数清楚呈现了多少重峰相对比较简单(只是当峰有重叠时需要注意)。从裂分的峰组找出耦合常数则相对比较困难,需要在应用中不断提高分析峰形的技巧。

在能够用 $n+1$ 规律分析的情况下,被裂分的相邻峰之间是等间距的,这个间距就是产生耦合裂分的耦合常数的数值。如果只有一个耦合常数的作用,其等间距当然是显而易见的。当一组氢原子受到几个耦合常数的耦合裂分时,寻找等间距就不是容易的事情了,读者可以仔细阅读例 2-3。

耦合作用存在于两个峰组之间,这两个峰组内当然都会显示这个耦合常数,也就是说等间距存在于两个相互耦合的峰组,因此我们所说的寻找等间距包括寻找峰组内的等间距和峰组间的等间距。只有通过两个峰组内的等间距都找到了,才能确认它们之间的耦合常数。

一旦找出了峰组内和峰组间的等间距,这将是一个确凿的事实。而一个基团的化学位移数值总有一定的变化范围,它受分子内小环境、大环境、溶剂和其他实验条件的影响,不能确定具体数值。因此,如果分析峰组峰形的推论和分析化学位移数值的推论不符合时,作者认为应该首先尊重峰形分析的结果。

当一个峰组内有几个等间距存在时,为使分析明了,不易出错,建议读者先分析小的等间距,然后逐渐转到较大、更大的等间距。

绝大部分情况下,应用峰形分析的方法是可行的。某些情况可能受限。例如,一个峰组受到几个长程耦合的作用,峰形是看不清楚的,因为长程耦合常数本来就小,几个耦合裂分再重合在一起,就不好分辨了。

当从裂分间距计算 J 值时,应注意谱图是多少兆周的仪器作出的,有了仪器的工作频率才能从化学位移之差 $\Delta\delta(ppm)$ 算出 $\Delta\nu(Hz)$。当谱图显示烷基链 ^3J 耦合裂分时,其间距(相应 6～7 Hz)也可以作为计算其他裂分间距的基准,从而确定耦合常数。

6. 组合可能的结构式

根据对各峰组化学位移和耦合关系的分析,推出若干结构单元,最后组合为几种可能的结构式。每一种可能的结构式都不能与谱图有大的矛盾。

7. 对推出的结构进行"指认"

每个官能团均应在谱图上找到相应的峰组,峰组的 δ 值及耦合裂分(峰形和 J 值大小)都应该与结构式相符。若存在较大矛盾,则说明所设结构式是不合理的,应予以去除。通过指认(assignment)校核所有可能的结构式,进而找出最合理的结构式。必须强调:指认是推结构的一个必不可少的环节,下面将选取指认的例题,以增强解析谱图的能力。

最后,很有必要再强调一下氢谱中的峰形分析。根据作者多年解析氢谱的经验,在大多数情况下,峰形分析比 δ 值的分析更为可靠。因此,当二者有矛盾时,建议首先考虑峰形分析的结果。这是因为实际化合物中的 δ 值是难以用任何近似计算公式及图表准确概括的,往往有"例外"的结果。另一方面,从峰形看,则很难找到"例外"的情形。

除了 2.9.3 中的几个例子,再简要举几个例子说明峰形分析的重要性和准确性。

(1) 每当在氢谱苯环区看见 $d, J \approx 8$ Hz; $d, J \approx 2$ Hz; $d \times d, J \approx 8$ Hz, 2 Hz 时,则可知是一个 1,2,4-取代的苯环。上述三个峰组分别对应 6-,3-,5-位氢的峰组。

(2) 在推导某未知物结构时,发现有 $\bigotimes_{N}$、$-NH_2$、$-CH_3$ 三个结构单元,从吡啶环上剩余氢的峰组 ^3J 引起的耦合裂分分析,知吡啶环上剩余氢在 4-,5-,6-位。再从某剩余氢的峰组发现有几个氢产生的长程耦合裂分,即可断定 CH_3 的取代在 3-位,否则它不可能产生 ^4J 耦合作用(^5J 产生的峰的分裂一般看不见)。

(3) 在未知物氢谱中有两个无耦合裂分的单峰,两个结构单元分别为 $-\overset{|}{C}-CH-\overset{|}{C}-$ 和 $-OH$,从峰形可知,峰窄的为 CH,较宽的为 OH。

这样的例子不胜枚举。总之,峰形分析是解析氢谱最重要的一点。

8. 对推导出的结构进行核验

只有在未知物结构相当简单的情况下才能仅从它的氢谱得到结构。一般来说,氢谱只能提供一定的结构信息。无论属于哪种情况,如果能够从其他渠道获得结构信息,以有助于推导结构或者验证我们推导的结构,都是很好的。ChemDraw 是一种用计算机来绘制化学结构式的软件(它已为国内外很多出版社所接受)。使用 ChemDraw 软件来绘制化学结构式很方便,因为它有很多结构单元,且易于组装。

在用 ChemDraw 软件画完结构式之后,选择画框的工具,把所画的结构式框起来,然后单击上面的"Structure",此时会出现对话框,单击其中的"Predict ^{1}H-NMR Shifts",在结构式的旁边就标注了化学位移数值,下面出现了模拟的氢谱。

用 ChemDraw 软件输入初步推导的结构,利用该软件(它以若干计算化学位移数值的公式为计算基础)得到该结构计算的化学位移数值,可以帮助我们判断解析结果。当然,用 ChemDraw 软件得到的结果是粗略的。更重要的是,我们已经多次强调了峰形分析的重要性大于对化学位移数值的分析,因此从 ChemDraw 计算所得到的结果只能提供参考。

由 ChemDraw 计算模拟的谱图为棒状图,该软件又没有考虑核磁共振谱仪的频率,因此参考性也不可能太强。

比较可靠的方法是直接比较核磁共振氢谱谱图。

关于从互联网上查找标准谱图有下列途径:

(1) 免费查到核磁共振氢谱谱图(还包括碳谱、红外谱和 EI 质谱)。

日本的 National Institute of Advanced Industrial Science and Technology 开办了下列网站:http://riodb01.ibase.aist.go.jp/sdbs/cgi-bin/cre_index.cgi? lang=jp,在其首页的最下签署同意所列条款之后即可进行查找。输入化合物的元素组成,进行搜索,可以得到若干化合

物,选择正确的化合物名称,即可得到结构式、氢谱、碳谱、红外光谱和质谱。氢谱和碳谱会标注谱仪的频率和所用的溶剂。

(2)如果读者所在单位已经取得资格,下面的两个网站有丰富的谱图数据库可以查找(个人不能访问):http://166.111.120.35/database/crossfire.htm,https://scifinder.cas.org。

2.9.3 谱图解析举例

例 2-1 未知物分子式为 C_7H_6ONF,氢谱和氢谱的局部放大谱如图 2-22~图 2-24 所示,试推导其结构。

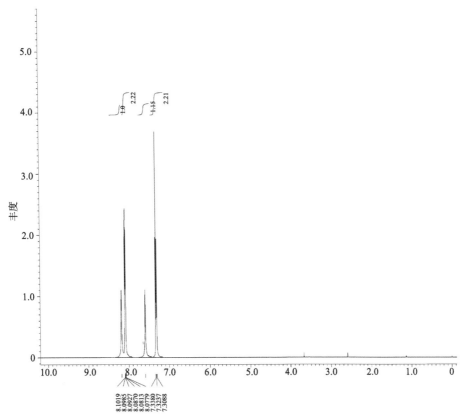

图 2-22 某未知物氢谱

解 先从未知物分子式计算它的不饱和度。由于分子式只含有一个氧原子,不可能存在硝基,分子式中的氮原子只能以三价形式存在,因此可以计算出未知物的不饱和度为 5。根据这个不饱和度,可以初步推断未知物含有一个苯环,这与未知物氢峰组的化学位移数值相符。

下面几点说明未知物苯环具有对位取代:

(1)该氢谱只有两组苯环氢的峰组。如果是邻位取代,苯环剩余的 4 个氢原子应该具有不同的化学位移数值,应该有 4 个峰组。如果是间位取代,也应该显示 4 个峰组。

(2)该氢谱苯环区显示的两个峰组均对应两个氢原子。

(3)下面分析氢谱苯环两个峰组的峰形。位于 7.32 ppm 的峰组,显示三重峰,从裂分间距计算出耦合常数约为 8.5 Hz。位于 8.08 ppm 的峰组,显示 d×d 的四重峰,从裂分间距计算出耦合常数分别约为 8.5 Hz 和 5.8 Hz。在两个峰组都显示共同的耦合常数 8.5 Hz。这是

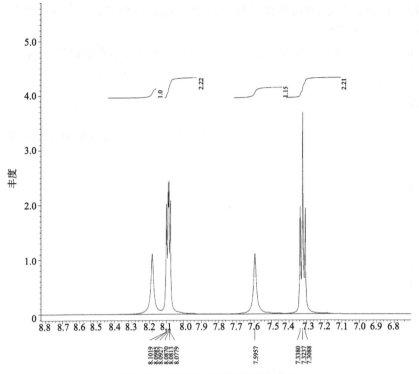

图 2-23　未知物氢谱局部放大谱 1

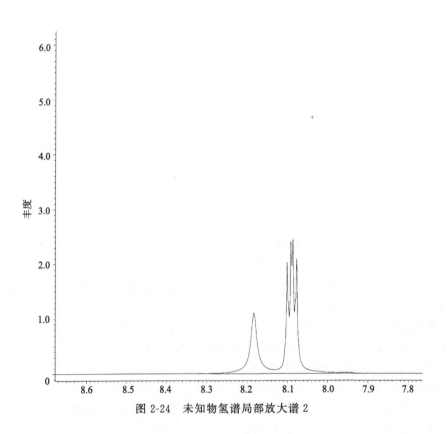

图 2-24　未知物氢谱局部放大谱 2

苯环邻位氢的耦合常数。

从上面三点可以确定未知物含有对位取代苯环。

未知物分子式为 C_7H_6ONF，扣除对位取代苯环 C_6H_4 之后，只剩余 CH_2NOF 了。由于两个芳香氢除显示除它们的相互耦合裂分之外还有进一步的裂分，可以推断氟取代在苯环上。

既然有氟原子的取代，两个苯环氢的峰组的峰形就容易理解了。位于 7.32 ppm 的峰组应该是氟的邻位氢，由于跨越 3 根键的 F—H 耦合常数近似与跨越 3 根键的 H—H 耦合常数相等，因此显示三重峰。位于 8.08 ppm 的峰组由于受到氟原子的 ^4J 耦合裂分，其数值略小于上述的 ^3J，因此呈现 d×d 峰形。

考虑到氟的间位氢化学位移数值为 8.08 ppm，受到了一个低场位移作用，而未知物的元素组成又只余下 CH_2NO 了，因此考虑苯环的第二个取代基是甲酰胺基。氢谱中除去两个苯环氢外余下的两个单峰也与之符合。氮原子上的两个氢有不同的化学位移数值是可以理解的，经常有这样的情况。

综上所述，我们用氢谱结合分子式推断了未知物的结构。

例 2-2 需要推导某未知物的结构，从多种谱图已知该未知物含有下列结构单元：

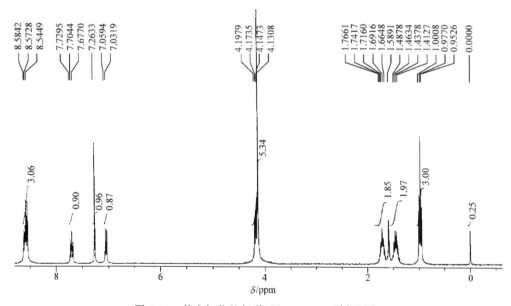

希望用该未知物的氢谱把结构单元组装起来。其核磁共振氢谱如图 2-25 所示，该氢谱是用 300 MHz 谱仪测定的。

图 2-25 某未知物的氢谱（用 300 MHz 谱仪测定）

解 从上面的谱图可以看到使用低频谱仪的缺点。在 300 MHz 谱仪测定的氢谱中，7.70 ppm 处似乎是三重峰，但是峰之间的强度比不是 1:2:1，这也是作者要改用 600 MHz 谱仪重新测定的原因。用600 MHz谱仪测定的氢谱及其低场放大谱如图 2-26 和图 2-27 所示。在600 MHz谱仪测定的氢谱中,在7.70 ppm处明显地呈现 d×d 的双峰,这对于推测未知物的结构至关重要。

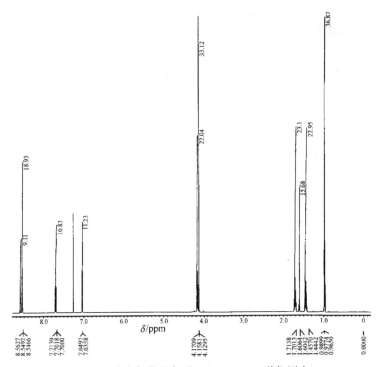

图 2-26　某未知物的氢谱(用 600 MHz 谱仪测定)

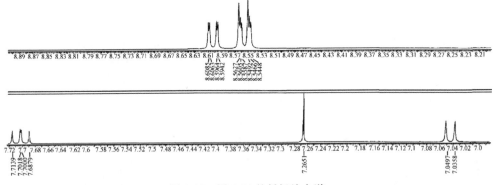

图 2-27　图 2-26 的低场放大谱

　　面临的任务就是怎样把上述后面的两个结构单元连接到萘环上。如果没有氢谱,那就有很多种可能性。但是,通过对于氢谱中峰组的化学位移数值和峰形分析(特别强调后者)就能够找到正确的、也就是最合理的结构。

　　对于目前的任务,最关键的是要分析芳香区峰组的峰形。用600 MHz谱仪测定的氢谱芳香区部分的结果用表 2-4 表示。在表 2-4 中以罗马数字Ⅰ、Ⅱ、Ⅲ、Ⅳ和Ⅴ表示从最低场开始的 5 个芳香区峰组。

表 2-4　某未知物氢谱芳香区数据整理

编号	Ⅰ	Ⅱ	Ⅲ	Ⅳ	Ⅴ
δ/ppm	8.6014	8.5560	8.5227	7.7009	7.0428
裂分	d(^3J)×d(^4J)	d(^3J)	d(^3J)×d(^4J)	d(^3J)×d(^3J)	d(^3J)

从表 2-4 可以看到,该未知物存在两个耦合体系:Ⅰ-Ⅳ-Ⅲ 和Ⅱ-Ⅴ。之所以得到上述结论是因为Ⅱ和Ⅴ都是由^3J产生的双峰,所以它们是相邻的两个氢原子产生的;Ⅰ、Ⅳ和Ⅲ则是三个相邻氢的峰组,所以^3J耦合为Ⅰ-Ⅳ、Ⅳ-Ⅲ,而^4J耦合为Ⅰ-Ⅲ。

没有取代的萘环每一侧有四个相邻氢原子。Ⅱ和Ⅴ是相邻氢,一个在相对高场位置,另一个在相对低场位置,这说明在高场峰组(Ⅴ)的旁边应该有一个第二类基团的取代,从本题所给出的结构单元来看,该基团应该是甲氧基。在低场峰组(Ⅱ)的旁边应该有一个第三类基团的取代,从本题所给出的结构单元来看,该基团应该是羰基。

在萘环的另一侧,已经推导有三个相邻氢原子,所余的位置只能是羰基的取代,因为两个羰基是通过一个氮原子连接起来的。考虑羰基的低场位移作用,其邻位是Ⅰ最合理。

因此,组装未知物的结构,并且进行氢谱数据的指认如下:

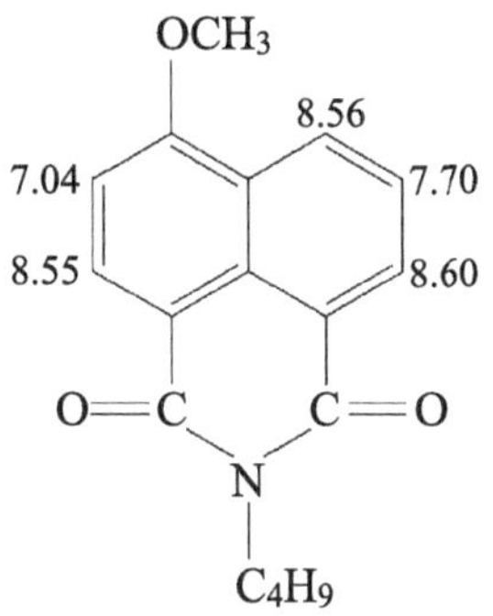

(C2-19)

例 2-3　化合物(C2-20)各峰组的放大图如图 2-28 所示,试对各峰组的耦合裂分进行讨论。

本书更换了第二版中所有的低频核磁谱图,唯独保留了这个化合物的谱图,因为这个例子非常特殊,充分地说明了等间距的读取。

解　化合物(C2-20):

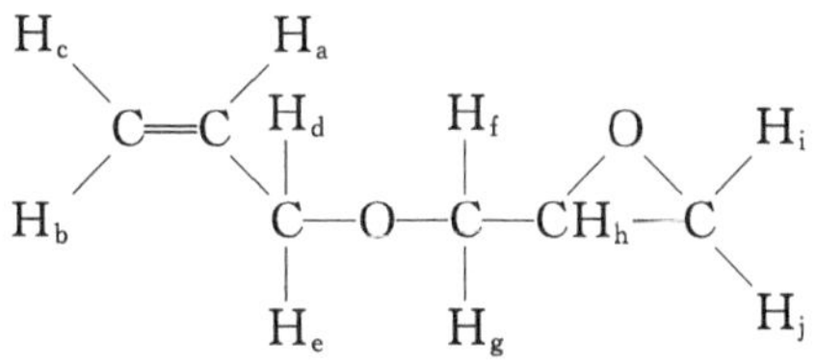

(C2-20)

这里仅对各峰组的耦合裂分情况进行分析。

现从低场部分开始分析。

$CH_2{=}CH{-}CH_2(H_a)$:前面已多次讨论过这样的氢的谱峰。该氢的峰形为 d×d×t,分别对应三个偶合常数:$J_反$、$J_顺$ 和^3J。从四组三重峰的中心峰(标以"·")可方便地量出 $J_反$ 和

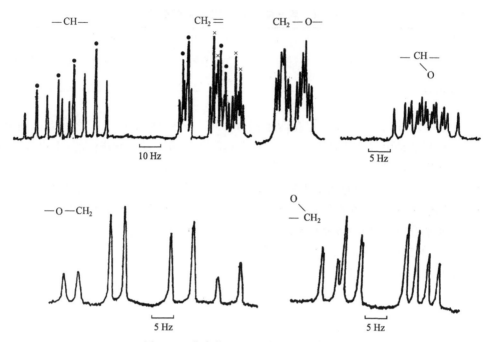

图 2-28 化合物(C2-20)各峰组的放大图

$J_{顺}$(1 与 2 或 3 与 4 圆点之间的距离为 $J_{顺}$,1 与 3 或 2 与 4 圆点之间的距离为 $J_{反}$)。三重峰中心与其左(或右)侧峰之间的距离为 ^3J。

读者需注意,这四组三重峰之间是有重叠的。我们从低场开始命名这四组三重峰。第一组三重峰的右边的峰和第二组三重峰的左边的峰是几乎重叠的。第三组三重峰的右边的峰和第四组三重峰的左边的峰是几乎重叠的。

$\overset{*}{H_2C}$=CH(H_b 和 H_c):H_b 受 H_a 耦合裂分(耦合常数 $J_{反}$),又受 H_c 耦合裂分(耦合常数 ^2J,其数值较小),还受 H_d 和 H_e 的长程耦合裂分(耦合常数 ^4J)。若无谱线重叠,H_b 的峰组应观察到 12 重峰(d×d×t)。上述三个 J 中,^4J 最小,现将反映 ^4J 耦合裂分的三重峰中心用"·"标出。近距离两圆点间的距离为 ^2J,1 与 3 或 2 与 4 圆点之间的距离为 $J_{反}$,此距离和 H_a 谱峰中 1、3(或 2、4)圆点之间的距离是相等的。

H_c 的分析类似于 H_b,不再重复。现仅补充:H_c 的四组三重峰中心标注了"×"。

H_2C=CH—$\overset{*}{CH_2}$(H_d 和 H_e):它们被 H_a 裂分为双峰(耦合常数 ^3J),再被 H_b 和 H_c 进一步三裂分(耦合常数 ^4J)。由于 H_d 和 H_e 非化学等价(参阅 2.3.1),但二者 δ 值相差较小,因此该 CH_2 的峰形在 d×t 的基础上进一步有一个小间距的二裂分。

O—$\overset{*}{CH_2}$—CH(H_f 和 H_g):由于该 CH_2 与手性碳原子相连,两个氢原子非化学等价且二者的 δ 值相差较大,可以把 H_f 和 H_g 的谱线近似地分析为二氢构成 AB 体系再被 H_h 裂分。图中可明显地看到 AB 体系的四重峰再进一步裂分。H_f 和 H_h 的耦合常数与 H_g 和 H_h 的耦合常数不相等,因此 AB 体系的每一侧的二谱线进一步二裂分的间距不等。除上述耦合裂分外,H_f 和 H_g 的谱线还可看出长程耦合的存在(它们的八条谱线中,高场一侧四条谱线宽度的增加更明显)。

H_h:上面已讲,H_h 和 H_f,H_h 和 H_g 的耦合常数不等。H_h 的另一侧,H_i 和 H_j 为三元环上

同碳二氢,二者分别与 H_h 的耦合常数值也有明显差别,因此 H_h 呈现 16 重峰(d×d×d×d)。每个 J 对应的裂距在 H_h 的峰组中都重复 8 次,在该峰组中,若从高场往低场方向编号为 1～16,这四个 J 重复出现的裂距为

$$1—2、3—6、4—7、5—9、8—12、10—13、11—14、15—16;$$
$$1—3、2—6、4—8、5—10、7—12、9—13、11—15、14—16;$$
$$1—4、2—7、3—8、5—11、6—12、9—14、10—15、13—16;$$
$$1—5、2—9、3—10、4—11、6—13、7—14、8—15、12—16$$

H_i 和 H_j:它们是三元环上同碳二氢,非化学等价,但二者的 δ 值相差不大,它们峰组的裂分情况类似 H_f 和 H_g,此处不再赘述。

例 2-4 今有合成的样品,预计的结构式如下:

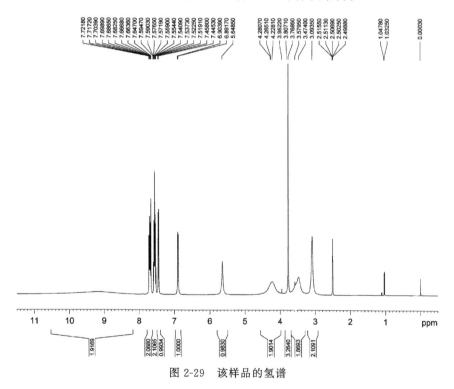

(C2-21)

该样品的氢谱、氢谱的低场放大谱、氢谱的高场放大谱(已变作图条件,谱图有变化)分别如图 2-29～图 2-31 所示。试分析其氢谱和放大谱,是否符合该结构。

图 2-29 该样品的氢谱

解 我们首先分析该氢谱的低场部分(6.8～7.8 ppm),其中的峰组较多,不能立即分解识别。但是积分数值呈现得很清楚,从低场往高场方向氢原子数为 2、2、1、1,因此一共对应 6

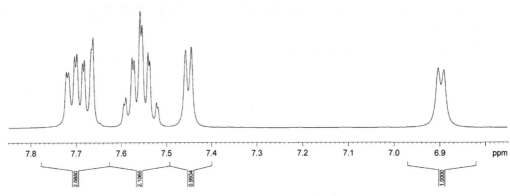

图 2-30　该样品的氢谱（低场部分）

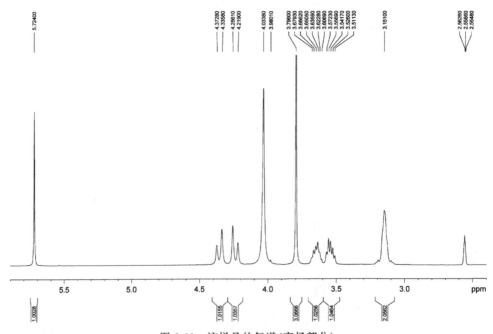

图 2-31　该样品的氢谱（高场部分）

个氢原子，这与结构式是相符的。

　　在氢谱低场区位于 6.90 ppm 和 7.45 ppm 的一对双峰分别显示 5.1 Hz 和 4.9 Hz 的裂分，此差别属于误差范围，说明它们是相互耦合的两个烯氢或芳香氢原子。上述两个氢原子与结构式中的 2′ 和 3′ 相符。

从 7.64～7.74 ppm 的区域,积分数值说明对应两个氢原子。它们的峰形可分析为两组 d×d的峰组,显示两个耦合常数,分别为 7.5 Hz 和 1.8 Hz,这两个数值分别对应芳环中的^3J 和^4J。这两组双峰都是右边的峰高于左边的峰(约 7.70 ppm 的高于约 7.72 ppm 的;约 7.66 ppm的高于约 7.68 ppm 的),说明与这两个氢原子耦合的氢的峰组在它们的高场区。从^3J考虑,既然它们都是双峰,每个氢应该只有一侧有邻位的氢原子。

从 7.51～7.60 ppm 的区域,积分数值也对应两个氢原子。虽然它们的峰形不好分析,但是可以确定它们也是由^3J 和^4J 的作用产生的,因此可以确定它们对应芳环上的两个氢原子。于是就需要把这个复杂的峰组分开。从^3J 考虑,它们是两组三重峰叠加的结果。低场的三重峰的中心在约 7.57 ppm,高场的三重峰的中心在约 7.54 ppm。前者的高场的边峰和后者低场的边峰偶然重叠了,因而产生了约 7.56 ppm 处的最高的峰。从^3J 考虑,既然它们都是三重峰,每个氢的两侧应该都有邻位的氢原子。

根据上面的分析,在一侧有氢原子的有两个氢原子,在两侧有氢原子的有两个氢原子,这样就说明氢谱反映了芳环有两个邻位取代基,因而存在 4 个相连氢,这与结构式中 3″-4″-5″-6″ 的结构单元是符合的。

再看该化合物氢谱的高场区。4.03 ppm 的单峰是溶剂峰,2.55 ppm 的峰也是溶剂峰。

位于 3.79 ppm、积分数值为 3 的尖锐单峰可以确定为甲氧基,与结构式中的甲氧基相符。

位于 4.21～4.37 ppm 的峰组为 AB 体系的形状,耦合常数约为 15 Hz(此数值大大超过常见的邻位氢耦合常数,是^2J 耦合常数),总的积分数值为 2,因此可以确定是一个孤立的亚甲基,这与 4′亚甲基相符。

位于 5.72 ppm、积分数值为 1 的单峰与结构式中 2-H 相符。

高场的峰组仅余下两处峰组。位于 3.15 ppm 的峰组,积分数值为 2,其峰形较宽,是多次裂分的结果,是一个受复杂耦合的亚甲基。

位于 3.50～3.70 ppm 的两个峰组,各自的积分数值均为 1,它们显示复杂的裂分。它们应该是化学不等价的两个同碳氢原子。

上述两个亚甲基与结构式中的 6′和 7′相对应。

图 2-29 的最低场,积分值为 1.92 的宽峰为硫酸的两个氢原子的峰。

综合上面所有的分析,该氢谱与所示的结构式是符合的。虽然我们不能仅根据氢谱对结构作出判断,但是可以得出初步结论:所示结构式可能是正确的。

参 考 文 献

[1] Günther H. NMR Spektroskopie, 3. neubearbeitete und erweiterte Auflage, Georg Thieme Verlag. New York:Stuttgart,1992

[2] Becker E D. High Resolution NMR:Theory and Chemical Applications. 2nd ed. New York:Academic Press,1980

[3] Johnson L F, Bible R H. Interpretation of NMR Spectra. Washington DC:The American Chemical Society,1977

[4] 华玉新,宁永成,等. 波谱学杂志. 1989,6:294-299

[5] Jennings W B. Chem Rev. 1975, 75(3):307-322

[6] Pople J A, Schneider W G, Bernstein H J. High Resolution Nuclear Magnetic Resonance. New York: McGraw-Hill,1959

[7] Emsley J W, Feeney J, Sutcliffe L H. High Resolution Nuclear Magnetic Resonance Spectroscopy.

Oxford:Pergamon Press,1965

[8] Chamberlain N F. The Practice of NMR Spectroscopy, with Spectra-Structure Correlations for Hydrogen-1. New York:Plenum Press,1974

[9] Noggle J H, Schirmer R E. The Nuclear Overhauser Effect,Chemical Applications. New York:Academic Press,1971

[10] Neuhaus D,Williamson M. The Nuclear Overhauser Effect in Structural and Conformational Analysis. New York:VCH Publishers Inc.,1989

[11] Gutowsky H S, Holm C H. J Chem Phys, 1956, 25(6):1228-1234

[12] Kaplan J I,Fraenkel G. NMR of Chemically Exchanging System. New York:Academic Press,1980

[13] 宁永成,陈智,谭美英,等.核化学与放射化学,1982,4(1):1-6

[14] Lambert J B,Shurvell H F,Verbit L, et al. Organic Structural Analysis. New York:MacMillan,1976

第3章 核磁共振碳谱

3.1 概　　述

3.1.1 核磁共振碳谱的优点

(1) 碳原子构成有机化合物的骨架,掌握有关碳原子的信息在有机物结构鉴定中具有重要意义。从这个角度来看,碳谱(^{13}C NMR spectra)的重要性大于氢谱。

苯环六取代、乙烯四取代、饱和碳原子的四取代等,从氢谱不能得到直接的信息,碳谱则不受影响。有些官能团不含氢,但含碳,如 $\diagdown$C=O 、 $\diagdown$C=C=C$\diagup$ 、—N=C=O 、—N=C=S 等,因此从碳谱也能得到直接信息。

(2) 常见有机化合物氢谱的 δ 值很少超过 10 ppm,而其碳谱的变化范围可超过 200 ppm。由于碳谱的化学位移变化范围比氢谱大十几倍,化合物结构上的细微变化可望在碳谱上得到反映。相对分子质量在三四百以内的有机化合物,若无分子对称性,原则上可期待每个碳原子有其可分辨的 δ 值。若去掉碳、氢原子之间的耦合,在上述条件下,每个碳原子对应一条尖锐、分离的谱线。但对氢谱而言,由于化学位移差距小,加上耦合作用产生的谱线裂分,经常出现谱线的重叠,甚至重叠严重。

(3) 碳谱有成熟的测定碳原子级数的方法,对于推测未知物结构很重要。

如前所述,通过碳谱能对未知物有概括的了解:分子中有多少个碳原子;它们各属于哪些基团;伯、仲、叔、季碳原子各有多少……

(4) 碳原子的弛豫时间较长,能被准确测定,由此可帮助对碳原子进行指认,从而有助于推断结构(弛豫时间的测量还有其他用途)。

图 3-1～图 3-3 是正辛醇(C3-1)的氢谱、氢谱高场放大谱和常规(全去耦)碳谱。由图 3-2 可见大量谱峰重叠,难以分析;而常规碳谱则完全是分立的谱线。

$$CH_3—CH_2—CH_2—CH_2—CH_2—CH_2—CH_2—CH_2—OH$$

(C3-1)

3.1.2 测定碳谱的困难

上面叙述了碳谱的优点。这些优点虽早为人们所认识或估计,但碳谱的发展相对于氢谱约晚 20 年。这是因为 ^{13}C 核的 γ 仅约为 ^{1}H 的 1/4,^{13}C 核的天然丰度也仅约为 ^{1}H 的 1/100,所以灵敏度很低。早期 ^{13}C 核磁共振的研究都采用富集 ^{13}C 的样品。在脉冲-傅里叶变换核磁共振波谱仪问世之后,碳谱才能用于常规分析,各种研究才蓬勃开展。

3.1.3 碳谱谱图

最常见的碳谱采用全去耦方法,每一种化学等价的碳原子只有一条谱线。原来被氢耦合分裂的几条谱线并为一条,谱线强度增加。在去耦的同时有 NOE,信号更为增强。但不同碳原子的 T_1 不等,这对峰高的影响不一样;不同核的 NOE 也不同;因此,在全去耦的碳谱中,峰

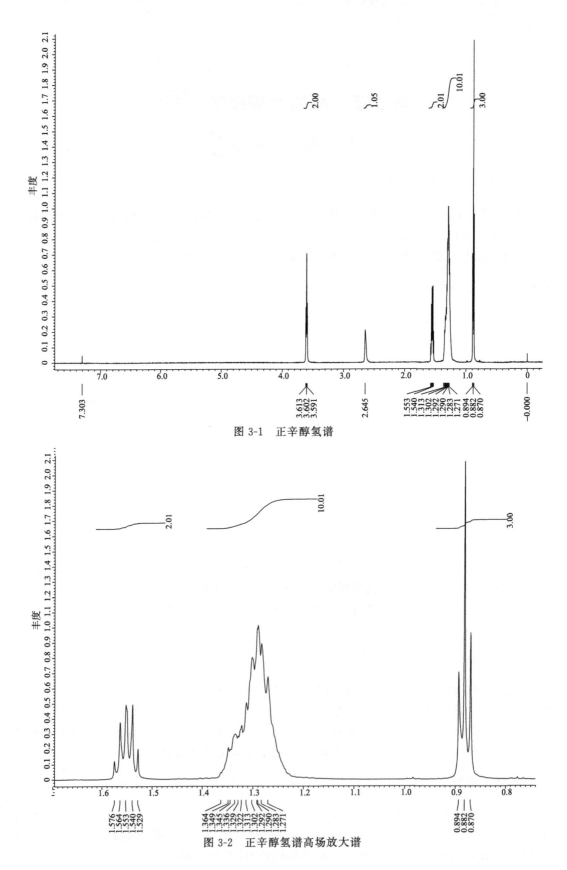

图 3-1　正辛醇氢谱

图 3-2　正辛醇氢谱高场放大谱

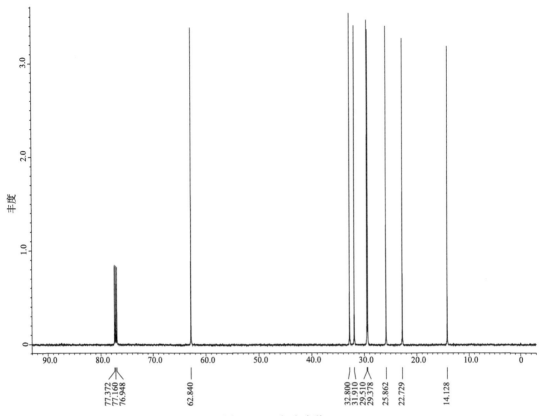

图 3-3   正辛醇碳谱

高不能定量地反映碳原子数量(采用一定的脉冲序列也可以对碳原子定量)。

由上所述,碳谱中最重要的信息是化学位移。

在实际应用中,碳谱和氢谱是相互补充的。

前两章所讲的很多内容对碳谱仍然适用,本章将着重阐述有关碳谱的特定内容。

3.2   化 学 位 移

不像氢原子处于分子的"外围",碳原子构成了有机化合物的骨架,因此分子结构的变化在碳谱中可得到较好的反映。以烷基而论,氢谱中 δ 的变化范围大约只有 3 ppm,而碳谱中可达 80～90 ppm。以取代苯环而论,氢谱中 δ 的变化范围大约只有 1.5 ppm,而碳谱中可达 60 ppm。

在按常见官能团讨论其 δ 值之前,下面先就 δ_C 作一概括的分析。

3.2.1 ^{13}C 谱化学位移的决定因素是顺磁屏蔽

在第 1 章中,式(1-15)已表达了屏蔽常数 σ 的通式。氢谱中 σ_d 起主要作用,而碳谱中 σ_p 则起主要作用。对孤立的球形原子,其 σ_d 可用兰姆(Lamb)公式计算:

$$\sigma_d = \frac{e^2}{3mc^2} \sum_i \langle r_i^{-1} \rangle \tag{3-1}$$

式中，$\langle r_i^{-1} \rangle$ 为第 i 个电子处于基态时与核的距离倒数的平均值；c 为光速；m 和 e 分别为原子的质量和电荷。

用式(3-1)可以估算，在碳原子的 2p 轨道中增添一个电子，该屏蔽作用将产生 14 ppm 的高场方向的位移；实际上，若苯环上 π 电荷密度变化 1，δ 可变化约 160 ppm。由此可见，不能用抗磁屏蔽来解释碳谱化学位移可达到的宽广范围。Karplus 和 Pople 对顺磁屏蔽进行了计算[1,2]，其结果至今仍被多本专著引用：

$$\sigma_p = -\frac{e^2 h^2}{2m^2 c^2}(\Delta E)^{-1} \langle r^{-3} \rangle_{2p}\left(Q_{AA} + \sum_B Q_{AB}\right) \tag{3-2}$$

式中，负号表示 σ_p 与 σ_d 符号相反，$|\sigma_p|$ 越大，去屏蔽越强，共振位置越在低场；$(\Delta E)^{-1}$ 为平均电子激发能的倒数；$\langle r^{-3} \rangle_{2p}$ 为 2p 电子与核距离立方倒数的平均值；Q 为分子轨道理论中的键级，Q_{AA} 为所考虑的核的 2p 轨道电子密度的贡献，Q_{AB} 为所考虑的核与其相连的核的键的键级。

式中 ΔE、r、Q 三者是互相影响的，但为定性地估计各项的影响，下面对它们分别加以讨论。

σ_p 明显地依赖于 ΔE，sp³ 碳原子只有 σ 键，电子能级的跃迁为 σ→σ*，紫外吸收在远紫外端，ΔE 大，$(\Delta E)^{-1}$ 小，$|\sigma_p|$ 小，去屏蔽弱，因此共振在高场。醛、酮的羰基则是另一极端，其电子能级的跃迁为 n→π*，紫外吸收在约 280 nm，ΔE 小，$(\Delta E)^{-1}$ 大，$|\sigma_p|$ 大，去屏蔽强，因此共振在低场。

下面讨论键级项的影响。详细的讨论请参阅文献[2]，这里仅叙述主要的结论。

各种碳原子 Q_{AA} 值相差不大，Q_{AB} 则变化较大。其计算可用式(3-3)：

$$Q_{AB} = -\frac{2}{3}\left[P_{x_A x_B}(P_{y_A y_B} + P_{z_A z_B}) + P_{y_A y_B}P_{z_A z_B}\right] \tag{3-3}$$

式中，$P_{x_A x_B}$ 为生成 σ 键的两个 2p σ 原子轨道键级；$P_{y_A y_B}$ 和 $P_{z_A z_B}$ 为两个 π 键级。

将几种碳原子 $P_{x_A x_B}$、$P_{y_A y_B}$、$P_{z_A z_B}$ 及按式(3-3)计算的 Q_{AB} 值进行归纳，就得到表 3-1。

表 3-1　某些脂肪族化合物碳原子 Q_{AB} 的计算值

化合物	$P_{x_A x_B}$ ($P_{x_A x_C}$)	$P_{y_A y_B}$ ($P_{y_A y_C}$)	$P_{z_A z_B}$ ($P_{z_A z_C}$)	$\sum Q_{AB}$
CH₃—CH₃	$-\dfrac{3}{4}$	0	0	0
CH₂=CH₂	$-\dfrac{2}{3}$	0	1	0.444
CH≡CH	$-\dfrac{1}{2}$	1	1	0
$\underset{\text{C}}{\text{CH}_2}=\underset{\text{A}}{\text{C}}=\underset{\text{B}}{\text{CH}_2}$, ($C_A=C_B$)	$-\dfrac{1}{\sqrt{3}}$	0	1	$\left.\begin{array}{c} \\ \\ \end{array}\right\}$ 0.770
($C_C=C_A$)	$\left(-\dfrac{1}{\sqrt{3}}\right)$	(1)	(0)	

从表 3-1 可知，sp 杂化的碳原子由于 $Q_{AB}=0$，因此—C≡C—碳原子相比 $\diagup\!\!\!\!\!{}_{\diagdown}$C=C$^{\diagup}\!\!\!\!{}_{\diagdown}$ 碳原子在高场共振，这个结果与氢谱的情况是类似的。

综合考虑平均激发能和键级的影响,对几种常见基团可总结为表 3-2。

表 3-2　键级和平均激发能对^{13}C 化学位移的影响[3]

化合物类型	杂化类型	$\sum Q_{AB}$	ΔE/eV	δ_C/ppm
烷	sp^3	0	$\sim$10($\sigma\to\sigma^*$)	0$\sim$50
烯、芳环	sp^2	0.4	$\sim$8($\pi\to\pi^*$)	100$\sim$150
炔	sp	0	$\sim$8($\pi\to\pi^*$)	50$\sim$80
叠烯(中心碳原子)	sp^2	0.8	$\sim$8($\pi\to\pi^*$)	200
酮	sp^2	0.4	$\sim$7($n\to\pi^*$)	200

下面考虑 2p 轨道电子密度对 δ_C 的影响。

碳原子 2p 轨道电子密度增加,2p 轨道将扩大,r^{-3} 将减小,$|\sigma_p|$ 也减小,共振在高场。对一系列具有不同 π 电子密度的芳环化合物进行研究发现,δ_C 与 π 电子密度有较好的线性关系,如图 3-4 所示。从图 3-4 可导出:

$$\delta_C = -160\rho + 287.5 \tag{3-4}$$

式中,ρ 为 π 电子密度,即共用 π 电子数目/共轭体系碳原子数之值。由式(3-4)可知,在碳原子 2p 轨道上平均增加或减少一个电子,将使碳原子的 δ 值产生 160 ppm 的移动,它远远超过了抗磁屏蔽的影响(增加一个 2p 电子仅变化 δ 值 14 ppm)。

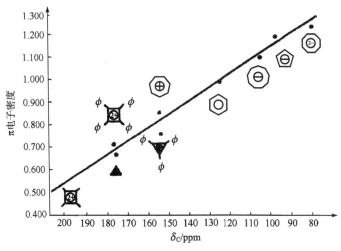

图 3-4　δ_C 与 π 电子密度的关系

由上所述,取代基的诱导效应可得到清楚的说明。当碳原子与电负性基团相连时,碳原子电子密度下降,轨道收缩,r 减小,r^{-3} 增大、$|\sigma_p|$ 增大,共振在低场。因此,无论是氢谱中基于以抗磁屏蔽为主的考虑,还是碳谱中基于以顺磁屏蔽为主的考虑,电负性基团的诱导效应都使其相邻原子 δ 值增大。但需注意,这相同的变化趋势对应了不同的机理,并且诱导效应在碳谱中引起 δ 值的改变范围较大。

从上面讨论可以看出,用式(3-2)能较好地解释常见官能团 δ 值变化的范围。

前面概括性地讨论了平均电子激发能、键级、2p 轨道电子密度对 δ_C 的影响。下面将从结构的、立体化学的角度,具体讨论若干因素对几种常见官能团 δ_C 的影响。至于氢键及介质等

对 δ_C 的影响则将在本节末尾讨论。在第二版中分门别类地介绍了常见官能团化学位移数值的相应计算公式并列出有关参数,在第三版中均全部删除了,其原因请参考对于氢谱化学位移数值的讨论(2.9.2)。

3.2.2 链状烷烃及其衍生物

影响 δ 的因素如下。

1. 取代基的电负性

对脂肪族链状烷基的碳原子来说,取代基的电负性是影响其 δ 值的主要因素。电负性基团的取代对 α-碳原子产生明显低场位移,对 β-碳原子也稍有低场位移作用。当脂肪链的碳原子不连杂原子时,一般情况下 δ 在 55 ppm 以内,当连杂原子时,δ 值可达 80 ppm 或更大。

2. 空间效应

1)取代烷基的密集性

当脂肪链碳原子上的氢被烷基取代后,其 δ 值也就相应增大。例如:

R=CH_3	CH_3R	CH_2R_2	CHR_3	CR_4
δ/ppm	5.7	15.4	24.3	31.4

另外,取代的烷基越大、越具分支,被取代的碳原子的 δ 也越大,即在 R—$\overset{*}{C}$H$_3$、

R—$\overset{*}{C}$H$_2$CH$_3$、R—$\overset{*}{C}$H$_2$CH$_2$CH$_3$、R—$\overset{*}{C}$H$_2$CH$\begin{smallmatrix}CH_3\\CH_3\end{smallmatrix}$ 、R—$\overset{*}{C}$H$_2$—C$\begin{smallmatrix}CH_3\\|\\CH_3\end{smallmatrix}CH_3$ 的系列中,δ_C^{*} 从左

到右逐渐增大。

2)γ-旁式效应

各种基团的取代均使 γ-碳原子的共振稍移向高场。前面已讲过,电负性基团的取代使 α-、β-碳原子的共振移向低场,但却使 γ-碳原子的共振移向高场。这种现象可用空间效应来解释。脂肪链是可以旋转的,处于 γ-旁式(γ-gauche)构象(图 3-5)约占 1/3 的时间。当处于此构象时,R"挤压"γ-碳原子上的氢原子,该 C—H 键的电子移向碳原子,故共振移向高场,经时间平均效应之后,仍为高场位移。

从以上所述可看到碳谱的 δ 值对立体化学很敏感。因此,碳谱 δ 值是研究立体化学的一个重要手段。

3. 超共轭效应

周期表中第二周期的杂原子(N、O、F)的取代,使 γ-碳原子的高场位移比烷基取代更为明显。因此,有人提出了超共轭效应:C—X 键短(X 表示上述杂原子),杂原子的孤对电子与 α-碳原子的 p 电子部分重叠,最后导致 γ-碳原子的电子密度有所增加。

4. 重原子效应

重原子效应有时也称为重卤素(heavy halogen)效应。碳原子上面的氢被电负性基团取代之后,δ 将增大,但若被碘取代后,δ 反而减小,溴也可表现这种性质。当卤素原子与碳原子

连接后,它们众多的电子对于碳原子有抗磁屏蔽作用,从而碳原子共振移向高场(图 3-6)。

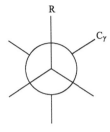

图 3-5 γ-旁式效应

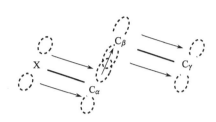

图 3-6 杂原子对 γ-碳原子电子密度的影响

3.2.3 环烷烃和取代环烷烃

3.2.2 中所讨论的影响脂肪链碳原子 δ 的几个因素对脂环族碳原子仍然适用。需要补充的是,当环为刚性时,若取代基处于 γ-旁式位置空间影响较脂肪链更明显。反之,若处于反式则空间影响近于零。

对于饱和环烷烃,从五元环到十七元环,δ 值并无大的变化,均为 25～28 ppm。

对于复杂的脂环,它们的化学位移数值最好参考类似结构单元来估计。

3.2.4 烯烃和取代烯烃

δ 的范围及影响因素如下:

(1) 乙烯的 δ 值为 123.3 ppm,取代烯烃一般为 100～150 ppm。在氢谱中,苯环的环电流效应使苯环相对于烯烃的氢的 δ 值明显移到低场。在碳谱中,由于各种磁各向异性对于 σ_p 的影响均较弱,因此烯烃与苯环的碳的 δ 差值不大。

(2) 类似于脂肪链烷烃(大致有 $\delta_C > \delta_{CH} > \delta_{CH_2} > \delta_{CH_3}$),对于取代烯烃,大致有 $\delta_{\diagdown C=} > \delta_{-CH=} > \delta_{CH_2=}$。端烯 $CH_2=$ 的 δ 值比有取代基的烯碳原子的 δ 值小 10～40 ppm。

(3) 对比烯烃和对应的烷烃,烯烃的 β-、γ-、δ-、ε-碳原子和对应烷烃的碳原子的 δ_C 的差值一般在 1 ppm 之内,α-碳原子往低场位移也只有 4～5 ppm。上述希腊字母标注碳原子相对于双键的位置。因此,烯烃中除 α-碳原子之外,其他饱和碳原子的 δ 值可以参考对应烷烃的碳原子。

(4) 共轭效应。形成共轭双键时,中间的碳原子因键级减小,共振移向低场。

3.2.5 苯环及取代苯环

苯的 δ 值为 128.5 ppm。若苯环上的氢被其他基团取代,被取代的 C-1 原子 δ 值有明显变化,最大幅度可达 35 ppm。邻、对位碳原子 δ 值也可能有较大的变化,其幅度可达16.5 ppm。间位碳原子的 δ 值则几乎不变。

影响 δ 值的因素如下:

(1) 取代基电负性对 C-1 的 δ 值的影响很有规律性,可用图 3-7 表示。

(2) 取代烷基的分支加多,使 C-1 原子的 δ 值增

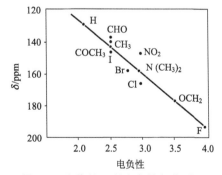

图 3-7 取代基 R 的电负性与苯环上被取代碳原子 δ 值的关系(图中 δ 值是校正了磁各向异性之后的数值)

加较多。例如：

| 取代基团 | H | —CH₃ | —CH₂CH₃ | —CH(CH₃)₂ | —C(CH₃)₃ |

取代基团　　　　H　—CH$_3$　—CH$_2$CH$_3$　—CH(CH$_3$)$_2$　—C(CH$_3$)$_3$
相对苯的位移/ppm　0　　+9.3　　　+15.6　　　　+20.2　　　　+22.4

（3）重原子效应可产生高场位移，碘的取代会对 C-1 的共振产生很大的高场位移，溴的取代也使 C-1 原子有高场位移。

以上三点是取代基对 C-1 原子 δ 值的影响。

（4）中介（mesomeric）效应。中介效应即共振效应。与氢谱类似，苯环的第二类取代基使邻、对位碳原子共振移向高场，第三类取代基使邻、对位碳原子共振移向低场。这可用下式表明。

第二类取代基：

第三类取代基：

需注意：第三类取代基的作用较小，对被取代碳原子的低场位移也小。

（5）电场效应对 δ 的影响。仅用共振效应不能完好地解释邻位碳原子的化学位移。以硝基苯为例，邻位碳原子的共振应移向低场，而实际上是移向了高场（其 δ 值较苯小 5.3 ppm）。这是因为硝基的电场使邻位 C—H 键的电子移向碳原子，从而使该碳原子的共振移向高场。

3.2.6　羰基化合物

在常见官能团中，羰基的碳原子由于其共振位置在最低场，因此很易被识别。

羰基碳原子共振之所以在最低场，从式(3-2)很易理解（ΔE 小则 $|\sigma_p|$ 大，共振在低场），用共振效应也可以解释：

即羰基碳原子缺少电子，故共振在低场。

若羰基与杂原子（具有孤对电子的原子）或不饱和基团相连，羰基碳原子的电子短缺得以缓和，因此共振移向高场方向。

由于上述原因,酮、醛共振位置在最低场,一般 $\delta_C > 195$ ppm,酰氯、酰胺、酯、酸酐等相对酮、醛共振位置明显地移到高场方向,一般 $\delta_C < 185$ ppm。α,β-不饱和酮、醛较饱和酮、醛的 δ_C 也减少,但不饱和键的高场位移作用较杂原子弱。

以上对碳谱化学位移的主要影响因素及几种常见官能团的化学位移进行了讨论。比较氢谱和碳谱的化学位移,可以发现它们有很多相似之处:醛基(氢)的共振位置在氢谱的低场范围,醛基及其他羰基化合物(碳)的共振位置也在碳谱的低场范围;反之,烷基的氢和碳分别都在氢谱及碳谱的高场区域出峰,电负性基团的取代都产生低场位移;烯基、苯环都在氢谱及碳谱的中间区域出峰。这种相似性对解析谱图有参考意义。当然,以上的相似性是粗略的。

关于碳谱化学位移的总览,请参阅表 3-3[4]。

表 3-3 有机化合物^{13}C 化学位移

官能团		δ_C/ppm
$\diagdown$C=O	酮	225~175
	α,β-不饱和酮	210~180
	α-卤代酮	200~160
$\diagdown$C=O H	醛	205~175
	α,β-不饱和醛	195~175
	α-卤代醛	190~170
—COOH	羧酸	185~160
—COCl	酰氯	182~165
—CONHR	酰胺	180~160
(—CO)$_2$NR	酰亚胺	180~165
—COOR	羧酸酯	175~155
(—CO)$_2$O	酸酐	175~150
(R$_2$N)$_2$CS	硫脲	185~165
(R$_2$N)$_2$CO	脲	170~150
$\diagdown$C=NOH	肟	165~155
(RO)$_2$CO	碳酸酯	160~150
$\diagdown$C=N—	甲亚胺	165~145
—$\overset{\oplus}{N}$=$\overset{\ominus}{C}$Cl	异氰化物	150~130
—C≡N	氰化物	130~110
—N=C=S	异硫氰化物	140~120
—S—C≡N	硫氰化物	120~110
—N=C=O	异氰酸盐(酯)	135~115
—O—C≡N	氰酸盐(酯)	120~105

官能团		δ_C/ppm
—X—C〈	杂芳环,α-C	155～135
C=C	杂芳环	140～115
C=C—X	芳环 C(取代)	145～125
C=C	芳环	135～110
C=C	烯烃	150～110
—C≡C—	炔烃	100～70
C—C	烷烃	55～5
△	环丙烷	5～—5
C—C	C(季碳)	70～35
—C—O—		85～70
—C—N		75～65
—C—S—		70～75
—C—X	(卤素)	75(Cl)～35
CH—C—	C(叔碳)	60～30
CH—O—		75～60
CH—N		70～50
CH—S—		55～40
CH—X	(卤素)	65(Cl)～30(I)
—CH₂—C—	C(仲碳)	45～25
—CH₂—O—		70～40
—CH₂—N		60～40
—CH₂—S—		45～25
—CH₂—X	(卤素)	45(Cl)～—10(I)
H₃C—C—	C(伯碳)	30～—20

官能团	δ_C/ppm
$H_3C{-}O{-}$	$60{\sim}40$
$H_3C{-}N\diagdown$	$45{\sim}20$
$H_3C{-}S{-}$	$30{\sim}10$
$H_3C{-}X$	$35(Cl){\sim}{-}35(I)$

3.3 碳谱中的耦合现象和去耦

3.3.1 碳谱中的耦合现象

因为 ^{13}C 的天然丰度仅为 1.1%，$^{13}C{-}^{13}C$ 的耦合可以忽略。另一方面，^1H 的天然丰度为 99.98%，因此，若不对 ^1H 去耦，^{13}C 谱线总会被 ^1H 分裂。这种情况与氢谱中难以观察到的 ^{13}C 引起 ^1H 谱线的分裂（^{13}C 的卫星峰）是不同的。

$\gamma_{^{13}C}/\gamma_{^1H}\approx 1/4$，即 $\nu_{^{13}C}/\nu_{^1H}\approx 1/4$，因此 CH_n 基团是最典型的 AX_n 体系。

^{13}C 与 ^1H 最重要的耦合作用当然是 $^1J_{^{13}C{-}^1H}$。决定它的最重要因素是 C—H 键的 s 电子成分，近似有

$$^1J_{^{13}C{-}^1H}=5\times(s\%)\ Hz \tag{3-5}$$

式中，$s\%$ 为 C—H 键 s 电子所占的百分数。

可用下列数据加以说明：

$$CH_4(sp^3,s\%=25\%)\qquad ^1J=125\ Hz$$
$$CH_2{=}CH_2(sp^2,s\%=33\%)\qquad ^1J=157\ Hz$$
$$C_6H_6(sp^2,s\%=33\%)\qquad ^1J=159\ Hz$$
$$CH{\equiv}CH(sp,s\%=50\%)\qquad ^1J=249\ Hz$$

由于 ^1J 很大，造成碳谱谱线相互重叠，因此记录碳谱时必须对 ^1H 去耦。

除 s 电子的成分外，取代基电负性对 ^1J 也有影响。随取代基电负性的增加，^1J 相应增加。以取代甲烷为例，^1J 可增大 41 Hz。

s 电子成分对 ^1J 的影响以及取代基电负性对 ^1J 的影响证实了理论计算对 ^1J 的预测。

$^2J_{CH}$ 的变化范围为 $-5\sim60$ Hz。$^3J_{CH}$ 在十几赫兹之内。它与取代基有关，也与空间位置有关，Karplus 方程近似成立（参阅 2.2 节）。

有趣的是，在芳香环中，$|^3J|{>}|^2J|$。

除少数特殊情况，^4J 一般小于 1 Hz。

3.3.2 宽带去耦

宽带去耦（broadband decoupling）也称为质子噪声去耦（proton noise decoupling），这是测定碳谱时最常采用的去耦方式。

在测碳谱时，如果以一相当宽的频带（它包括样品中所有氢核的共振频率，其作用相当于

自旋去耦的 ν_2)照射样品,则^{13}C 和^{1}H 间的耦合被全部去除,每个碳原子仅出一条共振谱线。

未去耦前谱线分裂,在宽带去耦时,分裂的谱线会聚为一条谱线;对氢核辐照,与^{1}H 耦合的^{13}C 核又有 NOE,因此^{13}C 谱线有很大增强。2.7 节中已说过,按理论计算,NOE 的最大增强系数 η 由式(2-37)给出:

$$\eta = \frac{\gamma_S}{2\gamma_I}$$

式中,η 为 I 核的 NOE 最大增强系数,即该核信号最大增强的相对倍数;γ 为磁旋比,脚标 S 表示与所讨论的 I 核距离相近的核。

将 $\gamma_H = 2.6752 \times 10^8 \, kg^{-1} \cdot s \cdot A$ 及 $\gamma_C = 0.6726 \times 10^8 \, kg^{-1} \cdot s \cdot A$ 代入式(2-37)可得 $\eta_C = 1.988$,即^{13}C 的信号最大可增加到原来强度的三倍。

从上面的叙述可知,采用宽带去耦时,与氢核相连的碳原子的信号被增强。

由于宽带去耦是测定碳谱的常规方法,因此我们在这里对常规碳谱作进一步讨论。在测定碳谱时,如果实验条件未选择好,碳原子的信号可能被削弱。当碳原子的 T_1 数值较大,而脉冲间隔又不足 $5T_1$ 时,在若干个脉冲之后,该核的宏观磁化强度矢量在每次脉冲的前后均分别达到稳定状态,在脉冲前的稳定状态未恢复到平衡状态 M_0,T_1 越长,越偏离 M_0。因此,T_1 很长的,根本不产生信号;T_1 长的,信号弱;T_1 短的,信号强。

总而言之,由于 T_1 的影响及各碳原子的 η 不同,宽带去耦谱图各峰的高度比不能代表各种碳原子的相互比例数,但具有一定识图经验之后,可以从谱线高度近似估计碳原子数目。

化合物(C3-2)全去耦碳谱如图 3-8 所示。

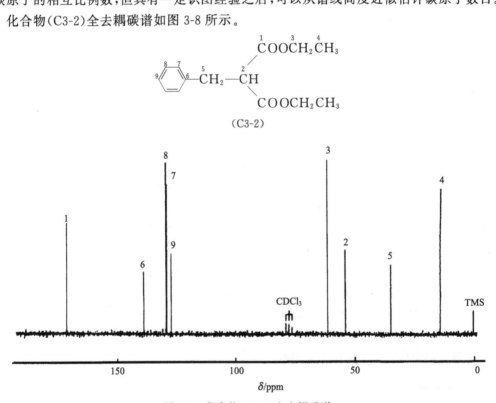

图 3-8　化合物(C3-2)全去耦碳谱

3.3.3　门控去耦（定量碳谱）

在傅里叶核磁谱仪中有发射门（用以控制射频 ν_1 的发射时间）和接收门（用以控制接收器的工作时间）。门控去耦（gated decoupling）是指用发射门及接收门来控制去耦的实验方法。常用门控去耦为抑制 NOE 的门控去耦（gated decoupling with suppressed NOE），也称定量碳谱，其原理叙述如下。

抑制 NOE 的门控去耦的分时图如图 3-9 所示，图中横坐标为时间。

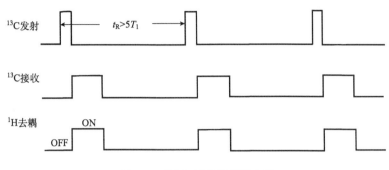

图 3-9　抑制 NOE 的门控去耦

取对 ^{13}C 的脉冲间隔 $t_R > 5T_1$，T_1 为该化合物的各碳原子中的最长纵向弛豫时间，这样可使磁化矢量恢复到平衡值。从图 3-9 可知，所得碳谱为全去耦谱，但 NOE 的增益很小，因去耦时间被控制为最短，NOE 刚产生随即终止。在此条件下，全去耦的碳谱具有较小的 NOE 影响，谱线高度正比于碳原子数目（近似性很高）。因此，这种抑制 NOE 的门控去耦图提供了碳原子的定量信息。

3.4　弛　　豫

本书在第 1 章讨论了有关弛豫过程的基本概念。在氢谱中未对弛豫作专门论述，但在碳谱中则将用整个一节的篇幅讨论弛豫。原因有下列几点：

（1）^{1}H 的弛豫时间较短，^{13}C 的弛豫时间较长，碳核纵向弛豫时间 T_1 最长可达百秒的数量级。当然，由于弛豫时间长，所测定的数值的准确性也就高。

（2）虽然测定氢谱和碳谱都是用的傅里叶变换核磁谱仪，但是在测定碳谱时一般需要多次累加。相比于测定氢谱，在测定碳谱时仪器容易发生饱和现象，弛豫的问题突出。

（3）在常规的全去耦碳谱中，一种碳原子只有一条细的谱线，这使弛豫时间的测定较清晰（参阅 3.4.2）。

（4）从碳原子弛豫时间的测定可得出有关结构和分子运动的信息。

纵向弛豫时间 T_1 涉及峰高，反映结构信息，又便于测定，所以本节的大部分内容是围绕 T_1 进行讨论的。横向弛豫时间 T_2 的测定较 T_1 困难，可巧它对碳谱的影响并不大（T_2 影响谱线半高宽，但碳谱谱图很宽，每条谱线就显得窄了），因此本节对 T_2 的讨论较少，T_2 的测定见 4.1.2。

3.4.1　有关纵向弛豫的理论

关于弛豫的基本概念请参阅 1.5 节。

用于核磁测定的试样为溶液。由于溶液中分子的布朗运动等原因,样品分子中有磁矩的核会受到一个起伏的局部磁场的作用。当起伏的局部磁场包含所研究核的拉莫尔进动频率的分量时,由于核磁矩和起伏的局部磁场的相互作用,受射频 B_1 激发的核回到基态,这时核自旋体系的能量传给了周围的环境[也称为"点阵"(lattice)],这即是纵向弛豫过程。上面所说的"环境"是指所讨论的核自旋体系以外的物质,包括同一分子中的与该核耦合的其他原子核。

这个过程与射频 B_1 使所研究的核产生能级间的跃迁有一定的相似性;但这两种过程有下面的不同之处:射频是相关的、单频的;起伏的局部磁场则是无规的,且有很多频率分量。

具体分析(起伏的)局部磁场,它的产生有着不同的缘由,即纵向弛豫有着不同的机制。下面将逐个讨论纵向弛豫的机制。

1. (磁)偶极-偶极作用(dipole-dipole interaction,DD mechanism)

对 $I=\dfrac{1}{2}$ 的核(包括 ^{13}C 核在内)来说,偶极-偶极弛豫是最重要的纵向弛豫机制,因此我们将作较详细的讨论。

设所讨论的核为 j,与它相耦合的核为 i,i 核在 j 核处产生局部磁场。该局部磁场的磁感强度可用式(3-6)表达:

$$B_{局}=\pm\frac{\mu_i}{r_{ij}^3}(3\cos^2\theta-1) \tag{3-6}$$

式中,$B_{局}$ 为 i 核在 j 核处产生的局部磁场的磁感强度;μ_i 为产生弛豫作用的核 i 的磁矩;r_{ij} 为 i、j 两核之间的距离;θ 为 r_{ij} 与外磁场 B_0 之间的夹角。

在溶液中,i 核随分子的翻转,i 核磁矩(在 j 核处)产生起伏的局部磁场。该磁场具有一定的频谱宽度。此频谱宽度与分子的转动运动有关。为表征分子的转动,现定义(转动)相关时间 τ_c。τ_c 是转动的分子失去相的相关性(phase coherence)的时间常数,τ_c 也可理解为分子转动一个弧度的平均时间。利用数学运算可以导出:

$$J(\omega)=\overline{b_{局}^2}\frac{2\tau_c}{1+\omega^2\tau_c^2} \tag{3-7}$$

式中,$J(\omega)$ 为谱密度函数(spectral density function),它表示由分子运动所产生的局部磁场频谱分布的范围及其相应的强度;$\overline{b_{局}^2}$ 为局部磁感强度平方的平均值;τ_c 为相关时间。

将式(3-7)以图形表示较为直观,此即图 3-10。

设弛豫所需的圆频率为 ω_0。当 τ_c 大(分子运动慢)时,$J(\omega)$ 随 ω 增加衰减快,$J(\omega_0)$ 强度不大。弛豫作用弱,因此 T_1 长。当 τ_c 短(分子运动快)时,$J(\omega)$ 的分布宽,其强度并不大,$J(\omega_0)$ 值也不大,故弛豫作用也不太强,因此 T_1 也较长。当 τ_c 为中等大小时,$J(\omega_0)$ 值大,弛豫最有效,T_1 最短。按照上面所述情况,画出 T_1 和 τ_c 的函数关系,得到

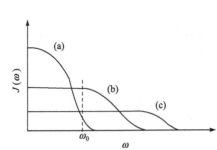

图 3-10　谱密度函数是 ω 的函数

(a) 长的 τ_c,$\omega_0>\dfrac{1}{\tau_c}$;(b) 中等的 τ_c,$\omega_0\approx\dfrac{1}{\tau_c}$;(c) 短的 τ_c,$\omega_0<\dfrac{1}{\tau_c}$

图 3-11。在图 3-11 中,纵、横坐标轴均用对数坐标。从图 3-11 中可看到,在 τ_c 小的一端,$\dfrac{1}{T_1}$ 是正比于 τ_c 的。

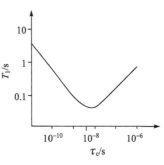

图 3-11　T_1 与相关
时间 τ_c 的关系

图 3-11 的纵坐标是 T_1,它也可以标为 T_1^{DD}。T_1^{DD} 是指对应偶极-偶极机制的纵向弛豫时间。

在图 3-11 的左侧,τ_c 小,即分子快速转动,$\dfrac{1}{T_1}$ 与 τ_c 成正比,从有关理论可导出式(3-8)(严格地说需在分子转动是各向同性的条件下):

$$\frac{1}{T_1^{DD}} = \hbar^2 \gamma_C^2 \gamma_H^2 r_{CH}^{-6} N \tau_c \qquad (3\text{-}8)$$

式中,T_1^{DD} 为 ^{13}C 核相应 DD 机制的纵向弛豫时间;r_{CH} 为所讨论的 ^{13}C 核与产生弛豫作用的氢核之间的距离;N 为起弛豫作用的氢核的数目;其他参数同以前定义。

从式(3-8)可知,$\dfrac{1}{T_1^{DD}}$ 与 r 的负六次方成正比,因此实际起弛豫作用的氢核为与碳原子相连的氢核,所以 N 则是所讨论的碳原子上所连接的氢原子的数目,因而有 $T_1(C) \gg T_1(CH) > T_1(CH_2)$。

当碳核的弛豫仅为 DD 机制时,理论上可导出此时有最大的 NOE 增益 1.988,由此可知:

$$DD\% = \frac{\eta_c}{1.988} \times 100 \qquad (3\text{-}9)$$

式中,DD% 为 DD 机制在弛豫过程中所起作用的百分数;η_c 为实测的 NOE 增益。

需注意的是,T_1 是纵向弛豫的时间常数,弛豫的速度是用 $\dfrac{1}{T_1}$ 衡量的。式(3-9)可更明确地写为

$$\frac{1}{T_1^{DD}} : \frac{1}{T_1^{obs}} = \eta_c : 1.988 \qquad (3\text{-}10)$$

式中,$\dfrac{1}{T_1^{obs}}$ 为所测得的(总的)T_1。

2. 自旋转动机制(spin rotation,SR mechanism)

前述的 DD 作用来自所讨论的核磁矩及其附近的核磁矩的相互作用。自旋转动弛豫则来自分子磁矩转动所产生的波动磁场和核磁矩的作用。分子磁矩是由分子内的电荷分布引起的。分子中的一部分相对分子骨架的快速转动也产生自旋转动弛豫。

3. 标量耦合(scalar coupling,SC mechanism)

以 AX 体系为例,A 与 X 之间有耦合作用,当 X 核的弛豫很快进行(或其他原因,如 X 核进行快交换反应),它可加速 A 核的弛豫。三溴甲烷中的碳原子,其 T_1 仅 1.65 s,这是因为溴原子核的四极矩弛豫很快,因而 ^{13}C 的 T_1 很短。

4. 化学位移各向异性(chemical shift anisotropy,CSA mechanism)

在 2.1 节中讨论过化学键的磁各向异性,由于分子的布朗运动,仅有一个平均的化学位移

值表现出来,但是当分子运动时,磁各向异性的化学键会产生一个起伏的局部磁场,使受各向异性屏蔽的原子核产生弛豫,在大部分情况下,此机制对^{13}C弛豫作用不大。

5. 四极矩弛豫

四极矩弛豫已在2.7节中介绍过,对$I > \dfrac{1}{2}$的核的弛豫起重要作用。^{13}C的$I = \dfrac{1}{2}$,因此^{13}C没有四极矩弛豫,但四极矩弛豫可起间接作用,如前述的标量耦合机制。

6. 顺磁物质的影响

顺磁物质的存在会影响所研究的核的弛豫。就其本质来说,仍属于偶极-偶极作用。顺磁物质有未成对电子,而电子磁矩比核磁矩大三个数量级,因此产生很强的局部磁场,即产生很强的弛豫作用,氧是顺磁物质,故准确测定T_1时,需经过仔细的操作去氧。

纵向弛豫作用有多种机制,观测到的T_1值是各种机制贡献的总和,因此有

$$\frac{1}{T_1^{\text{obs}}} = \frac{1}{T_1^{\text{DD}}} + \frac{1}{T_1^{\text{SR}}} + \frac{1}{T_1^{\text{SC}}} + \frac{1}{T_1^{\text{CSA}}} + \cdots \tag{3-11}$$

式中,T_1^{obs}为观测的(总的)T_1;T_1^{DD}、T_1^{SR}、$\cdots$分别为DD、SR、$\cdots$机制所对应的T_1。

3.4.2 弛豫时间的测定

1. T_1的测定法

常用的弛豫时间测定法为倒转恢复法(inversion recovery,IR method)。

倒转恢复法是测定T_1的精确度最高的方法,通过它又可加深对核磁基本概念的了解,故作一介绍。

图3-12上方表述了此法所用的脉冲序列,即$180° - \tau$(变化)$- 90°_{x'} - T (> 5T_1)$。如括号所注,每次$180°$和$90°$脉冲之间的时间间隔τ不是常数,它逐次从小到大逐渐变化;时间间隔T则始终大于$5T_1$,此处T_1代表化合物中各碳T_1的最长者。图3-12下方表示了在一系列脉冲作用下(某一种核的)磁化矢量的行为。经长于$5T_1$的时间间隔,磁化矢量恢复到平衡值M_0。$180°$脉冲使它转到$-z$轴方向。经过τ的时间间隔,$\boldsymbol{M}$往$\boldsymbol{M}_0$回复,随着τ的增长,$\boldsymbol{M}$从$-z$轴方向回复到z轴方向。$90°_{x'}$脉冲使$\boldsymbol{M}$转到$-y'$轴(或y'轴方向,视$\boldsymbol{M}$沿$-z$轴还是z轴方向),产生可检测信号(随即采样)。上述过程可准确计算。重新写出式(1-36):

$$\frac{\mathrm{d}M_z}{\mathrm{d}t} = -\frac{M_z - M_0}{T_1}$$

经积分有

$$M_z - M_0 = A\mathrm{e}^{-t/T_1} \tag{3-12}$$

图3-12中的τ即对应式(3-12)中的t,需注意它的数值是以$180°$脉冲结束时开始计算的。代入起始条件:

$$M_z(0) = -M_0$$

可得到$A = -2M_0$,所以式(3-12)成为

$$M_z = M_0(1 - 2\mathrm{e}^{-t/T_1}) \tag{3-13}$$

式(3-13)可写为

$$\ln\frac{M_0 - M_z}{M_0} = -\frac{t}{T_1} + \ln 2 \tag{3-14}$$

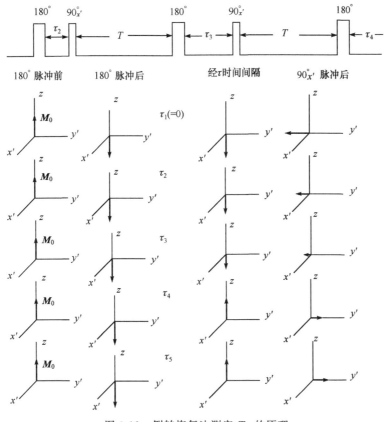

图 3-12　倒转恢复法测定 T_1 的原理

以 $\ln \dfrac{M_0 - M_z}{M_0}$ 对 t（现在的 τ）作图，其斜率为 $-\dfrac{1}{T_1}$，由此可求出 T_1。

图 3-13 是用倒转恢复法测定 T_1 的例子。化合物中不同碳原子的 T_1 是不同的。从图中可看出二苯醚的 1-位碳原子 T_1 最长,4-位碳原子的 T_1 最短(它的信号在 $\tau = 2$ s 以后即为正值)。

关于 T_1 的其他测定方法,为节省篇幅,本书不再赘述。对此有兴趣的读者可参阅文献 [5],其中介绍了五种测定法(包括各种改进方法)。

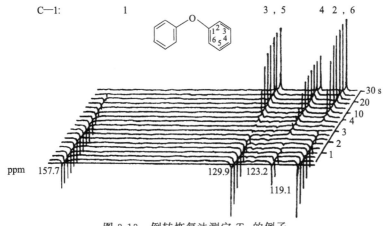

图 3-13　倒转恢复法测定 T_1 的例子

2. T_2 的测定法

在 1.5 节中已说过,从核磁谱线的半高宽可以计算 T_2,但求出的表观 T_2 很大地受磁场不均匀性的影响,计算结果误差较大。自旋回波方法则克服了上述缺点,有关自旋回波的原理及其用于 T_2 的测定将在 4.1 节中阐述。

另一条途径则是用自旋锁定(参阅 4.1.5)测定在旋转坐标系中的 T_1 型弛豫,称为 $T_{1\rho}$(ρ 表示旋转坐标系)。

$T_{1\rho}$ 的测定并不困难,而通过 $T_{1\rho}$ 的测定却得到了 T_2 的信息,因为对非黏性的液体有 $T_1 \approx T_{1\rho} \approx T_2$,对黏性液体则有 $T_1 > T_{1\rho} \approx T_2$,即 $T_{1\rho}$ 总是近于 T_2 的。

3.4.3 T_1 的应用

1. 提供结构信息

从有机结构鉴定的角度来看,T_1 对碳原子(特别是季碳原子)的指认能提供重要依据,因而可提高所推测结构的可靠性。

典型的例子如利血平(reserpine)(C3-3)中季碳的指认,结构式上所注的时间为该碳原子的 T_1(以 s 为单位)。从中可看到四个连甲氧基的季碳原子的 T_1 很有规律性:

12.8 s:两侧邻碳原子均为季碳。

4.8 s:一侧邻碳原子为季碳,另一侧为 CH。

3.0 s:两侧邻碳原子均为 CH。

这反映了 DD 作用的特点。T_1 的观测证实了基于化学位移的指认。

(C3-3)

2. T_1 促进关于分子运动和溶液的研究

T_1 可提供以下信息:分子的大小、分子运动的各向异性、分子内旋转、空间位阻,分子的柔韧性(molecular flexibility)、分子(或离子)与溶剂的缔合等[4]。

T_1 的测定对于溶液的研究(如聚合物分子的链段运动、交换反应等)也是一重要手段。

3.5 核磁共振碳谱的解析

核磁共振碳谱应用于多项研究,本书只讨论在有机结构鉴定中的应用。事实上,90% 以上的碳谱都应用于结构鉴定。

在讨论谱图解析之前,简述样品的制备及作图。

3.5.1 样品的制备及作图

1. 样品的制备

碳谱样品的制备与氢谱很类似,需配制成适当浓度的、黏度小的溶液。需注意碳谱的灵敏度是远低于氢谱的。具体用量与核磁共振谱仪的频率、样品的相对分子质量、结构特点、累加时间有关。

虽然碳谱不受溶剂中氢的干扰,但为兼顾氢谱的测定及锁场需要,仍常采用氘代试剂作溶剂(参阅 2.9.1)。

2. 作图

作碳谱都采用傅里叶变换核磁共振谱仪。作图涉及的参数多(脉冲倾倒角、脉冲间隔、扫描谱宽等);也涉及采样、数据处理及累加的问题,还有双共振的有关事项等[3,4]。

常规碳谱为全去耦谱图。为区分碳原子的级数,一般均采用 DEPT 方法(参阅 4.2 节)。从指认的需要可作碳-氢相关类二维谱;从定量的需要可作抑制 NOE 的门控去耦(参阅 3.3.3)。

3.5.2 碳谱解析的步骤

以下解析碳谱的步骤供读者参考。

1. 鉴别谱图中的真实谱峰

(1)溶剂峰。氘代试剂中的碳原子均有相应的峰,这与氢谱中的溶剂峰是不一样的(氢谱中的溶剂峰仅因氘代不完全引起),因此应熟悉氘代试剂峰组的形状和位置(表 3-4)。氘代试剂都是小分子,τ_c 小,T_1 长,虽然它的用量大,但其谱峰强度并不太高。

表 3-4　常用氘代试剂的 ^{13}C 信号

氘代试剂	CDCl$_3$	CD$_3$COCD$_3$		CD$_3$OD	C$_6$D$_6$	C$_5$D$_5$N			CD$_3$SOCD$_3$
δ_C/ppm	77.0	30.2	206.8	49.3	128.7	123.5	135.5	149.8	39.7
峰形	t	7	s	7	t	t	t	t	7

注:① 氘的自旋量子数 $I=1$,它对 ^{13}C 产生的分裂应按 $2n+1$ 计算,被分裂的各 ^{13}C 谱线的强度不能用二项式展开系数表示;②按惯例,s、d、t、q 分别表示单峰、二重峰、三重峰、四重峰。更多的分裂则以阿拉伯数字直接表示,如"7"表示七重峰。

(2)杂质峰。杂质峰的判别可参照氢谱解析时杂质峰的判别(见 2.9.2)。

(3)作图条件选择的好坏会对谱图产生影响。其中最重要的是不要遗漏了季碳的谱线。脉冲倾倒角较大而脉冲间隔又不够长时往往季碳不出峰或峰的强度大为降低。当扫描谱宽不够大时,扫描宽度以外的谱线会"折叠"到谱图中,造成解析的困难。

2. 由元素组成式计算不饱和度

由元素组成式计算化合物的不饱和度,请参阅氢谱中不饱和度的计算(见 2.9.2)。

3. 分子对称性的分析

若谱线数目等于元素组成式中碳原子数目,说明分子无对称性;若谱线数目小于元素组成式中碳原子数目,说明分子有一定对称性,这在推测结构时应予以注意。化合物中碳原子数目较多时,应考虑到不同碳原子的δ值可能偶然重合。

4. 碳原子δ值的分区

碳谱大致可分为三个区:

(1) 羰基或叠烯区。$\delta > 150$ ppm,一般$\delta > 165$ ppm。分子中若存在叠烯基团,叠烯两端的碳原子应在双键区也有峰,两种峰的同时存在才说明有叠烯的存在。$\delta > 200$ ppm 的信号只能属于醛、酮类化合物,$160 \sim 180$ ppm 的信号则属于酸、酯、酸酐等化合物(见 3.2 节)。

(2) 不饱和碳原子区(炔碳原子除外)。$\delta = 90 \sim 160$ ppm(一般情况 $\delta = 100 \sim 150$ ppm)。烯、芳环、除叠烯中央碳原子的所有其他 sp^2 碳原子、碳氮叁键的碳原子都在这个区域出峰。

由前两类碳原子可计算相应的不饱和度,此不饱和度与分子的不饱和度之差表示分子中成环的数目。

(3) 脂肪链碳原子区。$\delta < 100$ ppm。饱和碳原子若不直接连氧、氮、氟等杂原子,一般其δ值小于 55 ppm。炔碳原子 $\delta = 70 \sim 100$ ppm,其谱线在此区,这是不饱和碳原子的特例。

5. 碳原子级数的确定

一般用 DEPT 方法确定碳原子的级数(参阅 4.2 节),由此可计算化合物中与碳原子相连的氢原子数。若此数目小于分子式中氢原子数,二者之差即为化合物中活泼氢的原子数。

6. 推出结构式

推出结构单元并进一步组合成若干可能的结构式。

7. 进行对碳谱的指认

按照上述步骤推出几个可能的结构式。通过对碳谱的指认,从它们中间找出最合理的结构式,此即正确的结构式。

另外,氢谱和碳谱是相互补充的。当未知物已有氢谱时,应把碳谱、氢谱结合起来分析。关于综合分析氢谱及碳谱的要点请参阅 9.1 节。

无论是单独的碳谱解析还是核磁共振谱图的综合解析,尽量利用网上谱图资料无疑是很值得推崇的,请参阅 2.9.2。

3.5.3 谱图解析举例

例 3-1 某未知物分子式为 $C_{11}H_{14}O_2$,有以下核磁共振碳谱数据,试推出其结构。

δ/ppm	39.9	55.6	55.7	111.9	112.5	115.5	120.7	132.7	137.9	147.9	149.4
谱线多重性	t	q	q	d	d	t	d	s	d	s	s

解 由该分子式可计算出其不饱和度为 5,这与苯环-双键区的 8 条谱线相对应。

从碳谱的 11 个 δ 值,知该化合物无任何结构的对称性。从谱线多重性可知连在碳原子上共有 14 个氢,与分子式中氢的数目相等,这说明该未知物不含连在杂原子上的活泼氢。

苯环-双键区的 8 个碳原子的谱线估计为一个苯环加一个碳碳双键。特别要注意 $\delta = 115.5$ ppm 的谱线多重性为 t,这说明该未知物含有 $-\overset{|}{C}=CH_2$ 结构单元。

从 55.6 ppm(q)及 55.7 ppm(q)及分子式含两个 O,知该未知物有两个甲氧基,且其化学环境很相近。估计该未知物应有下列结构：

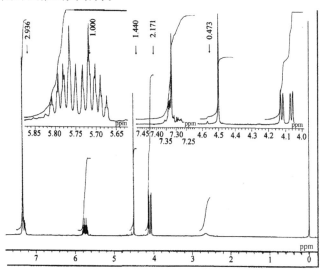

还剩下三个碳原子，它们又必须与苯环相连，因此苯环上必须有三个取代基；从剩下的碳原子的信息也就可知苯环上的第三个取代基为

$$CH_2\!\!=\!\!CH\!\!-\!\!CH_2\!\!-$$

因此，推测该化合物结构仅剩下确定苯环上三个取代基的位置了。

凡是要定苯环上取代基的位置时，分析苯环上被取代碳原子的 δ 值是最重要的。如果甲氧基直接取代到苯环，被取代的碳原子的化学位移数值将增大很多，现在甲氧基的取代将使被取代碳原子的 δ 值达

$$128.5+30.2=158.7(ppm)$$

而现在最大的两个多重性为 s 的 δ 值才 149.4 ppm 和 147.9 ppm，这说明它们都受到了很强的高场位移作用。因此，可推出两个甲氧基是邻位的，这样才能相互产生高场位移作用。

第三个多重性为 s 的 δ 值为 132.7 ppm。对烯丙基的取代来说，被取代碳原子受到一些高场位移作用但未受到很强的高场位移作用。据此可知烯丙基的取代不在甲氧基的邻位。于是我们得到未知物结构，并可作出相应的指认：

从例 3-1 可知，对于结构简单的化合物，若已知其分子式及核磁共振碳谱，即可推出其结构式。事实上，此例若仅知道碳谱数据而无分子式，利用 δ 的知识及谱线多重性的信息，也可以推出结构。

例 3-2 某未知物分子为 $C_{11}H_{14}O_2$，其核磁共振氢谱、碳谱及 DEPT 谱分别如图 3-14、图 3-15 及图 3-16 所示，试推出其结构。

图 3-14 某未知物的氢谱

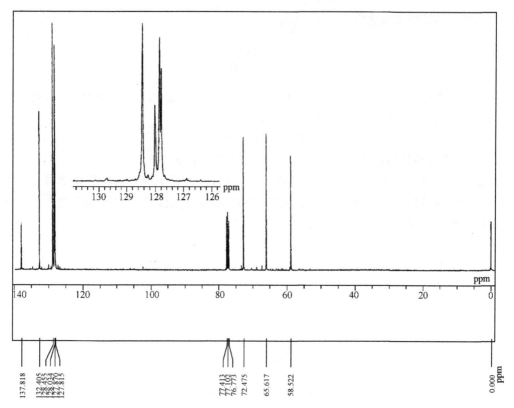

图 3-15　某未知物的碳谱

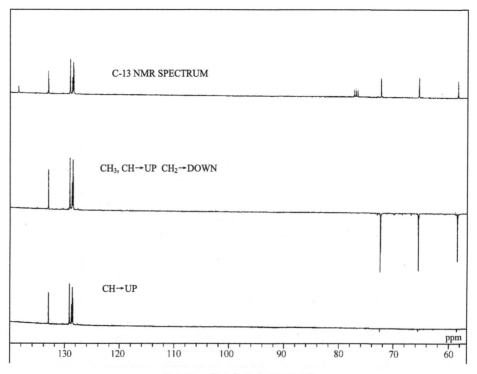

图 3-16　某未知物的 DEPT 谱

解 关于 DEPT 的原理请阅 4.2.3,这里仅需要知道它能区分碳原子的级数就行。结合全去耦碳谱我们知道,最低场的信号($\delta=137.8$ ppm)为季碳(DEPT 上不出峰),最高场的三个信号为 CH_2,其余为 CH。

碳谱结合氢谱可解决结构更复杂一些的问题。

在拥有这两种谱图时,最好先把各个峰组相应地关联起来。由于碳谱和氢谱的 δ 值有大致相同的走向,这有利于将二者关联。

计算化合物不饱和度为 5,碳谱的苯环-双键区共六条谱线。从五条较高的谱线及一个季碳的谱线可以推测该未知物含一个单取代苯环及一个 CH═CH。这个推测立即可由氢谱得到证实,氢谱清晰地显示第一类取代基的单取代苯环图谱。这说明有碳原子在苯环上取代。氢谱 $\delta=5.74$ ppm 左右的峰组说明有两个烯氢,从放大的峰形可知该峰组是由 AB 体系($J_{AB}\approx11.9$ Hz)再经两次 $t(J\approx4.9\text{ Hz})\times t(J\approx1.2\text{ Hz})$ 裂分而成的,由 $J\approx11.9$ Hz 知两个氢为顺式构型,同侧 CH_2 产生 $J\approx4.9$ Hz 的三裂分,异侧 CH_2 则产生 $J\approx1.2$ Hz 的三裂分。

氢谱 4.04~4.14 ppm 的两组双峰($J\approx4.9$ Hz)及 $\delta\approx4.50$ ppm 的独立单峰分别对应两个被 CH 裂分的 CH_2 及一个孤立的 CH_2。再结合氢谱和碳谱的 δ 值,可得到未知物结构,并作出指认。

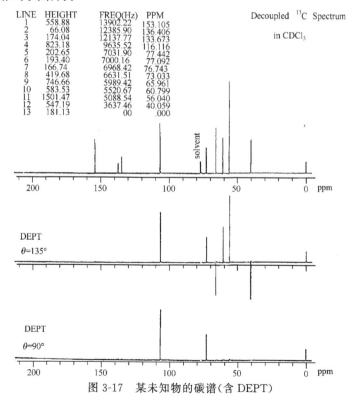

例 3-3 未知物相对分子质量为 242,其核磁共振碳谱(含 DEPT)和氢谱分别如图 3-17 和图 3-18 所示,试推导其结构。

图 3-17 某未知物的碳谱(含 DEPT)

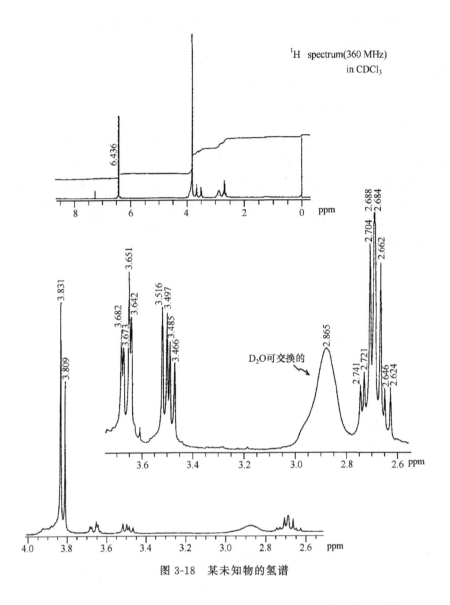

图 3-18 某未知物的氢谱

解 碳谱和氢谱的结合,可以准确地找到该化合物的碳原子数和氢原子数。

首先,我们把二者的谱峰关联起来。如果有第 4 章介绍的异核位移相关谱,就完全解决了二者的关联。若没有异核位移相关谱,但利用 δ_H 和 δ_C 的知识,二者也可以关联起来。

该化合物的氢谱中,从低场到高场的各峰组显示的氢原子数分别为 2、10、1、1、2、2。其中 $\delta=2.88$ ppm 处的钝峰注明加重水后可交换掉,说明这是两个活泼氢的峰。

碳谱的苯环-双键区显示四条谱线。虽然该谱为宽带去耦谱而非定量碳谱,但从 153.1 ppm 和 106.1 ppm 处的两个强峰仍可估计这分别是两个化学等价的碳原子在同一 δ 值出峰所致。氢谱苯环区有一孤立的两个氢的单峰,这两种谱的结合,我们可推测未知物含有下列结构单元:

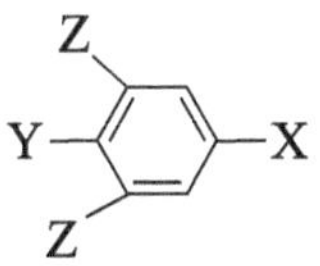

下面分析高场区。

碳谱高场区共有五条谱线。从 DEPT $\theta=90°$(CH 出峰)及 $\theta=135°$(CH_2 往下出峰,CH、CH_3 往上出峰)知有一个 CH、两个 CH_2及两个 CH_3 的谱线。从 56.0 ppm 的强度可估计它对应两个碳原子,即脂肪区共有三个 CH_3、两个 CH_2、一个 CH。从 CH_3 的 δ 值 56.0 ppm 和 61.8 ppm 可推测这是两种甲氧基的峰。

下面分析氢谱的高场区。从放大图可知 $\delta=3.9$ ppm 附近应是 1H(多重峰)、6H(单峰)、3H(单峰)。再从 δ 值及碳谱的分析,可确切知道有两个化学等价的—OCH_3,另一个—OCH_3、一个 CH,该 CH 与氧原子相连。它与碳谱中 $\delta=73.0$ ppm 的谱线相对应。

δ 约为 3.49 ppm 及 3.67 ppm 处的两个氢谱谱峰应与碳谱中的 66.0 ppm 的 CH_2 相对应。在氢谱中的这八条谱线中,我们可找到四个等间距:$3.682-3.651=3.673-3.642=3.516-3.485=3.497-3.466$。从谱仪工作频率 360 MHz 可计算出此间距相应于 11.2 Hz。从这四个等间距及整个谱峰分布情况可知这是 ABX 体系的 AB 部分的峰形。由于它们是同碳二氢,因而 J_{AB}为^2J,目前是 11.2 Hz 很合理。从氢谱 δ 值可认为该 CH_2 与 O 相连。

$\delta=2.70$ ppm 处的八重峰与上面的分析相似,仍是同碳二氢形成的 ABX 体系中的 AB 部分,它们对应于碳谱中 40.1 ppm 处的 CH_2。

由于脂肪区仅有一个 CH,因而必然有下列结构单元:

$$—CH_2—\underset{|}{CH}—CH_2—$$

由于该 CH 在氢谱及碳谱中的 δ 值均较大(分别为 3.90 ppm 及 73.0 ppm),因而应该与 O 相连。

总结以上所述,该未知物共含下列结构单元:

　$2OCH_3$　OCH_3　$(O)—CH_2—\underset{\underset{|}{(O)}}{\underset{|}{CH}}—CH_2—$　2OH

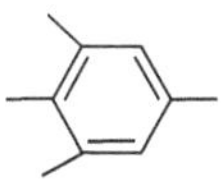

由以上结构单元计算共重 242u,与其相对分子质量相符,说明该未知物不再含其他杂原子,也说明上述估计、分析是正确的。

再次强调,为找出苯环上的取代基位置,分析苯环上被取代碳原子的 δ 值是重要线索。

从 153.1 ppm(两个等价的被取代碳)、136.4 ppm 和 133.7 ppm(分别为一个被取代碳)可以推出:

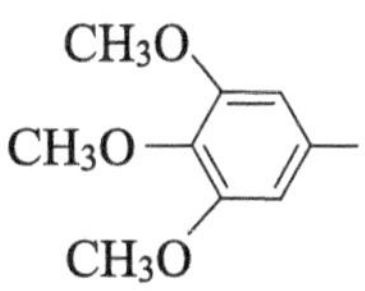

结合前面的分析,该未知物的结构式为

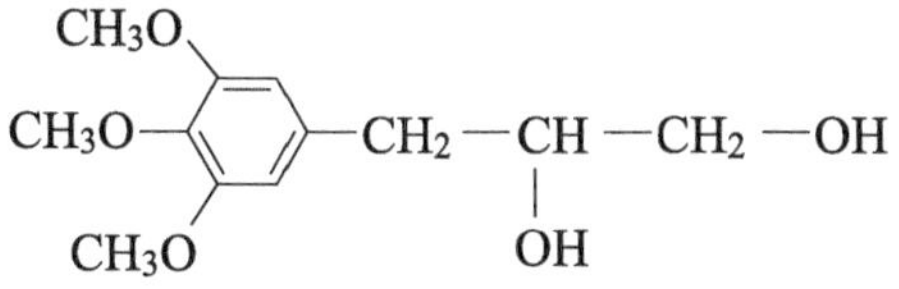

其碳谱 δ 值（无括号）及氢谱 δ 值（在括号内）可指认如下：

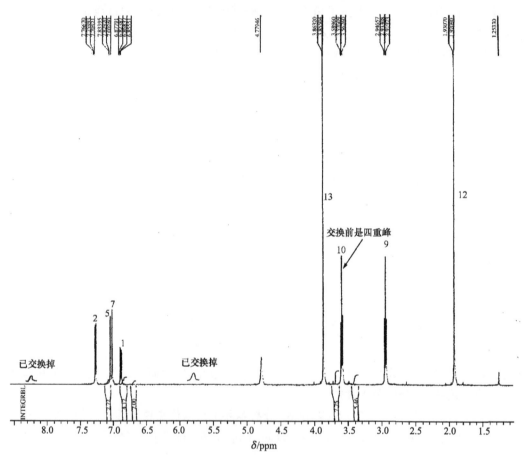

例 3-4 未知物的分子式为 $C_{13}H_{16}O_2N_2$，碳谱数据如下：

δ/ppm	23.2	25.2	39.8	55.9	100.5	112.0	112.4	112.6	122.8	127.7	131.6	154.1	170.2
谱线多重性	q	t	t	q	d	d	d	s	d	s	s	s	s

经滴加重水，进行交换后的氢谱如图 3-19 所示（在交换前有 8.2 ppm 及 5.8 ppm 的两个钝峰，各对应一个氢原子，3.58 ppm 处原为四重峰），试推出其结构。

图 3-19 某未知物进行重水交换后的氢谱

解 从其分子式可计算出不饱和度为 7，此数值较大。

从碳谱知未知物分子无任何对称性，13 个碳原子的 δ 值均不同。从谱线多重性计算，共有 14 个氢原子连在碳上。与分子式相比，还余两个原子，应连在杂原子上，这和重水交换使两个钝峰消失相符。

170.2 ppm 的信号肯定属于羰基，从其 δ 值知它还需与其他杂原子相连。55.9 ppm 应该是一个甲氧基。分子式中仅含有两个氧，均已有归属，因此前述的两个活泼氢应该都是 NH，这也与 NH 常为钝峰相符。它们分别在两处峰进一步说明它们的交换速度不快(参阅 2.8 节)。

氢谱的高场区显示两个孤立强峰,分别对应三个氢原子,除 3.86 ppm 处的甲氧基(与碳谱 55.9 ppm 相对应)外,还有一无耦合裂分的 CH_3 的峰,从其 $\delta_H = 1.92$ ppm 及 $\delta_C = 23.2$ ppm可估计该 CH_3 与双键相连。

从高场区剩下的两组三重峰知有—CH_2—CH_2—结构单元。从 3.58 ppm 处的峰在交换前为四重峰可知该化合物的结构单元为—NH—CH_2—CH_2—。

从氢谱的苯环区 7.26 ppm 处的双重峰($J = 8.75$ Hz,注意中间还有一 $CDCl_3$ 的溶剂峰),7.03 ppm 处的双峰($J = 2.38$ Hz)及 6.87 ppm 附近的峰组(d,d;$J = 8.76$ Hz,2.40 Hz),立即可知有 1,2,4-取代苯环的存在。

考虑到:①碳谱苯环-双键区共有 8 条谱线(苯环加另一碳碳双键),再加羰基,不饱和度仍差 1;②在加重水交换前,8.2 ppm 处有个 NH 峰;③苯环有 1,2,4-取代,可推出未知物具有下列结构单元:

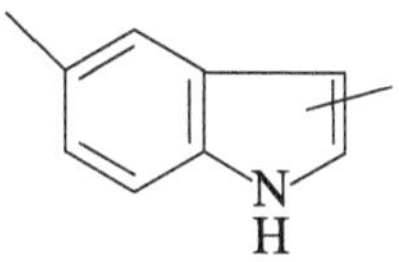

由于苯环上未取代处有相当小的 δ_H 和 δ_C 值,显示了取代基的较强的高场位移效应,甲氧基的 δ_C 及 δ_H 也与苯环上甲氧基相符,因此可推出

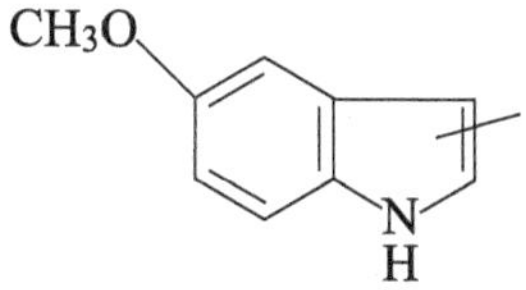

从前面脂肪区的分析及剩余的官能团,可以推出未知物剩下的结构单元为

参照未取代的吡咯(pyrrole)的 δ_H:α-H 6.68 ppm,β-H 6.28 ppm,由未知物氢谱 7.00 ppm 的单峰,可推测取代基在苯并吡咯的 β-位,即未知物结构式为

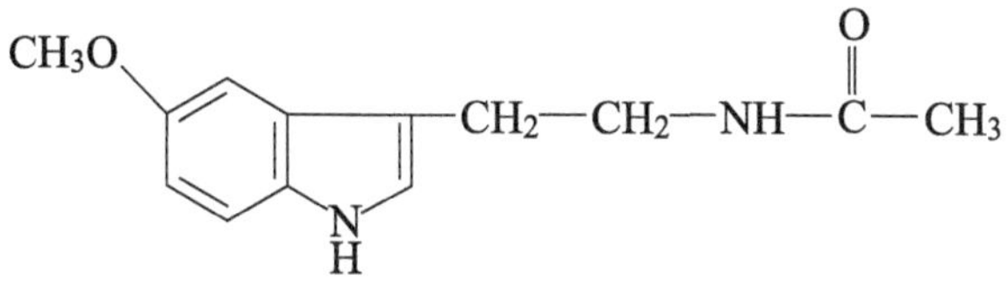

该化合物的氢谱可完全指认:

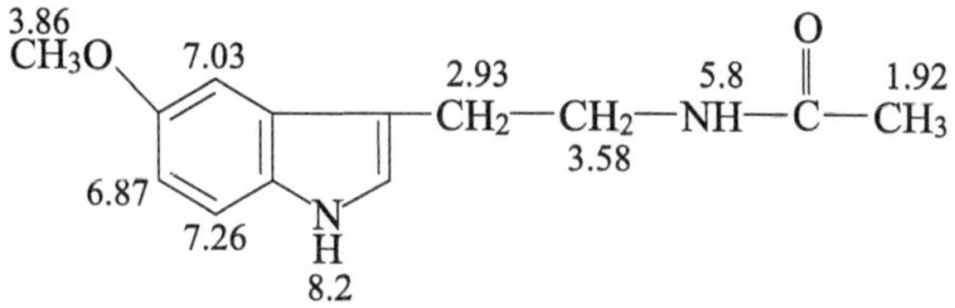

该化合物的碳谱可作以下初步指认(芳环区的部分谱线如需准确指认需补充数据):

参 考 文 献

[1] Karplus M, Pople J A. J Chem Phys, 1963, 38: 2803-2807

[2] Pople J A. Mol Phys, 1964, 7: 301-306

[3] Wehrli F W, Marchand A P, Wehrli S. Interpretation of Carbon-13 NMR Spectra. 2nd ed. New York: John Wiley & Sons, 1988

[4] Breitmaier E, Voelter W. ^{13}C NMR Spectroscopy: Methods and Applications. 2nd ed. Weinheim: Verlag Chemie GmbH, 1978

[5] Martin M L, Martin G J, Delpuech J J. Practical NMR Spectroscopy. London: Heyden, 1980

第4章 脉冲序列的应用和二维核磁共振谱

脉冲-傅里叶变换核磁共振波谱仪的问世使低同位素丰度、低灵敏度的同位素的核磁共振测定得以实现,其后解决了测定碳原子级数(伯、仲、叔、季碳原子)的方法。这又称为碳-13谱线多重性(multiplicity)的确定,因为碳原子上相连的氢原子数目的不同将导致碳谱谱线分裂数目的不同。以后核磁共振二维谱的出现开创了核磁共振波谱学的新篇章。对鉴定有机化合物结构来说,解决问题更客观、可靠,而且大大地提高了所能解决的难度和增加了解决问题途径的多样性。

由于二维谱的脉冲序列不断涌现,有人称之为"自旋工程"(spin engineering),本书将按类别介绍,使读者有个概括的了解。为了能对二维谱有一个比较深入的认识,以便能较好地作图、识谱,本书将阐述脉冲序列和二维谱的理论。

在第1章中,我们引入了宏观磁化强度矢量的概念,并以它为基础深入地讨论了傅里叶变换核磁共振的原理。本章将进一步应用它来讨论若干脉冲单元的原理,从而理解二维谱产生的原理。读者经过努力是可以掌握的。

由于用宏观磁化矢量不便或不能解释某些脉冲序列,因此本书附录1介绍了乘积算符的方法。

读者在掌握了本书内容之后,将可以看懂有关二维谱的一般文献。

4.1 基 本 知 识

碳谱谱线多重性的确定和二维谱(特别是后者)都要应用各种脉冲序列。为对脉冲序列有一个深入的了解,我们先讨论有关的基本知识。

4.1.1 横向磁化矢量

1. 横向磁化矢量的产生

我们首先复习一下1.4节中阐述的基本概念。样品中的磁性核(有磁矩的核)在静磁场 B_0 的作用下产生了宏观磁化矢量(宏观磁化强度矢量)M。为使磁性核发生共振,需要应用一个恰当频率的电磁波。射频电磁波是线偏振磁场,它可以分解为两个旋转方向相反的圆偏振(旋转)磁场。其中之一旋转方向与原子核进动方向相同,该旋转磁场与宏观磁化矢量 M 有相互作用。采用旋转坐标系,在旋转坐标系中旋转磁场 B_1 是相对静止的,沿 x' 方向。M 在 B_1 的作用下绕 x' 轴转动,偏离 z 轴,产生了横向磁化矢量 $M_\perp$。

2. 横向磁化矢量和核磁共振信号

横向磁化矢量在实验室坐标系中是在转动的,它切割核磁共振谱仪的检出线圈,因而产生核磁共振信号。

如果要定量计算核磁信号的大小,必须求解磁化强度矢量的运动方程——布洛赫方程,该方程的建立和求解篇幅较大,对此有兴趣的读者可参阅有关文献。现仅叙述在旋转坐标系中该方程求解的结果。

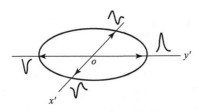

图 4-1　吸收信号和色散信号

横向磁化矢量在旋转坐标系 $x'y'$ 平面上的不同取向($M_\perp$ 与 y' 轴构成的不同角度)将产生不同的信号。当横向磁化矢量 $M_\perp$ 分别沿 y'、$-y'$ 和 x'、$-x'$ 时,它分别产生正、负吸收和正、负色散信号。所谓吸收信号是以频率变量为横坐标、以垂直共振频率 ω_0 的轴为对称轴的对称信号。所谓色散信号是以频率变量为横坐标、以共振频率 ω_0 为反对称中心的信号。横向磁化矢量在 $x'y'$ 平面上分别沿 y'、x'、$-y'$、$-x'$ 轴时相应产生的信号,如图 4-1 所示。

从图 4-1 可以看到,$M_\perp$ 沿 y' 轴时,产生正的吸收信号;沿 $-y'$ 轴时,产生负的吸收信号;沿 $\pm x'$ 轴时则是正、负色散信号。若 $M_\perp$ 处于某中间位置,其信号则是两个相应的吸收和色散信号的加和。例如,$M_\perp$ 处于 x' 轴和 y' 轴之间时,产生的信号是正吸收信号和正色散信号的加和。横向磁化矢量和 oy' 形成的夹角决定了信号的"相位",这在后面的讨论中将是一个重要的概念。需说明的是,在记录谱图之前,相位是可以调节的,即任一个含色散分量的信号都可以调节为正的吸收信号,也就是说通过对仪器的操作可以把 $M_\perp$ 调节到 y' 轴的方向。

3. 横向磁化矢量在旋转坐标系 $x'y'$ 平面上的转动

在应用磁化矢量的概念时,下面的概念是极为重要的:每一条谱线都对应着一个横向磁化矢量。旋转坐标系的旋转频率为射频场频率,它相应于核磁共振谱图横坐标上的一个点。从理论上考虑,该点可以在谱图的谱线之间,也可以在谱线之外。当选定该点之后,位于该点左侧的谱线,其频率较高,相应的横向磁化矢量较旋转坐标系旋转更快,即在旋转坐标系 $x'y'$ 平面上正向旋转(正向旋转的具体方向取决于磁旋比 γ 的符号,对 ^{13}C 来说,γ 为正,是顺时针方向旋转);位于该点右侧的谱线,其频率较低,相应的横向磁化矢量较旋转坐标系旋转更慢,在旋转坐标系 $x'y'$ 平面上反向旋转(对 ^{13}C 来说,反时针方向旋转)。

原子核常与其他原子核有相互耦合作用。耦合作用使所讨论的原子核谱线产生分裂,形成一个峰组。弱耦合体系的谱图为一级谱图,其峰组中心位置为化学位移值,谱线以此点为中心对称分布,每一条谱线的位置可以用化学位移 δ 及耦合常数 J 来表示。因此,就每一条谱线而言,其对应的横向磁化矢量在旋转坐标系 $x'y'$ 平面上的转动可分解为化学位移引起的转动及耦合引起的附加转动。化学位移引起的转动比较简单,无论旋转坐标系的旋转速度选择为何数值,化学位移数值总相应于谱图上某一确定位置。耦合引起的附加转动情况比较复杂,因为在脉冲序列中可能采用去耦。在未采用去耦时,按所讨论谱线相距峰组中心的距离,其相应的横向磁化矢量相对化学位移所引起的转动有附加的转动。当进行去耦时,从开始去耦的瞬间起,耦合分裂的谱线相应的横向磁化矢量在旋转坐标系 $x'y'$ 平面上相对固定,由它们的合矢量决定核磁共振的信号。后面将多次讨论这种情况。

下面举两个例子。先讨论 AX 体系的 A 原子核。A 的谱线被 X 分裂为二重峰,两条谱线的位置分别为 $\nu_{A_1} = \nu_A + J/2$ 及 $\nu_{A_2} = \nu_A - J/2$。设旋转坐标系的旋转角速度 $2\pi\nu_A$,谱线 1 的横向磁化矢量 $M_{\perp 1}$ 则以 $2\pi \cdot J/2 = \pi J$ 的角速度正向旋转;谱线 2 的横向磁化矢量 $M_{\perp 2}$ 在 $x'y'$ 平面上的旋转角速度则为 $2\pi(-J/2) = -\pi J$,即它以 πJ 的角速度反向旋转。

现讨论 AX_2 体系的 A 原子核。A 的谱线被 X 分裂为三重峰:$\nu_{A_1} = \nu_A + J$,$\nu_{A_2} = \nu_A$,$\nu_{A_3} =$

$\nu_A - J$。设旋转坐标系旋转的角速度为 $2\pi\nu_A$，谱线 1 的横向磁化矢量 $\boldsymbol{M}_{\perp 1}$ 以 $2\pi \cdot J = 2\pi J$ 的角速度（正向）旋转（需注意的是，它比 AX 体系 ν_{A_1} 的横向磁化矢量旋转的角速度快一倍）。谱线 ν_{A_2} 的 $\boldsymbol{M}_{\perp 2}$ 在 $x'y'$ 平面上相对静止（因此时 $\nu_{A_2} = \nu_A$）。谱线 ν_{A_3} 的 $\boldsymbol{M}_{\perp 3}$ 在 $x'y'$ 平面上旋转的角速度则为 $2\pi(-J) = -2\pi J$，即它以 $2\pi J$ 的角速度反向旋转。

　　本章讨论确定碳原子的级数（种类）和核磁共振二维谱，特别是后者。为阐述它们的原理，必须了解脉冲序列，因为核磁共振二维谱以及确定碳原子的级数就是通过脉冲序列实现的。而脉冲序列是由若干脉冲单元构成的，因此需要着重讨论脉冲单元。在脉冲单元中，自旋回波是很重要的一个，下面就从它开始讨论。

4.1.2　自旋回波

　　自旋回波（spin echo）是讨论二维谱及其他多脉冲激发过程的重要基础。通过对自旋回波的讨论，除了有助于掌握自旋回波实验外，对其他脉冲序列原理的讨论也是有益的。自旋回波的脉冲序列为

$$90°_{x'} \text{—DE—} 180°_{x'} \text{—DE,} \quad \text{AQT} \tag{4-1}$$

其中 $90°$、$180°$ 表示脉冲角度，即磁化矢量绕旋转坐标系某一坐标轴转动的角度；下标 x'（或 y'）表示磁化矢量围绕它转动的坐标轴；DE 表示某一固定的时间间隔（delay）；AQT 表示测定信号的采样时间（acquisition time）。

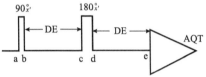

　　脉冲序列（4-1）可用图 4-2 表示，该图中横坐标上的小写字母分别表示某些选定的时刻。

图 4-2　自旋回波的脉冲序列

　　自旋回波的作用及原理需从无耦合、异核耦合及同核耦合三种体系加以讨论。

1. 无耦合时的自旋回波

　　无耦合是最简单的情况。无耦合时自旋回波形成的原理如图 4-3 所示，图中（a）、（b）、（c）等相应于图 4-2 中选定的时刻。

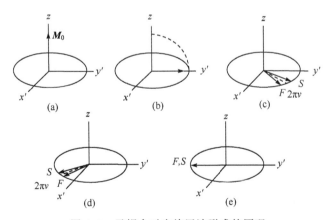

图 4-3　无耦合时自旋回波形成的原理

图 4-3 可具体解释如下：
　　（a）在 90° 脉冲之前，处于平衡状态的宏观磁化矢量 $\boldsymbol{M}_0$ 沿 z 轴方向。

(b) 经过 90°脉冲的作用，M_0 绕 x' 轴转动，从 z 轴方向转到了 y' 轴方向，成为横向磁化矢量 $M_\perp$。

设 $M_\perp$ 在旋转坐标系 $x'y'$ 平面上以顺时针方向旋转。由于样品内部磁场的非均匀性，按式(1-12)，核所在处的磁感强度较高时，其横向磁化矢量转动较快；反之，核所在处的磁感强度较低时，其横向磁化矢量转动则较慢。由于横向磁化矢量转动的速度不一，横向磁化矢量在转动时将逐渐散开。这个散开是连续分布的。这时可应用等频线(isochromate)的概念(类似于光色散时的单色光的概念)。等频线相应于一无限小体积元(其中磁感强度是均匀的)中所讨论的核的横向磁化矢量。把旋转最快的等频线标为 F，旋转最慢的等频线标为 S。F 和 S 相对 $2\pi\nu$ 是对称分布的，此处 $2\pi\nu$ 为横向磁化矢量平均的转动角速度，ν 相应于该核化学位移值。

随着时间的增加(从 b 到 c)，F 和 S 散开的角度也增大，到 DE 终点 c 时如图 4-3(c)所示。

由于绕 x' 轴 180°的脉冲的作用，F 和 S 的前后位置相互颠倒，在 d 时刻，F 处于 $2\pi\nu$ 之后，S 处于 $2\pi\nu$ 之前，$2\pi\nu$ 则转到相对于 y' 轴 $\pi - 2\pi\nu \cdot DE$ 处。

现在，F 在 $2\pi\nu$ 之后，但 F 比 $2\pi\nu$ 旋转快；S 在 $2\pi\nu$ 之前，但 S 比 $2\pi\nu$ 旋转慢。因此，随着 $2\pi\nu$ 旋转，F 和 S 逐渐向中心($2\pi\nu$)靠拢，在第二个 DE 中发生的变化恰是第一个 DE 中发生的逆过程。在第二个 DE 的终点 e(bc=de)，F、S 和 $2\pi\nu$ 会聚在一起(同时到达 $-y'$ 轴)，形成一个回波，即自旋回波，这个过程也可称为重聚焦(refocus)。

以上情况可打一个比方。上体育课时，男生和女生站在同一起跑线上。体育老师发令起跑。到一定时间后老师发令，所有人就地停止，这时男生普遍跑在女生前面。然后所有人转180°，老师再发令往回跑，到同一时间后发令停止。由于往回跑的时间长度与往前跑的时间长度相同，因此所有人都在同一时刻回到起跑线。

如果忽略横向弛豫，$M_\perp$ 的长度不发生变化。如果考虑横向弛豫，在第二个 DE 的终点 e，$M_\perp$ 的长度降为 $M_0 e^{-2DE/T_2}$。此处的 T_2 为核固有的横向弛豫时间，它消除了磁场不均匀性的影响(在 1.5.3 中讨论过，如果磁场不均匀，横向弛豫时间会缩短)，因此用自旋回波方法可以精确地测定 T_2。在第一个 180°脉冲之后，每隔 2DE，连续采用一系列 180°脉冲。在每个 180°脉冲后的 DE 处(也就是每两个 180°脉冲之间的中点)都形成了自旋回波，此时都采样。从 $M_0 e^{-2DE/T_2}$、$M_0 e^{-4DE/T_2}$、$M_0 e^{-6DE/T_2}$、…的数值及其对应的时间，即可求出 T_2。该脉冲序列及采样点分布如图 4-4 所示。

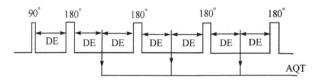

图 4-4　测定 T_2 的自旋回波脉冲序列及取样

当样品中混杂有蛋白质、聚合物等大分子时，采用自旋回波可保留样品信号，消去大分子的信号。因为大分子的 T_2 小，经过若干次自旋回波之后，其信号消失，以后的自旋回波仅反映样品(小分子)的信号。

上述产生自旋回波的脉冲序列(4-1)可改进为

$$90°_{x'}\text{—DE—}180°_{y'}\text{—DE,}\quad AQT \qquad\qquad (4\text{-}2)$$

该脉冲序列的原理如图 4-5 所示。

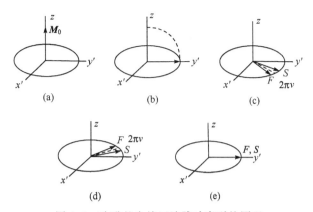

图 4-5　改进的自旋回波脉冲序列的原理

对比图 4-3 和图 4-5,它们的前半部是一样的,后半部是相似的,不必再解释了。读者可以看到在第二个 DE 的终点,F、S 和 $2\pi v$ 重聚焦于 y' 轴。脉冲序列(4-2)相对(4-1)具有一定优点。按式(1-47),脉冲角度是由脉冲的作用宽度 t_p 决定的,实验中 t_p 不能完全准确,且样品中射频场 B_1 也具有非均匀性,因此脉冲的角度会有一定的误差。当连续应用 180°脉冲时,脉冲序列(4-1)会积累相角误差,脉冲序列(4-2)则克服了这一缺点。设实际脉冲角度为 180°+θ(或 180°-θ),经偶数个 180°+θ 的脉冲,磁化矢量总回到 $x'y'$ 平面,读者自己画图可以看清这点。

以上着重讨论了自旋回波消除了外磁场 B_0 的不均匀性,使分散开的磁化矢量重新会聚这一效能。自旋回波还有一个重要的用途,这就是使化学位移重聚焦。

设想样品中有两种化学位移不等同的核(一种同位素,但其化学环境不同)。如前所述,对一个样品进行测试,只有一个射频场频率,即只有一个旋转坐标系。对第 i 种核来说,其相应的横向磁化矢量 $\boldsymbol{M}_{\perp i}$ 在旋转坐标系 $x'y'$ 平面上转动的角速度为 $\omega_i-\omega,\omega_i=2\pi\nu_i,\nu_i$ 为其化学位移,ω 为旋转坐标系转动的角速度。不同核的 $\omega_i-\omega$ 可以有很大的差别(以碳谱而论,其谱宽是很大的),其数值通常远大于 J,此时该核的信号的相位(其对应的横向磁化矢量与 y' 轴构成的夹角)则可能相差很远。

图 4-6 描绘了 90°$_{x'}$—DE—180°$_{x'}$—DE,AQT 脉冲序对两种化学位移不同的核的横向磁化矢量使其重聚焦的情形。在 90°$_{x'}$脉冲结束时,各种核的宏观磁化矢量均转到 y' 轴上,它们的横向磁化矢量此刻是同相位的。在 90°$_{x'}$脉冲之后,由于 $\omega_i-\omega$ 的数值不同,两个横向磁化矢量在 $x'y'$ 平面上转动的角速度不同,假设有 $(\omega_2-\omega)>(\omega_1-\omega)$。在 180°脉冲将开始时,两者的相位是不同的。参照图 4-3 可以知道,180°$_{x'}$脉冲前后的两横向磁化矢量在 y' 轴上投影的绝对值相同,但符号相反,即 180°$_{x'}$脉冲使信号反号而绝对值保持不变。在第二个 DE 期间,各横向磁化矢量所产生的信号的变化恰如在第一个 DE 期间的反符号反方向的逆过程,在第二个 DE 的终点,各横向磁化矢量都转到 90°脉冲结束时的反相位,即-y'方向,它们的相位再次相同。

图 4-7 描述了 90°$_{x'}$—DE—180°$_{y'}$—DE,AQT 脉冲序列对磁化矢量的作用。与图 4-6 不同的是,由于 180°脉冲绕 y' 轴转动,各横向磁化矢量绕 y' 转动 180°之后在 y' 轴上的投影与它们在 180°脉冲前的投影完全相同。在第二个 DE 期间的变化则正好是在第一个 DE 期间的逆变化。在第二个 DE 的终点,各横向磁化矢量均回到 y' 轴方向,相位完全相同,即它们重新聚焦。

从图 4-6 及图 4-7 可知,无论是 180°$_{x'}$还是 180°$_{y'}$的脉冲,自旋回波都可以使具有不同化学位移的核的横向磁化矢量重聚焦,这对后面的讨论将是有用的。对有耦合的异核或同核体

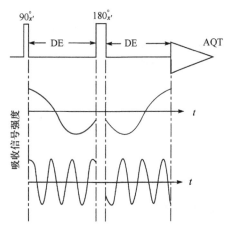

图 4-6 自旋回波脉冲序列使具有不同化学位移的核的横向磁化矢量重聚焦

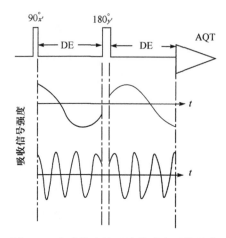

图 4-7 改进的自旋回波脉冲序列使具有不同化学位移的核的磁化矢量重聚焦

系,这个结论仍然成立。我们可以这样来分析横向磁化矢量在 $x'y'$ 平面上的运动:对有耦合的体系,化学位移所对应的磁化矢量的转动和无耦合的体系是类似的,耦合现象的存在只是使磁化矢量在化学位移引起的转动之上叠加了因 J 而引起的附加转动(如果化学位移 δ 值处无谱线,就不存在对应的磁化矢量,但这样的考虑方式是可以的)。基于上述原因,下面讨论有耦合体系(异核及同核)的自旋回波时,我们将不再论及化学位移重聚焦这一点。

2. 异核耦合体系的自旋回波

为简化讨论,我们以异核 AX 体系为例,讨论其中的 A 原子核。

AX 体系中的 A 原子核谱线被 X 核耦合分裂为两重峰,即两条谱线。每条谱线又会因静磁场 B_0 的不均匀性而加宽。

从前面无耦合时自旋回波的讨论可以知道,当采用自旋回波脉冲序列时,磁场的非均匀性引起的谱线加宽效应被消除,对异核耦合 AX 体系也是这样。因此,我们将注意力集中于自旋回波脉冲序列对(耦合)分裂的谱线的影响,这可以从两个角度来进行讨论。

1) 从横向磁化矢量在 $x'y'$ 平面上的转动来考虑

A 被 X 耦合分裂,两条谱线的频率分别为 $\nu_{A_1}=\nu_A+J/2$ 和 $\nu_{A_2}=\nu_A-J/2$。两条谱线分别对应各自的宏观磁化矢量 $\boldsymbol{M}_{A_1}$ 和 $\boldsymbol{M}_{A_2}$,在 90°脉冲之前,它们都沿 z 轴方向。90°脉冲使它们从 z 轴转到 y' 轴。需注意的是:由于现在讨论的是异核耦合体系,A 核和 X 核共振频率相差很大,对 A 核的脉冲(90°也好,180°也好)对 X 核都不起作用。在图 4-2 中的 b 时刻之后,在 $x'y'$ 平面上,$\boldsymbol{M}_\perp(A_1)$ 将比 $2\pi\nu_A$ 旋转快,二者旋转角速度之差为 πJ(参阅 4.1.1),$\boldsymbol{M}_\perp(A_2)$ 则比 $2\pi\nu_A$ 旋转慢(πJ)。我们完全可以模仿无耦合时自旋回波的讨论,设想 $\boldsymbol{M}_\perp(A_1)$ 对应 F,$\boldsymbol{M}_\perp(A_2)$ 对应 S,因此在第二个 DE 的终点 e 时 $\boldsymbol{M}_\perp(A_1)$ 和 $\boldsymbol{M}_\perp(A_2)$(及 $2\pi\nu_A$)会聚于 $-y'$ 轴。

2) 从能级图考虑

设谱线 A_1 和 A_2 分别对应跃迁 $\alpha\alpha\leftrightarrow\beta\alpha$ 及 $\alpha\beta\leftrightarrow\beta\beta$。

先讨论谱线 A_1。在图 4-2 的 c 点之前完全与以前的讨论相同:谱线 A_1 的横向磁化矢量 $\boldsymbol{M}_{\perp 1}$ 在 $x'y'$ 平面上从 y' 轴开始,旋转了 $2\pi\nu_{A_1}\cdot DE$ 弧度。在 c 点,施加 180°脉冲。在 d 点,

$M_{\perp1}$ 相对 y' 构成 $\pi-2\pi\nu_{A_1}\cdot DE$ 的角度。如前所述,180°脉冲仅作用于 A 而不同时作用于 X。在 180°脉冲的作用下,A 核的自旋状态改变:α 变 β;β 变 α;X 核的自旋状态则保持不变。在此条件下 $\alpha\alpha\leftrightarrow\beta\alpha$ 变为 $\beta\alpha\leftrightarrow\alpha\alpha$,能级差不变,谱线频率不变,在旋转坐标系 $x'y'$ 平面上旋转的相对角速度不变。在第二个 DE,$M_{\perp1}$ 旋转的角度为 $2\pi\nu_{A_1}\cdot DE$。从图 4-2 的 b 点到 e 点(经过 DE—180°—DE),$M_{\perp1}$ 在 $x'y'$ 平面上旋转,在 e 点时它相对 y' 轴构成的角度为

$$\pi-2\pi\nu_{A_1}\cdot DE+2\pi\nu_{A_1}\cdot DE=\pi \qquad (4-3)$$

谱线 2 可仿照上述方法讨论,最后也有同样的结论:从图 4-3 的 b 点到 e 点,$M_{\perp2}$ 在 $x'y'$ 平面上旋转,在 e 点时它相对 y' 轴构成的角度为

$$\pi-2\pi\nu_{A_2}\cdot DE+2\pi\nu_{A_2}\cdot DE=\pi \qquad (4-4)$$

因此,谱线 1 和 2 分别对应的 $M_{\perp1}$ 和 $M_{\perp2}$ 在第二个 DE 的终点 e 会聚于一 y' 轴。

从以上两个角度的讨论都得到了相同的结论:自旋回波使耦合体系两个横向磁化矢量重聚焦。

当把脉冲序列(4-1)换成(4-2)时,与无耦合时的情况相似,在第二个 DE 的终点,两个横向磁化矢量会聚于 y' 轴。当重复应用 180°脉冲时,脉冲相角误差不积累。

3. 同核耦合体系的自旋回波

为简化讨论,我们以同核 AX 体系为例,仅讨论其中的 A 原子核。

同核 AX 体系与异核 AX 体系一样,A 核谱线被 X 核耦合分裂为两重峰;另一方面,同核 AX 体系与异核 AX 体系不同,因为 X 核和 A 核是同一种类的核,共振频率很相近(相差仅在于化学位移的差别),脉冲作用于 A 核的同时也作用于 X 核,所以自旋回波脉冲序列(4-1)的作用与在异核 AX 体系时不同。

如同关于异核 AX 体系的讨论所述:当采用自旋回波脉冲序列时,磁场的非均匀性引起的谱线加宽效应被消除。因此,我们的注意力仅集中于自旋回波脉冲序列对分裂的谱线的影响,仍可以从两个角度来进行讨论。

1)从能级图考虑

仍设谱线 A_1 及 A_2 分别对应跃迁 $\alpha\alpha\leftrightarrow\beta\alpha$ 及 $\alpha\beta\leftrightarrow\beta\beta$。设谱线 A_1 及 A_2 的频率分别为 $\nu_{A_1}=\nu_A+J/2$ 及 $\nu_{A_2}=\nu_A-J/2$。

先讨论谱线 A_1。在图 4-3 的 c 点,谱线 A_1 对应的横向磁化矢量 $M_{\perp1}$ 在旋转坐标系 $x'y'$ 平面上相对 y' 轴旋转了 $2\pi(\nu_A+J/2)\cdot DE$ 弧度。经 $180°_{x'}$ 脉冲,$M_{\perp1}$ 相对 y' 轴的角度为 $\pi-2\pi(\nu_A+J/2)\cdot DE$ 弧度。

现在需要注意的是,由于是同核 AX 体系,180°脉冲作用于 A 核的同时也作用于 X 核,即 180°脉冲同时改变 A 核和 X 核的自旋状态,因此 $\alpha\alpha\leftrightarrow\beta\alpha$ 变为 $\beta\beta\leftrightarrow\alpha\beta$,即经过 180°脉冲之后,谱线 A_1 的横向磁化矢量 $M_{\perp1}$ 的旋转角速度变为谱线 A_2 的横向磁化矢量 $M_{\perp2}$ 的旋转角速度,即它在第二个 DE 旋转的角度为 $2\pi(\nu_A-J/2)\cdot DE$。由上述可知,在第二个 DE 的终点 e,该横向磁化矢量在旋转坐标系 $x'y'$ 平面上相对 y' 轴旋转的角度(弧度)为

$$\pi-2\pi\left(\nu_A+\frac{J}{2}\right)\cdot DE+2\pi\left(\nu_A-\frac{J}{2}\right)\cdot DE=\pi-2\pi J\cdot DE \qquad (4-5)$$

谱线 A_2 的情况是完全类似的。在 c 点,$M_{\perp2}$ 在 $x'y'$ 平面上相对 y' 轴旋转了 $2\pi(\nu_A-J/2)\cdot DE$ 弧度,180°脉冲使它相对 y' 轴构成 $\pi-2\pi(\nu_A-J/2)\cdot DE$ 弧度。180°脉冲使 $\alpha\beta\leftrightarrow\beta\beta$ 变为 $\beta\alpha\leftrightarrow\alpha\alpha$,即经过 180°脉冲之后,该横向磁化矢量以 $(\nu_A+J/2)$ 的角速度旋转。在第二个 DE 的终点 e,它在 $x'y'$ 平面上相对 y' 轴构成的角度为

$$\pi - 2\pi\left(\nu_A - \frac{J}{2}\right) \cdot DE + 2\pi\left(\nu_A + \frac{J}{2}\right) \cdot DE = \pi + 2\pi J \cdot DE \qquad (4\text{-}6)$$

从上面的分析可知,在第二个 DE 的终点 e,与异核 AX 体系的结果不同,两横向磁化矢量并不会聚于 $-y'$ 轴,而是以 $-y'$ 轴为对称轴,构成一个角度 $4\pi J \cdot DE$。因为 A 的信号强度为 $\boldsymbol{M}_{\perp A}$ 在 y' 轴上的投影,所以在此条件下,A 的信号强度被 $\cos(2\pi J \cdot DE)$ 所调制(modulated)。需要强调的是,从核磁共振的参数来看,信号强度被耦合常数 J 调制,而与化学位移 δ 无关。图 4-8 描述了这个过程。

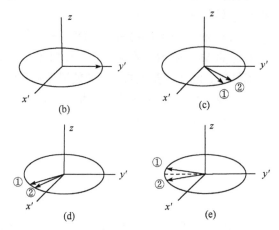

图 4-8　核磁信号强度被耦合常数 J 所调制

可以进一步用图 4-9 说明 180°脉冲的作用。$180^\circ_{x'A}$ 使 A 核的两个横向磁化矢量绕 x' 轴旋转 180°,如图 4-9(d)所示,而 180°脉冲同时又作用于 X 核,即 $180^\circ_{x'X}$ 使两横向磁化矢量的旋转速度相互交换[图 4-9(d')]。以后的分析同图 4-8。

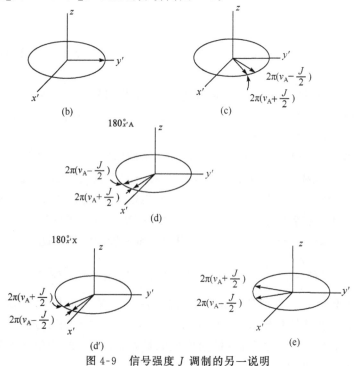

图 4-9　信号强度 J 调制的另一说明

2）从 X 核磁矩的作用考虑

我们可作以下设想：把 AX 体系的 A 核分为两半，一半的 A 核为 A_1，它与 X 核中的一半 X_1 耦合，X_1 的磁矩与外磁场 B_0 大体平行，A_1 核的局部磁场增强，相应的频率为 $\nu_A + J/2$；另一半的 A 核为 A_2，情况与上相反，相应的频率为 $\nu_A - J/2$。

为避免重复，我们仅对 180°脉冲的作用进行讨论，在180°脉冲之前，谱线 A_1 对应的横向磁化矢量 $M_{\perp 1}$ 在 $x'y'$ 平面旋转较快，在 180°脉冲之后，A 核自旋状态被翻转的同时，X 核的自旋状态也被翻转。此时 X_1 的磁矩变为与外磁场 B_0 大体反平行，A_1 核的局部磁场减弱，谱线 A_1 所对应的横向磁化矢量在 $x'y'$ 平面上旋转较慢了。图 4-10 表明了这个过程。

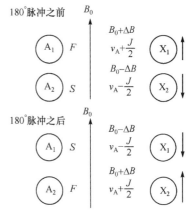

图 4-10　180°脉冲交换两个横向磁化矢量的旋转角速度

以上两种考虑方式都得到了同样的结果。

如果以脉冲序列(4-2)代替(4-1)，与前面讨论的无耦合时及异核 AX 体系的情况类似，我们就不再重复分析。其最后结果为在第二个 DE 的终点，以 y' 轴为对称轴，$M_{\perp 1}$ 和 $M_{\perp 2}$ 形成 $4\pi J \cdot DE$ 的角度。

对异核耦合体系，能否把核磁共振的信号强度进行 J 调制呢？答案是肯定的。之所以同核耦合体系能有 J 调制，在于 180°脉冲同时使 A 核和 X 核的自旋状态翻转。对异核耦合体系，如对 A 核和 X 核同时施加 180°脉冲，则应有与同核耦合 J 调制的同样结果。此时的脉冲序列为

$$90°_{x'A} - DE - 180°_{x'A} - DE, \quad AQT_A \tag{4-7}$$
$$180°_{x'X}$$

其中，下标 A、X 表示脉冲作用的核；下标 x' 表示磁化矢量围绕它转动的（旋转坐标系）坐标轴。如前所述，x' 可改为 y'。

上面对自旋回波进行了讨论，其中很重要的一点结论就是核磁共振的信号可以被耦合常数 J 所调制，这正是后面(4.4.1)要讨论的同核 J 谱的基础。这样，我们就一步步接近核磁共振二维谱了。

4.1.3　核磁信号的相位被化学位移所调制

现在讨论脉冲序列：

$$90°_A - DE - 180°_X - DE, \quad AQT_A \tag{4-8}$$

从脉冲序列(4-8)可知，这是讨论的异核耦合体系，180°脉冲仅作用于非采样核。

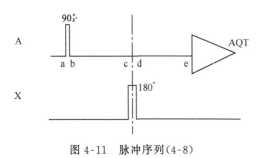

图 4-11　脉冲序列(4-8)

在此脉冲序列中，我们只标注了作用的核，未标注磁化矢量围绕其转动的坐标轴，因为第一个 90°脉冲总是绕 x' 轴的，它使处于平衡态的宏观磁化矢量转到 y' 轴，成为横向磁化矢量；而180°脉冲绕 x' 轴与绕 y' 轴作用是相似的。

仍以异核 AX 体系为例。

脉冲序列(4-8)的图像表示及其对磁化矢量的作用分别如图 4-11 及图 4-12 所示。

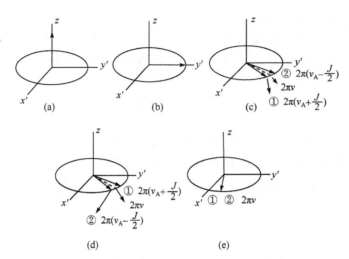

图 4-12　核磁信号的相位被化学位移所调制

本节已对 90°脉冲、特别是 180°脉冲进行了充分的讨论,现仅对脉冲序列(4-8)作以下补充解释:

(1) 在第一个 DE 的终点 c,并无对 A 核的 180°脉冲,所以在 $x'y'$ 平面上 A 核的两横向磁化矢量在连续转动。但 180°$_x$ 脉冲使 $\alpha\alpha \leftrightarrow \beta\alpha$ 变为 $\alpha\beta \leftrightarrow \beta\beta$,$\alpha\beta \leftrightarrow \beta\beta$ 变为 $\alpha\alpha \leftrightarrow \beta\alpha$,即它使两个横向磁化矢量相互交换旋转角速度(d 点)。

(2) 在第二个 DE 的终点 e,两个横向磁化矢量会聚,这个会聚的位置($2\pi\nu_A \cdot DE$)与耦合常数 J 无关,它取决于 A 核的化学位移 δ_A,即信号的相位被化学位移所调制。

信号相位被化学位移数值所调制,也就是核磁共振信号被化学位移数值所调制,这就是后面(4.5.1)讨论异核位移相关谱的基础。

4.1.4　BIRD 脉冲序列

BIRD 是 bilinear rotational decoupling 的缩写,译为双线性旋转去耦。

BIRD 脉冲序列用图 4-13 表示。

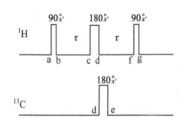

图 4-13　BIRD 脉冲序列

实际上,对^{1}H 的 180°脉冲和对^{13}C 的 180°脉冲是同时加上去的(无先后之分)。仅为讨论方便,^{13}C 的 180°$_x'$ 脉冲紧接在^{1}H 的 180°$_x'$ 脉冲之后。这样讨论也是有道理的,因 τ 是毫秒数量级而脉冲宽度是微秒数量级。

BIRD 脉冲具有下列作用:

(1) 区分直接与^{13}C 相连的氢(^{1}H—^{13}C)和直接与^{12}C 相连的氢(^{1}H—^{12}C)的磁化矢量。

(2) 区分直接与^{13}C 相连的氢(与$^1J_{CH}$相联系)和间接与^{13}C 相连的氢(与$^2J_{CH}$、$^3J_{CH}$等相联系)的磁化矢量。

我们先讨论第一点,BIRD 脉冲序列的原理如图 4-14 所示。

在 a 点,两种氢的磁化矢量均沿着 z 轴。经 90°$_x'$ 脉冲的作用,两种氢的磁化矢量均转到 y' 轴(b 点)。设旋转坐标系的旋转频率等于氢的化学位移,与^{12}C 相连的氢的磁化矢量将一直沿着 y' 轴方向,与^{13}C 相连的氢有两个磁化矢量(因在谱图上是受^{13}C 裂分的两条谱线),将从

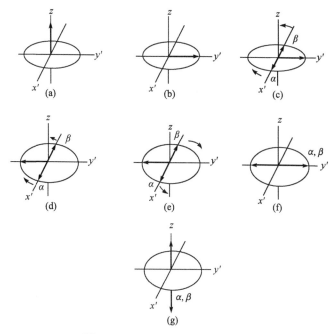

图 4-14　BIRD 脉冲序列原理(一)

y' 轴方向开始,分别以 $2\pi \cdot {}^1J_{CH}/2$ 的角速度沿顺时针、反时针方向旋转(α,β)。由于 $\tau = \dfrac{1}{2^1J_{CH}}$,到 c 点时,$\alpha$ 或 β 均转动了 $2\pi \times \dfrac{{}^1J_{CH}}{2} \times \dfrac{1}{2^1J_{CH}} = \dfrac{\pi}{2}$,亦即 α 和 β 两个磁化矢量分别沿 x' 和 $-x'$ 轴方向。与 ${}^{12}C$ 相连的氢的磁化矢量仍沿 y' 轴。对 ${}^1H$ 施加 $180°_{x'}$ 脉冲,沿 y' 轴的磁化矢量转到 $-y'$ 轴,沿 $\pm x'$ 轴的磁化矢量保持不动(d 点)。紧接着对 ${}^1H$ 施加 $180°_{x'}$ 脉冲之后立即施加对 ${}^{13}C$ 的 $180°_x$ 脉冲(实际上二者是同时加的),α、β 的旋转方向改变(e 点)。又经历 $\tau = \dfrac{1}{2^1J_{CH}}$ 的时间间隔,即 f 点,α、β 两个磁化矢量会聚于 y' 轴,而与 ${}^{12}C$ 相连的氢的磁化矢量仍沿着 $-y'$ 轴方向(f 点)。经 $90°_{x'}$ 脉冲的作用,与 ${}^{12}C$ 相连的氢的磁化矢量沿 z 轴方向,与 ${}^{13}C$ 相连的氢的磁化矢量(α,β)则沿 $-z$ 轴。两者完全区分开了。

如果最后对 ${}^1H$ 的 $90°$ 脉冲沿 $-x'$ 轴,则与 ${}^{12}C$ 相连的氢的磁化矢量沿 $-z$ 轴方向,与 ${}^{13}C$ 相连的氢的磁化矢量则沿 z 轴方向。

下面讨论用 BIRD 脉冲序列区分直接与 ${}^{13}C$ 相连的氢(与 ${}^1J_{CH}$ 相联系)和间接与 ${}^{13}C$ 相连的氢(与 ${}^{13}C$,${}^1H$ 的长程耦合相联系)的磁化矢量,其原理如图 4-15 所示。

现假定样品中有两个 ${}^{13}C$,${}^1H$ 体系:一个与 ${}^1J_{CH}$ 相联系,另一个与 ${}^3J_{CH}$ 相联系。

有了前面对图 4-14 讨论的基础,对图 4-15 的叙述就可从简,因为直接与 ${}^{13}C$ 相连的氢的磁化矢量的运动完全是一样的,无需再重复。我们仅讨论与 ${}^3J_{CH}$ 相联系的两个磁化矢量的运动。在 a 点,这两个磁化矢量沿着 z 轴。经 $90°_{x'}$ 脉冲的作用,它们均转到 y' 轴方向(b 点)。到达 $x'y'$ 平面之后,这两个磁化矢量要转动。现仍假设旋转坐标系的旋转频率等于氢的化学位移值,因此这两个磁化矢量分别以 $2\pi \times {}^3J_{CH}/2$ 的角速度沿顺、反时针方向旋转,经 τ 的时间间隔,它们各自转动了 $2\pi \times \dfrac{{}^3J_{CH}}{2} \times \dfrac{1}{2^1J_{CH}}$。由于 ${}^3J_{CH}$ 比 ${}^1J_{CH}$ 小得多,因此在 c 点,两个磁化矢

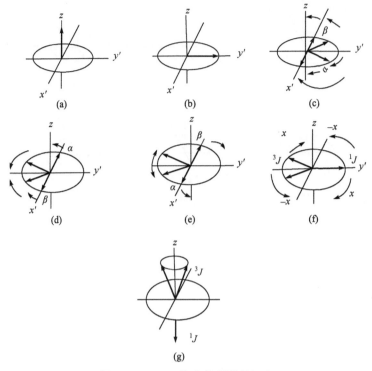

图 4-15　BIRD 脉冲序列原理(二)

量仅构成一个较小的角度。施加对 ^{1}H 的 $180°_{x'}$ 脉冲,两个磁化矢量转到 $-y'$ 轴方向(d 点)。对 ^{13}C 施加 $180°_{x'}$ 脉冲,两个磁化矢量改变旋转方向(e 点)。以后再经 τ 的时间间隔,如前所述,两个磁化矢量仍构成一个不大的夹角,沿 $-y'$ 轴的两侧(f 点),对 ^{1}H 施加 $90°_{x'}$ 脉冲,这两个磁化矢量沿 z 轴两侧,与 ^{13}C 相连的氢的磁化矢量则沿 $-z$ 轴方向。

　　BIRD 脉冲的一个应用可在 4.10.1 中看到。

4.1.5　自旋锁定

　　自旋锁定(spin locking)实验由来已久,起初是应用于弛豫时间 $T_{1\rho}$ 的测量,后来也用于某些二维谱,此处有必要作一个较深入的讨论。

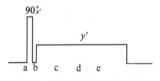

图 4-16　自旋锁定的脉冲序列

自旋锁定的脉冲序列如图 4-16 所示。时间轴上的小写英文字母表示某些特定的时刻。

下面分析自旋锁定实验的原理,而原理的分析与体系相联系。先讨论孤立的自旋体系的情况。孤立自旋体系的磁化矢量在自旋锁定实验中的变化如图 4-17 所示。

在 a 点,体系处于平衡状态,磁化矢量 M_0 沿着 z' 轴。此时沿 x' 轴方向加一个 90°脉冲,即 B_1 沿 x' 轴,使 M_0 绕 x' 转动 90°,从 z' 轴到达 y' 轴(b 点)。请注意,上述 x',y' 和 z' 轴为旋转坐标系的三个轴。在 M_0 从 z' 轴转到 y' 轴时,立即把 B_1 从 x' 轴移到 y' 轴,即沿着 y' 轴加 B_1,且使它延续一较长的时间间隔,所谓较长的时间间隔是与弛豫时间相比而言。由于横向磁化矢量 M 与 B_1 方向相同,它们之间的力矩为零,M 不能再改

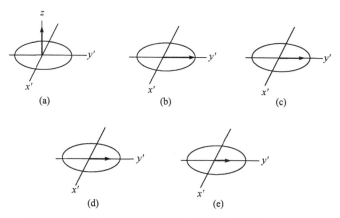

图 4-17　孤立自旋体系的磁化矢量在自旋锁定时的变化

变方向,只能一直沿着 y' 轴的方向,因此称为自旋锁定。M 的方向虽然不能变,但弛豫过程总是要发生的,因此从 b 点顺次到 c、d 和 e 点,横向磁化矢量的长度逐渐递减。因此,利用自旋锁定实验可以测定弛豫时间。由于这时 M 是沿着 B_1 方向发生弛豫的,在某种意义上类似于固定坐标系中的自旋点阵弛豫过程,而目前 B_1 相当于固定坐标系中的 B_0,因此这是在旋转坐标系中的 T_1 型弛豫,测出的弛豫时间称为 $T_{1\rho}$(ρ 表示在旋转坐标系中)。

以上是对孤立的磁化矢量的讨论。下面讨论二旋体系的情形。

当应用自旋锁定于二旋体系时,一般并非应用如图 4-16 所示脉冲序列,仅讨论在自旋锁定状态下两种核的磁化矢量的变化。

从前面的讨论可知,就某一种核而言,一旦其横向磁化矢量沿着 y' 轴而 B_1 又应用于 y' 轴时,该横向磁化矢量即被"锁定"于 y' 轴。现在有两个横向磁化矢量,这两个横向磁化矢量都被锁定于 y' 轴上。这种情况和通常的 NOE 是类似的。在通常的 NOE 中,二旋体系的两个宏观磁化矢量都沿着 B_0,即 z' 轴的方向。由于两种核之间有偶极-偶极作用,两个宏观磁化矢量(在平衡状态下也就是两个纵向磁化矢量)是彼此关联的。这两个纵向磁化矢量之间的"传递"、"交换"作用即是 NOE。现在回到自旋锁定的讨论,此时两个横向磁化矢量都沿着 y' 轴,两个横向磁化矢量之间也发生相互作用,因而构成在旋转坐标系中的 NOE,称为 ROE(rotating frame Overhauser effect)。由 ROE 产生的二维谱称为 ROESY,将在 4.7.3 中讨论。

4.1.6　等频混合

等频混合(isotropic mixing)是将要讨论的很重要的二维谱 HOHAHA(homonuclear Hartmann-Hahn spectroscopy,同核 Hartmann-Hahn 谱)或 TOCSY(total correlation spectroscopy,总相关谱)的基础。从分类的角度,它也属于"自旋锁定"这一类,但在等频混合实验中,所应用的 B_1 比通常的自旋锁定实验更强,所对应的二维谱也不同,因此把它单独列为一小节讨论。

在讨论等频混合之前,有必要先了解 Hartmann-Hahn 匹配(matching)和交叉极化(cross-polarization)。

1. Hartmann-Hahn 匹配和交叉极化

在固体核磁共振实验中，为提高对 ^{13}C 核的检测灵敏度，Hartmann 和 Hahn 提出采用如图 4-18 所示脉冲序列及式(4-9)。

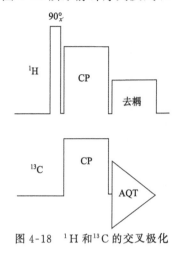

图 4-18 ^1H 和 ^{13}C 的交叉极化

从图 4-18 知，在 ^1H 通道首先应用一个 $90°_{x'}$ 脉冲，^1H 的磁化矢量从 z' 轴转到 y' 轴。随即在 y' 轴上加 $\boldsymbol{B}_1$，把 ^1H 的横向磁化矢量锁定在 y' 轴。在锁定的一刻，将 ^{13}C 核的通道接通，并按式(4-9)调节此通道的射频功率：

$$\gamma_H \boldsymbol{B}_{1H} = \gamma_C \boldsymbol{B}_{1C} \tag{4-9}$$

式中，γ_H 和 γ_C 分别为 ^1H 和 ^{13}C 的磁旋比；$\boldsymbol{B}_{1H}$ 和 $\boldsymbol{B}_{1C}$ 分别为 ^1H 通道和 ^{13}C 通道的射频功率。

式(4-9)称为 Hartmann-Hahn 匹配条件。在此条件下，^1H 核和 ^{13}C 相互交换能量，称为它们之间有"接触"(contact)。由于 ^1H 的丰度高，磁旋比大，因此在这种条件下检测 ^{13}C 核，则得到增强的信号(若在两种核"接触"之后检测 ^1H 核，则 ^1H 核的信号相对减弱)。两种核的能量传递过程则是交叉极化。

2. 同核体系的交叉极化

前面介绍了在 Hartmann-Hahn 匹配条件下，异核之间发生了交叉极化。对于 ^1H 和 ^{13}C 的异核体系，我们应用了两个射频：$\boldsymbol{B}_{1H}$ 和 $\boldsymbol{B}_{1C}$。由于 γ_H 和 γ_C 相差很大(前者为后者的四倍)，两种核的共振频率相差很远。$\boldsymbol{B}_{1C}$ 对 ^1H 核没有影响，$\boldsymbol{B}_{1H}$ 对 ^{13}C 核也没有影响。

Davis 和 Bax 首先明确指出同核体系也可以通过 Hartmann-Hahn 匹配而进行交叉极化[1,2]，现为同核体系，仅有 $\boldsymbol{B}_{1H}$。不同官能团的氢核具有不同的化学位移，或者说它们的横向磁化矢量在旋转坐标系中有不同的旋转频率 $\nu_i - \nu_0$。此处 ν_i 为不同官能团的氢核的共振频率，ν_0 为旋转坐标系相对实验室坐标系的旋转频率，亦即所用射频频率。$\nu_i - \nu_0$ 又称为偏置(offset)。

由于现在是同核体系，仅有一个 $\boldsymbol{B}_1$。不同官能团的核有不同的偏置，上述式(4-9)频率相等的条件就难实现。当然，如果不能完全达到 Hartmann-Hahn 匹配条件，同核之间的交叉极化传递受影响，反之，越接近 Hartmann-Hahn 条件，交叉极化传递越好。

今有两种 ^1H 核：A 和 X。二者的偏置频率分别为 Δ_A 和 Δ_X，即 $\Delta_A = \nu_A - \nu_0$，$\Delta_X = \nu_X - \nu_0$。当 $\nu_0 \gg \Delta_A$[此处是从式(1-11)的角度，即射频强度的角度来考虑的]，A 核的有效射频场强 ν_A 可表示为[1]

$$\nu_A = \nu_0 + \Delta_A^2 / 2\nu_0 \tag{4-10}$$

同理有

$$\nu_X = \nu_0 + \Delta_X^2 / 2\nu_0 \tag{4-11}$$

因此

$$\nu_A - \nu_X = (\Delta_A^2 - \Delta_X^2) / 2\nu_0 \tag{4-12}$$

A 与 X 之间的耦合常数为 J_{AX}。当

$$|\Delta_A^2 - \Delta_X^2| / 2\nu_0 < |J_{AX}| \tag{4-13}$$

满足时，A 和 X 之间能有效地传递磁化矢量。其物理意义为：当采用强的自旋锁定场时，化学

位移的差别的影响已小于耦合作用的影响,AX 体系趋于 AA′体系,即形成一个强耦合体系。对一个大的耦合体系来说,此耦合体系的各磁化矢量能通过各耦合常数充分地相互影响。

由于化学位移的作用暂时被"移去",因而在这样情况下的混合称为"等频混合"。

由上述可知,为实现等频混合,自旋锁定场的强度比前述 ROE 强得多。

3. 等频混合

虽然上面介绍的同核体系通过 Hartmann-Hahn 匹配条件而进行交叉极化传递已经是"等频混合"的概念,但事实上,"isotropic mixing"是首先由 Braunschweiler 和 Ernst 明确提出的[3]。该文第一次提出 TOCSY(total correlation spectroscopy,总相关谱)这个术语及其脉冲序列、原理和例子。在二维谱的时间轴图上,首先是发展期(evolution)。此时是弱耦合作用,化学位移和耦合常数都起作用。此时可以认为是单个自旋模式(single spin mode)。而在混合期,由于采用一定的脉冲序列,体系此时处于强耦合作用。化学位移的作用在这个时间间隔被消去。从量子力学表达式来看,哈密顿(Hamilton)算符仅剩下由耦合引起的 H_J(现在的分析和前面的讨论实际上是相对应的)。此时单个自旋模式已不复存在,而是集体自旋模式(collective spin mode),因为化学位移的作用已暂时移去,剩下的仅是强的耦合作用。若混合期足够长,可扩展到整个耦合体系。在这个时间间隔(混合期)就是等频混合。此后的检出期(detection)又是弱耦合作用,化学位移和耦合常数都起作用。

以上讨论的同核 Hartmann-Hahn 匹配下交叉极化和等频混合将在后面的 HOHAHA 和 TOCSY(4.8 节)中作进一步的讨论。

4.1.7　选择性布居数翻转　

选择性布居数翻转(selective population inversion,SPI)和前面讨论的有些不同。前面讨论的(如"自旋回波")是脉冲序列的一个单元,而 SPI 是强调某一谱线的磁化矢量被翻转了的结果。虽然如此,它终是理解某些脉冲序列的原理的重要组成部分之一,因此列入 4.1 节中讨论。

先以 $^{13}C^1H$ 体系(它是最典型的 AX 体系)为例说明什么是选择性布居数翻转。

既是 AX 体系,我们仍引出 AX 体系的能级图(图 4-19)。

在图 4-19 中,如同以前的约定,第一个希腊字母表示 ^{13}C 核的自旋状态,第二个希腊字母则对应 ^1H 核。与以前所画 AX 体系能级图的差别则在于每个能级的横线的上方标注了各能级的布居数(粒子数)。

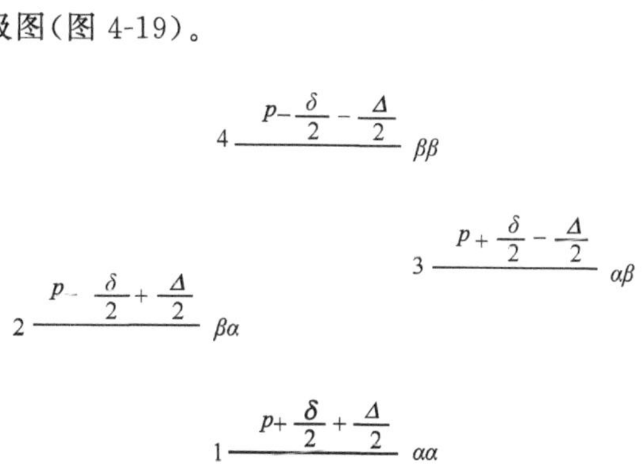

我们知道,能级布居数可以用玻耳兹曼分布来描述,即

$$n_i / n_j \propto e^{\frac{-\Delta E}{kT}} \qquad (4-14)$$

式中,n_i、n_j 分别为能级 i、j 的布居数;k 为玻耳兹曼常量;T 为热力学温度;ΔE 为能级之间的能量差。对核磁共振实验,$\Delta E = h\nu$。

因 $\Delta E \ll kT$,故 $e^{-\frac{\Delta E}{kT}}$ 可按级数展开而只取前两项。

$$4 \quad \frac{p - \frac{\delta}{2} - \frac{\Delta}{2}}{} \quad \beta\beta$$

$$3 \quad \frac{p + \frac{\delta}{2} - \frac{\Delta}{2}}{} \quad \alpha\beta$$

$$2 \quad \frac{p - \frac{\delta}{2} + \frac{\Delta}{2}}{} \quad \beta\alpha$$

$$1 \quad \frac{p + \frac{\delta}{2} + \frac{\Delta}{2}}{} \quad \alpha\alpha$$

图 4-19　$^{13}C^1H$ 体系四个能级及其布居数

$$e^{-\frac{\Delta E}{kT}} = 1 - \frac{\Delta E}{kT} + \frac{1}{2}\left(\frac{\Delta E}{kT}\right)^2 - \frac{1}{3!}\left(\frac{\Delta E}{kT}\right)^3 + \cdots$$

$$\approx 1 - \frac{\Delta E}{kT}$$

$$\approx 1 - \frac{h\nu}{kT} \qquad (4\text{-}15)$$

从式(4-15)可知,涉及某种原子核跃迁的两能级布居数之差(也就涉及谱线强度)为 $h\nu/kT$。现把 $h\nu_H/kT$ 设为 Δ,$h\nu_C/kT$ 设为 δ,并设图4-19中四个能级的平均布居数为 p,则这四个能级在平衡状态下的布居数将分别为

$$p_1 = p + \delta/2 + \Delta/2$$
$$p_2 = p - \delta/2 + \Delta/2$$
$$p_3 = p + \delta/2 - \Delta/2$$
$$p_4 = p - \delta/2 - \Delta/2$$

以上则是图4-19中四个能级横线上标注的布居数。

上述表示可进一步简化。$\gamma_H = 4\gamma_C$,所以 $\nu_H = 4\nu_C$,因而 $\Delta = 4\delta$,故有

$$p_1 = p + 5\delta/2$$
$$p_2 = p + 3\delta/2$$
$$p_3 = p - 3\delta/2$$
$$p_4 = p - 5\delta/2$$

由于谱线的强度取决于相应的两能级布居数之差,p 在相减时被消掉。另外,为使表达更简单,设 $\delta = 2$,因而得到图4-20。

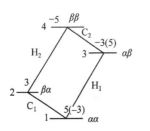

图 4-20　$^{13}C^1H$ 体系四个能级粒子
布居数(以数字表示)和跃迁

我们再明确一下,图4-20中所标注的数字是四个能级的相对布居数。从该图可知:^{13}C 的两条谱线($\alpha\alpha \leftrightarrow \beta\alpha$,$\alpha\beta \leftrightarrow \beta\beta$)强度之比为 $1:1$,^1H 的两条谱线($\alpha\alpha \leftrightarrow \alpha\beta$,$\beta\alpha \leftrightarrow \beta\beta$)强度之比为 $4:4$(本小节内均把 ^{13}C 核的正常跃迁强度定为1)。

下面讨论选择性布居数翻转。所谓"选择性"是指应用一个选择性的脉冲,此脉冲针对某一跃迁,现在是针对 $\alpha\alpha \leftrightarrow \alpha\beta$ 的 ^1H 的跃迁,使其磁化矢量转动180°。以前讨论的脉冲都是非选择性脉冲,它们对某一种同位素所有原子核都起作用(如对全部 ^1H 核或全部 ^{13}C 核)。现在的选择性脉冲则仅对某种核的某一跃迁起作用,对这种核的其他跃迁则不起作用。从实验的角度来说,这是可以实现的。从傅里叶变换的理论可知,脉冲激发的频谱宽度正比于 $1/t_p$,t_p 为脉冲的宽度,因此若调节脉冲的宽度足够长,脉冲激发的频谱可能很窄。后面(4.1.9)将讨论的整形脉冲更易于选择性激发。另外,从后面(4.2.2)的讨论可知,如果使用非选择性脉冲组成的一个序列,也可以代替这个选择性脉冲。

现在针对1,3能级应用了一个选择性的180°脉冲。从磁化矢量来看,是把该谱线相应的磁化矢量从 z' 轴翻转到 $-z'$ 轴。这里再强调一次:每一个跃迁都对应一个磁化矢量,选择性180°脉冲仅翻转某一个磁化矢量。从能级图来看,则是颠倒了相应的两个能级的布居数。我们把应用选择性的180°脉冲之后1,3能级的布居数写在括号内。其余两能级不受该脉冲的作

用,因此布居数仍保持不变。

对比平衡状态和应用一个选择性的 180°脉冲,有

平衡状态:

$$p_1 - p_2 = (p + 5\delta/2) - (p + 3\delta/2) = \delta = 2$$
$$p_3 - p_4 = (p - 3\delta/2) - (p - 5\delta/2) = \delta = 2$$

应用选择性 180°脉冲之后:

$$p_1 - p_2 = (p - 3\delta/2) - (p + 3\delta/2) = -3\delta = -6$$
$$p_3 - p_4 = (p + 5\delta/2) - (p - 5\delta/2) = 5\delta = 10$$

按前述约定,^{13}C 核的正常跃迁强度定为 1,然而在应用一个选择性的 180°脉冲之后,两个跃迁强度分别为 -3、5,从绝对值来看有了很大的增强。这种现象称为极化转移(polarization transfer)。其物理意义为:磁旋比 γ 小的同位素(如^{13}C),它的核磁能级差小,平衡状态时由玻耳兹曼定律所描述的能级布居数之差小,核磁谱线强度低;对与前述同位素的核相耦合的 γ 值较大的同位素(如^{1}H)的核施加针对某一跃迁谱线的选择性 180°脉冲之后,后一同位素在玻耳兹曼分布中的有利情况(能级布居数之差较大)转给了 γ 小的同位素的核,后者的信号因而被增强。

由于选择性 180°脉冲作用于氢核(也就是辐照了氢核),^{13}C 核的谱线强度增大,这也属于交叉极化。

总之,对^{13}C^{1}H 体系而言,碳谱线的强度从 1:1 增强为 $[1 - \gamma(^1\mathrm{H})/\gamma(^{13}\mathrm{C})]$:$[1 + \gamma(^1\mathrm{H})/\gamma(^{13}\mathrm{C})]$。若减去初始极化(平衡状态时已有的布居数之差),谱线强度比为 $-[\gamma(^1\mathrm{H})/\gamma(^{13}\mathrm{C})]$:$[\gamma(^1\mathrm{H})/\gamma(^{13}\mathrm{C})]$。可以预料,$\gamma$ 值越小的同位素,通过极化转移而得到的信号增强越显著。

我们把 AX 体系小结一下,在应用 SPI 之前,^{13}C 两条谱线的强度为 1:1,应用 SPI 之后两条谱线的强度为 -3:5。扣除初始极化(1:1)之后为 -4:4。

下面简要地讨论 AX$_2$ 和 AX$_3$ 体系。对于 AX$_2$ 体系,以^{13}CH$_2$ 为例,相应于^{13}CH 体系的图 4-20,我们现有图 4-21,图中 1~8 为能级编号。

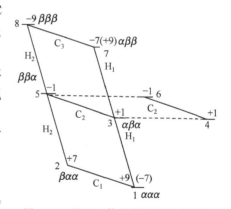

图 4-21 ^{13}CH$_2$ 体系能级粒子布居数(以数字表示)和跃迁

从图 4-21 可知,在平衡状态下,^{13}C 的跃迁有以下谱线强度:

$$C_1 = p_1 - p_2 = 9 - 7 = 2$$
$$C_2 = (p_3 - p_5) + (p_4 - p_6) = 1 - (-1) + 1 - (-1) = 4$$
$$C_3 = p_7 - p_8 = -7 - (-9) = 2$$

仍按前述约定,把 C_1 强度定为 1,^{13}C 核三条谱线强度分别为 1,2,1。

现对 H$_1$ 跃迁施加一个选择性的 180°脉冲,1,7 两能级的布居数翻转,写于括号内,在此条件下,有以下谱线强度:

$$C_1 = p_1 - p_2 = (-7) - 7 = -14$$
$$C_2 \text{ 不变,仍为 } 4$$
$$C_3 = p_7 - p_8 = 9 - (-9) = 18$$

即此时^{13}C 三条谱线的强度分别为 -7,2,9,扣除初始极化(1,2,1)之后为 -8,0,$+8$。

对于 AX$_3$ 体系,以^{13}CH$_3$ 体系为例。相应地,我们有图 4-22,图中 1~12 为能级编号。

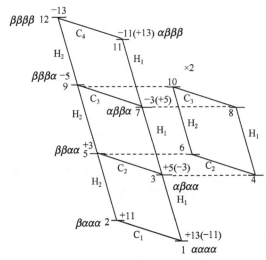

图 4-22 $^{13}\mathrm{CH_3}$ 体系能级粒子布居数(以数字表示)和跃迁

从图 4-22 可知,在平衡状态下,有以下谱线强度:

$$C_1 = p_1 - p_2 = 13 - 11 = 2$$
$$C_2 = p_3 - p_5 + 2(p_4 - p_6) = 5 - 3 + 2 \times (5 - 3) = 6$$
$$C_3 = p_7 - p_9 + 2(p_8 - p_{10}) = -3 - (-5) + 2 \times [-3 - (-5)] = 6$$
$$C_4 = p_{11} - p_{12} = -11 - (-13) = 2$$

仍按以前约定,$^{13}\mathrm{C}$ 核四条谱线强度分别为 1,3,3,1。

现对 $\mathrm{H_1}$ 跃迁施加一个选择性的 180° 脉冲,相应的三对能级布居数翻转,写于括号内,在此条件下,有以下谱线强度:

$$C_1 = p_1 - p_2 = -11 - 11 = -22$$
$$C_2 = p_3 - p_5 + 2(p_4 - p_6) = (-3) - 3 + 2 \times [(-3) - 3] = -18$$
$$C_3 = p_7 - p_9 + 2(p_8 - p_{10}) = 5 - (-5) + 2 \times [5 - (-5)] = 30$$
$$C_4 = p_{11} - p_{12} = 13 - (-13) = 26$$

即此时 $^{13}\mathrm{C}$ 四条谱线强度分别为 $-11,-9,+15,+13$,扣除初始极化(1,3,3,1)之后为 -12, $-12,+12,+12$。

上述 $^{13}\mathrm{CH},^{13}\mathrm{CH_2},^{13}\mathrm{CH_3}$ 体系 SPI 的结果首先在 INEPT(4.2.2)中就会被应用。

4.1.8 脉冲场梯度

自从 20 世纪 90 年代以来,脉冲场梯度(pulsed-field gradient,PFG)技术在二维及多维核磁共振中有着广泛的应用,因此有必要了解什么是脉冲场梯度,它可以起什么作用。

脉冲场梯度是(对样品)在一个时间间隔 τ 内沿坐标轴方向施加一个梯度场。以应用最早也是最有效的在 z 轴方向施加梯度场为例。图 4-23 是其说明。

样品管置于磁体中,沿 z 轴方向。若不计磁场的微弱不均匀性,沿 z 轴的不同位置(样品管中的不同高度)磁感强度均为 B_0,如图 4-23(a)所示。现沿 z 轴施加一个梯度场 $B'(z)$:

$$B'(z) = g(z)z \tag{4-16}$$

式中,$g(z)$ 为沿 z 轴梯度场的强度;z 为高度(以 O 点为准,其上为正,其下为负)。

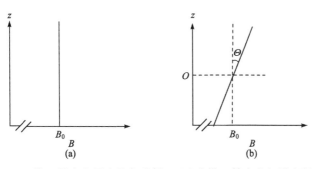

图 4-23　沿 z 轴方向原有均匀磁场 $\boldsymbol{B}_0$(a)和沿 z 轴方向加梯度场(b)

在这种情况下,对所处高度为 z 的样品作用的总磁感强度为

$$B_0+B'(z)=B_0+g(z)z \tag{4-17}$$

如图 4-23(b)所示。

为简化讨论,仅讨论单一的磁化矢量。在施加梯度场之前,不同高度的体积元内,磁化矢量均有相同的进动频率

$$\omega=\gamma B_0/2\pi \tag{4-18}$$

在施加梯度场之后,由于高度不同的地方 $B'(z)$ 有所不同,因此只在 O 点高度,磁化矢量仍以相同的角速度进动。在 O 点之上,磁化矢量较施加梯度场之前进动加快;在 O 点之下,磁化矢量进动变慢,因其进动频率变为

$$\omega=\frac{\gamma}{2\pi}[B_0+g(z)z] \tag{4-19}$$

由式(4-19)可知,在加一个梯度场之后,对于不同高度的磁化矢量实际上作了一个"标记"。

从上面的讨论,我们就易于了解梯度场的散焦(defocusing)或去相(dephase)的作用。图 4-24 是其说明。

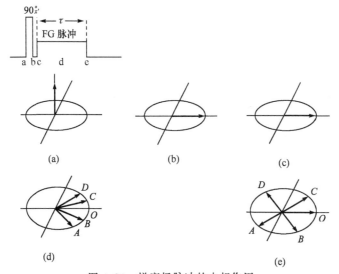

图 4-24　梯度场脉冲的去相作用

现仍讨论单一的磁化矢量。在平衡状态时,磁化矢量沿着 z 轴方向(a 点)。施加一个 $90°_x'$ 脉冲,磁化矢量转到 y' 轴方向(b 点)。此时,紧接着加一个梯度场脉冲,由于 c 点与 b 点

很近,因而在 c 点,不同高度的体积内,该磁化矢量仍沿着 y' 轴方向。

设以过 O 点的水平面为中心,每隔单位高度等距离地截取五个水平面,从上往下为 A、B、O、C 和 D。假设过 O 点的体积元内磁化矢量旋转角速度与旋转坐标系的旋转角速度相等,因而在 A、B 高度的磁化矢量有附加的顺时针方向的转动,在 C、D 高度磁化矢量则沿反时针方向转动(d 点)。在梯度场脉冲的终点 e,A、B、O、C、D 处的磁化矢量分散得更开,它相对于 y' 轴转动的角度分别为 $2g\tau$、$g\tau$、0、$-g\tau$、$-2g\tau$。当 τ 超过一定时间之后,这些矢量之和为零,即达到了完全的去相。

如果在 e 点之后,立即再加一个反向的梯度场脉冲,即梯度方向与前者相反,但强度的绝对值相同,作用时间相同。在这种情况下,各高度的磁化矢量将进行逆向的旋转,在第二个梯度场脉冲的终点,各高度的磁化矢量将重新会聚于 y' 轴,称为相复原(rephase)或重聚焦。

场梯度的单位为 $T \cdot m^{-1}$,由于此单位太大,故一般使用 $Gs \cdot cm^{-1}$。现用的强度为 $1 \sim 35\ Gs \cdot cm^{-1}$。$\tau$(梯度场持续时间)为 $100\ \mu s \sim 20\ ms$。由于梯度场如果要"直上"及"直下"的变化,硬件实现有困难,因而常可见到一半正弦曲线的波形。无论是何种波形,梯度场的总作用强度 G 应为

$$G = \int_0^\tau g(t) \mathrm{d}t \tag{4-20}$$

除了可沿 z 轴方向加梯度场之外,也可沿 x 轴或 y 轴加梯度场。由于样品管 z 方向尺寸大,径向尺寸小,因而沿 x 轴或 y 轴加梯度场的强度应该更大。无论是在 x 轴还是在 y 轴上加梯度场,样品管都应该是静止、不旋转的。与 z 轴方向加梯度场类似,中心处不改变磁感强度,即维持 B_0 不变,其余处附加的 B' 有

$$B'(x) = g(x)x$$
$$B'(y) = g(y)y$$

式中,$g(x)$、$g(y)$ 分别为沿 x 轴、y 轴所加梯度场的强度。

因此,沿 x、y 轴加梯度场都是改变 B_0,都是对横向磁化矢量进行"地域性"的标记。

下面讨论脉冲场梯度技术的应用。

第一个作用,也是容易理解的,就是抑制溶剂峰。从前面的去相和重聚焦很容易理解这点。大分子扩散慢,故在短时间内,即在第二个场梯度脉冲(或在复杂的脉冲序列中的最后一个场梯度脉冲)的末了,仍保持在同一体积元中,由第一个梯度场引起的去相到此时重聚焦,有核磁共振信号。水分子扩散快,在空间移动大,它的横向磁化矢量不能重聚焦,因此信号被抑制。要强调的是重聚焦只能发生在同一体积元中。

虽然前述的去相和重聚焦是针对紧相连的两个(方向相反的)场梯度脉冲讨论的,而实际应用时,两个场梯度脉冲之间有脉冲序列中的脉冲(如 $90°$,$180°$)。但是,经周到的设计,在相同的体积元中样品分子的横向磁化矢量能发生去相、重聚焦;水分子则扩散快,不能保持在同一体积元,因此水峰会被去掉。

脉冲场梯度技术的第二个作用则是从脉冲序列的结果中选择出所需的信号,这是它的主要功能,也是目前在二维及多维核磁共振中广为应用的主要原因。在没有采用脉冲场梯度技术之前,这个任务是由相循环(phase cycling)完成的。

在这里,我们介绍相循环的概念。在进行二维核磁共振实验时,对每一个 t_1,不是进行一次采样,而是进行多次采样,至少 4 次。这时 t_1 是保持不变的,但按一定规则改变脉冲的相位,或再相应地改变接收器的相位,这即是相循环。

相循环的作用可归纳为以下三方面：①去除脉冲序列中脉冲度数不准确而产生的假峰；②选择所需要的核磁共振信号；③提高信噪比。

当脉冲度数不准确（如 90°脉冲不是正好 90°）时，会产生附加的假峰，使用相循环，实际上是利用差谱，把这样的信号"差"掉了。

相循环最重要的作用是选择所需要的核磁共振信号。以 COSY（参阅 4.6.1）为例，它由两个 90°脉冲组成。设样品的浓度足够高，一次采样即可达到必要的信噪比。若不采用相循环，即每个 t_1 只进行一次采样，最后得到的谱图是复杂的：既有对角线从左下到右上的 COSY，也有对角线从左上到右下的 COSY，还有其他信号。只有采用相循环，即在每一个 t_1 都按一定规则进行若干次采样，最后才能得到某种 COSY。

INADEQUATE（4.9.1）中关于相循环的叙述可进一步加深对这个概念的理解。

再以二维多量子谱为例。经过脉冲序列的作用，会产生多量子相干性（coherence，它以后转换为核磁共振检测的信号）。对射频相位改变的敏感性，n-量子相干性是单量子相干性的 n 倍，亦即当改变激发脉冲的相位（如从 x' 到 $-y'$，$-x'$，y'）时，n-量子相干性转动速度是单量子相干性的 n 倍。据此，我们改变接收器的相位，按其相应的速度旋转，就甩掉了单量子相干性。

以上两方面是为完成二维核磁共振实验所必需的。即使一次采样就已达到必要的信噪比，也需采用相循环。

在采用循环时，对应一个 t_1 值有多次采样（一般为 4 的整数倍），自然就提高了信噪比。

为简化起见，本书在后面的脉冲序列中一般未再叙述相循环，而实际操作时相循环是不可少的。

如果是多维核磁共振，时间变量及脉冲序列较二维核磁共振更多、更长，相循环就更费机时。

现在回到用脉冲场梯度技术来选择所需要的核磁共振信号。仍以二维多量子谱为例。在梯度场的作用下，不同级数（order，即 n）的相干性的去相速度是不同的，故可以用其后的梯度场，将选定的磁化矢量重聚焦，从而得到所需的信号。因此，若是信噪比允许，对于一个 t_1，只需一次采样，这就能节省大量机时，对于多维核磁共振实验则更加有利。

由于脉冲场梯度选择好了所需的核磁共振信号，二维谱中的 t_1 噪声（平行于 F_1 轴的噪声）也会减弱。

脉冲场梯度技术的第三个应用是与选择性激发相配合，请参阅 4.1.9。

4.1.9 整形脉冲

整形脉冲（shaped pulse）是指脉冲波形有别于方波（square）的脉冲，常见的有高斯（Gaussian）型、半高斯（half Gaussian）型等。

从第 1 章我们知道，核磁共振最初是以连续波谱仪实现的，即逐渐改变 B_0 或 ω，使不同 δ 的核依次满足共振条件而激发。以这样的方式作图慢，实验可变换的方式也少。当采用高功率的方波脉冲，它激发具有不同 δ 值的所有原子核，大大缩短了实验时间，易于获得高信噪比的谱图，脉冲序列的出现则是数以百计，因而可称为自旋工程。

当采用高功率的方波时（这是一维或多维核磁共振实验的常规用法），是非选择性激发。如果对氢核施加一个 $90°_{x'}$ 脉冲，则样品中所有的氢核的磁化矢量都绕着 x' 轴旋转 90°。在有些特殊的情况下，虽然是脉冲-傅里叶变换核磁共振实验，但我们仍希望只激发某一条谱线（或者说只作用于某条谱线所对应的磁化矢量），这就是说需进行选择性的激发。整形脉冲的主要用途就是进行选择性激发（selective excitation）。这里我们就此进行讨论。

从傅里叶变换的原理考虑，整形脉冲和方波有着不同的时域信号，经傅里叶变换就有不同的频域图，即激发的频谱宽度不一样。当选用一定形状的整形脉冲，并选定这种整形脉冲的宽度，就可大致决定所激发频谱的宽度。由发射线圈的功率的选择（经由其衰减值控制），则可得到选定的磁化矢量转动的不同角度数。偏置则用来对准所选谱线的位置。上述诸条件的结合，我们则可针对某条谱线（或包含它的一较窄谱带），使其对应的磁化矢量转动某一固定角度。

实际情况是比较复杂的。即或是高斯型整形脉冲，当功率变化，磁化矢量转动的角度不同，但激发的频谱宽度也有一定的变化。又如，E-BURP 脉冲完全是非线性变化的，它仅能完成 90°的倾倒。下面讨论选择性激发的用途，它主要用于减少多维核磁共振的"维"（dimension）数，如 2D 变 1D，3D 变 2D，仅以二维谱变一维谱为例。

这里所说的一维谱，不是常规测试的一维谱，而是二维核磁共振简化出来的一维谱，在作二维核磁共振谱时，可以作截面而得到通过某一选定频率的一维谱，但此时数字分辨率低，因为在二维核磁共振实验中，对于某一维，数据点是少的，远少于通常的一维谱数据点。

现以 COSY 为例（参阅 4.6.1）。COSY 由两个 90°（非选择性）脉冲组成，得到样品中所有的氢的 ^3J 耦合关系。如果将第一个 90°脉冲改为选择性的 90°脉冲，并由偏置对准所选择的谱线，则得到由 COSY 简化出的一维谱。由于仅选定某一峰组，因而只有与之有 ^3J 耦合的峰组出峰，由于数字分辨率高，因而可以较准确地读取耦合常数。TOCSY（参阅 4.8.3）与之类似：得到与所选定氢在同一耦合体系的所有氢的峰组，具有良好的数字分辨率。

这里再举 GOESY（gradient enhanced NOE spectroscopy，梯度增益的 NOE 谱）[4] 的例子。NOESY（参阅 4.7.1）是测定 NOE 的二维谱，有很重要的应用。由于下述原因，人们有可能不作 NOESY 而测定（一维的）NOE 差谱：①NOESY 的脉冲序列中有一个混合时间 τ_m，它的长短需选择得好，NOESY 才能有好的结果，而且二维谱的实验时间比通常的一维谱要长得多；②在研究样品分子的 NOE 时，注意力常集中在少数几个氢原子上，不一定需要找出所有氢原子之间的 NOE 关系；③NOE 差谱有较高的灵敏度。

与其他差谱一样，NOE 差谱也会遇到差谱相减不理想的情况。对 NOE 差谱来说就是在没有 NOE 的谱图区域难以得到完好的基线，即本来没有 NOE，但差谱显示弱的正峰或负峰，呈现似是而非的结果，这也就损失了检测 NOE 的灵敏度。以 NOESY 的脉冲序列为基础，采用选择性脉冲，结合脉冲场梯度技术，就得到了 GOESY 谱，经选择性激发的磁化矢量，在一组场梯度脉冲的作用下，最后重聚焦（形成回波），产生相应的信号，其余的磁化矢量则因去相，相应的信号被很好地抑制掉。GOESY 相当于 NOE 的差谱，但极微弱的 NOE 增益（约 0.03%）就可以清楚地呈现出来。

当做三维核磁共振实验时，用选择性激发可以较快地得到选定谱线的二维核磁共振信息。

整形脉冲除主要用于降低多维核磁共振实验的"维"数外，还可有其他用途，如抑制溶剂峰等。这在 LC-NMR 中很重要。

4.2 碳原子级数的确定

本节将讨论确定碳原子级数（碳原子上相连氢原子的数目）的方法，亦即碳谱线多重性的确定，这对于鉴定有机物结构具有十分重要的意义。

4.2.1 J 调制法或 APT 法

这种方法是同时由两个研究小组发展起来的。Lallemand 等发展的此法称为 J 调制(J-modulation)法[5]。Patt 等称此法为 APT (attached proton test)法[6]。

这种方法的脉冲序列最简单,但方法是很有效的,且季碳可出峰。

最简单的脉冲序列如图 4-25 所示。

在此脉冲序列作用下,不同的碳原子的宏观磁化矢量的运动如图 4-26 所示。

现对不同种类的碳原子逐次讨论。为简化讨论,设旋转坐标系旋转角速度为 $2\pi\nu_C$(ν_C 为所讨论碳原子的化学位移)。

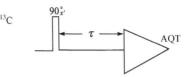

图 4-25　APT 法最简单的脉冲序列

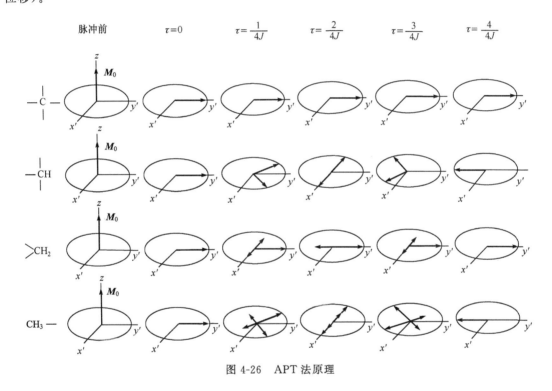

图 4-26　APT 法原理

季碳 —C— :90°脉冲使其宏观磁化矢量 $\boldsymbol{M}_0$ 由 z 轴转到 y' 轴,成为横向磁化矢量。季碳不连氢原子,其碳谱谱线不被氢耦合分裂。在设定条件下,其横向磁化矢量始终沿 y' 轴方向,即任何时刻对其检测都得一个正信号。

叔碳 —CH:90°脉冲使其磁化矢量 $\boldsymbol{M}_0$ 由 z 轴转到 y' 轴,成为横向磁化矢量。需注意 CH

的碳谱谱线是被氢耦合分裂为双重峰的,因此在90°脉冲之后,停止对[1]H的去耦,该碳原子的横向磁化矢量分为两个:一个横向磁化矢量在$x'y'$平面上转动的角速度为$2\pi \cdot J/2 = \pi J$,在τ分别等于$\frac{1}{4J}$、$\frac{2}{4J}$、$\frac{3}{4J}$、$\frac{1}{J}$时,它相对y'轴转动的角度为$\pi/4$、$\pi/2$、$3\pi/4$、π;另一个横向磁化矢量在$x'y'$平面上转动的角速度为$2\pi(-J/2) = -\pi J$,即以反向(反时针方向)相对旋转坐标系转动,在τ分别等于$\frac{1}{4J}$、$\frac{2}{4J}$、$\frac{3}{4J}$、$\frac{1}{J}$时,它相对y'轴转动的角度为$-\pi/4$、$-\pi/2$、$-3\pi/4$、$-\pi$。在开始取样时,对氢去耦。前已叙述,从开始去耦的瞬间开始,耦合分裂谱线对应的横向磁化矢量相对固定。它们按矢量加和原则合成的矢量产生去耦情况下的信号。对CH体系,在$\tau = 1/J$时对[1]H去耦,此时两矢量恰好都在$-y'$轴上,此时对[1]H去耦,得到一个绝对值最大的负信号。

仲碳 CH_2:90°脉冲使其磁化矢量从z轴转到y'轴。停止对[1]H去耦,该横向磁化矢量分为三个横向磁化矢量(因CH_2有三条碳谱线:$\nu_C + J$、ν_C、$\nu_C - J$)。在前面所设条件下,对应ν_C的横向磁化矢量将一直沿y'轴方向。$\nu_C + J$对应的横向磁化矢量在$x'y'$平面上将正向旋转,但它转动的角速度较CH中$\nu_C + J/2$的磁化矢量快一倍。到$\tau = 1/J$时,它已在$x'y'$平面上转动了2π弧度,即回到y'轴方向。对应$\nu_C - J$的横向磁化矢量则以绝对值相同但方向相反的角速度在$x'y'$平面上旋转,在$\tau = 1/J$时,它已在$x'y'$平面上反向转动了2π弧度,也回到了y'轴方向。因此,在$\tau = 1/J$时,三个磁化矢量都沿y'轴方向,此时对[1]H去耦,得到一个绝对值最大的正信号。

伯碳—CH_3:在前述详细讨论的基础上,CH_3的讨论可从略。CH_3的碳谱在氢的耦合下分裂为四重峰,内侧两峰频率为$\nu_C \pm J/2$,其对应的横向磁化矢量的运动与CH的相同;外侧两峰的频率为$\nu_C \pm 3J/2$,在$x'y'$平面上,其对应的横向磁化矢量较内侧两峰旋转速度快两倍(角速度之比为3:1)。在$\tau = 1/J$时,四个横向磁化矢量都会聚于$-y'$轴,此时对[1]H去耦,得到一个绝对值最大的负信号。

上述四种体系产生的核磁共振信号的大小可用解析式表示:

C:1

CH:$\cos(\pi J \tau)$

CH_2:$0.5 + 0.5\cos(2\pi J \tau)$(前者对应三重峰中央谱线的磁化矢量,后者对应两侧峰的磁化矢量)

CH_3:$0.25\cos(3\pi J \tau) + 0.75\cos(\pi J \tau)$(前者对应[13]C四重峰外侧两峰的磁化矢量,后者对应内侧两峰的磁化矢量)。

由上面分析可知,按如图4-25所示的脉冲序列,在$\tau = 1/J$时,C和CH_2产生正信号,CH和CH_3产生负信号,碳原子被明显地分成了两组。季碳和CH_2相互分辨问题不大,以下两个途径均可行:①在全去耦的碳谱中,季碳的峰较低;②如果在$\tau = \frac{1}{2J}$时对[1]H去耦对[13]C采样,仅季碳有正信号,CH_2信号为零,只有当CH_2的J值偏离较大时,CH_2有强度不大的信号。CH和CH_3的相互分辨有困难,但大部分CH_3的δ值较小,而CH可能的最小δ值为24.8 ppm,因此只有$\delta > 24.8$ ppm的CH_3(它与杂原子、不饱和键或高分支的季碳相连)才有可能与CH混淆。

需注意的是,应用此法时有 NOE,除季碳之外,谱线均增强。

从上面的分析可总结出此法的优点:

(1) 脉冲序列简单,易于准确实现。

(2) 季碳原子能显示出来。

(3) 有 NOE,信号强度增加。

从上面的分析也可知,采用此法的重要条件为几种碳原子的 $^1J_{CH}$ 相差不能太大,图 4-26 是在几种碳原子的 $^1J_{CH}$ 相同的前提下画的。

除图 4-25 所示的简单脉冲序列外,APT 法还可采用如图 4-27 所示的脉冲序列。

采用图 4-27(a)的脉冲序列的优点是可对不同化学位移碳原子的磁化矢量进行化学位移的重聚焦。化学位移数值变化的范围远大于 J,旋转坐标系旋转角速度确立之后,很多碳原子由于其 δ 值不相应于旋转坐标系的旋转速度,其磁化矢量在旋转坐标系的 $x'y'$ 平面上旋转很快,在对 ^{13}C 采样开始时,可能有较大的相位误差(影响信号的强弱、符号)。自旋回波的脉冲序列 90°—DE—180°—DE 的应用(现把 DE 标注为 τ)可使采样开始时(第二个 τ 的终点)不同化学位移的碳原子的磁化矢量都会聚于 y' 轴。

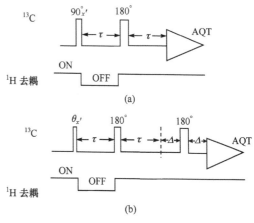

图 4-27 APT 法的脉冲序列

当存在 T_1 较长的核时,它的纵向磁化矢量 $M_{//}$ 经过 2DE(2τ)之后尚未恢复到 M_0。为此,可以使用如图 4-27(b)所示的脉冲序列,即第一个脉冲不是 90°而是仅使 M_0 倾斜某一较小的角度 θ。当 $\theta < 90°$ 时,磁化矢量在 z 轴上有分量,它在 180°脉冲的作用下会被翻转到 $-z$ 轴方向。第二个 180°脉冲则可使它又翻转回来,Δ 的长短则根据 T_1 的长短来确定。$M_\perp$ 的运动则完全类似于以前 $\theta = 90°$ 的分析。

4.2.2 INEPT 法

INEPT(insensitive nuclei enhanced by polarization transfer)可译为"不灵敏核的极化转移增强"。INEPT 法的脉冲序列如图 4-28 所示。

图 4-28 中 τ 的长短不是定值,当 τ 分别取 $\dfrac{1}{4J}$、$\dfrac{2}{4J}$、$\dfrac{3}{4J}$ 时,得到三种不同的谱图,后面将作进一步解释。

现以 CH 体系为例,其 INEPT 法的原理如图 4-29 所示。图 4-29 的上方表示 ^{1}H 的磁化矢量运动,为简化讨论,假定 $\omega_H - \omega = 0$(ω 为旋转坐标系旋转的角速度),即 ^{1}H 的化学位移不导致氢的横向磁化矢量在旋转坐标系 $x'y'$ 平面上转动。

在时间坐标轴上 a 点,相应于 ^{1}H 的两个

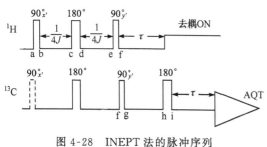

图 4-28 INEPT 法的脉冲序列

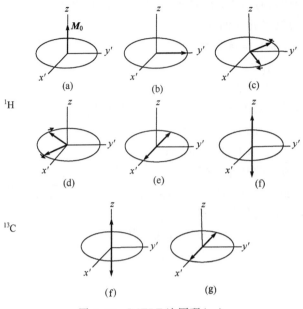

图 4-29　INEPT 法原理(一)

跃迁谱线的磁化矢量 $\boldsymbol{M}_{01}$、$\boldsymbol{M}_{02}$ 沿 z 轴方向,$\boldsymbol{M}_{01}+\boldsymbol{M}_{02}=\boldsymbol{M}_0$。在 $90°_{x'}$ 脉冲使它们转到 y' 轴之后,两个磁化矢量以相反方向转动。在经过 $\frac{1}{4J}$ 时间,即 c 点时,它们构成 $90°$,在 c 点时刻,对 ^{1}H、^{13}C 同时施加 $180°$ 脉冲。到 d 点时,氢的两个磁化矢量都绕 x' 轴转动了 $180°$,但因同时 ^{13}C 磁化矢量也转动了 $180°$,故 ^{1}H 的两个磁化矢量交换速度(4.1.2),在旋转坐标系中的旋转方向变换。再经 $\frac{1}{4J}$ 时间,到 e 点时,两个磁化矢量构成 $180°$。在此同时,^{1}H、^{13}C 都将受到 $90°$ 脉冲作用,设先对 ^{1}H 施加 $90°_{y'}$ 脉冲(脉冲作用时间为微秒数量级,$\frac{1}{4J}$ 为毫秒数量级),在 f 点,^{1}H 的两个磁化矢量分别沿 z 轴、$-z$ 轴方向。

把 f 点的情况与 a 点作一对比。在 a 点时,反映 ^{1}H 两个跃迁的两个磁化矢量都沿 z 轴方向,在 f 点,它们构成 $180°$,即其中一个磁化矢量转动了 $180°$,转到了 $-z$ 轴方向。这正是选择性布居数翻转的情况。前面已说过,SPI 会引起极化转移,^{1}H 的极化传给 ^{13}C 核,所以在 f 点 ^{13}C 的两个磁化矢量分别沿 z 轴、$-z$ 轴方向,其强度分别为 -3、$+5$(原来 ^{13}C 个磁化矢量都沿 z 轴方向,其强度均为 1)。

从实验角度考虑,希望能去掉 ^{13}C 初始极化的影响,以便使在 f 点时 ^{13}C 的两个磁化矢量强度分别为 -4、$+4$。为此,对 ^{1}H 的第二个 $90°$ 脉冲可以 $90°_{y'}$、$90°_{-y'}$ 交替运用。两者信号的平均即可除去 ^{13}C 原始极化的影响。也可在氢的第一个 $90°$ 脉冲之前先使 ^{13}C 饱和,为此,在 ^{1}H 的 $90°$ 脉冲之前先对 ^{13}C 加一个 $90°$ 脉冲(如图 4-28 中的虚线所示),该脉冲使 ^{13}C 无纵向磁化矢量。

在除去了 ^{13}C 原始极化影响的条件下,在 $90°_{y'}$ 脉冲结束时的 g 点,^{13}C 的两个磁化矢量转到 $x'y'$ 平面,这两个磁化矢量大小相等、方向相反。如果此时对 ^{1}H 去耦,两个矢量的合矢量为零,对 ^{13}C 采样则不会有信号,因此必须等待一段时间,使两个矢量靠拢(最好能重合),才能有信号产生。

　　上面以 CH 为例讨论了图 4-28 所示的脉冲序列从 a 点到 g 点的情形。CH_2 和 CH_3 的情况是类似的。从氢的磁化矢量来看,CH_2、CH_3 和 CH 是一样的,都是两个磁化矢量(受[13]C 耦合裂分,氢谱中都是两条谱线,二者相距 J)。在 a 点这两个磁化矢量均沿着 z 轴,到 f 点两个磁化矢量分别沿 z 轴和 $-z$ 轴,因此都有氢的选择性布居数翻转,从而发生极化转移(参阅 4.1.7)。CH_2、CH_3 和 CH 的差别仅在于[13]C 的磁化矢量在极化转移之后有差别。下面继续讨论从 g 点到 h 点(τ 时间间隔)横向磁化矢量的变化,在 4.2.1 的讨论(图 4-26)可作参考。但需注意下列两点:

　　(1) SPI 再减去初始极化的影响所得的磁化矢量的大小和无 SPI 的磁化矢量有所不同。

　　对 CH_2 而言,原三重峰中间谱线对应的磁化矢量现在不复存在。

　　对 CH_3 而言,上述两种情况(有或无 SPI)都有四个磁化矢量,但现在(SPI)四个矢量长度(绝对值)相同(参阅 4.1.7)。

　　(2) 在 g 点,磁化矢量间的相互位置是不同的,在 APT 实验中,90°脉冲之后,各磁化矢量都沿一个方向(y'轴方向),而现在 CH 的两个磁化矢量方向正好相反,CH_2 也是这样。CH_3 的四个磁化矢量则是两两方向相反的。

　　CH、CH_2、CH_3 的磁化矢量在 $x'y'$ 平面上转动的情形如图 4-30 所示。

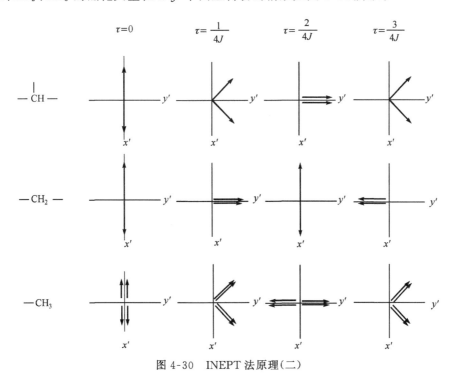

图 4-30　INEPT 法原理(二)

　　1) 当取 $\dfrac{1}{4J}$ 时

　　CH 的两个磁化矢量相对各自转动了 45°,此时开始对[1]H 去耦,两个磁化矢量构成一合矢量,它沿 y'轴方向,长度为最大信号强度(两个矢量的绝对值之和)乘以 cos45°。

　　CH_2 的两个磁化矢量相对各自转动了 90°,两个矢量重合,这时开始对[1]H 去耦,此二矢量

之和为最大值且沿 y' 轴方向,故得最大正信号。

CH$_3$ 有四个磁化矢量,其中有两个磁化矢量,其旋转速度与 CH 的相同。另外两个磁化矢量旋转速度为 CH 的两个磁化矢量的三倍。结果如图 4-30 所示。

因此,当取 $\tau = \dfrac{1}{4J}$ 时,INEPT 同时得到 CH、CH$_2$、CH$_3$ 的峰,三者都是向上的峰(正信号),但 CH$_2$ 的信号为最大值,CH、CH$_3$ 则为非最大值。

2)当取 $\tau = \dfrac{2}{4J}$ 时

CH 的两磁化矢量相对各自转动了 90°,在 y' 轴上会合,对 ^{1}H 去耦得此二矢量的合矢量,产生最大的正信号。

CH$_2$ 的两磁化矢量相对各自转动 180°,仍回复到二矢量方向相反的状态,对 ^{1}H 去耦,两个矢量的矢量和为零,无信号。

CH$_3$ 的一对磁化矢量相对各自转动 90°,会合于 y' 轴,但另一对磁化矢量相对各自转动 270°,会合于 $-y'$ 轴,对 ^{1}H 去耦,四矢量的矢量和为零,无信号。

因此,当取 $\tau = \dfrac{2}{4J}$ 时,仅得 CH 的最大正信号。

3)当取 $\tau = \dfrac{3}{4J}$ 时

读者可仿照上述方法讨论,此时 CH$_2$ 得最大负信号,CH、CH$_3$ 得非最大值的正信号。

图 4-28 中从 h 点到 i 点之间的 180° 脉冲及前后相等的 τ 时间间隔是为使化学位移重聚焦。

无论取何 τ 值,季碳均无峰,因为在对 ^{1}H 的 $90°_{y'}$ 和 $90°_{-y'}$ 相间的两个脉冲序列作用下,其信号相互抵消了(若采用预先饱和的方法,也无信号)。

取 $\tau = \dfrac{2}{4J}$ 可确定 CH。取 $\tau = \dfrac{3}{4J}$,CH、CH$_3$ 出正峰,扣去 CH,就可以辨别 CH$_3$ 了。CH$_2$ 因出负峰,故也易辨别。再与全去耦谱对比,则可确定季碳原子。

因此,INEPT 法可清楚地鉴别各种碳原子;但在 INEPT 法中,信号的增强与 APT 法相比并无明显优越性,因用 INEPT 法时,信号往往不是最大值且 INEPT 法无 NOE。

INEPT 脉冲序列并非仅用于碳原子级数的确定,它还可用于信号的增强及二维谱。明显地,由于用 INEPT 法时信号的增强来自 SPI,与 γ_H/γ_X 值有关,因此对 γ_X 小的同位素,INEPT 法对增强其信号强度十分有效。

4.2.3 DEPT 法

DEPT(distortionless enhancement by polarization transfer)直译是"不失真的极化转移增强"。此处不失真是指相位不失真。在运用此法时,对 J 及脉冲宽度的要求不如 INEPT 或 APT 严格。即使化合物中的 J 数值有一定的变化,实验中的脉冲宽度不够准确时,谱峰的强度仍然变化不大,因此 DEPT 法可得到较好的结果,并便于作差谱的处理。

DEPT 法的脉冲序列如图 4-31 所示。

用矢量模型可以很好地解释 ATP 法和 INEPT 法,但用矢量模型来解释 DEPT 法则有困难。主要是 ^{1}H 的磁化矢量偏转(非 90°)θ 角时,难以用矢量模型进行分析。$\theta = 90°$ 时用矢量模型可分析 DEPT 法。

讨论 DEPT 法宜用量子力学乘积算符的方法,请参阅附录 1。

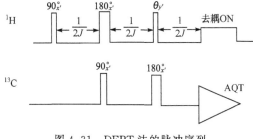

图 4-31　DEPT 法的脉冲序列

DEPT 法的结果与 INEPT 法类似,用 DEPT 法得到下列三种谱图:

当 $\theta_1 = 45°$ 时,得到的谱图类似于 INEPT 法 $\tau = \dfrac{1}{4J}$ 时所得到的谱图。

当 $\theta_2 = 90°$ 时,得到的谱图类似于 INEPT 法 $\tau = \dfrac{2}{4J}$ 所得到的谱图。

当 $\theta_3 = 135°$ 时,得到的谱图类似于 INEPT 法 $\tau = \dfrac{3}{4J}$ 时所得到的谱图。

通常的 DEPT 实验取 θ 为 135°和 90°,从前者立即得到 CH_2 的信号(峰朝下),从后者得到 CH 的信号。从前者谱图朝上的峰中减去 CH 的信号就只剩下 CH_3 的信号了。

与 INEPT 法类似,用 DEPT 法也得不到季碳的信号。虽然如此,DEPT 仍然是现在测定碳原子级数最常用的方法。

图 4-32 为化合物(C4-1)的 DEPT 谱。

$$HO-CH_2-CH=CH-CH_2-O-CH_2-\text{〇}$$

(C4-1)

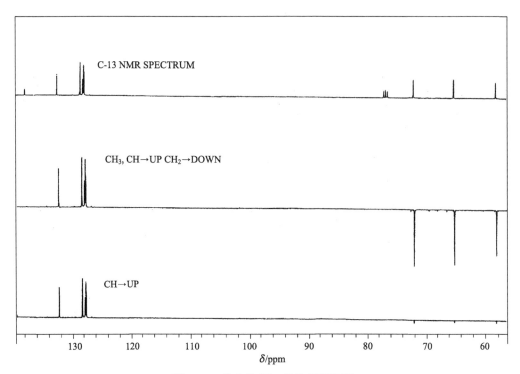

图 4-32　化合物(C4-1)的 DEPT 谱

4.3 二维核磁共振谱概述

二维核磁共振谱(two-dimensional NMR spectra)的出现和发展是近代核磁共振波谱学的最重要的里程碑。Jeener 在 1971 年首次提出了二维核磁共振的概念,但并未引起足够的重视。Ernst 教授的大量且卓有成效的研究对推动二维核磁共振的发展起了重要的作用。再加上他对脉冲傅里叶变换核磁共振的贡献,Ernst 教授独自荣获了 1991 年诺贝尔化学奖。这进一步说明了二维核磁共振的重要性。

4.3.1 二维核磁共振谱的概念

自由感应衰减(FID)信号通过傅里叶变换,从时畴信号转换成频畴谱——谱线强度与频率的关系。这是一维谱,因为变量只有一个——频率。

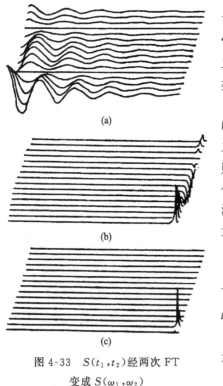

图 4-33 $S(t_1,t_2)$ 经两次 FT 变成 $S(\omega_1,\omega_2)$

当变化一些实验条件,如浓度、温度、pH 等,人们可以得到一系列谱线,虽然所变化的参数可以说是"第二个变量",但这样的谱线簇仍是一维谱,因为第二维变量的作用一目了然,不需通过计算表明。与此类似,倒转恢复法测定 T_1 的谱线簇也属一维谱。

二维核磁共振谱是有两个时间变量,经两次傅里叶变换得到的两个独立的频率变量的谱图。一般第二个时间变量 t_2 表示采样时间,第一个时间变量 t_1 则是与 t_2 无关的独立变量,是脉冲序列中的某一个变化的时间间隔,前面所讨论的自旋回波中的 DE(或标注为 τ)就是一个例子,DE 的长短是可变的,它与 t_2 无任何关系,是一个独立变量。

二维谱的形成可用图 4-33 说明。

图 4-33(a)从左到右为 t_2 增大的方向,曲线簇从下到上为 t_1 增大的方向。初始函数是 $S(t_1,t_2)$,它是 t_1、t_2 的函数。

对 t_2 进行傅里叶变换(此时暂将 t_1 作为非变量),结果如图 4-33(b)所示。

如果在图 4-33(b)的右端作一截面,从右端 (t_1) 的方向来看是一正弦曲线,进行对 t_1 的傅里叶变换,最后得到 $S(\omega_1,\omega_2)$,如图 4-33(c)所示。

可用数学式来表达上述过程:

$$\int_{-\infty}^{\infty} dt_1 e^{-i\omega_1 t_1} \int_{-\infty}^{\infty} dt_2 e^{-i\omega_2 t_2} S(t_1,t_2) = \int_{-\infty}^{\infty} dt_1 e^{-i\omega_1 t_1} S(t_1,\omega_2) = S(\omega_1,\omega_2) \qquad (4-21)$$

图 4-33 显示了一个二维谱的典型例子。倒转恢复测定 T_1 的方法中也有两个时间变量,但从函数关系式来看与二维谱不同:

$$S(t_1,t_2) = e^{-t_1/T_1} \cos\omega_2 t_2 \qquad (4-22)$$

t_1 和 S 之间并无周期性变化的函数关系,因此所得结果不是二维谱。

4.3.2 二维核磁共振时间轴方框图

二维谱有多种方式,但其时间轴可归纳为下列方框图:

$$\boxed{\text{预备期}} \longrightarrow \boxed{\text{发展期}} \longrightarrow \boxed{\text{混合期}} \longrightarrow \boxed{\text{检出期}}$$

预备期:预备期在时间轴上通常是一个较长的时期,它使实验前体系能够回复到平衡状态。

发展期(t_1):在 t_1 开始时由一个脉冲或几个脉冲使体系激发,使其处于非平衡状态。发展期的时间 t_1 是变化的。

混合期(t_m):在这个时期建立信号检出的条件。混合期有可能不存在,它不是必不可少的(视二维核磁共振谱的种类而定)。

检出期(t_2):在检出期内以通常方式检出 FID 信号。

与 t_2 轴对应的 ω_2(或 ν_2)轴是通常的频率轴,与 t_1 轴对应的 ω_1 是什么则取决于在发展期是何种过程。

4.3.3 二维核磁共振谱的分类

二维核磁共振谱可分为以下三大类:

(1) J 分辨谱(J-resolved spectrum)。J 分辨谱也称 J 谱,或称为 δ-J 谱,它把化学位移和自旋耦合的作用分辨开来。J 谱包括异核 J 谱及同核 J 谱。

(2) 化学位移相关谱(chemical shift correlation spectrum)。化学位移相关谱也称为 δ-δ 谱,是二维核磁共振谱的核心。它表明共振信号的相关性。有三种位移相关谱:同核耦合、异核耦合、NOE 和化学交换。

(3) 多量子谱(multiple quantum spectrum)。通常所测定的核磁共振谱线为单量子跃迁($\Delta m = \pm 1$)。发生多量子跃迁时 Δm 为大于 1 的整数。用脉冲序列可以检出多量子跃迁,得到多量子跃迁的二维谱。

4.3.4 二维核磁共振谱的表现形式

(1) 堆积图(stacked trace plot)。堆积图由很多条"一维"谱线紧密排列构成,类似于倒转恢复法测 T_1 的线簇。堆积图的优点是直观,有立体感;缺点是难以准确定出吸收峰的频率、大峰后面可能隐藏较小的峰,并且作这样的图耗时较多。

(2) 等高线图(contour plot)。等高线图类似于等高线地图。最中心的圆圈表示峰的位置,圆圈的数目表示峰的强度。最外圈表示信号的某一定强度的截面,其内第二、三、四圈分别表示强度依次增高的截面。这种图的优点是易于找出峰的频率,作图快;缺点是低强度的峰可能漏画。虽然等高线图存在一些缺点,但它较堆积图优点多,故现在二维核磁共振谱实验一般均采用等高线图。

以上两种图形是二维谱的总体表现形式,局部谱图还有其他表现方式,如通过某点作截面、投影等。

在二维谱中常有假峰(artefact,artifact)出现,这在看图时应注意。

二维核磁共振谱的种类很多,不便——介绍,下面就最常用的二维核磁共振谱分类讨论。

4.4 *J* 分辨谱

4.4.1 同核 *J* 谱

同核 *J* 谱的脉冲序列及对时间坐标的说明如图 4-34 所示。

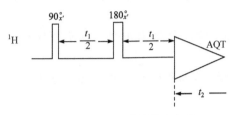

图 4-34 同核 *J* 谱的脉冲序列

从图 4-34 可以看到,这正是自旋回波的脉冲序列(其机理也是同核耦合体系自旋回波的 *J* 调制),只是把 DE 改称为 $t_1/2$,并将采样时间标注为 t_2 而已,因此前面关于同核耦合体系自旋回波的讨论可以直接引用。现仍以同核 AX 体系为例。在 $x'y'$ 平面上的横向磁化矢量可以用复数来表示,以下即采用复数来讨论横向磁化矢量在 $x'y'$ 平面上的运动。

首先讨论 A 核的宏观磁化矢量。经 $90°_{x'}$ 脉冲之后,A 核的两个横向磁化矢量 $\boldsymbol{M}_\perp(A_1)$ 与 $\boldsymbol{M}_\perp(A_2)$ 在 $x'y'$ 平面上逐渐分散开,它们所对应的信号强度分别为 I_{A_1} 与 I_{A_2}。设 $\boldsymbol{M}_\perp(A_1)$ 在 $x'y'$ 平面上转动的角速度于 $180°_{x'}$ 脉冲之前为 $2\pi(\nu_A+J/2)$,在 $180°_{x'}$ 脉冲之后为 $2\pi(\nu_A-J/2)$;$\boldsymbol{M}_\perp(A_2)$ 在 $x'y'$ 平面上转动的角速度则是在 $180°_{x'}$ 脉冲之前为 $2\pi(\nu_A-J/2)$,$180°_{x'}$ 脉冲之后为 $2\pi(\nu_A+J/2)$。

设横向磁化矢量与 y' 轴构成的夹角为 ϕ,其对应的核磁信号则正比于 $e^{i\phi}$。直接利用 4.1.2 的结论,在第二个 $t_1/2$ 的终点有

$$\phi_{A_1}=\pi-\pi J t_1 \tag{4-23}$$
$$\phi_{A_2}=\pi+\pi J t_1 \tag{4-24}$$

需注意,在 t_2(采样时间)开始之后,横向磁化矢量在 $x'y'$ 平面上转动的角速度不再改变,所以有

$$\phi_{A_1}=(\pi-\pi J t_1)+2\pi\left(\nu_A-\frac{J}{2}\right)t_2 \tag{4-25}$$

$$\phi_{A_2}=(\pi+\pi J t_1)+2\pi\left(\nu_A+\frac{J}{2}\right)t_2 \tag{4-26}$$

亦即

$$I_{A_1}\propto e^{i(\pi-\pi J t_1)}e^{i(2\pi\nu_A-\pi J)t_2} \tag{4-27}$$
$$I_{A_2}\propto e^{i(\pi+\pi J t_1)}e^{i(2\pi\nu_A+\pi J)t_2} \tag{4-28}$$

对 X 核的处理与 A 核完全相同,可以得到

$$I_{X_1}\propto e^{i(\pi-\pi J t_1)}e^{i(2\pi\nu_X-\pi J)t_2} \tag{4-29}$$
$$I_{X_2}\propto e^{i(\pi+\pi J t_1)}e^{i(2\pi\nu_X+\pi J)t_2} \tag{4-30}$$

以上四式经两次傅里叶变换之后,得图 4-35。通过计算机处理,可将图 4-35 中对应两点的连线扭转一个角度,使其垂直于底边,这样就得到了图 4-36。从图可见,δ、J 两者的作用已分开:ω_2 方向显示的是化学位移,该图在 ω_2 方向的投影犹如全去耦谱图;ω_1 方向显示的是耦合常数值及峰的裂分情况。

同核 AX_2、AX_3 体系可仿照上述讨论,最后所得的结果都是类似的:ω_2 方向反映化学位移,在 ω_2 方向的投影为全去耦谱图,化学位移等价的一种核显示一个峰;ω_1 方向反映峰的裂

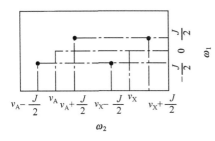

图 4-35 同核 AX 体系 J 谱

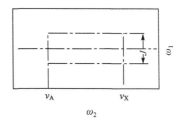

图 4-36 经转动后同核 AX 体系 J 谱

分情况,耦合常数值及峰组的峰数(三重峰、四重峰)一目了然。

在通常的一维谱中,往往由于 δ 值相差不大,谱带相互重叠(或部分重叠)。静磁场不均匀性引起峰的变宽,加重了峰的重叠现象。由于峰组的相互重叠,每种核的裂分峰形通常是不能清楚反映的,耦合常数也不易读出。在二维 J 谱中,只要化学位移 δ 略有差别(能分辨开),峰组的重叠即可避免,因此二维 J 谱完美地解决了上述问题。

对图 4-35 的脉冲序列再补充及强调如下:

(1) 如前面多次所述,$180°_{x'}$ 脉冲可改为 $180°_{y'}$ 脉冲。

(2) t_1 是一个变量,其值逐渐增加。

需说明的是,上面的论述是针对弱耦合体系的。弱耦合体系的同核 J 谱表现形式简单:ω_2 方向反映 δ,ω_1 方向反映峰的裂分和 J 值。若为强耦合体系,其同核 J 谱的表现形式将比较复杂。下面将会看到。

以拓普霉素(tobramycin)[化合物(C4-2)]为例,说明同核 J 谱的应用。拓普霉素是一种抗生素(antibiotic)药物,其结构式(平面表示)如下:

(C4-2)

虽然拓普霉素的结构式已知,但其构象未知,即不知道各取代基是处于六元环的平伏键还是直立键。由于在六元环体系中 $J_{aa} > J_{ae} \geqslant J_{ee}$(参阅 2.2.3),因此若能完成六元环上各剩余氢的指认,根据各氢的峰组的 J 值,即可确定环上的氢是处在直立键还是平伏键。据此,取代基的方位也就确定了。

拓普霉素的核磁共振氢谱如图 4-37 所示。虽然该谱图是用 500 MHz 核磁共振谱仪作的,但其谱峰的裂分情况仍看不清楚,J 值更不易读取,由此更可看出同核 J 谱的必要。

为完成该氢谱的指认,需作某些二维谱,此处从略。为获得各个 J 值,我们测定了拓普霉素的同核 J 谱,如图 4-38 所示。

如前所述,同核 J 谱的 ω_2(水平轴)方向反映 δ 值;ω_1(垂直轴)方向则反映耦合裂分和 J

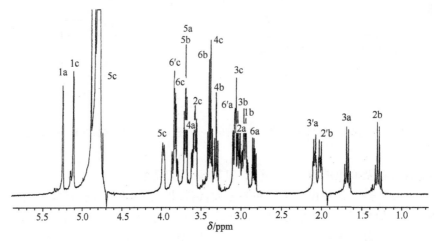

图 4-37　拓普霉素的核磁共振氢谱(用 500 MHz 核磁共振谱仪测得)

值。对于弱耦合体系,若 δ 值只稍有区别,在通常的(一维)氢谱中谱峰会相互重叠(或部分重叠),但在同核 J 谱中均能分开,并清楚地显示峰形。在图 4-38 中,从其 ω_2 方向最右端(高场)往左,q、q、d×t、d×t 的峰形十分清楚。由于 ω_1 方向仅为 ±20 Hz,因此除清楚地反映峰组的裂分之外还可精确地读出 J 值。

图 4-38 中 $\omega_2\approx3.8$ ppm 处显示了复杂的图形。这是由于有三个氢原子的 δ 值都在 3.8 ppm 附近,而且它们不是偶然 δ 值相近,而是有着强耦合关系,因此在图 4-38 中看不到在 ω_2 方向有三"条"分开的峰,而是呈现一个整体的复杂峰形(如右方所示)。因此,在同核 J 谱中,强耦合体系达不到其典型的效果。

4.4.2　异核 J 谱

异核 J 谱的脉冲序列如图 4-39 所示。从图可以看出,这即是前面讨论过的脉冲序列 (4-7),为对异核耦合体系进行 J 调制,必须对共振频率相差很大的 A 核及 X 核同时施加 $180°$脉冲,我们可引用 4.1.2 的结论,并仿照同核 J 谱的处理进行讨论。

仍以 AX 体系为例,需注意现在讨论的是异核体系,二维 J 谱中只能出现一种核的信号。现讨论其中的 A 核。其假定条件与同核 J 谱相同。

在第一个 $t_1/2$ 的终点:

$$\phi_{A1}=2\pi\left(\nu_A+\frac{J}{2}\right)\frac{t_1}{2} \tag{4-31}$$

$$\phi_{A2}=2\pi\left(\nu_A-\frac{J}{2}\right)\frac{t_1}{2} \tag{4-32}$$

在第二个 $t_1/2$ 终点:

$$\phi_{A1}=\pi-2\pi\left(\nu_A+\frac{J}{2}\right)\frac{t_1}{2}+2\pi\left(\nu_A-\frac{J}{2}\right)\frac{t_1}{2}=\pi-\pi Jt_1 \tag{4-33}$$

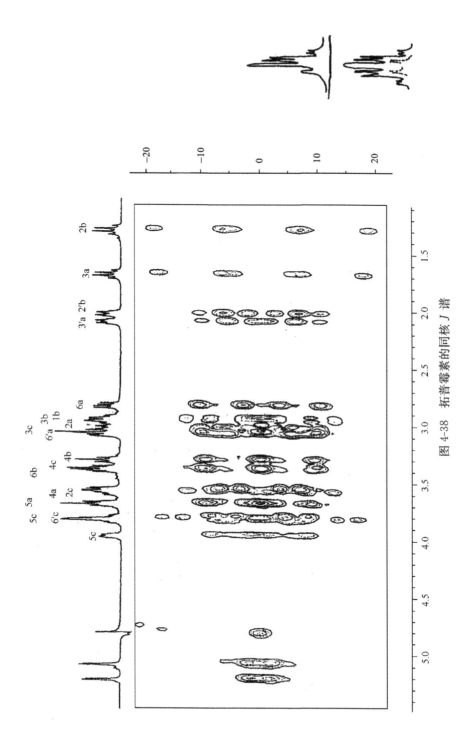

图 4-38 拓普霉素的同核 J 谱

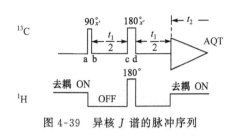

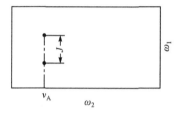

$$\phi_{A_2} = \pi - 2\pi\left(\nu_A - \frac{J}{2}\right)\frac{t_1}{2} + 2\pi\left(\nu_A + \frac{J}{2}\right)\frac{t_1}{2} = \pi + \pi J t_1$$

$$(4-34)$$

在第二个 $t_1/2$ 终了时,与同核 J 谱不同,现在是对 X 核去耦并同时开始对 A 核采样,A 核两个横向磁化矢量在 $x'y'$ 平面上的位置相对不变(因 J 引起的附加转动被去除),二者在 $x'y'$ 平面上转动的角速度相同,都

图 4-39 异核 J 谱的脉冲序列

是 $2\pi\nu_A$,所以有

$$\phi_{A_1} = (\pi - \pi J t_1) + 2\pi\nu_A t_2 \qquad (4-35)$$

$$\phi_{A_2} = (\pi + \pi J t_1) + 2\pi\nu_A t_2 \qquad (4-36)$$

对上面两式进行两次傅里叶变换的结果得到图 4-40。它与经计算机处理后的同核 J 谱相同,其作用也与同核 J 谱类似,不再赘述。

异核 J 谱的 ω_2 方向的投影如同全去耦碳谱。ω_1 方向反映了各个碳原子谱线被直接相连的氢原子产生的耦合裂分:CH_3 显示四重峰,CH_2 显示三重峰,CH 显示二重峰,季碳显示单峰。

由于 DEPT 等测定碳原子级数的方法能代替异核 J 谱,前者操作方便也省机时,因此异核 J 谱已经被 DEPT 谱取代。

图 4-40 异核 AX 体系的 J 谱

下面要介绍的异核位移相关谱(H,C-COSY)也可以同时起到异核 J 谱的作用。因为它把碳的谱线和氢的谱峰关联起来。再结合氢谱的积分曲线,因此 CH_3、CH_2 和 CH 均可识别。特别是当 CH_2 的两个氢不是化学等价的时(这种情况是常见的),一条碳谱线将有两个(氢的)相关峰,因而很容易识别这样的 CH_2。季碳则无相关峰。

以上是对同核和异核 J 谱的讨论。下面将讨论位移相关谱。位移相关谱是二维核磁共振谱的核心,它占据二维谱的主要内容,特别是同核位移相关谱。

位移相关谱与前述的谱不同。J 谱的 F_2、F_1 轴分别表示 δ、J;位移相关谱的 F_2、F_1 轴都表示 δ,具体是什么 δ,要看是哪类位移相关谱而定。

4.5 异核位移相关谱

4.5.1 H,C-COSY

COSY 是 correlation spectroscopy(相关谱)的缩写。H,C-COSY 是 ^1H 和 ^{13}C 核之间的位移相关谱,它把直接相连的 ^1H 核和 ^{13}C 关联起来。

推断一个化合物的结构,它的氢谱和碳谱都是重要的数据。把氢谱和碳谱的数据关联起来自然也就特别重要。异核位移相关谱把碳谱的谱峰(谱线)和氢谱的谱峰关联起来,就起这个作用。

异核位移相关谱的脉冲序列如图 4-41 所示。

以 CH 体系为例。其 ^{13}C-^1H 位移相关谱产生的原理如图 4-42 所示。该图上部表示氢的磁

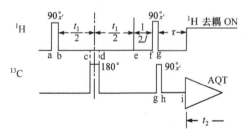

图 4-41 异核位移相关谱的脉冲序列

化矢量的运动,下部表示^{13}C磁化矢量的运动。

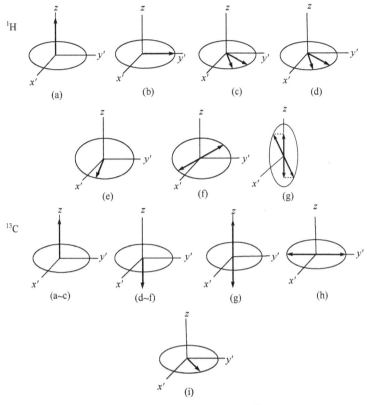

图 4-42　H,C-COSY 原理（CH 体系）

首先分析氢的磁化矢量运动。a、b、c、d、e 的解释同 4.1.3。到 e 点时,两个横向磁化矢量重聚焦,但其相位是被化学位移 δ 所调制了的,它相对 y' 轴转动的角度为 $2\pi\nu_H t_1$。经 $\dfrac{1}{2J}$ 的时间(f 点),化学位移对应的(虚设)横向磁化矢量相对 y' 轴转动的角度为 $2\pi\nu_H t_1 + 2\pi\nu_H \cdot \dfrac{1}{2J}$,两个横向磁化矢量分别比它提前 $\pi/2$ 和落后 $\pi/2$,即它们与 y' 轴构成的角度分别为 $2\pi\nu_H t_1 + 2\pi\nu_H \cdot \dfrac{1}{2J} + \pi/2$ 及 $2\pi\nu_H t_1 + 2\pi\nu_H \cdot \dfrac{1}{2J} - \pi/2$,二者构成 180°。经 $90°_{x'}$ 脉冲的作用,它们从 $x'y'$ 平面旋转到 $x'z$ 平面,原来二矢量与 y' 轴之间的夹角则变成它们与 z 轴的夹角,二矢量在 z 轴和 $-z$ 轴产生两个分矢量,二者方向相反。如同 4.1.7 中所讨论的,这时有^{1}H 对^{13}C 的极化转移,但现在的情况和前述 SPI 略有不同,现在^{1}H 的两个磁化矢量不是分别沿 z 轴和 $-z$ 轴方向,而是构成了 $2\pi\nu_H t_1 + 2\pi\nu_H \cdot \dfrac{1}{2J} + \pi/2$ 的角度,即它们在 z 轴上的投影为 $\cos\left(2\pi\nu_H t_1 + 2\pi\nu_H \cdot \dfrac{1}{2J} + \pi/2\right)$,括号中的后两项是常数,在傅里叶变换后去除,但由括号中的第一项可知,^{13}C 的信号强度将被^{1}H 的化学位移 ν_H 所调制。

下面讨论碳的磁化矢量运动。在 d 点（180°脉冲之后）,碳的两个磁化矢量转到 $-z$ 轴方向,经过^{1}H 的 $90°_{x'}$ 脉冲（g 点）,对^{13}C 进行了极化传递,^{13}C 的两个磁化矢量分别沿 $\pm z$ 轴方向，其强度增强到 $\gamma_H/\gamma_C \cdot \left[\cos\left(2\pi\nu_H t_1 + 2\pi\nu_H \cdot \dfrac{1}{2J} + \pi/2\right)\right]$（仍可用 $90^\circ_{\pm y'}$ 的脉冲，以去除 ^{13}C 原始极化的影响）。

以后的讨论则完全类似 INEPT 脉冲序列后一半时的情形：经 $90^\circ_{x'}$ 脉冲（h 点），^{13}C 的两个磁化矢量转到 $\pm y'$ 轴方向。经 τ 时间间隔，两个横向磁化矢量重聚焦或靠拢。

从图 4-30 可知，$\tau = \dfrac{2}{4J}$ 时，$^{13}C^1H$ 体系 ^{13}C 核的两个横向磁化矢量聚焦。若兼顾考虑 CH_2、CH_3，可取 $\tau = \dfrac{1}{3J}$。

从 i 点开始，对 ^1H 去耦并开始对 ^{13}C 采样。在采样的 t_2 时间内，^{13}C 横向磁化矢量的运动仅由 ^{13}C 的化学位移 ν_C 决定。经傅里叶变换，在 ω_2 方向反映碳核的化学位移。从碳谱线的强度来看，它被 $\cos\left(2\pi\nu_H t_1 + 2\pi\nu_H \cdot \dfrac{1}{2J} + \pi/2\right)$ 所调制，这里的 ν_H 是与该碳原子相耦合的氢原子的化学位移。经过对 t_1 的傅里叶变换，只剩下 ν_H，得到 $^{13}C-^1H$ 位移相关谱中的一个峰，从它的 ω_2 坐标轴可读出 ν_C，从它的 ω_1 坐标轴可读出 ν_H，这即是把相互耦合的 ^1H 和 ^{13}C 相互关联上了。

H,C-COSY 的例子如图 4-43 所示。

图 4-43 为 δ-维生素 E［化合物（C4-3）］的 H,C-COSY（^{13}C，^1H 谱均仅取高场部分）。δ-维生素 E 的结构式如下：

(C4-3)

H,C-COSY 的 ω_2 方向的投影为全去耦碳谱，ω_1 方向投影则为氢谱。矩形的二维谱中间的峰称为相关峰（correlated peak）或交叉峰（cross peak）。它反映了直接相连的碳原子和氢原子的关联。季碳原子则无相关峰。以图 4-43 为例，可清楚地找出化合物（C4-3）中的六个甲基所对应的碳谱谱线和氢谱谱峰。

4.5.2 H,X-COSY

前面讨论了 H,C-COSY，这是针对有机化合物中最常见的两种元素：碳和氢，解决它们的关联，这对于推测结构等目的是十分重要的。

本小节讨论氢核和其他杂原子的位移相关谱，主要针对 ^{31}P、^{15}N 核。从脉冲序列来看，^{31}P 或 ^{15}N 与 ^{13}C 相对应，因而仍可用图 4-41 所示的序列（或在其基础上加以变化）。当然，在脉冲序列中除 t_1、t_2 之外还有一些时间间隔，它们一般由 J 决定。现既然针对 ^{31}P 或 ^{15}N，因而需将 J_{CH} 更换为 J_{PH} 或 J_{NH}，然后计算，取值。

写本小节的目的在于强调这类异核位移相关谱的应用。因为含磷或含氮的化合物通常在生物化学中占据重要的地位。磷存在于脱氧核糖核酸（DNA）、核糖核酸（RNA）、腺苷三磷酸（ATP）等之中，氮则存在于氨基酸之中。因此，H,X-COSY 也具有相应的重要性。

下面介绍一个 H,P-COSY 的例子。

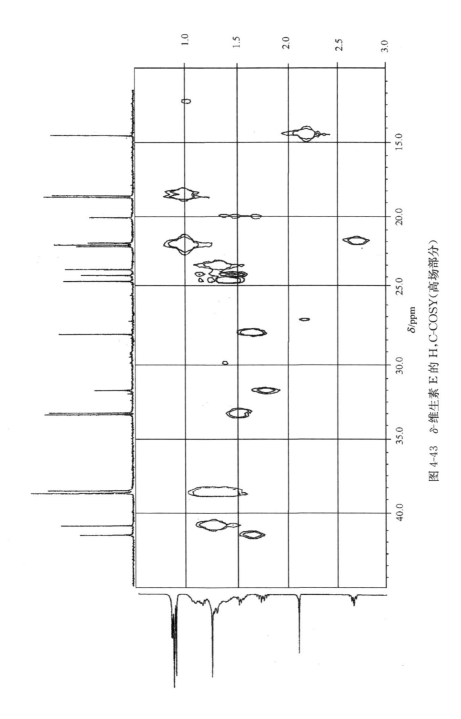

图 4-43 δ-维生素 E 的 H,C-COSY(高场部分)

化合物(C4-4)的结构式如下：

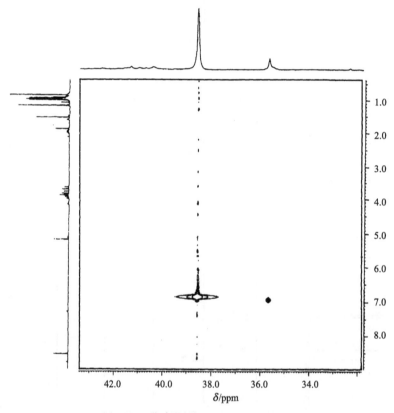

（C4-4）

该化合物是1,3,2-二氧磷杂环己烷衍生物。这类化合物的用途范围广,涉及医药、农药、阻燃剂、稳定剂、拆分剂等。

化合物(C4-4)的 H,P-COSY 如图 4-44 所示。

图 4-44　化合物(C4-4)的 H,P-COSY

图 4-44 的 ω_2(水平轴)方向的投影显示该化合物的 ^{31}P 谱。从中可见该化合物 ^{31}P 谱有两个峰(其 δ 值分别为 38.6 ppm 和 35.7 ppm)。两峰的面积比约为 8:1,这说明合成的该化合物包含两个立体化学异构体(4-位异丙基与磷上的氢处于环的同一侧的顺式和异侧的反式)。ω_1(垂直轴)方向的投影显示该化合物的 ^{1}H 谱,其谱图有一定的复杂性,原因如下：

(1) 分子无对称面,异丙基上的两个甲基、5-位上的两个甲基、6-位 CH_2 的两个氢分别都不是化学等价的,因而在不同位置出峰。6-位 CH_2 的两个氢进而反映相互的耦合裂分。

(2) ^{31}P 参与耦合裂分。

（3）存在两种异构体。

图 4-44 有两个交叉峰，它们分别对应 [31]P 谱的两个信号。先看与 [31]P 的主峰（38.6 ppm）相对应的相关峰，其 ω_1 方向为 6.83 ppm，这正好与氢核 5.17 ppm 和 8.50 ppm 的两个尖锐单峰的平均 δ 值相对应。这说明此二尖锐峰对应与 [31]P 相连的氢，且 $^1J_{PH}=667$ Hz（谱仪工作频率为 200 MHz）。强度较弱的相关峰 ω_1 方向约为 6.93 ppm，与氢谱中 5.13 ppm 和 8.73 ppm 的两个强度低的尖锐单峰的平均 δ 值相对应，其 $^1J_{PH}=720$ Hz。

因此，从 H，P-COSY 可准确地找出与 [31]P 直接相连的氢，并得到 $^1J_{PH}$。

4.6 同核位移相关谱

如前所述，位移相关谱的重要性远远大于 J 分辨谱，同核位移相关谱则更是二维核磁共振谱的核心，使用最频繁。

4.6.1 COSY

最常用的同核位移相关谱称为 COSY，其脉冲序列如图 4-45 所示。

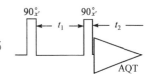

图 4-45 COSY 的脉冲序列

COSY 脉冲序列的原理宜用乘积算符的方法处理，请参阅附录 1。

COSY 的识谱方法及其功效可用下面的例子说明。

化合物（C4-5）由合成得到，其结构式如下：

$$
\begin{array}{c}
\text{CH}_2 \quad \text{CH}_3 \\
\end{array}
$$

（C4-5）

化合物（C4-5）的氢谱如图 4-46 所示。

化合物（C4-5）的氢谱峰组数目较多，似乎与结构式不对应。其原因在于该化合物具有两个手性碳原子，造成立体化学结构的非单一性。特别是五元环上被—CH_2OH 取代的碳原子，它使相邻的两个 CH_2 基团（一个在环内，一个在侧链）产生较明显的同碳二氢的化学不等价。

该化合物羟基的峰在 1.63 ppm，从较钝的峰形及峰面积的积分值很容易确定，CH_3 及单取代苯环的峰也容易指认，分别在 1.38 ppm 及 7.27 ppm 附近。处于苯环和季碳原子之间的 CH_2 也易指认，在 2.93 ppm 和 3.02 ppm 处。最大的困难在于 3.1～4.3 ppm，这一带的谱峰对应该化合物剩余的五个氢原子。由于处于两种构型的异构体之中，我们标注为 a、b、c、d、e（如结构式中所注）及 a′、b′、c′、d′、e′。

从这一段的氢谱可知，这两种构型的含量比近似为 1：1，每种构型中一个氢原子谱峰的积分值约为 12.5。

如果要按照以前所说的从峰的裂分情况，由存在相同的 J 来确定 ^3J 耦合关系是不行的：一方面峰形太复杂，不便分析；另一方面有些谱峰由于多次裂分，峰形已无法分辨。

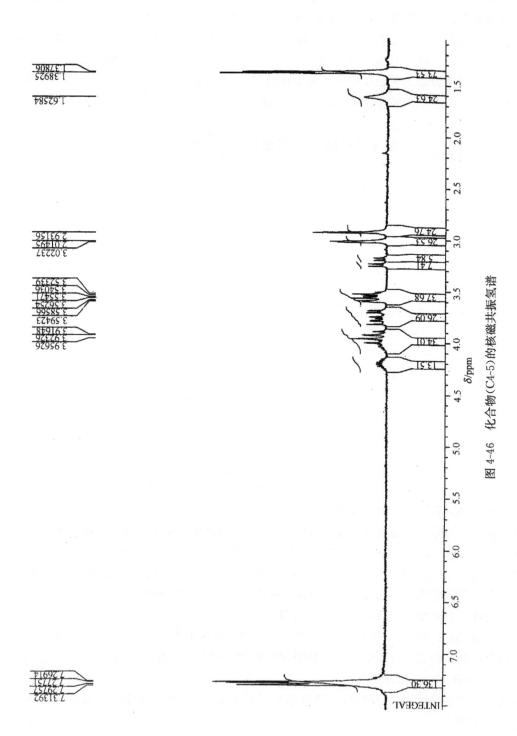

图 4-46 化合物（C4-5）的核磁共振氢谱

总的来说,谱图的复杂性来自下列因素:

(1) 存在手性碳原子。

(2) 耦合关系复杂:既有 ^2J,也有 ^3J;^3J 又有多个数值,如 $J_{ac} \neq J_{bc}$,$J_{dc} \neq J_{ec}$。

(3) 一些氢的 δ 值相差不大,构成强耦合体系,谱峰密集。

综上所述,指认的最困难之处在于 a→e、a′→e′ 的指认。利用 COSY 则可顺利解决。化合物(C4-5)局部氢谱的 COSY 如图 4-47 所示。之所以把谱宽限制在这个较小的范围是为了更清楚地反映这个区域的耦合相关。

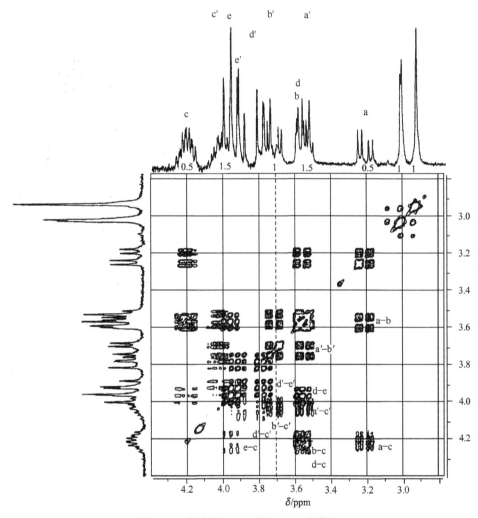

图 4-47 化合物(C4-5)的 COSY(局部)

先就 COSY 的一般情况作一介绍。

COSY 的 $\omega_2(F_2,$水平轴)及 $\omega_1(F_1,$垂直轴)方向的投影均为该化合物的氢谱,一般列于上方及右侧(或左侧),也可以只在上方列出该化合物的氢谱。COSY 谱本身则为一正方形(若 F_1 与 F_2 刻度不等则为矩形)。正方形中有一条对角线(一般为左下-右上)。对角线上的峰称为对角线峰(diagonal peak)或自动相关峰(autocorrelated peak)。对角线外的峰称为相关峰。每个相关峰反映两个峰组间的耦合关系。COSY 主要反映 ^3J 耦合关系。取任一相关峰作为出发点,通过它作垂线,会与某对角线峰及上方氢谱中的某峰组相交,它们即是产生此相关峰的一个峰组。然后通过该相关峰作水平线,与某对角线峰相交,再通过该对角线峰作垂线,与氢谱中某峰组相交,此即是产生相关峰的另一峰组。因此,有了 COSY,从任一相关峰即可确定相应的两峰组的耦合关系,我们完全不用管(一维)氢谱中的峰形。

COSY 一般反映的是 ^3J 耦合关系,有时也会出现少数反映长程耦合的相关峰。另一方面,当 ^3J 小时(如二面角接近 $90°$,使 ^3J 很小),也可能没有相应的相关峰。

由于谱仪的不稳定性等原因,COSY 谱中常会见到一些垂直状的条状斑点,称为 t_1 噪声。因此,在正式出图之前,需对 COSY 作对称化处理,将其消去。对称化处理是一种操作,因 COSY 的相关峰是在对角线两侧对称分布的。两个相关峰是同时存在的(若只存在"一个",则另一个是假峰或噪声),因而可以通过计算机的处理,留下这样一对一对的峰。作对称化处理有一个前提,就是 F_2 和 F_1 方向的数字分辨相等,这在作图设参数时应注意。

下面来分析图 4-47。由于对角线外两侧的峰是对称分布的,因此对角线的左上部分或右下部分已包含全部的信息,分析其中之一即可。从 $\omega_2 = 3.22$ ppm,$\omega_1 = 3.57$ ppm 的相关峰出发。该相关峰说明 3.22 ppm 的峰组和 3.57 ppm 峰组的耦合关系。该相关峰的正下方还有另一个相关峰($\omega_2 = 3.22$ ppm,$\omega_1 = 4.20$ ppm)。按结构式,可把 3.22 ppm 的峰组指认为 a,因 a 分别与 b、c 相耦合。由于环上 CH_2 的化学不等价性大,可能受到较强屏蔽,而 3.22 ppm 峰组与其他峰组相距较远,因此把 3.22 ppm 峰组指认为 d 或 e 是不恰当的。从 δ 值可以判断:3.57 ppm 处为 b 的峰组,4.20 ppm 处为 c 的峰组,因此两个相关峰分别为 a-b、a-c。

从 $\omega_1 = 4.20$ ppm 出发,可见三个相关峰,分别位于 ω_2 为 3.96 ppm、3.57 ppm、3.22 ppm 处。可以确定 3.96 ppm 处为 e 的峰组,3.57 ppm 处则为 b 和 d 的峰组。一方面从氢谱的积分曲线知从 3.52~3.59 ppm 共对应三个氢,3.57 ppm 处为两个氢;另一方面可见 d-e 的相关峰($\omega_2 = 3.57$ ppm,$\omega_1 = 3.96$ ppm),这两者都说明 d 氢原子的峰组在 3.57 ppm。

采用类似的方法,可找出 a′、b′、c′、d′ 和 e′ 的峰组,标记在上方的氢谱上。

从这个例子可看到用 COSY 判断耦合关系是十分方便、准确的。

上面介绍了用 COSY 谱进行氢谱指认的例子。在鉴定未知物结构时 COSY 谱是必须应用的。用 COSY 谱可以找到邻碳氢的耦合,结合 HMQC(或 HSQC)谱就可以找到碳原子的连接,这是推导未知物结构的重要的一步。

4.6.2 相敏同核位移相关谱

前面介绍了同核位移相关谱(COSY),它的作用是很重要的。但是 COSY 谱也有不尽如人意的地方,这就是其谱峰信号的扭曲(twist):通过相关峰顶点作平行于 F_2 或 F_1 轴的截面,显示吸收曲线;但偏离顶点作截面即含有色散分量,且偏离顶点越远,色散分量的比例越大。由于色散分量的作用,相邻的峰易于相互部分重叠,相关峰的精细结构看不清楚,不便读取耦合常数。因此,希望得到纯吸收线型(pure absorption line shape)的 COSY 谱。

在通常的一维核磁共振实验中,谱峰可能含吸收分量和色散分量。通过相位的调节,可将谱峰调节为纯吸收信号。在二维核磁共振实验中,情况就复杂了。谱图多了一个 F_1 维,如果不事先按一定规则进行采样,并相应地进行傅里叶变换(有复数傅里叶变换和实数傅里叶变换两种运算),二维谱相位的完善调节是不能做到的。

要得到纯吸收线型的 COSY 谱,即相敏(phase sensitive)COSY 谱,这与在 F_1 维进行正交检出(quadrature detection)相联系。对于通常的一维谱或二维谱中的 F_2 维来说,正交检出是要区分磁化矢量在旋转坐标系中进动的方向,也是区分谱线相对于谱图中心的相对频率的符号。对于二维谱中的 F_1 维来说,正交检出理解为区分相对于中心频率的符号。在这里仅就核心问题作一简单的说明。

有两种方法均可得到相敏 COSY。这两种方法的采样和傅里叶变换的运算都是不同的。

第一种方法是由 States 等提出的[7]。COSY 的脉冲序列含两个 90°脉冲,加上接收器,共有三个相位(如第一个 90°脉冲沿 x' 轴,第二个 90°脉冲沿 y' 轴,接收器沿 x' 轴)。每一个相位则有四种可能,即分别沿 x',$-y'$,$-x'$,y' 轴。在做二维谱实验时,t_1 是逐渐增加的。在每个 t_1 值时,这三个相位都按一定规则变化,即进行一定的相循环(相循环完成之后,t_1增加到下一个数值,重新开始相循环)。在运用 States 方法时,接收器相位与第一个 90°脉冲的相位相同。按第二个 90°脉冲与第一个 90°脉冲沿同一轴(含 x,$-x$)及不沿同一轴,得到两组数据。它们分别对 t_1 进行复数傅里叶变换,最后加和得到实数信号,即吸收信号。

另一种方法是由 Marion 和 Wüthrich 提出的[8],即文献中经常提到的 TPPI(time proportional phase increment)方法。使用此方法时所进行的相循环和上述 States 法的相循环是不同的。t_1 增长时,激发脉冲按 0°,90°,180°,270°,…顺次进行,这是称为 TPPI 的原因。此时相当于在 t_1 的时间轴上附加了一个旋转速度,与进行一维核磁共振实验时的 Redfield 法[9]相似。以后对 t_1 进行实数傅里叶变换,最后得到纯吸收线型的峰组。

上述两种方法在得到最后结果之前均需进行相位的调节,经调节后得纯吸收线型的峰组。

两种方法采集的数据量相同,得到的结果相近。具体采用何种方法与核磁共振谱仪有关。

Keeler 和 Neuhaus 分析这两种方法是紧密相关的[10],Freeman 则有较简洁的阐述[11]。

除上述文献之外,读者还可参考文献[12,13]进一步了解。

相敏 COSY 较 COSY 分辨率大为改善,从谱峰的精细结构易于读取耦合常数,谱图的信噪比也有一些改善。

图 4-48 显示了 AX、AMX、A_3X 和 A_3MX 体系相敏同核位移相关谱[14]。

对图 4-48 作下列说明:

(1)图中仅列出了相关峰,对角线峰未画出。对相敏 COSY 来说,相关峰调为纯吸收线型,对角线峰则为色散型。

(2)图中的实心、空心圆圈分别代表正、负吸收信号。

(3)圆圈的面积代表峰的强度。

(4)圆圈旁边的粗线标注主动(active)耦合;细线则标注被动(passive)耦合。

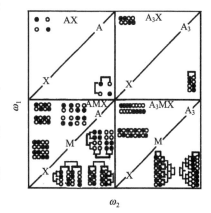

图 4-48　AX、AMX、A_3X 和 A_3MX
体系相敏同核位移相关谱

所谓主动耦合是相关峰相应的两个核组之间的耦合,其余的称为被动耦合。以图 4-48 中的 AMX 体系 COSY 谱右下角为例:从 M 处往下作垂线与自 X 处往右作水平线得 M 和 X 的相关峰。水平方向的两条粗线、垂直方向的一条粗线的长度均表示 M 和 X 之间的(主动)耦合常数 J_{MX} 的大小。水平方向的一条细线的长度表示参与对 M 耦合(现为被动耦合)的另一耦合常数 J_{AM} 的大小。垂直方向的两条细线的长度表示参与对 X 耦合(被动耦合)的耦合常

数 J_{AX} 的大小。我们看到:由主动耦合产生的每一对峰均是异号的(一正一负);由被动耦合产生的每一对峰则是同号的(同为正或同为负)。综上所述,用相敏位移相关谱可以方便地读出各种耦合常数。对于复杂的相关谱来说,采用相敏图会清晰得多。

相敏方式除了用于 COSY 之外,也可用于多种其他类型的二维谱。

马钱子碱(strychnine)[化合物(C4-6)]是一种生物碱,其结构式如下:

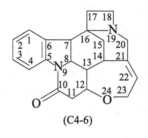

(C4-6)

马钱子碱的相敏 COSY(高场部分)如图 4-49 所示。

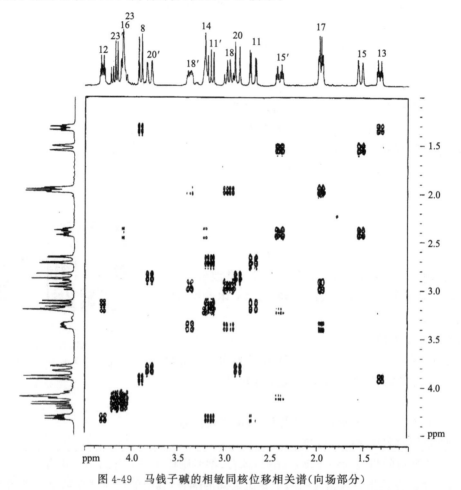

图 4-49 马钱子碱的相敏同核位移相关谱(向场部分)

从图 4-49 可以看到相关峰呈矩形,精细结构很清晰,有关的耦合常数可以准确地读出。如果使用彩色绘图笔,正峰和负峰的区分明显,有利于分开主动耦合和被动耦合。

为识谱方便,现将谱峰的指认标于其上方的一维氢谱之上。对于 CH$_2$ 上的氢,第二个(δ

值较大的)氢的谱峰上加了"′"。对比图 4-49 和马钱子碱的结构式,可以看到缺了一些相关峰。当然,如果改进作图条件以及把二维谱的相关峰的截面取低一些,这种情况肯定会改善,但如果把图 4-49 中的相关峰与其上方的一维谱结合起来分析,将对 COSY 谱有一个更深的了解。

COSY 谱的相关峰的强度与其有关的 J 值密切相关:J 值大,相关峰强度大,反之亦然。以 H-13 为例,从结构式可知有三个氢(H-8,H-12,H-14)与它有 ^3J 耦合关系。从一维氢谱可看到 H-13 呈 d×t 峰形,这表明这三个 ^3J 中,一个 ^3J 较大,两个 ^3J 较小且几乎相等,从 H-13 的相关峰,或从一维氢谱的裂分间距均可知较大的 ^3J 对应与 H-8 的耦合。另两个较小的 ^3J,从其氢谱可算出仅约为 2.6 Hz,故与 H-12 及 H-14 的相关峰很弱。由于 ^2J 的数值较大,因此在图 4-49 中所有 CH_2 同碳二氢的相关峰都不缺(H-15,H-15′;H-18,H-18′;H-20,H-20′;H-23,H-23′)。

4.6.3 COSYLR

长程耦合的耦合常数一般均小。在 J 值很小时,一维氢谱中仅表现为相应的峰的宽度稍有增加,此时并不能观察到该峰的进一步分裂。在这种情况下,要确定两组核之间的长程耦合关系实际上是很困难的。

二维谱为检测长程耦合开创了一条新的、有效的途径,即可以从反映长程耦合的相关峰来确认长程耦合的存在。这当然比观测峰宽度的变化可靠得多,因为峰的宽度的变化测量不准,并且它也受其他因素的影响。当然,为检测长程耦合,就不能用常规的 COSY(针对 ^3J 耦合),而要用优化长程耦合的 COSY(COSY optimised for long range coupling),简称 COSYLR,也可以称为 LRCOSY。

COSYLR 的脉冲序列如图 4-50 所示。

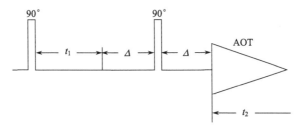

图 4-50 COSYLR 的脉冲序列

对比图 4-50 和图 4-45,COSYLR 的脉冲序列仅在于把 COSY 脉冲序列中的第二个 90°脉冲的前面和后面各加了一个时间间隔 Δ。因此,COSYLR 也称为延迟的 COSY(delayed COSY)或带延迟的 COSY(COSY with delay)。

COSYLR 脉冲序列的原理可以用乘积算符理论清楚地说明。用该理论可计算出相关峰的强度正比于 $\sin\pi Jt$。在 J 小的情况下,$\sin\pi Jt$ 的值就小。需注意的是,这里的 t 既代表 t_1 也代表 t_2。如果把 t_1 和 t_2 均扩充到原来的若干倍,这会给计算机的内存及以后的计算过程带来很多麻烦。因此,在第二个 90°脉冲的前后各增加一个 Δ,等于分别给 t_1 和 t_2 加了一个较大的量。从物理意义来看,Δ 的加入使其能有效地传递弱耦合作用,因此有利于在二维谱中出现反映长程耦合的相关峰。另一方面,反映 ^3J 耦合的相关峰的强度则因弛豫而降低。当 Δ 小时,大的 J 的相关峰及其对角线峰将是主要的;随着 Δ 增大,长程耦合相关峰的强度增大。在实验中,Δ 约为 200 ms。

马钱子碱的 COSYLR(高场部分)如图 4-51 所示。

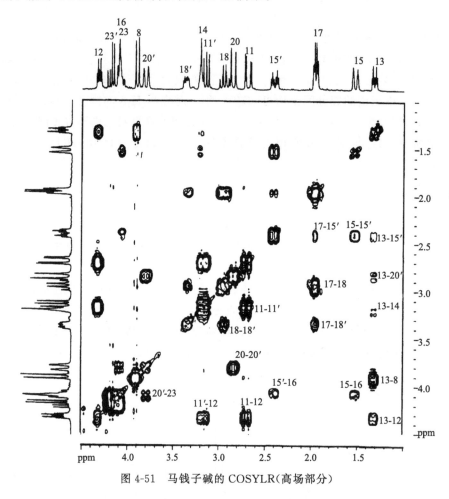

图 4-51 马钱子碱的 COSYLR(高场部分)

对比前面的相敏 COSY,图 4-51 中新增了反映长程耦合的相关峰,如 H-13,H-15′;H-17,H-15′ 等。另外,由于现在对检测小的 J 的相关峰有利,因此在图 4-49 中所漏的小的 ^3J 耦合的相关峰(如 H-13,H-14;H-13,H-12 等)都出峰了。从图 4-51 也可知,原 COSY 谱中的峰仍存在,因为 COSYLR 的脉冲序列仅比 COSY 增加了两个 Δ,它不能完全取消 COSY 的峰,考虑到弛豫的影响,Δ 的加入将使原相关峰的强度有所减弱。

4.6.4 DQF-COSY

DQF-COSY(double-quantum filtered COSY)从机理上说属于双量子二维谱,但其外观与 COSY 很相近,因此我们从应用的角度考虑,将它归入同核位移相关谱之列。

当有机化合物含有叔丁基、甲氧基等官能团时,其氢谱中有强的尖锐单峰。在这种情况下,在 COSY 谱中,由弱的峰组所产生的相关峰就弱了,甚至未显示出来,此时就不能作通常的 COSY,而必须作 DQF-COSY。

DQF-COSY 的脉冲序列如图 4-52 所示。

对比图 4-52 和 COSY 的脉冲序列可知，DQF-
COSY 的脉冲序列是在 COSY 的第二个 90°脉冲之后
紧接着再加一个 90°脉冲（这两个脉冲之间仅差几微
秒，用以重新设定脉冲相位）。用乘积算符理论来研究
DQF-COSY 的脉冲序列显示了独到的优点。在附录 1
中，用乘积算符理论分析了 COSY 的脉冲序列。在第
二个 90°脉冲之后，存在着可检测信号。紧接着再来第

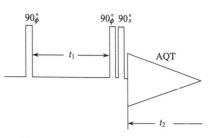

图 4-52　DQF-COSY 的脉冲序列

三个 90°脉冲，原来的"可检测信号"就不再是可检测信号了，而原来第二个 90°脉冲之后的"双
量子相干"（double-quantum coherence）经第三个 90°脉冲转换成了可检测信号，产生了相关
峰。此时相关峰的优点将在后面叙述。

需指出，图 4-52 中前面两个 90°脉冲的下标为 ϕ，表示二者的相位相同，第三个 90°脉冲的
下标为 x，表示已改相位。实验中需经适当的相循环以选出所需检测的信号（用脉冲场梯度技
术则可不用相循环）。

一般来说，这类实验可称为多量子滤波（multiple-quantum filtered，MQF）COSY，或表示
为 PQF-COSY，P 是多量子相干的级数（order）。MQF-COSY 的脉冲序列仍为图 4-52，但相
循环与 DQF-COSY 不同。随着 P 的增加，去除的相关峰越多，即 $P-1$ 以下的自旋体系的相
关峰均去掉（如三量子滤波 COSY 去掉了单、双自旋体系的相关峰）。但随着 P 的增加，信号
强度损失大，故以 DQF-COSY 最为常见。

DQF-COSY 与相敏 COSY 的图形基本相同，但有下列两方面的优点：

（1）在二维谱中抑制了强峰，这包括化合物固有的强峰（如含叔丁基、甲氧基）和溶剂峰。

（2）峰形改善。在相敏 COSY 中，相关峰为吸收型，分辨清楚，但其对角线峰为纯色散型，
延伸较宽，对角线旁的相关峰（来自化学位移相近的强耦合体系）则易受干扰。现 DQF-COSY
中，对角线峰与相关峰峰形一样，均为吸收型，至少对角线的峰形有很大的改善，因此对于对角
线旁的相关峰干扰小。

以上介绍了最常用的几种同核位移相关谱，其他还有多种类型，有兴趣的读者可参阅参考
文献[15]。

4.7　NOE 类二维核磁共振谱

检测 NOE 可以采用一维方式或二维方式。如果采用一维方式，需选定某峰组，进行选择
性辐照，然后记录此时的谱图，由扣去未辐照时的常规氢谱而得的差谱得到 NOE 信息（差谱
中某些谱峰的区域呈正峰或负峰）。由于预先的选择性辐照已使该跃迁达到饱和，是一种稳定
态（steady-state）下的实验，因此灵敏度高。但若要对有兴趣的基团或谱峰均进行选择性辐
照，不仅费时费力，还有可能遗漏，因此若以二维谱的方式，用一张二维谱表示出所有基团间的
NOE 作用，纵然灵敏度稍差，也是很具有吸引力的方法。

由于 NOE 对确定有机化合物结构、构型和构象的作用，以及能提供生物分子的重要信息
（如确定蛋白质分子在溶液中的二级结构），故 NOE 类二维谱在二维谱中占有重要的地位。

4.7.1 NOESY

二维 NOE 谱缩写为 NOESY(nuclear Overhauser effect spectroscopy)。

NOESY 的基本脉冲序列由三个非选择性的 90°脉冲组成:

$$90°—t_1—90°—\tau_m—90°—t_2 \qquad (4-37)$$

由该脉冲序列(或其改进形式)可以得到 NOESY,也可以得到反映化学交换的二维化学交换谱(2D chemical exchange spectra)或反映有机化合物构象相互转变的二维谱。

下面就该脉冲序列产生 NOESY 的机理进行讨论。

第一个 90°脉冲使各宏观磁化矢量从 z 轴转到 y' 轴,产生相应的横向磁化矢量。在发展期 t_1,各横向磁化矢量以一定的圆频率(其共振圆频率与旋转坐标系旋转圆频率之差)在旋转坐标系 $x'y'$ 平面上转动,因此起了自旋标记或频率标记的作用。第二个 90°脉冲使横向磁化矢量从 $x'y'$ 平面转到 $x'z$ 平面,在 z 轴方向产生纵向分量(此时可能遗留横向分量,应采取一定方法予以去除)。对某一核 A,若不计其自身在 t_1 的横向弛豫,在第二个 90°脉冲结束时,有

$$M_{ZA}(t_1)=-M_{0A}\cos[(\omega_A-\omega)t_1] \qquad (4-38)$$

式中,$M_{ZA}(t_1)$ 为在 t_1 结束时刻(因脉冲作用时间为微秒数量级,t_1 结束时也就是第二个 90°脉冲结束时)A 核纵向磁化矢量的大小;M_{0A} 为平衡状态时 A 核的宏观磁化矢量;ω_A 及 ω 分别为 A 核的共振圆频率及旋转坐标系的旋转圆频率。

第二个 90°脉冲开始混合期 τ_m。设 X 核靠近 A 核,二者之间有偶极-偶极相互作用。正如 2.7.2 中所说,发生交叉弛豫,产生了 NOE。从宏观磁化矢量的角度来看,M_{ZA} 逐渐减少,M_{ZX} 则逐渐长起来。在 τ_m 终点,X 核的纵向磁化矢量为 $C M_{ZA}(t_1)$,$M_{ZA}(t_1)$ 由式(4-38)描述,C 则取决于交叉弛豫的速度和 τ_m 的大小。

第三个 90°脉冲使 M_{ZX} 转到 $x'y'$ 平面,产生 X 核的横向磁化矢量。该磁化矢量在 $x'y'$ 平面上以 $\omega_X-\omega$ 的圆频率转动,产生可检测信号。第三个 90°脉冲后开始检测期 t_2,在 t_2 进行采样。

由上述可知,X 核的与 NOE 有关的时畴谱信号为

$$S_X(t_1,t_2)=CM_{0A}\cos[(\omega_A-\omega)t_1]e^{i(\omega_X-\omega)t_2} \qquad (4-39)$$

由式(4-39)可知,检出的 X 核的信号被与它有 NOE 的 A 核的共振频率所调制,因此这样的二维谱把有 NOE 的核对关联起来了。

前已述及,在第二个 90°脉冲之后,若有遗留的横向磁化矢量,应予以去除。为此,在第二个 90°脉冲之后加一个磁场梯度脉冲,或按一定规则改变第二、第三个 90°脉冲的相位。

在上述脉冲序列中,t_1 及 t_2 仍为两个逐渐加长的时间变量,经两次傅里叶变换,得到二维谱。τ_m 称为混合时间,是选取的某一时间定值,若 τ_m 太短,交叉弛豫发生的少,M_{ZX} 还没有长起来;若 τ_m 太长,M_{ZX} 经弛豫又衰减太多了。因此,τ_m 选取的合适与否决定了 NOESY 结果的好坏,故 NOESY 实验比前述的 COSY 等二维谱难操作。

由前面 NOE 的讨论(2.7.2)可知,对于同核体系,$\omega\tau_c$ 对于 NOE 的符号及绝对值均起决定性作用,此处 ω 为核磁共振仪的工作频率,τ_c 为样品分子的相关时间,它描述样品分子在溶液中翻转的快慢。样品相对分子质量大,翻转慢,对蛋白质分子可达 10^7 Hz;样品相对分子质量小,在非黏性溶剂中时,翻转速度可高至 10^{11} Hz[16]。因此,τ_m 的选择与样品相对分子质量、溶剂、谱仪的工作频率都有关系,一般需进行摸索。

从前述的脉冲序列我们知道,在 τ_m 时间间隔内进行了交叉弛豫,最后得到 NOESY。如

果是在 τ_m 内进行化学交换,最后得到化学交换谱,脉冲序列都是一样的。

在作 NOESY 时,一个重要的问题是要去除耦合的影响,使 NOESY 的相关峰尽可能仅反映核间的 NOE。消除耦合的影响由改进脉冲序列及相循环来完成,本书对此不再讨论,有兴趣的读者可参考文献[13]。

NOESY 可以相敏的方式表示,即作相敏 NOESY。此时图中的相关峰有正峰和负峰,分别表示正的 NOE 和负的 NOE。另外,对于大分子化合物来说,相敏 NOESY 图面干净得多。

NOESY 或相敏 NOESY 的外观与 COSY 类似,其差别仅在于对角线外的相关峰不是表示的耦合关系而是 NOE 关系。

4.7.2 COCONOSY

COCONOSY 是组合的 COSY-NOESY(combined COSY-NOESY)的缩写。

COSY 和 NOESY 的结合可以完成对肽类分子氨基酸残基序列的指认,得到其二级结构的信息。当对生物分子分别进行 COSY 和 NOESY 采样时,可能费时较长,若生物分子稳定性不是太高,样品可能会有一些变化。另一方面,COSY 和 NOESY 的脉冲序列的前半部是相同的,因此若采用图 4-53(c)所示的脉冲序列,即在 t_1 结束时的第二个 90°脉冲之后进行 COSY 的采样,另一方面,经 τ_m 的时间间隔(为选定的某固定值),施加第三个 90°脉冲,用另一数据系统进行 NOESY 的采样,这样就同时完成了 COSY 和 NOESY 的实验。从图 4-53(a)、(b)和(c)的对比可知,这样做节省了实验时间,而且 COSY 和 NOESY 完全是同时进行的,实验条件完全相同,包括温度、pH、谱图的分辨率、活泼氢的氘代程度、样品的变化等。

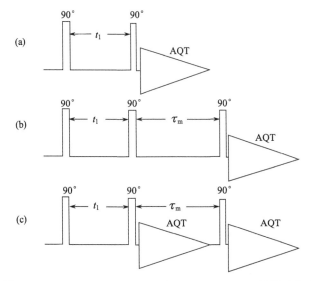

图 4-53 COSY(a)、NOESY(b)和 COCONOSY(c)的脉冲序列

4.7.3 ROESY

ROESY 是旋转坐标系中的 NOESY(rotating frame Overhauser effect spectroscopy)的缩写。

由前面 NOE 的讨论(2.7.2)可知,当 $\omega\tau_c \approx 1.12$ 时,NOE 的增益为零,因此从 NOESY 得不到相关峰。这种情况往往对应于中等大小的分子,而这正是我们感兴趣的研究对象。此时,测定在旋转坐标系中的 NOESY 则是一种理想的解决方法。

首先复习一下自旋锁定（4.1.5），特别是其中二旋体系自旋锁定的讨论。为了对 ROESY 有一个更深入的了解，进一步作以下分析。

从宏观磁化矢量的最基本概念开始。当应用一个 $90°_{x'}$ 脉冲时，M_0 从 z 轴转到 y' 轴，产生横向磁化矢量。由于每条核磁共振谱线都对应一个宏观磁化矢量，因而在 $90°_{x'}$ 脉冲之后，每个横向磁化矢量在 $x'y'$ 平面上有不同的进动频率 $\nu_i - \nu_0$。ν_i 为第 i 种原子核的共振频率，ν_0 为旋转坐标系相对于实验室坐标系的旋转频率。此时如果沿着 y' 轴加一个 B_1，则对每一个磁化矢量有一个有效场（参阅 1.4.2）：

$$B_{\text{eff}i} = \left[4\pi^2 (\nu_i - \nu_0)^2 k / \gamma^2 + B_1^2\right]^{1/2} \tag{4-40}$$

式中，$B_{\text{eff}i}$ 为对 i 种原子核的磁化矢量的有效场；γ 为磁旋比；其他参数前面已叙述。

当 $\gamma B_1 / 2\pi \gg \nu_i - \nu_0$ 时，我们认为，所有的横向磁化矢量均被"锁定"在 y' 轴上。事实上，在 ROESY 实验中，我们应用的 B_1 并未能满足 $\gamma B_1 / 2\pi \gg \nu_i - \nu_0$ 的条件，因此各 $B_{\text{eff}i}$ 和 y' 轴构成一个小的夹角。此夹角的数值取决于 $\nu_i - \nu_0$。也就是说，实际情况与 4.1.5 中所说的自旋锁定有一些偏差。可以这样来理解：在目前（现实）的条件下，各磁化矢量的"主体分量"是自旋锁定的，它们之间发生在旋转坐标系中的交叉弛豫，亦即 NOE。另一小的与"主体分量"垂直的分量则迅速地"去相"，因而可以忽略。

ROESY 的脉冲序列如图 4-54 所示。

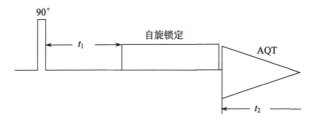

图 4-54　ROESY 的脉冲序列

ROESY 脉冲序列的原理是容易理解的。90°脉冲产生横向磁化矢量，由此开始 t_1。与其他二维谱一样，t_1 是逐渐增长的时间，即它是一个时间变量。在 t_1 的时间内完成各个横向磁化矢量的频率标记。在自旋锁定期间则发生锁定于 y' 轴上的交叉弛豫，即发生旋转坐标系中的 NOE。至于在 t_2 的采样，与其他二维谱是完全一样的。

在 ROESY 中，有以下表达式[15]，请读者与式(2-28)～式(2-31)相对比。

$$W_1 = \frac{3}{40} \frac{\gamma_1^2 \gamma_S^2 \hbar^2 \tau_c}{r^6} \left(\frac{1}{1 + \omega^2 \tau_c^2} + \frac{1}{1 + 4\omega^2 \tau_c^2} \right) \tag{4-41}$$

$$W_0 = \frac{3}{40} \frac{\gamma_1^2 \gamma_S^2 \hbar^2 \tau_c}{r^6} \left(\frac{1}{3} + \frac{1}{1 + 4\omega^2 \tau_c^2} \right) \tag{4-42}$$

$$W_2 = \frac{3}{40} \frac{\gamma_1^2 \gamma_S^2 \hbar^2 \tau_c}{r^6} \left(3 + \frac{4}{1 + \omega^2 \tau_c^2} + \frac{1}{1 + 4\omega^2 \tau_c^2} \right) \tag{4-43}$$

$$W_2 - W_0 = \frac{\gamma_1^2 \gamma_S^2 \hbar^2 \tau_c}{10 r^6} \left(2 + \frac{3}{1 + \omega^2 \tau_c^2} \right) \tag{4-44}$$

这里特别要注意最后一个式子，即式(4-44)，它说明 ROESY 实验中不会出现零数值。

从图 4-55 可以了解 NOESY 和 ROESY 的差别：在 ROESY 中不会出现相关峰强度为零

的情况;在靠近极端条件($\omega\tau_c \rightarrow 0$ 或 $\omega\tau_c \rightarrow \infty$)时,NOESY 相关峰的强度较大。

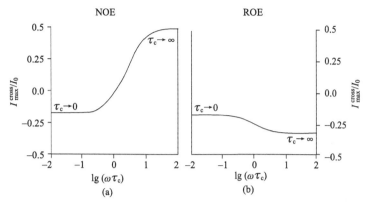

图 4-55　相关峰强度和对角线峰强度比与 $\omega\tau_c$ 的关系

(a) NOESY;(b) ROESY

　　由于样品相对分子质量小于 600,NOE 是正的,相对分子质量为 700~1200,NOE 从正到负,相对分子质量大于 1200,NOE 是负的,因此样品相对分子质量为 700~1200 时,适宜测定 ROESY。

　　另需补充的是,ROESY 早期曾称为 CAMELSPIN,它是 cross-relaxation appropriate for minimolecules emulated by locked spins 的缩写。

4.7.4　HOESY

　　HOESY 是异核 NOE 谱(heteronuclear NOE spectroscopy)的缩写。

　　HOESY 和 NOESY 是相近的,只不过后者找出空间位置相近的氢核,前者则是找出空间位置相近的两个种类不同的核。

　　HOESY 的脉冲序列如图 4-56 所示。

　　该脉冲序列的原理可叙述如下:90°脉冲产生氢核的横向磁化矢量,随即开始 t_1。在 t_1 的中点对 ^{13}C 施加一个 180°脉冲,因而到 t_1 的终点,该横向磁化矢量被化学位移所调制(图 4-41);因 J 引起的磁化矢量的分裂则重聚

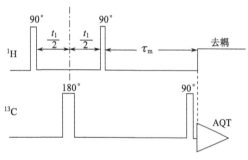

图 4-56　HOESY 的脉冲序列

焦。对 ^{1}H 的第二个 90°脉冲使 ^{1}H 的横向磁化矢量产生纵向分量。在 τ_m 发生 ^{1}H 核和 ^{13}C 核的交叉弛豫,即 NOE。此时的情况与 NOESY 中 τ_m 所发生的完全类似,差别仅在于 NOESY 中是同核 NOE 而现在是异核 NOE。对 ^{13}C 核的 90°脉冲将 ^{13}C 核的纵向磁化矢量转成可检测的横向磁化矢量,而这个 ^{13}C 的信号关联于与它有 NOE 的氢核。

　　HOESY 的谱图则与 H,C-COSY 相似,差别在于后者的相关峰反映的是 ^{13}C 与 ^{1}H 之间的键连耦合关系,而 HOESY 的相关峰则反映 ^{13}C 和 ^{1}H 之间的 NOE 关系,即它们在空间的距离是相近的。

4.8　接力类位移相关谱和总相关谱

　　前面已讨论的 J 分辨谱、异核位移相关谱、同核位移相关谱和 NOE 类二维谱已经反映了

各种相关的类型。现在讨论的接力类位移相关谱则是位移相关谱的延伸。作为同核体系,延伸到整个自旋体系则是总相关谱。

下面分别进行讨论。

4.8.1 RCOSY

RCOSY 是接力的同核位移相关谱(relayed COSY)的缩写。

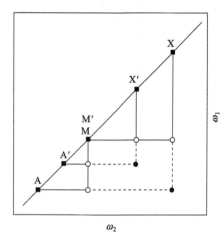

图 4-57　接力相关谱的作用

■对角线峰;○COSY 中的相关峰;
●RCOSY 附加的相关峰

RCOSY 把 COSY 的相关延伸下去。以 AMX 体系为例,存在着 J_{AM} 和 J_{MX},J_{AX} 则为零。在常规的 COSY 谱中,存在着 A-M 和 M-X 的相关峰。因为 $J_{AX}=0$,所以没有 A-X 的相关峰。

今假设在样品中另有一个 A′M′X′体系。该体系中 $J_{A'M'}$、$J_{M'X'}$ 不为零。$J_{A'X'}$ 仍为零。类似地,在 COSY 中有 A′-M′ 和 M′-X′ 的相关峰,而无 A′-X′ 的相关峰。

设 M 和 M′ 的化学位移偶然重合,按照 COSY 谱,无法确定连接顺序是 A-M(M′)-X 还是 A-M(M′)-X′。这种情况如图 4-57 所示。

从图 4-57 可知,用 COSY 不能确定连接顺序,若再附加 RCOSY 的相关峰,问题则迎刃而解。在 RCOSY 中,M 和 M′ 能在中间起传递作用,因而能确认 A-X、A′-X′ 的相关。

RCOSY 的脉冲序列如图 4-58 所示。

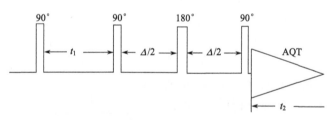

图 4-58　RCOSY 的脉冲序列

对比图 4-58 和 COSY 的脉冲序列,可知 COSY 的第二个 90°脉冲被 90°、Δ/2、180°、Δ/2、90°脉冲序列所取代。

图 4-58 所示脉冲序列的原理可以用乘积算符的理论处理,但此时为三旋体系,较附录 1 中所讨论的二旋体系复杂得多。现仅作一定性的解释。脉冲序列的第一个 90°脉冲产生 A 核的横向磁化矢量,经 t_1 及第二个 90°脉冲,有了 A 到 M 的相干转移(至此与 COSY 相同)。Δ/2、180°、Δ/2 时,因中间 180°脉冲的作用,化学位移重聚焦,耦合发展,传递到 X 核。以后再经第三个 90°脉冲,产生可检测分量。

接力相关峰的强度正比于 $\sin(\pi J_{AM}\Delta)\sin(\pi J_{MX}\Delta)\exp(-\Delta/T_2)$,Δ 太短对相干传递不利,Δ 太长,横向弛豫则使信号衰减,因此 Δ 应取一个合适的长度,一般取 3.2~4 倍 J_{max} 的倒数。

$\Delta/2$、$180°$、$\Delta/2$ 可再次重复使用,这时就是双接力 COSY,简写为 2RCOSY,多次使用则是多级(multistep)RCOSY,其相干传递将更长,但是灵敏度随之急剧下降,因此一般不采用多级接力而采用后面讨论的总相关谱。

总的来说,接力相关谱应用不多,因为总相关谱应用多。如果改变总相关谱中的等频混合的时间,则可得到相应于不同接力程度的相关谱。

4.8.2 异核接力相关谱

鉴定有机化合物的结构的核心是确定碳原子的连接关系。从这个角度来看,2D INADE-QUATE(4.9.1)是最有吸引力的,它直接确定碳原子的连接顺序。但 2D INADEQUATE 是测定 ^{13}C-^{13}C 的耦合,而两个 ^{13}C 核相邻的概率是 1/10 000,因而信噪比很低,若不采用特殊手段,需使用大量样品及长时间累加。如果用 COSY 和 H,C-COSY 的组合,也能找到碳原子之间的连接关系,但这需要两个实验。异核接力相关谱(heteronuclear relayed COSY)是确定碳原子连接关系的一种有用实验,它比 2D INADEQUATE 灵敏度高;相比于 COSY 加 H,C-COSY,它是用一个实验来确定碳原子的连接关系。

异核接力相关谱最简单的脉冲序列如图 4-59 所示。

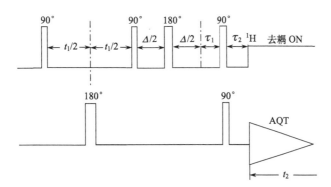

图 4-59　异核接力相关谱的脉冲序列

图 4-59 所示的脉冲序列的原理是容易理解的。与异核位移相关谱的脉冲序列(图 4-41)对比可知,图 4-59 的前半部和后半部加起来与图 4-41 是一样的,其间的参数(τ_1,τ_2)也是相同的。图 4-59 仅是在图 4-41 的中间插入了 $90°$、$\Delta/2$、$180°$、$\Delta/2$ 序列,这正是接力所必需的。

异核接力位移相关谱的作用为在 —C_A—C_B— 的结构单元中产生 $H_A \to H_B \to C_B$ 及 $H_B \to H_A \to C_A$ 的传递作用,可用图 4-60 表示出来。

从图 4-60 可知,以 $\delta(C_A)$、$\delta(C_B)$ 为横坐标值,$\delta(H_A)$、$\delta(H_B)$ 为纵坐标值相交的空心圆圈(表示直接相连的异核相关)和实心圆圈(表示经接力的、间接相连的异核相关)构成一个矩形。它表明该结构单元的存在。

从这样的一个个矩形,可以扩大结构单元的范围,逐

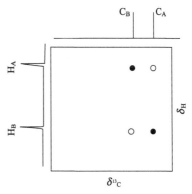

图 4-60　异核接力相关谱(基本单元)

○无接力的异核位移相关谱;
●有接力的异核(长程)位移相关谱

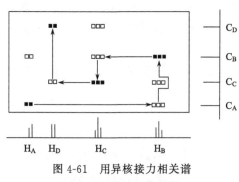

图 4-61　用异核接力相关谱
确定碳原子的连接顺序
■无接力的异核位移相关峰；
□有接力的异核位移相关峰

渐推出化合物的结构。这个过程可用图 4-61 来说明。

图 4-61 实际上是图 4-60 的延伸和组合。因为从一个上述的矩形可以找出两个相连的碳原子。继续下去,则逐步找到了四个碳原子的连接关系。

4.8.3　总相关谱

从前面的 RCOSY 的讨论可知,如果在脉冲序列中增加接力的级数,耦合相关的传递将逐渐增加。从理论上说,如果级数增加到足够多,将显示自旋体系的全部相关峰。但前面已说过,随着接力级数的增加,灵敏度下降很快,因此必须采用新的途径。

显而易见,从某一个氢核的谱峰出发,能找到与它处于同一耦合体系的所有氢核谱峰的相关峰(尽管所讨论的氢核和若干氢核之间的耦合常数可能为零),这样的二维谱是很有用的。Braunschweiler 和 Ernst 发表论文,就其脉冲序列的功能,将所得的二维谱命名为总相关谱(total correlation spectroscopy),提出 TOCSY 的命名[3]。其后 Bax 和 Davis 发表论文,实现同核的 Hartmann-Hahn 的交叉极化,得到同核 Hartmann-Hahn 谱(homonuclear Hartmann-Hahn spectroscopy),简称 HOHAHA[2]。他们也指出:HOHAHA 紧密相关于 TOCSY,因此在一般的综述文献中,常称为 TOCSY 或 HOHAHA。由于这两篇论文的讨论角度有所不同,下面仍分别讨论 TOCSY 和 HOHAHA。读者在阅读下面内容之前,请先参阅 4.1.6。

1. TOCSY

TOCSY 的脉冲序列如图 4-62 所示。

图 4-62 的机理可以解释如下。

90°脉冲之后开始发展期,各个横向磁化矢量以固有的偏置$(\nu_i - \nu_0)$在 $x'y'$ 平面上自由进动,因而起了自旋标记的作用。此处 ν_i 为第 i 种原子核的共振频率,ν_0 为旋转坐标系相对于实验室坐标系的旋转频率。在这个发展期内,相互间是弱耦合作用,可

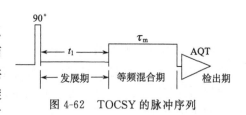

图 4-62　TOCSY 的脉冲序列

以认为是单个自旋模式。作为发展期来看,TOCSY 和前面所讨论的多种二维谱是一样的。

等频混合期则是 TOCSY 所特有的。在图 4-62 中并未画出具体的脉冲序列,因为在 TOCSY 的原始文献[3]中提出了四种可应用的脉冲序列。其中较简单的两种为反复的、等时距的四个 $180°_x$ 脉冲或 $180°_{x'}$、$180°_{x'}$、$180°_{-x'}$、$180°_{-x'}$ 的脉冲。在等频混合期内,化学位移的差别,即$(\nu_i - \nu_0)$被暂时去除,因而相互间是强耦合作用。此时哈密顿算符只剩下耦合作用的这一项。在强耦合作用下,单个自旋模式已不复存在,而是集体自旋模式。当等频混合期较短时,如短于 20 ms,耦合作用传给直接耦合的核。当等频混合期加长,如 50~100 ms,耦合作用则传递到整个自旋体系。

在检出期(t_2)又回到弱耦合作用。化学位移和耦合常数都起作用。

从功能来看,TOCSY 谱是从 COSY 往 RCOSY 的进一步延伸。从任一谱峰出发,可以找

到好几个相关峰,它们表示与该氢核均处于同一个自旋体系。

2. HOHAHA

最先提出的 HOHAHA 的脉冲序列如图 4-63 所示[1]。

图 4-63 所示脉冲序列的机理可以讨论如下。

90°脉冲之后,开始 t_1,在此期间起到自旋

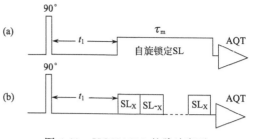

图 4-63 HOHAHA 的脉冲序列
(a) 固定相位自旋锁定;(b) 更迭相位自旋锁定

标记作用,在自旋锁定期间则进行同核 Hartmann-Hahn 匹配下的交叉极化(参阅 4.1.6),也即是进行了等频混合。以后是 t_2(检出期)。

这里说明一下,虽然 ROESY 的脉冲序列似乎与图 4-63(a)相似,但实际上在 HOHAHA 实验中,自旋锁定场的强度较 ROESY 大得多。

采用更迭相位的自旋锁定[图 4-63(b)],可以加大 HOHAHA 实验的有效谱宽,但即使如此,谱宽仍不理想,因此 HOHAHA 实验现采用 MLEV(Malcom Levitt)-17 序列,如图 4-64 所示。

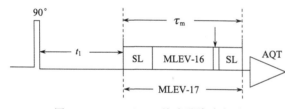

图 4-64 HOHAHA 的改进脉冲序列

有了图 4-63 的基础,我们只需解释图 4-64 中 τ_m 这一段就可以了,因为仅是 MLEV-17 取代了原来的自旋锁定。MLEV-17 是由 MLEV-16 增加一个未补偿的 180°脉冲(图 4-64 中箭头所示)及在混合期的头尾各增加一个“修整”(trim)脉冲而成的(图中注 SL 处)。

先看一下什么是 MLEV-16 序列或 MLEV-16 循环(cycle)。MLEV-16 由下列组合脉冲(composite pulse)的整数倍循环而成:

$$ABBA \qquad BBAA \qquad BAAB \qquad AABB$$

其中

$$A = 90°_{-y} — 180°_{x} — 90°_{-y}$$
$$B = 90°_{y} — 180°_{-x} — 90°_{y}$$

均为组合脉冲。所谓组合脉冲是由几个接连的脉冲代替一个脉冲,其优点是克服脉冲的不完美性,即使其能精确地完成脉冲应转动的角度。常用的组合脉冲为“夹心面包”式,如 A: $90°_{-y} — 180°_{x} — 90°_{-y}$,实则是相当于 $180°_{x}$ 的组合脉冲。为简化起见,读者可设想磁化矢量起于 z 轴,$180°_{x}$ 应将它转到 $-z$ 轴,而 $90°_{-y}$、$180°_{x}$、$90°_{-y}$ 则是把 z 轴上的磁化矢量顺次转到 x'、x'、$-z$ 轴,最后结束的位置与直接 $180°_{x}$ 的转动相同。从上述可知,当采用 MLEV-16 时,图 4-64 与图 4-63 是相似的。

MLEV-17 是对 MLEV-16 的改进,两端的“修整”脉冲是用于混合期的首尾,使任何不平行于 x' 轴的磁化矢量散焦,因而所得二维谱较易得到吸收型峰形。在 MLEV-16 循环后所加的一个未补偿的 180°脉冲则是为了防止 MLEV-16 循环时相的误差的积累。

与前面 TOCSY 的讨论相同,当 τ_m 逐渐增大时,耦合作用的传递就逐渐变远。

HOHAHA 谱的外观和 TOCSY 是一样的。

化合物(C4-7)的 TOCSY 谱如图 4-65 所示。

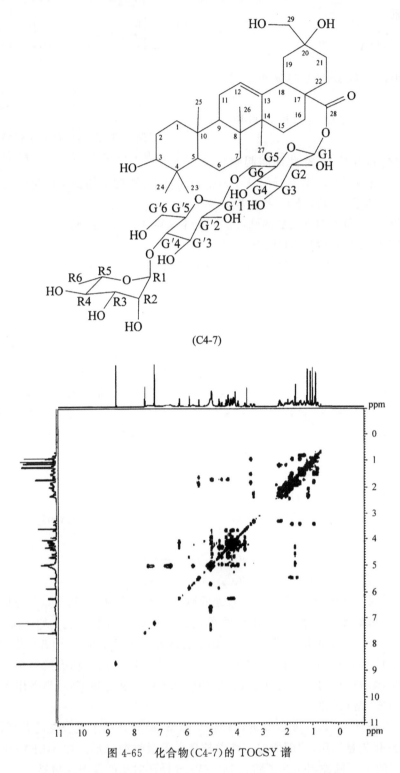

(C4-7)

图 4-65　化合物(C4-7)的 TOCSY 谱

4.9　多量子二维核磁共振谱

通常的一维核磁共振实验只能检测 $\Delta m = \pm 1$ 的单量子跃迁。采用特定的脉冲序列可以检出多量子跃迁,得到多量子跃迁的二维谱,提供重要信息。

4.9.1　2D INADEQUATE

INADEQUATE(incredible natural abundance double quantum transfer experiment)是确定碳原子连接顺序的实验[17]。

从鉴定有机化合物结构的观点来看,用实验直接确定碳原子的连接顺序是最富吸引力的方法。前面已讨论过的 COSY 加上 H,C-COSY,可以找出碳原子的相互连接关系,但这需要完成两个实验,且当连接链中存在季碳原子时会产生困难。用异核接力相关谱也可以找出碳原子的连接顺序,但接力的传递未见得完全。因此,从方法学的角度来看,INADEQUATE,特别是 2D INADEQUATE 是最理想的方法。INADEQUATE 通过 ^{13}C-^{13}C 的耦合从而找到它们之间的连接关系。^{13}C 同位素的天然丰度只有 1.1%,两个 ^{13}C 核相连的概率就只有 1/10 000 了。这也就是说 INADEQUATE 实验的灵敏度很低,但随着核磁共振波谱仪频率的提高、探头的改进、新的实验手段的引入(如采用魔角旋转,参阅 9.3.3),对样品量及累加时间的要求会大大降低。

从上述分析也就可以知道,完成 INADEQUATE 的关键就是抑制掉单个 ^{13}C(无 ^{13}C-^{13}C 耦合)的信号。

由于 ^{13}C 同位素丰度很低,三个 ^{13}C 核相耦合的概率极低,因此在考虑 ^{13}C 的耦合体系时,只考虑二自旋体系(AX 或 AB 体系)。

INADEQUATE 的脉冲序列如图 4-66 所示。

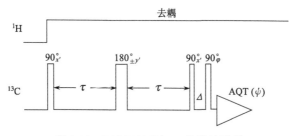

图 4-66　INADEQUATE 的脉冲序列

该脉冲序列中,τ 和 Δ 分别为两个时间间隔。90°_φ 为一个"读出"(read)脉冲。AQT(ψ) 表示采样时接收器遵从特定的参考相位 ψ。φ 和 ψ 是相关联的,它们按表 4-1 逐次变化。

表 4-1　读出脉冲相位 φ 和接收器相位 ψ 及三种信号的相位的比较

φ	S_0	S_1	S_2	ψ
$+x$	$-y$	$+x$	$+x$	$+x$
$+y$	$+x$	$+y$	$-y$	$-y$
$-x$	$+y$	$+x$	$-x$	$-x$
$-y$	$-x$	$+y$	$+y$	$+y$

INADEQUATE 脉冲序列的原理应该用密度矩阵的方法讨论。在这里仅就该脉冲序列作一定的说明，尤其是在这里阐述关于相循环的概念。

首先需说明的是，在做此实验时，对 ^{1}H 进行宽带去耦，因此碳的谱线不被氢核耦合裂分。

$90°_{x'}$—τ—$180°_{y'}$—τ—$90°_{x'}$ 产生两种信号：S_0 和 S_2。S_0 来自无耦合的 ^{13}C 核。第一个 $90°_{x'}$ 脉冲使 ^{13}C 核的磁化矢量从 z 轴转到 y' 轴。设旋转坐标系的旋转角速度等于 ^{13}C 核的化学位移值，在 $90°_{x'}$ 脉冲之后，该磁化矢量将沿着 y' 轴方向。τ—$180°$—τ 可使化学位移重聚焦并克服磁场不均匀性的影响（参阅 4.1.2）。第二个 $90°_{x'}$ 脉冲使该磁化矢量转到 $-z$ 轴方向。按表 4-1，当读出脉冲的相位 φ 按 $+x,+y,-x,-y$ 变化时，S_0 的相位分别为 $-y,+x,+y$，$-x$。需补充的是，Δ 时间间隔很短，仅为几微秒，它用于设定 φ。

经 $90°,\tau,180°,\tau,90°$ 所产生的 S_2 来自分子中两个相互耦合的 ^{13}C 核，是我们感兴趣的。S_2 表示两个耦合的 ^{13}C 核的二自旋体系 $\alpha\alpha$ 和 $\beta\beta$ 能级的相干性，因此称为双量子相干性（double-quantum coherence）。经过读出脉冲 $90°_{\varphi}$ 的作用，S_2 成为一个可检测信号。

由 S_2 产生的信号比 S_0 弱得多（相差两个数量级），因此必须把 S_0 的信号抑制掉，这是 INADEQUATE 实验成功的关键。抑制 S_0 的信号则是通过相循环完成的。

接收器（检测器）的相位 ψ 是与读出脉冲的相位 φ 相匹配的。当 φ 分别沿 $+x,+y,-x$，$-y$ 时，相应地 ψ 分别沿 $+x,-y,-x,+y$ 的方向，这正是 S_2 产生的信号的相位，因而被检测出来。S_0 的信号的相位与 ψ 的相位不同，因而被抑制掉。

当 φ 依次取 $+x,+y,-x,-y$ 的方向时，从 z 轴往 $x'y'$ 平面看，这是按反时针方向旋转的。相应地，S_0 的信号沿 $-y,+x,+y,-x$，也是按反时针方向旋转的。与此同时，ψ 和 S_2 的信号则是沿顺时针方向旋转的（见表 4-1），因而 S_2 的信号可完全与 S_0 的信号分开。

由于 S_0 比 S_2 的信号强两个数量级，而脉冲的不准确性又不能完全避免，因此会产生虚假信号 S_1，应将它也去除。图 4-66 中 $180°$ 脉冲采用 $180°_{\pm y'}$，再加上相循环，由此可去掉 S_1。

为达到双量子相干性的最大传递，要求时间间隔 τ 满足关系式：

$$\tau=(2n+1)/4^1J_{CC} \tag{4-45}$$

式中，$n=0,1,2,3,\cdots$，为减少横向弛豫的影响，实验中一般取 $n=0$；$^1J_{CC}$ 为相邻的两个 ^{13}C 核之间的耦合常数，对饱和化合物，^1J 约为 30 Hz，故 τ 值约为 8 ms。

用图 4-66 的脉冲序列得到一维的 INADEQUATE 谱，即显示碳-碳耦合裂分的碳谱。若某两个碳原子的谱线簇含有相同的裂分间距，这表明它们具有相同的耦合常数，即它们是相连的。

这样的一维 INADEQUATE 谱存在以下缺点：

(1) 当化合物全去耦碳谱谱线靠近时，显示碳-碳耦合裂分的一维 INADEQUATE 谱谱线相互重叠，不易相互分辨，从 $^1J_{CC}$ 确定相邻碳原子比较困难。

(2) 一个碳原子和几个碳原子相连，其 ^1J 不等，为找出两两相邻的碳原子，需要很高的分辨率。

(3) 要求较好地抑制 S_0 信号。

二维 INADEQUATE 则可克服上述缺点。它所用的脉冲序列仅与图 4-66 有一点差别：把 Δ 变成了 t_1。经 t_1 的作用，产生了相互连接的碳原子的相关。

δ-维生素 E(C4-3)的 2D INADEQUATE 谱如图 4-67 所示[18]。

2D INADEQUATE 谱的 F_2 方向是碳谱，F_1 方向是双量子频率。该频率正比于相互耦合的一对碳原子的化学位移的平均值。在 2D INADEQUATE 谱中有一条 $\omega_1=2\omega_2$ 的准对角

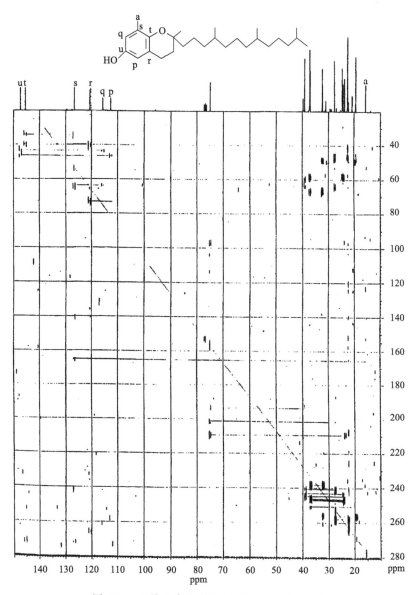

图 4-67 δ-维生素 E 的 2D INADEQUATE 谱

线(pseudo diagonal)。所有耦合的(相邻的)一对碳-13 核,在同一水平线上(ω_1 相同),左右对称地处于准对角线的两个侧且 ω_2 分别等于它们的 δ 值处有相关峰。据此可以找出相邻的两个碳原子,进而可以连出整个分子的碳原子骨架。

化合物(C4-3)的侧链有 16 个碳原子,ω_2 的方向高场区谱峰密集,因而要从图 4-67 连出整个分子的骨架有困难,但确定苯环碳原子的连接顺序是容易完成的。也可清楚地看到苯环上的甲基具有最低的 δ 值,这是有些出人意料的结果。

4.9.2 ^{1}H 的二维双量子核磁共振谱

所用脉冲序列与前述的 2D INADEQUATE 的脉冲序列相似。当然,把对 ^{13}C 改为对 ^{1}H,$^1J_{CC}$ 值更换为 $^3J_{HH}$ 值,原来对 ^{1}H 的去耦则去掉。

这样所得的^{1}H 二维双量子谱与前述的 2D INADEQUATE 谱类似:ω_2 方向为化学位移,现为^{1}H 核的化学位移;ω_1 方向仍为双量子频率。从准对角线两侧对称分布的一对相关峰分别往 ω_2 方向作垂线,可找到两种氢核的峰组,它们之间存在^3J 耦合作用,即这两种氢核是邻碳上的氢。

这样的二维双量子谱较 COSY 有以下优点:

(1) 无对角线峰,图面干净,不存在对角线峰掩盖邻近的相关峰的问题。

(2) 二维双量子谱除显示^3J 耦合的相关外,还反映长程耦合的相关,区分等价核的耦合体系(如 AX, AX_2)[19]。

4.10　检出^{1}H 的异核位移相关谱

异核位移相关谱对于鉴定有机化合物结构是十分重要的(特别是^{1}H,^{13}C 的位移相关谱)。从前面的叙述可知,这一类二维谱均是对异核(非氢核)进行采样的,因而灵敏度低,谱图若要有较好的信噪比(signal-to-noise ratio)S/N,必须投放较多的样品,累加较长的时间。

按照文献[19],在一维实验中的 S/N 有

$$S/N \propto N\gamma_{exc}\gamma_{det}^{3/2}B_0^{3/2}(NS)^{1/2}T_2/T \tag{4-46}$$

式右方,N 为在样品有效体积中的该磁性核的数目;γ_{exc} 为所激发的核的磁旋比;γ_{det} 为所检测的核的磁旋比;B_0 为磁感强度;NS 为实验时累加次数;T_2 为横向弛豫时间;T 为温度。

由此,若把^{1}H,^{13}C 的位移相关谱由检测^{13}C 变为检测^{1}H,S/N(也就是灵敏度)将提高到 8 倍,这对于减少样品用量或(和)累加次数将具有很显著的效果。

按照^{1}H 与^{13}C 相关的远近,这一类二维谱分为两种:第一种相应于 H,C-COSY,即^{1}H 和^{13}C 以$^1J_{CH}$ 相耦合;第二种相应于长程 H,C -COSY 或 COLOC,即^{1}H 与^{13}C 以$^nJ_{CH}$ 相耦合。

无论是 H,C -COSY 或长程 H,C -COSY、COLOC,均是对^{13}C 进行采样,而现在是对^{1}H 采样,因而这样的实验通称为反转模式(inverse mode)。

由于具有上述优点,检出氢核的异核位移相关谱现在已经基本上取代了前述的(检测^{13}C 核的)异核位移相关谱,即 HMQC 谱(或 HSQC 谱)取代了 H,C-COSY 谱;而 HMBC 谱取代了过去通常使用的 COLOC 谱。

4.10.1　HMQC 和 HSQC

HMQC[(^{1}H-detected)heteronuclear multiple-quantum coherence,(检出^{1}H 的)异核多量子相干]和 HSQC[(^{1}H-detected)heteronuclear single-quantum coherence,(检出^{1}H 的)异核单量子相干]把^{1}H 核和与其直接相连的^{13}C 核关联起来,它们的作用相应于 H,C-COSY。

HMQC 的脉冲序列如图 4-68 所示。

HMQC 脉冲序列的原理应由乘积算符的理论来解释,但用磁化矢量模型,在图 4-68(b) 中,下列三段可以解释:

(1) 开始用的 BIRD 脉冲序列,它可以很有效地抑制干扰信号。

HMQC 谱显示直接相连的^{1}H 和^{13}C 相关。从同位素丰度可知,^{13}C 仅占 1%,^{12}C 占 99%。现在是检测^{1}H,因此与^{12}C 相连的^{1}H 的磁化矢量会在 HMQC 谱中产生强的干扰信号(在 F_2 轴的强峰位置,平行于 F_1 轴有从上到下的一整条干扰信号)。采用 BIRD 脉冲(参阅 4.1.4),与^{12}C 相连的^{1}H 的磁化矢量翻转到$-z$ 轴方向,经 T 的时间间隔,这样的磁化矢量经纵向弛豫而大约变为零,因而干扰信号基本消失。与^{13}C 直接相连的^{1}H 的磁化矢量始终沿 z

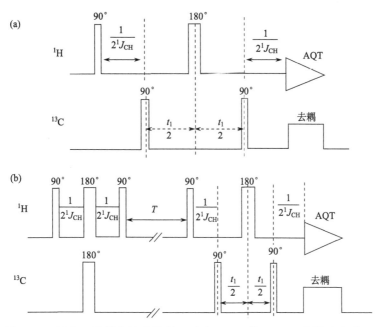

图 4-68 HMQC 的基本脉冲序列(a)和加 BIRD 的 HMQC 的脉冲序列(b)

轴方向,以后开始 HMQC 的基本脉冲序列。

(2) $t_1/2,180°,t_1/2$ 起一个 δ 标记的作用(参阅 4.1.3 及 4.5.1),把 δ_H 和 δ_C 关联起来。

(3) 在采样时对 ^{13}C 去耦,因而得到的是不被 ^{13}C 裂分的 ^1H 的信号。

从上面的分析可知,HMQC 谱和 H,C-COSY 谱是相应的,都表示直接相连的 ^1H 和 ^{13}C 的相关。二者的差别在于 HMQC 的 F_2 维是 δ_H,F_1 维是 δ_C。而 H,C-COSY 谱中 F_2 维是 δ_C,F_1 维是 δ_H。在二维谱实验中,F_2 维的分辨率比 F_1 维的分辨率好得多,因为 F_2 维的分辨率取决于所用数据点的多少而 F_1 维的分辨率取决于 t_1 的数目,后者远小于前者。虽然如此,由于反转模式的灵敏度很高,在确定 C-H 相关时,一般不再用 H,C-COSY,而是用 HMQC 谱或 HSQC 谱。

在 HMQC 谱的 F_1 方向会显示 ^1H,^1H 之间的耦合裂分,它会降低 F_1 维的分辨率,而使灵敏度下降。因此,HMQC 近来常被 HSQC 代替。

HSQC 的脉冲序列如图 4-69 所示。

HSQC 的脉冲序列可完全由磁化矢量模型解释。

该脉冲的第一部分是 INEPT,如图 4-69 所注。到 INEPT 的终点,产生极化传递,有增强的 ^{13}C 磁化矢量。$t_1/2,180°,t_1/2$ 起 δ 标记作用。以后是一个反转的 INEPT(inverse INEPT)。^{13}C 磁化矢量再传回 ^1H 的磁化矢量。在反转的 INEPT 开始时 ^1H 的磁化矢量是沿 $\pm z$ 轴方向的,对 ^1H 的 90°脉冲。产生方向相反的一对横向磁化矢量,再经 $\dfrac{1}{4J}$,180°(同时

对 ^{1}H, ^{13}C核的磁化矢量作用), $\dfrac{1}{4J}$, 两个磁化矢量重聚焦,随即进行采样。我们检出的是 ^{1}H 的磁化矢量,但从 t_1 的角度来看,它已被 δ_C 所调制,因而得到 ^{1}H 和 ^{13}C 的相关的信息。

在 INEPT 的终点, ^{1}H 的磁化矢量已转回 $\pm z$ 轴方向,在 t_1 时,仅 ^{13}C 的磁化矢量在 $x'y'$ 平面,因而经 t_1 的傅里叶变换之后,在 F_1 方向不反映 ^{1}H, ^{1}H 之间的耦合裂分。

在 HMQC 的脉冲序列中, t_1 时 ^{1}H 的磁化矢量在 $x'y'$ 平面上,因而在 F_1 方向有 ^{1}H, ^{1}H 之间的耦合裂分。

HSQC 的具体谱图如图 4-70 所示。

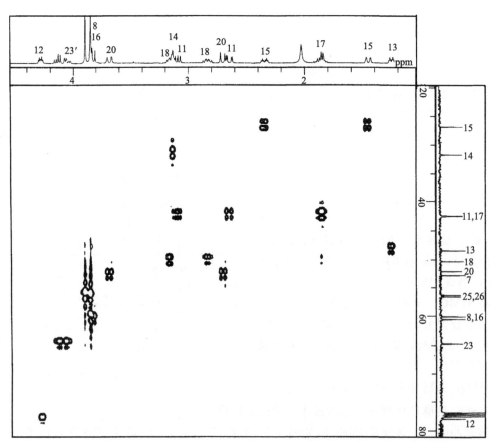

图 4-70　香木鳖碱(C4-8)的 HSQC 谱(高场部分)

香木鳖碱(brucine)的结构与马钱子碱类似(仅在苯环上多了两个甲氧基的取代)。图 4-70 是相敏谱,正、负峰分辨清楚。从前述可知,HMQC 和 HSQC 谱除在 F_1 维可能有微小的差别之外,二者外观是很近似的。

在二维谱通常的表述中,直接采样而变换出的频率显示在 F_2 轴,即图中的水平轴,在反转模式中,我们是对氢核采样的,因此横坐标是氢的化学位移数值,而纵坐标是碳的化学位移数值。有的仪器公司在出图时把上述两个坐标交换了,仍然横坐标是碳的化学位移数值,纵坐标是氢的化学位移数值,以和以往非反转模式的谱图一致,因此我们可能遇见两种表现形式。

由于 HMQC(或 HSQC)已经基本上取代了 H, C-COSY,在推导未知物结构中非常重要,是必须应用的一种核磁共振二维谱,因此我们在这里介绍它们的功能。

1. 关联未知物的氢谱和碳谱

在推导未知物的结构时,碳谱和氢谱关联起来是完全必要的。无论采用哪种表述方式,通过碳谱的谱线作水平线(或垂线),在谱图中会有相应的相关峰。由这样的相关峰作垂线(或水平线),它们会与氢谱中的某些峰组相交,这样就找到了碳谱中的谱线和氢谱中的峰组的相关。当然,如果遇见的是季碳原子,那就没有相关峰了。

完成碳谱和氢谱的关联对于确定官能团很重要。例如,在碳谱中烯碳和苯环的碳不好区分(二者化学位移数值有重叠的一部分),但是结合连接它们的氢的化学位移数值就容易区分了。

在完成氢谱的峰组和碳谱的谱线的关联之后,如果氢谱还剩余谱峰,那就只能是活泼氢的谱峰了。

2. 结合 COSY 谱,找到未知物中碳-碳的连接关系

确定未知物的结构就是首先找出它的结构单元,然后把结构单元连接起来。甲基、亚甲基、次甲基是未知物中主要的结构单元。由于 COSY 谱能够很好地反映 ^3J 的耦合关系,HMQC(或 HSQC)谱能够准确地关联氢谱的峰组和碳谱的谱线,因此我们可以得到甲基、亚甲基、次甲基之间的连接关系。

由于 COSY 谱的相关峰终止于季碳原子或杂原子,要再往下连接结构单元,这时就需要下面将讲述的 HMBC 谱了。

3. 通过 HMQC(或 HSQC)谱,能够清楚地了解氢谱重叠的峰组

我们通常会遇见具有重叠峰组的氢谱,这对于氢谱的直接分析或 COSY 谱的解读都会产生困难。有了 HMQC(或 HSQC)谱,氢谱中重叠的峰组的分解就迎刃而解了。以图 4-70 为例,3.0~3.1 ppm 的峰组重叠,通过 HSQC 谱,重叠的峰组的成因就清楚了,原来是 14-CH、11-CH_2 中的一个氢,18-CH_2 中的一个氢的峰组重叠在一起了。

4. 对于识别非等价的亚甲基十分有效

实际上在上面一点已经涉及。在 HMQC(或 HSQC)谱中,凡是非等价的亚甲基的碳谱谱线都有两个相关峰,如图 4-70 中的 15-, 11-, 18-, 20- 碳原子。而且可以看到,某些不等价的亚甲基的两个氢原子可能有较大的化学位移差值。

4.10.2 HMBC

HMBC[(^{1}H-detected)heteronuclear multiple-bond correlation,(检出 ^{1}H 的)异核多键相

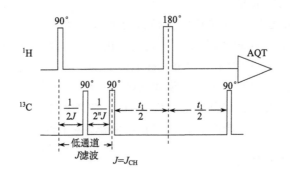

图 4-71　HMBC 的基本脉冲序列

关]把¹H 核和远程耦合的¹³C 核关联起来,它的作用相应于长程 H,C-COSY 或 COLOC。

HMBC 的基本脉冲序列如图 4-71 所示。

HMBC 的基本脉冲序列应由乘积算符的理论来加以阐明。现仅就两点作一说明。

(1) 如前所述,$t_1/2$,180°,$t_1/2$ 是为 δ 标记。

(2) 该脉冲序列的前一半称为低通道 J 滤波(low-pass J-filter)[19],这是一个巧妙的设计,它使与¹³C 直接相连的¹H 的磁化矢量受到很强的抑制,而由$^nJ_{CH}$与¹³C 相耦合的¹H 的磁化矢量有效地保留,因而在 HMBC 谱上突出长程耦合相关的信号。

为突出长程相关,在 HMBC 的基本脉冲序列之前可加一个 BIRD 脉冲序列。在该 BIRD 脉冲序列中,90°、180°、90°之间的时间间隔是 $1/(2^nJ_{CH})$。

下面介绍 HMBC 谱的解析。

化合物(C4-9)的结构式如下:

化合物(C4-9)的 HMBC 谱如图 4-72 所示。

由于在 HMQC(HSQC)谱中已经对反转模式讨论过了,这里仅介绍 HMBC 谱中的相关峰。

HMBC 谱中的相关峰可能有下列三种:

(1) 反映碳原子和氢原子长程耦合的相关峰。这样的相关峰容易识别,它们是一个个孤立的相关峰(有别于下面的成对出现的相关峰)。通过这样的相关峰分别作垂线和水平线,会与碳谱的谱线和氢谱的峰组相交。这说明此碳原子和这个氢原子具有长程耦合关系。采用通常的参数设置,最容易反映跨越三根化学键的长程耦合。也可能反映的是跨越两根化学键或者跨越四根化学键的长程耦合,但是它们的强度一般较低。

(2) 在 HMBC 谱中水平方向出现一对峰,其中心对准氢谱中的一个峰组,水平线则穿碳谱中的一条谱线,这说明有关的氢原子和碳原子是直接相连的,也就是说此信息和 HMQC 或 HSQC 谱一样。图 4-72 中 δ_H 5.72 ppm 和 δ_C 65.9 ppm 的相关峰就是一键相关的例子。当然,这样的相关峰没有特殊的作用,但是我们应该会识别。

(3) 第(3)点和第(2)点相似,只是在那一对峰中间还有一个峰,当然此峰正对氢谱峰组的

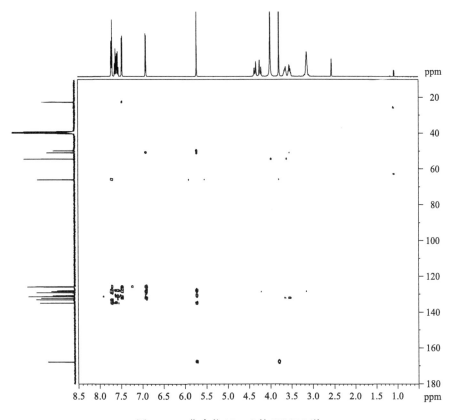

图 4-72　化合物(C4-9)的 HMBC 谱

中心了。这样反映的也是有关氢原子和碳原子的一键相关。

下面讨论 HMBC 谱的功能。

在上面介绍 HMQC(HSQC)谱时已经说过结合 COSY 谱可以找到碳-碳的连接关系,但是终止于季碳原子或杂原子。连接如何跨越季碳原子或杂原子就成为推导未知物结构的一个重要环节。由于 HMBC 谱反映的是碳原子和氢原子的长程耦合,它可以跨越季碳原子或杂原子,因此应用 HMBC 谱是解决季碳原子或杂原子的连接的唯一途径。此外,由于 HMBC 谱的分辨率比 COSY 谱高,因此分析 HMBC 谱有助于解读 COSY 谱。

4.11　核磁共振的近期发展

核磁共振谱学方法的进展主要涉及各种脉冲序列的应用,请参阅前文。

有关微量样品的核磁共振测定请参阅 8.3.2。

4.11.1　LC-NMR

LC-NMR 即液相色谱［实际指高效液相色谱(HPLC)］与核磁共振谱仪的联机技术。

HPLC 是很有效的分离方法,NMR 则是最有效的结构鉴定方法,二者的结合将产生巨大的功用。例如,从 3 mg 磨碎的干树叶就鉴定了几种生物碱,甚至有定出新结构的特征的可能[20]。

LC-NMR 较 LC-MS(参阅 5.6.2)更困难,因为不能像 LC-MS 那样把溶剂除掉。如果采用氘代试剂作为淋洗剂,LC-NMR 当然可以毫无困难地运行,但费用较高。如果不用氘代试剂(至少不用有机氘代试剂,因其较重水昂贵得多),则困难就比较大。

首先是溶剂的量比被分析物高几个数量级。溶剂的 ^{13}C 卫星峰也远远强于被分析物信号,必须予以抑制。

若采用连续流动法,样品在不断流动,不能采用常规(静置于样品管中)的抑制溶剂峰的方法,如预饱和法。后者是用一个弱而长的射频脉冲,选择性地照射溶剂峰。由于照射时间长达几倍的 T_1,使溶剂峰被饱和(以后才进行常规的射频激发),因而溶剂峰被大大地抑制。

在进行 HPLC 操作时,一般采用梯度淋洗,即溶剂浓度逐渐变化。一方面,至少有两种溶剂的峰;另一方面,由于溶剂浓度变化,溶剂峰的 δ 值会逐渐变化,因而实验面临的是一个"动靶"。

由于下列几方面的进展,解决这个难点的条件已基本具备:

(1) 核磁共振谱仪的频率已提高至 800 MHz(甚至更高),为检测微量样品创造了最重要的条件(实际上 400 MHz 以上的核磁共振谱仪已适合与 LC 联机)。

(2) 已经有抑制溶剂峰的脉冲序列,特别是选择性激发的整形脉冲(参阅 4.1.9)和脉冲场梯度技术(参阅 4.1.8)的应用,更是提高了效率。现在用得多的有 WET(water suppression enhanced through T_1 effect)[21,22] 和 CHESS(solvent suppression via a chemical-shift selective RF pulse followed by a dephasing gradient)[23]。

(3) 计算机、控制系统的发展,易于进行过程的控制。

LC-NMR 的操作分为连续流动法和停止流动法两类。我们先讨论后者。

当知道溶质的准确的保留时间或采用辅助的 UV 检测器时,就可以采用停止流动法。在此情况下,可以采用预饱和或类似的方法来抑制溶剂信号。例如,要测定 NOESY(参阅 4.7.1)时,可用 NOESYPRESAT:

$$RD—90°—t_1—90°—\tau_m—90°—AQT$$

RD 是一个弛豫延迟,这时对溶剂进行选择性辐照。τ_m 为混合时间,此时再次对溶剂进行选择性辐照。此脉冲序列抑制溶剂峰的效率可达 10^5[24]。

采用停止流动法的最大优点是此时可以采用 NMR 的一切手段,各种二维核磁共振谱的测定可提供大量重要信息。

从联机的角度来看,连续流动法是最理想的工作方式。当然,此时核磁共振测定仅限于氢谱(或灵敏度高的其他一维谱,如氟谱)。实现连续流动法比停止流动法困难大。具体来说,采用下列措施:

(1) 用选择性激发与脉冲场梯度技术的组合,在对样品的射频激发之前,使溶剂峰对应的纵向磁化矢量近于零,或使溶剂峰对应的横向磁化矢量完全地去相。

(2) 同时采用选择性低功率的 ^{13}C 去耦。以 CH_3CN 和 HDO 的淋洗体系为例,针对 CH_3CN 的甲基信号去耦,这使得 CH_3CN 在氢谱中的甲基 ^{13}C 卫星峰得到很好的抑制。

(3) 采用实时(real time)的软件和硬件控制。仍以乙腈-水的体系为例,运用"侦察扫描"(scout scan),设置抑制溶剂峰的条件,用 WET 可以抑制两个以上的溶剂峰。发射线圈的频率始终对准乙腈的信号,保持该信号有不变的化学位移,从而样品的 δ 值也不因梯度淋洗而有改变(水峰的信号则稍有移动)。"侦察扫描"只进行一次,随即是若干次的正式采样(进行时间平均——累加)。以后再循环"侦察扫描"和采样。

除 LC-NMR 联机之外，还有 LC-NMR-MS 或 SFC(supercritical fluid chromatography，超临界流体色谱)-NMR 等。

4.11.2　DOSY

DOSY 是 diffusion ordered spectroscopy 的缩写，译为扩散分级谱，或称为扩散排序谱[25,26]。

LC-NMR 联机技术是分析混合物的好方法。然而，该实验既需要核磁共振谱仪也需要高效液相色谱仪，以及它们的接口。该实验面临的一个艰难任务是抑制溶剂峰，因为溶剂的信号比样品的信号大几个数量级。此外，在做联机实验之前，需要摸索用高效液相色谱分离混合物的条件。

是否有其他用核磁共振谱仪来分析混合物的方法呢？能否从一个混合物直接得到纯组分的核磁共振谱呢？答案是肯定的，这就是 DOSY。

DOSY 是多维的核磁共振谱。它的一维不是核磁共振的参数，如 δ 或 J，而是化合物分子的性质——扩散系数。在二维的 DOSY 谱中，水平方向显示被分析的混合物的各纯净组分的氢谱，它们沿着垂直轴按照各组分的扩散系数的顺序排列。类似地，三维的 DOSY 谱是按照各组分的扩散系数在垂直方向排列的一系列二维谱。一般来说，DOSY 谱比原来的核磁共振谱的"维"数增加一维，而是用另外的方式产生的。

DOSY 谱的原理和脉冲场梯度的应用密切相关（参阅 4.1.9），脉冲场梯度（PFG）的一个作用是抑制核磁共振谱图中的溶剂峰。在一对 PFG 的作用下，被测量的样品分子的磁化矢量在散焦之后能够重聚焦。另一方面，溶剂分子的磁化矢量则在散焦之后进一步再散焦，因此溶剂峰被抑制。明显地，上述是理想的情况而不是真实的情况，因为样品分子不能在溶剂中完全不动。在给定的 PFG 的强度下，一个组分的扩散系数越大，它的核磁共振谱中峰的强度就越弱。如果应用一个强度更高的 PFG，该组分的核磁共振谱中峰的强度更弱。

现在从 2D DOSY 开始，它产生被测混合物的纯组分的氢谱。应用某些脉冲序列，对被测量的混合物的各组分的扩散系数进行编码。这些脉冲包括：longitudinal eddy current delay (LED)，bipolar pair-longitudinal eddy current（BPP-LED），bipolar pulse pair stimulated echo，gradient compensated stimulated echo with spin lock，等等。上述脉冲之一应用于一个 DOSY 实验。对于一个振幅为 K 的半正弦波形的梯度来说，核磁共振信号强度的改变可用 Stejskal-Tanner 方程描述：

$$I(K,\nu) = \sum A_n(\nu)\exp[-D_n(\Delta - \delta/3)K^2] \qquad (4-47)$$

式中，$I(K,\nu)$ 为核磁共振信号的强度，它是 K 和 ν 的函数；$K = \gamma g \delta$，γ 为磁旋比，g 和 δ 分别为梯度脉冲的振幅和持续时间；ν 为氢谱中的频率；$A_n(\nu)$ 为 $g = 0$ 时第 n 个组分的信号；D_n 为第 n 个组分的扩散系数；Δ 为扩散时间或扩散延迟，它是两个梯度脉冲之间的时间间隔。

在某一频率 ν 的信号是所有组分的信号的加和。需要注意的是在不同 K 值的数据进行采样。DOSY 的目的是得到 $A_n(\nu)$。它是按照式(4-47)进行的一系列采样通过数学运算把所有组分的加和信号"分解"为各组分的信号。数学运算是反转的拉普拉斯变换（inverse Laplace transform，ILT）。然而，由于采集的数据不充分，反转的拉普拉斯运算是在"病态"条件(ill-condition)下运算的，因此需要某些预先的知识。通过反转的拉普拉斯运算，得到该混合物的各纯组分在 ν 的信号。对所有频率反复进行反转拉普拉斯变换，产生该混合物各纯组分的氢谱。用特别的软件完成有关的计算。事实上，某些软件能够用来计算氢谱的一段谱宽，甚至同时计算几个波段。简而言之，DOSY 按照各组分的扩散系数"分解"加和的氢谱为各纯组分的氢谱。在 DOSY 实验中也得到各组分的扩散系数。

3D DOSY 的原理类似于 2D DOSY。3D DOSY 按照被测定的混合物各组分的扩散系数"分解"加和的 2D NMR 谱为一系列各组分的 2D NMR 谱(包括 COSY、TOCSY 等)。

对于所有的 DOSY 实验来说,各纯组分的扩散系数必须有明显的差别。扩散系数主要与分子的大小和形状有关。

DOSY 仍然在发展中,它将在混合物分析中发挥越来越大的作用。

4.11.3 阿达玛变换 NMR

阿达玛(Hadamard)变换是以法国数学家 Jacques Hadamard 命名的。按照法语的发音规则(H 为哑音,词尾的辅音一般不发音),可音译为"阿达玛变换"。

约从 20 世纪 80 年代初期开始,FT NMR 陆续取代了此前的连续波核磁共振,开创了核磁共振的新篇章。FT NMR 大大提高了核磁共振一维谱的信噪比,核磁共振二维谱更是开始了新时代。但是二维谱的采样时间较长,如果样品浓度低,这是不可避免的;但是如果样品浓度高仍然用了很长的采样时间,这就可惜了。如何缩短二维谱的实验时间呢?

GFT NWR 曾被提出,以缩短得到二维谱的时间[27],但是该方法相应的软件没有得到推广。阿达玛变换的核磁共振谱(主要指二维谱)则应运而生,很好地解决了这个问题[28,29]。

1. 阿达玛变换

先介绍阿达玛变换的基本知识。

先看一个最简单的情况。今有两个物理量 A 和 B,分别测量它们的和与差,即($A+B$),以"+"表示;($A-B$),以"-"表示。

"+"和"-"可以形成一个矩阵:

$$
\begin{array}{cc}
+ & + \\
+ & -
\end{array}
$$

上面的矩阵就是最简单的阿达玛矩阵,标注为 H-2。清楚地,从上面矩阵第二列相加就得到物理量 A,而第二列的第一项减去第二项则得到物理量 B。这样的处理,从阿达玛矩阵提取原来的物理量,就是阿达玛变换。

阿达玛矩阵的阶为 2^k,k 为整数。更常见的阿达玛矩阵的阶为 $4n$,n 为整数,因此有 H-8,H-12,H-16,H-20,H-24 等。

2. 一维阿达玛变换核磁共振谱

阿达玛变换核磁共振谱和傅里叶变换核磁共振谱有很大的差别。后者采用方波脉冲激发很宽的频率范围。阿达玛变换核磁共振不再使用方波脉冲激发很宽的频谱,而是采用多频道的激发。多频道的激发通过选择性脉冲来实现。

先讨论一个简单的情况。设阿达玛矩阵的阶数为 8,谱宽为 8 Hz,此时所激发的 8 个频道就是每个频道覆盖 1 Hz。检测共 8 次,我们分别以 Scan 1~8 表示。以 Scan 1 为例,在 8 个频道中都检测正信号;在 Scan 2 中,1~4 频道检测正信号,5~8 频道检测负信号。这个实验如表 4-2 进行,按照表中所列的符号操作正是依照阿达玛矩阵加码。从辐照来看,正号表示激发,负号表示使磁化矢量翻转。

表 4-2 阿达玛矩阵加码(8 阶)

频道	1	2	3	4	5	6	7	8
Scan 1	+	+	+	+	+	+	+	+
Scan 2	+	+	+	+	−	−	−	−
Scan 3	+	+	−	-	+	+	−	−
Scan 4	+	+	−	−	−	−	+	+
Scan 5	+	−	+	−	+	−	+	−
Scan 6	+	−	+	−	−	+	−	+
Scan 7	+	−	−	+	+	−	−	+
Scan 8	+	−	−	+	−	+	+	−

对于上述实验再作进一步说明。8 个频道是同时使用选择性脉冲的。对于每个频道来说，由于仅跨 1 Hz，可以认为是单频的。在单频的射频的作用下，核自旋被激发。由于激发的时间为 1 s 数量级，较快地达到了激发和弛豫的动态平衡，此时的情况和连续波核磁共振有类似之处。

在两次射频脉冲之间进行采样。在 8 个频道都有响应。以 Scan 1 为例，在这 8 个频道都有正的响应，以表 4-2 的第一行表示，余类推。虽然每次实验(Scan)得到的是 8 个频道的综合，但是每个频道的响应很容易得到。例如，前 4 次 Scan 之和减去后 4 次 Scan 之和就得到第二频道的响应；奇数次 Scan 之和减去偶数次 Scan 之和就得到第五频道的响应。这就是阿达玛矩阵的解码。

真正的核磁共振谱当然不可能就覆盖 8 Hz，因此在实验中应该有一个较大数目的频道，也就是说阿达玛矩阵有一个较大的阶。

作阿达玛变换的氢谱步骤如下：

(1) 用常规(傅里叶变换)方法作一个粗略的氢谱。

(2) 选取频道，频道数目为 C，确定阿达玛矩阵的阶 $N(N=4n)$，$C \leqslant N$。

(3) 按照阿达玛矩阵加码，进行多频道同时激发。

(4) 阿达玛矩阵解码，得到阿达玛变换的一维谱。

在傅里叶变换的核磁共振中，由于采用方波脉冲调制，得到的是在一定谱宽之内的连续分布的激发。如果有很强的溶剂峰，必须采用特殊的手段来抑制。在阿达玛(一维)核磁共振中，可以把频道选在有谱峰的位置，因此可以很方便地去除溶剂峰。这是(一维)阿达玛谱的重要优点之一。

很重要的一个概念是：由于无论激发还是采样都是在单频下进行的，因此在(一维)阿达玛谱的实验过程中不涉及傅里叶变换。

3. 二维阿达玛变换核磁共振谱

为了讨论二维阿达玛变换核磁共振谱，我们回到本书最早关于(傅里叶变换)核磁共振二维谱的产生的讨论，即图 4-33 和式(4-23)。从图 4-33 来看，在进行傅里叶变换的核磁共振二维谱实验时，是在某个 t_1 的条件下采集所检测的核的自由感应衰减(FID)信号。它是一个时域的信号，所对应的时间是实验者真实感觉的时间，在二维谱实验中的参数是 t_2。t_1 则是该实验所采用的脉冲序列中的某个时间间隔。

通过对 t_2 的傅里叶变换，把时域信号转换为频率域信号，这就是在 F_2 轴方向的信号。逐

步变化 t_1,分别得到相应的 F_1 轴方向的信号,最后得到一张二维谱。

从式(4-23)来看,包含 t_1 的函数和包含 t_2 的函数是乘积的关系,也就是说后者被前者调制,即通过 t_1 的演化调制 F_2 轴上的信号大小和相位。

以上是应用傅里叶变换而得到二维核磁共振谱。下面讨论阿达玛变换的二维核磁共振谱。此时,仍然应用相应的脉冲序列,仍然有对于 t_2 的采样和相应的傅里叶变换。阿达玛变换的二维核磁共振谱相对于傅里叶变换的二维核磁共振谱所不同的,也是很重要的一点在于不再是逐步递增脉冲序列中的某个时间间隔,而是采用新的 t_1 调制方法。

以 COSY 为例(NOESY、ROESY、TOCSY 与其类似),第一个 90°脉冲以及 t_1 的演化期被若干 90°多频率选择性脉冲取代。如同一维阿达玛核磁共振谱,选择性脉冲对准氢谱中有信号的区域而不包含没有信号的区域;设定多个信号区域,一个信号区域称为一个频率通道。设一维氢谱所包含的化学位移数值的数目为 C,实验进行扫描的次数为 N,必须有 $N \geqslant C$,N 为前述的常见阿达玛矩阵的阶 $4n$(n 为正整数)。

N 次扫描,按照阿达玛变换的规则进行,即进行阿达玛矩阵的加码。上面的 8 个频道的扫描即是一个例子。N 次扫描完成以后,得到 N 个组合的自由感应衰减信号。进行阿达玛变换,即矩阵的解码,在 F_1 轴得到各个频道的自由感应衰减信号。自由感应衰减信号经傅里叶变换,得到 F_2 轴的信号,这样就包含了二维谱的全部信息。需要强调的是,阿达玛矩阵编码和解码的过程对应于傅里叶变换二维谱实验中 t_1 的调制过程。

在傅里叶变换的二维谱实验中,t_1 的演化是均匀的。为了在二维谱的 F_1 维有足够的分辨率,t_1 增量数目可能需要 512(至少 256)。如果再加上相循环,实验耗时就更长了。当样品浓度很低或者所检测的同位素信号很低时,长期的累加是适宜的;但是如果样品有足够的浓度、所测定的核具有适当的灵敏度时,长期的累加就是一个缺点了。反之,在阿达玛变换的二维谱中,由于一维氢谱所包含的化学位移数值的数目 C 相对于 512 是很小的,虽然扫描的次数 $N \geqslant C$,N 相对于 512 仍然是很小的,因此在所检测的样品的信号强时,阿达玛变换二维谱的实验时间会远远短于傅里叶变换二维谱的实验时间。

图 4-73 是马钱子碱(C4-6)的 COSY 谱的对比,(a)为用傅里叶变换的方法得到的二维谱,实验

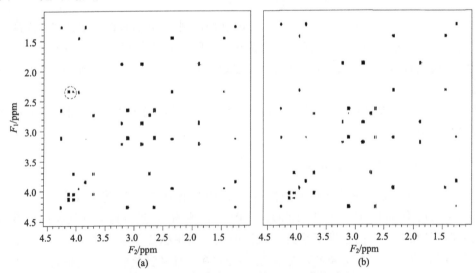

图 4-73　马钱子碱(C4-6)的 COSY 谱的对比

(a) 傅里叶变换的二维谱;(b) 阿达玛变换的二维谱

时间为 166 min,(b)为用阿达玛变换的方法得到的二维谱,实验时间为 44 s,节省时间因子 226。

图 4-74 是马钱子碱(C4-6)的 NOESY 谱的对比,(a)为用傅里叶变换的方法得到的二维谱,实验时间为 193min,(b)为用阿达玛变换的方法得到的二维谱,实验时间为 49 s,节省时间因子 236。

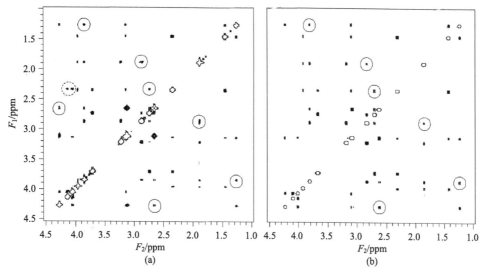

图 4-74　马钱子碱(C4-6)的 NOESY 谱的对比
(a) 傅里叶变换的二维谱;(b) 阿达玛变换的二维谱

对于异核相关实验,如 HSQC(HMQC 和 HMBC 与其类似),在阿达玛二维谱的实验中,仍然采用相应的脉冲序列。与相应的傅里叶变换二维谱实验不同的是,在阿达玛变换的二维谱实验中,不是脉冲序列中的 t_1 的演化而是采用多频率选择性脉冲激发异核(碳核)。其他如同阿达玛变换的 COSY 实验。

图 4-75 是马钱子碱(C4-6)的 HSQC 谱的对比,(a)为用傅里叶变换的方法得到的二维谱,实验时间为 172 min,(b)为用阿达玛变换的方法得到的二维谱,实验时间为 47 s,节省时间因子 220。

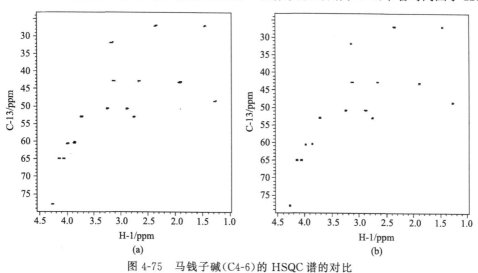

图 4-75　马钱子碱(C4-6)的 HSQC 谱的对比
(a) 傅里叶变换的二维谱;(b) 阿达玛变换的二维谱

参 考 文 献

[1] Davis D G, Bax A. J Am Chem Soc, 1985, 107: 2820-2821

[2] Bax A, Davis D G. J Magn Reson, 1985, 65: 355-360

[3] Braunschweiler L, Ernst R R. J Magn Reson, 1983, 53: 521-528

[4] Stonehause J, Adell P, Keeler J, et al. J Am Chem Soc, 1994, 116: 6037-6038

[5] Le Cocq C, Lallemand J Y. J Chem Soc Chem Commun, 1981, 4: 150-152

[6] Patt S L, Shoolery J N. J Magn Reson, 1982, 46: 535-539

[7] States D J, Habekorn R A, Ruben D J. J Magn Reson, 1982, 48: 286-292

[8] Marion D, Wüthrich K. Biochem Biophys Res Comm, 1983, 113: 967-974

[9] Redfield A G, Kunz S D. J Magn Reson, 1975, 19: 250-254

[10] Keeler J, Neuhaus D. J Magn Reson, 1985, 63: 454-472

[11] Freeman R. A Handbook of Nuclear Magnetic Resonance. New York: John Wiley&Sons Inc., 1988

[12] Derome A E. Modern NMR Techniques for Chemistry Research. Oxford: Pergamon Press, 1987

[13] Croasmun W R, Carlson R M K. Two Dimensional NMR Spectroscopy: Applications for Chemists and Biochemists. 2nd ed. New York: VCH Publishers, Inc., 1994

[14] Neuhaus D, Wagner G, Vašák M, et al. Eur J Biochem(FEBS), 1985, 151: 257-273

[15] Kessler H, Gehrke M, Griesinger C. Angew Chem Int Ed Engl, 1988, 27: 490-536

[16] Neuhaus D, Williamson M. The Nuclear Overhauser Effect in Structure and Conformational Analysis. New York: VCH Publishers, Inc., 1989

[17] Bax A, Freeman R, Kempsell S P. J Am Chem Soc, 1980, 102: 4849-4851

[18] Hua Y X, Ning Y C, et al. Chinese J Magn Reson, 1989, 6: 294-298

[19] Kogler H, Sorensen O W, Bodenhausen G, et al. J Magn Reson, 1983, 55: 157-163

[20] Bringmann G, Günther C, Schlauer J, et al. Anal Chem, 1998, 70: 2805-2811

[21] Smallcombe S H, Patt S L, Keifer P A. J Magn Reson A, 1995, 117: 295-303

[22] Ogg R J, Kingsley P B, Taylor J S. J Magn Reson B, 1994, 104: 1-10

[23] Moonen C T W, van Zijl P C M. J Magn Reson, 1990, 88: 28-41

[24] Nicholson J K, Foxall P J D, Spraul M, et al. Anal Chem, 1995, 67: 793-811

[25] Morris K F, Johnson C S Jr. J Am Chem Soc, 1992, 114: 3139-3141

[26] Morris K F, Johnson C S Jr. J Am Chem Soc, 1993, 115: 4291-4299

[27] Kim S, Szyperski T. J Am Chem Soc, 2003, 125: 1385-1393

[28] Kupce E, Nishida T, Freeman R. Prog Nucl Magn Reson Spectrosc, 2003, 42: 95-122

[29] Kupce E, Freeman R. J Magn Reson, 2003, 162: 300-310

第5章　有机质谱法

自从 20 世纪 50 年代后期以来,质谱法(mass spectrometry)就成为鉴定有机物结构的重要方法。相比于核磁共振、红外光谱(或拉曼光谱),质谱(法)有两个突出的优点:

(1) 质谱法的灵敏度远远超过其他方法,样品的用量不断降低。

(2) 质谱是唯一可以确定分子式的方法,而分子式对推测未知结构至关重要。为推测未知结构,若无分子式,一般至少也需知道未知物的相对分子质量。

主要由于生命科学[特别是蛋白质组学(proteomics)和代谢组学(metabolomics)]的推动,质谱仪器和相关的软件在近十几年飞速发展。相比于第二版,本书的质谱法和质谱解析成为更新突出的两章。

质谱的核心是质量分析器。内容较为陈旧的质谱著作,用较大篇幅阐述双聚焦质谱仪。殊不知早在 1996 年,双聚焦质谱仪的年产量已不超过 10 台,而傅里叶变换质谱仪(FT-ICR)则已累计超过 200 台了[1]。这十几年来,除上述两种质量分析器以及四极质量分析器、飞行时间质谱、离子阱之外,直线离子阱、轨道阱已经广为使用。5.6 节串联质谱中介绍了可以完成多级空间串联质谱的仪器,更给质谱仪器的用户展现一新。

这十几年来,质量分析器的指标在不断刷新。分辨率是质量分析器的最突出指标。傅里叶变换质谱仪的最高分辨率已经从 1 000 000 达到了 10 000 000。另一个重要指标,质谱仪器的检测灵敏度已可到阿克(ag,1×10^{-18} g)。质谱仪器的扫描速度、检测的动态范围等也取得长足进步。

质谱分析结果的检索比过去方便很多,数据库的容量远远超过了过去。质谱的检索已经成为一个独立而有效的体系,可以直接检索出分子式和结构式。

由于本书以鉴定有机化合物结构为主旨,非主要用于此的质谱技术就不阐述了,如电子转移解离(electron-transfer dissociation,ETD)。

另外,需要补充的是,本书虽然以核磁共振谱为主要工具鉴定有机化合物结构,但是当确定化工产品的结构时,它们往往含有若干杂原子,而核磁共振谱不能直接得到关于杂原子的信息,在这样的情况下,质谱可能起到非常重要的作用,请参阅 6.6 节中的例题。

5.1　有机质谱基本知识

5.1.1　质谱仪器概述

历史上,质谱仪器按记录方式分为两大类:一种是在焦平面上同时记录所有的离子,称为质谱仪(mass spectrograph);另一种是顺次记录各种质荷比(m/z)离子的强度,称为质谱计(mass spectrometer)。有机质谱采用质谱计。

有机质谱计由下列单元组成。

1. 进样系统

被分析的样品经进样系统进入质谱计,其作用是在不破坏真空的情况下使样品进入离子源。当质谱计与色谱仪联机时,进样系统则由它们的界面(interface)代替。

2. 电离和加速室

电离和加速室也称为离子源。被分析物质在这里被电离,形成各种离子。

由于不同的电离方式用于不同的场合,也有很不同的结果,将在5.3节中详细讨论。

为使生成的离子穿越(或到达)质量分析器,在离子源的出口,对离子施加一个加速电压,该加速电压视质量分析器的不同而有很大的差别。

3. 质量分析器

质量分析器把不同质荷比的离子分开,是质谱计的核心。不同类型的质量分析器有不同的原理、特点、适用范围、功能,将在5.2节中作较深入的讨论。

4. 检测器

检测器检测各种质荷比的离子。对于非傅里叶变换的质谱计,检测器常使用打拿极配电子倍增器,它的灵敏度高,测定速度快。

5. 计算机-数据系统

计算机系统用于对仪器的控制,包括数据的采集、处理、打印等。数据库中存有大量标准化合物的质谱图。在分析未知物时,计算机将进行检索(参阅6.5节),给出几个可能性最大的化合物。高分辨质谱计还可给出分子离子及选出的碎片离子的元素组成。

6. 真空系统

真空系统为离子源和质量分析器提供所需的真空,是质谱计的重要组成部分。需指出,不同的质量分析器及离子源对真空的要求是有很大差别的。

5.1.2 质谱仪器的主要指标

1. 质量范围

质量范围(mass range)指质谱仪器检测的离子的质荷比范围。对单电荷离子而言,这也就是离子的质量范围。在检测多电荷离子时,所检测的离子的质量则因离子的多重电荷而扩展到了相应的倍数。

2. 分辨率

扇形磁场质谱仪器的分辨率(分辨本领,resolution)R 由式(5-1)定义:

$$R = \frac{m}{\Delta m} \tag{5-1}$$

式中,m 为可分辨的两个峰的平均质量;Δm 为质谱仪器可分辨的两个峰的质量差。因此,分辨率是质谱仪器分开相邻两离子质量的能力。

为便于严格比较不同质谱仪器的分辨率,现公认仪器的分辨率是两峰间的峰谷高度为峰高的10%时的测定值,表示为 $R_{10\%}$。在两峰等高的情况下,这意味着两峰各以5%的高度重合。在实际测量中,难以找到正好是两峰重叠10%的峰高,因而把式(5-1)转换为式(5-2),即

$$R_{10\%} = \frac{m}{\Delta m} \times \frac{a}{b} \tag{5-2}$$

式中，a 为相邻两峰的中心距离；b 为峰高 5% 处的峰宽；m、Δm 同式(5-1)定义。

对傅里叶变换质谱及飞行时间质谱来说，分辨本领的计算仍用式(5-1)，但此时 m 为所测峰的质量，Δm 为该峰半高宽所对应的质量数之差。

3. 灵敏度

灵敏度(sensitivity)表明仪器出峰的强度与所用样品量之间的关系。一种表示法为在一定的分辨率情况下，选定的样品产生一定信噪比的分子离子峰所需的样品量。

质谱仪器的其他指标有扫描速度、稳定度等。

5.1.3 质谱(图)

不同质荷比的离子经质量分析器分开，然后被检测，记录下的谱图称为质谱图，简称质谱。有机质谱计的优点在于能较好地记录各种质荷比的离子的强度。

质谱(图)的横坐标表示质荷比，一般从左到右为质荷比增大的方向。在不少情况下，质谱图主要记录的是单电荷离子，此时质谱图的横坐标实际上即为离子质量。

质谱(图)的纵坐标为离子流的强度。最常见的标注方法为相对丰度(relative abundance)，此时把最强峰的强度定为 100%，其他离子的峰强度以其百分数表示。最强峰称为基峰(base peak)。也有用总离子流的强度作为 100% 来计算各离子所占百分数的表示法。由于低质量端干扰大，结构信息相对也少，因此常从 m/z 40 以上计算总离子流，如 $10\%\Sigma_{40}$ 表示这种离子占 m/z 40 以上的总离子流的 10%。

5.1.4 有机质谱中的各种离子

作为基础知识，在这里先介绍各种离子的基本概念。

1. 分子离子

分子离子(molecular ion)是由样品分子电离产生的，标为 M^+。其中"+"表示有机物分子因已失去一个电子而电离，"·"表示有机物分子的成对电子因失去一个而剩下一个未配对电子，因此分子离子是一个游离基离子。

对于单电荷离子，分子离子的质荷比的数值就是该化合物的相对分子质量。

分子离子具有较高的热力学能，会碎裂(fragmentation)而产生广义的碎片离子。

2. 准分子离子

准分子离子(quasi-molecular ion)常由软电离(参阅 5.3 节)产生。

$M+H^{+}$、$M-H^{+}$ 称为准分子离子。$M+X^{+}$(X 为软电离时处于有机物分子周围的"介质"的分子)称为加和离子，也可称为准分子离子。

准分子离子这个术语因不够准确，已经受到批评[2]，但一时还未找到合适的术语。

准分子离子不含未配对电子，结构比较稳定。

3. 碎片离子

广义的碎片离子(fragment ion)包含由分子离子碎裂而产生的一切离子。狭义的碎片离子指由简单断裂(参阅 6.2.2)产生的离子。本书若未加注明，碎片离子均为狭义的碎片离子。

4. 重排离子

重排离子(rearrangement ion)是经重排反应(参阅 6.2.3)产生的离子,其结构并非原来分子的结构单元。

以上是从离子结构的观点来讨论的。

5. 母离子和子离子

任何一个离子进一步产生了某离子,前者称为母离子(parent ion),后者称为子离子(daughter ion)。分子离子是母离子的一个例子。母离子又称为前体(precursor)离子。

6. 亚稳离子

亚稳的意思就是介于稳定和不稳定之间。如果是稳定的离子,在离子源生成之后可一直稳定地存在,直到被检测。如果是不稳定的离子,它在离子源内即已碎裂成其他离子。亚稳离子(metastable ion)介于上述两种离子之间,是从离子源出口到检测器之间产生的离子。亚稳离子是一个重要的课题,将在 5.4 节中进一步详细地讨论。

以上是从离子生成的角度来讨论的。

7. 奇电子离子和偶电子离子

具有未配对电子的离子称为奇电子离子(odd-electron ion)。这样的离子同时又是自由基,具有较高的反应活性,在质谱(图)的解析中较为重要。

不具有未配对电子的离子称为偶电子离子(even-electron ion)。偶电子离子相对奇电子离子较稳定。

8. 多电荷离子

失掉两个以上电子的离子是多电荷离子(multiply-charged ion)。由于离子带多电荷因而其质荷比下降,当今质谱正是利用多电荷离子来测定大分子的质量。

以上是从离子的电子结构的角度来讨论的。

9. 同位素离子

当元素具有非单一的同位素组成时,电离过程产生同位素离子(isotopic ion)。同位素离子构成同位素离子峰簇(cluster)。

5.2　质量分析器

质量分析器是质谱仪器的核心。质量分析器的不同构成了不同种类的质谱仪器。由于不同类型的质谱仪器有不同的原理、功能、指标、应用范围,还涉及可能有不同的实验方法,因而有必要了解各种质量分析器。

5.2.1　单聚焦和双聚焦质量分析器

单聚焦(single-focusing)质量分析器使用扇形磁场,双聚焦(double-focusing)质量分析器使用扇形电场及扇形磁场。这样的质量分析器曾经是有机质谱仪器的主体,现在也仍然发挥着作用。

在离子源中形成的各种(正)离子都被加速电压加速,获得动能:

$$ zeV = \frac{1}{2}mv^2 \tag{5-3} $$

式中,V 为加速电压;v 为离子被加速后的速度;ze 为离子所带电荷(e 为电子所带的电荷量,z 为正整数);m 为离子质量。

加速后的离子进行质量分离。单聚焦质量分析器是只有扇形磁场的磁分析器(magnetic analyser,MA)。加速后的离子进入磁场,离子运动的方向与磁力线垂直。在磁场中,运动的离子如同电流,它会与磁场产生相互作用力。离子受磁场的作用力作圆周运动。离子所受的磁场作用力提供离子作圆周运动的向心力。

$$ zevB = \frac{mv^2}{r_{\mathrm{m}}} \tag{5-4} $$

式中,B 为磁分析器的磁感强度;r_{m} 为离子在磁分析器中运动的曲率半径;其他符号如前所定义。

联立式(5-3)和式(5-4),消去 v,可得

$$ r_{\mathrm{m}} = \frac{1}{B}\sqrt{2V(m/ze)} \tag{5-5} $$

或

$$ m/z = \frac{r_{\mathrm{m}}^2 B^2 e}{2V} \tag{5-6} $$

由前所述,在进行有机化合物的质谱分析时需顺次测定各种质荷比的离子的强度,检测器装置于固定的位置,即 r_{m} 为常数。从式(5-6)可知,为记录不同 m/z 的离子,可以固定 B,扫描 V;也可以固定 V,扫描 B。由于加速电压高时,仪器的分辨率和灵敏度高,因而宜采用尽可能高的加速电压,故一般取 V 为定值,通过对 B 的扫描,顺次记录下各质荷比离子的强度,从而得到所有 m/z 离子的质谱(图)。

从式(5-5)或式(5-6)可知,当加速电压 V 及磁感强度 B 为定值时,不同质荷比的离子在静磁场中的圆周运动将有不同的半径。此即是磁场对不同质荷比的离子具有质量色散作用,就像棱镜对不同波长的光具有色散作用一样。

从理论计算可知(也为实验所证实),由一点出发的、具有相同质荷比的离子,以同一速度但以某一发散角进入磁场。经磁场偏转后,此离子束可以重新会聚在一点,即静磁场具有方向聚焦作用,如同凸透镜对光的聚焦作用一样。因此,由扇形磁场构成的质量分析器的质谱仪器称为单聚焦质谱仪器。

当讨论离子在离子源中被加速电压 V 加速而获得动能时,式(5-3)描述的是理想情况。事实上,离子在加速之前,其动能并非绝对为零,而是在某一较小的动能值之内有一个分布。同一质荷比的离子,由于初始动能略有差别,加速后的速度也略有差别,因此它们经静磁场偏转后不能准确地聚焦于一点,即静磁场具有能量色散作用。由于质荷比相同而动能略有差别的离子不能聚焦在一点,仪器的分辨率不很高。为提高仪器的分辨率,质量分析器除了应用一个扇形磁场之外,还加上一个扇形电场,即静电分析器(electrostatic analyser,ESA),这就构成了双聚焦质量分析器。

在常见的高分辨质谱计中,被加速的离子在进入磁分析器之前先进入静电分析器。静电分析器由两个同心圆板组成,两圆板之间保持某一电位差 E。加速后的离子在静电分析器中作圆周运动,其所需的向心力由离子所受的电场力提供:

$$zeE = \frac{mv^2}{r_e} \tag{5-7}$$

式中,E 为静电分析器两极间的电位差;r_e 为离子在静电分析器中作圆周运动的半径。

结合式(5-3)及式(5-7),有

$$2zeV = Ezer_e$$

$$r_e = \frac{2V}{E} \tag{5-8}$$

下面进一步论述静电分析器的作用。一束有一定能量分布的离子束,经过扇形静电场的偏转以后,离子按能量的大小顺次排列,因此静电分析器可以看成是一个能量分析器。静电分析器也有方向聚焦作用。

静磁场具有能量色散作用,静电分析器也有能量色散作用。如果使二者的能量色散数值相等,方向相反,离子在通过扇形静电场和扇形磁场之后,即达到能量聚焦。加上方向聚焦的作用,这就是"双聚焦"。因此,扇形静电场加扇形磁场,达到了圆满的结果:方向聚焦、能量聚焦、质量色散。离子在方向、能量都聚焦的情况下,质谱可达到高分辨。

当然,如果从离子源射出的离子动能相差较大时,动能偏差较大的离子会被静电分析器出口狭缝挡住。进一步说,若离子动能过大,它们将碰到静电分析器外侧;反之,若离子动能过小,它们将落到静电分析器内侧。

除常见的按离子源、静电分析器、磁分析器顺序排列的前置型双聚焦质谱仪器之外,还有倒置型(reversed geometry)双聚焦质谱仪器,其磁分析器在离子源与静电分析器之间。就原理而论,倒置型双聚焦质谱仪器与前置型双聚焦仪器相同,但倒置型仪器具有一些特殊的功能,在 5.4 节中将进一步讨论。

5.2.2　四极质量分析器

四极质量分析器(quadrupole mass analyzer)又称四极滤质器(quadrupole mass filter),因其由四根平行的棒状电极组成而得名。从理论上说,电极的截面边界最好为双曲线,但实际上,四根圆柱形的电极若很好装配已能完全满足需要。相对的一对电极是等电位的。两对电极之间的电位则是相反的。电极上加直流电压 U 和射频(radio frequence,RF)交变电压 $V\cos\omega t$,如图 5-1 所示。

图 5-1 中显示了 x 轴和 y 轴的方向。z 轴为垂直纸面的方向,它也是离子飞行的方向。从离子源出来的离子,到达四极质量分析器的中心,沿 z 轴飞行,到达检测器。由于电场的作用方向垂直于 z 轴,离子要沿 z 轴飞行需给离子一些动能,这靠离子源比四极质量分析器电位略高(几伏)来完成。

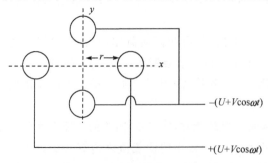

图 5-1　四极质量分析器示意图

离子在四极质量分析器中的运动可以准确求解,这是因为四极质量分析器中的电位如式(5-9)所示：

$$\Phi = \frac{x^2 - y^2}{2r^2}(U + V\cos\omega t) \tag{5-9}$$

式中，Φ 为四极质量分析器中坐标为 x,y 处的合成的电位；其他参数在图 5-1 中已有表示。

再结合

$$F_x = \frac{\partial\Phi}{\partial x} \cdot e \tag{5-10}$$

$$F_y = \frac{\partial\Phi}{\partial y} \cdot e \tag{5-11}$$

$$\boldsymbol{F} = m\boldsymbol{a} \tag{5-12}$$

离子的运动方程可求解。

上述三式中，F_x，F_y 分别为电场对离子分别沿 x,y 轴方向的作用力，现设离子为单电荷离子，所带电荷为 e；m 为离子质量；$\boldsymbol{a}$ 为离子的加速度；其他参数为通常含义。

求解过程是复杂的，因为参数有 U、V、ω、r、m，如果考虑多电荷离子还有 (ze)。读者若想进一步知晓求解过程可参阅文献[3-5]。

求解的结果可用图 5-2 表示。

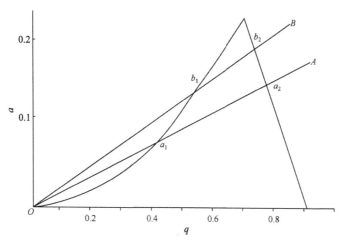

图 5-2　四极质量分析器的稳定性图

图 5-2 所示的图称为稳定性图(stability diagram)。图 5-2 的巧妙之处就在于把离子在四极质量分析器中运动的稳定与否仅用两个参数来限定：

$$a = \frac{8eU}{mr^2\omega^2} \tag{5-13}$$

$$q = \frac{4eV}{mr^2\omega^2} \tag{5-14}$$

图 5-2 中封闭曲线所限定的区域是稳定区，在这个区域中的任一点，离子的运动是稳定的，即离子在与 z 轴垂直的截面上的运动范围有限，可沿 z 轴方向飞行而到达检测器。封闭曲线之外则为不稳定区。处于不稳定区的任意一点的离子，在四极质量分析器中运动时会撞到某一根电极上，因而不能到达检测器。

在操作仪器时,可变化的实验参数有 U、V、ω 三个。一般固定 ω,且保持 $\dfrac{a}{q}=\dfrac{2U}{V}$ 为常数(同时增加或降低 U 和 V),因此这就表现为图 5-2 中过原点的一条直线,称为扫描线(scan line)。当扫描线的斜率低时(如 A),通过四极质量分析器的离子质量范围宽;反之,当扫描线的斜率逐渐增加时,通过四极质量分析器的离子质量范围就越来越窄。其极限情况就是扫描线通过稳定区的顶点。从 q 的表达式可知,扫描线与稳定区右侧的交点 (a_2,b_2) 具有相对低的质量,与左侧的交点 (a_1,b_1) 具有相对高的质量。

为取得高的分辨率,扫描线的斜率大,接近稳定区的顶点。

如果 U/V 保持常数,U、V 均从最低值开始逐渐增大,质量从小到大的离子顺次通过四极质量分析器。

四极质量分析器另一种操作方式为仅用射频电压。由于 $U=0$,因而 $a=0$,扫描线即是通过原点的水平线。在此情况下,除极少量的低质量离子之外,所有的离子均通过质量分析器。利用这个性质,这样的四极质量分析器用作串联质谱(参阅 5.5.2)中的碰撞室。

从上面的分析可知,四极质量分析器和扇形磁场的质量分析器在原理上是截然不同的。后者靠离子动量的差别而把不同质荷比的离子分开,而四极质量分析器则是完全靠质荷比把不同的离子分开。当离子带单位电荷时,则根据离子的质量的差别而将其分开。因此,四极质量分析器又称为四极滤质器。

四极质量分析器的性能在不断提高:质量范围已达 4000 u,质量精度可达 0.1 u(900 u 时)。在特定条件下,使用四极质量分析器已可测定精确质量。

四极质量分析器的优点比较突出,现在处于大力应用阶段,其原因有下列几点:

(1) 结构简单,体积小,重量轻,价格便宜,清洗方便,操作容易。

(2) 仅用电场而不用磁场,无磁滞现象,扫描速度快。这使得它适合与色谱联机,特别是气相毛细管色谱。也适用于跟踪快速化学反应等场合。

(3) 操作时的真空度相对较低,因而特别适合与液相色谱联机。

四极质量分析器的缺点如下:

(1) 分辨率不够高。

(2) 对较高质量的离子有质量歧视效应。

下面将讨论离子阱。从原理上考虑,四极质量分析器和离子阱是类似的。由于四极质量分析器的操作相对比较简单,因而对其理论的阐述不作进一步的深化。在关于离子阱的讨论中,理论分析将比较深入,若干结论对四极质量分析器也是适用的,典型例子如等 β 线。

5.2.3 离子阱

离子阱(ion trap)与前述的四极质量分析器类似,因此也称为四极离子阱(quadrupole ion trap),或因其储存离子的性质而称为四极离子储存器(quadrupole ion storage,QUISTOR),或由此再组成其他缩写,如 ESQUIRE(external source quistor with resonance ejection)。

离子阱起步于 20 世纪 50 年代,作为有机质谱的质量分析器则是 80 年代中期以后的事。由于发展离子阱并将其应用于原子物理,保罗(Paul)和德梅尔特(Dehmelt)荣获了 1989 年诺贝尔物理学奖。

从原理上考虑,离子阱和四极质量分析器是类似的,这可由图 5-3 来说明。

从图 5-3 可知,设想四极质量分析器(a)沿 y 轴旋转 $180°$,这时沿 x 轴的一对双曲面电极

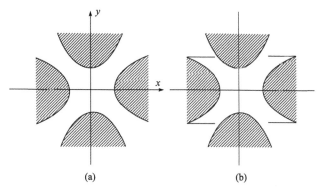

图 5-3 四极质量分析器(a)经绕 y 轴旋转变成离子阱(b)

构成内部为双曲面的一个圈状体,称为环电极(ring electrode)。沿 y 轴的一对双曲面电极不变,构成环电极两端的"顶盖",它们称为端盖极(end cap electrode),这就形成了离子阱(b)。电极之间以绝缘物质隔开,但两个端盖极是等电位的,端盖极上有小孔,可进入样品和排出离子。

在关于离子阱的文献中,端盖极的方向为 z,环电极的方向为 r。

有几种加电压的方式,其中常见的一种为端盖极接地,在环电极上加直流电压和射频交变电压。

相比于其他质量分析器,离子阱的理论是比较复杂的。由于离子阱既能直接用于不同质荷比的离子的检测,又能用于时间上的串联质谱(参阅 5.5.2),后者就要求在离子阱内储存某种质荷比的离子,因此对离子阱应有一个较深入的了解[4-8]。

从图 5-3 可知四极质量分析器和离子阱密切相关,从理论分析也是这样,这两者的电场都属于四极场(quadrupole field)。

四极场 $\boldsymbol{E}$ 在直角坐标系中的表述为

$$\boldsymbol{E} = E_0(\lambda \boldsymbol{x} + \sigma \boldsymbol{y} + \gamma \boldsymbol{z}) \tag{5-15}$$

式中,E_0 为与位置无关的表现场强的一个量,它可以是时间的函数;x,y,z 为直角坐标系的单位矢量;λ,σ,γ 为三个坐标轴方向的权重系数(weighting constant)。

四极场有下列条件的限制:

$$\nabla \cdot \boldsymbol{E} = 0 \tag{5-16}$$

因此有

$$\lambda + \sigma + \gamma = 0 \tag{5-17}$$

由 $-\left(\dfrac{\partial \Phi}{\partial x}\right) = E_x$ 等三个式子,从式(5-15)可得电位 Φ 的表达式:

$$\Phi = -\frac{1}{2} E_0(\lambda x^2 + \sigma y^2 + \gamma z^2) \tag{5-18}$$

先看式(5-17)的一个特例,即

$$\lambda = -\sigma \qquad \gamma = 0 \tag{5-19}$$

此时有

$$\Phi = \frac{\Phi_0(x^2 - y^2)}{2r_0^2} \tag{5-20}$$

因有

$$\lambda = -\frac{1}{r_0^2}$$

式中,$2r_0$ 为一对电极之间的最小距离;Φ_0 为两对电极之间的电位。

式(5-20)实际即是式(5-9),亦即四极质量分析器的电场属四极场的一个特例。

再看式(5-17)的另一个特例,即

$$\lambda = \sigma \qquad \gamma = -2\sigma \tag{5-21}$$

这即是对应离子阱的情形,此时式(5-18)成为

$$\Phi = -\frac{1}{2}E_0\lambda(x^2 + y^2 - 2z^2) \tag{5-22}$$

用圆柱坐标系:$x^2 + y^2 = r^2$,再类比式(5-20),有

$$\Phi = \frac{\Phi_0(r^2 - 2z^2)}{2r_0^2} \tag{5-23}$$

式中,Φ_0 仍为应用于一对电极的电位,目前则是应用于环电极和端盖极之间的电位;r,z 为圆柱坐标系的坐标;$2r_0$ 为离子阱的内径。

设端盖极之间的最短距离为 z_0,为在离子阱内有一个准确的四极场,应有

$$r_0^2 = 2z_0^2 \tag{5-24}$$

[经实验,端盖极之间的距离比式(5-24)略大,即沿 z 轴方向伸长约 11%,离子阱的工作性能较好]

在端盖极接地时,式(5-23)更正为

$$\Phi = \frac{\Phi_0(r^2 - 2z^2)}{2r_0^2} + \frac{\Phi_0}{2} \tag{5-25}$$

如前所述,在环电极同时应用直流电压 U 和射频交变电压 $V\cos\Omega t$,即

$$\Phi_0 = U + V\cos\Omega t$$

这是一种常用的操作方式。

从上面的讨论可知,四极质量分析器和离子阱内的电场均为四极场的特例。二者的求解也都是相似的,都归纳为 Mathieu 方程(因法国学者 Mathieu 分析振动模式所得而命名):

$$\frac{\mathrm{d}^2 u}{\mathrm{d}\xi^2} + (a_u + 2q_u\cos2\xi)u = 0 \tag{5-26}$$

式中

$$u = r, z \tag{5-27}$$

$$\xi = \frac{\Omega}{2}t \tag{5-28}$$

$$a_z = -2a_r = -\frac{16eU}{m(r_0^2 + 2z_0^2)\Omega^2} \tag{5-29}$$

$$q_z = -2q_r = -\frac{8eU}{m(r_0^2 + 2z_0^2)\Omega^2} \tag{5-30}$$

由于都是求解 Mathieu 方程[4,5],因而所得结果与四极质量分析器的结果有类似之处。同样,离子在离子阱中的运动也有稳定的和不稳定的两种情况,这可由以 a_z 及 q_z 为坐标的稳定性图(图 5-4)来表示。

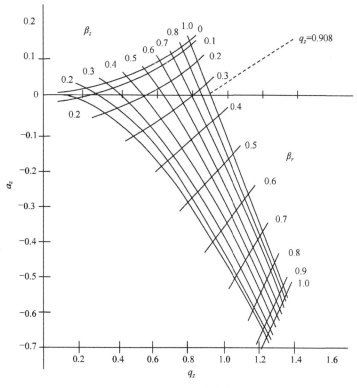

图 5-4　离子阱的稳定性图

需说明的是,图 5-4 所示的稳定性图是 a_z、q_z 最接近零的稳定性图(其他区域还有稳定性图,但实用价值不大)。该图中有若干相互交叉的曲线,称为等 β 线(iso-β line),离子的稳定区处于 β_r、$\beta_z=0$ 到 β_r、$\beta_z=1$ 的区域,其区域以外则是不稳定区。处于稳定区的离子,在 r 方向或 z 方向的运动幅度均不大,能长期储存于离子阱中。处于稳定区之外的离子,由于在 r 方向或 z 方向的运动幅度过大,会与环电极或端盖极相碰撞,因而消亡。

β_r 和 β_z 分别表征离子在 r 方向和 z 方向的角频率,因有式(5-31):

$$\omega_{u,0}=\frac{1}{2}\beta_u\,\Omega \tag{5-31}$$

$$u=r,z$$

式(5-31)来自

$$\omega_{u,n}=+\left(n+\frac{1}{2}\beta_u\right)\Omega \qquad 0\leqslant n\leqslant\infty \tag{5-32}$$

和

$$\omega_{u,n}=-\left(n+\frac{1}{2}\beta_u\right)\Omega \qquad -\infty\leqslant n<0 \tag{5-32'}$$

现对上面两式作一解释,离子在 $u(r$ 或 $z)$ 方向上运动的圆频率为 ω,ω 的数值取决于 β、Ω 和 n。当 $n=0$ 时,$\omega_{u,n}$ 则成为 $\omega_{u,0}$,这称为基频(fundamental frequency)。当 n 不为零时,$\omega_{u,n}$ 的数值升高,但其幅度下降很快,因而有实际意义的仅至 $n=\pm1,\pm2$ 为止,而 $\omega_{u,0}$ 是最重要的。因此,$\beta_u(\beta_r,\beta_z)$ 是描述离子运动的重要参数。

图 5-4 中从左到右的曲线是从 0～1 的等 β_z 线；从上到下的曲线则是从 0～1 的等 β_r 线。从该图可知，$\beta_z = 1$ 的线与 q_z 轴相交于 $q_z = 0.908$ 处。

β_u 的表达式复杂，含 a_u、q_u、β_u，需设一数值，用逐次逼近(trial)法求解。

从图 5-4 及式(5-30)就可以理解离子阱进行质量扫描的原理。此时不加直流电压，即 $U = 0$，采用固定 Ω 的射频(典型数值为 1.1 MHz 或 0.88 MHz)，当逐渐增加 V 时，按式 (5-30)，离子的 q_z 会随之增加，而一旦到达 $q_z = 0.908$ 则进入不稳定区，即 z 方向是不稳定的，故由端盖极上的小孔排出。因此，当 V 逐渐增大时(如从 0 逐渐升至 7500 V)，质荷比从小到大的离子逐次排出而被记录，因而得到了质谱。

从图 5-4 也可知，离子阱如其名称所示，可以储存离子。当不加直流电压时，$q_z < 0.908$ 的离子均储存于离子阱内。我们也可以储存质荷比范围很窄的离子，此时可以调节 V 值，使 $q_z = 0.78$，这个数值是稳定区上部顶端在 q_z 上的投影的数值，然后加一负的直流电压到环电极上，于是工作点则从 $a_z = 0$、$q_z = 0.78$ 的点垂直上升。仔细调节 V 值，可使工作点正好在稳定性图上部顶端($\beta_z = 1$ 与 $\beta_r = 0$ 的交点)之下，因而此时仅一很窄 m/z 范围的离子储存于离子阱中。离子阱既能选择某一质荷比的离子储存，由它完成时间上的串联质谱就容易理解了。

以上介绍了离子阱的两种常用操作方式，为提高分辨率或质量上限，或为一些特殊的目的，离子阱还有其他操作方式[8]。

将离子阱内部充以 10^{-3} torr[①] 的氦气，这使得离子在阱中的运动受到阻力，较集中于中心，其结果是既提高了灵敏度又显著地提高了分辨率，这样离子阱才较好地应用于有机质谱[9]。

离子阱具有以下优点：

(1) 单一的离子阱可实现多级串联质谱(MS)^n (参阅 5.5.2)。以前的串联质谱是"空间上"的串联，是由几个质量分析器串联而成，因而价格成倍增加。现在用的离子阱是"时间上"的串联质谱，因而价格是最低的。离子阱的检出限很低，这也为其实现多级串联质谱提供了重要条件，现离子阱可进行多级串联质谱实验。

(2) 结构简单，价格低，性能价格比高。

(3) 灵敏度高，较四极质量分析器高 10～1000 倍。

(4) 质量范围大，商品仪器已达 6000 u。

离子阱的缺点是所得质谱与标准谱图有一定差别，这是由于在离子阱中生成的离子有较长的停留时间，可能发生离子-分子反应。为克服这个缺点，故采用外加的离子源，所得质谱图已便于比较。另外，在采用外加离子源之后，离子阱也就便于作为质量分析器而与色谱仪器联机(GC-MS、LC-MS)。

5.2.4　傅里叶变换质谱计

准确地说，傅里叶变换质谱计(Fourier transform mass spectrometer)应称为傅里叶变换离子回旋共振质谱计(Fourier transform ion cyclotron resonance mass spectrometer，FT-ICR/MS)，它是在 ICR 的基础上发展起来的。

从 ICR 发展到 FT-ICR，受了 FT-NMR 的很多启迪[1,10]，这是几种谱学方法相互借鉴、促

---

① torr 为非法定单位，1 torr＝1.333 22×10² Pa。

进更好发展的一个突出事例。其他还有二维谱、阵列检测(array detection)、去卷积(deconvolution)、导数光谱(derivative spectroscopy)以及与色谱联机等。

先看一下什么是离子回旋共振。

在磁场中,离子会在垂直于磁力线的平面中作圆周运动。重取式(5-4):

$$zevB = \frac{mv^2}{r_m}$$

消去等式两端共同的 v,注意到 $ze = q$(离子所带电荷)及角速度 $\omega = \dfrac{v}{r}$,这样就得到离子回旋共振的常见方程:

$$\omega = \frac{qB}{m} \tag{5-33}$$

或

$$f_c = \frac{qB}{2\pi m} \tag{5-34}$$

式中,f_c 为离子回旋频率,以赫兹(Hz)计。

式(5-33)或式(5-34)给出一个很重要的概念:当存在静磁场时,不同质荷比的离子都将作圆周(回旋)运动。回旋运动的频率仅与离子的质荷比有关,而与离子的动能无关。

设想在一平行板电容器中有几种质荷比的离子,在某一确定的磁感强度 B 的作用下各自有其回旋频率。在电容器上加某一个射频(交变)电压,而且该频率等于某种质荷比的离子的回旋频率。在这样条件下,该离子就会从射频吸收能量而激发。由上述可知,离子的回旋频率是不变的,因此离子被激发就表现为 v 增大,r 增大,即该种离子沿一螺旋线运动,如图 5-5 所示。

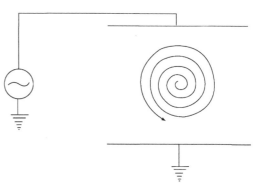

图 5-5　离子回旋共振原理

在图 5-5 中,磁力线是垂直于纸面的。

离子从交变电场吸收能量,因此称为离子回旋共振。离子增加轨道半径则称为离子回旋运动的激发。

如果固定磁感强度 B,改变射频频率,就可以顺次激发不同质荷比的离子而得到质谱。

信号的检出可以是测量离子从外场能量的吸收,或者加速离子直至与极板相碰而检测电流。

无论采取何种方式,均与连续波核磁共振谱仪相似,不同质荷比的离子是依次激发、检测的。

作为傅里叶变换仪器就必须同时激发检测对象,使其同时产生相应的信号,得到所有信号加和的时域信号,再经计算机进行傅里叶变换而得频域谱。从时域信号到频域谱的转换,我们已经熟悉,从仪器制造的历史眼光来看,困难较小;但要同时激发不同质荷比的离子,使其同时产生相应的信号则比较困难。

从图 1-13 可知,在傅里叶变换核磁共振实验中,虽然在样品中不同共振频率的某种磁性核都得到激发,但$(f-f_0)$都相距不远。而现在按式(5-33)或式(5-34),离子质荷比与回旋共振频率成反比!设$B=1$ T,$q=1$,当m从15~1500 u时,离子的回旋共振频率范围从10 kHz~1 MHz(10^6 Hz)!由此可见,实现 FT-MS 的难度很大。具体的激发方式将在后面讨论。

下面把 FT-MS 的过程作一较详细的讨论[11,12]。在没有对离子进行激发之前,各种质荷比的离子的回旋运动均仅有很小的半径,同一质荷比的离子的相位也是杂乱的。施加射频(交变)电场,当交变电场的频率与某种质荷比的离子的回旋频率相等时,离子的运动具有相位的相干(phase coherent),形成离子团(ion bundle,ion packet),并逐渐增大回旋运动的半径,因为离子从交变电场中吸收能量,增大了自身回旋运动的动能。该动能E和回旋半径r之间有以下关系:

$$E=\frac{q^2 B^2 r^2}{2m} \tag{5-35}$$

式(5-35)由动能的基本公式:

$$E=\frac{1}{2}mv^2 \tag{5-36}$$

再结合式(5-33)及$\omega=\dfrac{v}{r}$即可导出。

激发方式之一为"chirp"(线性调频脉冲),即在一个短的时间进行快速频率扫描:从最低频到最高频(或反之),因而在短的时间间隔内处于宽广范围的质荷比的离子都受到激发。chirp 激发的优点是不需要大的射频振幅,此外若扫频时单位时间变化恒定的频率(Hz),则频域中部的范围强度近似相等,这意味着相应的不同质荷比的离子有较好的定量关系。chirp 激发的缺点有以下几点:①在频域的低端及高端强度不够,这影响其相应的质荷比的离子的丰度;②不同质荷比的离子不是同时激发的,这使得频域谱的相位复杂化;③相比于下面要讨论的 SWIFT,不能进行离子质荷比的选择。虽然有上述缺点,但由于扫频激发易于实现,也有效,因而现在应用仍不少。

另一种激发方式为储存波形反转傅里叶变换(stored waveform inverse Fourier transform,SWIFT)[13]。它比上述的扫频激发先进。在进行 SWIFT 激发时首先设定所需要的频域的波形。由于可以进行不同的实验,因此所需的频域的波形是不一样的。对于检测所有质荷比的离子来说,则需要一个"方波",即在所有质荷比的离子相应的频域,激发的强度都完全相等,这样就能完好地反映不同质荷比离子的数量比。若是要进行时间上的串联质谱,要选出某种质荷比的离子,则在此质荷比相应的频率处留一个窗口,使该处的激发功率为零,而其他频域处均有较强的激发,因而在激发之后,仅留下了这种质荷比的离子(其他所有质荷比的离子均被逐出)。在设定好这个频域图之后,进行反转傅里叶变换,得到对应的时域激发波形(time domain excitation waveform,横坐标为时间,纵坐标为电压振幅),用它去激发,可得到完好的预期效果。

下面讨论 FT-ICR 的信号。首先考虑离子回旋共振的信号。Comisarow 的分析[14]为大家所赞同。

设想孤立电荷(electric monopole)在 ICR 室中转动[图 5-6(a),磁力线垂直于纸面,ICR 室以两平行板表示]。这个回旋运动可以分解为两个回旋运动:一对相同符号的孤立电荷的转动[图 5-6(c)]和一个电偶极的转动[图 5-6(b)]。由图 5-6 知电偶极的大小μ由式(5-37)

给出:

$$\mu = \frac{1}{2}Nq(2r) = Nqr \tag{5-37}$$

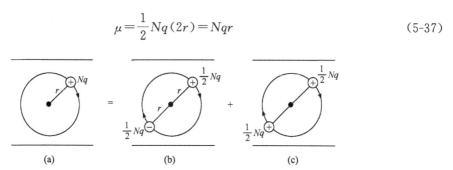

图 5-6　孤立电荷回旋运动的分解

一对相同符号的孤立电荷的转动对上、下极板不产生效应,因一对符号相同电荷,具有对称性。电偶极的转动则不然,当正电荷偏上方时,上极板会感应出负电荷;与此同时,下极板因偏下方的负电荷而感应出正电荷。电偶极在不断地转动,上、下极板均交替感应出正、负电荷,此感应的信号的频率与离子回旋运动的频率相同。

定义宏观极化(矢量)(macroscopic polarization)$\boldsymbol{P}$,它是单位体积中的偶极矩:

$$\boldsymbol{P} = \frac{\mu}{V} = \frac{Nqr}{V} \tag{5-38}$$

式中,V 为 ICR 室的体积。

$\boldsymbol{P}$ 是在不断转动的。设其转动的角频率为 ω,$\boldsymbol{P}$ 与极板垂线所形成的夹角为 θ,有

$$\theta = \omega t \tag{5-39}$$

式中,t 为时间。

极板上感应的电荷密度 σ 由式(5-40)给出:

$$\sigma = -P\cos\theta = -\frac{Nqr}{V}\cos\omega t \tag{5-40}$$

设 ICR 极板面积为 A,高度为 d,极板上总电荷为 Q,则有

$$Q(t) = \sigma A = -\frac{NqrA}{V}\cos\omega t = -\frac{Nqr}{d}\cos\omega t \tag{5-41}$$

设将两极板相连,两极板之间的电流 $I(t)$ 则为

$$I(t) = \frac{\mathrm{d}Q}{\mathrm{d}t} = \frac{Nqr\omega}{d}\sin\omega t \tag{5-42}$$

代入式(5-33),有

$$I(t) = \frac{Nq^2 rB}{md}\sin\omega t \tag{5-43}$$

在对分析室内各种质荷比的离子都进行激发之后,按式(5-33)或式(5-34),它们各自以其相应的频率作回旋运动,产生相应的时域信号。多种质荷比的离子的时域信号叠加在一起,这与核磁共振的 FID 是相似的。数据处理过程也是相似的,如乘以一定的窗函数。经傅里叶变换得到频域谱:谱线的频率对应离子的质荷比;谱线的峰面积反映离子的数目。一个很有利的情况是:信号强度仅与离子数成正比而与离子质荷比的大小无关,因而能得到很好的定量结果。

离子在分析室中的运动主要为回旋运动,其频率为 f_c。为把离子限定在 z 方向(与回旋

运动面垂直的方向),在 z 方向的两端要加一定的电位,因而离子在 z 方向有一个运动。该运动也是周期性的,其频率为 f_z。此外还有一种周期性的磁子运动(magnetron motion),有频率 f_m。虽然 $f_c \gg f_z \gg f_m$,但离子在分析室中的运动毕竟是复杂的,因而不能仅用式(5-34)计算出离子的精确质量。为得到未知离子的精确质量,需要用已知离子进行标定。由于 FT-MS 测定的重复性很好,标定工作可以单独进行,不必把已知物和未知物混在一起同时测定,这给未知物精确质量的测定带来很大的方便。

下面讨论傅里叶变换质谱计的分辨率。从 5.1.2 已知分辨率 R 由式(5-1)给出:

$$R = \frac{m}{\Delta m}$$

对式(5-34)微分,经整理有

$$R = \frac{m}{\mathrm{d}m} = \frac{-qB}{2\pi m\,\mathrm{d}f_c} \tag{5-44}$$

或再代入式(5-34),有

$$R = \frac{m}{\mathrm{d}m} = \frac{f_c}{\mathrm{d}f_c} \tag{5-45}$$

从式(5-44)可知,傅里叶变换质谱计的分辨率与质量成反比,即在同样条件下,质量越低则分辨率越高,故在表明其分辨率时需注明质量。

从式(5-44)也可知分辨率 R 与磁感强度 B 成正比。实际上,B 越高,除提高 R 之外也提高质量范围,因而傅里叶变换质谱计在不断提高磁感强度 B,现已有 9.4 T 的商品仪器(它对应 400 MHz 核磁共振谱仪的磁体强度)。

傅里叶变换质谱计的核心是分析室。常用的分析室为立方体,即由三对平行的极板构成。磁力线沿 z 轴方向,因此回旋运动垂直于 z 轴,在与 x 轴方向垂直的两极板上加激发射频,在与 y 轴方向垂直的两极板上检出信号。分析室的其他形状有圆柱体、长方体等。

傅里叶变换质谱计的优点非常突出:

(1) 傅里叶变换质谱计的分辨率极高,远远超过其他质谱计。在 $m = 1000$ u 时,商品仪器的分辨率已经达到 10 000 000 了。我们更需注意其分辨率和灵敏度不矛盾。在扇形场的质量分析器中,为提高分辨率则必须降低狭缝宽度,这导致灵敏度的下降。对傅里叶变换质谱计而言,在一定的频率范围内,只要有足够长的时间进行采样,即可获得高分辨的结果。

用傅里叶变换质谱计可得到精度最高的精确质量数,这对于得到离子的元素组成是很重要的。在由电喷雾电离,从多电荷分子离子峰簇求相对分子质量时,傅里叶变换质谱计更显示了突出的优点,将在 6.1.2 中进一步讨论。

(2) 可完成多级(时间上)串联质谱的操作,由于它可提供高分辨的数据,因而信息量更丰富。

(3) 傅里叶变换质谱计一般采用外电离源。在外电离源产生的离子经离子透镜、离子导管(ion guide)进入分析室。由于这样的布局,傅里叶变换质谱计可采用各种电离方式,也便于与色谱仪器联机。

(4) 其他优点:灵敏度高、质量范围宽、速度快、性能可靠等。

有必要再介绍一下 FT-ICR 在测定离子质量上限方面所达到的成果。采用一定的脉冲序列,逐出质荷比小的离子,最后仅留下个别(最好是一种)大质荷比的离子,经长时间采样并测出有关数据,经计算所测(多电荷)离子质量已达 1.1×10^8 Da[15]。

5.2.5 飞行时间质谱计

飞行时间质谱计[time of flight，TOF(MS)]的核心部分是离子漂移管(drift tube)。进行质量分析的原理是简单的:用一个脉冲将离子源中的离子瞬间引出,经加速电压加速,它们具有相同的动能而进入漂移管,质荷比最小的离子具有最快的速度因而首先到达检测器,质荷比最大的离子则最后到达检测器。

重写式(5-3):

$$zeV = \frac{1}{2}mv^2$$

故

$$v = \left(\frac{2zeV}{m}\right)^{1/2} \tag{5-46}$$

设漂移管长度为 L,离子的飞行时间为 t,则有

$$t = \frac{L}{v} = L\left(\frac{m}{2zeV}\right)^{1/2} = \left(\frac{m}{z}\right)^{1/2} \times L \times \left(\frac{1}{2eV}\right)^{1/2} \tag{5-47}$$

从式(5-47)可知,离子到达检测器的时间与其质荷比的平方根成正比。准确地测定 t 及相应的信号强度即得到质谱(图)。

在通常条件下,离子的飞行时间为微秒(μs)数量级,因此要求离子开始飞行的时间准确到纳秒(ns)数量级。

如果不采取一定的措施,飞行时间质谱计的分辨率不高。其原因是由 MALDI(参阅5.3.5)产生的离子在空间、时间、动能上均有一个分布,因此同一质荷比的离子到达检测器的时间并非是由式(5-47)计算出的某一固定值,而是也有一个分布。就是说同一质荷比的离子,有的速度快一些,它们和质荷比较小(速度较慢)的离子同时到达;有的速度慢一些,则和质荷比较大(速度较快)的离子同时到达。

第一种提高分辨率的措施是在漂移管的终点加一个离子镜(ion mirror，reflectron),即是加一与离子相同极性的电位(如正离子加正电位),则离子会逐渐停止并加速到相反方向,以一个小的角度反向飞行。这有些类似于核磁共振的自旋回波实验。速度稍快的离子,在离子镜内飞行的距离稍长,因此出离子镜时,与速度稍慢的离子就接近多了,分辨率得到很大的提高。但这个方法损失灵敏度,因而在要求灵敏度(如检测高质量的离子)时就不采用了。

第二种提高分辨率的方法是采用时间延后聚焦(time-lag focusing，TLF)[16]或延迟时间(delay time)[17],二者的原理是相似的。这种方法的关键是在 MALDI 产生离子和对离子进行加速之间加一个时间间隔。由 MALDI 产生的离子分布于第一栅极区(grid region)。速度较快的离子走得远,离第二栅极区近;速度较慢的离子走得近,离第二栅极区远。此时正处于延迟时间,第一栅极区是未加电场的。经过一个短的延迟时间,在第一栅极区加电场,使离子往第二栅极区运动。原来离第二栅极区近的离子受此电场加速小;反之,离第二栅极区远的离子则受到较强的加速。所有的离子在第二栅极区受到一个较高的加速电压[式(5-3)、式(5-47)中的 V],进入漂移管。由实验寻找延迟时间的长短以及在第一栅极区(瞬时)加压的幅度,可以找到最佳的组合数值,分辨率得到很大的改善。

飞行时间质谱计有下列优点:

(1)从原理可知,飞行时间质谱计检测离子的质荷比是没有上限的,这特别适合于生物大

分子的质谱测定。当年曾经有人预言："在几年之内 FT-MS 和 TOF 将是生物实验室仅有的两种质谱仪"。用 TOF 测定单克隆的人免疫球蛋白(monoclonal human immunoglobulin),分子质量已高达 982 000±2000 u[18]。

（2）飞行时间质谱计要求离子尽可能"同时"开始飞行,也就特别适合与脉冲产生离子的电离过程相搭配,现在 MALDI-TOF(参阅 5.3.5)成为一个完整的术语。

（3）不同质荷比的离子同时检测,因而飞行时间质谱计的灵敏度高,适合作串联质谱的第二级,将在 5.5.2 中进一步讨论。

（4）扫描速度快,适合研究极快的过程。

（5）结构简单,便于维护。

飞行时间质谱计的主要缺点是分辨率随质荷比的增加而降低。从式(5-47)可知,质量越大时,飞行时间的差值越小,分辨率越低。

当飞行时间质谱计与液相色谱-电喷雾电离(参阅 5.3.6)联机,或作为扇形磁场的质量分析器的第二级串联质谱时,原来的运作机制就必须改变,于是正交加速飞行时间质谱计(orthogonal acceleration TOF,oa-TOF)诞生。oa-TOF 是在与原来离子流运动方向垂直的方向(周期性地)加一个脉冲电场,离子被推到该垂直的方向。偏转出的离子被加速然后漂移,可以是单程漂移或反射式的双程漂移(带离子镜时)。设离子原来的运动方向为 x,TOF 的漂移方向为 y。离子在 y 方向的运动速度比 x 方向大得多。虽然如此,不同质荷比的离子在漂移过程中仍会沿 x 方向运动,质量较大的离子在 x 方向将有更多的位移。因此,oa-TOF 的检测采用微通道板检测器(micro-channel plates,MCP),它覆盖 x 方向的一定长度,也就是说进行的是阵列检测。

正交加速飞行时间质谱计除了使 TOF 能用于连续的离子源之外,仍具有 TOF 的各种优点,如灵敏度高、扫描快、质量范围宽等。另外,在软件的协助下它还可用于精确质量测定,精度可在 5 ppm 之内。

5.2.6 直线离子阱

直线离子阱(linear ion trap, LIT)也称为二维离子阱(two-dimensional quadrupole ion trap, 2D QIT),是在上述质量分析器之后发展的新型质量分析器[19-21]。它可以单独用作质量分析器,也可以与其他质量分析器组合,用于(空间)串联质谱。

从结构来看,直线离子阱和四极质量分析器相似。它也是由两组(四根)金属杆组成的。杆的截面是双曲线。但是,首先应该注意的是它是离子阱,具有储存离子等功能。另外,直线离子阱和四极质量分析器的操作方式也不同。

与四极质量分析器相比,直线离子阱在质量扫描中离子损失少因而效率高。另外,直线离子阱有不同的离子逐出方式。

与离子阱相比,直线离子阱有较高的俘获效率(trapping efficiency),因为直线离子阱内的体积较大。

直线离子阱一般分为三段,即两组杆均被截为三段,其中两端的两段短,中间的一段长,约为前端或后端的 3 倍(如分别为 12 mm、37 mm、12 mm)。

与杆平行的方向为 z 轴。一对杆的截面沿 x 轴(可设为水平方向),一对杆的截面沿 y 轴(可设为垂直方向)。

如同四极质量分析器,沿 x 轴方向的一对杆和沿 y 轴方向的一对杆加上一定的射频电压

（±5 kV，1 MHz），把离子限制在径向，此射频电压称为主射频电压(main of voltage)。

对于分为三段的直线离子阱来说，相对于中间段，在前端和后端分别加有一定的电压，因此可以把离子限制在中间段，即完成对离子在 z 轴的限制。

由于在直线离子阱内为四极电场，前面四极质量分析器和离子阱的公式可以作为讨论离子运动的基础。

直线离子阱有两种方法逐出离子：质量选择的径向逐出和轴向逐出。

首先讨论质量选择的离子径向逐出。

此时应用的是分为三段的直线离子阱。其中间段在 x 轴方向的一对杆上开了槽，槽为30 mm长、0.25 mm高的水平狭缝。为补偿狭缝对电场产生的不利影响，中间的这根杆和与之相对的另一根杆往外移动0.75 mm。这个情况与在5.2.3中所说的离子阱的两个端盖沿 z 轴伸长约11%以提高工作性能相似。为提高离子的检测的灵敏度，也可以在这两根杆都开狭缝。狭缝外面安装了打拿极(dynode)，离子撞击到它产生二级电子，后者经电子倍增器而被检测。

在进行质量扫描时，两对电极之间主射频电压匀速增加，在这样的条件下，质荷比从小到大的离子逐步变成不稳定而从径向被逐出。另外，也可以在 x 轴方向的一对杆加上辅助的交变电压(±80 V，5～500 kHz，步进0.5 kHz)，当此增补的交变电场的频率与阱内某质荷比的离子的基频相符时，这种离子的径向运动振幅增大，因而从径向被逐出。随着频率的增加，不同质荷比的离子将顺次被逐出。

如果要保留某质荷比的离子，则在上述频率谱中去除该离子的振荡频率，于是只有该质荷比的离子留在直线离子阱中，其他质荷比的离子则被全部逐出。

直线离子阱也可以质量选择的离子轴向（z 轴方向）逐出，这是现在的主要逐出方式。它是比径向逐出更好的逐出方式，因为径向逐出时，离子逐出的槽使四极场有偏离。

质量选择的离子轴向逐出由加在直线离子阱上的辅助交变电压完成。离子处于稳定区的边缘时，它们在 x 和 y 方向的运动幅度已经比较大了。当辅助交变电场的频率匹配离子径向的久期（非周期）频率(radial secular frequency)时，处于靠近杆端的离子，由于受到边缘场(fringing field)的作用，离子在 x 和 y 方向的运动与在 z 方向的运动耦合，离子在 z 方向具有大的动能，离子在轴向运动的能量超过轴向对离子的限制，因而离子在轴向被逐出。

直线离子阱正常操作时得到的是单位分辨，当质量扫描慢时可以达到 $0.05\ m/z$。

直线离子阱具有下列优点：①相比离子阱有较高的离子储存能力；②高灵敏度；③当单独作为串联质谱用时（时间上串联质谱）价格低廉；④便于与其他质量分析器组合，应用于空间串联质谱。

直线离子阱除了用作质量分析器之外，也可以冷却离子、积累离子，以与其他质量分析器联用。

5.2.7　轨道阱

轨道阱(orbitrap)是经过几步发展而形成的质量分析器，是最后发展的质量分析器[22-26]。

1922 年 Kingdon 研发了一种阱来储存离子，后来以他的名字命名。Kingdon 阱既不应用磁场也不应用射频，而是仅用静电场。它的形状是圆柱形的外电极和与之同心的一根金属丝的内电极，二者之间用绝缘物质隔开。内、外电极之间加一个直流电位。阱的两端有端电极。

在 Kingdon 阱中，电场用式(5-48)表述：

$$\Phi = A \ln r + B \qquad (5\text{-}48)$$

式中，ln 为对数符号；r 为径向坐标；A 和 B 为两个常数。

这样的电场称为对数场。

在式(5-48)中，端电极的电场和非理想的场是被忽略的。

如果在阱中产生离子，或者在与中心电极垂直的方向导入离子，在适当的条件下，离子可以围绕中心电极转动，形成一个稳定的轨道。这个条件即为中心电极和外电极之间的电位 V 应该大于式(5-49)给出的数值：

$$qV = \frac{1}{2}mv^2 \left(\frac{R}{r} \right) \qquad (5\text{-}49)$$

在端电极应用排斥电位则可把离子沿 z 轴限定。

总而言之，Kingdon 阱是一个储存离子的装置。它可以连接四极杆、飞行时间质谱、傅里叶变换质谱仪，用于离子积累。

前面离子阱质量分析器中的电场表述式[式(5-23)]为

$$\Phi = \frac{\Phi_0 (r^2 - 2z^2)}{2r_0^2}$$

这样的电场称为四极场。

1981 年 Knight 改进了 Kingdon 阱，对外电极作了两个修改：形状修改为中央粗，往两端逐渐变细；外电极的中央($z=0$)断开而成为两部分。离子从 $z=0$ 处射入。在这样的形状中，阱内的电场是对数场和四极场的叠加。

用这样的阱可以储存离子，也能把离子逐出到检测器。

Makarov 在 1999 年改进了 Knight 型的阱，从而发明了轨道阱。之所以说发明，是因为只有轨道阱才是一种质量分析器，而且是一种性能优良的质量分析器。轨道阱的中心电极为纺锤形(spindle-like)，同轴的外电极则为桶状(barrel-like)，也是中央较粗、两端较细。纺锥电极和外面的桶状电极都是中央粗、两头细，在中央部分两个电极之间的距离大于两侧的两个电极的距离。外电极的中央仍然是断开的，该位置定为 $z=0$(坐标轴 z 沿着轨道阱中心的方向)。

轨道阱的剖面图如图 5-7 所示。

轨道阱是精密加工的，尺寸小，图 5-8 是轨道阱发明者 Makarov 手持轨道阱的照片。

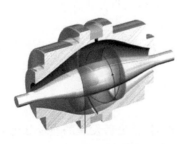

图 5-7　轨道阱剖面图
（由赛默飞公司提供）

图 5-8　轨道阱发明者 Makarov 手持
轨道阱（照片由赛默飞公司提供）

在轨道阱的两端有端电极，两个端电极之间加有一定的电位，把离子限定在轨道阱内。在中心电极和外电极的作用下，轨道阱内产生了一个电场：

$$U(r,z) = \frac{k}{2}\left(z^2 - \frac{r^2}{2}\right) + \frac{k}{2}R_m^2 \ln\left(\frac{r}{R_m}\right) + C \tag{5-50}$$

式中，r，z 为圆柱坐标；k 为轴向的复原力；R_m 为特征半径；C 为常数。

从式(5-50)可知，轨道阱内的电场是四极场加对数场。

离子从 $z \neq 0$ 的某处射入，离子的运动方向与 z 轴垂直。

由于在 $z = 0$ 处势能最低，而离子从 $z \neq 0$ 的某处射入，这种情况就好像把一个重力摆的摆锤往旁边拉开一个角度然后松开，摆锤将围绕平衡点（最低点）来回摆动。因此，离子从 $z \neq 0$ 的某处射入轨道阱之后将沿着 z 轴振荡，下面将进一步讨论。

离子在轨道阱内运动的轨迹是复杂的。可以把它们的轨迹分解为三种运动：①上述的沿着 z 轴振荡；②离子绕 z 轴转动（具有转动的角速度）；③离子相对于 z 轴的距离 r 在变化。由于在式(5-51)中没有 r 和 z 的交叉项，因此沿着 z 方向的运动独立于沿着 φ 和 r 的运动。

沿着 z 方向的运动用式(5-51)描述：

$$z(t) = z_0 \cos\omega t + \left(\frac{2E_z}{k}\right)^{1/2}\sin\omega t \tag{5-51}$$

式中，z_0 为离子最初轴向的振幅；E_z 为最初离子的动能；ω 为离子沿着 z 轴的振荡频率，它是离子质荷比 m/z 的函数：

$$\omega = \left(\frac{kq}{m}\right)^{1/2} \tag{5-52}$$

式中，k 为常数。

式(5-52)表明 ω 与质荷比 m/q 的函数关系。

需说明的是，在本小节内为使电荷的表示不与坐标轴 z 混淆，质荷比用 m/q 而不用 m/z。式(5-52)的重要之处在于离子的质荷比仅相关于离子沿 z 轴的振荡频率，与离子的能量、离子在空间的分布无关。因此，轨道阱的质量分析可以达到较高的精度。

式(5-51)实际上指的是离子包沿 z 轴的振荡频率。当离子包沿 z 轴振荡时，它在外电极的两段来回运动。从两段外电极分别引出导线，离子包的运动感应出"像电流"（image current）。不同质荷比的离子包有其各自的振荡频率。于是得到一个总的信号（相对于时间的信号），其形状类似于核磁共振的 FIT 信号。经过快速傅里叶变换（FFT），从这个总的信号得到分立的振荡频率，即不同的质荷比数值，也就是得到了质谱。读者可参考第 1 章关于时域谱和频域谱的傅里叶变换部分，以得到较深入的理解。

下面对离子包沿 z 轴的振荡运动作进一步的说明（离子包相对于轨道阱内中心电极的两种运动暂不讨论）。离子包从 $z \neq 0$ 的某处射入（方向与 z 轴垂直）。从式(5-51)可知，相对于 $z = 0$ 处具有一定的势能，因此离子包会向 $z = 0$ 处运动。在到达 $z = 0$ 处时，它还具有相当的动能，因此会继续往前运动。由于此时已经通过 $z = 0$ 的位置，是朝着 $z > 0$ 的方向（轨道阱外电极的另一半）运动，因此以减少动能来增加势能，到某一位置才停止。离子包会不断通过 $z = 0$ 处来回振荡。这个振荡运动将持续到离子包内的离子失去相关性，即离子包不复存在为止。

轨道阱通常与电喷雾电离（ESI）联用。电喷雾电离在常压下进行，连续地产生离子。与在傅里叶变换核磁共振的实验中采集自由感应衰减（FID）信号需要足够长的时间才能取得谱图较好的分辨率类似，轨道阱内的离子包需要沿 z 轴振荡足够长的时间才能得到质谱的高分辨率。这就涉及两个条件：①轨道阱内应该是高真空；②离子以离子包的形式，脉冲式地进入轨道阱。因此，从电喷雾电离源到轨道阱需要经过特殊的装置。这个接口需要把 ESI 产生的离子积累，以保证有足够的离子包进入轨道阱而产生良好的信号；也需要把低真空过渡到高真空。最开始主要经由直线四极离子阱。电喷雾电离源产生离子，离子进入第一个四极杆、第二个四极杆，然后加入直线离子阱，在两个四极杆中离子经过碰撞降低能量，在直线离子阱中积累，最后经电子透镜脉冲导出离子包。离子所处氛围也从常压逐步降低。

后来的研究得知，离子从径向逐出比从轴向逐出具有更好的结果：离子的空间分布集中，动能分布集中，因此由轨道阱可以得到更好的分辨率。因此，离子不再是从直线离子阱的末端导出，而是从一个弯曲的仅用射频的四极离子阱的径向引出。这个弯曲的阱称为 C 阱(C-trap)，源自形状如英文字母 C(实际上是只有 C 的一段，即没有弯曲那么多)。从 C 阱引出的离子经离子光学系统进入轨道阱。

下面对离子的导入作进一步的说明。离子是脉冲式地导入轨道阱的。对于轨道阱，它的外电极是接地的，中心电极的电位是和导入离子的脉冲同步变化的。在脉冲开始前，中心电极电位为零。然后该电位逐渐降低(射入的离子是正离子，因此中心电极是负高压，中心电极升压的过程是从零逐渐降低到最低的负高压过程)。在约 50 μs 时，离子(包)开始进入轨道阱。从 C 阱到轨道阱，离子要飞行一段距离，当然是质荷比小的离子先进入，然后质荷比更大的离子陆续进入。在这个过程中，中心电极的电压绝对值逐步加大，称为电动力"挤压"(electrodynamic squeezing)，它使离子包的尺寸减小，也使离子包靠近中心电极而不至于碰撞到外电极。约 120 ms 后(此前中心电极的负高压已经达到稳定值)开始采样，不同质荷比的离子各自产生像电流，经过傅里叶变换而得到质谱。

轨道阱是性能优良的质量分析器，它具有下列优点：

(1) 高的分辨率，高的质量精度。轨道阱的分辨率已经达到(甚至超过)450 000 了。

从式(5-52)可知，轨道阱的分辨率为

$$R = \frac{m}{\Delta m} = \frac{1}{2\Delta\omega}\left(\frac{kq}{m}\right)^{1/2} \tag{5-53}$$

由于轨道阱的分辨率与$(q/m)^{1/2}$成正比，而 FT-ICR 的分辨率与 q/m 成正比，因此在 m/z 大时轨道阱的分辨率可能超过傅里叶变换质谱仪器。

轨道阱测量的质量精度可达 1 ppm 以下。

(2) 非常高的动态范围，可大于 1000。

(3) 高灵敏度。

(4) 其他：质荷比可大于 6000，高稳定性，结构紧凑，几乎无需维护。

轨道阱的缺点是费用不菲，高于离子阱；所需的真空度也高(2×10^{-10} mbar[①])。

5.3 电离过程

电离过程与所得的质谱图密切相关，有必要很好地了解。为了对电离过程有一个全面的认识，现把色谱-质谱联机的电离过程一并在此讨论。由于电离过程种类多，而在本书中篇幅太长也不宜，因此不讨论所有的电离过程，且阐述有简繁之分。

---

① bar 为非法定单位，1 bar=10^5 Pa。

5.3.1 电子轰击电离

电子轰击电离（electron impact ionization，EI）以前称为电子轰击，现在称为电子轰击电离或电子电离。

电子轰击电离是应用最早、发展最成熟的电离方法。

按照德布罗意（de Broglie）关系式：

$$\lambda = \frac{h}{mv} \tag{5-54}$$

式中，λ 为动量为 mv 的粒子的波长；h 为普朗克（Planck）常量。

当电子被加速到几十电子伏特时，其波长为分子大小的数量级，当这样的波紧靠分子而过或通过分子时，它可分解为一系列复杂的波，其中之一可与分子中的某一电子同相位，从而可使该电子激发而逐出。

从上述可知，电子轰击电离称为电子电离更贴切。

一般采用 70 V 来加速电子，故电子能量为 70 eV。在此能量下得到的离子流比较稳定，质谱图的再现性较好。有机化合物分子的电离电位一般为 7～15 eV，而经电子电离后所带的能量均大大超过此数值，因此相当多的分子离子（甚至全部）会发生碎裂，产生广义的碎片离子。

由电子电离所得的质谱图中一般均为单电荷离子，即质荷比的数值为离子的质量。

对绝大多数有机化合物，EI 产生正离子。

EI 在其离子源中进行。呈气体或蒸气的样品分子通过隙漏装置进入维持较高真空度和温度的电离室。热阴极发射电子，经加速到 70 eV（特殊实验可降低该能量）飞向样品分子。加一辅助磁场，使电子运动轨迹成螺旋线形，可加大电子与样品分子的作用概率。

电子电离方法有以下优点：

（1）易于实现，更重要的是所得质谱图再现性好，便于计算机检索及相互对比。

（2）含有较多的（广义）碎片离子信息，这对于推测未知物结构是非常必要的。第 6 章质谱图的解析主要基于 EI 产生的质谱图。

由于具有这些优点，因此电子电离最为常见。

电子电离的缺点是当样品分子稳定性不高时，分子离子峰的强度低，甚至没有分子离子峰。当样品分子不能气化或遇热分解时，则更没有分子离子峰。

为克服碎片离子峰太多而分子离子峰强度太低甚至没有的缺点，有的离子源可快速切换 EI 和 CI，因而能得到全面的信息。总之，当 EI 谱中分子离子峰的强度太低时，都需要软电离（soft ionization）的数据相配合。

5.3.2 化学电离

电子电离是电子直接与样品分子的作用。在化学电离（chemical ionization，CI）时，样品分子的电离是经过离子-分子反应而完成的，因而有其命名。

电子电离工作在约 1.3×10^{-4} Pa，而化学电离时因有反应气，压强约为 1.3×10^{2} Pa。样品分子与反应气分子相比是极少的，因此在具有一定能量的电子的作用下，反应气的分子被电离，随后有复杂的反应过程。以甲烷反应气为例，部分反应为

$$CH_4 + e^- \longrightarrow CH_4^{\cdot+} + 2e^-$$

$$CH_4^{\cdot+} + CH_4 \longrightarrow CH_5^+ + CH_3^{\cdot}$$

$$CH_5^+ + M \longrightarrow CH_4 + MH^+$$

上式中,M 代表被分析的样品分子,由它生成了准分子离子 MH^+。当以氨作反应气而 M 的碱性比反应气强时,易生成 MH^+,若较弱则易生成 $MNH_4^{\cdot+}$。实际情况可能同时生成这两种离子。其他反应还可生成 $M-H^{\cdot+}$。无论怎样,都属于准分子离子之列。

在一个较长的时期,CI 一直是正离子模式。以后也发展了负离子模式,即由 CI 产生负离子(随之就检测负离子)。

负离子化学电离应用于具有强的电子亲和力的化合物。

综上所述,CI 可能产生多种准分子离子,如何求得相对分子质量请参阅 6.1.3。

反应气除甲烷和氨之外,还有异丁烷、甲醇等。

由化学电离产生的准分子离子过剩的能量小,因此化学电离属于软电离技术之一。准分子离子又是偶电子离子,较 EI 产生的 $M^{\cdot+}$(奇电子离子)稳定,因为它没有由奇电子离子进行的诸多碎裂反应,这两种因素使 CI 谱的准分子离子峰的强度高,便于由它推算相对分子质量。

准分子离子的碎裂方式主要是失去中性小分子 HY(Y 为卤原子),以及 OR、NR_2 等原来分子中存在的基团。按质子亲和力(proton affinity,PA)有以下顺序[27]:

$$HBr, HCl, HI > H_2O > H_2S > HCN > C_6H_6 > CH_3OH > CH_3COOH > NH_3$$

CI 谱中碎片离子峰少,强度低。总的来说,CI 谱和 EI 谱构成较好的互补关系。

CI 谱的另一优点是反映异构体的差别比 EI 谱要好,9.2 节中将举一些例子。

5.3.3 场电离和场解吸

当样品蒸气邻近或接触带高的正电位的金属针时,由于高曲率半径的针端处产生很强的电位梯度,样品分子可被电离,这称为场电离(field ionization)。

场电离要求样品分子处于气态,且灵敏度较低,因而应用逐渐减少。

场解吸(field desorption)的原理与场电离相同,但是样品被沉积在电极上。为增加离子的产率,电极上有很多微针(microneedle)。在电场的作用下(或再辅以温和地加热),样品分子不经气化而直接得到准分子离子,因而场解吸适用于难气化、热不稳定的样品,如肽类化合物、糖、聚合物、有机酸的盐、有机金属化合物等。

由场解吸所得的质谱中准分子离子峰强,碎片离子很少,为得到较多的结构信息需进行碰撞诱导断裂(collision induced dissociation,CID)。

5.3.4 快原子轰击和液体二次离子质谱

自 20 世纪 80 年代以来,快原子轰击(fast atom bombardment,FAB)是一种广为应用的软电离技术。

快原子轰击利用重的原子 Xe 或 Ar,有时也用 He。稀有气体的原子首先被电离,然后被电位加速,使其具有较大的动能。在原子枪(atom gun)内进行电荷交换反应:

$$Ar^+(高动能的) + Ar(热运动的) \longrightarrow Ar(高动能的) + Ar^+(热运动的)$$

低能量的离子被电场偏转引出,高动能的原子则对靶物进行轰击。

样品调在基质之中。常用的基质有甘油、硫代甘油(thioglycerol)、3-硝基苄醇(3-nitro-benzylalcohol)、三乙醇胺(triethanolamine)、聚乙二醇(polyethylene glycol)等,它们都具有低的蒸气压。快原子轰击到靶上时,其动能以各种方式消散,其中有些能量导致样品的蒸发和解离。高极性、难气化的有机化合物都可采用此电离方法。由于基质的存在,表层的样品分子可不断更新。总的来说,基质应具有流动性、低蒸气压、化学惰性、电解质(electrolytic)性质和好的溶解能力。

由快原子轰击得到的准分子离子峰的组成较复杂:除质子转移之外还可能加合基质分子及金属离子(当有金属盐存在时)。由快原子轰击所得质谱也有碎片离子峰,因而也提供了结构信息。基质分子也会产生相应的峰,以甘油为例,有 m/z 93,185,277 等。

基质的改变会使快原子轰击质谱变化,文献[28]是一例。

快原子轰击也可以产生负离子并随后进行检测。

也可以用重离子来取代原子进行轰击,如使用 Cs^+。Cs^+ 是一级(primary)离子,经其轰击产生的离子就是二次离子。早期的二次离子质谱用于固体表面分析,而现在是液体样品的分析,为了区分二者,称为液体二次离子质谱(liquid secondary ion mass spectrometry,LSIMS)。

5.3.5　基质辅助激光解吸电离

相对于前述的 CI、FD、FAB 等软电离技术,基质辅助激光解吸电离(matrix-assisted laser desorption ionization,MALDI)的发展较晚,但已显示它的重大作用[29,30]。

对于热敏感的化合物,如果对它们进行极快速的加热,可以避免其加热分解。利用这个原理,曾用 ^{252}Cf 作为电离方法。^{252}Cf 进行放射性裂变,在裂变的瞬间产生裂变碎片(如 Ba 和 Tc)。它们在极短的时间内穿越样品,局部产生高达等离子体(plasma)的高温,对热敏感或不挥发的化合物可从固相直接得到离子从而进行质谱分析。

采用脉冲式的激光是与之类似的:在一个微小的区域内,在极短的时间间隔(纳秒数量级),激光可对靶物提供高的能量。

MALDI 的方法如下:将被分析物质(μmol/L 数量级浓度)的溶液和某种基质(mmol/L 数量级浓度)溶液混合。蒸发溶剂,于是被分析物质与基质成为晶体或半晶体(semi-crystal-line)。用一定波长的脉冲式激光进行照射。基质分子能有效地吸收激光的能量,使基质分子和样品投射到气相并得到电离。

常用的基质有 2,5-二羟基苯甲酸(2,5-dihydrobenzoic acid)、芥子酸(sinapinic acid)、烟酸(nicotinic acid)、α-氰基-4-羟基肉桂酸(α-cyano-4-hydroxycinnamic acid)等。

采用 MALDI 法的优点主要有下列两点:

(1) 使一些难于电离的样品电离,且无明显的碎裂,得到完整的被分析物的分子的电离产物,特别是在生物大分子(如肽类化合物、核酸等)取得很大成功。

(2) 由于应用的是脉冲式激光,特别适合与飞行时间质谱计相配,因而常可见到 MALDI-TOF MS 这个术语。

当然,MALDI 也可以与离子阱类型的质量分析器相配。

由 MALDI 所得的质谱图中,碎片离子峰少,谱图中有分子离子、准分子离子及样品分子聚集的多电荷离子。

5.3.6 大气压电离

大气压电离是(atmospheric pressure ionization,API)主要应用于高效液相色谱(HPLC)和质谱计联机时的电离方法。它包括电喷雾电离(electrospray ionization,ESI)和大气压化学电离(atmospheric pressure chemical ionization,APCI)。

1. 电喷雾电离

样品溶液从具有雾化气套管的毛细管端流出,在流出的瞬间受到下列几方面的作用:①管端加几千伏的高电压;②雾化气(常用氮气)的吹带;③一定的温度,在大气压下喷成在溶剂蒸气中的无数细微带电荷的液滴。

液滴在进入质谱计之前,沿一管子运动。该管被不断抽真空,且管壁保持适当的温度,因而液滴不会在管壁凝聚。液滴在运动中,溶剂不断快速蒸发,液滴迅速地不断变小,由于液滴是带电荷的,表面电荷密度不断增大。在这样的情况下,就会从液滴排出溶剂和样品的分子和离子。产生的离子可能具有单电荷或多电荷,这与样品分子中酸性和碱性基团的数量有关。通常小分子得到带单电荷的准分子离子(因有离子分子反应);生物大分子则得到多种多电荷离子,在质谱图上得到多电荷离子的峰簇。由于检测多电荷离子,因此质量分析器检测的质量可提高几十倍甚至更高。

电喷雾电离是很软的电离方法,它通常没有碎片离子峰,只有整体分子的峰。这对于生物大分子的质谱测定是十分有利的。

2. 大气压化学电离

样品溶液仍由具有雾化气套管的毛细管端流出,被氮气流雾化,通过加热管时被气化。在加热管端进行电晕(corona)尖端放电,溶剂分子被电离,以后是前述的 CI 的过程(现在的溶剂分子相应于反应气分子),得到样品分子的准分子离子。

由于要求样品分子气化,因而大气压化学电离的对象为弱极性的小分子化合物。

电喷雾电离和大气压化学电离都是很软的电离方法,易于得到样品的相对分子质量。为得到进一步的结构信息,需进行碰撞诱导断裂(CID),这在 HPLC 与 MS 的接口中可完成。通过对其中电压的调节,可以得到不同断裂程度的质谱。

5.4　亚稳离子及其检测

质谱图提供以下两方面的信息:

(1) 从分子离子峰(或准分子离子峰、多电荷的分子离子峰簇等)得到相对分子质量,进而有可能得到元素组成式。

(2) 从(广义)碎片离子峰得到样品分子结构单元及其相互连接关系的信息。

总之,质谱图中的碎片离子峰是重要的,但是当有大量的碎片离子峰时,信息的分析往往仍有很大的困难。例如,哪些(广义)碎片离子峰是由分子离子峰产生的?这些(一级)碎片离子峰又分别产生了哪些(二级)碎片离子?若能了解离子之间的"亲缘"关系,这对于推测结构是很有用处的。亚稳离子正是能提供离子间的"亲缘"关系的信息。因此,围绕亚稳离子的研究构成有机质谱中一个非常活跃、进展迅速的分支,有必要对它进行系统的讨论。

本节的讨论原则上限于 EI 源和双聚焦的质量分析器。这是因为 EI 源可产生大量的碎片离子。其他电离方法由于缺乏碎片离子而需采用 CID，将在 5.5 节中讨论。当采用扇形电场和扇形磁场构成的质量分析器时，已形成了一整套检测亚稳离子的方法，因而在此进行系统的讨论。

在双聚焦质谱仪中，无论静电分析器与磁分析器哪个在前面，总存在三个无场区（field-free region，FFR）。第一无场区在离子源与第一个分析器之间，第二无场区在两个分析器之间，第三个无场区在第二个分析器与检测器之间。图 5-9 为常见的前置型双聚焦质谱仪三个无场区的示意图。

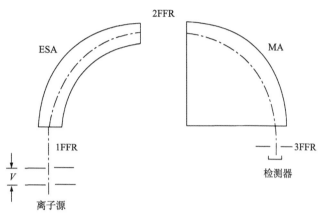

图 5-9　前置型双聚焦质谱仪的三个无场区

因生成多电荷离子的概率远比生成单电荷离子小，为简化计算公式，本节内所有公式的推导均取 $z=1$，相应地，离子的质荷比为 m/e。

在讨论亚稳离子时，以动量 mv 来讨论是方便的。从式(5-3)$eV=\dfrac{1}{2}mv^2$，可得

$$mv=\sqrt{2eVm} \tag{5-55}$$

而从式(5-4)可得

$$mv=r_m Be \tag{5-56}$$

从式(5-56)可知，不同质荷比的离子，它们在磁分析器中偏转的半径与其动量成正比，而动量又与离子质量 m 的 $\dfrac{1}{2}$ 次方成正比。

在讨论亚稳离子的产生及检测时，先针对常见的(亦即前置型)质谱仪进行讨论。

5.4.1　在第二无场区产生的亚稳离子

离子在离子源中运动的时间，其数量级为 10^{-6} s，离子从离子源到达检测器的时间，其数量级为 10^{-5} s。"正常离子"(非亚稳离子)热力学能相当高时，具有高的分解反应速率常数，其寿命小于 10^{-6} s，它们在离子源内即分解了。当正常离子具有低的热力学能时，分解反应速率常数相对较小，其寿命大于 10^{-5} s，足以到达检测器。寿命为 $10^{-6} \sim 10^{-5}$ s 的离子，在到达检测器之前有相当大的可能进行分解反应：

$$m_1^+ \longrightarrow m_2^+ + N \tag{5-57}$$

式中，m_1^+ 为母离子；m_2^+ 为子离子；N 为中性碎片，其质量为 $m_1 - m_2$。

需说明的是,在本节将不区分奇电子离子和偶电子离子,m_1^+ 或 m_2^+ 可以是奇电子离子,也可以是偶电子离子。在本节,不采用 $\urcorner^+$ 或 $\urcorner^+$ 的符号。

反应式(5-57)可以在双聚焦质谱仪内任何无场区或(有)场区发生。在两个场区内产生的 m_2^+,因其动量低于正常离子的动量,故被偏转掉。在第三无场区产生的 m_2^+ 将与正常离子一起进入检测器(如在检测器上加一定数值的排斥电压,具有较小动量的 m_2^+ 可不进入检测器)。因此,我们感兴趣的亚稳离子是在第一、第二无场区产生的亚稳离子,现在讨论的是在第二无场区生成的亚稳离子的检测。

相应于式(5-3),现有

$$eV = \frac{1}{2} m_1 v_1^2 \tag{5-58}$$

式中,m_1 为 m_1^+ 的质量;v_1 为 m_1^+ 被加速后的速度。

m_1^+ 分解为 m_2^+ 和 N,m_2^+ 具有 m_1^+ 的速度,即

$$v_2 = v_1 \tag{5-59}$$

在磁分析器中,m_2^+ 仍作圆周运动,但它和正常离子(m_1^+)偏转不同。

相应于式(5-4),现有

$$ev_1 B = \frac{m_2 v_1^2}{r_{\mathrm{m}}} \tag{5-60}$$

联立解式(5-58)及式(5-60),消去 v_1,整理后可得

$$r_{\mathrm{m}} = \frac{1}{B} \sqrt{2V \frac{m_2^2}{m_1} \frac{1}{e}} \tag{5-61}$$

或

$$\frac{m_2^2}{m_1 e} = \frac{B^2 r_{\mathrm{m}}^2}{2V} \tag{5-62}$$

对比式(5-62)和式(5-6)可以看到,这样的 m_2^+ 将被记录在 $\dfrac{m_2^2}{m_1}$ 的地方,它的"表观"质量数比 m_2 还小,记为

$$m^* = m_2^2 / m_1 \tag{5-63}$$

由于 m_1^+ 裂解时,部分热力学能转换为动能,亚稳离子的峰将有不同程度的扩散,扩散可宽达 $2 \sim 3$ 个质量单位。

在从 m^* 确定 m_1^+ 及 m_2^+ 时,有两个困难:①m^* 的峰较宽,位置不易精确判定;②m^* 有可能不只对应一组解。这时应考虑以下两点:①真正的一组 m_1^+、m_2^+、m^* 应符合关系式(5-63);②m_1^+ 的分解有一定概率,一方面,m_1^+ 能产生可记录的亚稳离子,另一方面,可记录到正常的 m_1^+、m_2^+,且在一般情况下 m_1^+、m_2^+ 都有相当强度。因此,一般只需在 m^* 的右侧(高质量方向)较强的峰中间去寻找 m_1^+ 和 m_2^+,然后用式(5-63)进行验算。

上述所讨论的亚稳离子产生在第二无场区,它们可以被标记为 ${}^2m^*$。

5.4.2　在第一无场区产生的亚稳离子

m_1^+ 在第一无场区分解,m_2^+ 只具有正常离子动能的 m_2 / m_1 倍。静电分析器的电场强度

是与正常离子的动能相匹配的(因此静电分析器的电场强度和加速电压 V 是相匹配的),亚稳离子比正常离子动能小,在静电分析器中将碰到内壁而被中和。它们在常规条件下不能通过静电分析器,自然也就不能检测到。

为使在第一无场区产生的亚稳离子可通过静电分析器,有以下两种方法。

1. 提高离子的加速电压

该法简称 HV(high-voltage scan)法。在用 HV 法时,静电分析器的电压保持在原来的正常工作值不变,亦即只有正常动能的离子能通过静电分析器。

对 m_1^+ 有

$$eV_1 = \frac{1}{2} m_1 v_1^2 \tag{5-64}$$

m_2^+ 具有的动能为

$$\frac{1}{2} m_2 v_2^2 = \frac{1}{2} m_2 v_1^2 = \frac{m_2}{m_1} \times \frac{1}{2} m_1 v_1^2 \tag{5-65}$$

代入式(5-64),有

$$\frac{1}{2} m_2 v_2^2 = \frac{m_2}{m_1} eV_1 \tag{5-66}$$

现提高加速电压,使其从 V_1 提高到 V_1',并符合

$$V_1' = \frac{m_1}{m_2} V_1 \tag{5-67}$$

将其代入式(5-66),则 m_2^+ 具有的动能为

$$\frac{1}{2} m_2 v_2^2 = \frac{m_2}{m_1} eV_1' = \frac{m_2}{m_1} e \frac{m_1}{m_2} V_1 = eV_1 \tag{5-68}$$

即在按式(5-67)提高加速电压的情况下,m_1^+ 分解产生的 m_2^+ 具有正常离子的动能,因此它们能通过静电分析器。反之,在电离室内产生的正常离子,则因加速电压的提高,动能过大,在静电分析器中会碰到外壁,不能通过,因此这个方法也称为散焦方法。

需注意的是,提高加速电压之后,由 m_1^+ 分解产生的 m_2^+ 具有正常离子 m_2^+ 的动能,也有正常离子 m_2^+ 的相同动量,通过磁分析器时,按式(5-56),仍在正常条件下 m_2^+ 的地方出峰,就像在正常条件下离子源内就产生了 m_2^+,然后被加速,通过两个分析器,最后被记录下来的一样。

调节加速电压在某一较低值(如 2 kV),调节 B,使我们感兴趣的 m_2^+ 正常离子到达检测器,然后固定 B。再扫描加速电压,从上述的该较低值逐渐升高至允许的最高值。当不同质量的母离子在第一无场区分解,产生固定质量的 m_2^+ 时,相应的亚稳离子都可检测到,即通过扫描加速电压可找到产生某一子离子的所有母离子。

采用 HV 法时,因所有正常离子均不能通过静电分析器,所以质谱噪声信号很弱,质谱计可检测到很弱的亚稳离子信号(相当于正常质谱基峰的百万分之一)。因此,相比于在常规质谱中的亚稳离子(亦即在第二无场区产生的亚稳离子,它们与正常离子同时被记录下来)的检测,用 HV 法可以记录到更多的亚稳离子。

HV 法的缺点是由改变加速电压引起的。加速电压 V 高时,质谱仪器的分辨率、灵敏度均高。用 HV 法时,V 改变,离子源的工作条件改变,不同的母离子(对应的加速电压不同)的测定条件不同,其相对丰度测不准。

用这种扫描、记谱方法当然也不能区分开同一名义质量(nominal mass),实际元素组成不同的母离子。解决这个问题的方法是或用串联质谱,或用同位素标记。

2. 扫描 E(静电分析器电压)法

如前所述,在第一无场区,m_1^+ 分解产生的 m_2^+ 所具有的动能为 $\frac{m_2}{m_1}eV$,不能通过静电分析器。如果将静电分析器电压降至 $\frac{m_2}{m_1}E$,此亚稳离子即可通过静电分析器。自然,所有正常离子都不能通过静电分析器(它们的动量太大,打在静电分析器外侧被中和)。

改变静电分析器电压并未改变离子从离子源获得的能量,因此 5.4.1 中的结论 $m^* = \frac{m_2^2}{m_1}$ 是仍然成立的,故用此法记录的亚稳离子的位置仍在 $m_2\frac{m_2}{m_1}$ 处。

扫描 E 法因其在尽可能高的电压下操作,离子源一直处于最佳的工作状态,仪器的分辨率、灵敏度都较高。采用 E 扫描时,扫描的幅度比 HV 法宽。但是,当子离子的动量很低时(此时对应低的 E 值),电子倍增器的效率下降。

扫描 E 法更多地用于离子动能谱和质能谱中,后面将进一步讨论。

5.4.3　离子动能谱

离子动能谱(ion kinetic energy spectrum,IKES)基本原理如 5.4.2 中所述。

测定 IKES 用的是常用的前置型双聚焦质谱仪。

在静电分析器的出口狭缝后放一个电子倍增检测器。当加速电压保持不变,而从高到低扫描静电分析器电压 E 时,这个电子倍增检测器可记录下在第一无场区产生的所有亚稳离子。因为扫描 E 时,对应地记录了不同动能的离子,所记录的是能量谱,故该谱称为离子动能谱。

离子动能谱对化合物的结构很敏感。很多异构体在常规的质谱中可能很近似,甚至找不到差别,但在离子动能谱上可反映出差别,并且离子动能谱的灵敏度高,因此它能给出化合物的很好"指纹"。

但离子动能谱中峰的重叠现象是严重的,因不同的母离子-子离子对的质量比:$\frac{m_2}{m_1}$、$\frac{m_2'}{m_1'}$、$\frac{m_2''}{m_1''}$ 可能很邻近,特别是分子离子顺次掉 H 和掉 H_2 时,$\frac{M-1}{M}$、$\frac{M-2}{M-1}$ 数值很接近。

为确定到底是哪一对母离子-子离子,需将静电分析器后的检测器升出或降下,使离子流进入磁分析器,由磁分析器可记下 m_2^+ 的峰$\left(\text{注意,它记录的位置在 } m_2\frac{m_2}{m_1}\right)$,结合离子动能谱的横坐标:$\frac{E'}{E} = \frac{m_2}{m_1}$,$m_1$ 和 m_2 均可计算出来。

图 5-10 为离子动能谱的例子,从图可见异构的单萜烯质谱很相近,难以区分,但从 IKES 可区分不同的异构体。

5.4.4　质能谱

质能谱即质量分析的离子动能谱(mass-analyzed ion kinetic energy spectrum,MIKES),

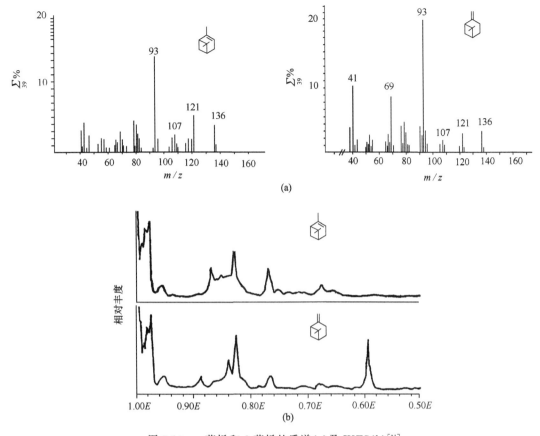

图 5-10 α-蒎烯和 β-蒎烯的质谱(a)及 IKES(b)[31]

也称为子离子的直接分析(direct analysis of daughter ions,DADI)。

测定质能谱用的是倒置型双聚焦质谱仪。第一个分析器是磁分析器。通过它可以选出某种感兴趣的离子进行研究。该离子在第二无场区裂解,产生各种子离子,通过扫描静电分析器的电压,可将选定母离子的不同子离子 $\left(\text{它们出现在} \dfrac{m_2'}{m_1}E \text{、} \dfrac{m_2''}{m_1}E \text{、} \dfrac{m_2'''}{m_1}E \text{、} \cdots \right)$ 记录下来,亦即通过质能谱可以记录任一选定的母离子的所有子离子。

质能谱具有下列优点:

(1)骨架相同、支链不同的化合物在通常的质谱中不易区分,利用质能谱则易解决此问题,因为可以选出带支链的离子进行分析。

(2)可用于混合物的分析。磁分析器把混合物的不同的分子离子分开。它比气相色谱分离速度快、效果好。若采用软电离技术,使碎片离子降到最低的丰度,则更理想。

(3)若在磁分析器之后设立碰撞活化的装置(关于碰撞活化见 5.5.1),产生亚稳离子的概率加大,可得到更多的信息(感兴趣的离子较好地碎化,然后被检出)。

5.4.5　联动扫描

除非特别指出,本小节所讨论的仪器均为前置型双聚焦质谱仪。

前述的 HV 法或扫描 E 法都有一些缺点,联动扫描(linked scanning)较之则有明显优点。

质谱仪的三个参数为 B、E、V，联动扫描时，其中一个参数保持常数，另两个参数则按一定关系变化。

1. B/E 扫描

这是使用最广泛的联动扫描。

由于 V 保持不变，它避免了 HV 法的缺点。

此联动扫描给出选定母离子的所有子离子。在调节仪器时，在某条件下(V、E_1、B_1)正常离子 m_1^+ 被检测，由此确定 B 和 E 的比值。

在第一无场区，一部分 m_1^+ 分解为 m_2^+。

设 E_1 及 B_1 分别为正常离子 m_1^+ 通过静电分析器的电压及通过磁分析器时的磁感强度，在第一无场区内由 m_1^+ 分解出的 m_2^+ 通过静电分析器的电压及通过磁分析器时的磁感强度分别为 E_2 及 B_2。

为使 m_2^+ 通过静电分析器，如前所述，应有

$$E_2 = E_1 \frac{m_2}{m_1} \tag{5-69}$$

为使正常离子 m_1^+ 通过磁分析器，运用式(5-56)

$$r_m B_1 e = m_1 v_1 \tag{5-70}$$

由 m_1^+ 分解产生的 m_2^+ 要在同样的曲率半径 r_m 通过磁分析器，m_2^+ 的有关参数也应满足式(5-56)，即应有

$$r_m B_2 e = m_2 v_2 \tag{5-71}$$

但 $v_2 = v_1$，所以有

$$r_m B_2 e = m_2 v_1 \tag{5-72}$$

联立式(5-70)及式(5-72)有

$$\frac{B_2}{B_1} = \frac{m_2}{m_1} \tag{5-73}$$

联立式(5-69)及式(5-73)可得

$$\frac{B_2}{B_1} = \frac{m_2}{m_1} = \frac{E_2}{E_1}$$

亦即

$$\frac{B_2}{E_2} = \frac{B_1}{E_1} = 常数 \tag{5-74}$$

此常数的值与 m_1 的值有关。

因此，在正常操作时，由指定的 m_1 找出 B_1 和 E_1 的比值。然后联动扫描 B 和 E，二者同时下降但比值保持恒定，m_1^+ 在第一无场区产生的所有子离子均可被记录。由这样的一张联动扫描图可找出某一母离子所产生的所有子离子，大大有利于母离子结构的确定。

由于 B/E 联动扫描时是在保持一个理想的 V 的前提下收集的 m_2^+，因此 B/E 联动扫描记录的亚稳峰形较窄，有较好的分辨率。

2. B^2/E 扫描

用此联动扫描可找出给定子离子的所有母离子。

V 仍是固定值(因而也就避免了 HV 法的缺点)。常规操作时,检测离子 m_2^+ 有一组参数: B_2、E_2。

在第一无场区

$$m_1'^+ \longrightarrow m_2^+ + N'$$
$$m_1''^+ \longrightarrow m_2^+ + N''$$
$$\vdots$$

为使分解产生的 m_2^+ 通过静电分析器,应有

$$eE_2' = \frac{m_2 v_2^2}{r_e} = \frac{m_2 v_1^2}{r_e} \tag{5-75}$$

式中,v_1 为 m_1^+ 的速度。

在磁分析器,按式(5-56),应有

$$r_m B_2' e = m_2 v_2 = m_2 v_1 \tag{5-76}$$

经整理得

$$\frac{B_2'^2}{E_2'} = \frac{m_2 r_e}{r_m^2 e} \tag{5-77}$$

因 m_2 已确定,所以 $B_2^2/E_2 =$ 常数。

从常规操作,在 m_2^+ 被检测时,有参数 V、E_2、B_2,由此可求出 B_2^2/E_2 值。然后进行 B^2/E 的联动扫描,B、E 都降低但保持 B^2/E 为常数。这样,在第一无场区产生的 m_2^+ 的所有母离子($m_1'^+$、$m_1''^+$、$m_1'''^+$、…)都被检测出来(B、E 的值越低,对应的 m_1^+ 的质量数越大)。

3. 丢失固定中性碎片的扫描

这种联动扫描找出某给定中性碎片的母-子离子对。

设在第一无场区发生了下列反应:

$$m_1^+ \longrightarrow m_2^+ + m_n$$

其中,m_n 为给定质量 m_n 的中性碎片。

本书删掉有关的推导,因为当采用串联的四极杆质谱计时,这样目的的操作就非常简单了(参阅 5.5.2),何况仍然使用扇形仪器的情况已经很少了。

这种联动扫描可提供结构信息。例如,研究醇类化合物,取 $m_n = 18$,通过联动扫描可以找到失水的所有母-子离子对。

5.4.6 亚稳离子提供的信息

前面介绍了几种亚稳离子的检测方法,在 5.5 节中将讨论的串联质谱和碰撞活化也涉及亚稳离子。通过这些方法,都可以找到有机质谱反应的若干母-子离子对。分析找出的母-子离子对,可以得到关于质谱反应机理、离子结构、结构单元的连接顺序等信息;亚稳离子的检测在混合物的分析等方面也起重要作用。下面仅举少数例子说明亚稳离子提供的信息。

1. 有机质谱反应的机理

$$C_6H_5-CH_2-\underset{\underset{CH_3}{|}}{CH}-\overset{\overset{O}{\parallel}}{C}-CH_3$$

上述化合物的质谱中,分子离子峰 m/z 162 有一定强度,低质量方向的强峰有 m/z 147、119、105、91 等。显然,m/z 147 为 $M-CH_3$,但掉下的甲基是哪个甲基呢?

从亚稳离子的检测知道分子离子有下面两条碎裂途径:

(1) m/z 162 $\rightarrow$ m/z 147 $\rightarrow$ m/z 119 $\rightarrow$ m/z 91。

(2) m/z 162 $\rightarrow$ m/z 147 $\rightarrow$ m/z 105。

过程(1)为 $M-15$、$M-15-28$、$M-15-28-28$,结合化合物结构式可知分子的碎裂过程为分子离子顺次失甲基、羰基、C_2H_4,最后生成苄基离子。从这个顺序可知最开始失去的甲基为羰基上的甲基。类似的分析可知,过程(2)为先失去 CH 上的甲基,然后失 $O=C=CH_2$,生成了 $C_6H_5-CH_2-CH_2^{\rceil+}$。

2. 离子的结构

从母-子离子系列的分析自然也就知道了有关碎片离子的结构,如上面的例子中 m/z 105 为苯乙基离子。

又如,某已知结构的甾体化合物(具有四个环:A、B、C、D),它的质谱显示分子离子峰 m/z 320。在其质谱中有一强峰 m/z 122,希望知道此离子的结构。

通过亚稳离子的检测知道该分子离子有两条碎裂途径。从母-子离子对的质量差值知一条碎裂途径为分子离子失 D 环再失 A、B 环产生 m/z 122;另一条碎裂途径为分子离子失 A、B 环再失 D 环。从上面的结果可知 m/z 122 的离子只有单一的结构(C 环)。

在 5.5.1 中将叙述的碰撞活化裂解谱可提供更确切的离子结构信息。

3. 结构单元的连接顺序

从分子离子的子离子系列的分析可得到化合物各结构单元连接顺序的可靠信息。虽然第 6 章例 6-7 讨论了氨基酸连接序列的确定,但那样的分析结果没有经由亚稳离子分析而得的结果可靠。

5.5　串联质谱　

5.4 节讨论了在质谱仪器中"自发"地产生的亚稳离子的检测,从而得到重要的结构信息。本节是 5.4 节的延伸,并解决混合物的分析。

5.5.1　碰撞诱导断裂

碰撞诱导断裂(CID)又称为碰撞活化断裂(collision-activated dissociation,CAD)或简称碰撞活化(collision activation,CA)。

利用 EI,会产生亚稳离子,但有产率不高的缺点。

采用各种软电离技术,易于得到相对分子质量的信息,这是非常有用的。但软电离技术所生成的准分子离子过剩的热力学能少,因而碎片离子很少(甚至没有),这对于推测样品分子的结构是很不利的。如果先测得准分子离子,然后将其"打碎",再测定碎片,这当然是最理想的情况。

无论采用何种电离手段,如果选定某种碎片离子,将其打碎,得到它的各种离子,可以得到重要的结构信息。有必要时这种过程可以再继续下去。

CID 就可以实现上述想法。选定的离子(可以是分子离子、准分子离子或某种广义碎片离子)与中性分子碰撞,离子经碰撞获得热力学能,导致该离子发生碎裂,这就是 CID。

中性分子在碰撞时也获得能量,可导致活化、电离、碎裂,因此在 CID 中一般采用稀有气体分子或氮气。

CID 在一定的装置中进行,该装置称为碰撞室(collision cell)。在时间上串联质谱的实验中,碰撞室就是质量分析器,下面将讨论。

对 CID 过程,将碰撞前、后的离子分别称为反应物离子(reactant ion)、产物离子(production ion);也用前体离子(亦即母离子)和子离子的术语。

考虑母离子和中性分子的碰撞,经历一次碰撞,离子动能往热力学能的转换可以用式(5-78)描述

$$E_{cm} = E_{lab} \frac{m_n}{m_p + m_n} \tag{5-78}$$

式中,E_{cm} 为经过碰撞,从离子动能转换成的热力学能,由于是在质心坐标系中考虑,因此有 cm(center of mass)的下标;E_{lab} 为离子的动能,因为是从实验室坐标系考虑,所以有 lab 的下标;m_p 为离子的质量;m_n 为中性分子的质量。

从式(5-78)可以知道:中性分子的质量增加有利于能量的转换,离子质量的增加则使转换的能量降低。

由于与 CID 配套的质量分析器(主要指在 CID 之前的质量分析器)不同,CID 分为两类:高能 CID 和低能 CID。高能 CID 中离子具有 1 keV 以上的动能,这相应于用扇形仪器(扇形磁场、扇形电场)、飞行时间质谱等的情况。低能 CID 中离子动能小于 100 eV,这相应于用四极滤质器、离子阱、离子回旋共振等的情况。

在高能 CID 中,由于前体离子获得的热力学能高,一次碰撞则使离子碎裂,而且碎裂程度高。因此,经高能 CID 所得的质谱中产物离子的丰度高,结构信息丰富。在肽类物质的高能 CID 中,侧链可以断裂,因此亮氨酸和异亮氨酸可以分辨。在高能 CID 中重排离子少,这有利于产物离子质谱的解析。

在高能 CID 中,稀有气体的种类、碰撞条件(温度、压力等),对于产物离子谱(CID 谱)的改变不大。因此,高能 CID 的结果具有比较好的再现性。

在低能 CID 中,由于前体离子的动能低,经过一次碰撞转换的热力学能小,因此需要经过很多次的碰撞才能使离子碎裂。由式(5-78)可知,为使离子获得较大的热力学能,采用相对分子质量较大的稀有气体(如氩、氙)是有利的。

在低能 CID 中,由于前体离子获得的热力学能少,产物离子少,而且产物离子的分布与前体离子获得的热力学能密切相关,也就是与前体离子的初始动能密切相关,因此产物离子的丰度会随着前体离子的初始动能变化。

总的来说,低能 CID 谱中产物离子的丰度低。低能 CID 质谱相对高能 CID 质谱的重排离子多,这增加了谱图解析的难度。在低能 CID 时,碰撞稀有气体的种类、碰撞室的温度、压力都影响产物离子的质谱,因此谱图的再现性差。

由于在不同的质谱实验室可能使用不同的质谱仪器,实验条件更不可能完全相同,任何给定的化合物难以给出近似程度高的 CID 谱,因此 CID 谱库检索较难。

如上所述,高能 CID 和低能 CID 所得的结果是有差别的。以肽类化合物为例,肽类化合物的碎片离子有以下命名:从 N-端开始命名 $a_1, b_1, c_1, a_2, \cdots$;从 C-端开始命名 $x_1, y_1, z_1, x_2, \cdots$。

采用同一个肽类化合物(含 10 个氨基酸残基),分别进行高能 CID 和低能 CID(当然所用的质量分析器也就不同)。在高能 CID 谱中,各种碎片离子均有。在低能 CID 谱中,较多的为 b,y 型碎片离子,有较少的 a,z 型离子,缺 c,x 型离子,另有失去小分子的离子[32]。需说明的是,b,y 系列离子对肽类化合物氨基酸残基系列研究作用大(参阅例 6-7)。

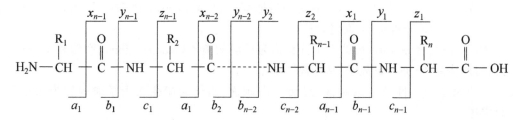

在用只加 RF 的四极滤质器作碰撞室时,由于射频有聚焦作用,碰撞室也有相当长度,因此 CID 的产率还是不错的。在使用 FT-ICR 或离子阱时,因离子在不断回旋或作复杂的周期性运动,CID 的效率也较高。

关于 CID 的作用,通过下面串联质谱的讨论可进一步了解。

5.5.2 串联质谱

串联质谱(tandem MS)又可表示为 MS/MS,随着串联级数的增加进而表示为 MS^n,n 表示串联级数。

如前所述,串联质谱分为两类:空间上串联(tandem-in-space)和时间上串联(tandem-in-time)。

先讨论第一类串联质谱,它串联两个以上的质量分析器,5.4 节中所述的 IKES、MIKES、联动扫描等属于特例下的操作。

空间上的串联质谱可以完成下列实验:

(1) 产物离子扫描(子离子扫描)。

从 5.4 节中关于亚稳离子的讨论可知,这是串联质谱最重要也是应用最多的实验。第一个质量分析器选出某质荷比的离子,它通过碰撞室时与稀有气体(He、Ar、Xe 等)分子发生碰撞诱导断裂,生成若干产物离子,由第二个质量分析器分析,得到产物离子的质谱。

(2) 前体(初始)离子扫描(母离子扫描)。

前体(初始)离子也即是母离子。在此操作模式时第一个质量分析器在一个选择的质量范围内扫描,按离子质荷比的顺序,顺次在碰撞室中进行 CID。第二个质量分析器设置为通过某一个选定质荷比的离子。通过初始离子扫描,可以知道某一选定质荷比的离子是由哪些初始(母)离子产生的。

(3) 中性碎片丢失的扫描。

在两个质量分析器之间仍有碰撞室,在其内进行 CID。两个质量分析器一起扫描,保持某一质荷比的差值,第二个质量分析器让比第一个质量分析器选出的低某一质荷比的离子通过。这样就可以检测出若干成对的离子,它们有共同的中性碎片的丢失,如失去 18 质量单位对应失 H_2O;失去 28 质量单位对应失 CO;失去 44 质量单位对应失 CO_2 等。四极质量分析器完成这样的实验特别简单。

以上三种模式扫描的实验对于推测未知离子的结构能起很大作用,不用再多加解释。需要强调的是,它们对于混合物的分析也能起重要的作用,第一个质量分析器可以用于混合物的分离,与色谱仪器相比,它大大缩短了分离时间(色谱实验的保留时间),但又保留了灵敏度和精密性。如果第一个质量分析器更换为双聚焦质量分析器,由于已达高分辨率,它们还可以区分同一名义质量而元素组成不同的离子。再看一下固定中性碎片丢失的扫描用于混合物的分析。当单独采用 MS^1 分析时,可能得到一大片分子离子或准分子离子峰,显示混合物组成的复杂性。用 MS^1 及 MS^2 进行某种选定的中性碎片丢失扫描时,则可发现并突出混合物中的同类化合物,显著地提高信噪比。例如,醇类化合物都会丢失水,经这样扫描,只显示混合物中的醇类化合物。

以上三种操作模式可用图 5-11 来表示。现以实线圆圈表示完全(或某一选定范围)的质荷比的扫描,虚线圆圈表示经 CID 产生各种质荷比的离子,带径向箭头的圆圈表示某选定质荷比离子的检测。以上三种模式分别如图 5-11(a)、(b)和(c)所示。

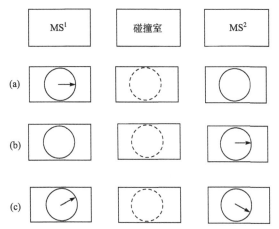

图 5-11 空间串联质谱的三种操作模式
(a) 产物离子扫描;(b) 初始离子扫描;
(c) 中性碎片丢失扫描

图 5-11 表示的是进行结构分析的三种操作模式,是我们推测未知物结构所关心的。串联质谱还使用多重反应监测(multiple reaction monitoring,MRM),它用于定量分析。

设母离子为 A,它的子离子有 a、b 和 c。显然,A 生成 a、b 和 c 涉及三个质谱反应(因为每个质谱反应只能生成一种离子)。通过分别检测 a、b 和 c,从而得到 A 的含量。由于现在是从三个子离子来进行对于 A 的定量,因此定量精度比较高。

一般来说,空间串联质谱需要把具体的质量分析器串联起来,如三级串联质谱就需要三个质量分析器。这种情况已经有了突破,请看下面的例子。

先介绍 20 世纪末期的串联质谱。为简化叙述,四极滤质器、扇形磁场分析器、扇形电场分析器分别用 Q、B、E 表示。各种串联的方式很多,下面仅举部分例子说明。

(1)全由四极质量分析器组成。

由于采用三个四极质量分析器而以中间一个作为碰撞室,故表示为 QQQ 或 QqQ(中间的 q 表示作碰撞室而与两端作质量分析器的 Q 区别)。这是目前生产最多、应用最多的串联质谱。由图 5-11 可知,这样的配置可以完成三种操作模式的扫描,而且易于完成。特别是记录丢失固定中性碎片的离子对时,只需控制 Q1 和 Q3 保持固定的质量差扫描即可完成,较 E、B 型仪器的参数控制简单得多。

四极质量分析器作碰撞室时,使式(5-13)中的 $a=0$,即不加直流电压,从图 5-2 可知,此时的扫描线与水平的 Oq 轴重合,如相应的文中所述,除某些最低质荷比的离子之外,所有的离子均处于稳定区。从离子运动的轨道来看,在射频(交变)电压的作用下,离子靠近四极杆的中心,沿 Oz 轴运动。

(2)混合式串联质谱(hybrid tandem MS)。

此处混合式指扇形电、磁场质量分析器和其他质量分析器联合使用,常采用四极质量分析器。

一种配置为 BEqQ,此处 q 仍指四极质量分析器作碰撞室之用。在每一个质量分析器 (B,E,Q)之后都有检测器(因而共有三个)。在每两个质量分析器之间都有碰撞室。这样配置的优点是可进行多级产物离子的扫描,而且既有高能量的 CID 也有低能量的 CID,因此有较全面的离子碎裂的信息。由于通过 B、E 离子具有高动能,因此在进入 q 之前要用减速透镜 (deceleration lens)对离子进行减速。

(3) 扇形场质量分析器的串联质谱。

这样的配置全由 B、E 作质量分析器。一种情况如 BEEB。B 和 E 既可单独作质量分析器,也可构成高分辨率的质量分析器。E_2 和 B_2 也是既可单独作质量分析器(具有较多级的产物离子扫描)也可联合使用(分辨率提高)。多个碰撞室提供了多次实现 CID 的场合。

(4) 采用飞行时间质谱计作第二个质量分析器。

这是近来的一个发展趋势。飞行时间质谱计由于同时分析记录所有质荷比的离子,因此灵敏度高,适合作第二级质量分析器。由于进入 TOF MS 之前的离子在飞行方向已具有一定的动能(其动能大小取决于第一级质量分析器的种类),因此在 TOF MS 中必须改换飞行方向,这时的 TOF MS 是正交加速飞行时间质谱计。在与离子飞行方向成 90°施加脉冲电压,离子改变飞行方向进入 TOF(MS),经单程的漂移或采用离子镜的反射再有近于反向的第二次漂移,到达检测器。由于不同质荷比的离子初始动量的差别,质荷比大的离子沿原来飞行的方向要继续运动得远点,因而要采用阵列检测器(array detector)。

作为第一级质量分析器,可以用 Q,也可以用 E、B 的组合。碰撞室可以用四极杆、六极杆等。

下面讨论时间上的串联质谱,从 5.2 节中的阐述可知,这指由离子阱或 FT-ICR 进行这样的操作。从"硬件"——质量分析器来看,只有一个,因而设备投资不像前述的空间上的串联质谱(投资可能成倍增加),这是它们最大的优点。也正因为这个原因,时间上的串联质谱可达到多级(MS"),这是一般的空间上的串联质谱远不能及的。

首先讨论在离子阱中如何完成串联质谱的实验。它有以下步骤:

(1) 按离子阱稳定性图,选择适当的 U、V 值,可选出某一质荷比的离子储存在离子阱中,质荷比更大或更小的其他离子均逐出离子阱(参阅 5.2.3)。

(2) 进行碰撞诱导断裂(CID),由于离子阱在运行时是充氦气的,加大初始离子的动能即可实现 CID。例如,在端盖极上加一个辅助的正弦波形的"扰动"(tickle)电位,其频率调谐至离子运动的基频,因此离子从这个辅助的"扰动"电场中吸收能量,这是一个共振激发的过程。仔细控制"扰动"电位的振幅,使离子不至于从离子阱中逐出,但离子已从离子阱的中心拉出来,增加了动能,与氦气分子碰撞,发生 CID。

(3) 进行质量扫描,得到产物离子的质谱,这由扫描 V 完成(参阅 5.2.3)。

以上完成一个循环,由计算机控制完成。有必要时可进行下一级乃至多级(MS")实验。

由于离子在离子阱中不断作回旋性的运动,因而有较高的碰撞效率。

下面讨论用 FT-ICR/MS 作时间上的串联质谱实验。这和上述用离子阱作时间上的串联质谱实验有较大的类似之处。其过程如下:

(1) 选出某种质荷比的离子,逐出所有其他的离子。如果采用 SWIFT 激发,则将该质荷比设为窗口,其余的所有离子因均受到较强的激发,故全被逐出。在采用扫频激发时,则由两次扫频激发来完成这个任务。一次扫频激发逐出质荷比较大的所有离子。另一次扫频激发逐出质荷比较低的所有离子。

(2) 用选定质荷比离子的回旋频率(cyclotron frequency)激发此种离子。用于激发的脉冲使选定的离子的运动半径尽可能大,但不与室壁碰撞。从前述已知,离子达到的动能与 m/z、运动的半径、磁感强度 B 有关,如式(5-35)所示:

$$E = \frac{q^2 B^2 r^2}{2m}$$

当 $r=3$ cm,$B=4.7$ T,$m/z=1000$ u 时,$E=800$ eV。

由于 FT-ICR 是在高真空下操作,为进行 CID,需用脉冲阀(pulsed valve)导入碰撞气体。通常用 Ar(它比 He 重,有利于 CID)。经一定的时间间隔,发生 CID,生成一系列产物离子。完成 CID 之后,抽走碰撞气体,恢复原高真空体系。

(3) 对产物离子激发、检测,得到产物离子的质谱。

以上过程均在计算机控制下完成。有必要时,可再循环。

由于离子在分析室内作回旋运动,因而 CID 的效率是高的。

时间上的串联质谱只能完成产物离子扫描,不能进行初始离子扫描和中性碎片丢失扫描。所幸产物离子扫描是最重要的一种扫描。

目前的串联质谱发展飞速,仪器多样。作为其中的先进一例,下面介绍赛默飞公司的 Orbitrap Fusion Tribrid 型液质联用仪。该仪器的结构简图如图 5-12 所示。

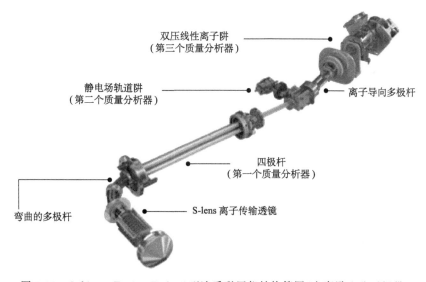

图 5-12　Orbitrap Fusion Tribrid 型液质联用仪结构简图(由赛默飞公司提供)

从左下开始介绍仪器的各主要部件。

离子源:产生离子,可进行 ETD(蛋白质组学常需要)。

弯曲的多极杆:离子按照电场偏转而进入第一个质量分析器四极杆,中性物质则因不能偏转而分开。

四极杆:主要用于选择母离子。

C 阱:离子通过它进入轨道阱或者进入线性离子阱。

轨道阱:进行全扫描,由于采用超高电压,分辨率达到 450 000(m/z 196 时)。

离子导向多极杆(ion-routing multipole):是这套仪器的非常重要的部件。离子可以通过它进入线性离子阱,线性离子阱的离子也可以通过它进入轨道阱;或者线性离子阱选择的离子重新进入线性离子阱以进行多级串联质谱。在离子导向多极杆中还可以进行高能 CID。

双压线性离子阱(dual-pressure linear ion trap):它由两个线性离子阱组成。离子从多极离子通道进来首先进入高压线性离子阱,在这里进行离子的选择和碰撞裂解。后面的低压线性离子阱进行质量扫描。

下面介绍仪器的运行。

离子从离子源射出之后,经过弯曲的多极杆顺次进入四极杆、C 阱,然后进入轨道阱,进行混合物的全扫描,选出需要分析的离子。

四极杆选出第一种母离子。该母离子经过 C 阱和离子导向多极杆进入线性离子阱,然后进入线性离子阱进行二级质谱。

由于动态扫描管理(dynamic scan management)的运行,在线性离子阱进行二级质谱分析的同时,四极杆选出第二种母离子。因此,仪器的质量分析器在平行地工作,大大地提高了仪器的效率。

此型号的质谱仪有很高的性能:

(1)由于从线性离子阱选出的离子可以通过离子导向多极杆重新进入线性离子阱,该仪器可以达到 10 级串联质谱,即 MS^{10}。从这里我们看到,它突破了原来串联质谱的概念(多少级串联质谱就要多少个质量分析器)。选出的离子可以进入轨道阱,因此可以测得高分辨数据。

(2)分辨率高达 450 000。单次扫描所得的质量精度已优于 1 ppm。多次扫描后平均可以达到更高的精度(轨道阱的扫描速度为 15 Hz,即每秒可扫描 15 次)。

(3)灵敏度高。

(4)动态范围宽。

(5)扫描速度快。

5.6 色谱-质谱联机

色谱是分离混合物的有效方法(经常是首选方法),但难以得到结构信息,主要靠与标样对比来实现未知物结构的推定,质谱法提供了丰富的结构信息,用样又是几种谱学方法中用量最少的,因此色谱-质谱的结合成为分离和鉴定未知混合物的理想手段,这是单独采用色谱、质谱所不及的。

5.6.1 GC-MS

气相色谱已有悠久的历史,发展成熟。毛细管柱的应用使能气化的混合物样品均可得到满意的分离。由于质谱是对气相中的离子进行分析,因此 GC 和 MS 的联机困难较小,主要是解决压强上的差异。色谱柱是在常压下操作,质谱是在真空下操作,焦点在于色谱柱的出口和质谱仪器的离子源的连接。因毛细管柱的载气流量小,采用高速抽气泵时,二者可直接相连。混合物经毛细管色谱柱分离,一个个组分顺次从毛细管柱端流出,载气被抽走,样品分子即被电离(常用方式为 EI 或 EI 和 CI 间断进行),得到质谱。

质谱计的采样速度相对毛细管柱出色谱峰的速度必须快。设想质谱计采样速度慢,起于色谱峰的开始,终于色谱峰的极大值。在低质荷比区测定时离子源中样品的浓度较低,因而低质荷比区的峰偏低,造成所得质谱图的畸变,不能(或不便)与标准谱图对比。

四极质量分析器扫描速度快,谱图再现性好,价格便宜,因此最常用于 GC-MS。

计算机(或微机)控制仪器的运行,每隔一个不长的时间间隔重复质量扫描,大量的数据存储在硬盘中。

计算机系统除控制仪器运行外,还有以下两方面的重要功能:

(1) 把采集到的数据进行处理。

(i) 将原始质谱数据进行扣除本底的校正(background subtraction)。

(ii) 出总离子流色谱图(total ion current chromatogram,TIC)。它相当于色谱图,但以总离子流强度代替色谱仪器检测器的输出(横坐标为时间)。

(iii) 可以按要求得到质量色谱图(mass chromatogram),即把具有共同碎片离子的组分画出来。例如,混合物中有若干组分具有苯环的结构单元,可选定 m/z 77 的离子,计算机只给出含苯环的组分的色谱图。

这种功能还可延伸,如同时监测两种甚至多种离子,给出它们的强度比。

(2) 进行未知物质谱的谱库检索。

每个组分的质谱可以与计算机系统储存的谱库中的已知物质谱进行比较,找出最相似的几张谱图(也就是找出最相似的几个化合物),请参阅 6.7 节。

5.6.2　LC-MS

常见的 LC-MS 术语实际指 HPLC-MS,指高效液相色谱和质谱联机。

气相色谱只能分离在操作温度下能气化且不分解的物质,在有机化合物中也只有少数。液相色谱则把分离的范围大大扩充了,生物大分子也可以采用液相色谱。

液相色谱和质谱联机的困难就大多了。液相淋洗剂的流量按分子数目计比气相色谱的载气高了几个数量级,因此液相色谱与质谱联机必须通过"接口"。

"接口"需起下列作用:①将淋洗剂及样品气化;②分离去大量的淋洗剂分子;③往往需要完成对样品分子的电离;④在样品分子已电离的情况下,最好能进行 CID。

5.3 节中已讨论过的电喷雾电离及大气压化学电离就是 LC-MS 的接口,在那里完成了溶液的气化和样品分子的电离。由于它们都是很软的电离手段,各种样品(包括生物大分子)都可以得到准分子离子或其多电荷离子峰,因而可得到相对分子质量,甚至得出元素组成式。为弥补碎片离子缺少的缺点,源内 CID 装置可在不同电压下操作,电压低时无 CID,逐步提高电压,CID 逐渐增加,碎片离子丰度增加,因而得到了结构信息。

现在采用 Z 字型喷雾,气流经两次拐弯进入质量分析器(抽气系统使系统内压力由喷出口处的常压降到质量分析器处的真空),可有效地防止接口的污染。

与 LC 联机的质量分析器种类多,但以四极质量分析器最常见。要求得精确质量则连 FT-ICR。

LC-MS 必须配以计算机系统,由于其作用与 GC-MS 相似,这里就不再叙述了。

不少厂家把仪器组合为 LC-MS/MS,其优点从 LC-MS 及 MS/MS 的叙述就可完全理解了。

参 考 文 献

[1] Bursey M M. Mass Spectrom Rev, 1991, 10: 1-2

[2] Miller P E, Denton M B. J Chem Educ, 1986, 63: 617-622

[3] Dawson P H. Quadrupole Mass Spectrometry and Its Applications. Amsterdam: Elsevier, 1976

[4] McLachlan N W. Theory and Applications of Mathieu Functions. New York: Dover Publications, Inc., 1964

[5] March R E, Hughes R J. Quadrupole Storage Mass Spectrometry. New York: John Wiley & Sons, 1989

[6] Todd J F J. Mass Spectrom Rev, 1991, 10: 3-52

[7] March R E, Todd J F J. Practical Aspects of Ion Trap Mass Spectrometry, Vol I, II. Boca Raton: CRC Press, 1995

[8] Stafford G C, Kelley P E, Syka J E P, et al. Int J Mass Spectrom Ion.Proc, 1984, 60: 85-98

[9] Marshall A G. Acc Chem Res, 1985, 18: 316-322

[10] Burlingame A L, Boyd R K, Gaskell S J. Anal Chem, 1996, 68: 599-651

[11] Asamoto B. FT-ICR/MS: Analytical Applications of Fourier Transform Ion Cyclotron Resonance Mass Spectrometry. New York: VCH Publishers, Inc., 1991

[12] De Hoffmann E, Charette J, Stroobant V. Mass Spectrometry: Principles and Applications. New York: John Wiley & Sons, 1996

[13] Marshall A G, Wang T C L, Ricca T L. J Am Chem Soc, 1985, 107: 7893-7897

[14] Comisarow M B. J Chem Phys, 1978, 69: 4097-4104

[15] Chen R, Cheng X, Mitchell D W, et al. Anal Chem, 1995, 67: 1159-1163

[16] Brown R S, Lennon J J. Anal Chem, 1995, 67: 1998-2003

[17] Whittal R M, Li L. Anal Chem, 1995, 67: 1950-1954

[18] Nelson R W, Dogruel D, Williams P. Rapid Commun Mass Spectrom, 1994, 8: 627-631

[19] Schwartz J C, Senko M W, Syka J E P. J Am Soc Mass Spectrom, 2002, 13: 659-669

[20] Douglas D J, Frank A J, Mao D. Mass Spectrom Rev, 2005, 24: 1-29

[21] Hager J W. Rapid Commun Mass Spectrom, 2002, 16: 512-526

[22] Makarov A. Theory and practice of the orbitrap mass analyzer. Proceedings of the 54th ASMS Conference on Mass Spectrometry and Allied Topics

[23] Hu Q Z, Noll R J, Li H Y, et al. J Mass Spectrom, 2005, 40: 430-443

[24] Watson J T, Sparkman O David. Introduction to Mass Spectrometry: Instrumentation, Applications, and Strategies for Data Interpretation. New York: John Wiley, 2007

[25] Makarov A. Anal Chem, 2000, 72: 1156-1162

[26] Perry R H, Cooks R G, Noll R J. Mass Spectrom Rev, 2008, 27: 661- 699

[27] Harrison A G. Chemical Ionization Mass Spectrometry. Boca Raton: CRC Press, 1992

[28] Dass C. J Mass Spectrom, 1996, 31: 77-82

[29] Hillenkamp F, Karas M, Beavis R C, et al. Anal Chem, 1991, 63: 1193-1203

[30] Fitzgerald M C, Smith L M. Annu Rev Biophys Biomol Struct, 1995, 24: 117-140

[31] 江口镇子，等. 质量分析, 1976, 24: 295-306

[32] Papayannopoulos I A. Mass Spectrom Rev, 1995, 14: 49-73

第6章 质谱图解析

第 5 章着重从方法学的观点进行讨论,本章则是对得到的质谱图的解析。

质谱图提供两方面的信息。第一是相对分子质量和元素组成式的信息。在几种谱学方法中,只有质谱能提供上述信息。第二是结构信息,即样品分子中的结构单元及其连接顺序。虽然仅依靠质谱难以确认,但它始终是重要信息之一,尤其是当样品量很小时,可能仅有质谱能提供信息。对于第二方面的讨论,我们以 EI 谱为对象,CID 或软电离方法所得的含少量碎片离子的谱峰可参照 EI 谱进行讨论。

对于质谱的解析,我们以 EI 谱为主要对象,一是 EI 谱包含了丰富的结构信息,二是 EI 谱的解析方法和原则可以参照地应用于 CID 谱或由软电离方法所得的少量碎片离子的谱峰的解析,因此本章的前四节均针对 EI 谱。6.5 节讨论了由软电离所得质谱的解析。然后是串联质谱的解析,最后是质谱的计算机检索。

本书论及几种谱学,且篇幅有限,因此对于质谱解析不可能分门别类地详细讨论,而是强调规律性的总结。若规律掌握好了,即使面对陌生的化合物的质谱,也可以得到很多信息。

6.3 节给出常见官能团的质谱碎裂模式,主要仍是强调质谱碎裂规律的应用。常见官能团容易遇到,故阅后有利于质谱图的解析。

在前述内容的基础上给出了具体解析实例。

6.1 确定相对分子质量和元素组成式

6.1.1 由 EI 谱确定相对分子质量

在 EI 谱中,双电荷及多电荷离子的峰很少,因而在一般情况下离子的质荷比在数值上就等于离子的质量。据此,找出了 EI 谱中的分子离子 M^+ 的峰,也就确定了相对分子质量。

分子离子是分子电离而尚未碎裂的离子,因此分子离子峰应为 EI 谱中质量数最大的峰,一般也就是谱中最右端的峰。

下列原因使分子离子峰的判别产生困难:

(1) 样品不气化,或气化分解,或在电子电离时无完整分子结构,因而没有分子离子峰。

(2) 样品中夹带的杂质在高质量端出峰,特别是当杂质易挥发或其分子离子稳定时,干扰很大。

(3) 很多元素有非单一的同位素组成,此时分子离子峰存在于同位素峰簇之中。

(4) 往往有 $M+1^{\top+}$ 或 $M-1^{\top+}$ 与 M^+ 同时存在,往往不容易从中辨别出 M^+。

下列几点可帮助识别分子离子峰:

(1) 最大质量数的峰可能是分子离子峰。当最大质量端存在同位素峰簇时,应按 6.1.4 中所述的原则寻找。

(2) 与低质量离子的关系。

(i) 合理的中性碎片(小分子及自由基)的丢失,这是判断分子离子峰的最重要依据。

$M-4$ 到 $M-13$ 之内不可能有峰,因分子离子峰不可能掉下四个氢原子而保持分子的完整性(M−3 的离子已极罕见);分子离子脱掉一个甲基则使质量数减 15。M−14 是很少见的,一般情况下是由未分离干净的同系物引起。

M−20 到 M−25 也不可能有峰,因为有机分子不含这些质量数的基团。

除上述质量差值外,还有一些质量差值不能存在,但实际上已不便应用于分子离子峰的判别。

当发现上述差值存在时,说明最大质量数的峰不是分子离子峰。例如,发现最高质量数下面有小三个质量数的峰,这可能是醇分别失去甲基和失水产生的两个峰。

(ii) 分子离子应该具有最完全的元素组成。根据同位素峰簇的强度计算元素组成,分子离子峰所含某元素的原子数不能低于其他碎片离子的同位素峰簇的计算值。

(iii) 多电荷离子按电荷数修正后所得的质量数应小于(或等于)分子离子质量数。

(3) 应用氮规则。氮规则表述为:当化合物不含氮或含偶数个氮时,该化合物的相对分子质量为偶数;当化合物含奇数个氮时,该化合物的相对分子质量为奇数。

氮规则的成因是简单的,因为有机化合物中,除氮外,所有元素的主要同位素的相对原子质量和化合价均同为奇数(如 ^1H,^{31}P,^{19}F,^{35}Cl,^{79}Br)或同为偶数(如 ^{12}C,^{16}O,^{32}S),唯独氮的主要同位素 ^{14}N(其丰度为 99.6%)的相对原子质量为偶数而化合价为奇数。

如果知道样品不含氮而最高质量端显示奇数质量峰时,则该峰不是分子离子峰。

氮规则的应用不仅限于判别分子离子峰。

(4) 分子离子峰的强度与化合物的结构类型密切相关。若由其他谱图有对样品结构类型的判断,可帮助判断最高质量端的峰是否为分子离子峰。

关于 EI 谱分子离子峰的强度,有下列三类情况:

(i) 芳香族化合物>共轭多烯>脂环化合物>短直链烷烃>某些含硫化合物。这些化合物给出较显著的分子离子峰。

(ii) 直链的酮、酯、酸、醛、酰胺、醚、卤化物等通常显示分子离子峰。

(iii) 脂肪族且相对分子质量较大的醇、胺、亚硝酸酯、硝酸酯等化合物及高分支链的化合物没有分子离子峰。

由于化合物常含多个官能团,实际情况也复杂,因而上述三点仅是一个很粗略的概括,例外者甚多。

(5) M^+ 峰和 $M+1^{\urcorner+}$ 峰或 $M-1^{\urcorner+}$ 峰的判别。

醚、酯、胺、酰胺、腈、氨基酸酯、胺醇等可能有较强的 $M+1^{\urcorner+}$ 峰,芳醛、某些醇或某些含氮化合物可能有较强的 $M-1^{\urcorner+}$ 峰。

由其他谱图所得的样品官能团的信息可帮助判断。

分析它们与较低质量数的离子的关系也可能帮助判断。

当 EI 谱中未出现分子离子峰时,可以降低轰击电子能量(常规操作为 70 eV)。M^+ 峰相对于碎片离子峰强度是增加的;将样品衍生化也是一条途径,采用软电离技术则是得到准分子离子峰而求得相对分子质量的最佳途径。

6.1.2 由高分辨质谱数据定分子式

自 1962 年起,国际上把 ^{12}C 的相对原子质量定为整数 12,其他有机化合物常见同位素相对原子质量的测定不断精确(表 6-1)。

表 6-1　常见同位素相对原子质量

同位素	相对原子质量	同位素	相对原子质量
^{1}H	1.007 825 04	^{19}F	18.998 403 3
^{2}H	2.014 101 79	^{28}Si	27.976 928 4
^{13}C	13.003 354 8	^{31}P	30.973 763 4
^{14}N	14.003 074 0	^{32}S	31.972 071 8
^{15}N	15.000 109 0	^{35}Cl	34.968 852 7
^{16}O	15.994 914 6	^{79}Br	78.918 336 0
^{18}O	17.999 159 4	^{127}I	126.904 477

高分辨质谱仪器可以测出样品分子的精确质量(exact mass),精确到毫质量单位(mu)或其以下,再加上对杂原子数目的限制,质谱仪器附属的计算机系统可给出分子离子的元素组成式。同时也可给出质谱图中重要碎片离子的元素组成式。

6.1.3　峰匹配法

利用峰匹配(peak matching)法可得到高分辨的数据。

利用扇形磁场质谱仪器的基本公式:

$$\frac{m}{z} = \frac{r_m^2 B^2 e}{2V} \tag{6-1}$$

对两种质量的离子,当保持 r_m、B 不变时,有

$$m_1 : m_2 = V_2 : V_1 \tag{6-2}$$

设 m_1 为已知离子的精确质量,m_2 为未知离子的精确质量,这两种离子的峰在屏幕上相间显示。通过调节 V_2 与 V_1,使二峰的位置准确重合,准确读出 V_2 及 V_1,m_2 即可准确算出。用峰匹配法,精确质量的测定可准确到几个 ppm,因此可以找到分子式。计算机软件的应用便于峰匹配法的操作。

6.1.4　用低分辨质谱数据推测未知物元素组成

首先讨论同位素峰簇的问题。

有机化合物的大部分常见元素有非单一的同位素组成,因此分子离子或碎片离子都常以同位素峰簇的形式存在。

为便于计算,把低质量的同位素丰度计为100,按此法计算的有机化合物常见元素的同位素丰度如表 6-2 所示。

表 6-2　常见元素的同位素丰度

	A	A+1	A+2
C	100	1.11	
H	100	0.015	
N	100	0.37	
O	100	0.04	0.20
F	100		
Si	100	5.06	3.36

	A	A+1	A+2
P	100		
S	100	0.79	4.43
Cl	100		31.99
Br	100		97.28
T	100		

表 6-2 中 A 表示指定元素的最低质量数的同位素，A+1、A+2 分别表示比最低质量数多一个、两个质量单位的同位素。

设某元素有两种同位素，在某化合物中含有 m 个该元素的原子，则分子离子同位素峰簇各峰的相对强度可用二项式 $(a+b)^m$ 计算：

$$(a+b)^m = a^m + ma^{m-1}b + \frac{m(m-1)}{2!}a^{m-2}b^2 + \cdots + \frac{m(m-1)\cdots(m-k+1)}{k!}a^{m-k}b^k + \cdots + b^m$$

$$(6-3)$$

式中，a 为轻同位素的相对丰度；b 为重同位素的相对丰度。

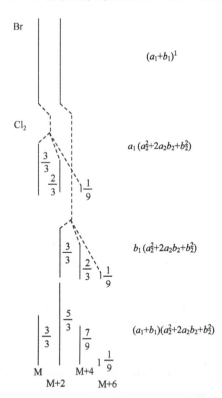

代入 a、b、m 的具体数值，展开式的各项有其相应的计算值。它们代表同位素峰簇各峰的相对强度。由于展开式中各项分别对应不同质荷比的离子，因此加号应理解为各峰的"共存"或各峰之间相对强度的比。a^m 表示离子全由轻同位素组成，$a^{m-1}b$ 表示离子含有一个较重同位素的原子，余类推。

若化合物含有 i 种元素，它们都具有非单一的同位素组成，总的同位素峰簇各峰之间的强度可用式（6-4）表示：

$$(a_1+b_1)^{m_1}(a_2+b_2)^{m_2}(a_3+b_3)^{m_3}\cdots(a_i+b_i)^{m_i}$$

$$(6-4)$$

式（6-4）与式（6-3）类似，a_1、b_1、m_1 对应第一种元素，余类推。式（6-4）展开后，代表相同质量数的项应相加，代表不同质量数的项当然不能相加，它们之间的加号仍理解为峰之间的相对强度比。

多卤化合物的同位素峰簇可用式（6-4）描述。但为清楚、直观地表示同位素峰簇，可以采用画核磁裂分图的方法，如图 6-1 所示。设该化合物含 $BrCl_2$。

从图 6-1 可见，多卤化合物的分子离子峰可能不是峰簇中的最强峰。

图 6-1　一溴二氯化物的同位素峰簇

除溴化物及多氯化物之外，同位素峰簇中最强峰为分子离子峰。特殊情况例外，如化合物所含的碳原子数超过 100。

通过上面的讨论，我们就知道了如何从分子离子的同位素峰簇中确定分子离子峰。

下面讨论如何从低分辨质谱的数据来推测元素组成。

同位素峰簇各峰的强度比提供了丰富的信息。

（1）从 M+1 峰与 M 峰强度的比值可估算出分子中含碳的数目。

$$\text{分子中碳的数目} \approx \frac{I(\text{M}+1)}{I(\text{M})} \div 1.1\% \qquad (6\text{-}5)$$

式中，$I(\text{M}+1)$ 和 $I(\text{M})$ 分别为 M+1 峰和 M 峰的（相对）强度。

当采用式(6-5)计算时，要考虑一些具体情况，如下列两点：

(i) 当 M 峰强度低，而 M−15 峰强度不低时，这表明分子易失去甲基。此时可用 M−14 峰的强度和 M−15 峰的强度来计算，所得结果加 1 即是分子中的含碳数。

用这样的方法还可以处理其他类似的情况。例如，分子失去卤素原子后碎片离子的峰强度较大，则可用 $I(\text{M}-\text{X}+1)$ 和 $I(\text{M}-\text{X})$ 的比值来计算，此处 X 指卤素原子。

(ii) 当样品分子含 Cl、Br，而 M−1 峰又较强时，要考虑 M−1 峰（是样品分子失去氢原子而产生）因 Cl、Br 而在 M+1 峰中的贡献，该数值应予以扣除。

例如，在某质谱图的高质量端有以下数据：

m/z	235	236	237	238	239	240	241
相对丰度	30	100	21.7	64.8	4.7	10.5	0.2

从 m/z 236、238、240 的相对丰度，可知该未知物含两个氯原子。m/z 235 也含两个氯原子，因此它会对 m/z 237 有贡献，应予以扣除。根据上面的分析，该未知物含碳原子数目应按下式计算：

$$\text{碳原子数} = \frac{21.7 - (30 \times 2 \times 0.32)}{100} \div 2.2\% \approx 2$$

（2）从 M+2 峰与 M 峰强度的比值可估算出分子含 S、Cl、Br 的数目。

在进行上述计算时，还要考虑到以下两点：

(i) 若仪器出图时，采用了扣去某一阈值而去除噪声信号，则峰强比例就失真了，这样的计算方法就不可行了。

(ii) 由于杂质或其他因素的干扰，M+1 峰或 M+2 峰的强度会比预期值略高。

上述方法可求得 C、S、Cl、Br 的数目。其他元素的存在或其原子数目可从下列考虑求出：

(i) 氟的存在可从分子离子失去 20 u、50 u（分别对应失去 HF、CF_2）而证实。

(ii) 碘的存在可从 M−127 得到证实。另外，化合物分子含碘将有一较低的 $I(\text{M}+1)/I(\text{M})$ 值（较通常不含碘的化合物）。

(iii) 若存在 m/z 31、45、59、…的离子，说明有醇、醚形式的氧存在。从相对分子质量与已知元素组成质量的较大差值也可估计氧原子的存在个数。

(iv) 从相对分子质量与上述元素组成的质量差值可推测分子中存在的氢原子数目。

因此，从同位素峰簇的强度，加上碎片离子质量的分析，利用低分辨质谱的数据也可能推出未知物的元素组成式，至少是局部的元素组成。

6.2 有机质谱中的反应及其机理

6.2.1 概述

1. 离子正电荷位置的表示

离子正电荷位置能确定时，把"+"标在该位置（实际上，关于离子的电荷位置是可能有争议的)。当该离子有未配对电子时,应标注"·",如 $CH_3-CH_2-CH_2-\overset{+\cdot}{O}H$。

当离子正电荷位置不能或不需确定时,可在离子的结构式外加半括弧(或括弧),根据是否存在未配对电子而标注 $\urcorner\overset{+}{\cdot}$ 或 $\urcorner^+$。

2. 电子转移的表示

Djerassi 等建议的"鱼钩"表示法被普遍采用。"$\curvearrowright$"表示一个电子的转移;"$\curvearrowright$"表示一对电子的转移。从电子转移的角度,化学键的断裂分为下列三种情况:

(1) 均匀断裂(homolytic cleavage)

$$R'-\underset{R''}{\overset{R}{C}}-\overset{+\cdot}{O}-H \equiv R'-\underset{R''}{\overset{R}{C}}-\overset{+\cdot}{O}-H \longrightarrow R\cdot + \underset{R''}{\overset{R'}{C}}=\overset{+}{O}H$$

(2) 非均匀断裂(heterolytic cleavage)

$$R-\overset{+\cdot}{O}-R' \longrightarrow R^+ + \cdot OR'$$

(3) 半非均匀断裂(hemiheterolytic cleavage)

$$R\cdot {}^+R' \longrightarrow R\cdot + R'^+$$

3. 有机质谱主要涉及单分子反应

除少数特殊情况(如化学电离、碰撞活化等)外,质谱仪系统压强很低。在 1×10^{-4} Pa 情况下,分子或离子的自由程约为 20 cm,分子间的碰撞及反应可以忽略,因此有机质谱的主要反应为单分子反应。

当分子内含有杂原子(质谱中常以 X、Y 表示)时,由于杂原子具有孤对电子,易被电离,因此容易引起单分子碎裂反应。

π 电子相对 σ 电子易电离,π 键也是引发碎裂反应的官能团。

4. 初级碎裂与次级碎裂

分子被电离的同时,具有过剩的能量,分子离子会自行碎裂。碎裂可粗分为简单断裂和重排。由简单断裂或重排产生的离子(统称为广义的碎片离子)可进一步碎裂(再次断裂、重排),这就是次级碎裂。

因为每个化合物都经历初级和次级碎裂过程,所以它们的质谱都是复杂的。

6.2.2 简单断裂

发生简单断裂时仅一根化学键断开。简单断裂反应的产物是分子中原已存在的结构单元,这点是与重排产物相区别的。

简单断裂反应产生(狭义的)碎片离子。分子离子是奇电子离子(自由基离子),它经简单断裂产生一个自由基和一个正离子,显而易见,该正离子为偶电子离子。

现考虑偶电子离子的质量。设分子不含氮,其分子离子应为偶质量数,经简单断裂反应所产生的自由基和偶电子离子均为奇质量数。这个结论可以这样理解:烷基(无论是自由基或离子)的通式为 C_nH_{2n+1},它具有奇质量数,结合氮规则可知,由烷基所衍生的不含氮的任何自由基或偶电子离子也就具有奇质量数。当化合物含一个氮原子时,分子离子为奇质量数,分子离子经简单断裂产生的自由基和偶电子离子之中,含氮原子的具有偶质量数,不含氮原子的仍为奇质量数。分子含更多的氮原子时,读者可仿照上述分析。

1. 简单断裂的引发机制

按照 McLafferty[1] 的观点,简单断裂的引发机制有以下三种:

(1) 自由基引发(α 断裂)。

这是最重要的一种引发机制。反应的动力来自自由基强烈的电子配对倾向。

下面列举一些例子。

含饱和杂原子的化合物:

$$R' \frown CR_2 \overset{+\cdot}{-} \ddot{Y} - R'' \xrightarrow{\alpha} R'\cdot + CR_2 = \overset{+}{Y}R''$$

含不饱和杂原子的化合物:

$$R' \frown CR = \overset{+\cdot}{\ddot{Y}} \xrightarrow{\alpha} R'\cdot + CR \equiv \overset{+}{Y}$$

含碳碳不饱和键的化合物:

$$R-CH_2-CH=CH_2 \xrightarrow{-e^-} R \frown CH_2 \overset{+\cdot}{-} CH - CH_2 \xrightarrow{\alpha} R\cdot + CH_2=CH-\overset{+}{C}H_2$$

$$^+CH_2-CH=CH_2$$

(2) 电荷引发(诱导效应,i 断裂)。

$$R \overset{+\cdot}{\ddot{O}} - R' \xrightarrow{i} R^+ + \cdot OR$$

$$\begin{matrix} R \\ \diagdown \\ \diagup \\ R' \end{matrix} C = \overset{+\cdot}{\ddot{O}} \xrightarrow{i} R^+ + R'-\dot{C}=O$$

一般来说,i 断裂的重要性小于 α 断裂。

α 断裂和 i 断裂是两种相互竞争的反应。

进行 α 断裂的倾向平行于自由基处给电子的能力,大致顺序为

$$N > S、O、\pi、R > \overset{\cdot}{C}l > Br > I$$

其中 π 表示不饱和键,R 代表烷基。

进行 i 断裂时,一对电子发生转移,因而原来带电荷的位置发生变化,生成稳定的 R^+ 是有利的。进行 i 断裂的顺序为

$$卤素 > O、S \gg N、C$$

由上面两个序列可以看到,N 一般进行 α 断裂,卤素则易进行 i 断裂。

(3) 当化合物不含 O、N 等杂原子,也没有 π 键时,只能发生 σ 断裂。

$$R-R' \xrightarrow{-e^-} R\cdot^+ R' \xrightarrow{\sigma} R\cdot + R'^+$$

当化合物含有周期表中第三周期以后的杂原子(如 Si、P、S 等),C—Y σ 键的电离已可以与 Y 上未成键电子对的电离竞争时,C—Y 键之间也可以发生 σ 断裂。例如:

$$C_2H_5S^+C_2H_5 \longrightarrow C_2H_5^{\cdot} + \overset{+}{S}C_2H_5 \quad 55\%$$

2. 简单断裂的规律

相比于重排反应,简单断裂的规律性较强,这些经验规律所覆盖的化合物类型也较广。掌握这些经验规律对解析质谱是很有用的。

简单断裂的经验规律归纳如下:

(1) 含杂原子的化合物存在三种断裂方式。

(i) 邻接杂原子的 C—C 键发生断裂,或者更一般地说,连接杂原子的 α-C 上的另一根键(它可能连接碳、氢或另外的杂原子)发生断裂。

由这种断裂方式产生的离子在质谱中是很常见的。键断裂时,正电荷常在含杂原子的一侧,从而显示含杂原子的碎片离子;但也有另一侧带电的情况。

无论是饱和的杂原子(它以 σ 键与碳原子相连)还是不饱和的杂原子(它以 σ 键及 π 键与碳原子相连),发生这种断裂均很常见。

与饱和杂原子相连的碳原子,无论是 CH_2 还是 CHR_1R_2、$CR_1R_2R_3$,都可发生上述断裂。例如:

$$R-\overset{\overset{O}{\|}}{C}-\overset{+}{N}H\frown CH_2-R' \longrightarrow R-\overset{\overset{O}{\|}}{C}-\overset{+}{N}H=CH_2+R''$$

$$R-\overset{\overset{+}{\overset{O}{\|}}}{C}-NH-CH_2-R' \longrightarrow R' + \overset{+}{O}\equiv C-NH-CH_2-R'$$

连接杂原子的 α-C 上氢原子的失去(这属于上述断裂方式的特例)则产生 $M-1^{\top+}$。例如:

$$C_6H_5-\overset{\overset{\cdot\cdot}{\overset{O}{\|}}}{C}-H \xrightarrow{-H\cdot} C_6H_5-C\equiv\overset{+}{O}$$

在质谱中,除可见到邻接杂原子的 C—C 键断裂所产生的离子之外,还可见到离杂原子更远的 C—C 键断裂所产生的离子。就质谱反应的机理而论,可能这样的反应并非简单断裂,而是经历了较复杂的反应历程;就离子的真实结构而论,也许不是下述的简单结构,但是我们不妨把这样的离子归于此处一并讨论(视为经简单断裂所产生)。例如:

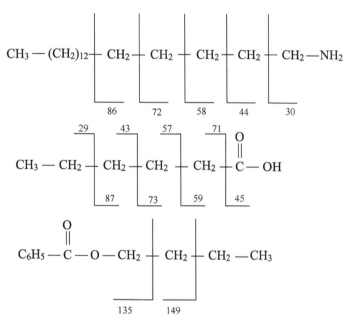

在质谱上,并非离杂原子越远的 C—C 键断裂所产生的离子强度就越低。以长链羧酸甲酯为例,产生的 $(CH_2)_n-COOCH_3{}^{\top+}$ 中,$n=2$、6、10、…时谱峰明显增强。对胺来说,ε-C 和 ζ-C 之间的断裂比 δ-C 和 ε-C 之间的断裂易发生。再以上述的己酸为例,$m/z\ 59$ 峰强度低于 $m/z\ 73$、87。一般来说,含羰基化合物较易产生上述离子。

(ii) 杂原子和碳原子之间的单键断开,正电荷在烷基一侧。例如:

$$R\overset{\curvearrowleft}{-}\overset{+\cdot}{O}-R' \longrightarrow R^+ + \cdot OR'$$

$$R\overset{\curvearrowleft}{-}\overset{+\cdot}{S}-R' \longrightarrow R^+ + \cdot SR'$$

$$R\overset{\curvearrowleft}{-}\overset{+\cdot}{Cl} \longrightarrow R^+ + Cl\cdot$$

(iii) 杂原子和碳原子之间的单键断开,正电荷在杂原子一侧。例如:

$$R-Br]^{\ddagger} \longrightarrow R^{\cdot} + Br^{+}$$

$$R-I]^{\ddagger} \longrightarrow R^{\cdot} + I^{+}$$

$$\underset{\substack{\parallel \\ O}}{R-C}-\overset{..}{O}R' \longrightarrow \underset{\substack{\parallel \\ O}}{R-C^{\cdot}} + \overset{+}{O}R'$$

这种断裂方式相对(i)、(ii)较为少见。

含杂原子的官能团以上述三种方式断裂是有规律可循的。不饱和杂原子和碳原子以 σ、π 键相连,它们之间不可能断开,因此只可能进行(i)。饱和杂原子可以发生从(i)到(iii)的断裂,但不同的基团有不同的反应倾向,这可以归纳为下面三点:

a. 当 X 为周期表上方(如第二周期的 N、O)特别是偏左的元素(N)时,发生(i)的可能性大;当 X 为周期表右下方的元素时,则发生(iii)的可能性大。

b. 杂原子连氢原子时,发生(i)的可能性大;杂原子连接烷基时,发生(ii)、(iii)的可能性大。

c. 烷基 R 所对应的离子 R⁺ 稳定性高时,易发生(ii),反之则易发生(iii)。

综合分析上述情况可知:—NH₂、—NHR 一般按(i)进行。—OH 一般按(i)进行;—OR 可按(i)、(ii)两种方式进行。—SR 按(i)、(ii)两种方式进行,且按(ii)进行的概率更大。溴化物和碘化物易按(iii)进行。总之,处于中间情况时,一般同时进行两种反应。在质谱中,不乏见到相应于同一处断裂而有两侧对应的离子均存在的情况。

(2)邻接碳碳不饱和键的 C—C 键易断裂。例如:

$$R-CH_2-CH=CH-R' \xrightarrow{-e^-} R \overset{\frown}{-CH_2}-CH \overset{+\cdot}{-} CH-R'$$

$$\overset{+}{C}H_2-CH=CH-R' \longleftrightarrow CH_2=CH-\overset{+}{C}H-R' + R^{\cdot}$$

按照共振论的观点,共振的结构式越多,离子的稳定性越高。

(3)邻接苯环的 C—C 键易断裂,这和(2)是一致的。

草鎓离子 (tropylium ion)

杂芳环的情况和苯环类似:

(4)碳链分支处易发生断裂,某处分支越多,该处越易断裂。这是因为碳原子具有下列稳定顺序:

$$\overset{+}{C}R_3 > \overset{+}{C}HR_2 > \overset{+}{C}H_2R > \overset{+}{C}H_3$$

（5）饱和环易于在环与侧链连接处断开，这可以说是（4）的特例。例如：

（6）当在某分支处有几种断裂的可能性时，逐出大的基团是有利的，进行该反应的可能性也就较大。

$$(CH_3)_3—C—CH_2—CH_3 \rceil^{\dot{+}} \longrightarrow (CH_3)_3—C^+ + \dot{C}H_2—CH_3$$
$$100\%$$

掌握了上述经验规律，就能有把握地预测由简单断裂所产生的离子，这对质谱的解析是重要的。

6.2.3　重排

1. 重排的特点

重排同时涉及至少两根键的变化，在重排中既有键的断裂也有键的生成。重排产生了在原化合物中不存在的结构单元的离子。

最常见的重排反应是脱掉小分子的重排反应。分子离子是奇电子离子，而小分子中的电子是成对的，因此脱掉小分子所产生的重排离子仍为奇电子离子。分子符合氮规则，小分子也符合氮规则，因此分子脱掉小分子所产生的奇电子离子必然符合氮规则。这个结论可推广到所有奇电子离子。以不含氮的化合物为例，其相对分子质量为偶数，该分子离子脱掉小分子（它的质量数仍为偶数）所产生的重排离子也就具有偶质量数。前已叙述，不含氮的化合物经简单断裂所产生的离子为奇质量数，因此从离子的质量数的奇、偶可区分简单断裂所产生的碎片离子（偶电子离子）和脱掉小分子所产生的重排离子（奇电子离子）。以苯环具有侧链的化合物为例，m/z 91 的离子是简单断裂产生的，m/z 92 的离子则是由重排产生的。二者质量数只相差 1，却对应了不同的反应机理。对含氮的化合物读者可仿照上述分析，得到与上相似的结论：简单断裂所产生的碎片离子和脱掉小分子所产生的重排离子的质量数的奇、偶不同，即从离子的质量数为奇数或偶数可区分这两种离子。

进行重排反应时，既有键的断裂也有键的生成。从能量上考虑，前者从后者得到一定的补偿，因此重排反应的活化能低于简单断裂的活化能。当降低轰击电子的能量时，重排离子峰的强度相对碎片离子增大。

重排远比简单断裂复杂。从各种简单断裂总结出的较为普遍的经验规律可以适用于相当多种结构类型的化合物，但对重排的归纳则不能达到这样的效果。在质谱反应中还存在着无规重排，即这样的重排无规律性可言；但若干重排反应与化合物中存在的某些官能团有关，现尽可能将其总结如下，以有利于对质谱的解析。

2. McLafferty 重排

由这种重排可生成两种重排离子,其通式为

上述三式中,D═E 代表一个双键(或叁键)基团;C 可以是碳原子也可以是杂原子;H 是相对于双键(或叁键)γ-位碳原子(A)上的氢原子。

这种重排发生时,氢原子经过六元环迁移,从空间位置上考虑是有利的(上式中 H 接近 E),只要满足条件(不饱和基团及其 γ-氢的存在),发生此重排的概率较大。

由此重排产生的离子若仍然满足此重排的两个条件,可再次发生该重排。例如:

此重排有生成两种离子的可能性,但含 π 键的一侧带正电荷的可能性较大。

一些常见官能团进行 McLafferty 重排所生成的重排离子如表 6-3 所示。该表对于找出该重排离子是有用的。

表 6-3　McLafferty 重排离子（最低质量数）

化合物类别	最小重排离子	最小碎片质量数
烯	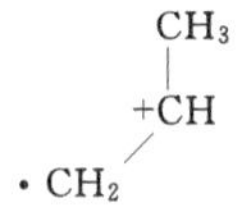 $\mathrm{CH_3-\overset{+}{C}H \cdots {}^{\bullet}CH_2}$	42
烷基苯	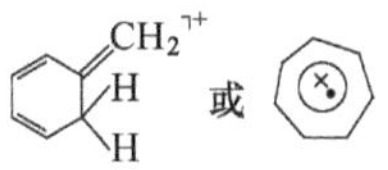 $\left[\text{苯环}=CH_2 \cdots H\right]^{+\bullet}$ 或 (环庚三烯正离子)	92
醛	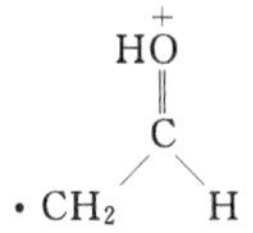 $\mathrm{HO-\overset{+}{C}H \cdots {}^{\bullet}CH_2}$	44
酮	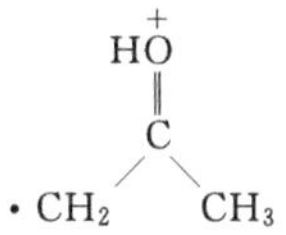 $\mathrm{HO-\overset{+}{C}CH_3 \cdots {}^{\bullet}CH_2}$	58
羧酸	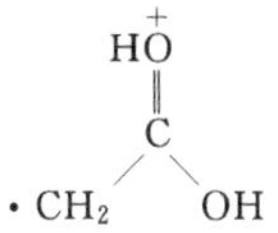 $\mathrm{HO-\overset{+}{C}OH \cdots {}^{\bullet}CH_2}$	60
羧酸酯	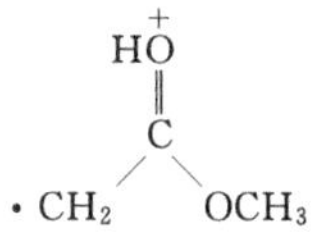 $\mathrm{HO-\overset{+}{C}OCH_3 \cdots {}^{\bullet}CH_2}$	74
甲酸酯	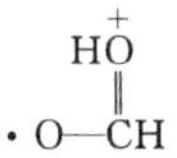 $\mathrm{HO-\overset{+}{C}H \cdots {}^{\bullet}O-CH}$	46
酰胺	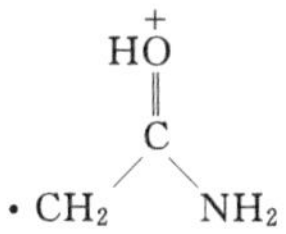 $\mathrm{HO-\overset{+}{C}NH_2 \cdots {}^{\bullet}CH_2}$	59
腈	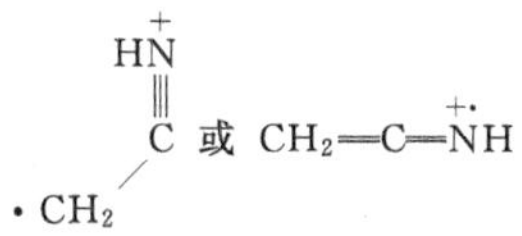 $\mathrm{H\overset{+}{N}=C \cdots {}^{\bullet}CH_2}$ 或 $\mathrm{CH_2=C-\overset{+\bullet}{N}H}$	41
硝基化合物	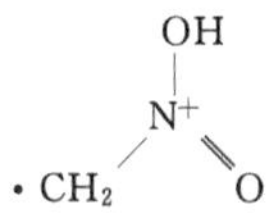 $\mathrm{\overset{OH}{\underset{\quad}{N}}{}^{+}=O \cdots {}^{\bullet}CH_2}$	61

表 6-3 列出的是上述官能团产生的 McLafferty 重排的最小重排离子,对其同系物来说,其重排离子的质量数相应再增加 $n \times 14$,n 为正整数。

3. 逆第尔斯-阿尔德反应

当分子中存在含一根 π 键的六元环时,可发生逆第尔斯(Diels)-阿尔德(Alder)(RDA)反应。这种重排反应为

该重排正好是第尔斯-阿尔德反应的逆反应,故因此而得名。

含原双键的部分带正电荷的可能性大些。

对具有环内双键的多环化合物,RDA 反应也可进行。例如:

当分子中存在其他较易引发质谱反应的官能团时,RDA 反应则可能不明显。

4. 失去中性分子

某些含杂原子的化合物失去中性分子,如醇失水或醇失水及乙烯:

$$R—CH\begin{matrix}CH_2—CH_2\\\ \\H\end{matrix}\quad CH_2\quad HO \longrightarrow H_2O + R—CH\begin{matrix}CH_2\\\ \\CH_2\end{matrix}CH_2$$

氘同位素标记实验指出,链状醇(碳数≥4)90％失水是通过 1,4-消去反应(通过六元环转移)进行的。

正丁醇以上的伯醇在失水的同时失烯:

$$\xrightarrow{-H_2O,\ -CH_2=CH_2} CH_2=CHR$$

卤化物失卤化氢也属于这样的例子。氘代标记实验表明,氯化物失氯化氢时,72％的氢原子来自 C-3 位置,18％来自 C-4 位置;溴化物失溴化氢时,86％的氢原子则来自 C-2 到 C-4 位置。这里附带说一下,低相对分子质量的溴化物、碘化物除失卤化氢(HX)之外,还失 H_2X。

其他如腈失 HCN,硫醇失 H_2S。除上述的中性分子可失去之外,可失去的中性分子还有

CH_3COOH、CH_3OH、$CH_2{=}C{=}O$ 等。

芳环或杂芳环上有含杂原子的取代基团时，很易失去小分子，请参阅 6.3.6 中的表 6-5。

醌类化合物失 CO 也属于这一类重排：

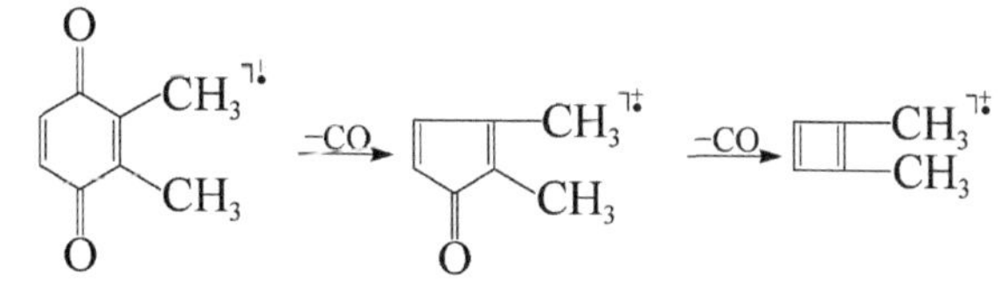

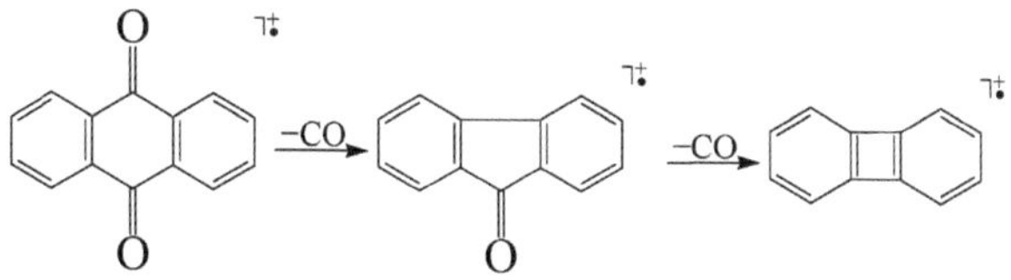

羰基化合物经简单断裂产生的含羰基的碎片离子也可以发生失 CO 的反应：

$$R-\overset{\overset{+\cdot}{O}}{\overset{\|}{C}}-R' \xrightarrow{-\cdot R'} R-C\equiv\overset{+}{O} \xrightarrow{-CO} R^{+}$$

值得强调的是，苯环上两个邻位取代基容易共同消去小分子，这称为苯环的“邻位效应”，其通式为

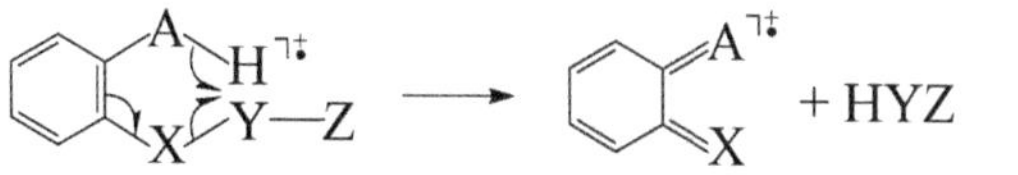

具体例子如下：

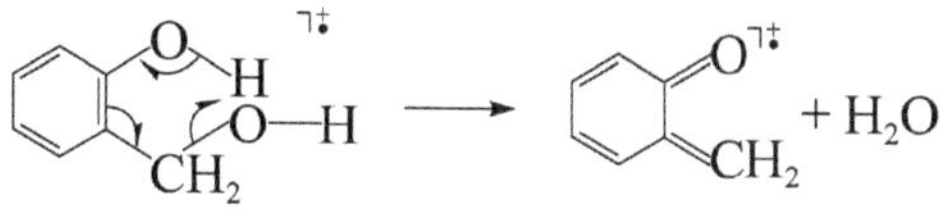

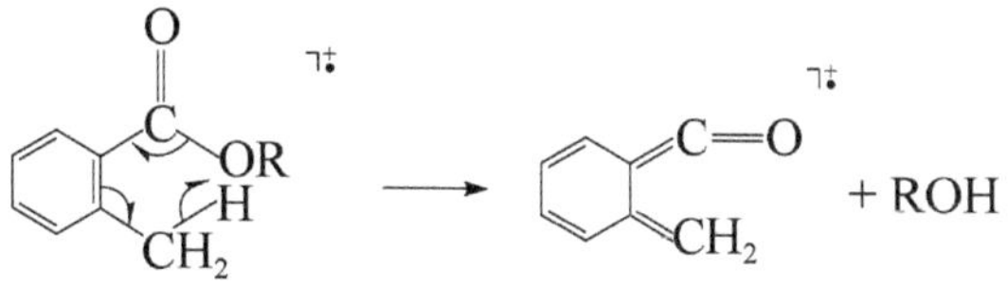

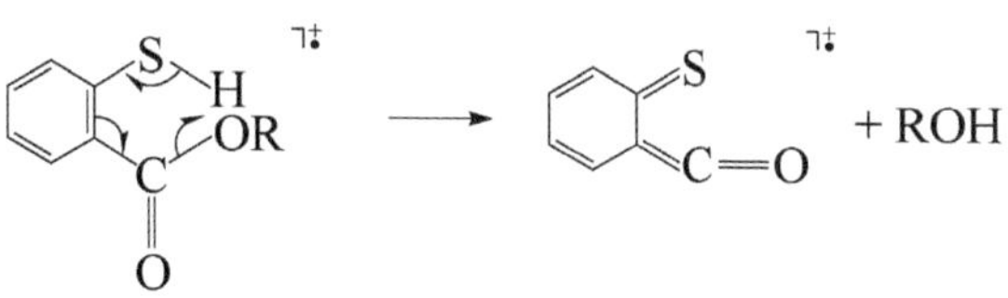

杂芳环也有邻位效应：

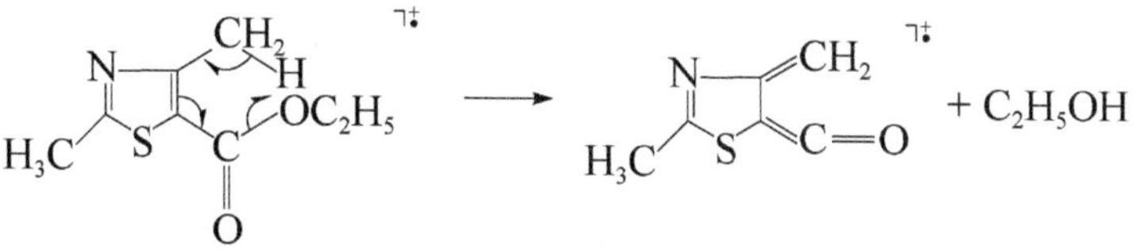

双键上两个顺式取代基团也可以发生类似苯环邻位效应的反应。

5. 四元环重排

含饱和杂原子的化合物可以发生失去乙烯(或取代乙烯)的重排。这个过程通过四元环迁移发生,因而有其名。

以单键与杂原子相连的烷基长于两个碳时,杂原子在与碳链断裂的同时,氢原子经四元环转移和杂原子结合(烷基有两个以上碳原子才能进行氢的四元环转移,但烷基越大,发生此重排的概率越低)。

这种重排发生于含饱和杂原子的化合物。虽然它也可以发生于分子离子,但概率不大。它主要发生于含杂原子的碎片离子。含杂原子的化合物经简单断裂去掉一个烷基之后,生成含杂原子的碎片离子。由于它是偶电子离子,不能再失去一个自由基,因而只能丢失中性小分子,四元环重排就是一个重要途径。

6. 两个氢原子的重排

由这种重排产生的离子比相应的简单断裂产生的离子质量数大 2,因为多了两个氢原子。

这种重排在乙酯以上的羧酸酯较易找到。碳酸酯、磷酸酯、酰胺、酰亚胺及其他含不饱和键的化合物都可能发生。

比相应的简单断裂产生的 多两个氢原子,因而大两个质量单位。

7. 其他重排

链状卤化物成环的重排：

R—CH₂CH₂—Ẍ⁺· ⟶ R· + Ẍ⁺ (环)

这是链状氯化物、溴化物较易发生的重排。需注意,此重排失去的是自由基,产生的重排离子的质量数是奇数,这不同于前面所说的失去小分子的多种重排(它们生成的重排离子均为偶质量数)。

链状胺也可发生成环的重排:失去自由基,产生偶质量数的重排离子(因该离子含氮)。

链状腈也可发生成环的重排。

烷基碎片离子可失去氢分子。例如:

$$C_3H_7{}^+ \longrightarrow C_3H_5{}^+ + H_2$$

该反应的存在已由相应的亚稳离子所证实。

6.2.4 脂环化合物的复杂断裂

脂环化合物需经两次开裂才能掉下碎片。前面的 RDA 反应与此有一定相似性,但此处所讨论的复杂断裂一般在断裂前还经历氢原子的转移。从空间因素考虑,氢原子的转移易发生在 γ-位(或其附近)。

先讨论甲基环己醇三种异构体的裂解。

2-甲基环己醇:

由于叔碳自由基稳定性高于仲碳自由基,因此 m/z 57 的强度大于 m/z 71 的强度。

3-甲基环己醇:

由于甲基具有超共轭效应,因此 m/z 71 的强度大于 m/z 57 的强度。

4-甲基环己醇:

由于甲基在 4-位,两种断裂方式产生的结果相同。

三种甲基环己醇及环己醇(作为对比的基准)质谱的 m/z 57、71 的丰度如表 6-4 所示。

表 6-4　甲基环己醇异构体的质谱中 m/z 57 和 71 的相对丰度

	m/z 57	m/z 71
环己醇*	90	10
2-甲基环己醇	69	31
3-甲基环己醇	36	64
4-甲基环己醇	90	10

* 以此作为基准。

再举一例:

下面介绍作者解析脂环复杂断裂的一个例子。

面对的化合物有下面几个:

作者发现两个化合物的 EI 质谱中有 m/z 99 的碎片离子。分析这种离子产生的机理如下：

因此,根据 m/z 99 的线索找到了产生这种离子的结构单元。

6.2.5 初级碎片离子的后续分解

前面讨论的简单断裂、大部分重排及脂环化合物的开裂产生的离子都是初级碎片离子(此处"碎片"是广义的含义)。这些初级碎片离子会进一步反应,产生次级、后续离子。

离子进一步分解与离子的电子配对情况有关。一般来说,偶电子离子中的配对电子处于较紧缩的轨道,偶电子离子的稳定性较高,反应性较低;奇电子离子的情况与之相反,稳定性较差,具有较高的反应活性。奇电子离子可以逐出一个自由基或中性分子相应产生偶电子离子或生成奇电子离子;偶电子离子则只能逐出中性分子生成偶电子离子,偶电子离子逐出自由基生成奇电子离子一般是不可行的,因这样的反应在能量上很不利。上面所述的反应可以归纳如下:

$$A^{+ \cdot} \longrightarrow C^+ + N_1^{\cdot}$$
$$A^{+ \cdot} \longrightarrow D^{+ \cdot} + N_2$$
$$B^+ \longrightarrow E^+ + N_3$$
$$B^+ \longrightarrow\!\!\!\times\!\!\!\longrightarrow F^{+ \cdot} + N_4^{\cdot}$$

其中,N· 表示自由基;N 表示中性分子。

虽然上述规则(可称为"偶电子规则")有很少数的例外,但它仍可以作为分析有机质谱反应的一个基准。

由分子离子的初级碎裂产生的离子对推测结构是重要的。后续离子由于是分子离子多次碎裂反应产生的,因此具有较少的结构信息。

6.2.6 Stevenson-Audier 规则

这个规则可用于预言奇电子离子裂解时电荷的归属:具有较高电离能的碎片有利于保持未配对电子而形成中性产物;具有较低电离能的碎片则形成离子,这可以用下例说明。

$$C_3H_7CH_2 \stackrel{+}{\cdot} OCH_3 \longrightarrow C_4H_9^+ \text{ 或 } {}^+OCH_3$$

　　　　8.0 eV　　9.8 eV　　　25%　　　　1%

$$C_3H_7 \stackrel{+}{\cdot} CH_2OCH_3 \longrightarrow C_3H_7^+ \text{ 或 } CH_2=\!\!=OCH_3^+$$

　　　　8.1 eV　　6.9 eV　　　4%　　　　100%

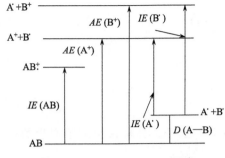

图 6-2　Stevenson-Audier 规则

需注意的是，此处所指的电离能是自由基的电离能。

这个规则是容易理解的。考虑 $AB^{\ddot{+}} \longrightarrow A^+ + \cdot B$ 或 $A \cdot + B^+$，当逆反应的活化能可忽略时，从能量上考虑[见图 6-2，图中 $D(A{-}B)$ 表示 $A{-}B$ 键的断裂能]，$IE(A \cdot) < IE(B \cdot)$，因此主导反应将是生成 A^+。

下面再举一些例子。

(1)

$IE = 9.0 \text{ eV}$　　　　$IE = 9.4 \text{ eV}$

$IE = 8.7 \text{ eV}$　　　　$IE = 9.0 \text{ eV}$

通过此规则，对羟基取代位置不同的单萜醇产生两种不同的离子就易于理解了。

(2)

50%　　　　　50%
$IE = 9.1 \text{eV}$　　$IE = 9.1 \text{eV}$

(3)

$m/z = M - 74$　　　　$m/z\ 74$

当 $R = NO_2$ 时，$m/z\ 74$ 是基峰。

当 $R = OCH_3$ 时，$m/z\ M - 74$ 是基峰。

当 $R = H$ 时，图中所示两种离子各占 50%。

这是因为 R 的给电子能力增加时，M−74 这边的电离能降低，因而易于生成正离子。

此规则也可用于讨论 $CD^{\ddot{+}} \longrightarrow C^+ + D$ 或 $C + D^+$ 的反应。

当讨论偶电子离子的裂解反应时，与 Stevenson-Audier 规则平行的有 Field 和 Bowen 提出的规则，电子亲和力低的部分有利于生成中性碎片。此规则相对于前者应用较少，本书从略。

6.2.7 研究有机质谱反应机理的方法

研究有机质谱反应机理最常应用的方法是亚稳离子法和同位素标记法。有关亚稳离子的各个课题已在 5.4 节中详细讨论。这里仅对同位素标记法作一简单介绍。

定位合成氘的标记化合物,并作该标记化合物的质谱,因氘比氢大一个质量单位,含氘的碎片是容易识别的,由此可以知道质谱反应的机理。

(1) 链状醇的脱水反应。

人们易猜测为 1、2-位之间脱水,而实际是 3、4、5-位的氘原子和羟基脱水,以 1、4-位脱水发生的概率最大。

(2) 单萜醇的脱水。

从氘标记的单萜醇得出下列结果。从该结果也清楚地看到了立体结构对质谱反应的影响。

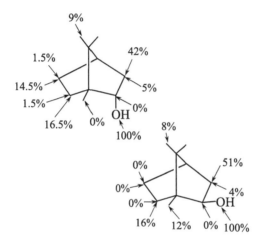

6.3 常见官能团的质谱裂解模式

本节主要针对 EI 质谱。

有机质谱反应的机理并未得到足够的实验证实,也常存在争议,有机质谱中的一些理论仍有待进一步发展。因此,解析质谱主要依靠从已知结构的化合物的质谱总结出规律,并把未知物质谱与其比较,从而得到结构的信息。

各种有机化合物有多种官能团,若对每种官能团的化合物进行讨论,势必占据大量篇幅,阅读时也甚感乏味。即使这样详细阐述之后,也并不见得就能顺利地解释质谱,因为一个化合物往往不只具有一种官能团;质谱的解析也与核磁共振谱不同,后者每个峰都可找到归属,而在质谱中是不可能做到这点的。

为此,现从大的分类进行讨论,这样可使条理清楚、简明。再配合 6.2.2～6.2.4 总结的经验规律,掌握了这些内容,读者是可以胜任一般质谱的解析的。

6.3.1 烷烃

了解烷烃的质谱,也有利于解析烷基的质谱。这种关系与 ^{13}C 核磁共振谱中讨论饱和烃的碳谱有些类似。

1. 直链烷烃

典型直链烷烃的质谱如图 6-3 所示。

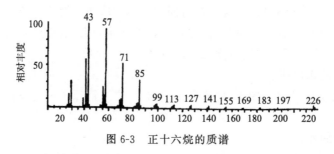

图 6-3　正十六烷的质谱

直链烷烃的质谱有以下特点：

（1）直链烷烃显示弱的分子离子峰。

（2）直链烷烃的质谱由一系列峰簇组成，峰簇之间差 14 个质量单位。峰簇中的最高峰元素组成为 C_nH_{2n+1}，其余有 C_nH_{2n}、C_nH_{2n-1} 等。C_nH_{2n-1} 来自 C_nH_{2n+1} 脱 H_2，有亚稳离子的证实。

（3）各峰簇的顶端形成一平滑曲线，最高点在 C_3 或 C_4，其形成原因是各个 C—C 键的断裂均有一定概率，断裂以后，离子也可进一步再断裂，最后使得 C_3 或 C_4 离子的丰度最高。

（4）比分子离子峰质量数低的下一个峰簇顶点是 M－29，而有甲基分支的烷烃将有 M－15，这是区别直链烷烃与带有甲基分支的烷烃的重要标志。

2. 分支烷烃

5-甲基十五烷的质谱如图 6-4 所示。

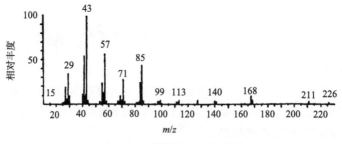

图 6-4　5-甲基十五烷的质谱

对比图 6-3 和图 6-4 两个质谱，可以发现它们之间的差别如下：

（1）分支烷烃的分子离子峰强度较直链烷烃降低。

（2）各峰簇顶点不再形成一平滑曲线，因在分支处易断裂，其离子强度增加。在 6.2.2 中已讨论过，分支处易断裂，电荷留在有分支的碳离子上，这是因为碳离子的稳定顺序为 $\overset{+}{C}R'R''R''' > \overset{+}{C}HR'R'' > \overset{+}{C}H_2R > \overset{+}{C}H_3$。

以图 6-4 为例，m/z 85（$M-C_{10}$）明显超过平滑曲线。

（3）在分支处的断裂伴随有失去单个氢原子的倾向，产生较强的 C_nH_{2n} 离子，有时它可强于相应的 C_nH_{2n+1} 离子，如图 6-4 中的 m/z 168 和 140。

(4) 由于有分支甲基,因此有 M−15。

一般来说,当分支烷烃的分支较多时,分子离子峰消失。

3. 环烷烃

环烷烃的质谱有以下特点:

(1) 由于环的存在,分子离子峰的强度相对增加。

(2) 通常在环的支链处断开,给出 C_nH_{2n-1} 峰,也常伴随氢原子的失去,因此该 C_nH_{2n-2} 峰较强。

(3) 环的碎化特征是失去 C_2H_4(也可能失去 C_2H_5)。

因(2)、(3),环烷烃常给出较多的偶质量数的峰。

甲基环己烷的质谱如图 6-5 所示。

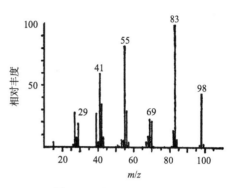

图 6-5　甲基环己烷的质谱

6.3.2 不饱和脂肪烃

1. 链状不饱和脂肪烃

链状不饱和脂肪烃的质谱有以下特点:

(1) 双键的引入可增加分子离子峰的强度。

(2) 仍形成间隔 14 质量单位的一系列峰簇,但峰簇内最高峰为 C_nH_{2n-1}。形成这样峰簇群的原因是在分子中双键已电离的情况下,双键的位置可迁移(只有当双键上多取代或此双键与其他双键共轭时,双键位置才不迁移)。

(3) 当相对双键 γ-碳原子上有氢时,可发生 McLafferty 重排。

(4) 顺式、反式的质谱很类似。

十六烯的质谱如图 6-6 所示。

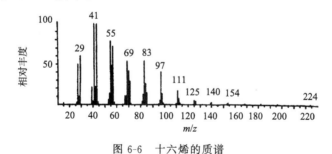

图 6-6　十六烯的质谱

2. 环状不饱和脂肪烃

分析环状不饱和脂肪烃的质谱应注意以下两点:

(1) 当符合条件时环状不饱和脂肪烃可发生 RDA 反应。它对多环烯的质谱起较大作用。

(2) 环状不饱和脂肪烃支链的质谱碎裂反应类似于链烃的断裂方式。

单萜烯的同分异构体的质谱通常很相近,难以区分,请参阅图 5-10(a)。

6.3.3 含饱和杂原子的脂肪族化合物

本小节所讨论的化合物为杂原子与相邻碳原子以 σ 键相连的化合物，其通式为 R—X，式中，R 为烃基，X 可表示 NH_2、NHR'、$NR'R''$、OH、OR'、SH、SR'、F、Cl、Br、I 等。

这些化合物的分子离子峰强度都较低，甚至不出现。

这些化合物都含烃基，也就会在质谱上有其相应的碎片离子，此处不再重复。下面仅讨论因含饱和杂原子基团所产生的相应的离子。因在 6.2 节中已讨论了杂原子引起的断裂和重排，下面只作一概括性的叙述并举例。

1. 简单断裂反应

R—X 型化合物可以发生下列简单断裂反应：

(1) 杂原子的 α-C 的另一侧断开，正电荷常在含杂原子碎片的一侧，其通式为

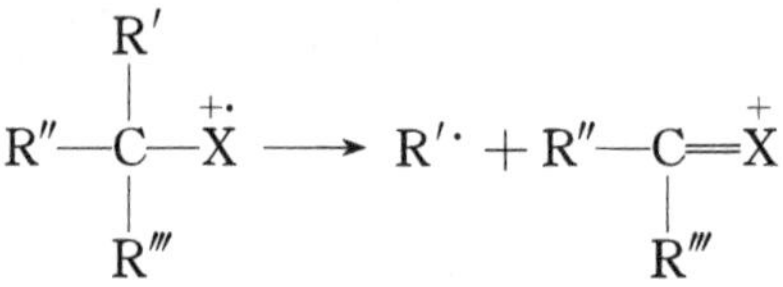

$$R''-\underset{\underset{R'''}{|}}{\overset{\overset{R'}{|}}{C}}-\overset{+\cdot}{X} \longrightarrow R'\cdot + R''-\underset{\underset{R'''}{|}}{C}{=}\overset{+}{X}$$

例如：

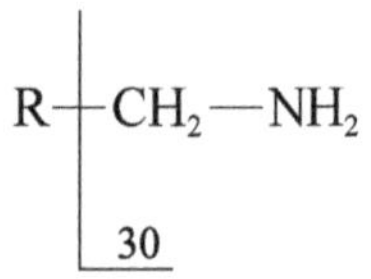

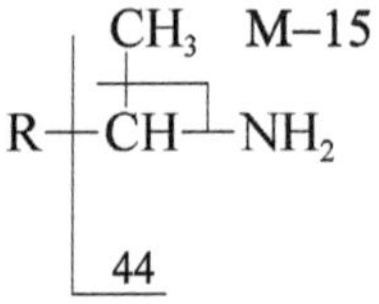

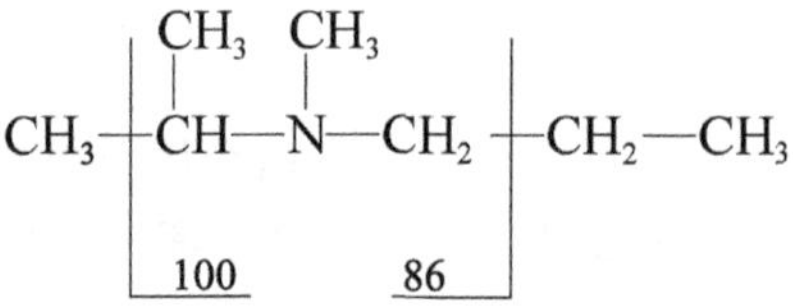

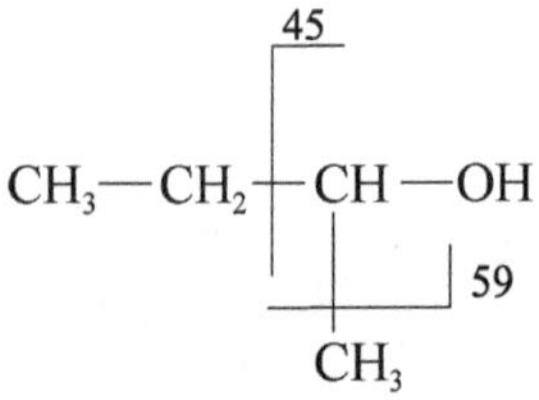

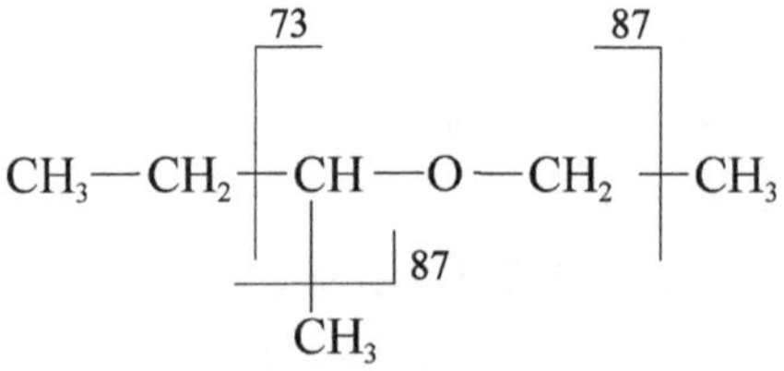

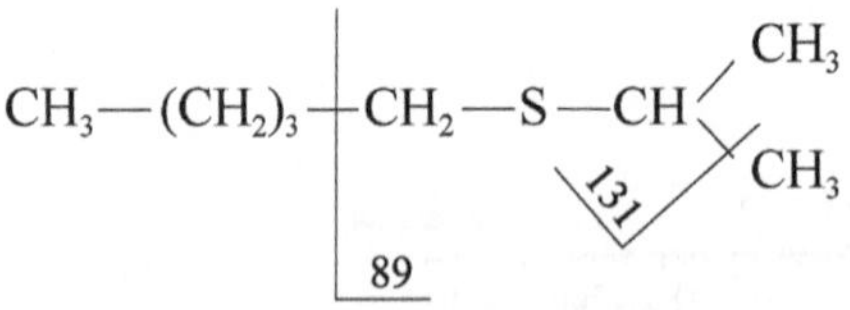

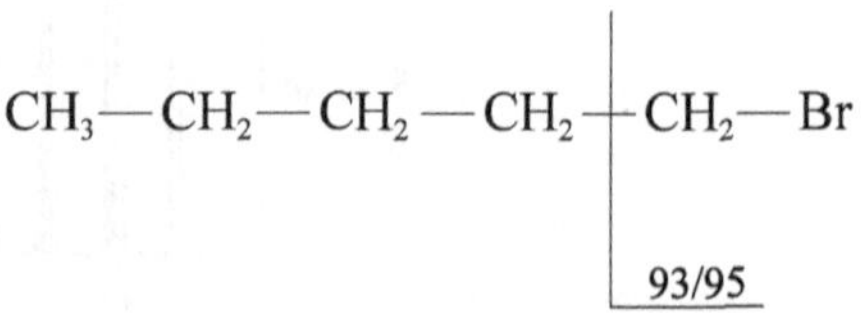

如 6.2.2 中所说，产生这种断裂的可能性是较大的。由于这种断裂，胺类化合物产生质量数为 $30+n\times14$ 的离子；醇、醚类化合物产生质量数为 $31+n\times14$ 的离子；硫醇、硫醚类化合物产生质量数为 $47+n\times14$ 的离子。n 为正整数，n 的数值取决于与杂原子相连的碳原子的数目以及该碳原子的级数及取代情况。

由于 α-C 和 β-C 之间断裂产生的含杂原子碎片离子可以进一步重排（参阅 6.2.3 中的 5.）、离杂原子较远的碳碳键也可能断裂，因此在质谱中上述质量系列有不止一种离子（如在仲醇的质谱上，可同时见到 m/z 59 和 31 的离子）。

少数情况产生烷基离子。

（2）杂原子和碳原子之间的单键断开，正电荷在烷基一侧。其通式为

$$R-X^{\dot{} +}\longrightarrow R^+ + X^{\cdot}$$

例如：

$$\underset{\underset{57}{\underset{|}{CH_3}}}{CH_3-CH_2-CH}\big|O\big|\underset{29}{CH_2-CH_3} \qquad CH_3-(CH_2)_3-CH_2\big|\underset{71}{S}\big|\underset{43}{CH}\big\langle\begin{matrix}CH_3\\CH_3\end{matrix}$$

$$CH_3-CH_2-CH_2-CH_2-CH_2\big|\underset{71}{Br}$$

（3）杂原子和碳原子之间的单键断开，正电荷在杂原子一侧。其通式为

$$R-X^{\dot{} +}\longrightarrow R^{\cdot} + X^+$$

例如：

$$CH_3-CH_2-CH_2-CH_2-CH_2\underset{127}{\big\{}I$$

如前所述，（3）相对（1）、（2）少见。

（4）离杂原子较远处的碳碳键断开。事实上，这种断裂方式对脂肪族饱和杂原子化合物不多见（脂肪族不饱和杂原子化合物发生这种反应较多）。

链长大于六个碳原子的氯化物、溴化物脱去烷基，产生环状含卤素离子，这在其质谱中较重要。该离子为 $M-R^{\dot{}+}$，其质量数为奇数，但生成的环状离子是原来卤化物不存在的，因此这个反应属重排反应。除上述较强的 $C_4H_8\overset{+}{X}$ 之外还有弱的 $C_5H_{10}\overset{+}{X}$，而 $C_3H_6\overset{+}{X}$ 则可忽略。

$$R-\overset{\overset{\cdot\cdot}{X}}{\bigcirc}\longrightarrow \dot{R} + \overset{\overset{+}{X}}{\bigcirc}$$

2. 重排

脂肪族饱和杂原子的化合物进行的重排主要是失去小分子的反应：醇失水或失水及乙烯；硫醇失 H_2S 或失 H_2S 及乙烯；卤化物失 HX（并有少量失 H_2X 的离子）。与上述不同的是，伯胺并无明显的失 NH_3 的离子，因氮原子促使 α-C 和 β-C 断裂的倾向很大。醇和硫醇失水或 H_2S 之后进一步碎裂就产生了一系列烯的离子（m/z 41、55、69、…）。

脂肪族含饱和杂原子的化合物在 α-C 与 β-C 断开之后生成的碎片离子可再进行重排（参阅 6.2.3 中的 5.），失去乙烯或取代乙烯。

下面列举六种脂肪族含饱和杂原子化合物的质谱（图 6-7～图 6-12），读者可以发现，按上述关于简单断裂和重排的小结，大部分谱峰是可以得到解释的。

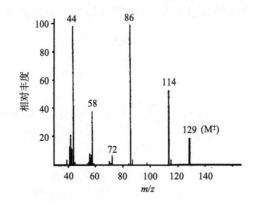

图 6-7
$$CH_3 \quad \underset{|}{\overset{CH_3}{\underset{|}{C}}} CH-N-CH_2-CH_2-CH_2-CH_3 \text{ 的质谱}$$

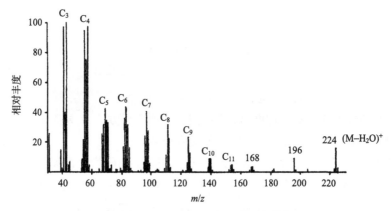

图 6-8 $CH_3(CH_2)_{14}CH_2OH$ 的质谱

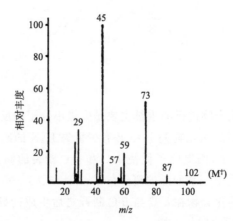

图 6-9 $CH_3-CH_2-CH-O-CH_2-CH_3$ 的质谱
$$\underset{CH_3}{\qquad\qquad\qquad}$$

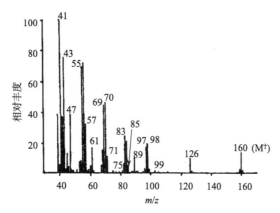

图 6-10 $CH_3(CH_2)_7CH_2SH$ 的质谱

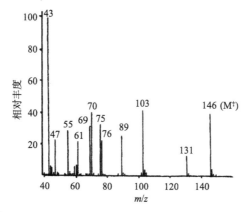

图 6-11 $CH_3(CH_2)_3—CH_2—S—CH—CH_3$ 的质谱

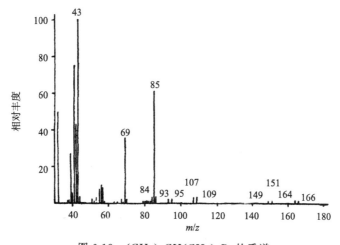

图 6-12 $(CH_3)_2CH(CH_2)_3Br$ 的质谱

现再简略地讨论一下有杂原子取代的脂环化合物。一般来说,这样的化合物的质谱碎裂反应是比较复杂的,当杂原子位于环上时更是如此,其质谱中的若干峰不易解释。

部分质谱峰可按前面所讨论的经验规律进行预测：

（1）当杂原子位于侧链上时，侧链的断裂方式可参考本小节 1. 的讨论。

（2）杂原子在环上或与环相连，在其电离时，α-C 和 β-C 断开导致环断开，产生具有未配对电子的碳原子，然后断下环的一部分（常为 C_2H_4）。

（3）在初次产生具有未配对电子的碳原子时，γ-氢（或邻近 γ-位的氢，如 β-氢或 δ-氢）向该碳原子转移，形成新的具有未配对电子的碳原子，以后再断下环的一部分。需说明的是，在这种情况下，γ-H 位置的考虑如同 McLafferty 重排，即从氢到该碳原子构成六元环的转移。

除在 6.2.4 中已讨论过的例子之外，再补充一个例子：

该化合物的质谱如图 6-13 所示。

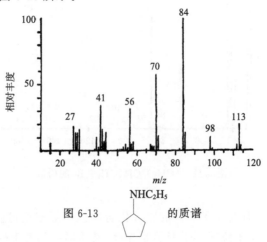

图 6-13 　NHC₂H₅环戊基 的质谱

6.3.4 含不饱和杂原子的脂肪族化合物

本小节讨论的化合物为杂原子与相邻的碳原子兼以 σ、π 键相连的化合物。通式有

$$R'\!-\!\underset{\underset{X}{\parallel}}{C}\!-\!R, R\!-\!C\!\equiv\!X\ 等, R\ 或\ R'可以是烷基也可以是其他官能团。$$

这样的化合物一般都可见分子离子峰。

由于杂原子与碳原子兼以 σ、π 键相连，它们之间不能断开，断裂只能发生在其他部位；另一方面，由于存在 π 键，它又可以发生重排。它们可能发生的断裂和重排反应可归纳为以下几种(参阅 6.2.2 及 6.2.3)：

$$(1)\quad R\!-\!\underset{\underset{X}{\parallel}}{C}\!-\!R'\ \longrightarrow\ R\!-\!C\!\equiv\!\overset{+}{X}\ 或\ \overset{+}{X}\!\equiv\!C\!-\!R'$$

少数情况产生烷基离子。例如：

$$R\!-\!\overset{\overset{+\cdot}{O}}{\overset{\parallel}{C}}\!-\!R'\ \longrightarrow\ R^+\ +\ \cdot\overset{\overset{O}{\parallel}}{C}\!-\!R'$$

在 6.2.2 中已列举了酮、醛、羧酸、羧酸酯、酰胺的例子，此处不再重复。

(2) 离杂原子较远的 C—C 键的断裂仍请参阅 6.2.2。如前所述，脂肪族不饱和杂原子化合物发生此断裂较饱和杂原子衍生物常见。

(3) McLafferty 重排(参阅 6.2.3 及表6-3)。

(4) 脱掉小分子的重排，如醛失 H_2O、CO，乙酸酯失乙酸等。

以上四种反应普遍较易发生。

(5) 两个氢原子的重排。这主要发生于羧酸酯类化合物。

图 6-14～图 6-18 列举了五种脂肪族不饱和杂原子化合物的质谱，按上述总结的几点，大部分谱峰是可以得到解释的。

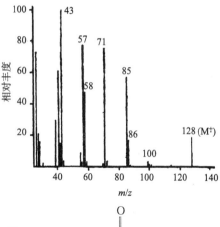

图 6-14　$CH_3CH_2CH_2\overset{\overset{O}{\parallel}}{C}CH_2CH_2CH_2CH_3$ 的质谱

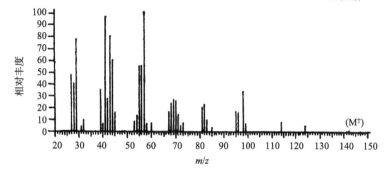

图 6-15　$CH_3(CH_2)_7CHO$ 的质谱

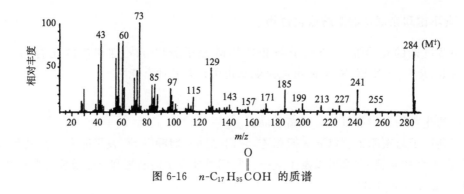

图 6-16 $n\text{-}C_{17}H_{35}\overset{\displaystyle O}{\overset{\|}{C}}OH$ 的质谱

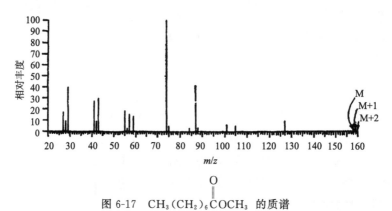

图 6-17 $CH_3(CH_2)_6\overset{\displaystyle O}{\overset{\|}{C}}OCH_3$ 的质谱

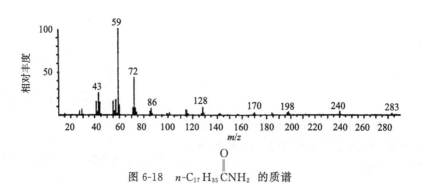

图 6-18 $n\text{-}C_{17}H_{35}\overset{\displaystyle O}{\overset{\|}{C}}NH_2$ 的质谱

6.3.5　烷基苯

烷基苯的质谱有以下特点:

(1) 分子离子峰较强。

(2) 简单断裂生成䓬鎓离子。

当苯环连接 CH_2 时,m/z 91 的峰一般都较强。苯环连 CH 时也可见 m/z 91 的峰。

（3）McLafferty 重排。

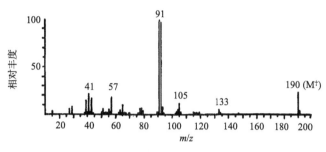

当相对苯环存在 γ-氢时，m/z 92 有相当强度。

（4）苯环碎片离子顺次失去 C_2H_2。

$$m/z\ 91 \longrightarrow m/z\ 65 \longrightarrow m/z\ 39$$

$$m/z\ 77 \longrightarrow m/z\ 51 \longrightarrow （亚稳离子\ m^*:33.8）$$

因此，化合物含苯环时，一般可见 m/z 39、51、65、77 等峰，如图 6-19 所示。

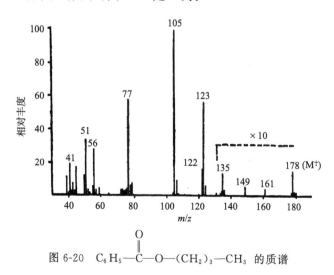

图 6-19　正辛基苯的质谱

多环芳烃与烷基苯相似，其分子离子峰更强。

6.3.6　杂原子取代的芳香族化合物

杂原子取代的芳香族化合物的质谱可从下面三种情况来分析。

1. 杂原子在侧链上

杂原子不直接连苯环，对此可按脂肪族化合物的规则进行讨论。其质谱为取代侧链产生的离子及烷基苯产生的离子的加和，图 6-20 是一例。

图 6-20　$C_6H_5-\overset{\overset{\textstyle O}{\|}}{C}-O-(CH_2)_3-CH_3$ 的质谱

2. 杂原子直接连到苯环上

经常发生的质谱反应是脱掉中性碎片,其中多数是重排反应。表 6-5 列出了苯环的常见取代基及其丢失的中性碎片。简单断裂丢失的碎片标注在括号中。

表 6-5 苯环衍生物重排反应丢失的中性碎片[2]

取代基	丢失的中性碎片
—NO_2	NO,CO,(NO_2)
—NH_2	HCN
—$NHCOCH_3$	C_2H_2O,HCN
—CN	HCN
—F	C_2H_2
—OCH_3	CH_2O,CHO,(CH_3)
—OH	CO,CHO
—SH	CS,CHS,(SH)
—SCH_3	CS,CH_2S,SH,(CH_3)

3. 多取代

当两个基团处于邻位时,常有邻位效应,由此常可区别间、对位异构体(参阅 6.2.3)。

当两个基团为间、对位时,大体可按表 6-5 预计主要碎裂倾向。

二取代苯环的质谱例子如图 6-21 及图 6-22 所示。

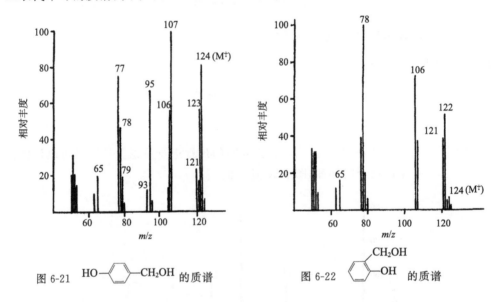

图 6-21 HO—⬡—CH_2OH 的质谱   图 6-22 ⬡(CH_2OH)(OH) 的质谱

6.3.7 杂芳环及其衍生物

杂芳环衍生物如同芳环衍生物,分子离子峰较强。

常见杂芳环(吡啶、吡咯、呋喃、噻吩)本身的质谱可失去含杂原子的碎片,最后产生 $C_3H_3^+$ m/z 39,与苯环的 m/z 39 碎片一致。吡啶环的碎片更近于苯环。五元杂芳环也产生包含杂原子的 ⬠X 碎片,X 代表 NH、O、S。

对于取代杂芳环的质谱,可类似于取代苯环加以分析,取代吡啶的质谱(图 6-23)是一个例子。

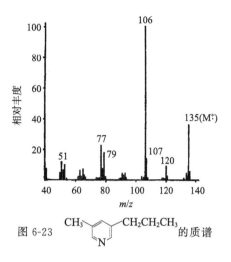

图 6-23 的质谱

6.4 EI 质谱图的解析

为鉴定未知物结构,需综合解析几种谱图。本书的主导思想更是以核磁共振谱图作为主要基础。本节阐述如何单独利用质谱图推测未知物结构,其目的是如何从质谱图中获取尽可能多的结构信息。

对于很简单的化合物,也可能从质谱得到其结构,或者从几种可能结构中选取最可能的结构。

需要指出,随着质谱仪器和方法的发展,对于一些特别类型的化合物,质谱可能起到主要作用。本节后面的一些例子充分地说明了这个问题。

本节较多地讨论了中、小分子的 EI 谱。在 6.5 节将讨论软电离质谱解析并举例。

6.4.1 EI 质谱图解析的方法和步骤

以下关于 EI 质谱图的解析方法和步骤供读者参考。

(1)校核质谱谱峰的 m/z 值。

这一点是针对老的扇形磁场质谱计的谱图说的。其质谱图的横坐标未标注 m/z 值。此时可以 m/z 18 的峰(水蒸气总存在于系统中)作为计数起点,往上再数到 m/z 40 时,它应明显地低于两侧的 m/z 39、41 的峰。

(2)分子离子峰的确定(参阅 6.1.1)。

当 EI 谱上无分子离子峰时,应有软电离质谱的数据。

(3)对质谱图作一总的浏览。

从分子离子峰的强度、整个谱图碎片离子的多少、低质量端的碎片离子系列可对未知物的结构类型作出一定的推断。例如,芳香族化合物分子离子峰较强,碎片峰较少,低质量端有相应的碎片(m/z 39、51、65、77 等)。

(4)分子式的确定(参阅 6.1.1)。

得出元素组成式之后即可计算出未知物的不饱和度。

(5)研究重要的离子。

(i)高质量端的离子。

高质量端的离子的重要性远大于中、低质量范围的离子,因它与分子离子的关系较密切。无论其由简单断裂或重排产生,都反映该化合物的一些结构特征。

(ii) 重排离子。

重排离子反映化合物的结构特征,其重要性大于简单断裂的离子,由重排离子推测结构是一条重要线索。

一般的重排离子均为奇电子离子,其质量数符合氮规则,由此可与简单断裂产生的碎片离子区别(参阅 6.2 节)。

(iii) 亚稳离子。

由亚稳离子可找到母-子离子对,这对于推测结构很重要,由分子离子产生的亚稳离子更应引起重视。

(iv) 重要的特征性离子。

重要的特征性离子反映化合物特征。例如,邻苯二甲酸酯类总产生强峰 m/z 149。

(6) 尽可能推测结构单元和分子结构。

请参阅后面的例题。

(7) 对质谱的校核、指认。

从推出的结构式对质谱进行指认。质谱中的重要峰(基峰、高质量区的峰、重排离子峰、强峰)应得到合理解释,或至少其中大部分峰能得到合理解释,找到其归属。对质谱重要峰指认的完成才说明所推结构是正确的。

(8) 如果是自己测试的质谱样品,进行质谱仪器所带的计算机的检索。

需要说明的是,对相对分子质量小、结构较简单的化合物,仅靠质谱数据有可能推出结构;对相对分子质量较大的化合物,仅靠质谱数据是不能推出结构的,此时必须依靠几种谱图的综合分析。

6.4.2 EI 质谱图解析举例

例 6-1 未知物分子式为 $C_4H_{11}N$。今有七套质谱数据如表 6-6 所示,试推出相应的未知物结构。

表 6-6 例 6-1 质谱数据

m/z	相对丰度						
	A	B	C	D	E	F	G
30	13.7	73.6	29.2	10.9	100	100	11.6
43	7.1	3.6	7.3	4.1	<2	<3	4.3
44	24.9	29.4	9.4	100	<2	<3	<1
58	100	100	100	10.7	<2	0	100
72	19.3	19.1	10.5	2.8	<2	<2	0
73	23.4	31.5	11.4	1.0	4.9	10.1	0

解 由于已知分子式,可以画出该分子式的全部异构体。为简略起见,仅画出 C 和 N 形成的骨架。异构体共有 8 个,用罗马数字标出。

$$C-C-C-C-N \qquad\qquad \begin{matrix} & C & \\ & | & \\ C-C & -C & -N \\ & | & \\ & C & \end{matrix} \qquad\qquad \begin{matrix} & C & \\ & | & \\ C-C-C & -N \\ \end{matrix} \qquad\qquad \begin{matrix} & C & \\ & | & \\ C-C & -N \\ & | & \\ & C & \end{matrix}$$

I   II   III   IV

$$\begin{matrix} C-C-C-N-C \end{matrix} \qquad \begin{matrix} & C & \\ & | & \\ C-C & -N-C \\ & | & \\ & C & \end{matrix} \qquad \begin{matrix} C-C-N-C-C \end{matrix} \qquad \begin{matrix} & & C \\ & & / \\ C-C-C-N & \\ & & \backslash \\ & & C \end{matrix}$$

V   VI   VII   VIII

下面将异构体和质谱数据关联起来。

这个例子对于了解饱和杂原子的碎裂途径很有好处,可以说是对于质谱解析的逻辑思维的一个训练。

现在样品中的饱和杂原子为 N,因而在生成分子离子之后最易进行的碎裂是 N 的 α-C 原子的另一侧断裂:断掉—CH_3 或—C_2H_5、—C_3H_7,也可以掉下一个氢原子。这样,就生成了较稳定的偶电子离子。偶电子离子不能再丢失自由基而产生奇电子离子,因而只能是在满足条件时进行四元环重排,丢失小分子,仍生成偶电子离子。

由于现在相对分子质量仅 73,故质谱图中的质量歧视效应不大。

先从基峰着手,再分析另外的重要质量数的峰。

从表 6-6 数据可知,基峰为 m/z 58 的有四个未知物:A、B、C 和 G。再从上述 8 个结构式来看,易于失去甲基而产生强的 m/z 58 峰的化合物有五个:III、IV、VI、VII、VIII。其中 III 除产生 m/z 58 的峰之外,还会产生显著的 m/z 44 的峰,这与 A、B、C 和 G 的数据不符,因而只剩下 IV、VI、VII 和 VIII。

容易判断 IV 为 G。IV 的分支程度最高,尤其是三个甲基均处于 N 的 α-C 的另一侧,均很易于失去。据此,其分子离子峰的强度应最低而 m/z 58(M—CH_3)则很高,故应为 G。

剩下的 A、B、C 三套数据中,m/z 30 的峰的强度有很大的差异,这反映了它们进行四元环重排的概率有很大的差别。

从 VII 的结构式可知,它可在右侧失去甲基,然后在左侧进行四元环重排;也可在左侧失去甲基继而在右侧进行四元环重排,因此 VII 进行四元环重排的概率最高,应具有最高的 m/z 30 的相对丰度,故判为 B。

VI 可在右侧失去 H,产生 M—1$^+$,然后在左侧进行四元环重排。总之,它可以进行四元环重排,产生一定强度的 m/z 30 的离子,因而可知 VI 为 C。

从 VIII 的结构式可知,它如果进行四元环重排(右边某个甲基失去 H,然后左边进行四元环重排),产生 m/z 44 的离子。现在 A 的数据,m/z 44 的相对丰度为 24.9,m/z 30 的相对丰度则为一较低数值 13.7,与上面的分析是一致的,故可对应 VIII 为 A。

下面分析基峰为 m/z 44 的异构体。从表 6-6 来看,仅 D 一个。从结构式来分析,易于产生 m/z 44 的化合物有 III、V 两个(N 的 α-C 的一侧失 C_2H_5)。由于 D 的数据中,除 m/z 44 的基峰之外,还有一定强度的 m/z 58,而 V 是不易失去甲基的,因此 D 应为 III。

表 6-6 中仅余 E、F。它们均以基峰是 m/z 30 为特征。从所列结构式来看,也只剩下 I、II,它们都产生 m/z 30 的强峰,是与之对应的。由于 II 具有甲基分支,分子离子峰强度会低些,据此 II 指认为 E,I 指认为 F。

例 6-2 试由质谱(图 6-24)推出该未知化合物结构。

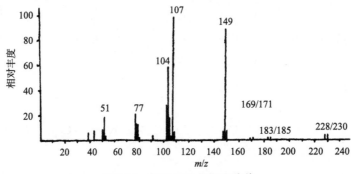

图 6-24 某未知化合物的质谱

解 从图 6-24 可看出 m/z 228 满足分子离子峰的各项条件,可考虑它为分子离子峰。

由 m/z 228、230;183、185;169、171 几乎等高的峰强度比可知该化合物含一个 Br。m/z 149 是分子离子峰失去溴原子后的碎片离子,由 m/z 149 与 150 的强度比可估算出该化合物不多于 10 个碳原子,但进一步推出元素组成式还有困难。

从 m/z 77、51、39 可知该化合物含苯环。

从存在 m/z 91,但强度不大可知苯环并非被 CH_2 基团取代。

m/z 183 为 $M-45$,m/z 169 为 $M-45-14$,45 和 59 很可能对应羧基—COOH 和 —CH_2—COOH。

现有结构单元:

$$\text{苯基}— \qquad —\overset{|}{\underset{|}{C}}— \qquad Br \qquad —CH_2—COOH$$

加起来共 227 质量单位,因此可推出苯环上取代的为 CH,即该化合物结构为

$$\text{苯基—}\overset{\displaystyle Br}{CH}—CH_2—COOH$$

其主要碎化途径如下:

$$\text{苯基—}\overset{\displaystyle Br}{CH}—CH_2—COOH \quad m/z\ 228$$

$-\dot{Br}$ ： 苯基—$\overset{+}{CH}$—CH_2—COOH $\quad m/z\ 149$

$\dot{COOH}$ ： 苯基—$\overset{\displaystyle Br}{CH}$—$CH_2$ $\quad m/z\ 183$

$\dot{CH_2}$—COOH ： 苯基—$\overset{\displaystyle Br}{\underset{+}{CH}}$ $\quad m/z\ 169$

$-CH_2$—CO ： 苯基—$\overset{+}{CH}$—OH $\quad m/z\ 107$

例 6-3 某未知物的质谱如图 6-25 所示。高质量端各峰的相对强度如下：

m/z	222	223	224
相对强度	3.0	0.4	0.04

试推出该未知物结构。

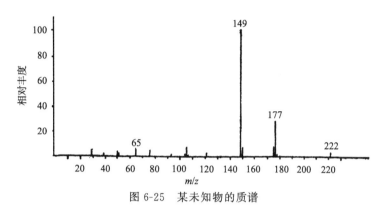

图 6-25　某未知物的质谱

解　读者可自行分析 m/z 222 符合分子离子峰的各项条件。

从分子离子的同位素峰组相对强度可以看到该化合物不含 S、Cl、Br，并可算出该化合物含有 12 个碳原子，剩余的质量应考虑 4 个氧原子。因此，该化合物元素组成式为 $C_{12}H_{14}O_4$，由此算出其不饱和度为 6。

从不饱和度、苯环碎片(m/z 77、65、39 等)以及该质谱较少的碎片离子可看出该化合物含苯环。解这个题的关键在于 m/z 149，这是邻苯二甲酸酯的特征峰，它总是这类化合物的基峰，其结构如下：

$$\begin{array}{c}\text{结构式}\end{array}$$

既确定了化合物为邻苯二甲酸酯(它广泛存在于塑料中，用作增塑剂)，从相对分子质量 222 可知该化合物为邻苯二甲酸二乙酯。

例 6-4　今有下列三个化合物及三套质谱数据(标注出了 M^+ 峰的强度及最强的五峰，表 6-7)，试指出其对应关系，并说明理由。

A　B　C

表 6-7　例 6-4 质谱数据

	M^+(强度%)	基峰 m/z	第二强峰 m/z	第三强峰 m/z	第四强峰 m/z	第五强峰 m/z
1	154(12.8)	84	139	93	83	41
2	154(0)	121	93	95	43	136
3	154(24.4)	112	69	41	53	139

解 1 对应 B：

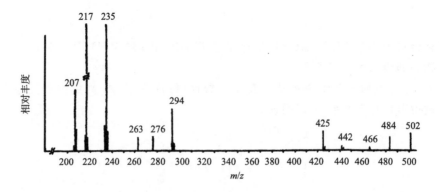

产生基峰 m/z 84。从结构式也可知 M^+ 具有一定强度。

2 对应 A：分子离子不稳定，分子离子峰强度为零。$M-H_2O-CH_3$ 产生基峰，$M-H_2O-C_3H_7$（环外支链）产生 m/z 93。

3 对应 C：因酮类化合物的分子离子峰较醇类化合物的强，在 A、B 和 C 中，C 的分子离子峰强度最大。另外

例 6-5 试解释图 6-26 所示质谱。

图 6-26 某化合物的质谱

解 该化合物的主要碎化途径如下：

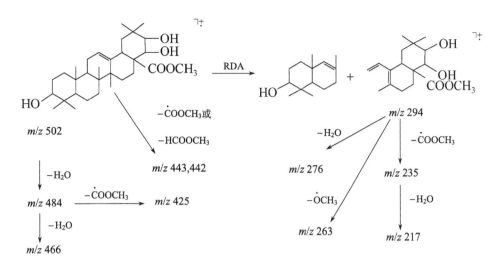

$m/z\ 502$ $-\dot{C}OOCH_3$或 $-HCOOCH_3$ $m/z\ 443,442$

$m/z\ 294$ $-H_2O$ $-\dot{C}OOCH_3$

$-H_2O$ $m/z\ 484$ $-\dot{C}OOCH_3$ $m/z\ 425$

$m/z\ 276$ $m/z\ 235$

$-H_2O$ $m/z\ 466$

$-\dot{O}CH_3$ $-H_2O$

$m/z\ 263$ $m/z\ 217$

例 6-6 一个已知结构的三萜烯衍生物的质谱如图 6-27(a)所示,现有另一未知结构的三萜烯衍生物的质谱如图 6-27(b)所示,试从两张质谱的对比找出未知物的结构信息。

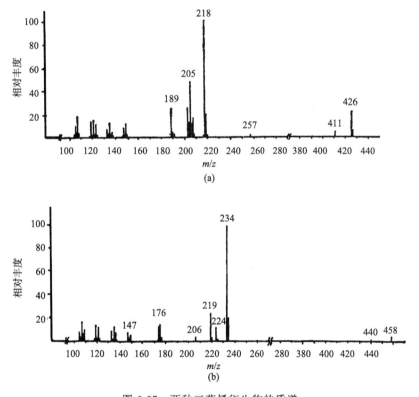

图 6-27 两种三萜烯衍生物的质谱

解 已知的三萜烯衍生物主要碎化途径如下:

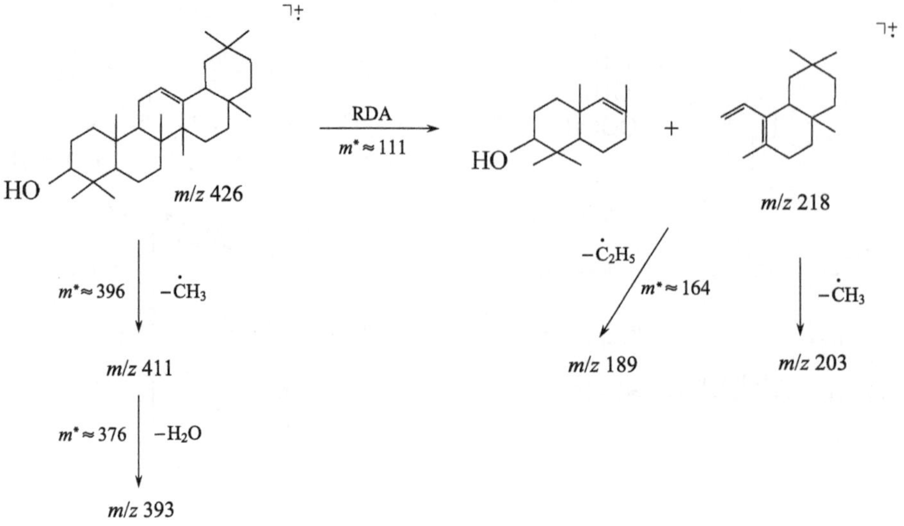

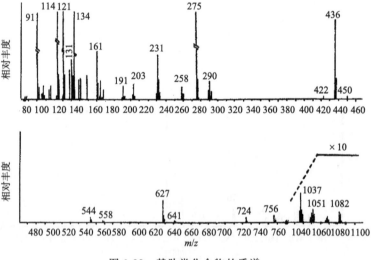

从图 6-27(b) 可见分子离子峰为 m/z 458，与已知物相比多了 32，可知多两个氧原子。

图 6-27(b) 的基峰为 m/z 234，与图 6-27(a) 的基峰相比大 16，由此可知两个三萜烯衍生物双键的位置相同，若未知物中双键位置不同于已知物，RDA 的碎片会有较大的差别，但 m/z 234 与 m/z 218 差 16，可推测在原 m/z 218 碎片中需补加一取代羟基，另一侧中性碎片也应有一羟基取代（未知化合物多了两个氧原子）。这种推断方法称为质量位移法。

事实上，未知物的二羟基分别加于已知物结构式左、右两端的环（A 及 E 环）上。

例 6-7 由图 6-28 质谱决定该肽类化合物氨基酸的连接序列。

图 6-28　某肽类化合物的质谱

解　为便于样品的气化，该化合物在作质谱之前先经过乙酰化再与碘甲烷反应。在这样的反应条件下，伯胺基 —NH_2 变成了 CH_3—N—C—CH_3（上方有 O），仲胺基 —NH— 变成了 —N—CH_3，—OH 变成了 —OCH_3。

分析该质谱,分子离子峰为 m/z 1082,重要的峰为 m/z 91、114、121、134、161、231、275、436、627、756。

先考虑第一个氨基酸残基的碎片,这应在 m/z 114、121、134 中挑选,为此,应该把各种氨基酸残基在上述反应后的质量数进行计算并考虑在裂解时,连接两氨基酸的酰胺键将断开。

甘氨酸正好符合 m/z 114,它的分子式为 $H_2N—CH_2—COOH$。它与下一个氨基酸连接的残基为

$$H_2N—CH_2—\overset{\overset{\displaystyle O}{\|}}{C}—$$

。在上述反应条件下,该残基的结构为

$$
\begin{array}{c}
CH_3—\overset{\overset{\displaystyle O}{\|}}{C} \\
| \\
N—CH_2—\overset{\overset{\displaystyle O}{\|}}{C}— \\
| \\
CH_3
\end{array}
$$

这正好对应 m/z 114。

现在考虑第二个氨基酸残基,m/z 114 后面较强的峰为 m/z 161、231、275。m/z 161 与 m/z 114 之差太小,这中间不可能有一个氨基酸残基。m/z 231 与 m/z 114 之差为 117,找不到相应的氨基酸。m/z 275 与 m/z 114 之差为 161。这正好对应反应后的苯基丙氨酸残基:

$$
\begin{array}{c}
\quad\quad CH_3 \quad\quad O \\
\quad\quad | \quad\quad\quad \| \\
--N—CH—C-- \\
\quad\quad | \\
\quad\quad CH_2 \\
\quad\quad | \\
\quad\quad \bigcirc
\end{array}
$$

$$m/z\ 161$$

m/z 275 之后的较强的峰为 m/z 436,二者之差仍为 161,即苯基丙氨酸残基之后仍为苯基丙氨酸残基。

m/z 436 之后的强峰为 m/z 627,二者之差为 191,它对应反应之后的酪氨酸残基:

$$
\begin{array}{c}
\quad\quad CH_3 \quad\quad O \\
\quad\quad | \quad\quad\quad \| \\
+N—CH—C+ \\
\quad\quad | \\
\quad\quad CH_2 \\
\quad\quad | \\
\quad\quad \bigcirc \\
\quad\quad | \\
\quad\quad OCH_3
\end{array}
$$

$$m/z\ 191$$

按此类推,可找出反应后的该肽类化合物为

累积质量　114　　114+161=275　275+161=436　436+191=627　627+129=756　756+97=853　853+198=1051　1051+31=1082

注:脯氨酸处断裂的碎片常不能看到。

反应前的肽类化合物结构为

甘氨酸　苯基丙氨酸　苯基丙氨酸　酪氨酸　苏氨酸　脯氨酸　赖氨酸

由于缺乏亚稳离子的证实,此结果仅具有参考意义;反之,如用(时间上的)多级串联质谱,则可得到确切结论。

6.5　软电离质谱的解析

软电离质谱的主要信息是从准分子离子得到有关化合物的相对分子质量。

软电离质谱可能也含有少数(广义)碎片离子,或者通过 CID、锥孔放电得到(广义)碎片离子,应该充分利用所得的结构信息。

6.5.1　由 CI 产生的质谱

CI 可以是正离子模式,即检测正离子;也可以是负离子模式,即检测负离子。本小节主要阐述正离子模式,因为它比负离子模式应用多,化学电离负离子仅用于一些比较特殊的化合物。

通过化学电离可以得到相对分子质量和立体化学结构信息,这两者都与化学电离中使用的反应气密切相关。

在化学电离中使用较多的反应气有甲烷、异丁烷和氨气。

当样品分子在 EI 电离中分解时,CI 产生准分子离子(或者更准确地说是完整的样品分子与加和离子的结合)。准分子离子的峰在 CI 谱中很清楚。

化学电离中生成的准分子离子与使用的反应气相关。例如,当使用氨气作反应气时,如果样品分子比 NH_3 更具碱性,较易产生[M+H]$^+$;如果样品分子比 NH_3 碱性弱,较易产生[M-H]$^+$。

在 CI 中最容易产生的加和离子是$[M+H]^+$。由于它是偶电子离子,比通过 EI 得到的分子离子(奇电子离子)稳定,它的热力学能又比 EI 产生的分子离子的热力学能低很多,因此在化学电离产生的质谱中它的峰是突出的,未知物的相对分子质量就是$[M+H]^+$的质荷比减去 1。但是由于在化学电离中还可能产生其他准分子离子,因此相对分子质量的获得不完全如此简单。需要考虑下列三种情况:

(1) 除产生$[M+H]^+$之外,样品分子还可能与反应气产生其他加和离子,这与所用的反应气有关。当反应气为甲烷时,可以产生$[M+C_2H_5]^+$和$[M+C_3H_5]^+$。当反应气为异丁烷时,较易产生$[M+C_4H_9]^+$,也可能产生$[M+C_3H_7]^+$等离子。

(2) 化学电离过程与所用的反应气紧密相关。一般来说,样品的质子亲和力比反应气的大。在这样的条件下,化学电离主要生成$[M+H]^+$。如果样品分子的质子亲和力与反应气分子的质子亲和力近似相等,二者将生成其他离子。例如,当氨气用作反应气时生成$[M+NH_4]^+$。

(3) 当分析烃类样品时,由于烃的质子亲和力小于反应气的质子亲和力,因此生成$[M-H]^+$。这个现象在其他样品中也能观察到,如某些醇和酯等。

无论是哪种情况,由于所用的反应气是知道的,一个未知物的相对分子质量都能够从化学电离测出。当甲烷用作反应气时,相对分子质量能够从 3 个峰的质荷比差值求出:$[M+H]^+$与$[M+C_2H_5]^+$的差值为 28;$[M+H]^+$与$[M+C_3H_5]^+$的差值为 40。当氨气用作反应气时,相对分子质量能够从$[M+NH_4]^+$推出。

除相对分子质量之外,化合物的立体化学结构信息可能从 CI 谱获得。异构体在 CI 质谱中可能显示明显的区别。

CI 谱中存在碎片离子,其丰度与所用的反应气密切相关。一般来说,样品的质子亲和力比反应气的大。如果二者的亲和力相差越大,则更多的能量将转移到准分子离子,因而产生更多的碎片离子。由于反应气的质子亲和力的顺序为氨>异丁烷>甲烷,因此在 CI 谱中碎片离子的顺序按照反应气排列是甲烷>异丁烷>氨。

CI 谱中的碎片离子以准分子离子脱掉小分子 HY 为特征。上述 HY 中的 Y 可以是卤素原子或 OR、NR_2 等原来分子中存在的基团。

在负离子模式时,一般生成$[M-H]^-$。

6.5.2 由 FAB 产生的质谱

用 FAB 时也有正离子模式和负离子模式。

由于在 FAB 中使用基质,基质生成的峰很强。在正离子模式中产生 X_nH^+ 及其脱水的产物,此处 X 表示基质分子。以常用的甘油作基质为例,其 FAB 的质谱中有 m/z 57、75、93、185、277、369、461、553 等。在负离子模式中,甘油则产生 m/z 91、183、275、367、459、551 等。

由于加入了 Na^+ 或 K^+(或者它们作为污染物存在),基质分子与 Na^+ 或 K^+ 生成加和离子,因而生成 m/z 115[甘油分子+Na]$^+$、131[甘油分子+K]$^+$、207[两个甘油分子+Na]$^+$、223[两个甘油分子+K]$^+$ 等。

除上述的峰之外,主要由于基质的无规碎化,因此在相对低质荷比区域生成很多的本底峰。

由 FAB 的质谱中的准分子离子峰可以得到相对分子质量的信息。由于准分子离子峰的位置在高质量端,因而基质产生的峰造成的干扰不大。

在正离子模式时,准分子离子可能为$[M+H]^+$、$[M+Na]^+$、$[M+K]^+$。从它们之间的质量差值22{$[M+Na]^+-[M+H]^+$}、38{$[M+K]^+-[M+H]^+$},可以推测相对分子质量。有意识地往样品中加入钠盐、钾盐可以增大$[M+Na]^+$和$[M+K]^+$的峰强。

当基质分子比样品分子具有更强的酸性时,有强的$[M+H]^+$信号。

在高质量区还可能出其他加和离子的峰,如果样品分子含有碱性基团,会存在$[M-H+2Na]^+$、$[M-H+2K]^+$的峰。另外,样品分子会产生$[2M+H]^+$、$[3M+H]^+$等。

在负离子模式时,最常见的准分子离子为$[M-H]^-$。为得到好的信号,基质应该比样品分子更具碱性。

无论在正离子模式还是负离子模式,直接产生 M^+(正离子模式)或 M^-(负离子模式)都是可能的,它们与样品分子的加和离子共存。

在 FAB 的质谱中,也有一些碎片离子,它们可以用来推测未知物结构。碎片峰的丰度与所用的基质有关。

如果一个离子型化合物 A^+B^- 用 FAB 研究,A^+ 可用正离子模式检出,B^- 则用负离子模式检出。

在正离子模式的谱图中,除了上述可能出现的几种离子之外,还可能出现含有正离子和负离子加和的离子。例如,用 FAB 的正离子模式分析$[C_{14}H_{16}N]^+ClO_4^-$(一种铵盐)时(下面为叙述方便,把阳离子标注为 C,阴离子标注为 A),在 FAB 正离子谱图中,存在$[2C+A]^+$(m/z 495)和$[3C+2A]^+$(m/z 792),因此 C 和 A 的质量都可以得到。

在 FAB 负离子模式分析时情况类似,由于存在阴离子和阳离子的加和,因此可以得到阴离子和阳离子的质量。

6.5.3 由 MALDI 产生的质谱

由于 MALDI 采用基质(还可能存在碱金属离子),在其质谱中基质会产生多而强的峰。若基质以 Ma 表示,在正离子模式,产生的峰有 Ma^+、$Ma+H^+$、Ma_n+H^+、$Ma+alkali^+$、$Ma_n+alkali^+$以及它们的碎片离子。以 2,5-二羟基苯甲酸(相对分子质量154)为例,产生的峰有 m/z 137、154、155、177 等。

由于 MALDI 这种电离方法仅与飞行时间质谱联用,适用于具有高相对分子质量的化合物,因此在较低的质荷比范围(如 $m/z < 500$),基质产生严重噪声,但是它们不干扰样品在高质量区产生的峰。

在 MALDI 的质谱中,样品的碎片峰非常少,主要提供的是相对分子质量的信息,因而很适合用于混合物的分析。

在 MALDI 的质谱中,$[M+H]^+$的峰通常很突出,其他峰有 M^+、$[M+Na]^+$、$[M+K]^+$(当 Na 和 K 存在时)、$[M+2H]^{2+}$、$[M+3H]^{3+}$、$[2M+H]^+$等。$[2M+H]^+$的峰强随着样品浓度的增大而增强。

6.5.4 由 APCI 产生的质谱

APCI 是 LC-MS 的接口之一,因此由 APCI 产生的质谱就只能出现在 LC-MS 的实验中。

APCI 和 CI 有两点不同:①CI 电离室的压力约为 100 Pa,而 APCI 约为 100 kPa,因此 APCI 的电离效率远远高于 CI;②CI 的电子来自灯丝的辐射,而 APCI 的电子来自电晕放电。

由 APCI 产生的质谱和 CI 谱相似,但是其中有很多由水分子缔合产生的峰 $[(H_2O)_nH]^+$。这是因为所有气态分子中水分子具有最高的质子亲和力。

6.5.5 由 ESI 产生的质谱

先讨论样品具有高相对分子质量且易于电离的化合物(如肽类化合物),它们通过电喷雾电离,得到多电荷离子形成的峰簇。峰簇通常处于 m/z 500~3000。由于生成多电荷离子,因此检测离子的真正质量可达 $1×10^5$ u 以上。

由 ESI 所得多电荷离子峰簇示意图如图 6-29 所示。

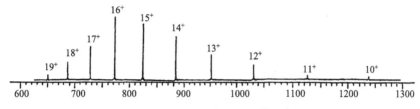

图 6-29　ESI 多电荷离子峰簇示意图

当电喷雾时,样品分子(相对分子质量为 M)与 n 个带电质点(其质量为 X)相结合,在 ESI 谱上,离子的"表观"质荷比为

$$\frac{M+nX}{n}=\frac{m}{z} \tag{6-6}$$

式中,m/z 为离子在 ESI 谱中出现的位置;其他参数前面已叙述。

由于 n 有一系列数值,因而谱图中呈现一个峰簇。任取相邻的两个峰即可求出样品的相对分子质量 M。

现任取相邻两峰,设右边的峰对应 n_1,左边的峰对应 n_2,则有

$$n_2=n_1+1 \tag{6-7}$$

为简化表示,设右边的峰 m/z 值为 m_1,左边的峰 m/z 值为 m_2,按式(6-6),分别有

$$\frac{M+n_1X}{n_1}=m_1 \tag{6-8}$$

$$\frac{M+n_2X}{n_2}=m_2 \tag{6-9}$$

以上两式分别展开为

$$M+n_1X=n_1m_1 \tag{6-10}$$

$$M+n_2X=n_2m_2 \tag{6-11}$$

将式(6-11)的 M 表达式及式(6-7)代入式(6-10),有

$$n_2m_2-n_2X+n_1X=n_1m_1$$

$$(n_1+1)m_2-(n_1+1)X+n_1X=n_1m_1$$

经整理得

$$n_1m_1-n_1m_2=m_2-X$$

即

$$n_1=\frac{m_2-X}{m_1-m_2} \tag{6-12}$$

由式(6-12)计算 n_1，它应是一个整数，故取计算值最接近的整数。

有了 n_1，按式(6-8)，可计算出 M

$$M = n_1(m_1 - X) \tag{6-13}$$

因此，任取相邻二峰，由读出的 m_1 和 m_2 的数值，即可计算出样品的相对分子质量 M。

在计算时，当然要用 X 的数值，如前所述，X 为荷电者的质量，当 pH 低时，则为 H^+，故 $X=1$。

在计算时，取较高的相邻两峰当然较准确。现已有计算软件，它计算所有各对相邻两峰，这自然能取得更准确的结果。

如果被分析物纯度高，即得到如图 6-29 所示峰簇，则各种质量分析器均可得到满意的结果。反之，设有两种物质混在一起，各有一个多电荷分子离子的峰簇，两个峰簇又部分重叠，此时要运用式(6-12)和式(6-13)来进行计算就困难了。在这样的情况下，FT-ICR/MS 显示突出优点，因它无需采用多电荷分子离子峰簇的相邻两峰，而只用其中的一个"峰"即可。FT-ICR/MS 能测得高分辨数据，在多电荷分子离子峰簇中的一个"峰"（具有某一质荷比），其高分辨测定结果则是一个同位素峰簇（参阅 6.1.2）。这是因为分子中含有多个碳原子，由于 ^{12}C、^{13}C 的个数不同，因而形成了同位素峰簇。根据这个同位素峰簇内的间距即可直接求得这种离子所带电荷 z。例如，同位素峰簇内两峰之间质荷比的差 $\Delta m/z = 0.1$，因它们之间的质量差 $\Delta m = 1$（一个 ^{12}C 置换为 ^{13}C），因而可知 $z=10$。再结合 m/z 值，即可直接求出分子离子的质量。因此，无需按式(6-12)和式(6-13)计算，这就不需要确定哪两个"峰"是多电荷分子离子峰簇的相邻两峰了。

ESI 也很适合用于分析小分子的化合物。它是一种很"软"的电离方式，从 ESI 谱容易得到样品相对分子质量的数据。在正离子模式 ESI 谱中最多产生的离子是 $M+H^+$，也出现 $M+Na^+$、$M+K^+$、$M+NH_4^+$ 等。在 ESI 谱中可能出现二聚体的离子，如 $2M+H^+$ 等。它们的丰度随着样品浓度的增加而增加。在 ESI 谱中碎片离子少。

ESI 负离子模式的质谱图中最常见的是 $M-H^-$。

ESI 正离子谱和负离子谱结合更容易得到样品相对分子质量的信息。例如，某未知物的负离子谱的峰为 m/z 241、243（二者近于等高）；正离子谱的峰有 m/z 265、267（二者近于等高）。这就很清楚地知道该未知物的相对分子质量为 242，且该分子含溴。241 为 $M-H^-$，265 为 $M+Na^+$。从 241 和 243 近于等高，以及 265 和 267 近于等高知道该未知物含一个溴原子。

在 ESI 的装置中，离子通过一个锥孔进入质量分析区域。在锥孔上面施加一个电压。离子通过锥孔实际上就进行了一次 CID。随着锥孔电压的升高，ESI 谱中碎片离子的丰度就增加了，也就是说增加了结构信息。

6.6 串联质谱的解析

串联质谱的仪器和操作已经在 5.5 节中讨论过了。本节仅讨论串联质谱的解析。

如果分析的样品是混合物，从一级质谱可以得到各个组分的质谱信息。二级质谱可以得到具体组分的质谱，从而推导其结构。

如果样品是单一组分，一级质谱得到若干质谱峰，选定某一质谱峰，进行二级质谱的操作，即可得到选定离子碎化的质谱，从而可能得到选定离子的结构。

2012 年 5 月,清华大学分析中心接受了一个未知物鉴定的任务。首先需要用质谱测定它的相对分子质量。未知物高分辨质谱图如图 6-30 所示。

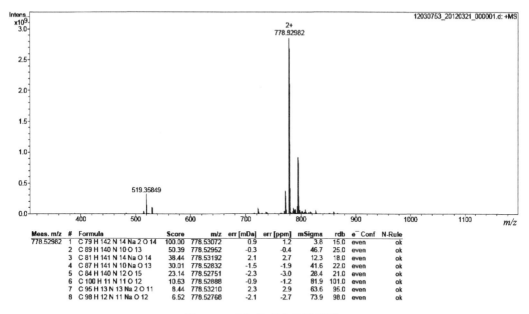

Meas. m/z	#	Formula	Score	m/z	err [mDa]	err [ppm]	mSigma	rdb	e⁻ Conf	N-Rule
778.52982	1	C 79 H 142 N 14 Na 2 O 14	100.00	778.53072	0.9	1.2	3.8	15.0	even	ok
	2	C 89 H 140 N 10 O 13	50.39	778.52952	-0.3	-0.4	46.7	25.0	even	ok
	3	C 81 H 141 N 14 Na O 14	38.44	778.53192	2.1	2.7	12.3	18.0	even	ok
	4	C 87 H 141 N 10 Na O 13	30.01	778.52832	-1.5	-1.9	41.6	22.0	even	ok
	5	C 84 H 140 N 12 O 15	23.14	778.52751	-2.3	-3.0	28.4	21.0	even	ok
	6	C 100 H 11 N 11 O 12	10.63	778.52888	-1.2	-1.2	81.9	101.0	even	ok
	7	C 95 H 13 N 13 Na 2 O 11	8.44	778.53210	2.3	2.9	63.6	95.0	even	ok
	8	C 98 H 12 N 11 Na O 12	6.52	778.52768	-2.1	-2.7	73.9	98.0	even	ok

图 6-30 未知物高分辨质谱图

图 6-30 下方标注的初步检索结果不用管,我们只利用它所示的高分辨质谱数据。

图中最强的峰是 778.5298,已标注带两个正电荷,即 778.5298 是 2 个 H 的加和,因此未知物的相对分子质量应该是

$$2\times778.5298 - 2\times1.0078 = 1555.044$$

准分子离子峰区域的峰主要是碳的同位素峰。

在较低质荷比区域,我们看到了 519.3585 这个较强的峰,考虑它可能是 3 个 H 的加和,由此计算未知物的相对分子质量应该是

$$3\times519.3585 - 3\times1.0078 = 1555.052$$

与上面的结果符合。

为寻求该未知物结构,测定了它的核磁共振氢谱(溶剂 D_2O),如图 6-31 所示。

该未知物氢谱的一个鲜明特点就是在 4.0~4.5 ppm 的区域有很多谱峰,因此可以怀疑未知物是一个肽类化合物,因为氨基酸残基的 $\alpha-H$ 在这个区域出峰。由于该氢谱是以重水为溶剂测定的,会有快速的化学交换反应,氨基酸残基的活泼氢的峰面积会损失不少,因为若干活泼氢的峰重叠入水峰中了。

为了进一步证实这个假定,用 10% 的 D_2O、90% 的 PBS 缓冲溶液(含磷酸氢二钾等)作溶剂再测氢谱,如图 6-32 所示。

从图 6-32 看到,在 7.3~8.5 ppm 的区域出现了大量的谱峰,它们是氨基酸残基活泼氢的峰。这是因为在该缓冲溶液中这些活泼氢的交换反应减慢,它们的峰不再并入水峰,但是峰面积与氢原子数目不完全成正比。

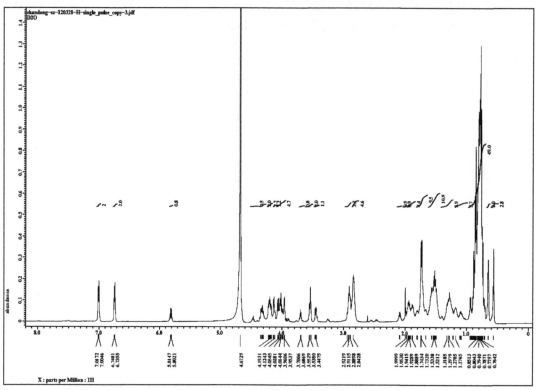

图 6-31 该未知物的核磁共振氢谱

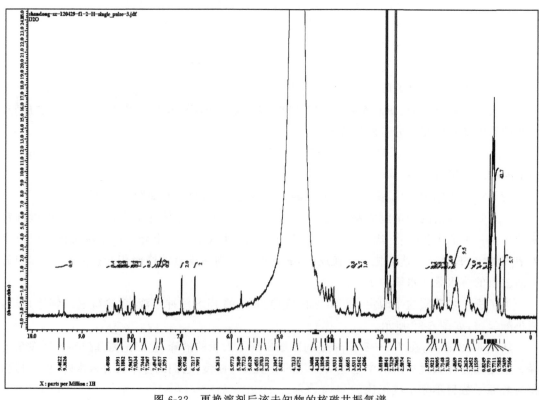

图 6-32 更换溶剂后该未知物的核磁共振氢谱

因此,可以初步确定该未知物是肽类化合物。

无论是图 6-31 还是图 6-32,氢谱内的谱峰都大量重叠,从该未知物质谱得到它的相对分子质量为 1555。如果还用前面我们熟悉的以核磁共振谱图为主来鉴定结构,肯定不是一条顺利道路。反之,对于这样一个肽类化合物,利用质谱方法则可能起到事半功倍的效果。由此,我们确定了深入进行质谱研究的方向。

该未知物的二级质谱如图 6-33 所示。它的分段图如图 6-34～图 6-38 所示。

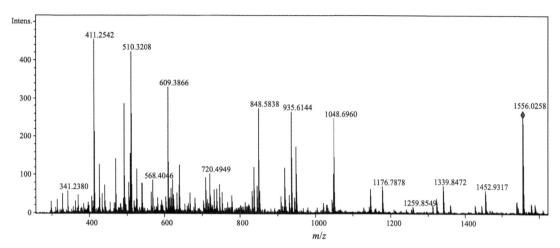

图 6-33　该未知物的二级质谱

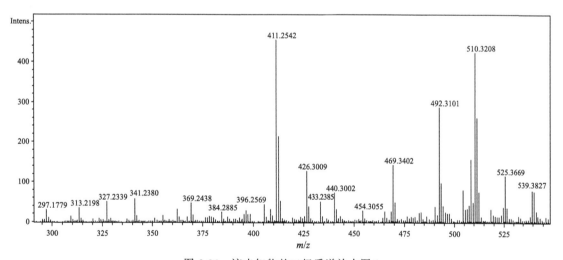

图 6-34　该未知物的二级质谱放大图 1

如同在 5.5.1 中所述,在肽类化合物的低能 CID 谱中,b 系列和 y 系列离子占据较突出的位置。

在上述二级质谱图中,有较多突出的峰,再结合氨基酸残基的质量,可以容易地找到若干相邻的显著峰之间的氨基酸残基,知道该未知物一段一段的结构片段。

虽然有不少进展,但是我们面临两个棘手的问题:

(1) 在整个质荷比区域,分子离子的二级质谱的较强峰有较大的空档。

(2) 在二级质谱的低质荷比区域,突出的峰只有 411.2542,它不能由氨基酸残基的质量组

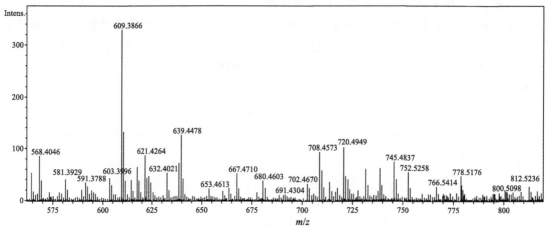

图 6-35 该未知物的二级质谱放大图 2

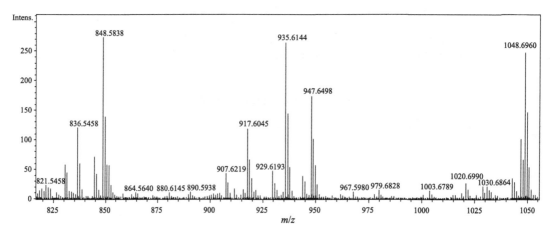

图 6-36 该未知物的二级质谱放大图 3

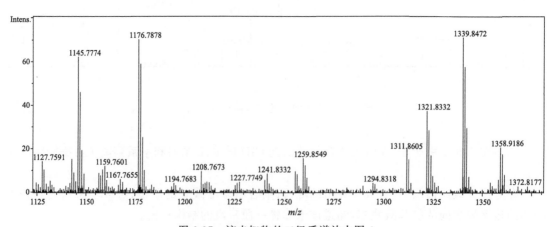

图 6-37 该未知物的二级质谱放大图 4

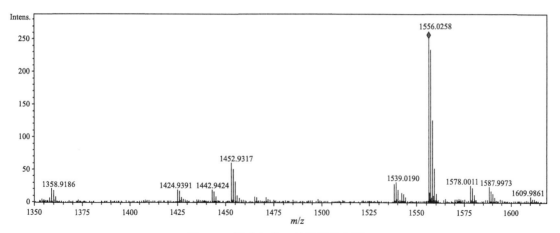

图 6-38　该未知物二级质谱放大图 5

合出来。为此,对它再作下一级的碎裂质谱,但是仍然没有得到可解析的信息。

正在此举步维艰之际,我参加了 2015 年 7 月初的一个质谱国际网络会,得到下面两个极为重要的质谱检索网站。突出的优点是:这两个网站都是免费的。

第一个网站的名称是 Formula Finder,具体网址如下:

http://www.colby.edu/chemistry/PChem/Formula.html

输入母体离子质量和 6 个碎片离子质量(都是高分辨数据),软件会计算出可能的很多分子式。在找到的结果中,精确相对分子质量是一个很重要的限制,其他还有不饱和度、最大氮原子数。根据这些条件,我们最后确定了该未知物的分子式是 $C_{78}H_{138}N_{16}O_{16}$。

读者需要注意,由于未知物的相对分子质量很大,不能简单地用氮规则。该未知物的相对分子质量是 1555,似乎应该含奇数个氮原子,其实由于分子含 138 个氢原子,因此它们的质量就比原子数目多出一个质量单位了。

有了分子式之后,用下面的网站查找未知物的结构。网站名称是 ChemSpider,是一个化学数据库,网址如下:

www.chemspider.com

输入上述分子式,得到如图 6-39 所示的唯一结构。

从这个结构式出发,二级质谱中较显著的峰都得到了解释,特别是 411 离子的组成得到解释。该结构式与核磁共振谱图也符合。

于是该任务圆满完成。

这个例子充分地说明了串联质谱的功效。

根据分子离子峰和碎片离子峰,利用上述两个网站,依次找到未知物分子式和结构式的方法当然不是仅仅用于相对分子质量大的未知物,这是一个通用的方法! 当我们面对一个杂原子多的未知物时,从核磁共振谱不能得到直接、完全的信息,以核磁共振谱为主要工具受到诸多限制,此时充分利用质谱的方法就是一条极为重要的途径了。

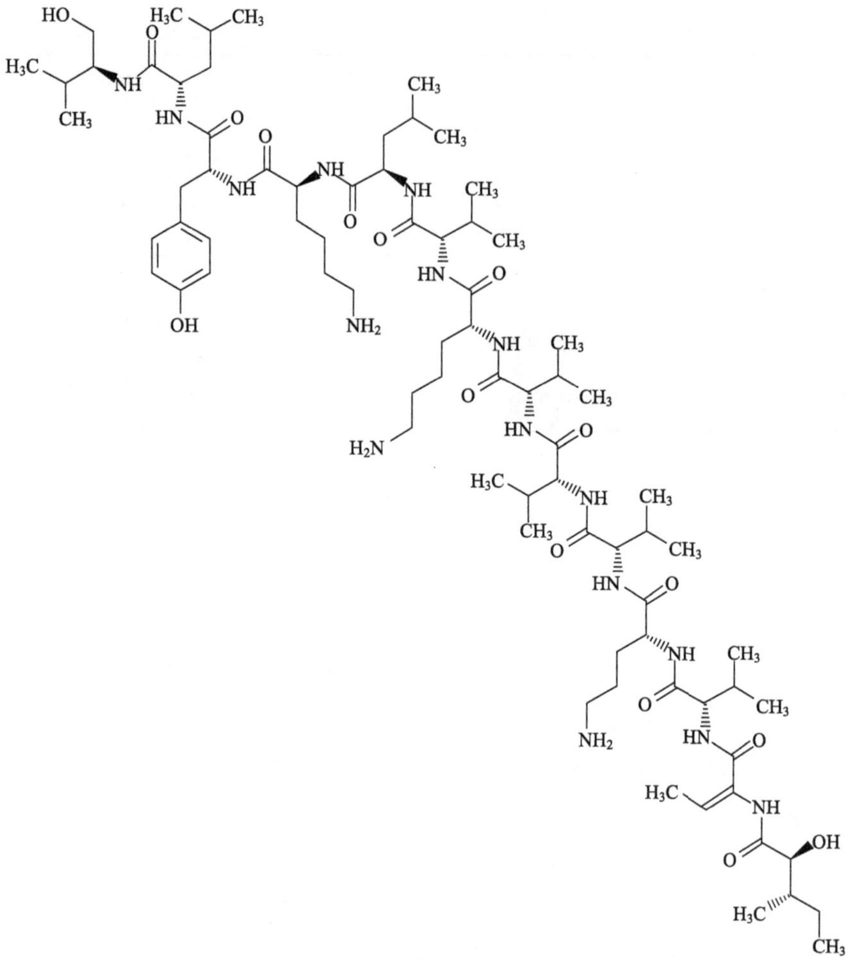

N-[(2E)-2-{[(2S,3S)-2-hydroxy-3-methylpentanoyl]amino}-2-butenoyl]-L-valyl-D-ornithyl-L-valyl-L-valyl-
L-valyl-D-lysyl-L-valyl-D-leucyl-L-lysyl-D-tyrosyl-N-[(2S)-1-hydroxy-3-methyl-2-butanyl]-L-leucinamide

图 6-39　该未知物的结构式

6.7　质谱图的计算机检索

　　现在市售的质谱仪器都配有计算机系统,其作用是控制仪器的运行、采样及存储、质谱图检索。在作完质谱测定之后,计算机系统就将新得的未知物质谱图与谱库的极大量已知物的质谱图进行对比,找出谱库中与其最接近的若干谱图作为检索结果,并给以数字化的定量估计。当有较好的质谱测定条件(如 GC-MS 的分离好,未知物有足够的离子强度等),谱库又有相应的化合物的质谱图时,检索所得的结果好(接近 100% 或 1000‰),结果的可信度是高的。当检索结果不好时,它至少也给出关于未知物结构的一些启迪,有助于最后结构的推断。

　　质谱图检索有三套方法:当年 Finnigan 等公司的 INCOS 方法,Varian、VG 等公司的 NIST 方法和 HP 等公司的 PBM 方法,各自有一定的运行和计算方法。从原理上考虑,前两种计算方法是相近的。

无论是哪种方法,首先都要把未知物质谱进行简化,已知谱也要简化,这样才便于快速地相互比较,计算机的内存也不至于过大,然后进行定量计算。

先看 INCOS 方法[3],其数学模型很直观。

谱图检索的步骤如下:

(1) 简化未知化合物的质谱。

(i) 把 m/z 33 以下的峰除去(杂质对低质量区干扰大,低质荷比的离子结构的特征性也低)。

(ii) 把各峰的强度 I 更换为 mI(m 为该碎片峰的质量数)。

(iii) 在进行上述加权后,选出谱图中 16 个最强峰。

(iv) 由两个通道删去相对弱的峰:第一通道滤去噪声,在每 100 u 中选出一定数目的峰;第二通道在每个峰簇中选出最强峰,在通过两个通道之后,如果(iii)中选出的 16 个最强峰被删去,将补回。

(2) 被简化的未知物质谱图的检索。

首先进行预检索(快速检索)。按所要求的相对分子质量的范围选出相应的已知物质谱。然后依次把各已知谱的 8 个最强峰与经上述步骤选出的未知谱的强峰进行比较,已知谱至少应有一定数目的强峰与未知谱的强峰是相符的,由此选出若干已知谱。

预检索之后进行主检索,即把未知谱和通过预检索选出的一定数目的已知谱进行比较。比较时,按各自所有峰的总强度进行总的强度校正(global normalization)。考虑到在色谱峰取样点的不同将有不同的质量歧视效应,离子源内的温度、电离电压也将对质谱有影响,已知谱与未知谱比较时,前者将再作局部修正(local normalization),即将已知谱的某一质荷比区域的峰的强度乘以一个因子,因子为 2~1/2。

(3) 纯度、配合系数(FIT)、反配合系数(reverse FIT,RFIT)的计算。

这些计算属于主检索的内容,是检索的核心,故详细讨论如下。

计算的基本出发点如下。质谱的每种重要的(经谱图简化后留下的)广义碎片离子(它们有自己的质量数)均构成多维空间的一维(各沿多维坐标系的一个坐标轴)。质谱中,任一选出的重要的广义碎片离子加权后的强度 mI 决定了相应的坐标轴上分矢量的大小。

质谱包含若干种重要的离子,每种重要离子又有其权重的强度。这样,由这些分矢量就合成出一个多维空间的合矢量。一个质谱就由多维空间的一个合矢量来描述。未知质谱和已知质谱的相似性则取决于这两个合矢量的符合程度。

为进行有关计算,需定义下列函数:

$$\text{UTOTAL} = \sum U(m) \cdot U(m) \tag{6-14}$$

式中,$U(m)$ 为经简化的、质量加权的未知谱谱线强度的平方根;UTOTAL 为简化后的、质量加权的未知谱的总离子流。

$$\text{LTOTAL} = \sum L(m) \cdot L(m) \tag{6-15}$$

式中各项定义与式(6-14)相似,也进行了强度的加权修正,但式(6-15)是对已知谱而言的。

根据前述的两个定义,有

$$\text{ULTOTAL} = \sum U(m) \cdot L(m) \tag{6-16}$$

它是 U、L 对应的分矢量点积之和。

定义

$$纯度(\boldsymbol{U} \cdot \boldsymbol{L}) = 1000\cos^2\theta \tag{6-17}$$

式中，θ 为 $\boldsymbol{U}$ 与 $\boldsymbol{L}$ 之间的夹角。由矢量运算可知

$$纯度(\boldsymbol{U} \cdot \boldsymbol{L}) = 1000 \frac{(\mathrm{ULTOTAL})^2}{(\mathrm{UTOTAL})(\mathrm{LTOTAL})} \tag{6-18}$$

纯度表示两个谱（未知谱和已知谱）的符合程度，如果两个谱完全一样，$\boldsymbol{U}$ 和 $\boldsymbol{L}$ 重合，纯度值为 1000。

配合系数表示已知谱被未知谱包含的程度，其运算过程相当于用已知谱与未知谱进行比较。FIT＝1000 表示（简化后的）已知谱的所有峰均包含在未知谱中，且峰之间强度比例相同。由上所述，在计算 FIT 时，未知谱只取与已知谱共同存在的分量，以 $(\mathrm{UTOTAL})'$ 表示。

$$\mathrm{FIT} = 1000 \frac{(\mathrm{ULTOTAL})^2}{(\mathrm{UTOTAL})'(\mathrm{LTOTAL})} \tag{6-19}$$

配合系数为 1000 而纯度不为 1000 表示未知谱样品不纯，即样品除含有与已知谱对应的化合物之外还有其他化合物。

反配合系数表示未知谱被包含在已知谱中的程度，其运算过程相当于用未知谱与已知谱进行比较。在计算 RFIT 时，已知谱只取与未知谱共同存在的分量，以 $(\mathrm{LTOTAL})'$ 表示。

$$\mathrm{RFIT} = 1000 \frac{(\mathrm{ULTOTAL})^2}{(\mathrm{UTOTAL})(\mathrm{LTOTAL})'} \tag{6-20}$$

可以看出，三个计算式中的分子都是一样的。

为能直观地了解这些计算，假设有下列一组数据：

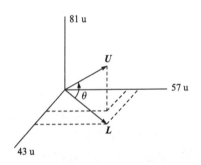

m/z	强度（未知谱）	强度（已知谱）
43	100	144
57	100	225
81	100	0

为简化计算，各峰未加 $\sqrt{m}$ 权重。

以 $\boldsymbol{U}$ 表示未知谱，$\boldsymbol{U}=(10,10,10)$。

以 $\boldsymbol{L}$ 表示已知谱，$\boldsymbol{L}=(12,15,0)$。

将上述数据用图来表示即是图 6-40。

图 6-40　多维矢量空间中的已知谱和未知谱

一般在预检索时，总要选出几个化合物，然后对每个化合物都进行纯度（PURITY）、配合系数、反配合系数的计算。现在则只取一组"已知谱"数据进行有关的计算。

$$
\begin{aligned}
\mathrm{PURITY} &= 1000 \frac{(\mathrm{ULTOTAL})^2}{(\mathrm{UTOTAL})(\mathrm{LTOTAL})} \\
&= 1000 \times \frac{(10 \times 12 + 10 \times 15 + 10 \times 0)^2}{(10 \times 10 + 10 \times 10 + 10 \times 10) \times (12 \times 12 + 15 \times 15 + 0 \times 0)} \\
&= 659
\end{aligned}
$$

$$
\begin{aligned}
\mathrm{FIT} &= 1000 \frac{(\mathrm{ULTOTAL})^2}{(\mathrm{UTOTAL})'(\mathrm{LTOTAL})} \\
&= 1000 \times \frac{(10 \times 12 + 10 \times 15 + 10 \times 0)^2}{(10^2 + 10^2) \times (12^2 + 15^2)} \\
&= 988
\end{aligned}
$$

$$\text{RFIT} = 1000 \frac{(\text{ULTOTAL})^2}{(\text{UTOTAL})(\text{LTOTAL})'}$$

$$= 1000 \times \frac{(10 \times 12 + 10 \times 15 + 10 \times 0)^2}{(10^2 + 10^2 + 10^2) \times (12^2 + 15^2)}$$

$$= 659$$

从上述计算可知,FIT、RFIT、PURITY 的数值定量地反映了未知物质谱与计算机从谱库中选出的(几个)已知物质谱的符合程度。这些数值越高,表示未知谱与已知谱相符合的可能性越大。若某已知物质谱的 FIT、RFIT、PURITY 的数值均接近 1000(实际上 RFIT 及 PURITY 数值很难接近 1000),则可以认为该已知物结构很可能即为未知物结构(仅用质谱数据不能作出完全的判断)。从谱图解析的历史来看,计算机检索以定量的数据反映两个谱图的符合程度,这是重要的一步。

NIST 方法与 INCOS 方法是相近的,总体上都是多维矢量的思路。首先也是按照一定的方法进行预检索,然后是匹配因子(match factor,MF)的计算。MF 和纯度相对应,计算式同式(6-18)。NIST 方法还可对结构单元(substructure)作出一定的推断[4]。

下面介绍 PBM 方法[5,6]。

PBM 是 probability based matching 的缩写,译为概率基础的匹配。它是建立在概率理论的"乘法原则"基础上的。设质荷比为 m_1 的峰强为 i_1,质荷比为 m_2 的峰强为 i_2,它们出现的概率分别为 p_1 和 p_2,则两峰同时出现的概率为 $p_1 \times p_2$。从对数(logarithm)的表现形式来说则是相加,这正是下面式(6-21)和式(6-22)的基础。

对 PBM 方法来说,最重要的是可信度系数(confidence index)K 的计算。K 的物理意义可以解释为:对一个可信度系数为 K 的检索,其可能出错的概率为 $\left(\frac{1}{2}\right)^K$。

PBM 是一种反向检索(reverse research),也即是用一个个已知谱与未知谱比较。按质荷比的数值及相对丰度,选出若干个与未知谱最近似的已知谱。每个已知谱选出相等数目的谱峰(参考峰),设第 i 个参考峰的 K 值为 k_i,有

$$K = \sum k_i \tag{6-21}$$

式中表示对同一已知谱中所选出的所有(总数是限定的)参考峰 k 值之和,也就是这张已知谱的总可信度。检索结果即是列出 K 值最高的若干已知谱。

因此,PBM 检索的核心为 k_i 的计算。其计算式为

$$k_i = U_i - A_i - D + W_i \tag{6-22}$$

式中,k_i 为第 i 个峰的可信度系数;U_i 为第 i 个峰的独特性项(uniqueness);A_i 为第 i 个峰的丰度(abundance)因子;D 为稀释因子(dilution factor);W_i 为第 i 个峰的窗口容许项(window tolerance)。

在选取参考峰时,要尽可能选 k_i 大的。

下面就上述几项作一说明。

U_i 是最重要的一项,它表明某种质荷比的离子作为该质谱图表征的量度。越是常见的离子,其 U_i 值就越低。反之,越是不常见的离子,越具有质谱的特征性,其 U_i 值越高。另外,总的来说,m/z 值增大,将使 U_i 增大,这和上面的精神也是一致的。

A_i 是 U_i 的修正项,当所选的参考峰丰度小时,要相应地减少其 k_i 值,因而在选取参考峰时既要考虑选有特征的、高质量的峰,也要考虑选取丰度高的峰。

当存在另外的组分时,我们面对的是混合物的质谱。此时需用 D 值,降低 k_i。对于纯物质,或含量超过 50%,则 D 为零。

W_i 是参考谱和未知谱相应峰的丰度是否一致的修正项。注意其符号为正,因此二者丰度的差别小时,W_i 较大,即较大地增加了可信度。反之,当二者丰度相差大时,W_i 值则较小。

以 K 值为基础,再结合其他参数,最后计算出匹配品质(match quality),作为检索结果,并以百分数的形式给出,反映未知谱被正确鉴定为参考谱的概率。

无论采用何种检索系统,最后结果总要经过谱图解析者的最后判断。首先,检索方法总会存在一定缺点,未知物谱图中某一两种离子的存在,可能就对未知物结构确定了一个重要的范围,而任何检索系统不可能对某一两种离子加以特别的重视。其次,要考虑诸多复杂因素,如谱库中未含对应化合物谱图,EI 谱要结合软电离的谱图分析等。

因此,不断提高对质谱图的解析能力是我们面临的不可替代的任务。

参 考 文 献

[1] McLafferty F W, Turecek F. Interpretation of Mass Spectra. 4th ed. Mill Valley: University Science Books, 1993

[2] Rose M E, Johnstone R A W. Mass Spectrometry for Chemists and Biochemists. Cambridge: Cambridge University Press, 1982

[3] Sokolow S, Karnofsky J, Gustafson P. Finnigan Application Report 2, 1978

[4] Stein S E. J Am Soc Mass Spectrom, 1995, 6: 644-655

[5] Pesyna G M, Venkataraghavan R, Dayringer H E. Anal Chem, 1976, 48: 1362-1368

[6] McLafferty F W, Hertel R H, Villwock R D. Org Mass Spectrom, 1974, 9: 690-702

第7章 红外光谱和拉曼光谱

本章讨论有机分子的振动光谱,包括红外吸收光谱和拉曼散射光谱。无论从仪器的普及程度还是数据和谱图的积累来看,红外光谱都占据更重要的地位。因此,本章将着重讨论红外光谱,只在最后一节讨论拉曼光谱。

20 世纪 50 年代初期,商品红外光谱仪问世,红外光谱法得以开展,揭开了有机化合物结构鉴定的新篇章。到 50 年代末期已积累了丰富的红外光谱数据,至 70 年代中期,红外光谱法一直是有机化合物结构鉴定的最重要的方法。自 80 年代以来,傅里叶变换红外光谱仪的问世以及一些新技术(如发射光谱、光声光谱、色谱-红外光谱联用等)的出现,使红外光谱得到更加广泛的应用。

红外光谱法的广泛应用是由于它有下列优点:

(1)任何气态、液态、固态样品均可进行红外光谱测定。这是核磁共振、质谱等方法所不及的。固体样品可加溴化钾晶体共同研碎压片或加石蜡油调糊进行测定;对不透光的样品可作反射光谱测定。液体样品可直接在结晶盐片上涂膜或用适当溶剂配制成溶液装入液体池测定。气体或蒸气则用气体吸收池直接测定。

(2)每种化合物均有红外吸收,由有机化合物的红外光谱可得到丰富的信息。一般有机化合物的红外光谱至少有十几个吸收峰。官能团区的吸收显示了化合物中存在的官能团,而指纹区的吸收则为化合物结构鉴定提供了可靠的依据。

(3)常规红外光谱仪价格低廉(与核磁共振谱仪、质谱仪相比),易于购置。

(4)样品用量少。高级的红外光谱仪用样量可减少到微克数量级。

(5)针对特殊样品的测试要求,发展了多种测量技术,如光声光谱(PAS)、衰减全反射光谱(ATR)、漫反射、红外显微镜等。

7.1 红外谱图基本知识

7.1.1 波长和波数

电磁波的传播可用式(7-1)描述:

$$c = \nu\lambda \tag{7-1}$$

式中,c 为电磁波传播的速度,即光速 $2.9979 \times 10^{10}\,\mathrm{cm/s}$;$\nu$ 为频率,赫兹(Hz);λ 为波长,cm。

电磁波每秒振动 ν 次,每振动一次前进 λ,二者的乘积即表示每秒传播的距离。式(7-1)又可写为

$$\nu = \frac{c}{\lambda} \tag{7-2}$$

现定义

$$\tilde{\nu} = \frac{1}{\lambda} = \frac{\nu}{c} \tag{7-3}$$

用式(7-3)计算时，λ 以 cm 为单位，$\tilde{\nu}$ 称为波数(cm^{-1})，它表示电磁波在单位距离(cm)中振动的次数。

7.1.2　电磁波波段的划分

红外光属于电磁波，按频率(或波长)可分为多种波段。各波段电磁波具有不同的用途。表 7-1 列出各种类型电磁波的名称及其相应的波长等参数。

表 7-1　电磁波分类[1]

电磁波类型	波长(λ)/nm	波数($\tilde{\nu}$)/cm^{-1}	频率(ν)/Hz	能量/eV	效应
射频波	$10^{13}\sim10^{11}$	$10^{-6}\sim10^{-4}$	$3\times10^4\sim3\times10^6$	$10^{-10}\sim10^{-8}$	
电视波	10^9	10^{-2}	3×10^8	10^{-6}	自旋定向
雷达波	10^7	1	3×10^{10}	10^{-4}	
微波	10^6	10	3×10^{11}	10^{-3}	分子转动,能级跃迁
红外	$10^5\sim10^3$	$10^2\sim10^4$	$3\times10^{12}\sim3\times10^{14}$	$10^{-2}\sim1.24$	分子振动,能级跃迁
可见-紫外	$800\sim200$	$1.3\times10^4\sim5\times10^4$	$3.8\times10^{14}\sim1.5\times10^{15}$	$1.6\sim6.2$	
X 射线	10^{-1}	10^8	3×10^{18}	10^4	电子跃迁
γ 射线	10^{-3}	10^{10}	3×10^{20}	10^6	
宇宙线	10^{-7}	10^{12}	3×10^{22}	10^8	核转变

7.1.3　近红外、中红外和远红外

红外波段范围又可进一步分为近红外、中红外和远红外，如表 7-2 所示。

表 7-2　红外波段的划分

波段名称	波长/μm	波数/cm^{-1}
近红外	$0.75\sim2.5$	$13\,300\sim4\,000$
中红外	$2.5\sim15.4$	$4\,000\sim650$
远红外	$15.4\sim830$	$650\sim12$

中红外区是有机化合物红外吸收的最重要范围，常见商品仪器波数范围为 $4000\sim650\ cm^{-1}$ 或 $4000\sim400\ cm^{-1}$。远红外区的吸收能够反映重原子化学键的伸缩振动及一些基团的弯曲振动，一些商品仪器的测量范围可到 $10\ cm^{-1}$。近红外区吸收可用于 O—H、N—H、C—H 等官能团的定量分析。仪器检测范围可到 $12\,500\ cm^{-1}$。

从上述可知，波长 λ、波数 $\tilde{\nu}$ 均反映光的频率。红外谱图中的横坐标有两种刻度：波长线性刻度及波数线性刻度。早期的红外光谱仪曾经采用波长线性刻度，以后均用波数线性刻度了。

7.1.4　红外吸收强度的表示

红外谱图的纵坐标反映红外吸收的强弱，它常采用透过率，也可采用吸光度。吸收峰的强度与狭缝宽度有关，而红外光谱仪的狭缝较宽，加之样品测定时，温度、溶剂等实验条件难以固

定,故吸收峰的强度不便精确测定。除个别红外专著仍间或采用光谱学中的摩尔吸收系数(近似值)外[2],一般吸收峰的强弱均以很强($\varepsilon > 200$)、强($\varepsilon = 75 \sim 200$)、中($\varepsilon = 25 \sim 75$)、弱($\varepsilon = 5 \sim 25$)、很弱($\varepsilon < 5$)来表示。这里的 ε 为表观摩尔吸收系数。

7.2 红外光谱原理

7.2.1 双原子分子的红外吸收频率

1. 经典力学处理

从经典力学的观点,采用谐振子模型来研究双原子分子的振动,即化学键相当于无质量的弹簧,它连接两个刚性小球,两个刚性球体的质量分别等于两个原子的质量。

双原子分子振动时,两个原子各自的位移如图 7-1 所示。

图 7-1 中 r_e 为平衡时两原子之间的距离,r 为某瞬间两原子因振动所达到的距离。按照胡克定律,回复到平衡位置的力 F 应与 $r - r_e$ 成正比,即

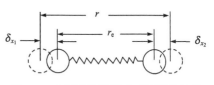

图 7-1 双原子分子振动时原子的位移

$$F = -k(r - r_e) = -k(\delta_{x_2} - \delta_{x_1}) = -kq \qquad (7\text{-}4)$$

式中,k 为化学键的力常数;δ_{x_2}、δ_{x_1} 分别为 2、1 原子在 x 轴上的位移;q 称为振动坐标。由式(7-4)

$$q = r - r_e = \delta_{x_2} - \delta_{x_1} \qquad (7\text{-}5)$$

对原子 1 有

$$F = m_1 \frac{\mathrm{d}^2}{\mathrm{d}t^2}(\delta_{x_1}) \qquad (7\text{-}6)$$

对原子 2 有

$$F = m_2 \frac{\mathrm{d}^2}{\mathrm{d}t^2}(\delta_{x_2}) \qquad (7\text{-}7)$$

若只讨论质心不变的振动,有

$$-m_1 \delta_{x_1} = m_2 \delta_{x_2} \qquad (7\text{-}8)$$

结合式(7-5)与式(7-8)

$$-\delta_{x_1} = \frac{m_2}{m_1 + m_2}(r - r_e) \qquad (7\text{-}9)$$

$$\delta_{x_2} = \frac{m_1}{m_1 + m_2}(r - r_e) \qquad (7\text{-}10)$$

将式(7-9)代入式(7-6),再与式(7-4)联立,可得

$$\frac{m_1 m_2}{m_1 + m_2} \frac{\mathrm{d}^2(r - r_e)}{\mathrm{d}t^2} = -k(r - r_e) \qquad (7\text{-}11)$$

令

$$\mu = \frac{m_1 m_2}{m_1 + m_2} \left(或 \frac{1}{\mu} = \frac{1}{m_1} + \frac{1}{m_2} \right) \qquad (7\text{-}12)$$

μ 称为折合质量。再将式(7-12)及式(7-5)代入式(7-11),有

$$\frac{\mathrm{d}^2 q}{\mathrm{d}t^2} = -\frac{k}{\mu}q \tag{7-13}$$

解此微分方程得

$$q = q_0 \cos 2\pi\nu t \tag{7-14}$$

式中，q_0 为一常数，代表振幅；ν 为振动频率。

为求 ν，将式(7-14)对 t 微分两次再代入式(7-13)，可解出

$$\nu = \frac{1}{2\pi}\sqrt{\frac{k}{\mu}} \tag{7-15}$$

或再利用式(7-3)

$$\tilde{\nu} = \frac{1}{2\pi c}\sqrt{\frac{k}{\mu}} \tag{7-16}$$

从经典力学考虑，当分子振动伴随有偶极矩的改变时，偶极子的振动会产生电磁波，它与入射的电磁波发生相互作用，产生光的吸收，所吸收光的频率即为分子的振动频率。

2. 量子力学处理

现仍讨论双原子分子。由不含时间变量的薛定谔方程：

$$\mathscr{H}\Psi = E\Psi \tag{7-17}$$

式中，Ψ 为相应于能级 E 的波函数；$\mathscr{H}$ 为哈密顿算符。

双原子振动的哈密顿算符 $\mathscr{H}$ 为

$$\mathscr{H} = \left(\frac{-h^2}{8\pi^2\mu}\right)\left(\frac{\mathrm{d}^2}{\mathrm{d}q^2}\right) + V \tag{7-18}$$

式中，V 为体系热力学能；μ 为折合质量；q 为振动坐标；h 为普朗克常量。

用简单的谐振子近似

$$V = \frac{1}{2}kq^2 \tag{7-19}$$

将式(7-19)代入式(7-18)

$$\mathscr{H} = -\frac{h^2}{8\pi^2\mu} \cdot \frac{\mathrm{d}^2}{\mathrm{d}q^2} + \frac{1}{2}kq^2 \tag{7-20}$$

将式(7-20)代入式(7-17)

$$-\frac{h^2}{8\pi^2\mu} \cdot \frac{\mathrm{d}^2\Psi}{\mathrm{d}q^2} + \frac{1}{2}kq^2\Psi = E\Psi \tag{7-21}$$

式(7-21)的解为

$$E_v = \left(v+\frac{1}{2}\right)\frac{h}{2\pi}\sqrt{\frac{k}{\mu}} \qquad (v=0,1,2,3,\cdots) \tag{7-22}$$

式中，v 为振动量子数；E_v 为与振动量子数 v 相对应的体系能量；其余参数与以前定义相同。

利用从经典力学得出的式(7-15)，可将式(7-22)写为

$$E_v = \left(v+\frac{1}{2}\right)h\nu \qquad (v=0,1,2,3,\cdots) \tag{7-23}$$

从式(7-23)可看出，当 $v=0$ 时，体系能量仍不为零，称为零点能。产生跃迁的选律为 $\Delta v = \pm 1$。

从基态 $v=0$ 跃迁到第一激发态 $v=1$，两能级能量差 ΔE 为 $h\nu$。按吸收光谱的概念，吸收频率 $\nu=\dfrac{\Delta E}{h}$，即双原子分子发生此跃迁时吸收谱频率为 $\dfrac{1}{2\pi}\sqrt{\dfrac{k}{\mu}}$，或其波数为 $\dfrac{1}{2\pi c}\sqrt{\dfrac{k}{\mu}}$，此结果与经典力学的结果相同，此频率称为基频。

前面假设双原子分子为谐振子模型，其势能曲线为 $V=\dfrac{1}{2}kq^2$，如图 7-2 中虚线所示，而双原子分子的实际势能曲线如图 7-2 中实线所示。因此，势能函数应进行非谐振性的修正：

$$E_v=\left(v+\frac{1}{2}\right)h\nu-\left(v+\frac{1}{2}\right)^2xh\nu+\text{高次项} \tag{7-24}$$

式中，x 为非谐振系数。

由于振动的非谐振性，$\Delta v=\pm 2$ 等的跃迁也可发生，即从 $v=0$ 也可跃迁到 $v=2$ 的能级（当然其概率远小于从 $v=0$ 到 $v=1$ 的跃迁）。按式(7-23)，吸收频率为 2ν；按式(7-24)，吸收频率比 2ν 略小，这与实验现象是符合的。ν 称为基频，从 $v=0$ 到 $v=2$ 的跃迁对应的吸收频率（它比 2ν 略小）称为倍频(overtone)（严格地说这是第一个倍频）。

综上所述，从经典力学或量子力学都有同样的结论，即双原子分子红外吸收的频率取决于折合质量和键力常数。

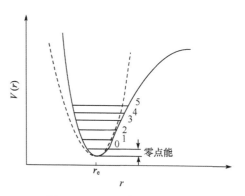

图 7-2　双原子分子势能曲线

7.2.2　多原子分子的红外吸收频率

双原子分子仅有一种振动方式，多原子分子则有多种振动方式。

确定一个原子在空间的位置需要三个坐标，对于 n 个原子组成的多原子分子，要确定它的空间位置则需要 $3n$ 个坐标，即分子有 $3n$ 个自由度。但分子是个整体，其质心的运动可用三个自由度来描述，非线形分子的转动有三个自由度，线形分子则只有两个转动自由度，因此非线形分子的振动有 $3n-6$ 个自由度，即有 $3n-6$ 个基本振动，线形分子则有 $3n-5$ 个基本振动。这些基本振动称为简正(normal)振动。从上述可知，简正振动不涉及分子质心的运动及分子的转动。

具体地分析多原子分子的振动，它包括多种形式。以 CH_2 基团为例，其各种振动如图 7-3 所示。

从图 7-3 可看出，振动可分为两大类：伸缩振动及弯曲振动。沿着键轴方向伸、缩的振动称为伸缩振动，它的吸收频率相对在高波数区。除伸缩振动外的其他一切振动都属弯曲振动，它的吸收频率相对在低波数区。

虽然从理论上考虑非线形多原子分子有 $3n-6$ 个简正振动，但一些简正振动无红外活性（不产生红外吸收）或吸收在中红外区以外；有些振动频率简并或很靠近，因而不易分辨等，因此化合物的红外吸收峰的数目总是大大低于 $3n-6$ 的。

除简正振动的基频之外，还有其他的振动频率（也就是其他的红外吸收频率）。它们的存在与振动的非谐性(anharmonicity)有关，其频率值可以计算，但实测的数值一般比简单计算的数值稍低。基频以外的吸收频率有以下几种。

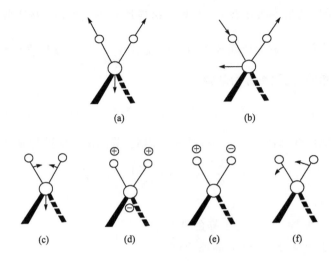

图 7-3 CH$_2$ 基团的各种振动

(a) 对称伸缩振动,频率 ν_s;(b) 反对称(非对称)伸缩振动,频率 ν_{as};(c) 面内
弯曲振动或剪切振动,频率 δ_s;(d) 面外弯曲振动或面外摇摆,频率 ω;(e) 面
外弯曲振动或扭曲,频率 τ;(f) 面内弯曲振动或面内摇动,频率 ρ
⊕⊖表示垂直于纸面的运动

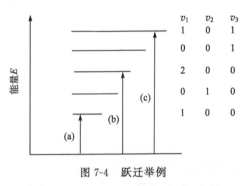

v_1	v_2	v_3
1	0	1
0	0	1
2	0	0
0	1	0
1	0	0

图 7-4 跃迁举例

倍频:在 7.2.1 已叙述。

组合频(combination tone):两个或两个以上的基频之差或之和。它的吸收是弱的。

基频、倍频、组合频的产生可用图 7-4 说明。

设分子有三个简正振动,其振动量子数分别用 v_1、v_2、v_3 表示,从能级(000)到能级(100)的跃迁为(a),即 v_2、v_3 保持不变,v_1 从 0 改变到 1,此跃迁产生与 v_1 相对应的简正振动的基频吸收。与此类似,从能级(000)到能级(200)的跃迁(b)产生与 v_1 相对应的简正振动的倍频吸收。从能级(000)到能级(101)的跃迁(c)同时有振动量子数 v_1 和 v_3 的变化,此跃迁产生组合频吸收。

耦合频率:两个基团相邻且它们的振动基频相差不大时,振动的耦合引起吸收频率偏离基频,一个移向高频方向,一个移向低频方向。

费米共振:当倍频或组合频与某基频相近时,由于其相互作用而产生的强吸收带或发生的峰的分裂。费米共振是普遍现象,它不仅存在于红外光谱中,也存在于拉曼光谱中。

含氢基团无论是振动的耦合还是费米共振现象,均可以通过氘代而加以鉴别。当含氢基团氘代之后,其折合质量 μ 的改变会使吸收频率发生改变,此时,氘代前的耦合或费米共振的条件不再满足,有关的吸收峰会发生较大的变化。

7.2.3 红外吸收强度

红外吸收强度取决于跃迁的概率,理论计算有

$$跃迁概率 \propto |\mu_{ab}|^2 E_0^2 \tag{7-25}$$

式中，E_0为红外电磁波的电场矢量；μ_{ab}为跃迁偶极矩，它不同于分子的永久偶极矩μ_0，它反映振动时偶极矩变化的大小。

由式(7-25)知，红外吸收强度取决于振动时偶极矩变化的大小。因此，分子中含有杂原子时，其红外谱峰一般都较强。反之，两端取代基差别不大的碳碳键的红外吸收则较弱。

7.3 官能团的特征频率

7.3.1 官能团具有特征吸收频率

有机分析的对象是多原子分子，而多原子分子具有大量的简正振动数。由于7.2.2中所述的原因，真正测得的红外吸收谱峰的数目远小于简正振动数，但一个化合物的红外吸收峰数目仍是较多的。若要将每个红外吸收峰归属于什么样的振动是很困难的。然而，化学家通过大量标准样品的测试，从实践的观点总结出了一定的官能团总对应有一定的特征吸收，归纳出了各种官能团的特征频率表，这对从谱图推测分子结构有重要的意义。

官能团与特征吸收的关系可从理论上给予一定的解释：含氢官能团的折合质量近于1，按式(7-16)，吸收应在高波数（或高频率）区，且此频率受分子其余部分的影响较小；含双键或叁键的官能团因为键力常数大（大约分别为单键键力常数的两倍或三倍），所以它们的振动频率高，也不易受分子内其余基团的影响。因此，这两类官能团容易与其他官能团的振动频率相区别。

对官能团的识别需同时顾及吸收峰的位置（频率）、强度及峰形，但频率是第一个重要的因素，因此应对有关影响吸收频率的因素进行讨论。

7.3.2 影响官能团吸收频率的因素

在这里，我们主要讨论当分子结构发生变化时，官能团红外吸收频率的变化。羰基的吸收频率变化大（超过$400\ \text{cm}^{-1}$），结构变化所引起的吸收频率的变化最明显，故以羰基作为讨论的主要例子。

1. 电子效应

羰基的振动频率较高，因为碳原子和氧原子之间是双键，双键的键力常数较单键大。羰基是极性基团，其氧原子有吸电子的倾向，即 $\overset{\delta^+\ \ \delta^-}{\diagdown C{=}O}$ 。若结构上的变化使羰基往 $\diagdown\overset{+}{C}{-}\overset{-}{O}$ 的方向变，双键就朝单键的方向变，这将导致振动频率下降，也就是红外吸收频率将下降。

1）诱导效应

脂肪酮羰基的正常吸收频率为$1715\ \text{cm}^{-1}$，卤原子取代一侧烷基则使吸收频率上升，这是因为卤原子吸引电子，使羰基的双键性增加（可以理解为羰基不易往 $\diagdown\overset{+}{C}{-}\overset{-}{O}$ 单键变化），下列数据说明以诱导效应为主的影响：

$$R{-}\overset{\displaystyle O}{\overset{\|}{C}}{-}Cl \qquad 1785 \sim 1815\ \text{cm}^{-1}$$

$$\overset{O}{\underset{\|}{R-C-Br}} \qquad \sim 1812 \ cm^{-1}$$

$$\overset{O}{\underset{\|}{R-C-F}} \qquad \sim 1869 \ cm^{-1}$$

2）中介效应

中介效应即共振效应。最典型的例子是酰胺的羰基吸收。伯、仲、叔酰胺羰基吸收频率均不超过 1690 cm^{-1}，处于羰基的低波数区。这是因为存在中介效应：

$$\overset{O}{\underset{\|}{R-C-NH_2}} \longleftrightarrow \overset{O^-}{\underset{\|}{R-C=\overset{+}{N}H_2}}$$

降低了羰基的双键性，因而吸收频率移向低波数。

3）共轭效应

羰基与其他双键共轭，其 π 电子的离域增大，从而减小了双键的键级，使其双键性降低，亦即振动频率降低。α，β-不饱和酮的羰基标准吸收频率为 1675 cm^{-1}，芳酮的羰基标准吸收频率为 1690 cm^{-1}，这些数值均低于 1715 cm^{-1}。

以上分别讨论了影响官能团频率的三种效应，但官能团的取代往往不只是一种效应起作用，因而所研究官能团的吸收频率往哪个方向（高频率或低频率）移动，应该是几种效应的综合效果。在前面列举的卤代酮分子中，诱导效应大于中介效应，即诱导效应起主导作用。酰胺分子中的胺基则是共振效应大于诱导效应，即共振效应起主导作用。

2. 空间效应

1）环的张力

一般而言，环的张力加大时，环上有关官能团的吸收频率逐渐上升，以脂环酮羰基为例：

六元环	五元环	四元环	三元环
1715 cm^{-1}	1745 cm^{-1}	1780 cm^{-1}	1850 cm^{-1}

再以脂环上 CH$_2$ 的吸收频率为例：

环己烷	环丙烷
2925 cm^{-1}	3050 cm^{-1}

然而，环烯烃中的双键吸收频率则与之相反：

六元环	五元环	四元环
1639 cm^{-1}	1623 cm^{-1}	1566 cm^{-1}

2）空间障碍

共轭体系具有共平面的性质，当共轭体系的共平面性被偏离或被破坏时，共轭体系也受到影响或破坏，吸收频率将移向较高波数（与形成共轭体系时吸收频率移向较低波数的方向相反）。

3. 氢键的影响

无论是分子间氢键的形成或是分子内氢键的形成，都使参与形成氢键的原化学键的键力常数降低，吸收频率移向低波数方向；但与之同时，振动时偶极矩的变化加大，因而吸收强度增加。以醇的羟基为例：

游离态	二聚体	多聚体
3610~3640 cm^{-1}	3500~3600 cm^{-1}	3200~3400 cm^{-1}

胺类化合物中的胺基(NH$_2$ 或 NH)能产生分子间缔合,缔合后的胺基吸收频率往低波数方向移动,多则可降低 100 cm^{-1} 甚至更多。羧酸分子能形成强烈的氢键,使其羟基的吸收频率移至 3000 cm^{-1} 附近并延伸到约 2500 cm^{-1},形成一个宽谱带,这是羧酸红外谱图的明显特征。

4. 质量效应(氘代的影响)

含氢基团的氢原子被氘取代之后,基团的吸收频率会往低波数方向变化。设氘代后键力常数未发生变化,并借用双原子分子振动频率的计算公式[式(7-15)],可得

$$\frac{\nu_{X-H}}{\nu_{X-D}}=\sqrt{\frac{\mu_{X-D}}{\mu_{X-H}}}=\sqrt{\frac{\dfrac{m_X m_D}{m_X+m_D}}{\dfrac{m_X m_H}{m_X+m_H}}}=\sqrt{\frac{m_X+m_H}{m_X+m_D}\cdot\frac{m_D}{m_H}} \qquad (7\text{-}26)$$

因为 $m_H=1$,$m_D=2$,所以有

$$\frac{\nu_{X-H}}{\nu_{X-D}}=\sqrt{\frac{2(m_X+1)}{m_X+2}} \qquad (7\text{-}27)$$

上述两式中,ν_{X-H} 和 ν_{X-D} 分别代表含氢官能团和该官能团氘代后的红外吸收频率;μ_{X-H} 和 μ_{X-D} 分别代表两个官能团的折合质量。

可将 $(m_X+1)/(m_X+2)$ 视为近似等于 1,因而式(7-27)简化为

$$\frac{\nu_{X-H}}{\nu_{X-D}}\approx\sqrt{2} \qquad (7\text{-}28)$$

用式(7-27)计算的伸缩振动频率与实验观测值能较好符合;计算的弯曲振动频率与实验观测值相差稍大。

当对一些含氢基团的红外吸收峰的指认发生困难时,可将该官能团的氢进行氘代,该官能团的吸收峰应移向低波数,若氘代官能团的吸收频率与按式(7-27)计算所得值相符合,说明原指认是正确的。

以上讨论的是分子结构发生变化及氢键的形成对官能团红外吸收频率的变化。至于分子中各基团的相互作用(如耦合、费米共振等)已在 7.2.2 中讨论,此处不再重复。

作图时,由于实验条件的不同会影响样品分子的物理、化学状态,同样的样品,它们在固态、液态、气态下测出的红外谱图均有所不同,气态样品的谱图差别最大。

一般样品均采用固相作图(最常用溴化钾晶体与样品共同研磨压片而进行测定),重复性较好,用于鉴定最可靠。样品晶粒的大小、结晶方法等有时对谱图有些影响。样品也可液相作图,极性样品分子可能以缔合状态存在,还有溶剂与样品分子间的作用(其作用与所用溶剂的极性、浓度、温度等有关),且溶液中样品分子可能存在同分异构化的相互转移,因此用溶液作图时,应注意上述各影响因素。

由于上述诸原因,当把未知物红外谱图与已知样品或标准谱图对比时,应注意作图条件,最好能以同样条件下作的图进行对比。

7.3.3　常见官能团的特征吸收频率

常见官能团红外吸收的特征吸收频率列于附录2。

7.4　红外谱图解析

7.4.1　红外吸收波段

红外谱图按波数可分为以下六个区,结合最常见的基团讨论如下。

1. $4000\sim2500$ cm^{-1}

这是 X—H(X 包括 C、N、O、S 等)伸缩振动区。

1）羟基(醇和酚的羟基)

羟基的吸收处于 $3200\sim3650$ cm^{-1}。羟基可形成分子间或分子内的氢键,而氢键所引起的缔合对红外吸收峰的位置、形状、强度都有重要影响。游离(无缔合)羟基仅存在于气态或低浓度的非极性溶剂的溶液中,其红外吸收在较高波数($3610\sim3640$ cm^{-1}),峰形尖锐。当羟基在分子间缔合时,形成以氢键相连的多聚体,键力常数 k 值下降,因而红外吸收位置移向较低波数(3300 cm^{-1}附近),峰形宽而钝,但吸收强度增加。羟基在分子内也可形成氢键,仍使羟基红外吸收移向低波数方向。羧酸内由于羰基和羟基的强烈缔合,吸收峰的底部可延续到 ~2500 cm^{-1},形成一个很宽的吸收带。

当样品或溴化钾晶体含有微量水分时,会在 3300 cm^{-1}附近出现吸收峰,若含水量较大,谱图上在~1630 cm^{-1}处也有吸收峰(羟基无此峰),若要鉴别微量水与羟基,可观察指纹区内是否有羟基的吸收峰,或将干燥后的样品用石蜡油调糊作图,或将样品溶于溶剂中,以溶液样品作图,从而排除微量水的干扰。游离羟基的吸收因在较高波数(~3600cm^{-1}),且峰形尖锐,故不会与水的吸收混淆。

2）胺基

胺基的红外吸收与羟基类似,游离胺基的红外吸收在 $3300\sim3500$ cm^{-1},缔合后吸收位置降低约 100 cm^{-1}。

伯胺有两个钝的吸收峰,形成马鞍形(但是两个峰的高度可能不等),NH$_2$ 有两个N—H键,它有对称和非对称两种伸缩振动,这使得它与羟基形成明显区别,其吸收强度比羟基弱,脂肪族伯胺更是这样。

仲胺只有一种伸缩振动,只有一个吸收峰,其吸收峰比羟基的尖锐。

芳香仲胺的吸收峰比相应的脂肪仲胺波数偏高,强度较大。

叔胺因氮上无氢,在这个区域没有吸收。

3）烃基

C—H 键振动的分界线是 3000 cm^{-1}。不饱和碳(双键及苯环)的碳氢伸缩振动频率大于 3000 cm^{-1},饱和碳(除三元环外)的碳氢伸缩振动频率低于 3000 cm^{-1},这对分析谱图很重要。不饱和碳的碳氢伸缩振动吸收峰强度较低,往往在大于 3000 cm^{-1}处以饱和碳的碳氢吸收峰的小肩峰形式存在。

C≡C—H 的吸收峰在~3300 cm^{-1},它的峰很尖锐,不易与其他不饱和碳氢吸收峰混淆。

饱和碳的碳氢伸缩振动一般可见四个吸收峰,其中两个属 CH$_3$：~2960 cm^{-1}(ν_{as})、

$\sim 2870 \text{ cm}^{-1}(\nu_s)$；两个属 CH_2：$\sim 2925 \text{ cm}^{-1}(\nu_{as})$、$\sim 2850 \text{ cm}^{-1}(\nu_s)$。由这两组峰的强度可大致判断 CH_2 和 CH_3 的比例。

CH_3 或 CH_2 与氧原子相连时，其吸收位置都移向较低波数。

醛类化合物在 $\sim 2820 \text{ cm}^{-1}$ 及 $\sim 2720 \text{ cm}^{-1}$ 处有两个吸收峰，这是 ν_{C-H} 和 δ_{C-H} 倍频间的费米共振所致。

当进行未知物的鉴定时，看其红外谱图 3000 cm^{-1} 附近很重要，该处是否有吸收峰可用于区分有机物和无机物（无机物无吸收）。

2. $2500 \sim 2000 \text{ cm}^{-1}$

这是叁键和累积双键（$-C \equiv C-$ 、$-C \equiv N$、$\overset{\diagdown}{} C = C = C \overset{\diagup}{}$、$-N = C = O$、$-N = C = S$ 等）的伸缩振动区。在这个区域内，除有时作图未能全扣除空气背景中的二氧化碳（$\nu_{CO_2} \sim 2365 \text{ cm}^{-1}$、$2335 \text{ cm}^{-1}$）的吸收之外，此区间内任何小的吸收峰都应引起注意，它们都能提供结构信息。

炔键的吸收本来就比较弱，如果炔键的两侧对称，该吸收可能就看不到了，这是需要注意的。

3. $2000 \sim 1500 \text{ cm}^{-1}$

这是双键的伸缩振动区，是红外谱图中很重要的区域。

这个区域内最重要的是羰基的吸收，大部分羰基化合物集中于 $1650 \sim 1900 \text{ cm}^{-1}$。除去羧酸盐等少数情况外，羰基峰都尖锐或仅稍宽，其强度都较大，在羰基化合物的红外谱图中，羰基的吸收一般为最强峰或次强峰。

碳-碳双键的吸收出现在 $1600 \sim 1670 \text{ cm}^{-1}$，强度中等或较低。

烯基碳氢面外弯曲振动的倍频可能出现在这一区域。

苯环的骨架振动在 $\sim 1450 \text{ cm}^{-1}$、$\sim 1500 \text{ cm}^{-1}$、$\sim 1580 \text{ cm}^{-1}$、$\sim 1600 \text{ cm}^{-1}$。$\sim 1450 \text{ cm}^{-1}$ 的吸收与 CH_2、CH_3 的吸收很靠近，因此特征不明显。后三处的吸收则表明苯环的存在。虽然这三处的吸收不一定同时存在，但只要在 1500 cm^{-1} 或 1600 cm^{-1} 附近有一处有吸收，原则上即可知有苯环（或杂芳环）的存在。苯环还有所谓 $5 \sim 6\mu$（$2000 \sim 1667 \text{ cm}^{-1}$）谱带，它是碳氢面外弯曲振动的倍频和组频，这对判别苯环的取代位置有一定帮助。这些吸收峰强度弱，又受该区域内其他峰的干扰，因此 $5 \sim 6\mu$ 谱带的用途不大，但对于在这一区域内无其他吸收的化合物，这些吸收可辅助判断苯环取代。

杂芳环和苯环有相似之处，如呋喃在 $\sim 1600 \text{ cm}^{-1}$、$\sim 1500 \text{ cm}^{-1}$、$\sim 1400 \text{ cm}^{-1}$ 三处均有吸收谱带，吡啶在 $\sim 1600 \text{ cm}^{-1}$、$\sim 1570 \text{ cm}^{-1}$、$\sim 1500 \text{ cm}^{-1}$、$\sim 1435 \text{ cm}^{-1}$ 处有吸收。

这个区域除上述碳-氧、碳-碳双键吸收之外，还有 $C = N$、$N = O$ 等基团的吸收。含 $-NO_2$ 基团的化合物（包括硝基化合物、硝酸酯等），由于两个氧原子连在同一氮原子上，因此具有对称、非对称两种伸缩振动，但只有非对称伸缩振动出现在这一区域。

4. $1500 \sim 1300 \text{ cm}^{-1}$

除前面已提到苯环（其中 $\sim 1450 \text{ cm}^{-1}$、$\sim 1500 \text{ cm}^{-1}$ 的红外吸收可进入此区）、杂芳环（其吸收位置与苯环相近）、硝基的 ν_s 等的吸收可能进入此区之外，该区域主要提供了 C—H 弯曲振动的信息。

甲基在～1380 cm^{-1}、～1460 cm^{-1}同时有吸收,当前一吸收峰发生分叉时表示偕二甲基(二甲基连在同一碳原子上)的存在,这在核磁氢谱尚未广泛应用之前,对判断偕二甲基起过重要作用,现在也可以作为一个鉴定偕二甲基的辅助手段。偕三甲基的红外吸收与偕二甲基相似。

CH$_2$ 仅在～1470 cm^{-1}处有吸收。

5. 1300～910 cm^{-1}

所有单键的伸缩振动频率、分子骨架振动频率都在这个区域。部分含氢基团的一些弯曲振动和一些含重原子的双键(P=O,P=S 等)的伸缩振动频率也在这个区域。弯曲振动的键力常数 k 值小,但含氢基团的折合质量 μ 也小,因此某些含氢官能团弯曲振动频率出现在此区域。虽然双键的键力常数 k 值大,但两个重原子组成的基团的折合质量 μ 也大,因此其振动频率也出现在这个区域。由于上述诸原因,这个区域的红外吸收频率信息十分丰富。

6. 910 cm^{-1}以下

苯环因取代而产生的吸收(900～650 cm^{-1})是这个区域很重要的内容。这是判断苯环取代位置的主要依据(吸收源于苯环 C—H 的弯曲振动),请参阅附录 2,只要掌握了基本精神就容易大致记住。由于取代,苯环上剩余的相邻氢越少,则其红外吸收频率越高(孤立氢的红外吸收频率最高,在 900～850 cm^{-1});反之,当苯环取代之后剩下相邻的氢较多时,红外吸收的频率就较低(苯环上剩下 4 个相邻氢和剩下 5 个相邻氢的红外吸收频率是最低的,在 770～730 cm^{-1})。另外,需要记住在几种取代的情况下要附加一个吸收峰。

当苯环上有强极性基团的取代时,通常不能由这一段的吸收判断取代情况。

烯的碳氢弯曲振动频率处于本区及前一区(1300～900 cm^{-1})。

7.4.2 指纹区和官能团区

从前面六个区的讨论可以看到,第 1～4 区(4000～1300 cm^{-1})的吸收都有一个共同点:每一红外吸收峰都与一定的官能团相对应。因此,就这个特点而言,我们称这个大区为官能团区。第 5 和第 6 区与官能团区不同。虽然在这个区域内的一些吸收也对应某些官能团,但大量的吸收峰仅显示了化合物的红外特征,犹如人的指纹,故称为指纹区。

官能团区和指纹区的存在是容易理解的。含氢的官能团折合质量小,含双键或叁键的官能团键力常数大,这些官能团的振动受其分子剩余部分影响小,它们的振动频率较高,因而易与该分子中的其他振动相区别。这个高波数区域中的每一个吸收都与某一含氢官能团或含双键、叁键的官能团相对应,因此形成了官能团区。另一方面,分子中不连氢原子的单键的伸缩振动及各种键的弯曲振动由于折合质量大或键力常数小,这些振动的频率相对于含氢官能团的伸缩振动及部分弯曲振动频率或相对于含双键、叁键的官能团的伸缩振动频率都处于低波数范围,且这些振动的频率差别不大;其次是在指纹区内各种吸收频率的数目多;再次是在该区内各基团间的相互连接易产生各种振动间较强的相互耦合作用;第四是化合物分子存在骨架振动。基于上述诸多原因,因此在指纹区内产生了大量的吸收峰,且结构上的细微变化都可导致谱图的变化,即形成了该化合物的指纹吸收。

由上述可知,红外吸收的六个波段归纳为指纹区和官能团区。存在着这两个大区,既有上述的理论解释,也是实验数据的概括:波数大于 1300 cm^{-1} 的区域为官能团区,波数小于 1300 cm^{-1}

的区域是指纹区。官能团区的每个吸收峰表示某官能团的存在(应顾及强度和峰形),原则上每个吸收峰均可找到归属。指纹区的吸收峰数目较多,往往其中的大部分不能找到归属,但这大量的吸收峰表示了有机化合物分子的具体特征,犹如人的指纹。虽然有上述情况,某些同系物的指纹吸收可能相似,不同的制样条件也可能引起指纹区吸收的变化,这两点都是需要注意的。

指纹区中 $650 \sim 910 \ cm^{-1}$ 又称为苯环取代区,苯环的不同取代位置会在这个区域内有所反映。

指纹区和官能团区的不同功用对红外谱图的解析很理想。从官能团区可找出该化合物存在的官能团;指纹区的吸收则适合用来与标准谱图(或已知物谱图)进行比较,得出未知物与已知物结构相同或不同的确切结论。官能团区和指纹区的功用正好相互补充。

7.4.3 红外谱图解析要点及注意事项

1. 红外吸收谱的三要素(位置、强度、峰形)

在解析红外谱图时,要同时注意红外吸收峰的位置、强度和峰形。吸收峰的位置(吸收峰的波数值)无疑是红外吸收最重要的特点,因此各红外光谱专著都充分强调了这点。然而,在确定化合物分子结构时,必须将吸收峰位置辅以吸收峰强度和峰形来综合分析,但是这后两个要素往往则未得到应有的重视。

每种有机化合物均显示若干红外吸收峰,因而易于对各吸收峰强度进行相互比较。从大量的红外谱图可归纳出各种官能团红外吸收的强度变化范围。因此,只有当吸收峰的位置及强度都处于一定范围时,才能准确地推断出某官能团的存在。以羰基为例,羰基的吸收是比较强的,如果在 $1680 \sim 1780 \ cm^{-1}$(这是典型的羰基吸收区)有吸收峰,但其强度低,这并不表明所研究的化合物存在羰基,而是说明该化合物中存在羰基化合物的杂质。吸收峰的形状也取决于官能团的种类,从峰形可辅助判断官能团。以缔合羟基、缔合伯胺基及炔氢为例,它们的吸收峰位置只略有差别,但主要差别在于吸收峰形不一样;缔合羟基峰圆滑而钝;缔合伯胺基吸收峰有一个小或大的分岔;炔氢则显示尖锐的峰形。

总之,只有同时注意吸收峰的位置、强度、峰形,综合地与已知谱图进行比较,才能得出较为可靠的结论。

2. 同一基团的几种振动的相关峰是同时存在的

对任意一个官能团来说,由于存在伸缩振动(某些官能团同时存在对称和反对称伸缩振动)和多种弯曲振动,因此任何一种官能团会在红外谱图的不同区域显示出几个相关的吸收峰。因此,只有当几处应该出现吸收峰的地方都显示吸收峰时,方能得出该官能团存在的结论。以甲基为例,在 $2960 \ cm^{-1}$、$2870 \ cm^{-1}$、$1460 \ cm^{-1}$、$1380 \ cm^{-1}$ 处都应有 C—H 的吸收峰出现。以长链 CH_2 为例,$2920 \ cm^{-1}$、$2850 \ cm^{-1}$、$1470 \ cm^{-1}$、$720 \ cm^{-1}$ 处都应出现吸收峰。当分子中存在酯基时,能同时见到羰基吸收和 C—O—C 的吸收($1050 \sim 1300 \ cm^{-1}$ 的两个吸收峰)。

对每一处的吸收峰,如同前述,都应同时注意它的位置、强度和峰形三要素。

3. 红外谱图解析顺序

在解析红外谱图时,可先观察官能团区,找出该化合物存在的官能团,然后查看指纹区。

如果是芳香族化合物,应找出苯环取代位置。将指纹区的吸收峰与已知化合物红外谱或标准红外谱图对比,可判断未知物与已知物结构是否相同。后面将举例说明红外谱图的解析步骤。

4. 标准红外谱图和网上红外谱图的应用

最常见的标准红外谱图为萨特勒(Sadtler)红外谱图集。

萨特勒谱图集有几个突出的优点:

(1) 谱图收集丰富。

(2) 备有多种索引,检索方便。

(i) 化合物名称字顺索引(alphabetical index):由化合物名称即可找出其谱图。

(ii) 化合物分类索引(chemical classes index):化合物共分 89 类,化合物种类按字母顺序排列。

(iii) 官能团字母顺序索引(functional group alphabetical index)。

(iv) 分子式索引(molecular formular index):按元素 C、H、Br、Cl、F、I、N、O、P、S、Si、M(金属离子)顺序排列,使用时非常方便。

(v) 相对分子质量索引(molecular weight index)。

(vi) 波长索引(wave length index):从红外谱图的几个主要吸收峰的波长,查出谱图的号码及该化合物名称。

(3) 萨特勒同时出版了红外光谱、紫外光谱、核磁共振氢谱、核磁共振碳谱的标准谱图,还有这五种谱图的总索引,从总索引可以很快查到某一种化合物的几种谱图(质谱除外)。这为未知物结构鉴定提供了极为方便的条件。现又出版了拉曼谱图集。

(4) 萨特勒谱图包括市售商品的标准红外谱图,如溶剂、单体和聚合物、增塑剂、热解物、纤维、医药、表面活性剂、纺织助剂、石油产品、颜料和染料等,每类商品又按其特性细分,这对于针对各类商品进行的研究十分方便,这是其他标准谱图所不及的。

在网上查找标准红外谱图,有下列途径:

(1) 免费查到红外谱图(还包括核磁共振碳谱、核磁共振氢谱和 EI 质谱)。

日本的 National Institute of Advanced Industrial Science and Technology(产业技术综合研究所)开办了下列网站:

http://www.aist.go.jp/RIODB/SDBS/cgi-bin/direct_frame_top.cgi? lang=eng

现在该网址已经改为

http://riodb01.ibase.aist.go.jp/sdbs/cgi-bin/cre_index.cgi? lang=jp

在其首页的最下签署同意所列条款之后即可进行查找。输入分子式的元素组成,进行搜索,可以得到若干化合物,选择正确的化合物名称,即可得到结构式、核磁共振氢谱、核磁共振碳谱、红外光谱和质谱。核磁共振氢谱和碳谱会标注核磁共振谱仪的频率和所用的溶剂。

(2) 如果读者所在单位已经取得资格,下面的两个网站有丰富的谱图数据库可以查找(个人不能访问):http://166.111.120.35/database/crossfire.htm;https://scifinder.cas.org。

(3) 在注册之后,经由付费可以从 BIO-RAD 公司的光谱数据库网站获得标准谱图(红外光谱、核磁共振碳谱和氢谱)。网址如下:

http://www.bio-rad.com/B2B/BioRad/product/br_category.jsp? BV_SessionID=@@ @@0825957604.1237457197@@@@&BV_EngineID = ccciadegkhhjflhcfngcfkmdhkkdfll. 0&categoryPath = Catalogs% 2fInformatics +% 7c + Sadtler2fSpectral + Databases&div

Name = Informatics + % 7c + Sadtler & catLevel = 3 & lang = English & country = HQ & logge dIn = false & catOID = −40660 & isPA = false & serviceLevel = Lit + Request

7.4.4 红外谱图解析示例

例 7-1 未知物分子式为 C_8H_{16}，其红外谱图如图 7-5 所示，试推其结构。

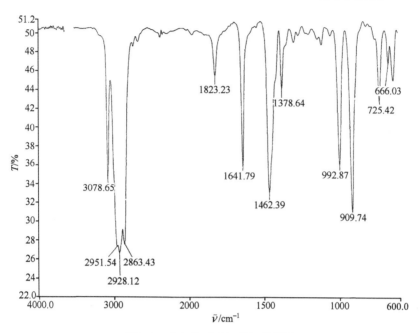

图 7-5 未知物 C_8H_{16} 的红外谱图

解 由其分子式可计算出该化合物不饱和度为 1，即该化合物具有一个烯基或一个环。

3079 cm^{-1} 处有吸收峰，说明存在与不饱和碳相连的氢，因此该化合物肯定为烯，在 1642 cm^{-1} 处还有 C ═C 伸缩振动吸收，更进一步证实了烯基的存在。

910 cm^{-1}、993 cm^{-1} 处的 C—H 弯曲振动吸收说明该化合物有端乙烯基，1823 cm^{-1} 的吸收是 910 cm^{-1} 吸收峰的倍频。

从 2928 cm^{-1}、1462 cm^{-1} 的较强吸收及 2952 cm^{-1}、1379 cm^{-1} 的较弱吸收知未知物 CH$_2$ 多，CH$_3$ 少。

综上可知，未知物为正构端取代乙烯，即 1-辛烯。

例 7-2 未知物分子式为 C_3H_6O，其红外谱图如图 7-6 所示，试推其结构。

解 由其分子式可计算出该化合物不饱和度为 1。

与例 7-1 相似，由 3084 cm^{-1}、3014 cm^{-1}、1647 cm^{-1}、993 cm^{-1}、919 cm^{-1} 等处的吸收峰，可判断出该化合物具有端乙烯基。

因分子式含氧，在 3338 cm^{-1} 处又有吸收强、峰形圆而钝的谱带，故该未知物必为一醇类化合物。再结合 1028 cm^{-1} 的吸收，知其为伯醇。由于该—CH$_2$—OH 与双键相连，C—O 伸缩振动频率较通常伯醇（约 1050 cm^{-1}）往低波数移动了 22 cm^{-1}。

综合上述信息，未知物结构为 CH$_2$ ═CH—CH$_2$—OH。

官能团区的其余谱峰可指认如下：

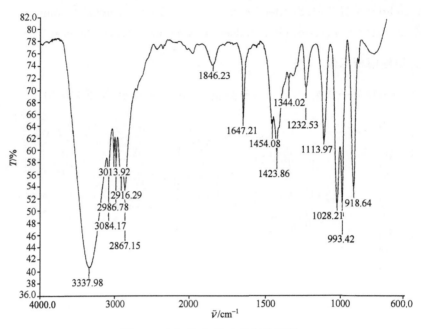

图 7-6 未知物 C_3H_6O 的红外谱图

2987 cm^{-1}：$=CH_2$ 的一个吸收（另一吸收在 3084 cm^{-1}）；

2916 cm^{-1}、2867 cm^{-1}：$—CH_2—$的碳氢伸缩振动；

1846 cm^{-1}：919 cm^{-1} 的倍频；

1424 cm^{-1}：CH_2 弯曲振动，因$—OH$ 的电负性，较常见的 1470 cm^{-1}有低波数位移。

例 7-3 未知物分子式为 $C_{12}H_{24}O_2$，其红外谱图如图 7-7 所示，试推其结构。

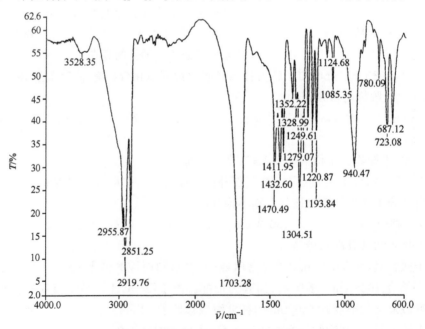

图 7-7 未知物 $C_{12}H_{24}O_2$ 的红外谱图

解 由未知物分子式可计算出其不饱和度为 1。

从图 7-7 中最强的吸收($1703\ cm^{-1}$)知该化合物含羰基,与一个不饱和度相符。

$2920\ cm^{-1}$、$2851\ cm^{-1}$处的吸收很强而 $2956\ cm^{-1}$、$2866\ cm^{-1}$处的吸收很弱,说明 CH_2 的数目远多于 CH_3 的数目。这进一步被 $723\ cm^{-1}$ 的显著吸收证实(通常这个吸收是弱的),说明未知物很可能具有一个正构的长碳链。

$2956 \sim 2851\ cm^{-1}$ 的吸收是叠加在另一个宽峰之上的,从其底部加宽可明显地看到这点。从分子式含两个氧知此宽峰来自—OH,很强的低波数位移说明有很强的氢键缔合作用。结合 $1703\ cm^{-1}$ 的羰基吸收,可推测未知物含羧酸官能团。$940\ cm^{-1}$、$1305\ cm^{-1}$、$1412\ cm^{-1}$ 等处的吸收进一步说明羧酸官能团的存在。

综上所述,未知物结构为 $CH_3-(CH_2)_{10}-COOH$。

例 7-4 未知物分子式为 $C_6H_8N_2$,其红外谱图如图 7-8 所示,试推其结构。

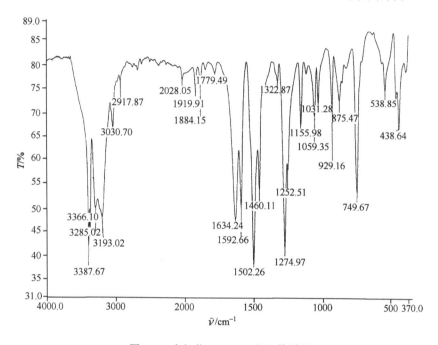

图 7-8 未知物 $C_6H_8N_2$ 的红外谱图

解 由未知物分子式可计算出其不饱和度为 4,故有可能含苯环,此推测被 $3031\ cm^{-1}$、$1593\ cm^{-1}$ 和 $1502\ cm^{-1}$ 的吸收证实,由 $750\ cm^{-1}$ 的吸收知该化合物含邻位取代苯环。

$3285\ cm^{-1}$、$3193\ cm^{-1}$ 的吸收是很特征的伯胺吸收(对称伸缩振动和反对称伸缩振动)。

综合上述信息及分子式,可知该化合物为邻苯二胺。

其他峰的指认如下:

$3388\ cm^{-1}$、$3366\ cm^{-1}$:NH_2 伸缩振动;

$1634\ cm^{-1}$:NH_2 弯曲振动;

$1275\ cm^{-1}$:C—N 伸缩振动。

例 7-5 图 7-9 为 GC-FTIR(参阅 7.5.6)某未知组分的气相红外谱图。从其相应的 GC-MS 谱知该未知物分子式为 $C_9H_{18}O$,试推其结构。

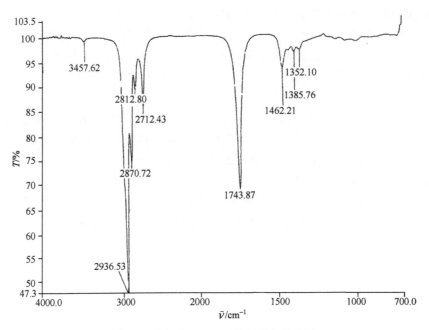

图 7-9 未知物 $C_9H_{18}O$ 的气相红外谱图

解 气相红外谱图与凝聚相红外谱图有一些差别,表现在吸收位置的移动和强度的变化。有一定基础知识之后,分析气相红外谱图也不困难。

从 2937 cm⁻¹ 处的强吸收知该未知物具有多个 CH_2。从该峰的高波数一侧显示光滑曲线知没有不饱和碳上的 C—H 振动。

1744 cm⁻¹ 的吸收表明该未知物含有羰基。

2813 cm⁻¹、2712 cm⁻¹ 两处吸收是醛类化合物特征。结合 1744 cm⁻¹ 的吸收可完全证实。

综合上述分析可知,该未知物为含多个 CH_2 的醛(实际结果为 1-壬醛,nonyl aldehyde)。

7.5 红外光谱学的发展

红外光谱学的发展是活跃的、多方面的。本书因论及几种谱学方法,这里仅介绍应用较重要、理论性较强的几个课题。

7.5.1 步进扫描

步进扫描(step scan)是傅里叶变换红外光谱(FT IR)的一种运行方式。步进扫描已有不短的历史,而重新兴起于 20 世纪 80 年代初期[3,4]。其原因为连续扫描[continuous scan,也称快速扫描(rapid scan)]具有一系列优点,故傅里叶变换红外光谱仪一直应用连续扫描。但随着光声光谱(photoacoustic spectroscopy,PAS)、时间分辨光谱(time resolved spectroscopy,TRS)等的发展,快速扫描不能达到高的要求,因而步进扫描又东山再起,发挥了重要的作用。

为了解步进扫描,下面简述快速扫描的原理。傅里叶变换红外光谱仪的核心部件是迈克耳孙(Michelson)干涉仪(interferometer),其示意图如图 7-10 所示。

光源发出的红外光辐射经准直后其平行光束射到分束器上。分束器使一半辐射反射,另一

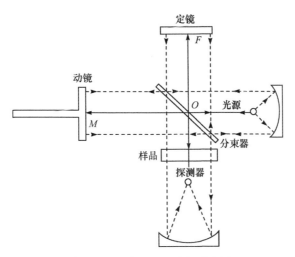

图 7-10 迈克耳孙干涉仪示意图

半辐射透过。被分束器反射的一半辐射到达定镜,经定镜反射,透过分束器,穿越样品,到达检测器。由光源来的另一半辐射透过分束器到达动镜,经动镜反射后回到分束器,再经分束器反射,透过样品,到达检测器。动镜从某一固定起点以恒定的速度向一侧运动,到达终点,这完成了一次扫描。然后动镜迅速回到起点,视信噪比(S/N)的要求,周而复始地进行若干次累加扫描。

先考虑波数为 $\tilde{\nu}$ 的单色光经过迈克耳孙干涉仪的情形。

由于定镜的位置是固定的,而动镜的位置是变化的,因此由光源射来、经分束器反射和透射的两光束回到分束器时具有变化的光程差。设该单色光的波长为 λ,当其光程差为零或 $\lambda/2$ 的偶数倍时,两光束相位相同,有相长干涉(constructive interference);当其光程差为 $\lambda/2$ 的奇数倍时,两光束相位相反,于是发生相消干涉(destructive interference)。经推导有

$$I(t) = 0.5I(\tilde{\nu})\cos 2\pi(\tilde{\nu} \cdot 2vt) \tag{7-29}$$

式中,$I(t)$ 为作用于检测器的(交变)信号的强度;$I(\tilde{\nu})$ 为入射光的强度,它是波数 $\tilde{\nu}$ 的函数;v 为动镜运动的速度;t 为动镜运动的时间。设 $f = \tilde{\nu} \cdot 2v$,则式(7-29)变为

$$I(t) = 0.5I(\tilde{\nu})\cos 2\pi ft \tag{7-30}$$

从式(7-30)可知,检测器所检测的频率并非原来红外辐射的频率(波数 $\tilde{\nu}$),而是经动镜运动、调制出来的频率 f。在通常条件下,f 处于音频的范围。

综上所述,在利用单色光时,检测器得到的信号,即干涉图(interferogram),是随动镜的运动时间而变化的一条余弦曲线。当红外光源含几种频率(波数)的光时,检测器上则是几条余弦曲线的叠加,需注意的是每种频率的 $I(\tilde{\nu})$ 及 $I(t)$ 均是不同的。

实际的红外光源为具有一定频谱宽度的连续分布的光源,因而检测器得到的信号是式(7-30)积分的结果,即得到一个总的干涉图。它在零光程差处有一个极大值(center burst),因为任一波长的单色光在该处均为相长干涉。偏离零光程差的位置,总的干涉光的强度则迅速下降。通过计算机进行傅里叶变换,把时域信号变成频域谱。有关傅里叶变换的形象说明请参阅图 1-11。

以上所述的定镜不动、动镜匀速运动的扫描方式称为快扫描。用这种扫描方式完成一次扫描速度快,通过累加扫描可以很快提高信噪比,这对于常规红外光谱的测试是很适宜的,因而从傅里叶变换红外光谱仪问世以来,几乎全部采用快扫描的工作方式。

随着红外光谱学的发展,当要进行一些特殊的红外光谱测试时,快扫描就显示了缺点。反之,若采用步进扫描,则有突出的优点,紧接于此小节之后的几小节即是其说明。

步进扫描仍是利用迈克耳孙干涉仪。步进扫描和连续扫描不同之处在于红外辐射经定镜与动镜反射之后再到达分束器时,光程差随动镜运动的时间的变化是不同的:在快扫描时是一个连续的变化,在步进扫描时是阶梯性变化,如图 7-11 所示。

如何实现步进扫描?各仪器厂家有不同的设计。现介绍一种设计[5]。其动镜仍是以恒定速度向后运动,"定镜"则不是静止不动的了,它围绕一固定点作锯齿形运动。定镜由压电驱动器(piezoelectric actuators)控制,先匀速向后运动,经过某一时间间隔(取决于步进速度),然后快速向前,以后周而复始。在这样条件下,红外光分别经动镜和定镜反射之后,就产生了随时间呈阶梯形变化的光程差。图 7-12 是其说明。

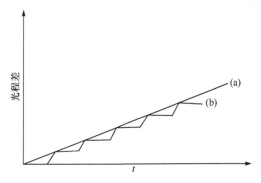

图 7-11 连续扫描(a)和步进扫描(b)的差别

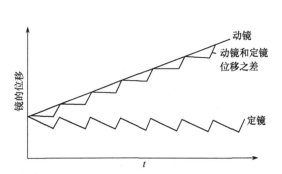

图 7-12 动镜的连续运动和定镜绕一固定点作锯齿形运动合成出阶梯形变化的光程差

从上述可知,无论采用何种实现方式,步进扫描和连续扫描的区别在于光程差随时间的变化。在步进扫描的方式中,在每一光程差的起点,经历一个尽可能短的设定时间(settling time)之后,即进行采样,在采样时,光程差保持不变。由于采样时间有一定的长度,因此经累加可以达到足够的信噪比。

从上面的叙述可知,在连续扫描时,迈克耳孙干涉仪输出的调制频率是连续变化的;而在步进扫描时,调制频率则为某一选定的数值,如每秒改变 8 个光程差是 8 Hz。在步进扫描时,还可以有第二个调制频率,这即是相调制(phase modulation,PM)。在进行相调制时,定镜有更复杂的运动,即在每一步时加上一个抖动(dither),此时光程差与时间的关系如图 7-13 所示。

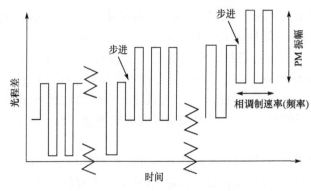

图 7-13 相调制时光程差与时间的关系

相调制的振幅，即在每一步时光程差变化的幅度为 0.316 nm($0.5\lambda_{\text{He-Ne}}$)到 1.264 nm（$2\lambda_{\text{He-Ne}}$）。相调制的频率则从 5 Hz 到 1 kHz。相调制的频率应比步进的频率快得多。

关于相调制的应用将在 7.5.2 中说明。

以上比较详细地讨论了连续扫描和步进扫描在采样上的差别，作为对傅里叶变换红外光谱学原理的了解，二者除采样之外是相似的，就毋庸赘述了。

需补充的是，一些傅里叶变换红外光谱仪既可以快扫描操作，也可以步进扫描运行。

步进扫描的优点和用途可通过下面几小节了解。

7.5.2 光声光谱

光声光谱是吸收光谱中的一项特殊技术，现本书的讨论仅限于红外光声光谱。

下列样品难以采用常规红外光谱测定，但可用红外光声光谱进行测定：

(1) 强吸收、高分散的样品，如深色催化剂等。由于其强吸收、强散射，常规测量困难。

(2) 制样困难的样品，如橡胶和一些聚合物，它们不能被粉碎，因而不能采用溴化钾粉压片或用石蜡油调糊；又不能用溶剂溶解制成薄膜或用溶液池测定。

(3) 必须进行无损分析的样品，如生物样品或古文物等（测定其表层）。

进行光声光谱测定时，将样品放于光声池中。光声池是密闭的，其上有一个可以通过红外辐射的光学窗口，池内充满不吸收红外光的气体。经调制的交变的红外光束透过光学窗照射到样品上，样品吸收红外光的能量，重要的途径即是将吸收的能量转化成热能释放出来。热传到样品表面，再传到气体。由于光声池是密闭的，因此光声池内将产生气体压力的波动。由于红外光的强度是周期性变化的，因而气体压力的变化也是如此。气体压力变化产生声音，经微音器检测，产生电信号，该信号经前置放大器放大后输入傅里叶变换红外光谱仪的主放大器及信号处理系统。同样经傅里叶变换，将干涉信号转变为吸收光谱图。

光声光谱除不需制样可作无损分析之外，一个重要的用途是可以作样品剖面的深度分析，这对于复合材料等的研究很重要。之所以能作剖面深度分析是因为有下列公式：

$$\mu_s = \left(\frac{\alpha}{\pi f}\right)^{1/2} \tag{7-31}$$

式中，μ_s 为固体的热扩散深度(thermal diffusion depth)；α 为固体的热扩散率(thermal diffusivity)；f 为调制频率(modulation frequency)。

由于有

$$\alpha = \frac{\kappa}{\rho C} \tag{7-32}$$

式中，κ 为固体的热导率(thermal conductivity)；ρ 为固体的密度(density)；C 为固体的热容(heat capacity)。因此，式(7-31)可表示为

$$\mu_s = \left(\frac{\kappa}{\pi \rho C f}\right)^{1/2} \tag{7-33}$$

或

$$\mu_s = \left(\frac{2\kappa}{\rho C \omega}\right)^{1/2} \tag{7-34}$$

在式(7-34)中，利用了

$$\omega = 2\pi f \tag{7-35}$$

式中，f 和 ω 分别为调制频率和角调制频率（angular modulation frequency）。

从前面关于 μ_s 的三个表达式可知，当 f 或 ω 不同时，热波抵达样品的深度不同，因而由光声光谱得到的结构信息所涉及的样品深度也不同。当 f 或 ω 很高时，结构信息（近似）仅为样品表层，当 f 或 ω 逐渐降低时，结构信息相应地由表及里，内层结构信息的比例逐渐加大。

如果采用快扫描，也就是连续扫描，按公式 $f=\tilde{\nu}\cdot 2v$，调制频率 f 与红外辐射波数 $\tilde{\nu}$ 成正比，因而不同波数的红外辐射所达到的样品深度是不一样的。这对于用光声光谱作样品的深度剖面分析是不利的。

采用步进速度则可去除快扫描的这一缺点，因为在采集一张红外谱图的全过程中只使用一个步进速度，即只有一个调制频率，没有调制频率随红外辐射的波数而变的问题。当然，也可以采用一个较低的步进频率，同时采用一个较高的相调制频率。由于检出信号经锁定放大器（lock-in amplifier，LIA）放大，锁定放大器调制的频率，因而检测到相调制频率的信号。此时上述公式中的调制频率即为相调制频率。当使用不同的相调制频率时，可以得到不同剖面深度的结构信息。

Sowa 等用光声光谱作了牙齿的深度剖面分析[6]。采用步进扫描（他们所使用的仪器可以在两种扫描中选择），调制频率分别为 200 Hz 和 400 Hz 时，红外谱峰的相对强度有很大的变化，当调制频率为 400 Hz 时，约 600 cm^{-1} 的磷酸盐吸收峰相对于约 1600 cm^{-1} 的蛋白质酰胺吸收峰增强，这说明牙齿表面富含磷酸盐。

用光声光谱作样品的深度剖面分析还可以用不同相角的光声信号来完成[6-9]。在做这样的步进扫描实验时，调制频率是固定的，测得的信号的相位则是变化的。如果红外辐射仅到达样品的表层即反射出来，所需时间很短，相角也很少变化。如果红外辐射到达样品一定的深度再反射出来，这时就有一个相位的滞后（phase lag）。因此，选出不同相位的光声信号，就能得到涉及不同深度的结构信息。

由锁定放大器可以得到不同相角的光声信号。相角则是由式（7-36）计算的：

$$\Phi=\tan^{-1}\frac{Q}{I} \tag{7-36}$$

式中，Φ 为相角；I 为同相分量（in-phase component），即无滞后时的信号；Q 为正交（in-quadrature）分量，即相角为 90° 时的信号。

光声光谱的另一重要进展是采用数字信号处理（digital signal processing，digital signal processor，DSP）[8,9]。当采用 400 Hz 的相调制频率时[9]，其时畴信号经傅里叶变换可看到 400 Hz、1200 Hz、2000 Hz、2800 Hz、3600 Hz 的分量。这是因为一个频率为 f 的方波可表示为

$$\sin(f)+\frac{1}{3}\sin(3f)+\frac{1}{5}\sin(5f)+\frac{1}{7}\sin(7f)+\frac{1}{9}\sin(9f)+\cdots$$

图 1-12 就是其说明。因此，作用于样品的经调制的红外辐射实际有多个分量（随着频率的增大，振幅不断减小）。采用 DSP 软件，可以同时得到几种调制频率的光声信号。

另外还需补充一点，光声光谱的信号强度反比于调制频率 f。当采用快扫描时，由于高波数的调制频率较高，因而信号较弱。在步进扫描时，这个缺点也得到了克服。

从上述可知，在光声光谱的测量中，采用步进扫描在几方面都具有优势。

7.5.3　时间分辨光谱

时间分辨光谱是研究瞬态（transient）变化的一种光谱学方法。

前面所讨论的红外光谱主要是用于物质结构表征的重要分析工具。如果采用时间分辨光谱，就可以研究样品的动态物理和化学变化过程。物理过程如聚合物薄膜在周期性的拉伸下分子的滑动、微晶的再取向、基团的弛豫等。研究化学变化（主要研究可逆性化学变化，但采用一定方法也可以研究不可逆性化学变化）则可研究瞬变中间体（species）。时间的分辨率可以是毫秒（ms）、微秒（μs）、纳秒（ns），当然是越短越好，但这要看如何来实现。

作为傅里叶变换红外光谱法来说，由迈克耳孙干涉仪扫描进行采样所得的是一时域信号。这里的时间是动镜运动的时间（因而也是动镜运动的距离）。时域信号经傅里叶变换得到频域谱。这个过程可以表述为

$$F(t) \rightarrow F(\omega)$$

时间分辨光谱一般研究周期性的变化。要了解在周期中任一时间 T 的状态，因而所研究的对象为 $F(t, T)$，即是两种时间的函数。这种情形与二维核磁共振谱有类似之处：t 相当于 t_2，是采样的时间；T 相当于 t_1。只不过在二维核磁共振谱中 t_1 是脉冲序列中的某个变化的时间间隔，而现在 T 是周期性变化中的某个时间。

为分辨 t 和 T，要完成时间分辨光谱的测量，就要在任一选定的 T 时刻，完成

$$F(t, T) \rightarrow F(\omega, T)$$

先看快扫描的情形。当动镜运动并进行采样时，t、T 都在变化，因而若不采用特殊的方法，就不能完成时间分辨光谱的测量。现在以快扫描方式研究时间分辨光谱的方法称为时间分组（time-sorting）法，其原理如图 7-14 所示[10]。

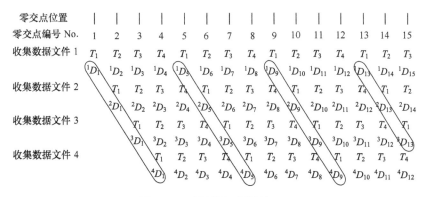

图 7-14　时间分组法原理（一）

现解释如下：

傅里叶变换红外光谱仪是实行等间隔取点采样的，等间隔的控制则是由 He-Ne 激光干涉仪来完成。迈克耳孙干涉仪的动镜运动，在产生红外辐射的干涉图的同时，动镜也反射 He-Ne 激光束，因而得到 He-Ne 激光的干涉图。它也是一个余弦曲线。每当余弦波通过零点时（称为零交点，zero crossing），进行对测试样品的采样。在图 7-14 中的第一行，我们画出了 He-Ne 激光的零交点。在每个零交点均进行采样。

现假设每四次零交点重复一次周期性的变化，即 T_1 到 T_4 构成一个循环。在第一次实验时，采样从 No.1 零交点开始，每个零交点均采样，所有数据存于收集文件 1。在第二次实验时，从 No.2 零交点开始，仍是每个零交点均采样，所有数据存于收集数据文件 2。依此类推，直到第四次实验结束。收集的数据以 D 表示，左上角标号表示实验的次数，右下角标号表示

采样的顺序号。

以上所得的数据按相同的 T_i（如图 7-14 中对 T_i 所画的框记）进行重组合并，则如图 7-15 所示。

零交点位置	$\mid$	$\mid$	$\mid$	$\mid$	$\mid$	$\mid$	$\mid$	$\mid$	$\mid$	$\mid$	$\mid$	$\mid$	$\mid$	$\mid$
零交点编号No.	1	2	3	4	5	6	7	8	9	10	11	12	13	14
重组合并 T_1 数据	$^1D_1$	$^2D_1$	$^3D_1$	$^4D_1$	$^1D_5$	$^2D_5$	$^3D_5$	$^4D_5$	$^1D_9$	$^2D_9$	$^3D_9$	$^4D_9$	$^1D_{13}$	$^2D_{13}$
重组合并 T_2 数据		$^1D_2$	$^2D_2$	$^3D_2$	$^4D_2$	$^1D_6$	$^2D_6$	$^3D_6$	$^4D_6$	$^1D_{10}$	$^2D_{10}$	$^3D_{10}$	$^4D_{10}$	$^1D_{14}$
重组合并 T_3 数据			$^1D_3$	$^2D_3$	$^3D_3$	$^4D_3$	$^1D_7$	$^2D_7$	$^3D_7$	$^4D_7$	$^1D_{11}$	$^2D_{11}$	$^3D_{11}$	$^4D_{11}$
重组合并 T_4 数据				$^1D_4$	$^2D_4$	$^3D_4$	$^4D_4$	$^1D_8$	$^2D_8$	$^3D_8$	$^4D_8$	$^1D_{12}$	$^2D_{12}$	$^3D_{12}$

图 7-15　时间分组法原理（二）

按 T_i 将采样数据重组合并之后，图 7-15 的每一行中，T_i 已不再是变量，且每个零交点均有采样，将同一行数据进行傅里叶变换，得到在 T_i 时刻的频域谱，即时间分辨光谱。若信噪比不够，可重复累加。

从上面的分析可知，进行时间分组法实验时，所有采样数据均得到利用，因而这样的设计是很合理的。但该法对样品体系及仪器的再现性均有严格的要求，因而成功不易。

下面讨论在步进扫描模式时如何取得时间分辨光谱。

用步进扫描模式完成时间分辨光谱要容易得多。在采样之后也要进行数据处理，其实现如图 7-16 所示。

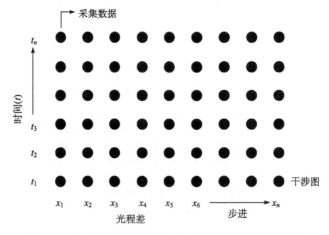

图 7-16　步进扫描模式完成时间分辨光谱数据重组方式

从步进扫描的讨论可知，当干涉仪以步进扫描模式运行时，在每一光程差，采集若干数据（图 7-16 中的每一列）。在对每个光程差的采样终结之后，将 t_i 的数据（图 7-16 中的各行）重组，此时的 t_i 实则前述的 T_i，这就组成相同 T_i（时间分辨所要求的）干涉图数据，经傅里叶变换，得到时间分辨光谱。

在步进扫描时，在任一光程差开始的时刻开始触发样品体系（随即开始周期性的变化），同时经过一个尽可能短的设置时间即开始采样。在采样时，是快速通、断的，如图 7-17 所示。

在同一光程差时，采样的周期假设为 5 μs（每采 4.5 μs 间隔 0.5 μs），因此时间的分辨即为 5 μs，目前先进仪器的时间分辨率已达 5 μs。

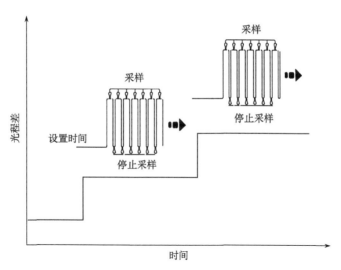

图 7-17　时间分辨实验步进扫描时的采样

对比步进扫描和快扫描实现时间分辨光谱的测定过程可以了解:在步进扫描时,易于完成时间分辨光谱的实验,且时间分辨率较高,这再次体现了步进扫描的优点。

以上讨论了时间分辨光谱的实验。它多用于样品体系周期性的变化。利用这样的方法,也可以研究不可逆过程,如不可逆反应。这时就需采用有效的流通系统,快速地把反应体系清除,重新开始新的反应体系。

7.5.4　二维红外光谱

二维红外光谱(two-dimensional infrared spectroscopy,2D IR)涉及两个方法。第一个方法是由野田勇夫(Isao Noda)等在 20 世纪 80 年代后期创立的[11,12]。它的产生受二维核磁共振谱的启迪,二维红外光谱的图形外观及其解释也与二维核磁共振谱中的同核位移相关谱类似,因而也称之为二维红外相关谱(correlation spectroscopy)[13]。从实验来看,他们的方法是测定若干变化实验条件的红外光谱,经过数据处理而得到的二维红外光谱。

Hamm 等提出另一种二维红外光谱的概念[14]。他们的方法是完全类似于二维核磁共振实验的。

本小节前面重点介绍 Noda 的方法,后面简单介绍 Hamm 等的方法。

虽然 Noda 在后来有关于二维红外光谱的较简洁的阐述,但是从读者易于明了的角度,这里仍然采用他最开始的论述。

1. 二维红外光谱的原理

概括地说,二维谱表现与两个频率相关的函数。在核磁共振中,我们采用脉冲序列,逐渐增长脉冲序列中的某一时间间隔而产生二维谱。这种方法很理想,但很难应用于红外光谱,因为每种仪器方法有着不同的时标(time scale)。时标与频率互为倒数关系。核磁共振所用频率为 10^8 Hz,时标为 10^{-8} s。考虑因分子内部运动、化学交换等引起化学位移 δ 值产生变化(用频率之差 $\Delta\nu$ 表示),此时实际时标为 $\dfrac{1}{\Delta\nu}$,已经相应于毫秒数量级。在红外光谱中,红外光

频率为 $10^{12} \sim 10^{13}$ Hz,故时标为 $10^{-12} \sim 10^{-13}$ s。在当时看来,如此快速的时标不可能有相应的脉冲时间来实现,因此 Noda 等为产生二维红外光谱采用了另外的途径(十几年后,随着科技的进步,与红外光谱时标相应的二维红外光谱实现了)。

人们使用某种微扰以激发被测体系的分子。此微扰是周期性的,被激发的分子的弛豫过程慢于红外光谱的时标,因而可用前述的时间分辨技术检测动态过程,经处理得到二维红外光谱。

从原理上说,采用的微扰可以是光的、电的、热的、磁的、化学的或机械的。就已有的文献来看,样品多为薄膜状,一般采用周期性的拉伸。液晶样品则是加交变电场。

下面介绍 Noda 的二维红外光谱的基本理论[12]。

1)动态光谱

二维红外光谱的产生基于由外部微扰所产生的样品体系的动态变化的检测。外部微扰引起样品分子的激发,其局部环境产生变化,所检测的瞬态光谱也就有相应的变化。这种变化的瞬态光谱称为动态光谱(dynamic spectrum)。对红外光谱而言,典型的动态光谱表现为吸收峰强度的变化,位置(波数)的移动和方向性吸收(directional absorbance)即二色性(dichroism)的改变。

当微扰的强度低时,所引起的体系的变化是可逆的,诱导的光谱的变化也是可逆的,且与所用的微扰的强度成正比。

一般情况下,体系与时间有关的红外吸收可表示为下列公式:

$$A(\nu,t) = \overline{A}(\nu) + \widetilde{A}(\nu,t) \tag{7-37}$$

式中,$A(\nu,t)$ 为存在微扰作用时在波数 ν 的红外吸收;$\overline{A}(\nu)$ 为准静态(quasistatic)分量,无微扰时的正常吸收;$\widetilde{A}(\nu,t)$ 为微扰诱导的红外吸收的变动,即体系的动态吸收谱。

2)动态红外线性二色性(dynamic IR linear dichroism,DIRLD)

如果采用一对线性偏振的(linearly polarized)红外光 $I_\parallel$ 和 $I_\perp$($I_\parallel$ 与微扰方向平行,$I_\perp$ 则与之垂直)来代替通常的红外光束,可以得到更好的动态吸收谱。

微扰是有方向性的,因而与分子振动相联系的偶极跃迁矩(dipole-transition moment)的重定向(reorientation)也就具有方向性,这导致了红外吸收的各向异性,即具有二色性:

$$\Delta A(\nu) = A_\parallel(\nu) - A_\perp(\nu) \tag{7-38}$$

式中的 $A_\parallel(\nu)$ 和 $A_\perp(\nu)$ 分别表示用 $I_\parallel$ 和 $I_\perp$ 时的红外吸收。这两项分别都包含静态分量和动态分量,即均可用式(7-37)描述,故式(7-38)可改写为

$$\Delta A(\nu,t) = \Delta\overline{A}(\nu) + \Delta\widetilde{A}(\nu,t) \tag{7-39}$$

式中,$\Delta A(\nu,t)$ 为在波数 ν 处,微扰作用下的二色($I_\parallel$ 和 $I_\perp$)吸收差;$\Delta\overline{A}(\nu)$ 为无微扰时的准静态二色吸收差;$\Delta\widetilde{A}(\nu,t)$ 为微扰作用下的动态二色吸收差。

3)正弦微扰

前面已说过微扰是周期性变化的,强度小的。当微扰取正弦波形变化时,数学处理最简单,因而可写出

$$\widetilde{\varepsilon}(t) = \widetilde{\varepsilon}\sin\omega t \tag{7-40}$$

式中,$\widetilde{\varepsilon}(t)$ 为对体系所加的微扰;$\widetilde{\varepsilon}$ 为微扰的振幅;ω 为微扰的角频率。

在此条件下,式(7-39)中的 $\Delta\widetilde{A}(\nu,t)$ 变为

$$\Delta\widetilde{A}(\nu,t) = \Delta\widetilde{A}(\nu)\sin[\omega t + \beta(\nu)] \tag{7-41}$$

注意到此时的动态二色吸收差有其振幅 $\Delta\widetilde{A}(\nu)$,也有相角 β,它是 ν 的函数。

动态二色吸收差 $\Delta\widetilde{A}(\nu,t)$ 可以表示为两项正交的分量:

$$\Delta\widetilde{A}(\nu,t)=\Delta A'(\nu)\sin\omega t+\Delta A''(\nu)\cos\omega t \tag{7-42}$$

式中,$\Delta A'(\nu)$ 为同相(in-phase)光谱;$\Delta A''(\nu)$ 为正交(quadrature)光谱;其余符号意义同前。

4)相关分析

二维红外光谱要表达的是不同吸收峰之间的相关性,因此先讨论对于两个不同波数的动态红外二色信号的交叉相关函数(cross-correlation function))$\chi(\tau)$:

$$\chi(\tau)=\lim_{T\to\infty}\frac{1}{T}\int_{-\frac{T}{2}}^{\frac{T}{2}}\Delta\widetilde{A}(\nu_1,t)\cdot\Delta\widetilde{A}(\nu_2,t+\tau)\mathrm{d}t \tag{7-43}$$

式中,T 为相关周期,积分的界限,为简化计算,积分取一很长的时间,即 $T\to\infty$;τ 为相关时间,是测量两个动态二色信号的时间间隔,一般取 $\tau=\dfrac{\pi}{2\omega}$;$\nu_1$ 和 ν_2 为两个独立的波数。

由于体系仅有一个微扰,其角频率为 ω,此时式(7-43)可简化为

$$\chi(t)=\Phi(\nu_1,\nu_2)\cos\omega t+\Psi(\nu_1,\nu_2)\sin\omega t \tag{7-44}$$

式中,$\Phi(\nu_1,\nu_2)$ 为同步相关(synchronous correlation)强度,它表征同时测量(波数不同的)两个信号的相关性;$\Psi(\nu_1,\nu_2)$ 为异步相关(asynchronous correlation)强度,它表征在相隔 τ 时测量(波数不同的)两个信号的相关性。

经计算有

$$\Phi(\nu_1,\nu_2)=0.5[\Delta A'(\nu_1)\Delta A'(\nu_2)+\Delta A''(\nu_1)\Delta A''(\nu_2)] \tag{7-45}$$

$$\Psi(\nu_1,\nu_2)=0.5[\Delta A''(\nu_1)\Delta A'(\nu_2)+\Delta A'(\nu_1)\Delta A''(\nu_2)] \tag{7-46}$$

画出同步、异步相关强度对两个独立波数 ν_1、ν_2 的图就得到二维红外谱,或更准确地说,二维红外相关谱。

2. 二维红外光谱的外观及其解释

二维红外光谱是由对 $\Phi(\nu_1,\nu_2)$ 和 $\Psi(\nu_1,\nu_2)$ 作图产生的,因此二维红外光谱有两种:同步相关谱和异步相关谱。下面分别讨论。

1)同步相关谱

二维红外同步相关谱的示意图如图 7-18 所示。

从图 7-18 可知二维红外同步相关谱的外观和 COSY 相似。图形呈正方形。图中的峰分为对角线峰和对角线外的峰,对角线峰又称为自动峰(autopeak)。对角线峰的位置和通常的(一维)红外谱的峰位相符。重要的信息来自对角线外的峰,与 COSY 一样,称为交叉峰。任一交叉峰对应两个波数的红外峰,它表明相应于这两个红外吸收峰的官能团之间存在着分子内的相互作用或连接关系。

交叉峰有正、负之分,它反映动态光谱响应的相对方向。假如两个谱峰强度以同一方向变化(同时增强或同时减弱),其交叉峰为正。反之,若两个谱峰强度以相反方向变化,则交叉峰符号为负。

2)异步相关谱

二维红外异步相关谱的示意图如图 7-19 所示。

二维红外异步相关谱仍呈正方形,但其图中无对角线峰,仅有对角线外的峰,即交叉峰。

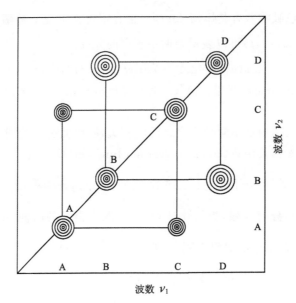

图 7-18 二维红外同步相关谱示意图

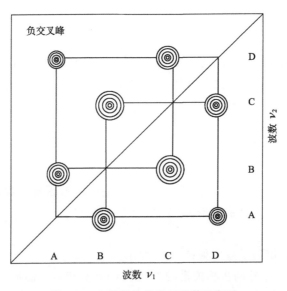

图 7-19 二维红外异步相关谱示意图

异步相关谱中的交叉峰表明与它相应的两个红外吸收的偶极跃迁矩的重定向行为是独立的，因此这种"相关峰"正好说明与这两个吸收对应的官能团没有相互连接、相互作用的"相关"。

异步相关谱的峰也有正、负号之分，它反映了所对应的两个偶极跃迁矩重定向的相对快慢。

3. 二维红外光谱的应用

二维红外光谱出现的时间还不长，因而它的应用也正处于不断发展之中。文献[13]对1993年以前的应用有较好的综述。

利用二维红外光谱,对聚合物薄膜做过很多研究。一般是对薄膜施加周期性的、正弦波形变化的外加张力。例如,研究无规(atactic)聚苯乙烯和低密度聚乙烯的混合物[15],在同步相关谱中清晰地显示了 1454 cm^{-1} 与 1495 cm^{-1} 的交叉峰以及 1466 cm^{-1} 与 1475 cm^{-1} 的交叉峰,它们分别属于聚苯乙烯和聚乙烯。在异步相关谱中,则显示了 1454 cm^{-1} 与 1466 cm^{-1}、1475 cm^{-1} 的交叉峰,1495 cm^{-1} 与 1466 cm^{-1}、1475 cm^{-1} 的交叉峰。这说明在同一微扰下,聚苯乙烯和聚乙烯有不同的动态行为,即它们的分子是分开的。另外,从异步相关谱可知在 1454 cm^{-1} 峰的旁边还有一个 1459 cm^{-1} 峰(在一维谱中,两个谱峰完全并成一个峰了)。1459 cm^{-1} 峰归属于聚苯乙烯主链的 CH$_2$。有趣的是,在异步相关谱中有 1459 cm^{-1} 和 1454 cm^{-1}、1459 cm^{-1} 和 1495 cm^{-1} 的交叉峰,这说明聚苯乙烯主链 CH$_2$(1459 cm^{-1})和其苯环支链(1454 cm^{-1}、1495 cm^{-1})具有不同的活动性(mobility)。这样的信息若不用二维红外光谱是得不出的。

由于液晶广泛地应用于显示器件并有望用于低功率的光阀(light value),研究其次分子(submolecule)在电场作用后的重定向就很有必要。采用交变电压作为微扰,对 4-戊基-4'-氰基联苯[N≡C—⟨苯环⟩—⟨苯环⟩—(CH$_2$)$_4$CH$_3$,简称 5CB]进行二维红外光谱研究[16],在其同步相关谱中显示了 2226 cm^{-1}(—C≡N)和 1606 cm^{-1}、1496 cm^{-1}(苯环)的交叉峰,这说明氰基和苯环构成了一个刚性的核心。从异步相关谱则知戊基和这个刚性核心有不同的重定向速度。

特别需要强调的是二维红外光谱对提高红外谱峰分辨的作用。由于凝聚相样品的红外谱图所固有的较宽的线型,红外谱图中的谱峰(更确切地应称为谱带)的重叠是严重的。在这种情况下,提高红外光谱仪的分辨能力并不能奏效。通常采用的去卷积、二阶导数分峰常基于一定的模型和假设,而现在的二维红外光谱则是完全客观、清晰地显示了未重叠的谱峰(带)的位置,因而对提高红外谱图的分辨能力有一个重大的飞跃。正因为这个原因,人们对若干生物样品进行了二维红外光谱的研究。蛋白质酰胺Ⅰ带(反映蛋白质分子的二级结构,请参阅 9.3 节)的重叠得以很好地分辨开。此外,在同步相关谱中可看到处于同一个二级结构(如 α 螺旋)的基团的交叉峰,这有望成为复杂生物样品的二维红外指纹(fingerprints)。

前面已说过所用的微扰常为正弦波形的,后来已发展到任意波形[13](仍能计算出 Φ 和 Ψ,因而仍可以二维红外光谱来研究),现又推广到非周期性微扰(第 9 章参考文献[59]),可以预料二维红外光谱将有更宽的应用前景。

以上是关于 Noda 方法的阐述。

下面简单介绍 Hamm 等的方法。

Hamm 等的方法和 Noda 的方法是迥然不同的[16]。

由于英文术语多,理论又深奥,涉及物理概念,如果有读者对此感兴趣,推荐阅读文献[17]。

这种二维红外光谱实验难度很高,因为从本小节前面所述的红外光谱极快的时标(比核磁共振快 6 个数量级)可知,要想利用匹配官能团振动的脉冲宽度就极窄。由于分子内官能团的振动快于 100 fs(飞秒,1 fs=$1×10^{-15}$ s),脉冲的宽度是几十飞秒,脉冲间隔是几千飞秒。

在这种二维红外光谱实验中,由于要同时测定两个红外频率,这就需要采用非线性光学技术,这和常规的红外测量完全不同。

随着科技的发展,以脉冲系列方法产生的二维红外光谱得以实现。

该方法完全是比对二维核磁共振实验发展起来的。通过下列相似性,读者可粗略地了解二维红外光谱:

（1）二维红外光谱采用脉冲。二维核磁共振采用的微波脉冲与原子核的进动相匹配；二维红外光谱采用光脉冲，与官能团的振动相匹配。

（2）二维红外光谱脉冲之间也有时间间隔步进增加（如同二维核磁共振实验中 t_1 逐渐增加）。

（3）二维红外光谱经过两次傅里叶变换而得到。

（4）二维红外光谱的外观类似同核位移相关谱。

在二维核磁共振实验中，几微秒的脉冲产生了核磁矩之间关联，从而得到了各种二维核磁共振谱；现在利用飞秒级的（光）脉冲，产生官能团振动的耦合，得到二维红外光谱。

从上面的阐述，我们也就了解了二维红外光谱的功能。从这样的二维红外光谱，可以得到官能团振动耦合和能量传递的信息，超高的时间分辨则适合研究分子的快速变化。

用二维红外光谱可以测定（或粗略估计）溶质分子在混合溶剂中的交换速度、混合物构象的转换速度等。

7.5.5　红外显微镜和化学成像

红外显微镜（IR microscope）诞生于 20 世纪 80 年代初期，是傅里叶变换红外光谱仪的一个重要附件。高光通量的光束被高精度地聚焦在样品微小的面积上，使得测量灵敏度大大提高。一般检测限量都在纳克级，个别物质能测到皮克级。

目前较好的红外显微镜是透射、反射式红外显微镜。当微小样品能透过红外辐射时可直接作透射红外光谱；当需测定的样品在不透明物体表面时，可测定反射红外光谱，进行无损分析。

在红外显微镜中可见光与红外光沿同一光路。用可见光可在显微镜下直接找到需分析的微区（直径可小至 10 μm），并可将其拍照或摄像。保持镜台不动，即测量所选微区的红外光谱。

图 7-20 是进行枪击残留物（gun shot residue，GSR）研究所得的谱图。射击前，在作者手上贴上双面胶纸，射击后揭下胶纸，找到微小颗粒，并以此作透射红外光谱。

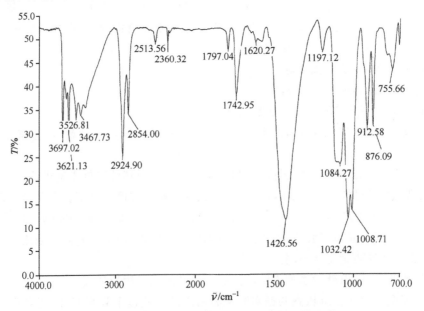

图 7-20　国产 54 式手枪射击残留物透射红外光谱

从图 7-20 可以看到,虽然样品量极少,但得到的红外谱图是完好的。图中可看到 1427 cm^{-1}、1032 cm^{-1}、1009 cm^{-1} 的强吸收,它们归属于硝化纤维中的硝基吸收,这说明 54 式手枪子弹火药的主要成分为硝化纤维。

下面考虑用红外显微镜研究一个微小区域。设想样品台沿水平的 x,y 两坐标轴有序地移动,而每次移动的距离等于每次测定的跨距。对该微小区域全面地扫描之后,则可得到该区域的每个"面积元"的红外谱图。这对于非均相的样品,可得到重要的结构信息。利用软件,可选出某一固定的吸收频率,按吸收的强弱将该区域用图像的形式表现出来,这即是化学成像(chemical imaging)。有时样品的可见光图像无大的反差,即看不清楚,但可以得到清楚的化学成像。而且由于所选频率可变,因而可以得到不同官能团的分布信息,故化学成像是一种重要的研究方法。

由于现在是以振动光谱来完成化学成像,因而称为振动光谱成像(vibrational spectroscopic imaging)。用核磁共振(加线性梯度场)可以得到质子分布的空间成像[磁共振成像(magnetic resonance imaging,MRI)]或按官能团的化学成像,但均属于医学诊断的应用,故本书未予介绍。

上述逐点记谱的方法虽然可以得到好的结果,但操作太费时(几个小时才能完成)。现在已有先进的设备,这就是采用焦平面阵列检测器(focal plan array detector)[18]。它由两维紧密排列的检测器组成:64×64(=4096)或 128×128(=16 384)个检测器。阵列检测器和步进扫描的迈克耳孙干涉仪配合,样品的光路中经修改(加入直径 150 mm 的 CaF$_2$ 成像透镜,阵列检测器则置于焦点平面上)。干涉仪每到达一个新的光程差位置时,各检测器同时记录,由于是步进扫描,因而在同一光程差的数据可进行累加、平均。数据处理之后就大大减少了数据储存量。步进扫描依次进行,如 256 个光程差位置,这样就记下 256 个时畴数据,经傅里叶变换,得到分辨率为 16 cm^{-1} 的红外谱。由于现在是阵列检测器,因而产生了多至 16 384 张红外谱。若要提高光谱的分辨率,则需要增加时畴点数目(增加步进扫描的步进数)。由于数据量已达 40MB(mega bytes),因而再增加有困难,但原理上是可行的。这样的操作较上述的逐点记谱大大地节省了时间。

检测器用 InSb 或 MCT 检测器,前者检测波数范围为 1975～3950 cm^{-1}(5060～2530 nm)。Lewis 等研究猴脑组织[18],选 2920 cm^{-1} 和 3295 cm^{-1} 作图,分别反映了类脂体(lipid)和蛋白质的分布。

7.5.6 GC-FTIR

有了 GC-MS(5.6.1)的基础,就容易了解 GC-FTIR 了。气相毛细管色谱是高效的分离方法,可以把很复杂的混合物一个个分离开,但要鉴定每个组分,单用质谱数据是不够的。现把分离出的各组分再测定其红外光谱,当然很有意义。尤其是如果采用与 GC-MS 系统相同的 GC 条件(毛细管色谱柱及操作条件),一个个组分的质谱图和红外谱图可以关联起来。

由于 FTIR 仪器也有计算机系统,因而与 GC-MS 类似,也就由它产生重建色谱图并进行谱图检索。

GC-FTIR 的最大优点是易于对未知物组分所含官能团作出判断。其缺点是比 GC-MS 灵敏度低很多。它们的共同限制是未知物能进行气相色谱的分离。

在解析 GC-FTIR 的谱图时,要注意气相红外谱图和凝聚相红外谱图的差别。下面列出甲醇的红外谱图(图 7-21)和其气相的红外谱图(图 7-22),二者有明显区别,特别是羟基部分,因在气相时氢键缔合作用大为减弱,故吸收波数大大增加。

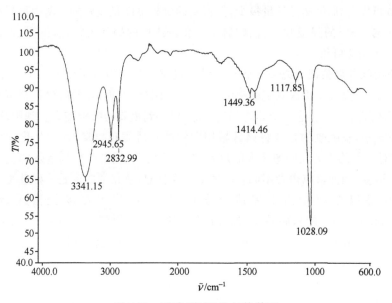

图 7-21　甲醇（液相）的红外谱图

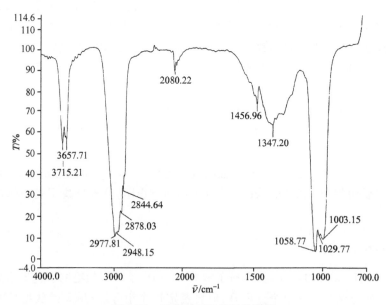

图 7-22　甲醇（气相）的红外谱图

对于其他官能团，气相红外谱图常也有吸收波数的位移。

7.6　拉曼光谱的原理及应用

拉曼光谱和红外光谱同属分子振动光谱，但就原理而论，二者却有很大的差别：红外光谱是吸收光谱，而拉曼光谱是散射光谱。

当一束入射光通过样品时，在各个方向均发生散射，拉曼仪通常收集并检测与入射光成直角的散射光。因为收集和检测的散射光强度非常低,所以拉曼光谱的应用及发展受到很大的限制,而红外光谱却发展极为迅速。20世纪60年代激光广为应用和发展。拉曼光谱仪使用激光作光源,光的单色性好且强度大幅度提高,从而大大地提高了拉曼散射的强度,因此新型的激光拉曼光谱仪使拉曼光谱进入了一个新时期。从此,拉曼光谱在有机化学、生物化学等领域得到了日益广泛的应用,并不断取得新的成果。

7.6.1 拉曼光谱原理

从光的波动性或光的微粒性都可以解释拉曼散射,但在阐述拉曼光谱的原理之前,需先讨论光的散射。

1. 光的散射

1) 瑞利散射

当来自光源的光照射到样品上时,除被吸收的光之外,绝大部分光沿入射方向穿过样品,极少部分光则改变方向,即发生了光的散射。散射光的波长与入射光波长相同,这种散射称为瑞利散射(Rayleigh scattering)。瑞利散射的强度与入射光波长的四次方成反比,这正是晴天时天空呈现蔚蓝色的原因(组成白色的各色光线中,蓝光的波长最短,因而散射光强度最大)。

2) 拉曼散射

1923年德国物理学家Smekal首先预言,当光照射物质时,除有弹性散射(瑞利散射),即产生频率不变的散射光之外,还可产生非弹性散射,散射光的频率改变。此频率的位移是分子振动的特征,其原因则是分子振动时发生极化率的改变。1928年印度物理学家拉曼(Raman)率先通过实验证实上述设想,这种散射被命名为拉曼散射(Raman scattering),拉曼荣获1930年诺贝尔物理学奖。

2. 从光的微粒性分析拉曼散射的产生

光由光子组成,光子具有的能量为

$$E = h\nu \tag{7-47}$$

式中,h为普朗克常量;ν为光的频率。

瑞利散射是光子与样品分子间发生的弹性碰撞。碰撞时只是方向发生改变而未发生能量的交换,因此散射光的频率未发生改变。

拉曼散射则是光子和样品分子间发生了非弹性碰撞,即光子除运动方向的改变之外还有能量的改变。碰撞时,光子将一部分能量传递给样品分子或从样品分子获得一部分能量,即光子的能量减少或增加,因而改变了光的频率。

我们再从分子能级的角度来讨论光子和物质分子的作用。样品分子处于电子能级的基态,振动能级的基态或(第一)激发态。入射光子的能量远大于振动能级跃迁所需的能量,但达不到电子跃迁所需的能量。样品分子在光子的作用下,达到一种准激发状态。它不是一种能态,不涉及电子云构型(configuration)的改变,没有固定的能级。样品分子在准激发状态是不稳定的,它将回到电子能级的基态(进行弛豫)并发射光子。若样品分子在被光子作用前处于振动能级的基态,作用后,进行弛豫,仍返回振动能级的基态并发射光子,光子的能量未发生改变,这就是瑞利散射。若样品分子被光子作用前及弛豫后都在振动的第一激发态,仍是产生瑞利散射。若样品分子原处于振动能级的基态,经光子作用达到准激发态后返回振动的第一激

发态,发射的光子能量小于入射光光子的能量,就产生斯托克斯(Stokes)线,其频率为

$$\nu_s = \nu_0 - \frac{E_1 - E_0}{h} \tag{7-48}$$

式中,ν_s 为斯托克斯线频率;ν_0 为入射光频率;E_0、E_1 分别为分子在振动基态、振动第一激发态的能量;h 为普朗克常量。

如果样品分子处于电子能级基态、振动能级的激发态,入射光光子使之跃迁到准激发态,该分子再回到电子能级基态、振动能级基态,此时发射出的光子的能量则大于入射光子的能量,这产生反斯托克斯线,其频率为

$$\nu_{as} = \nu_0 + \frac{E_1 - E_0}{h} \tag{7-49}$$

式中各物理量意义同式(7-48)。从这两个公式可知,斯托克斯线和反斯托克斯线在瑞利线的两侧且间距相等(以频率为横坐标)。

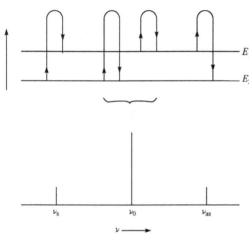

图 7-23　瑞利散射和拉曼散射

上述过程可用图 7-23 表示。

斯托克斯线和反斯托克斯线统称为拉曼谱线。由于振动能级间距大,由玻耳兹曼定律可知,在通常情况下,分子绝大多数处于振动能级基态,因此斯托克斯线的强度远远强于反斯托克斯线,拉曼光谱仪就记录斯托克斯线。

以上从光的微粒性讨论了拉曼散射,可以清楚地看出斯托克斯线和反斯托克斯线的位置与分子振动能级的关系以及上述二线的强度比较。

3. 从光的波动性分析拉曼散射的产生

光是电磁波,即它是沿某一方向传播的交变电磁场。交变电场和交变磁场是相互垂直的,其交变电场可用式(7-50)描述:

$$E = E_0 \cos(2\pi\nu' t) \tag{7-50}$$

式中,E 为在任意 t 时刻的电场强度;E_0 为交变电场最大强度值,即振幅;ν' 为交变电场的频率。

样品分子的电子云在交变电场的作用下会诱导出电偶极矩:

$$\mu = \alpha E \tag{7-51}$$

式中,μ 为样品分子诱导的偶极矩;E 为入射光的交变电场强度;α 为分子极化率(polarizability)。

分子极化率是分子的属性,它反映该分子在电场作用下电子移动的难易。

当分子的振动引起分子极化率改变时,即产生拉曼散射。以双原子分子为例,设分子极化率随振动而变化,它可按泰勒级数展开,若忽略高次项,即有

$$\alpha = \alpha_0 + \left(\frac{\mathrm{d}\alpha}{\mathrm{d}q}\right)_0 q \tag{7-52}$$

式中,α_0 为分子在平衡位置的极化率;$q = r - r_e$,为双原子分子核间距 r 与平衡核间距 r_e 之差,即 7.2.1 叙述的振动坐标;$\left(\dfrac{\mathrm{d}\alpha}{\mathrm{d}q}\right)_0$ 表示在平衡位置处 α 对 q 的导数。

将式(7-50)、式(7-52)及式(7-14)代入式(7-51),得

$$
\begin{aligned}
\mu &= \alpha E \\
&= \left[\alpha_0 + \left(\frac{\mathrm{d}\alpha}{\mathrm{d}q}\right)_0 q\right] E_0 \cos(2\pi\nu't) \\
&= \left[\alpha_0 + \left(\frac{\mathrm{d}\alpha}{\mathrm{d}q}\right)_0 q_0 \cos 2\pi\nu t\right] E_0 \cos(2\pi\nu't) \\
&= \alpha_0 E_0 \cos 2\pi\nu't + q_0 E_0 \left(\frac{\mathrm{d}\alpha}{\mathrm{d}q}\right)_0 (\cos 2\pi\nu t)(\cos 2\pi\nu't)
\end{aligned}
\tag{7-53}
$$

运用三角函数关系式：

$$
\cos\alpha\cos\beta = \frac{1}{2}\left[\cos(\alpha+\beta) + \cos(\alpha-\beta)\right]
\tag{7-54}
$$

于是,式(7-53)可写为

$$
\mu = \alpha_0 E_0 \cos 2\pi\nu't + \frac{1}{2} q_0 E_0 \left(\frac{\mathrm{d}\alpha}{\mathrm{d}q}\right)_0 \left[\cos 2\pi(\nu'+\nu)t + \cos 2\pi(\nu'-\nu)t\right]
\tag{7-55}
$$

式(7-55)中第一项 $\alpha_0 E_0 \cos 2\pi\nu't$ 对应于样品分子产生的波长未发生改变的辐射,即瑞利散射；第二项反映当分子极化率随振动而改变,即 $\left(\dfrac{\mathrm{d}\alpha}{\mathrm{d}q}\right)_0$ 不为零时,样品分子会产生与入射光频率不同的散射光。散射光与入射光频率的差值即为分子的振动频率,这种频率的变动称为拉曼位移,这种改变频率的散射称为拉曼散射。

红外吸收的频率和拉曼位移的频率都等于分子的振动频率,但有红外吸收的分子振动是分子振动时有偶极矩变化的振动；而有拉曼散射的分子振动则是分子振动时有极化率改变的振动。一般来说,极性基团的红外吸收明显,此时可借助红外光谱；非极性基团的红外吸收弱,这时往往就需要求助于拉曼光谱。一般来说,具有高的电子云密度或高度的局部对称性,如 C≡C、S—S 等,有较强的拉曼活性。当然,拉曼光谱不仅限于此,对一些极性基团可能也给出强的拉曼散射峰,如硝基—NO_2。

凡具有对称中心的分子,若红外吸收是活性的,则拉曼散射是非活性的；反之,若红外吸收是非活性的,则拉曼散射是活性的。我们所研究的化合物,一般情况下是不具对称中心的,很多基团通常同时具有红外活性和拉曼活性。当然,在两种谱图中各峰之间的强度比可能有所不同,有些基团的振动则既无红外活性也无拉曼活性,因其振动时既未改变偶极矩又无极化率的改变。

7.6.2 拉曼光谱的优点及其应用

与红外光谱相比,拉曼光谱具有下列优点：

(1) 一些在红外光谱中为弱吸收或强度变化的谱带,在拉曼光谱中可能为强谱带,从而有利于这些基团的检出。这些基团包括对称取代的 S—S、C≡C、N≡N、C≡C、C≡N、C≡S、C≡N≡C、O≡C≡O 等。

环状化合物对称伸缩振动具有很强的拉曼谱线,用拉曼光谱对它们进行鉴定也是很有利的。

(2) 拉曼光谱低波数方向的测定范围宽(常规测量范围为 40~4000 cm^{-1}),有利于提供重原子的振动信息。

在低波数范围内,红外光谱的测定有困难,但拉曼光谱仪测定的是 $\Delta\nu$,选择适当的 ν' 就可把振动光谱移到便于测定的可见光区域,因此可测出很小的 $\Delta\nu$。

(3) 对于结构的变化,拉曼光谱有可能比红外光谱更敏感。例如,海洛因(heroin)、吗啡(morphine)和可待因(codeine),三者的主体骨架相同,仅是环上的取代基有差别。三者的拉曼光谱显示了相互间很大的差别,600～700 cm^{-1} 的谱带(是整个拉曼谱的最强、次强峰区域)有明显的不同,1600～1700 cm^{-1} 的峰也不同。

对于构型、构象的变化,拉曼光谱也可能显示清晰的差别,请参阅 9.3 节。

(4) 水对于红外辐射几乎是完全不透明的,但对可见光只有很弱的吸收,这使得拉曼光谱(采用可见光光源时)特别适合研究水溶液体系。因此,生物样品最适宜用拉曼光谱进行研究。蛋白质分子在水溶液中的二级结构,酰胺 I 带可以提供重要的信息,水峰则干扰酰胺 I 带,因而拉曼光谱可以提供直接、准确的信息(无需作差谱)。同理,固态生物样品(含水)也易于测定。

(5) 拉曼光谱的谱峰一般都比较尖锐,重叠很少发生,因而能较好地分辨振动频率。另外,与红外光谱相比,拉曼光谱没有倍频和组合频带,因而谱图较简单。

(6) 固态样品可直接测定,无需制样,既节省了制样时间,又避免了因制样而改变了样品。这对于研究聚合物的立规性、结晶度、取向度、相转变等很适宜。

由于玻璃对可见光的吸收弱,因此用拉曼光谱可直接测定装于安瓿瓶中或毛细管中的样品。

水杨酸(邻羟基苯甲酸,salicylic acid)的拉曼光谱如图 7-24 所示。从该图可见拉曼光谱较红外光谱谱峰尖锐,二者官能团特征频率相近,但强度有较大的差别。图 7-24 中的最强峰为 769.7 cm^{-1}(苯环邻位取代)的峰,在 2800～3600 cm^{-1} 仅余 3074 cm^{-1} 的峰(不饱和碳的碳氢振动),这两点构成与它的红外图的最大区别。

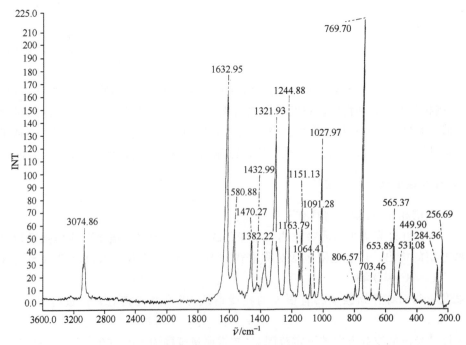

图 7-24　水杨酸的拉曼光谱

拉曼光谱的另一优点是在显微分析中有较高的分辨率。显微分析的面积元受衍射限制，由于拉曼光谱所用激光波长小于红外辐射波长，因而拉曼微区分析的分辨率优于红外显微镜。

下面介绍共焦(confocal)激光拉曼分析。

先看一下什么是共焦分析。传统的光学显微镜是整个视场同时被照明而成像的。共焦显微镜与之不同，简单说就是点照明、点成像、计算机重组成像。照明光束经小孔照明光阑(D_1)而成为点光源。点光源的光束经显微物镜成像为一个具有鲜明轮廓的光斑，光斑在横向(与光轴垂直的方向)以及纵向(沿光轴的方向)的界限都是清晰而集中的，照射在样品上。光斑产生的像(或相应的红外辐射、拉曼散射)通过透镜，成像于像平面上。在像平面放置一小孔探测光阑(D_2)，它起空间滤波的作用，即它只让照明光斑的像通过，小孔光阑后放置检测器。

上述系统为检测透射光的共焦系统。另有检测反射光的共焦系统：前面部分(至光斑照射在样品上)与上述相同。光斑产生的像反向经显微物镜偏转，到达小孔探测光阑(D_2)，然后被检测。

需强调的是，小孔探测光阑(D_2)与照明光阑(D_1)通过物平面上的光点构成一对共轭光阑。它们大大地消除了来自样品离焦区域(out-of-focus regions)的杂散光，提高了系统的空间分辨率。一方面，从横向，即从样品的表面来看，光斑很小，分析的分辨率高；另一方面，从纵向来看，到达检测器的绝大部分信号均来自焦平面的极小薄层，因而共焦系统具有"光学切片"(optical sectioning)的功能，当样品作三维运动时，则得到样品的三维的信息。

如果作通常的透射分析，得到的是样品所有深度的物质的混合信息。反之，若用共焦分析，则可得到只是某一深度的物质的信息。

从上述可知，共焦分析既可用于红外光谱，也可用于拉曼光谱。用于拉曼光谱有较大的难度，因为拉曼散射相对于入射光的强度弱得多。

当把样品固定在纵向某一位置(分析样品的某一深度)而将样品沿横向 x,y 运动时，由红外测定或拉曼测定的结果即可得到化学成像。此时通过一个窄带带通滤波器选取样品中某一特征谱线(谱带)，经计算机数据处理，重构出一幅化学成像图像，它反映某一官能团沿 x,y 方向的分布。

下面讨论共焦显微拉曼成像。从原理上说，前面已经说清楚了，但在记录每一点的拉曼光谱时，激光长时间集中于样品的一个点区域，会引起样品的热效应甚至损坏样品。为克服这个缺点，有的公司开发了线性扫描共焦显微拉曼成像系统，它改对一点的固定照射为经一个扫描器进行一个角度的扫描，即进行的是线扫描，第二个扫描器与第一个扫描器同步运动，也进行角度的扫描，由它射出的光(共焦拉曼散射)进入拉曼光谱仪。由于样品只在瞬间被照射，因而可避免热效应或分解，另一方面，样品台只需在一个方向(与线扫描垂直的方向)运动则完成了成像的操作。

7.6.3 傅里叶变换拉曼光谱仪

从前几章可知，核磁共振谱仪、质谱仪、红外光谱仪都逐渐发展成为傅里叶变换的仪器，这是仪器发展的一个必然趋势，拉曼光谱仪当然也不例外。

色散型激光-拉曼光谱仪以氩(Ar)离子激光(514.5 nm)或 He-Ne 激光(632.8 nm)为光源，用逐渐转动的光栅及狭缝装置，分开瑞利散射，把不同波长的拉曼散射一一记录下来，光电倍增管可很好地记录可见光光子。

色散型激光-拉曼光谱仪有以下缺点[19]：

（1）采用可见光激光,易于产生荧光。荧光可能来自样品中的微量杂质,也可能来自样品本身。平均看,10^8 光子流强度的入射光仅有 1 个光子的拉曼散射[20]。因此,即使是样品中所含的产生荧光的杂质含量很低或样品产生荧光的效率很低都可能导致强烈的荧光本底的干扰。

（2）采用光栅分光,波长再现性较差,难于进行差谱的操作。

（3）采用可见光激光,光子能量高,可导致在记谱中样品发生光分解（photodecomposition）。

（4）色散型仪器记谱过程慢,不能用来研究快速变化的体系。

早在 20 世纪 60 年代中期,就有人着手傅里叶变换拉曼光谱仪的研究,提出用近红外光源,以迈克耳孙干涉仪代替光栅分光。商品仪器是 80 年代后期问世的。傅里叶变换拉曼光谱仪采用掺钕的钇铝石榴石激光器（Yttrium Aluminum Garnet Doped with Neodymium Laser, Nd-YAG）作为光源,迈克耳孙干涉仪代替光栅分光（参阅 7.5.1）,对近红外响应好的 InGaAs 或 Ge 检测器。相对于色散型拉曼光谱仪,它有下列优点:

（1）由于采用 Nd-YAG 近红外激光光源,光子能量下降,荧光背景的问题得到很大的解决。傅里叶变换拉曼光谱仪可应用于许多色散型拉曼光谱仪不能测定的样品,如:①会产生荧光的有机化合物,如多环芳香碳氢化合物及杂芳环化合物;②很多高分子材料,它们在可见光照射下产生较强荧光,人工合成橡胶也是如此,光子能量较低,也就缓解了光分解作用。

（2）采用迈克耳孙干涉仪,再现性好,可方便地进行差谱操作,这对于一些场合是十分有利的。例如,要测定片剂中的有效药物成分,用药片可以测得混合物的拉曼光谱。通常药物分子都有强的拉曼散射,尽管在片剂中含量很低也可产生相当强度的拉曼峰。填充剂则一般只产生弱的拉曼峰。使用差谱可以得到很好的药物分子的拉曼光谱。再如,要研究在纤维上着色的染料,可以先测定着色纤维的拉曼光谱,然后用差谱扣去纤维的谱峰（它们一般都不强）,则可得到纯染料的拉曼光谱。

（3）由于迈克耳孙干涉仪采集数据快,因此可用傅里叶变换拉曼光谱仪研究快速变化的体系。

（4）傅里叶变换拉曼光谱仪的迈克耳孙干涉仪实际上是与傅里叶变换红外光谱仪共用的,因而若需同时购置这两台仪器时,降低了价格。

（5）近红外在光导纤维中传递性能好,因而在遥控测量中有良好的应用前景。

需指出,采用傅里叶变换拉曼光谱仪通常并不能提高信噪比。这是因为采用近红外 Nd-YAG 光源,波长为 1064 nm,相对于 514.5 nm 长了一倍,而拉曼散射的截面反比于 λ^4,所以近红外光的散射截面为可见光的 1/16,它抵消了用迈克耳孙干涉仪通量大的优点。但迈克耳孙干涉仪扫描一次很快,波数精度又高,因此可以通过多次扫描累加来提高信噪比。

还需指出,傅里叶变换拉曼光谱仪在一些性能上不及色散型拉曼光谱仪。这点与前面的傅里叶变换的核磁共振谱仪、质谱仪、红外光谱仪是不一样的,它们的性能都超过非傅里叶变换的仪器。傅里叶变换拉曼光谱仪的不足之处主要可列出以下几点:

（1）采用光栅-狭缝装置,可把强的瑞利散射与频率有差别的拉曼散射分开,因而色散型仪器的测定下限可到几个波数,甚至 $1\ cm^{-1}$。采用迈克耳孙干涉仪,只能用各种滤光装置来分开,而瑞利散射比拉曼散射强几个数量级,因此测定下限至少 $50\ cm^{-1}$。

色散型仪器的波数上限也高,可达 $7000\ cm^{-1}$,傅里叶变换仪器则为 $3600\ cm^{-1}$。

（2）由于采用近红外光源,水的吸收造成测定的不利,因而对生物体系的研究受影响。

（3）色散型仪器可以方便地更换光源（从紫外到近红外，也就包括可见光），因而易于激发多种体系；傅里叶变换拉曼光谱仪则因只使用 Nd-YAG 光源，相比之下范围小且截面低。

（4）深色样品产生强的本底（因吸热引起）。

（5）光谱分辨率不能达到色散型仪器的水平。

（6）检测器不如光电倍增管有效且必须液氮冷却。

参 考 文 献

[1] Parikh V M. Absorption Spectroscopy of Organic Molecules. MA：Addison-Wesley Publishing Co.，1974

[2] Nakanishi K，Solomon P H. Infrared Absorption Spectroscopy. 2nd ed. San Francisco：Holden-Day，1977

[3] Debarre D，Boccara A C，Fournier D. Appl Opt，1981，20：4281-4286

[4] Palmer R A，Chao J L，Dittmar R M，et al. Appl Spectrosc，1993，47：1297-1310

[5] Crocombe R A，Compton S V. FTS/IR Notes No.82 Bio-Rad，1991

[6] Sowa M G，Mantsch H H. Appl Spectrosc，1994，48：316-319

[7] Jiang E Y，Palmer R A，Nancy E B，et al. Appl Spectrosc，1997，51：1238-1244

[8] Jiang E Y，Palmer R A，Chao J L，et al. J Appl Phys，1995，78：460-469

[9] Drapcho D L，Curbelo R，Jiang E Y，et al. Appl Spectrosc，1997，51：453-460

[10] Fateley W G，Koenig J L. J Polym Sci：Polym Lett Ed，1982，20：445-452

[11] Noda I，Dowrey A E，Marcott C. Appl Spectrosc，1988，42：203-216

[12] Noda I. Appl Spectrosc，1990，44：550-561

[13] Noda I，Dowrey A E，Marcott C. Appl Spectrosc，1993，47：1317-1323

[14] Hamm P，et al. J Chem Phys，2000，112：1997

[15] Noda I. J Am Chem Soc，1989，111：8116-8118

[16] Gregoriou V G，Chao J L，Toriumi H，et al. Chem Phys Lett，1991，179：491-496

[17] 郑俊荣. 物理，2010，39：162-183

[18] Lewis E N，Gorbach A M，Marcott C，et al. Appl Spectrosc，1996，50：263-269

[19] Chase B. Anal Chem，1987，59：881A-889A

[20] Chase D B. J Am Chem Soc，1986，108：7485-7488

第8章 谱图综合解析

前面7章已分别介绍了核磁共振氢谱、核磁共振碳谱、核磁共振二维谱、质谱、红外光谱和拉曼光谱在鉴定有机物结构中的作用,本章将综合运用前面各章的知识解析各种谱图,以对有机物结构作出准确的推断。

虽然色谱-质谱或质谱-质谱可分离、分析混合物,但仅依靠质谱数据(或加上色谱保留指数的数值),难以确定未知物结构。必须通过各种分离技术,如柱层析、薄层层析、纸层析、制备色谱等(有时还辅以蒸馏、溶解、结晶以及酸、碱处理等预处理手段),分离出未知物的纯样,再用纯样作出各种谱图,在对各种谱综合分析之后,方能推断出未知物的结构。

从各种谱学方法的内容以及本书各章的篇幅都可以知道:我们推导结构时突出强调核磁共振谱图的作用,可以说是以核磁共振谱图为基础来推导结构。这是因为核磁共振谱图规律性强,可解析性高,信息量多,谱图多样。以核磁共振谱图为基础,推导结构便捷,准确度高。但是应该充分利用质谱和红外光谱的信息。在一些特殊的情况,它们可能起关键作用。

本章先讨论用一维核磁共振谱辅以其他谱图推导结构的方法,即以核磁共振氢谱、碳谱为基础,配合质谱、红外光谱等推出结构。当然,这是属于未知物结构比较简单的情况。然后讨论基于二维核磁共振谱推导结构的方法。采用二维核磁共振谱,可以解决更复杂的结构问题。最后是一些推导实例。

当未知物相对分子质量大、结构复杂,特别是当未知物为一新结构的化合物时,即使利用几种二维核磁共振谱,再辅以其他谱图数据,也仍然可能不能推出完整的结构。在这种情况下,可以采用以下方法:

(1)尽量制备未知物样品的单晶。用该单晶测定X射线衍射的数据,通过对衍射数据的处理,可以得到该未知物的准确结构(除所含原子及其相互连接顺序外,还有键长、键角等数据)。20世纪80年代初以来,由于"直接法"的发展,一般的有机化合物都可通过单晶X射线衍射法解决结构问题。在直接法发展起来之前,对样品是有限制的,如重原子法要求化合物单晶含重原子。

(2)当样品为非晶体或不能制成单晶时,用适当的化学反应将未知物裂解,使其降解而生成几个较小的分子。经分离,分别定出每种小分子的结构之后,再"拼"出原未知物的结构。

本章的例题不多,但是已经详细地阐明了解题的方法。所选的不同例题反映了不同结构和不同数据对应有不同的方法。如果读者希望对谱图的综合解析有更高的要求,可以阅读本书的姊妹篇——《有机波谱学谱图解析》(科学出版社,2010),它在国外也发行了英文版 *Interpretation of Organic Spectra*[Wiley(Asia),2011]。

8.1 综合解析一维核磁共振谱和其他谱图的步骤

当未知物结构比较简单时,利用核磁共振氢谱、碳谱、质谱和红外光谱便可推出其结构。
本节讨论的意义更在于读者通过有关内容可以了解如何从这些谱图得到尽可能多的结构信息。

关于溶剂峰、杂质峰等的识别请参阅前述各章,此处不再重复。

(1) 初步查看、分析各种谱图并得出一些最明显的结论。

在分析核磁共振氢谱时,应注意谱仪的工作频率。从第 2 章中我们已经知道耦合裂分的复杂程度与仪器的工作频率有关:频率越高,耦合裂分情况越简单。若已知谱仪的工作频率,便可从谱峰的裂分间距(ppm)计算出耦合常数(Hz)。当然,从常见的链状烷基 ^3J 耦合裂分值($^3J=6\sim7$ Hz)也可以估计出其他谱峰间距所对应的耦合常数。

从氢谱的积分曲线(或积分数值),可以找出各种官能团的氢原子数的相互比例关系,在某些情况下,可以确定其具体数目(若存在可识别的甲基或可识别的取代苯环等,它们可作为计算的基准)。

从氢谱可清楚地看出是否存在羧酸、醛、芳环、烯、甲氧基、亚甲基长链、异丙基、特丁基等。

核磁共振碳谱一般为全去耦碳谱,其中各谱峰高度不严格地反映各种碳原子的比例,但可以粗略地估计谱线所代表的碳原子的数目。

当分子无任何对称性时,碳谱中谱线的数目等于该化合物中碳原子的数目。当分子具有整体的对称性或局部的对称性时,碳谱谱线数目少于分子中碳原子数。

从碳谱化学位移的三个大区:羰基区、双键区、单键区的谱峰很容易得出有关结构的大量信息。

DEPT 谱可以归属碳谱谱线,区分甲基、亚甲基和次甲基。结合碳谱可确定季碳原子的谱线。

从质谱分子离子峰簇的存在与否及强度,碎片离子的多少及低质量区的碎片离子系列可对化合物类型(芳香、脂肪)作一估计。从分子离子峰簇可立即看出分子中是否存在 S、Cl、Br 这三种杂原子以及分子中大约有多少个碳原子。从低质量区的离子系列和某些特征的峰,可以看到某些官能团的存在。

从红外谱图的官能团区可以清楚地看到存在的官能团,从指纹区的某些强吸收也可以得到某些官能团的信息。

(2) 分子式的确定。

若用高分辨质谱仪器做了精确质量数的测定,分子式(甚至重要离子的元素组成式)就得到了。若没有分子离子峰精确质量数的数据,就只能从相对分子质量的整数值并配合其他谱图数据推出分子式。

化合物所含碳原子的数目可从碳谱得出。如果碳谱还附加 DEPT 谱,则碳原子上所连氢原子的数目可以算出;由氢谱的积分曲线(或积分数值)并以个别可识别基团的氢原子数作为基准,化合物中所含氢原子数目可以算出。若碳原子上所连氢原子数目小于化合物氢原子数目,这表明化合物含活泼氢。无论如何,即使分子存在对称性(使分析碳谱有一定困难),或氢谱积分曲线所示结果不十分清楚时,结合氢谱和碳谱,则确定化合物中碳原子和氢原子的数目是无问题的。

从氢谱和碳谱还可以推导出某些杂原子的存在,如从碳谱可知 $-\overset{\displaystyle O}{\overset{\displaystyle \|}{C}}-$ 、$-\overset{\displaystyle O}{\overset{\displaystyle \|}{C}}-O-$ 、$-CN$;从氢谱可知活泼氢(相应就有杂原子)及 $-OCH_3$ 等。

综上所述,从碳谱和氢谱已能确定分子中绝大部分(甚至全部)的元素组成:碳原子数、氢原子数及某些杂质子,其余仅是部分杂原子而已。

分子中所含杂原子的种类及数目则从质谱可提供大量信息。前面已讲述从[M+2]/M(或再加上[M+4]/M 等)的峰强度比的数值很容易确定分子中 Br、Cl、S 原子的数目。利用氮规则,从相对分子质量可以分析出该化合物含氮原子数的信息。若存在比烷基或苯基离子系列大两个质量单位的离子（如 m/z 为 31、45，或 m/z 为 93 等），可知分子中氧的存在；从 M－18、M－29 等峰的存在也可知分子中氧的存在。从 M－19、M－20(HF)、M－50(CF_2)等质谱峰可知分子中氟的存在。从 M－127 的峰可知碘的存在。

经过上面的分析，所找出的未知物元素组成可能已与其相对分子质量对应，若属此情况，分子式已知晓；若二者之间还存在简单的质量差值，可补充相应元素组成，或至少可以找出质量差值所相应的几种元素组成的可能性。若质量差值为 16，这说明分子中还存在一个氧原子。若质量差值为 28，分子中可能还存在两个氮原子或存在另一个羰基，该羰基因与某一羰基化学位移相等，二者谱线完全重合。若质量差值为 32，可能分子中还存在两个氧原子（当 M 峰强度不低时，硫原子的存在可从 M+2 峰看出；当 M 峰强度低时，M+2 峰不出现，此时应考虑分子中存在一个硫原子的可能性）。

从分子式立即可算出该化合物的不饱和度，当不饱和度大于 4 时，应考虑苯环的存在。

（3）确定分子中存在的官能团。

8.2 节中将详细地讨论这个问题，此处从略。

（4）以某些官能团为出发点扩大未知物分子的结构单元。

氢谱的耦合裂分及化学位移值通常是找出相邻基团的重要线索。碳谱的 δ 值及是否表现出分子的对称性对确定取代基的相互位置也起一定的作用。质谱主要碎片离子之间的质量差值、亚稳离子、重要的重排离子都可能得出基团相互连接的信息。在红外谱图中，某些基团的吸收位置可反映该基团与其他基团相连的信息（如羰基与双键共轭时，红外吸收频率移向低波数）。

（5）利用已确定的结构单元，组成该化合物的几种可能结构。

如果已找出的结构单元中的不饱和基团已与分子的不饱和度相符，则考虑它们之间各种连接顺序的可能性。如果已找出的结构单元中的不饱和基团的不饱和度低于分子的不饱和度，除应考虑已确定的结构单元的相互连接之外，还应考虑分子中环的组成（环的数目等于上述两个数之差）。

在组成分子的可能结构时，应注意安排好不饱和键以及杂原子的位置（特别是杂原子的位置），因它们的位置对氢谱、碳谱、质谱、红外光谱均可能产生重要影响。当组成几种可能的结构时，某些谱图的数据可能已超出该官能团的常见数值，这种情况（至少在初步考虑可能结构时）是可以容许而不能轻率地加以排除的。当然，若所推测的结构与已知谱图有很明显的矛盾时，应予以除去。

（6）选出最可能的结构。

以所推出的每种可能结构为出发点，对各种谱图进行指认。如果对某结构各种谱图的指认均很满意，说明该结构是合理的、正确的。

在指认不能顺利完成或计算值与实测值差别很大时，说明该结构是不合理的，此时应重新推出其他结构式，并再通过指认来校核该结构的合理性。

在当今充分利用网上的谱图或数据以帮助确定结构自然是完全必要的，请参阅有关章节。

8.2 确定未知物所含官能团（或结构单元）

在所测得的各种谱图中，虽然从某一谱图反映的信息即可确定某种官能团的存在，但从另一方面来看，分子中某一官能团的存在应该在各种谱图（有时是它们之中的大多数）中都反映出来，至少是与各谱图不应有矛盾。

有机化合物常见的官能团很多,现仅以几种最常见的为例进行讨论。取代苯环因涉及取代基数目、种类及取代位置,内容较丰富,故列为讨论之首,对本节未讨论的官能团,读者可结合前面各章的数据加以研究、归纳。

8.2.1 取代苯环

取代苯环在以下四种谱图中均有所反映。

氢谱:$\delta = 6.5 \sim 8.0$ ppm 有峰,除对位取代外,一般取代苯环峰形都较复杂。

碳谱:$\delta = 110 \sim 165$ ppm 有峰,一般有取代的碳原子的 δ 值都明显移向低场。

质谱:存在 m/z 39、51、65、77 序列,常可见 m/z 91、92。苯环的存在能使分子离子峰强度增加。

红外光谱:官能团区有 ~3030 cm^{-1}、~1600 cm^{-1}、~1500cm^{-1} 的吸收峰,苯环取代区(670~910 cm^{-1})有吸收峰。

以本书提出的苯环三类取代基的概念,同时分析氢谱中苯环氢的化学位移和耦合峰形,原则上可清楚地得出单取代苯环的取代基类型的结论(参阅 2.5.1)。下面仅就多取代苯环进一步讨论。

1. 苯环上取代基数目

从氢谱苯环区谱峰所对应的氢的数目(它反映苯环取代后剩下的氢的数目)可推出苯环上取代基的数目。这种推论是比较可靠的。

从碳谱中被取代的苯环碳原子 δ 值移向低场,结合 DEPT 谱也可以确定苯环上取代基的数目。当分子具有对称性时,应予以相应的修正。

2. 苯环上取代基的类型

以下几点可帮助判断取代基类型。

1) 氢谱

从氢谱中苯环氢的化学位移可以对苯环取代基的类型作出估计(2.5.1)。

从一些基团在氢谱中的化学位移,有可能区分该基团是与苯环还是脂肪链相连。例如,苯环上的甲氧基 $\delta \approx 3.9$ ppm,而烷基链上的甲氧基 $\delta \approx 3.6$ ppm。再如,苯环上的羟基(酚)比烷基链上的羟基(醇)有更大的 δ 值。

2) 红外光谱

从红外谱图吸收峰的位置可判断基团是否与苯环相连。例如,脂肪族硝基的吸收频率约在 1370 cm^{-1}、1550 cm^{-1},而芳香族硝基的吸收频率约在 1345 cm^{-1}、1525 cm^{-1}。这是因为硝基与苯环共轭,使吸收频率明显地移到低波数方向。其他如醇和酚在指纹区吸收峰位置的差别、脂肪醚和芳香醚吸收位置的差别等也都是这样的例子。

3) 质谱

从质谱图中寻找与苯环有关的碎片离子或找出从苯环掉下的中性碎片(表 6-5),可以帮助判断苯环上的取代基。

4) 碳谱

氧、氮原子使苯环上被取代的碳原子的 δ 值大幅度地移向低场方向。

3. 取代基的位置

当取代基的种类已知时,它们在苯环上的取代位置可通过以下方式分析:

(1) 对苯环上剩余氢的 δ 值进行估计。按各种取代位置的可能性,对苯环上剩余氢的 δ 值进行估计并与实测值对比,从而得出苯环取代的位置。

(2) 从氢谱的苯环取代区的峰形进行分析。随着高频仪器的使用,苯环取代区的谱图得到很大的简化,常可近似采用一级谱图的分析方法(但并非高频仪器所作的任何谱图都可以近似按一级谱分析),这可以帮助确定苯环取代的位置。

(3) 对苯环上各个碳原子的 δ 值进行估计。按各种可能的取代位置,对苯环上各个碳原子(特别是被取代碳原子)的 δ 值进行估计(或对比 ChemDraw 的模拟结果),从而确定取代基的相互位置。碳谱苯环区范围有 60 ppm,所得结果较氢谱准确、清楚。

(4) 红外谱图中苯环取代区吸收峰位置可帮助判断苯环取代位置,但取代基团极性强时,这样的判断可能不准确。

(5) 当有邻位取代基团时,质谱中可找到因邻位效应产生的特殊重排峰(参阅 6.3 节)。

8.2.2　正构长链烷基

正构长链烷基在几种谱图上均有所反映。

核磁共振氢谱中,除连接取代基的 α-CH_2 的谱峰处于相对低场位置外,各个 CH_2 的 δ 值均十分接近(β-CH_2 的谱峰位置稍偏低场),在约 1.25 ppm 处形成一个大峰。该峰粗看为单峰,因各 CH_2 的 δ 值很相近;细看有很多小峰尖,因这是一个强耦合体系。

碳谱中,除 α-CH_2 外,链上其他碳原子的谱线都在较高场位置($\delta<35$ ppm),其中有几个碳原子的谱线很靠近(~28 ppm)。

质谱中,无分支的烷基链会产生 m/z 29、43、57、… 系列的离子,各峰簇的顶点构成一平滑曲线。

在红外谱图中,约 2920 cm^{-1}、2850 cm^{-1} 两处形成强吸收,约 1470 cm^{-1} 处吸收明显,并可见约 723 cm^{-1} 处的吸收峰。

8.2.3　醇和酚

醇和酚的羟基都可通过重水交换而变成—OD。重水交换后重测氢谱,OH 的信号消失。因此,用核磁共振氢谱可对分子中 OH 的存在作出最准确的判断。醇和酚羟基的 δ 值都受氢键的影响,因此其 δ 无定值,且与作图的条件有关,但酚的羟基峰相对于醇的羟基峰在低场方向。

醇和酚在碳谱上不能直接反映,但与氧相连的碳原子谱线移向低场方向。

醇的质谱常不显示分子离子峰,但 M-18 的峰常可见到。伯醇、仲醇、叔醇分别产生强的 m/z 31 或 $31+n\times14$ 的离子(注意还有碎片离子的重排反应)。

酚显示强的分子离子峰,M-CO 的峰较强,M-CHO 的峰也有相当强度。

醇和酚在约 3300 cm^{-1} 处强而较宽的吸收峰具有鲜明的特征,醇和酚在 1050~1200 cm^{-1} 还有 C—O 振动的吸收峰。酚的吸收相比醇在高波数。

8.2.4 羰基化合物

羰基化合物在氢谱上没有直接的信息,而在碳谱、质谱、红外谱图上均有明显的谱峰,特别是在碳谱和红外谱图中,羰基具有突出的特点。

羰基化合物种类很多,现仅列举醛、酮、羧酸、羧酸酯、酰氯为例。它们的各种谱图的特征如表 8-1 所示。事实上,其他羰基化合物的谱图特征也可参考该表。

表 8-1　部分羰基化合物谱图的主要特点

化合物类别	醛	酮	羧酸	羧酸酯	酰氯
¹H NMR	δ:9.0~10.0 ppm	不直接反映	δ:10.0~13.0 ppm	δ(OR):3.3~4.5 ppm	不直接反映
¹³C NMR	δ>195 ppm	δ 近于 200 ppm 或更大	δ:172~182 ppm	δ:167~178 ppm	δ:165~173 ppm
	δ>180 ppm (α,β-不饱和醛)	δ>185 ppm(α,β-不饱和酮)	δ:165~175 ppm (α,β-不饱和酸)	δ:158~167 ppm (α,β-不饱和羧酸酯)	
MS	① 链状醛当存在 γ-氢时,重排产生 m/z 44+$n\times$14 的离子 ② M-1¬⁺,芳香醛的此峰更明显 ③ m/z 29(脂肪醛)M-29(芳香醛)	链状酮存在 γ-氢时重排产生 m/z 58+$n\times$14 的离子	① 链状羧酸当存在 γ-氢时重排产生 m/z 60+$n\times$14 离子 ② m/z 45+$n\times$14 的离子	① 链状羧酸酯存在 γ-氢时重排产生 m/z 74+$n\times$14 的离子 ② 双氢重排产生比简单断裂大两个质量单位的离子	① 分子离子同位素峰簇显示氯的存在 ② 链状酰氯存在 γ-氢时重排产生 m/z 78+$n\times$14 的离子并有相应的 ³⁷Cl 同位素峰
IR	① —C—H ~2820 cm⁻¹, ~2720 cm⁻¹ ② C=O ~1720 cm⁻¹ ~1690 cm⁻¹ (α,β-不饱和醛)	C=O ~1715 cm⁻¹ (无共轭,无环张力) ~1675 cm⁻¹ (α,β-不饱和链状酮)	① —OH: 3000~2500 cm⁻¹ 的宽吸收 ② C=O 1725~1700 cm⁻¹ 1715~1690 cm⁻¹ (α,β-不饱和酸) ③ ~920 cm⁻¹	C=O 1750~1735 cm⁻¹	C=O 1815~1770 cm⁻¹ 1780~1750 cm⁻¹ (α,β-不饱和酰氯)

8.3　以二维核磁共振谱为主体推导有机化合物结构

从第 4 章可知,多种类型的二维核磁共振谱的出现开辟了鉴定有机化合物结构的新途径。采用二维核磁共振谱之后,所鉴定的结构可以更复杂,相对分子质量更大;就方法本身来说也是更客观、更可靠,而且也增加了解决问题的多样性。通过 8.4 节中的例子,可以加深这方面的感性认识。

下列几点总体考虑,供读者参考:

(1) 二维核磁共振谱的应用包括了一维核磁共振谱的应用。首先从作图来看,作二维谱之前是必须先作一维谱的,这才能选定作二维谱的一些参数。在位移相关类二维谱的上方或可能再加其侧面,有相应的一维谱的"投影"。实际上,这是把一维谱"放"到该位置,以显示较高分辨率。再者,为提高二维谱的分辨率,二维谱的谱宽常小于一维谱,以 HMQC 或 HSQC 为例,羰基等处于低场的季碳原子,它们没有直接相连的氢原子(醛除外),因此^{13}C 化学位移范围中就可把这一段去掉。另一方面,一维氢谱、碳谱(包括 DEPT)分辨率好,峰组拥挤时还可局部放大。从上面三方面的分析可知,虽然我们应用二维核磁共振谱,但一维氢谱、碳谱是有机地包含于其中的。

(2) 虽然核磁共振谱对于鉴定未知物结构提供的信息量最大,但是我们还是提倡多种谱图的综合利用。一方面,其他谱图可提供重要的结构信息;另一方面,往往作其他谱图并不复杂,不费劲,因此没有必要强调仅仅用核磁共振谱来解决结构问题。对于一些特殊的结构问题,质谱和红外光谱还可能起关键作用。如果有时仅用核磁共振谱(加相对分子质量)即顺利地解决了结构问题,那么此时也可以不用其他谱图。

(3) 从二维核磁共振谱的功能来说,不依靠有关的化学知识(如 δ 值和结构的相关),也可能得到满意的指认或推导结构的结果。但是如果利用有关的化学知识,利用在一维谱中积累的经验,至少求解过程可以更加快捷,因此在应用二维核磁共振谱时,并不排除在一维谱中已获得的知识。

8.3.1 最常用的以二维核磁共振谱为主体推导有机化合物结构的方法

最常用的以二维核磁谱为主体推导有机化合物结构的方法需要下列核磁共振谱图:氢谱、碳谱、DEPT 谱、COSY 谱、碳氢相关谱(现在最常用的是 HMQC 或 HSQC 谱,下面未加标注的为 HMQC 谱)和 HMBC 谱。除核磁共振谱图外,需要质谱,至少是相对分子质量的数据,最好有红外谱图。

由于氢谱、碳谱、DEPT 谱、质谱和红外谱图的解析已在前面阐述了,在这里着重讨论COSY 谱、HMQC 谱和 HMBC 谱的作用和解析。

该法解析步骤如下。

1. 确定未知物中所含碳氢官能团

结合氢谱、碳谱、DEPT 谱、HMQC 谱可以知道未知物中所含碳氢官能团的信息,即它含有多少个 CH_3、CH_2、CH、$-\overset{|}{\underset{|}{C}}-$。配合化学位移的信息,可以区分是饱和的 CH_2($-CH_2-$)还是不饱和的 CH_2($-C=CH_2$);饱和的 CH 还是不饱和的(烯或芳环中的)CH。少数情况(如糖环中的 C-1 原子)时,碳原子与两个氧原子相连,其 δ 值超过 100 ppm,有可能引起混淆,这是需要加以注意的。

在推导未知物结构时,把氢谱的各个峰组和碳谱的各条谱线关联起来是非常重要的。这样可对官能团,甚至于该官能团所处的环境作出较准确的判断。例如,某 CH_2,其 δ_H 为

5.2 ppm,似有可能为烯氢,但从 δ_C 为 74 ppm 可知,该 CH_2 不可能为烯,只是因与氧相连,再受到一些去屏蔽作用,故 δ_H 较大。再如,某 CH, δ_H 不大而 δ_C 相对较大,我们可以知道该 CH 不与电负性基团相连(否则 δ_H 较大),但有较大基团与之相连,由于 δ_C 对空间因素较敏感,因而 δ_C 较大。

HMQC 谱具有丰富的结构信息,它把直接相连的碳和氢关联起来,从而完成了氢原子往碳原子上的归属(或剩下不连接于碳原子的活泼氢)。需说明的是,这个归属是很清晰的。一方面,因碳谱的化学位移宽,碳谱谱线之间较少发生重叠;另一方面,HMQC 谱中的相关峰比较清楚。再结合 DEPT 谱的数据,每条碳谱谱线,它们是哪一种碳原子(CH_3、CH_2、CH、

—C—),与之相连接的氢是在何处出峰,都一目了然。特别是当未知物含有化学位移不等价

的亚甲基时,由于对应一条碳谱线有两个相关峰,因此立即可以识别。

我们再从氢谱来看,稍具复杂结构的有机化合物,其氢谱谱峰通常是相互重叠的,这就给氢谱的解析、指认带来困难。有了 HMQC 谱,我们就能够清晰地看到重叠的峰组是怎样形成的。

从氢谱得到的未知物所含氢原子总数减去 DEPT 谱所示与碳原子相连的氢原子总数,就知道未知物是否有与杂原子相连的氢。

更可以从 HMQC 谱,直接从氢谱中扣除与碳原子相连的氢的峰组,于是可知与杂原子相连的氢的峰的位置。

2. 确定含氢官能团的连接关系,找到未知物的结构单元

在解析(一维)氢谱时,我们分析每个峰组的 δ 值和峰组的形状,特别强调找出峰组内和峰组间的等间距,从而找到含氢基团的连接关系。由于氢谱中经常谱峰重叠,因此这样的方法只能用于结构比较简单的化合物。

现在采用 COSY 谱,就无需去分析峰组的形状、寻找峰组内和峰组间的等间距了。从 COSY 谱中的相关峰,直接就找到了含氢官能团的连接关系。如果峰组重叠不严重,相关峰又清楚,重复这样的操作就可以逐步找到所有相连的含氢基团,一直到季碳原子或杂原子为止。

总之,利用 COSY 谱,我们可以找到未知物所有存在 $^3J_{HH}$ 耦合的结构单元。

下列几点请读者注意:

(1) 结构片断终止于季碳原子或杂原子,因为 $^3J_{HH}$ 耦合关系终止了。

(2) 在一些特殊的情况下,邻碳氢可能未显示 COSY 的相关峰。例如,二面角接近 90°, ^3J 接近极小值,就有可能出现这样的情形。

(3) COSY 一般显示 $^3J_{HH}$ 的相关,但也可能显示长程耦合的相关,当长程耦合常数相对较大时会出现这样的情况(芳香体系最为常见)。当估计到出现这种情况时(如发现某 CH 和三组不同碳的氢相关,这是结构所不允许的),应分析 COSY 相关峰的强度,长程耦合的相关峰强度总是相对低的。

由于 HMQC 谱的分辨率高于 COSY 谱,在 COSY 谱的相关峰不足以分析出耦合的峰组时,利用 HMQC 谱通常可以帮助分析 COSY 谱中重叠的相关峰。

3. 确定未知物中季碳原子的连接关系

一般情况下,有机化合物中含有不连氢的季碳原子(酮、羧酸、羧酸酯、酰卤等的羰基碳原

子也属于此列）。由于它们不直接连氢，因此在 COSY 谱中没有与其对应的相关峰。它们与其他碳氢基团的连接关系只能由 HMBC 谱来完成。在作图时针对 ^{13}C 和 ^1H 之间的长程耦合常数设定参数。在通常条件下，较常出现的是跨越三根键的 $^{13}C-^1H$ 长程耦合，即 $^3J_{CH}$ 的相关。也可能出现 $^2J_{CH}$ 的相关。偶尔会出现 $^4J_{CH}$ 的相关。

有了 $^{13}C-^1H$ 长程耦合的信息，我们就可以把季碳原子和其他碳氢官能团连接起来。在前一步骤所得的若干结构片断就扩大为较大的结构片断。因季碳与四个其他碳氢官能团（或对羰基而言，再与其他两个碳氢官能团）相连，故通过季碳的连接，结构片断的延伸进展很大。当然，完成这样的连接难度也较大，因连接的可能性较多。

另需说明的是，HMBC 谱也可以反映跨越杂原子的 $^{13}C-^1H$ 长程耦合关系，因而对于下一步也是很有用的。

4. 确定未知物中的杂原子，并完成它们的连接

（1）找出未知物的杂原子。

利用质谱是找出未知物杂原子的最有效方法。

单独使用核磁共振方法，我们也可以确定未知物的一些杂原子。例如，从氢谱可判断存在甲氧基、氮甲基、活泼氢、杂芳环（也就知道相应的杂原子），从碳谱可知羰基的存在（并判明其种类）、—C≡N、—C═N、杂芳环等。

（2）完成杂原子与其他官能团的连接。

为达到此目的，可采用下列途径：

（i）从 δ_C、δ_H 的数值判断碳氢官能团与杂原子的连接关系。

（ii）通过 HMBC 谱找到 $^{13}C-^1H$ 的长程耦合关系。

这一途径是很重要的。例如，在糖类结构中，找出 —C—O—C—H 之间的耦合，即把这一结构单元确认了。

经历上述四个步骤，推导未知物结构即告完成，但为提高所得结构的可靠性，需要进行对谱图的指认和结构的核实。

5. 谱图的指认和结构的核实

对于核磁共振谱图，注意以下几点：

（1）对碳谱、氢谱的指认着重校核每个官能团的 δ_C 和 δ_H 是否合理。电负性基团的取代、是否相邻大的基团、是否与其他双键共轭、分子内是否有手性中心、双键的顺反式等都可能对 δ_C、δ_H 产生影响。

特别是使用高场谱仪时，氢谱裂分的峰形比较清楚，其形状有可能帮助判断结构单元的正确性。

（2）对所用二维谱的核实。HMQC 谱相关峰一般比较清晰，不易错误指认。无谱峰重叠时，COSY 的结果不致混淆；当谱峰重叠时，COSY 的识图需小心从事。HMQC 谱和 HMBC 谱可以帮助 COSY 谱的分析。HMBC 谱的识图需格外小心，因其碳、氢之间的相关情况较复杂。

（3）NOESY 类二维谱的协助。对于具有复杂结构的有机化合物,作出 NOESY 类的二维谱,对帮助确认几个结构片断之间的连接关系是很有好处的。因为若某些氢核的空间距离比较近,势必要求一定的相互连接。另外,NOESY 类二维谱对确定未知物的构型也大有裨益。

在完成指认之后,应该尽量利用网上的资源,把未知物的有关谱图与网上查到的目标化合物的谱图对比,以确认未知物结构,具体网址请参阅前面有关章节。

对于质谱和红外光谱也需要把谱图和所推导的结构进一步核实。

8.3.2　以 2D INADEQUATE 为核心推导未知物结构

从前面 2D INADEQUATE 的介绍(4.9.1)可知这是一条全新的途径,因 2D INADEQUATE 可以确定碳原子的相互连接顺序从而得到未知物结构,而且应该看到,这个方法比前面所述的方法具有更高的可靠性:一方面,碳谱谱线不易重叠;另一方面,它直接找出相互连接的碳原子,较之前面的方法是一种更"直接"的方法。因此,该方法的优点是不言而喻的。甚至在 20 世纪 90 年代,就有研究组采用此法,不惜长期累加采样,以得到可靠的结构(未知物分子含 40 个碳原子,50 mg,采样 12 日)。

该方法的主要缺点就是灵敏度低,因而问津者少。据统计,到 1994 年为止,全世界关于天然产物的 2D INADEQUATE 的文献才 20 多篇。但是随着核磁共振谱仪及有关技术的进展,采用 2D INADEQUATE 来确定未知物结构会有重要进展。

目前采用的手段及相应解决的问题有以下几个方面。

1. 提高谱仪频率

提高谱仪频率,以提高检测的信噪比,也就是提高灵敏度。我们知道,信噪比与谱仪频率的 1.5 次方成正比(理论上为平方关系,但实际达不到),因而提高谱仪频率是很有效的。现市售核磁共振谱仪已近 1000 MHz。谱仪若从 100 MHz 改进为 800 MHz,后者的信噪比达到前者的 22.6 倍,累加次数(正比于采样时间)则降至前者的1/512。其同时还有提高分辨率的优点。

2. 改进探头(probe),减少样品的用量

首先要做的是减小样品管的直径,并相应地缩小检测线圈(及去耦线圈)的尺寸,这样可以提高检测的效率。

然后需降低样品管中样品溶液的高度,这样可提高样品的使用效率。在用通常的 5 mm 样品管进行测试时,在检测线圈范围内进行测定的溶液大约只有 1/3 高度或稍多。因为磁力线与物质的磁化率有关。样品溶液的上方为空气,下方为玻璃管底和空气。在上、下界面处,因物质改变引起磁力线弯曲,波及样品溶液的上、下部分。因此,在样品管中部的 1/3 的高度才是理想的测试区,所得的峰形窄。若只装 1/3 的高度,而将此部分溶液置于检测线圈的范围,则所得核磁谱峰的底部明显加宽,使分辨率下降。此时,若采用魔角旋转(magic angle spinning,MAS 或 magic angle rotation,MAR),可以克服磁化率改变引起磁力线弯曲的问题。再加上减小样品管径,某些公司的微探头(microprobe)已把样品管体积减小到 47 μL。所加的全部样品溶液均有效地被检测。

当把检测线圈甚至前置放大器低温冷却时,信噪比进一步提高。

3. 采用软件，识别出信号峰

测定 2D INADEQUATE 时，使用的样品量少，噪声就强，因此信号峰淹没在噪声中间。但是基于下列几点，软件可把信号与噪声相区别，从而把相关峰(信号)选出来：

(1) 相关峰是成对出现的，位于 F_1 方向的同一水平线上。

(2) 相关峰成对出现，对称分布于准对角线的两侧。

(3) 每对相关峰在 F_2 方向分别对应两个碳谱谱峰位置(表示这两个碳原子是相互连接的)。

(4) 在相敏图中，每对相关峰之一都是一正一负的一对峰。其间距等于这一对碳原子的 $^1J_{CC}$。

根据上述几点，软件把相关峰从大量的噪声峰中选出来，因而也就提高了灵敏度，降低了检测限，作用显著。

软件可以再进一步工作，把选出的相关峰进一步地用表格、图像表示。

采用上述三方面措施之后，2D INADEQUATE 在未知物结构鉴定方面前进了一大步。

2D INADEQUATE 确定了所有碳原子(包括季碳)的连接关系，为完成结构式，下列两点是必需的：

(1) 加入 DEPT 的数据，得到每个碳原子的级数。在每个碳原子上补充相应的氢原子。

(2) 加入未知物中的杂原子，以完成结构式(请参阅 8.3.1)。

在这里，有必要介绍计算机辅助结构解析(computer-assisted structure elucidation)。由于二维核磁共振谱在解析结构中的重要作用，以及计算机技术的进展，使用计算机来分析有关谱图，推断未知物结构已经实现。从下面的具体分析可明了其缘由：

(1) 综合 COSY 和 HMQC 谱的信息，可以得到未知物除季碳原子和杂原子以外的结构单元。要强调的是，只有一组解。

若用 2D INADEQUATE，也只有一组解。

(2) 当化合物含季碳原子和杂原子时，仅仅依靠 COSY 和 HMQC 谱的方法不能得到未知物的完整结构。此时必须用 HMBC 谱来延续前面推出的结构单元。以前的分析已指出，此时要考虑多种连接方式的可能性，这样的工作由计算机来进行当然有其优势。

(3) 二维核磁共振谱测试的运作过程和计算机密不可分，因此由计算机来读取有关数据是完全可行的。

(4) 由计算机表示出结构式，给出命名已能实现。

(5) 计算机可储存大量结构-谱图参数相关的信息。

因此，在有关谱图、数据的基础上，利用计算机推出未知物结构是可行的。中国科学院上海有机化学研究所和美国 Spectrum Research LLC 公司已经合作推出商品化软件 NMR-SAMS(NMR-Spectral Assignment Made Simple)，已用于国内外多个单位，是一个成功的例证。国外更有若干公司有产品。

8.4 推导结构或谱图指认举例

前面讨论了推导未知物结构的具体步骤，所用的谱图是有差别的。本节介绍一些例子，供读者参考。未知物结构不复杂时，就不需要二维核磁共振谱，这里也选择了这样的例子。谱图的指认用于确证结构，虽然和推结构有差别，但所用技巧是类似的，因而在此一并讨论。

例 8-1 未知物核磁共振碳谱数据如表 8-2 所示,其质谱、核磁共振氢谱、红外光谱则分别如图 8-1～图 8-3 所示。推导未知物结构。

表 8-2 未知物碳谱数据

序号	δ_C/ppm	碳原子个数	序号	δ_C/ppm	碳原子个数
1	171.45	1	8	27.22	1
2	46.98	1	9	26.35	1
3	45.68	1	10	25.05	1
4	35.02	1	11	21.76	1
5	29.99	2	12	20.72	1
6	27.74	4	13	11.96	1
7	27.48	2			

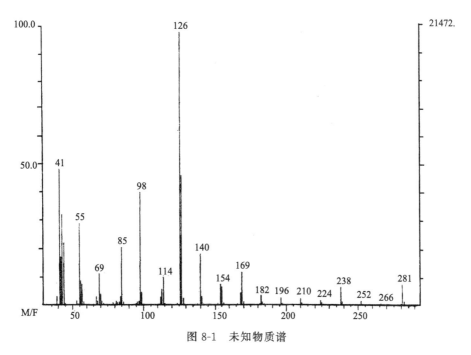

图 8-1 未知物质谱

解 首先确定未知物的元素组成式。

从碳谱数据可知未知物含 18 个碳原子。

未知物氢谱中 0.82 ppm 处的三重峰可考虑是与 CH_2 相连的端甲基,以此作为氢谱积分曲线定标的基准,得出未知物共含 35 个氢原子。

未知物质谱中,m/z 281 符合分子离子峰的条件,可初步判断为分子离子峰,因而未知物含奇数个氮原子。

从未知物碳谱 $\delta = 171.45$ ppm 及红外光谱中 1649.1 cm^{-1} 的吸收,可知未知物含羰基,即未知物含氧。

综上所述,未知物元素组成式为 $C_{18}H_{35}ON$,相对分子质量为 281,与各种谱图均很好吻合。

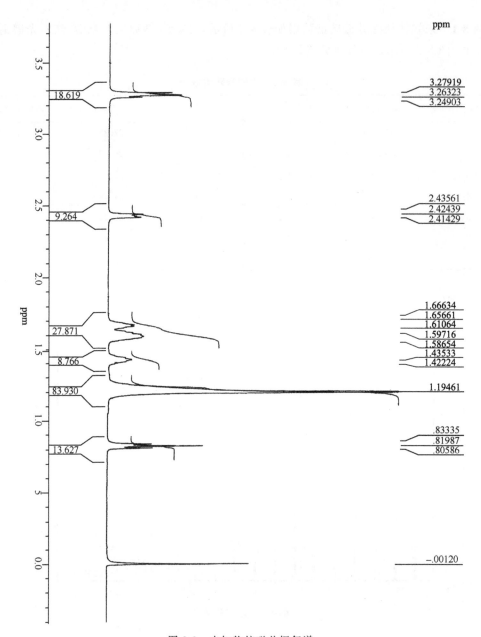

图 8-2　未知物核磁共振氢谱

下面分析未知物所含官能团。

不难看出未知物含 —C(=O)—N< 基团，其理由如下：

（1）碳谱 171.45 ppm 的峰反映羰基应与杂原子相连（参阅 3.2.6），而未知物中，除氧之外，杂原子仅余氮，因此未知物含 —C(=O)—N< 。

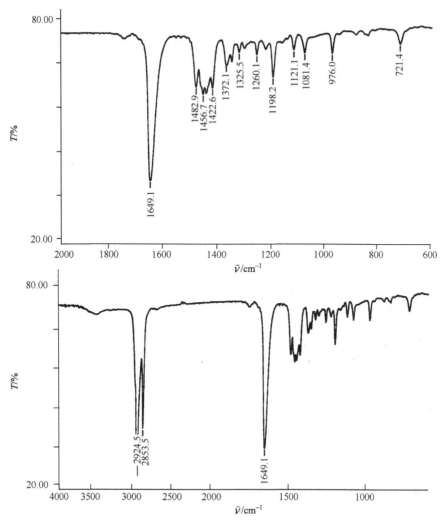

图 8-3　未知物红外光谱

(2) 红外光谱中,1649.1 cm^{-1}的强吸收只能是 $-\overset{\overset{\displaystyle O}{\|}}{C}-N\diagup$,羰基若不连氮,其吸收位置应在 1680 cm^{-1}之上。目前数值与叔酰胺相符。

从未知物的几种谱图及数据,可看到未知物含正构长链烷基:

(1) 在 ^{13}C NMR 数据中,27 ppm 附近的多个碳原子,以及 26 ppm、25 ppm、22 ppm、21 ppm、12 ppm 的峰,说明未知物含正构长链烷基(12 ppm 的峰属于长链烷基的端甲基)。

(2) 氢谱中 1.19 ppm 的高峰(18 个氢)及 0.82 ppm 的三重峰说明未知物含正构长链烷基。

(3) 红外光谱中,2924.5 cm^{-1} 和 2853.5 cm^{-1} 的吸收极强,以致未见 ~2960 cm^{-1}、2870 cm^{-1} 的甲基吸收;721.4 cm^{-1} 的吸收也说明含 CH$_2$ 长链。

(4) 质谱中可见间隔 14 u 的峰簇,从 m/z 238 到 98。

下面分析各种谱图及数据,得出未知物含一个环,且为内酰胺的结论:

(1) 未知物含羰基,但所有谱图均说明不含烯基,而由分子式计算其不饱和度为2,因此必含一个环。

(2) 由 ^{13}C NMR 中 46.98 ppm 和 45.68 ppm 的两个峰说明这两个碳原子应与氮原子相连,而且它们的化学环境略有不同。氢谱中 3.26 ppm 处的四个氢原子与碳谱的结论相呼应,但因氢谱谱宽窄,碳谱中的明显差别在氢谱中基本上未分开。

(3) ^{13}C NMR 中 35.02 ppm 的峰和氢谱中 2.42 ppm 的峰说明一个—CH_2—与羰基相连。

(4) 红外光谱中,从 1422.6 cm^{-1} 到 1482.9cm^{-1} 共有四个吸收,这说明未知物中—CH_2—的环境有几种(与碳原子相连的 CH_2,与杂原子或电负性基团相连的 CH_2)。

由上述几点可知,未知物含一个内酰胺基团,再加上前面分析的未知物含一个正构长链烷基,因此该化合物结构应为

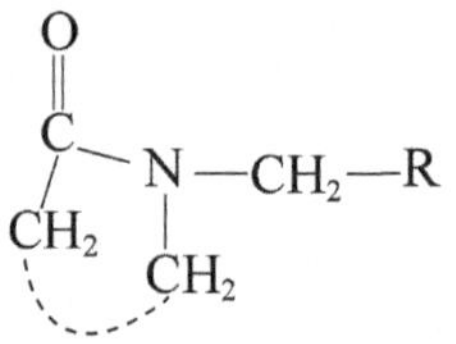

至此,剩下的任务就是确定烷基链的长度了(因为未知物所含碳原子数已定)。质谱的基峰为 m/z 126,其强度远远超过其他峰,结合上面所得的结论,基峰应对应下列结构:

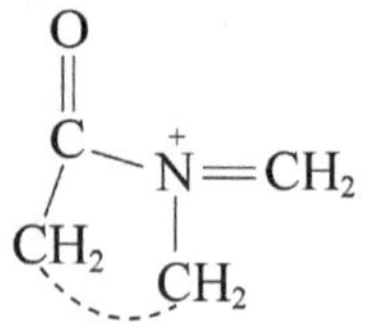

因而定出

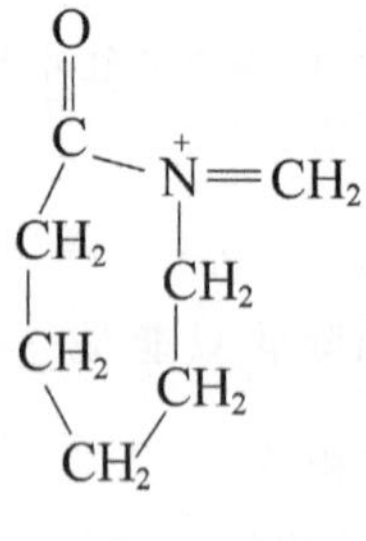

于是氮上取代的烷基为正构-$C_{12}H_{23}$。

因此,未知物结构为

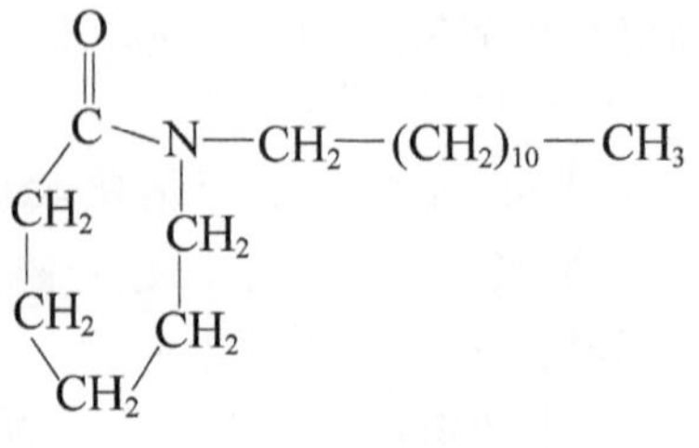

由于绝大部分谱图的信息我们都分析、利用了,因而指认从简。

此题充分地说明了质谱的功用。无论用什么核磁共振谱图,都很难准确确定出内酰胺环的大小,而质谱的基峰则非常清晰地决定了环的大小。因此,作为鉴定有机化合物结构的人员,应该熟练掌握几种谱图的解析。

例 8-2 未知物的碳谱、氢谱、质谱、红外光谱分别如图 8-4～图 8-7 所示,试推测其结构。

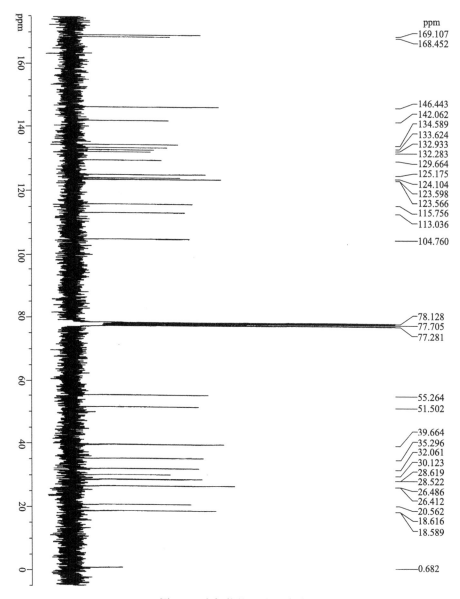

图 8-4 未知物核磁共振碳谱

解 从其碳谱可知未知物含 29 个碳原子(需注意 18 ppm、26 ppm、28 ppm 处各自均为两条谱线,相距很近)。

在未知物氢谱中,各峰组易于识别所对应氢的个数,进一步可计算出未知物共含 39 个氢原子。

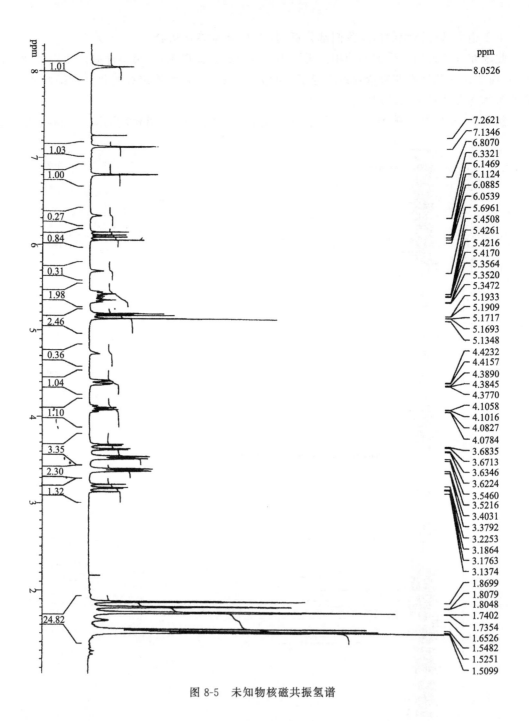

图 8-5　未知物核磁共振氢谱

在未知物质谱中，m/z 461.3 符合分子离子峰的条件，可暂定为分子离子峰，由此知该化合物含奇数个氮。

在未知物红外光谱中可见 1674.3 cm^{-1} 有两个强吸收，这很可能是两个酰胺的羰基。

3477.8 cm^{-1} 的吸收说明未知物含 ＞NH 基团。

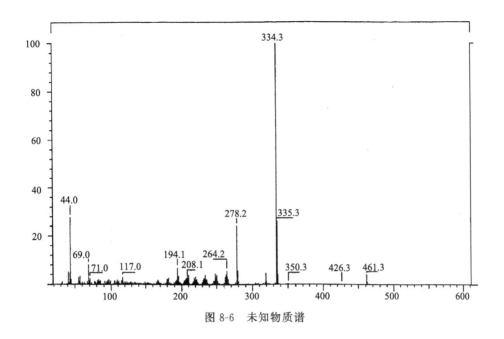

图 8-6　未知物质谱

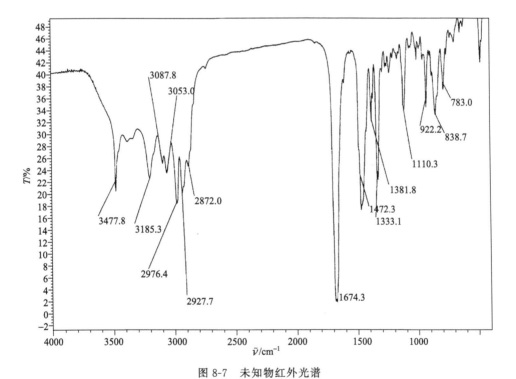

图 8-7　未知物红外光谱

　　综上所述,可推出未知物分子式为 $C_{29}H_{39}O_2N_3$。由此计算出其不饱和度为 12,这个数字是相当高的,给推导结构带来相当大的困难。

　　检索天然产物数据库,分子式为 $C_{29}H_{39}O_2N_3$ 的,当时只有一种化合物,其结构式如下:

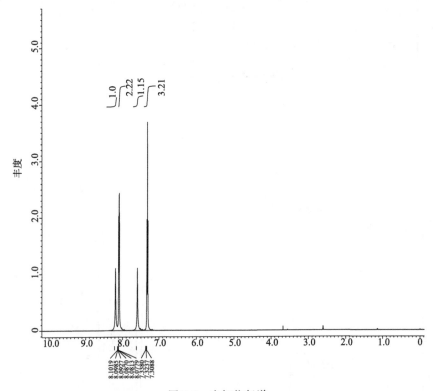

这个结构式和上面的谱图是符合的,因此它是正确的结构。

例 8-3 未知物的氢谱、氢谱局部放大谱、碳谱、DEPT 谱、HMQC 谱、COSY 谱和 HMBC 谱分别如图 8-8~图 8-15 所示,该未知物的相对分子质量为 139,试确定其结构。

图 8-8 未知物氢谱

解 由于该未知物的相对分子质量小,它的氢谱和碳谱似乎又简单,故可推测该未知物的结构很简单,但是并非完全如此。

为推导该未知物的结构,先推导它的元素组成式。

未知物相对分子质量为 139,是奇数,由此可知该未知物应含有奇数个氮原子。

从该未知物氢谱看,它没有脂肪氢,只在氢谱的低场有峰。氢谱显示该未知物共有 6 个氢原子。

该未知物碳谱中以 39.8705 ppm 为中心的多重峰是溶剂 DMSO 的峰。该碳谱显示 8 条谱线,似乎它含有 8 个碳原子。仔细分析有关谱图,就知道这个想法是错误的。

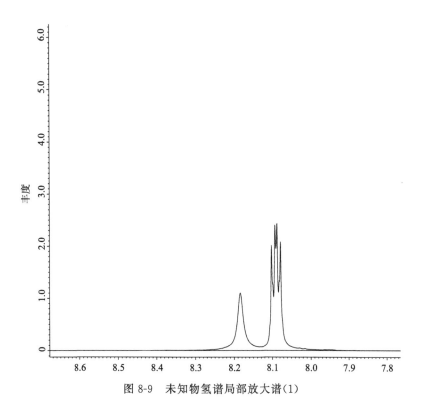

图 8-9 未知物氢谱局部放大谱(1)

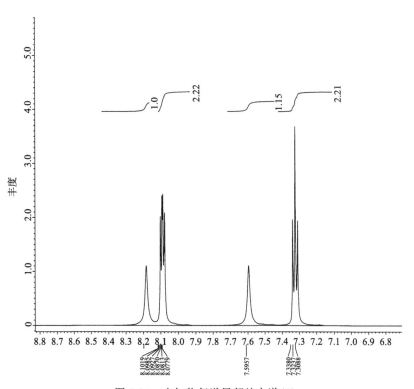

图 8-10 未知物氢谱局部放大谱(2)

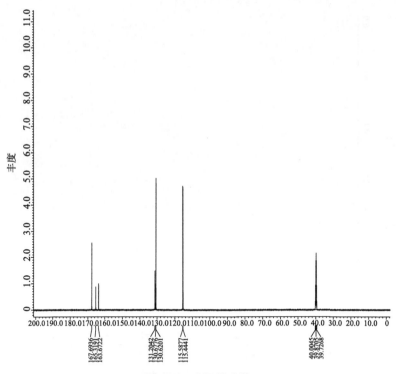

图 8-11　未知物碳谱

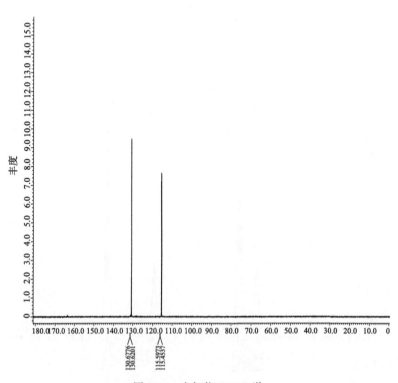

图 8-12　未知物 DEPT 谱

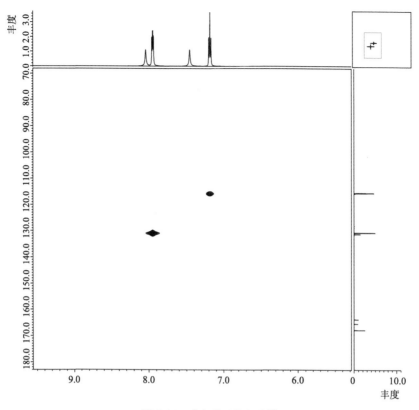

图 8-13 未知物 HMQC 谱

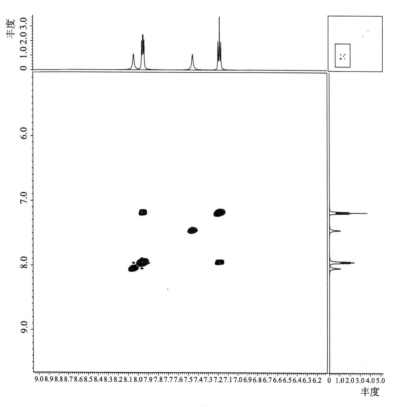

图 8-14 未知物 COSY 谱

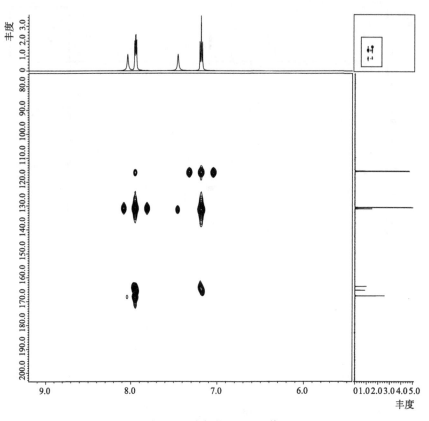

图 8-15　未知物 HMBC 谱

　　该未知物碳谱中可以看到 3 对谱线,每对谱线是近于等高的,δ/ppm:165.3191,163.6722;130.6776,130.6201;115.5877,115.4441。

　　在该未知物 DEPT 谱中,显示上述后面两对谱线。

　　在该未知物 HMQC 谱中,130.6776 ppm 和 130.6201 ppm 的两条谱线相关两个氢原子。115.5877 ppm 和 115.4441ppm 的两条谱线也相关两个氢原子。

　　在该未知物 HMBC 谱中,这 3 对谱线分别都有共同的相关峰。

　　上述 4 个现象说明这 3 对谱线是对应的 3 组碳原子。虽然此碳谱不是定量碳谱,但是从峰的高度可以判断 165.3191 ppm 和 163.6722 ppm 的一对谱线对应一个碳原子;130.6776 ppm 和 130.6201 ppm 对应两个碳原子;115.5877 ppm 和 115.4441 ppm 也对应两个碳原子。

　　除上述 5 个碳原子之外,该碳谱还有两条谱线,分别位于 167.6936 ppm 和131.2042 ppm。因此,该未知物应该含有 7 个碳原子。

　　7 个碳原子加 6 个氢原子的质量为 90,而相对分子质量为 139,还差 49。

　　由于从氮规则知道该未知物含有奇数个氮原子,而含有 3 个氮原子是不可能的(剩余质量差值为 7),因此该未知物应含有一个氮原子。

　　上述碳谱中的 3 对谱线使我们想到该未知物含有使碳谱谱线裂分的元素,该未知物剩余的质量差值又是 35,存在一个氟原子和一个氧原子就是一个合理的推论了。

　　读者可能会问,为什么不能是含有一个氯原子呢? 它的主要同位素质量不正好是 35 吗? 姑且不说如果含有氯,质谱中会有明显的同位素峰;如果含氯,在核磁共振谱图中由于氯的自旋量子数为 3/2,它不产生核磁谱峰(或谱线)的裂分。

我们初步得到未知物元素组成式为 C_7H_6ONF,由此计算出它的不饱和度为 5。从不饱和度为 5 以及碳谱谱线和氢谱峰组所处的范围,可以推断该未知物含有一个苯环。

从该未知物的 COSY 谱知道,未知物仅含两组相互耦合的氢,每组氢为两个氢原子,可以推断未知物含有对位取代的苯环。

由于碳谱显示的 3 对谱线裂分的化学位移差值(谱仪为 600 MHz,碳的频率为150 MHz),可以计算出相应的耦合常数分别为 247.0 Hz、21.5 Hz 和 8.6 Hz。即使读者不熟悉氟和碳之间的耦合常数,超过 100 Hz 的耦合常数只能是跨越一根化学键的耦合常数,即两个不同原子直接相连的耦合常数。因此,氟原子应与苯环相连,即 165.3191 ppm 和163.6722 ppm 的两条谱线是与氟直接相连的碳原子裂分的谱线;115.5877 ppm 和115.4441 ppm 的两条谱线是两个氟的邻位碳原子被氟裂分产生的谱线;130.6776 ppm 和 130.6201 ppm 的两条谱线是两个氟的间位碳原子被氟裂分产生的谱线。随着碳原子与氟原子的跨距越来越远,耦合常数也就迅速下降。由于耦合常数下降很快,氟的对位碳原子没有看到耦合裂分(碳谱中剩余的两条谱线都没有裂分)。

结合 HMQC 谱,可以得到与上述碳原子直接相连的氢原子的化学位移数值。

至此,我们得到下面的结构(1):

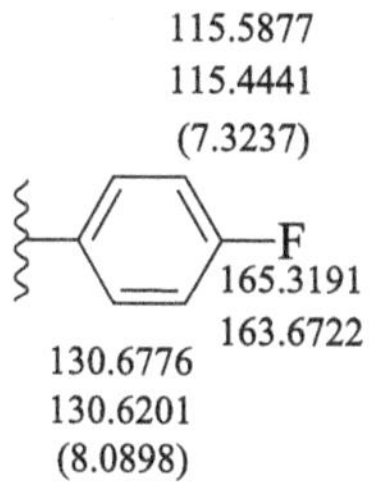

(1)

至此,碳谱中剩余两条谱线没有指认,其化学位移数值为 167.6936 ppm 和 131.2042 ppm。

氟的对位碳原子对应碳谱的哪条谱线? 它连接的又是什么基团呢? 我们可以借助 HMBC 谱来得到。

131.2042 ppm 的谱线与 130.6776 ppm 和 130.6201 ppm 的两条谱线非常靠近,它们的相关峰(即使放大)分辨不清楚。167.6936 ppm 的谱线则易与其他谱线分开。在 HMBC 谱中,可以看到位于 8.0898 ppm 的氢和位于 167.6936 ppm 的碳的长程耦合。在 HMBC 谱中,最常见的是跨越 3 根化学键的异核长程耦合,因此从这个相关峰可以确定位于 167.6936 ppm 的谱线的碳是对位取代苯环上的第二个取代基。碳谱中剩余的唯一谱线:131.2042 ppm 的谱线当然就是与第二个取代基相连的苯环上的被取代的碳原子了。于是我们的结构延伸为(2):

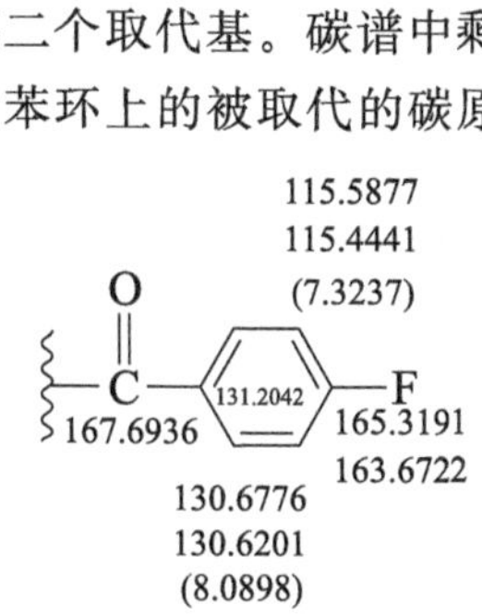

(2)

167.6936 ppm 的化学位移数值是一个连接杂原子的羰基的数值。推导的元素组成式只剩下一个氧原子、一个氮原子和两个氢原子了。因此,余下的结构单元只能是羰基连接了氨基,即一个酰胺基团了,所以完成了未知物结构的推断(3):

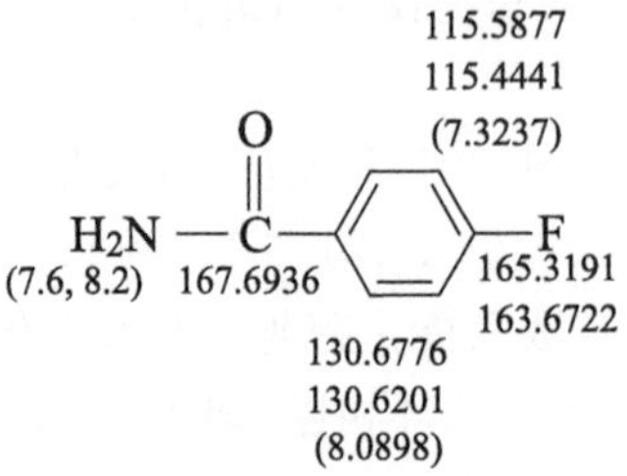

(3)

为了确认结构,需要对谱图再作进一步的分析、指认。碳谱已经分析得很仔细了,DEPT 谱、COSY 谱和 HMQC 谱比较简单,无需再分析,下面重点分析 HMBC 谱和氢谱。

先分析 HMBC 谱。由于碳谱中几对谱线靠近,在归纳 HMBC 谱时,以碳谱化学位移数值为基础进行。有关数据归纳为表 8-3。

表 8-3　该未知物 HMBC 谱数据归纳

δ_C/ppm	长程耦合相关的碳,δ_H/ppm	备注
115.5877 115.4441	(8.0898),7.3237	7.3237 为 ^1J 耦合
131.2042 130.6776 130.6201	7.3237,(7.6),8.0898	8.0898 为 ^1J 耦合
165.3191 163.6722	7.3237,8.0898	
167.6936	8.0898	

注:小括号表示弱耦合。

从表 8-3 可知下面两点比较重要:

(1) 氟的邻位氢和间位氢都与被氟取代的碳原子有长程耦合。

(2) δ 值约为 7.6 ppm 的氢与羰基的邻位碳有长程耦合。这个 7.6 ppm 的氢应该是氨基上的一个氢。

以上两点与前面推导的结构是符合的。

下面再进一步分析氢谱。

从放大的氢谱看,位于 7.3237 ppm 的氢谱峰组粗略呈现三重峰,这是因为氟氢跨越三根化学键的耦合常数与邻碳氢的耦合常数相近。

从放大的氢谱看,位于 8.0898 ppm 的氢谱峰组粗略呈现四重峰(d×d),这是因为氟氢跨越四根化学键的耦合常数比邻碳氢的耦合常数小。

上面的分析与推导的结构完全符合,说明推导的结构是正确的。

例 8-4　未知物的氢谱及其局部放大谱、碳谱及其局部放大谱、DEPT 谱及其局部放大谱、HSQC 谱、COSY 谱、HMBC 谱及其局部放大谱分别如图 8-16～图 8-29 所示,该未知物相对分子质量为 212,试确定其结构。

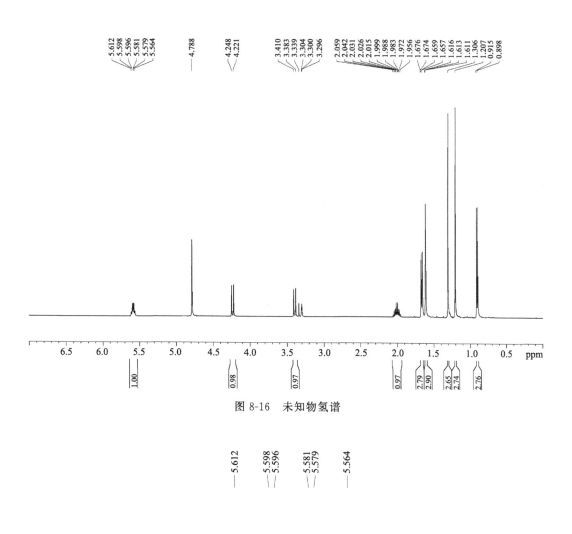

图 8-16 未知物氢谱

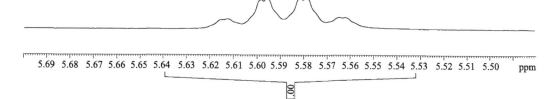

图 8-17 未知物氢谱局部放大谱(1)

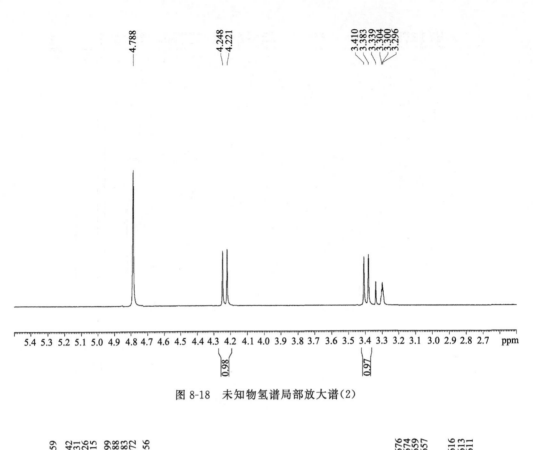

图 8-18 未知物氢谱局部放大谱(2)

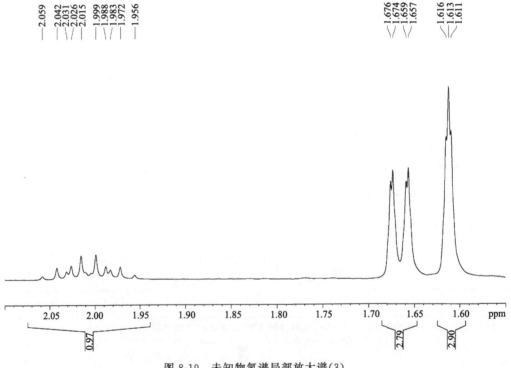

图 8-19 未知物氢谱局部放大谱(3)

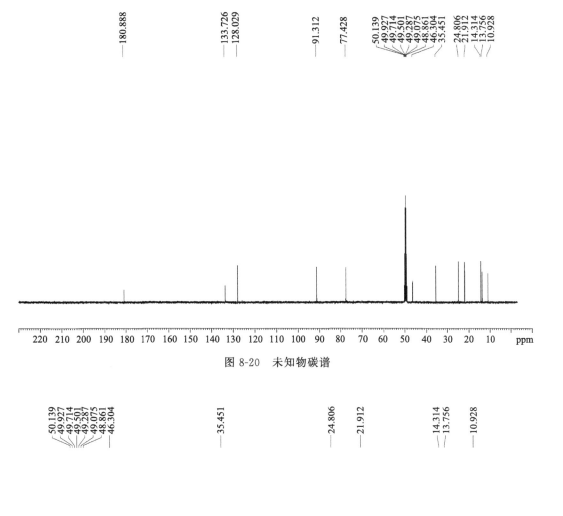

图 8-20 未知物碳谱

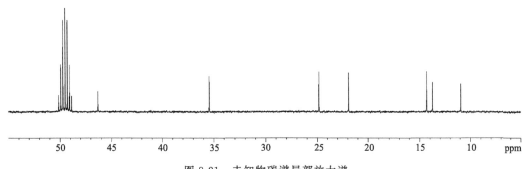

图 8-21 未知物碳谱局部放大谱

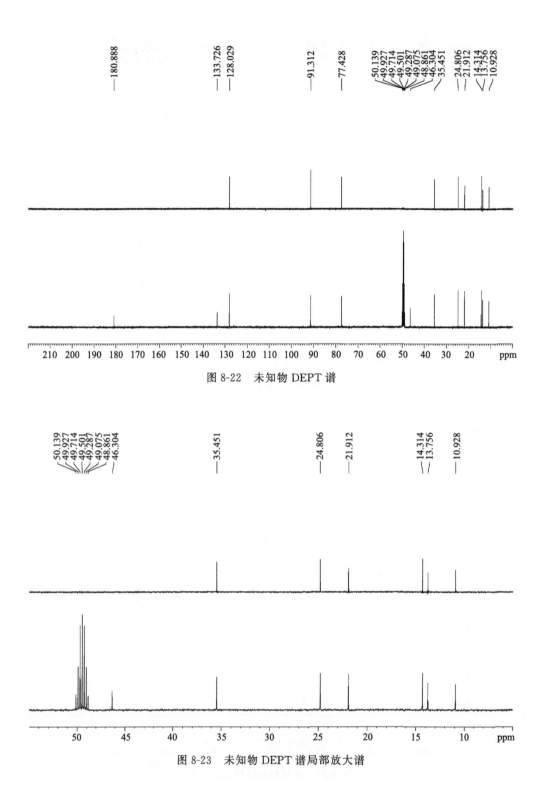

图 8-22　未知物 DEPT 谱

图 8-23　未知物 DEPT 谱局部放大谱

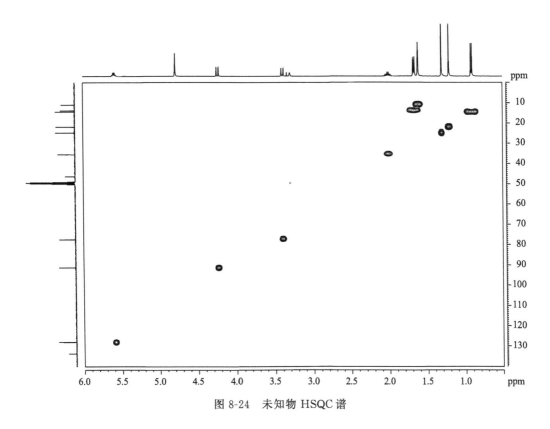

图 8-24 未知物 HSQC 谱

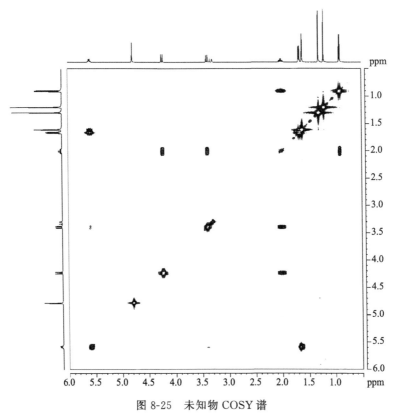

图 8-25 未知物 COSY 谱

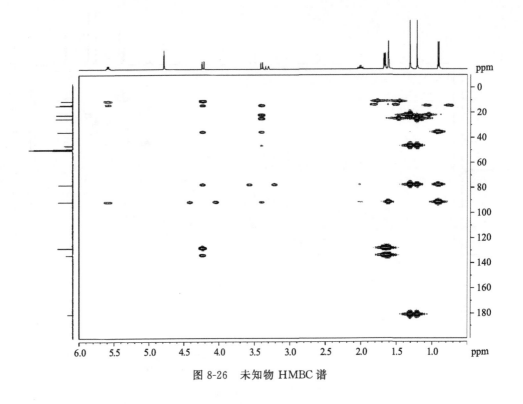

图 8-26 未知物 HMBC 谱

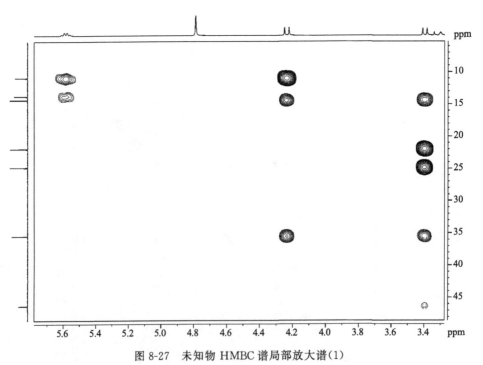

图 8-27 未知物 HMBC 谱局部放大谱(1)

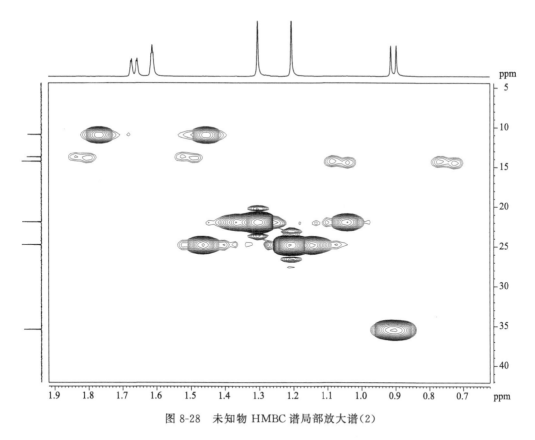

图 8-28　未知物 HMBC 谱局部放大谱(2)

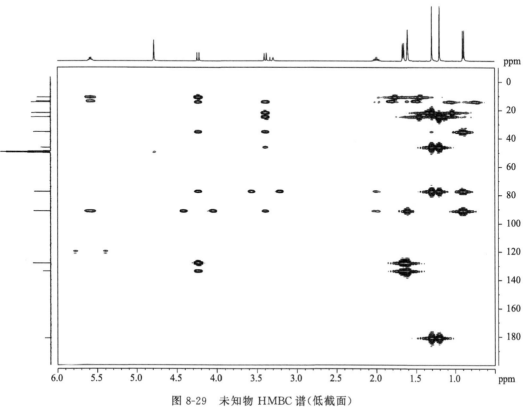

图 8-29　未知物 HMBC 谱(低截面)

解 本题是最典型的利用二维核磁共振谱和其他数据推导未知物结构的例子,请读者充分注意。

先从氢谱开始解析。

该氢谱是用氘代甲醇作溶剂测定的,由此可知 3.300 ppm 处的峰为溶剂峰(CD_2HOD),在氢谱的放大谱中可以看到该峰放大后显示 5 重峰,这是进一步的佐证(氘的自旋量子数 $I=1$,$2nI+1=5$)。3.339 ppm 的峰是氘代不完全的甲醇的峰。4.788 ppm 的峰是水峰,由于它有相当的强度,不能排除是否含有活泼氢的贡献。

该化合物氢谱的化学位移数值、峰面积、峰形可以总结为表 8-4。

表 8-4 该化合物氢谱数据归纳

δ/ppm	峰面积	峰形
0.907	2.76	d
1.207	2.73	s
1.306	2.65	s
1.615	2.90	m
1.675	2.79	d, d
2.007	0.97	m
3.397	0.97	d
4.235	0.98	d
5.589	1.00	m

在表 8-4 中,我们先不考虑峰形,在本题的最后将有关于峰形的讨论。

从该氢谱或表 8-4 可知该化合物含有 19 个氢原子:5 个甲基和 4 个 CH。由于水峰的存在,目前还不知道是否有活泼氢的峰在其中(当活泼氢呈现快交换时,活泼氢的峰在水峰中)。

该化合物碳谱显示 12 条谱线。虽然该碳谱不是定量碳谱,但是由于没有特殊高的谱线,可以认为该化合物有 12 个碳原子。180.888 ppm 的峰应该是羰基的峰,而且此羰基应该连接了氧原子。

对比 DEPT 谱,可以知道该化合物具有两个季碳原子。

结合该未知物的碳谱和 DEPT 谱,可以把关于碳原子的信息总结如表 8-5 所示。

表 8-5 该化合物碳谱和 DEPT 谱数据归纳

δ/ppm	碳原子种类
10.928	CH_3
13.756	CH_3
14.314	CH_3
21.912	CH_3
24.806	CH_3
35.451	CH
46.304	C
77.428	CH
91.312	CH
128.029	CH
133.726	C
180.888	C=O

上述推断已经包括了 12 个碳原子、19 个氢原子、2 个氧原子,它们的相对原子质量之和为 195。由于该化合物的相对分子质量为 212,剩余的相对原子质量之和仅为 17,这只有一种可能,即该化合物还含有另一个氧原子和一个氢原子。如上所述,该氢原子应该是一个快交换的氢原子,应该存在一个羟基,这与 4.788 ppm 的峰的高度相符。

综上所述,该化合物的分子式为 $C_{12}H_{20}O_3$。根据这个分子式,计算出该化合物的不饱和度为 3。由于该化合物具有一个羧基和一组双键(133.726 ppm 和 128.029 ppm),因此该化合物应包含一个环。

通过 HSQC 谱把碳谱和氢谱关联起来。该未知物的 HSQC 谱的数据整理为表 8-6。

表 8-6　该化合物碳谱、HSQC 谱数据归纳

δ_C/ppm	δ_H/ppm
10.928	1.615
13.756	1.675
14.314	0.907
21.912	1.207
24.806	1.306
35.451	2.007
46.304	
77.428	3.397
91.312	4.235
128.029	5.589
133.726	
180.888	

在看图 8-24 而整理为表 8-6 时,第 2 行和第 3 行的相关似乎不好确定,但是通过电子谱图的高倍放大,可以达到准确无误。

下面寻找含碳基团的连接关系,因此首先分析 COSY 谱。

从 COSY 谱可以总结出表 8-7。

表 8-7　该化合物碳谱、COSY 谱数据归纳

δ/ppm	耦合的峰组 δ/ppm
0.907	0.2007
1.207	
1.306	
1.615	
1.675	
2.007	0.907,3.397,4.235
3.397	2.007
4.235	2.007
5.589	1.675

从表 8-7 可以知道一个 CH(δ 值为 2.007 ppm)和两个 CH(δ 值分别为 3.397 ppm 和 4.235 ppm)和一个 CH$_3$(δ 值为 0.907 ppm)的相关;一个烯氢(5.589 ppm)和一个 CH$_3$(δ 值为 1.675 ppm)的相关。对于推导这个未知物结构来说,显然有很大的距离。完成结构单元的组装主要就依靠 HMBC 谱了。

HMBC 谱及其局部放大谱的数据可以归纳为表 8-8。

表 8-8　该化合物 HMBC 谱数据归纳

δ_H/ppm	长程耦合相关的碳 δ_C/ppm	备注
0.907	14.314,35.451,77.428,91.312	14.314 为 ^1J 耦合
1.207	21.912,24.806,46.304,77.428,180.888	21.912 为 ^1J 耦合
1.306	21.912,24.806,46.304,77.428,180.888	24.806 为 ^1J 耦合
1.615	10.928,(13.756),91.312,128.029,133.726	10.928 为 ^1J 耦合
1.675	13.756	13.756 为 ^1J 耦合
2.007	(77.428),(91.312)	
3.397	14.314,21.912,24.806,35.451,(46.304),77.428,91.312	77.428 为 ^1J 耦合
4.235	10.928,14.314,35.451,77.428,91.312,128.029,133.726	91.312 为 ^1J 耦合
5.589	10.928,13.756,91.312	

注:小括号表示弱耦合。

表 8-8 中的 ^1J 耦合与 HSQC 谱中的相关峰相应。

下面开始推导未知物的结构。

该未知物含有一组烯键,烯氢原子在 COSY 谱和烯碳原子在 HMBC 谱中都有相关峰,说明它们有与其他基团的连接关系,因此考虑从这一组烯键开始。

从表 8-6 倒数第 2、3 行,知道有 C═CH 基团以及它们的化学位移数值(1):

$$\overset{}{\underset{133.726}{}}C=C\overset{\overset{(5.589)}{H}}{\underset{128.029}{}}$$

从表 8-7 倒数第 1 行,找到与唯一的烯氢耦合的氢,再根据 HSQC 谱和 DEPT 谱的相关,上述结构单元可以延伸为(2):

$$\underset{133.726}{}C=C\overset{\overset{(5.589)}{H}_{128.029}}{\underset{\underset{(1.675)}{13.756}}{CH_3}}$$

从 5.589 ppm 的氢和 10.928 ppm 的碳的相关(表 8-8 最后一行),上述结构单元可以延伸为(3):

$$133.726 \quad C=C \quad 128.029$$

(5.589) H

CH_3 10.928 (1.615) CH_3 13.756 (1.675)

该甲基氢的化学位移数值 1.615 ppm 是由 HSQC 谱补充上去的。

从 1.615 ppm 的氢与 91.312 ppm 的碳的长程耦合(表 8-8 第 5 行),再结合 HSQC 谱和 DEPT 谱,确认它是 CH,氢的 δ 值为 4.235 ppm(4):

CH 91.312 (4.235)

(5.589) H

$133.726 \quad C=C \quad 128.029$

CH_3 10.928 (1.615) CH_3 13.756 (1.675)

从 4.235 ppm 的氢与 2.007 ppm 的氢的耦合关系(表 8-7 倒数第 4 行),上述结构单元延伸为(5):

CH 91.312 (4.235)

CH (2.007)

133.726 (5.589) H

$C=C \quad 128.029$

CH_3 10.928 (1.615) CH_3 13.756 (1.675)

2.007 ppm 的氢属于一个 CH,其碳原子的 δ 值为 35.451 ppm,这是从 HSQC 谱和 DEPT 谱得到的。

从 2.007 ppm 的氢和 3.397 ppm 以及 0.907 ppm 的氢的耦合关系(表 8-7 倒数第 4 行),上述结构单元延伸为(6):

CH (3.397) CH 91.312 (4.235)

CH (2.007) (5.589) H

$C=C \quad 128.029$ 133.726

CH_3 CH_3 (0.907) 10.928 (1.615) CH_3 13.756 (1.675)

3.397 ppm 的氢属于一个 CH,其碳原子的 δ 值为 77.428 ppm,这是从 HSQC 谱和 DEPT 谱得到的。

0.907 ppm 的氢属于一个 CH_3,其碳原子的 δ 值为 14.314 ppm,这是从 HSQC 谱和 DEPT 谱得到的。

从表 8-8 的第 3、4 行,δ 值为 1.207 ppm、1.306 ppm 的两个甲基和 46.304 ppm、77.428 ppm 以及 180.888 ppm 三个碳原子的长程耦合关系,并且考虑 180.888 ppm 的碳原子应该是连接氧原子的羰基(该未知物只含氧原子),上述结构单元进一步延伸为(7):

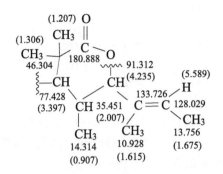

从表 8-6 可知上述二甲基碳原子的 δ 值分别为 21.912 ppm 和 24.806 ppm。

到目前为止,只余下两个 CH 未完全完成连接,另外还剩余一个羟基。显然,这两个 CH 都连接了电负性基团,4.235 ppm 的氢化学位移数值更大,由它连接—O—C═O 是合理的,因此完成了未知物结构的推导,即在推导上述结构的最后一步时,如果在 HMBC 谱中有羰基碳原子和 4.235 ppm 氢的长程相关,那就不需要化学位移的知识了。

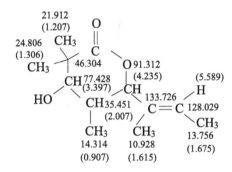

下面对该未知物氢谱的峰形进行分析,可以再次熟悉峰形分析的方法,也可以进一步确认有关的结构单元。

下面选择几个峰组。

先分析烯氢 5.589 ppm 的峰组,可以看到它是 q×q 的峰形。耦合常数大的裂分容易看出,其耦合常数为 6.8 Hz。6.8 Hz 是 ^3J 数值,说明有一个甲基和它共同连接了一个烯碳原子。耦合常数小的裂分可能不易识别,但是如果看到最高处为两个近似等高的峰,且两旁似有肩峰,这就应该是四重峰(如果是双峰,其两旁背景瘦削),这个小的耦合常数是长程耦合常数,说明有一个甲基和这个烯氢有长程耦合关系。

以上分析与上面推导的双键结构完全符合。由于烯键的存在,远离烯氢的甲基能够对烯氢产生长程耦合。

下面分析 δ 为 2.007 ppm 的氢的峰组,可以看到它有 12 重峰。它的峰形不易一下识别。仔细分析可以看到它是 q×t 的峰形。

以下分析可以理解。从高场往低场(从右往左)数,可以看到三组四重峰:1,2,4,6;3,5,8,10;7,9,11,12。每组四重峰形成三个等间距;每个峰都出现,也都仅出现一次;因此确实是三组四重峰。

从每组四重峰的中心形成三重峰。与它相连的甲基则产生四裂分。

以上分析与上面结构式中 δ 为 2.007 ppm 的 CH 相符,它两侧的两个 CH 有近似的耦合常数,因而形成三裂分。

可用类似方法分析 δ 为 1.675 ppm 的峰组具有 d×q 的峰形。

δ 为 1.615 ppm 的峰组的峰形不好分析,因为它受到三组氢的长程耦合,在这种情况下,一般都不能进行峰形分析。

例 8-5 某样品的相对分子质量为 359,其核磁共振氢谱、氢谱放大谱、碳谱、碳谱放大谱、DEPT 谱、COSY 谱、HSQC 谱、HMBC 谱、HMBC 谱放大谱分别如图 8-30~图 8-50 所示,试分析所有谱图是否与下列结构式相符:

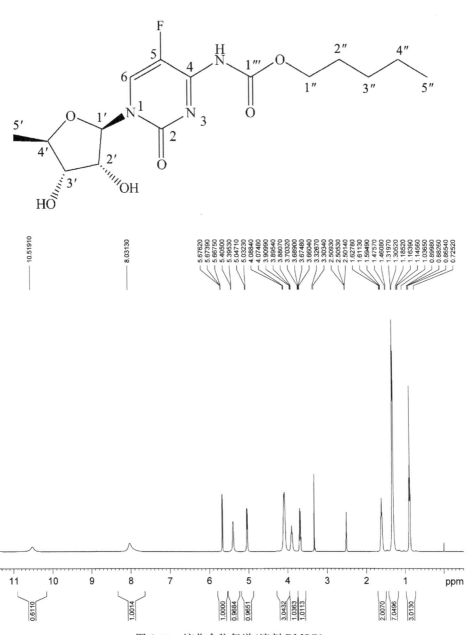

图 8-30 该化合物氢谱(溶剂 DMSO)

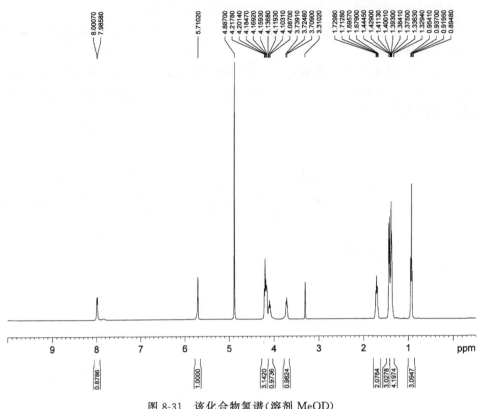

图 8-31　该化合物氢谱(溶剂 MeOD)

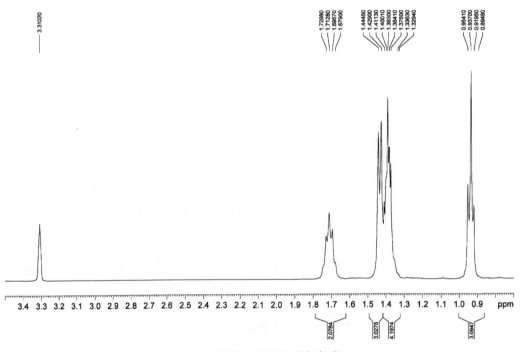

图 8-32　该化合物氢谱(高场部分)

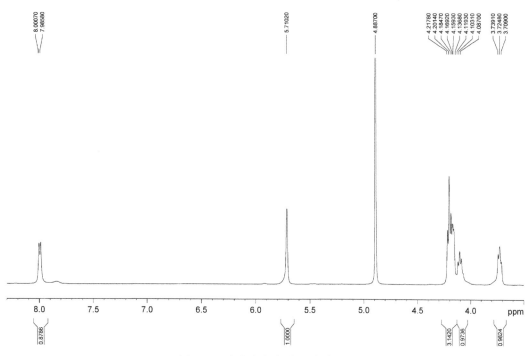

图 8-33 该化合物氢谱（低场部分）

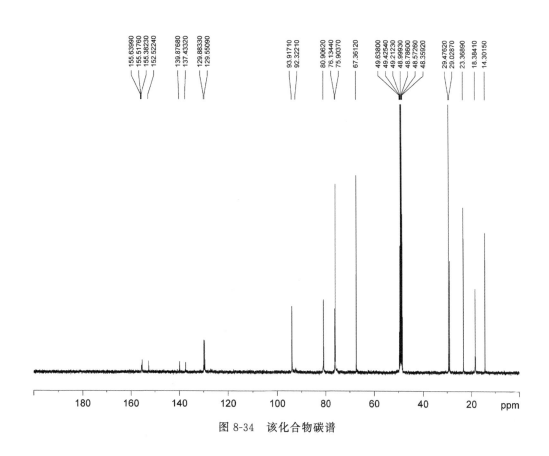

图 8-34 该化合物碳谱

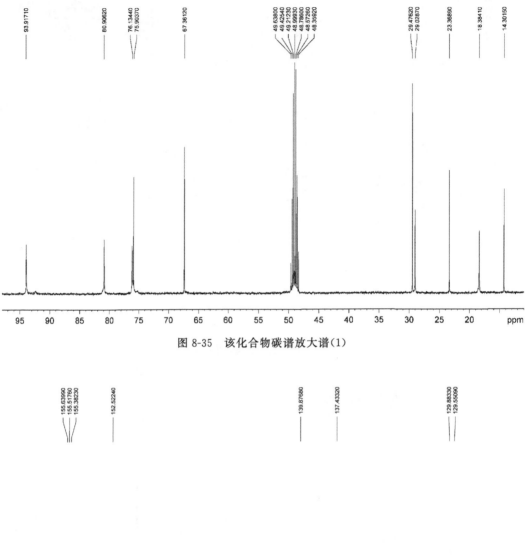

图 8-35　该化合物碳谱放大谱(1)

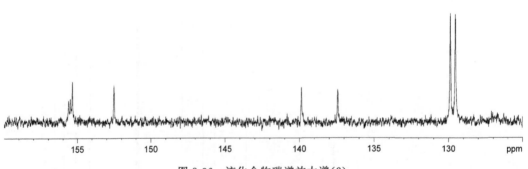

图 8-36　该化合物碳谱放大谱(2)

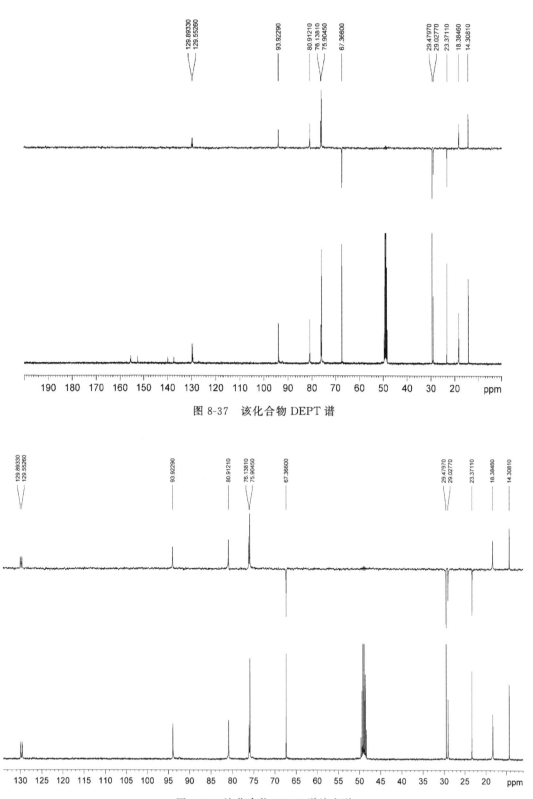

图 8-37　该化合物 DEPT 谱

图 8-38　该化合物 DEPT 谱放大谱

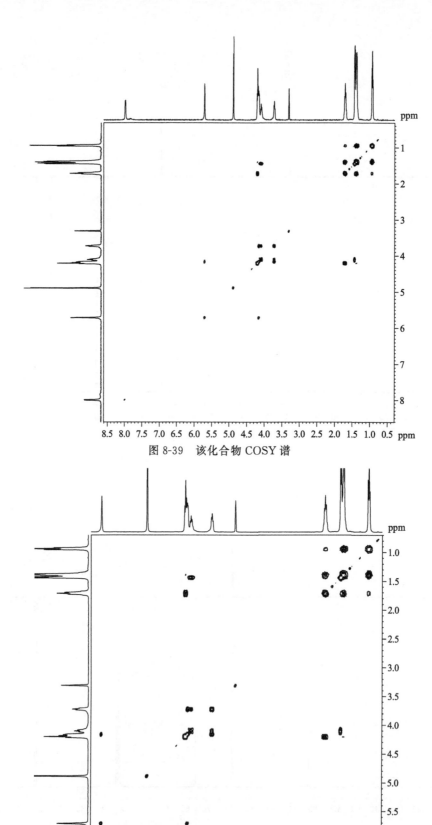

图 8-39　该化合物 COSY 谱

图 8-40　该化合物 COSY 谱放大谱

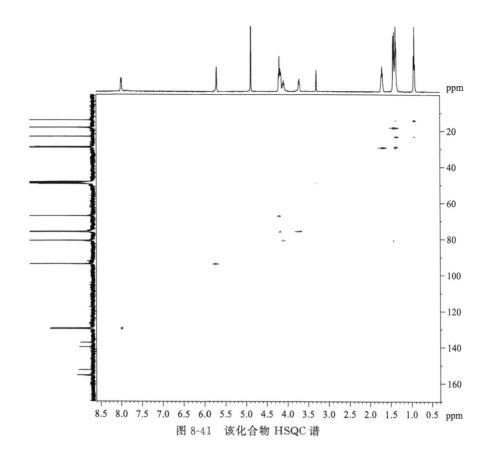

图 8-41　该化合物 HSQC 谱

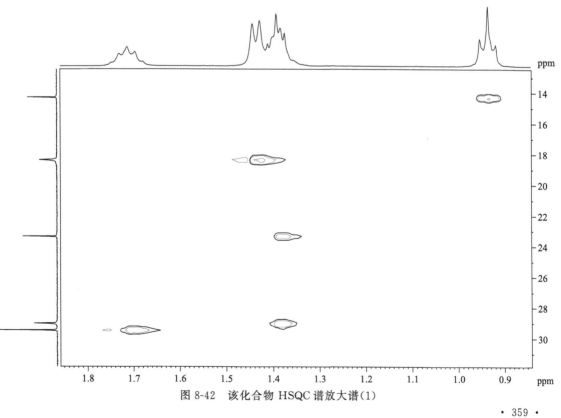

图 8-42　该化合物 HSQC 谱放大谱(1)

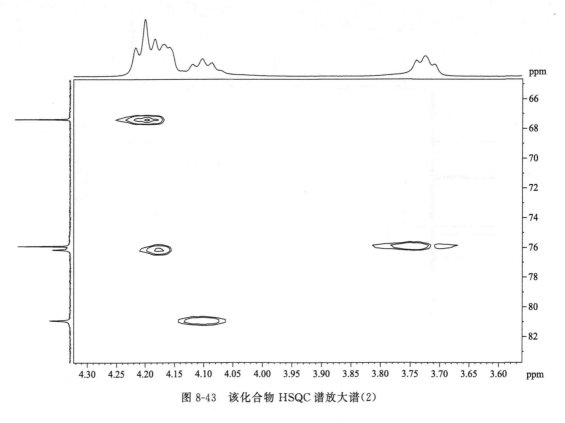

图 8-43　该化合物 HSQC 谱放大谱(2)

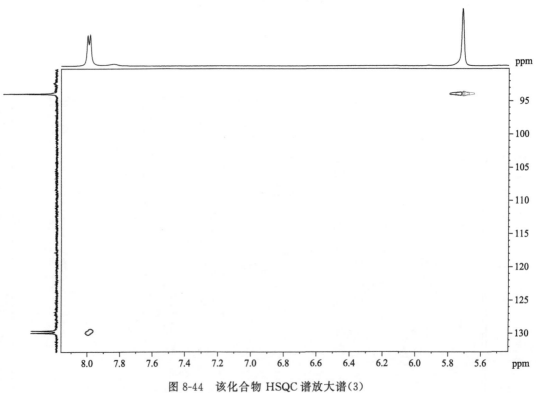

图 8-44　该化合物 HSQC 谱放大谱(3)

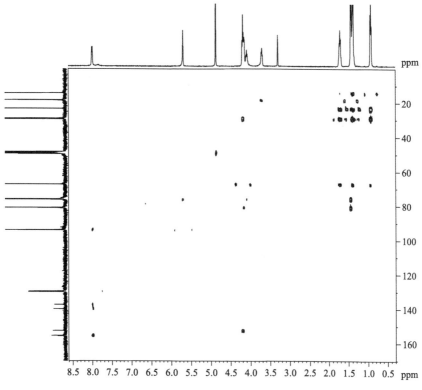

图 8-45　该化合物 HMBC 谱

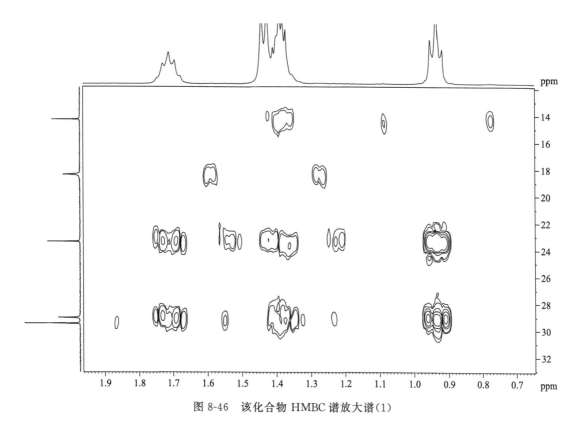

图 8-46　该化合物 HMBC 谱放大谱（1）

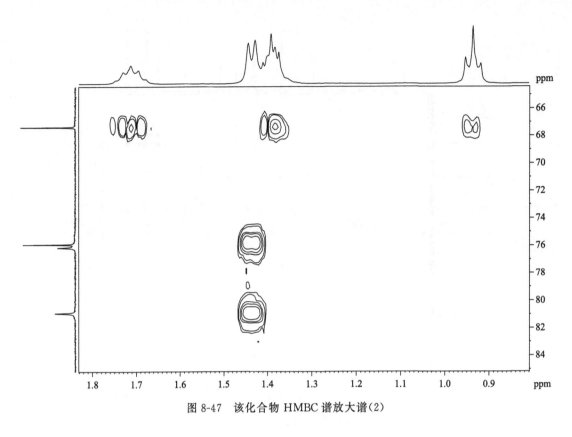

图 8-47　该化合物 HMBC 谱放大谱(2)

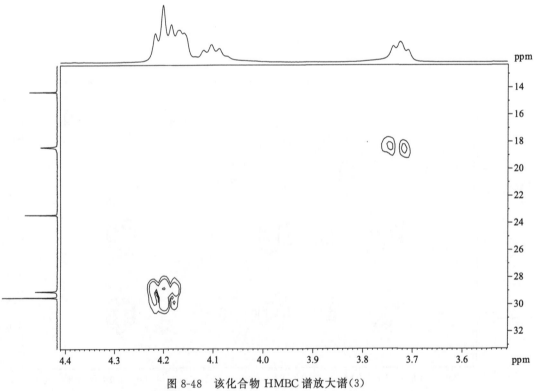

图 8-48　该化合物 HMBC 谱放大谱(3)

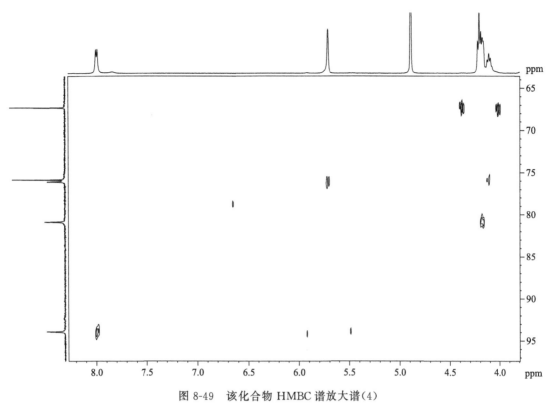

图 8-49　该化合物 HMBC 谱放大谱（4）

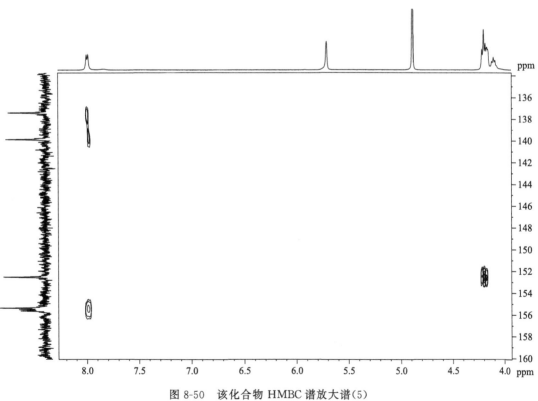

图 8-50　该化合物 HMBC 谱放大谱（5）

解　首先分析它的氢谱。

氢谱中 3.31 ppm 和 4.88 ppm 的峰是溶剂峰(氘代甲醇和水)。

氢谱数据可以整理为表 8-9。

表 8-9　该化合物氢谱数据归纳

δ_H/ppm	氢原子数目	峰形	备注
0.94	3	t	
1.39	4	m	应该是峰组的叠加
1.44	3	d	
1.71	2	5	
3.72	1	m	
4.10	1	m	
4.20	3	m	峰组的叠加
5.04	1	d	更换溶剂后消失
5.40	1	d	更换溶剂后消失
5.71	1	s	
8.00	1	d	
10.52	1	b	更换溶剂后消失

从表 8-9 可知,氢谱中总的氢原子数为 22,与上面结构式相符。

氢谱中有几处显示重叠的峰组,只有配合其他谱图才能分辨清楚。

化合物碳谱中 48.99 ppm 处的多重峰为溶剂峰。碳谱和 DEPT 谱数据的综合可以整理为表 8-10。

表 8-10　该化合物碳谱和 DEPT 谱数据归纳

δ_C/ppm	碳原子种类	备注
14.30	CH_3	
18.38	CH_3	
23.39	CH_2	
29.03	CH_2	
29.48	CH_2	
67.36	CH_2	
75.90	CH	
76.13	CH	
80.91	CH	
93.92	CH	
129.55	CH	129.55 和 129.88 的中心为 129.72
129.88	CH	
137.43	C	137.43 和 139.88 的中心为 138.66

δ_C/ppm	碳原子种类	备注
139.88	C	
152.52	C	
155.38	C	
155.52	C	155.52 和 155.64 的中心为 155.58
155.64	C	

直接统计表 8-10,共有谱线 18 条,大于结构式中所示,这是因为化合物含有氟原子,它会产生碳谱谱线的裂分。如何找出是因为氟原子产生的裂分谱线呢?这依靠下面两点:

(1) 一个氟原子产生碳谱谱线的二裂分,而且这两条谱线基本上等高。

(2) 对等高的两条谱线计算耦合常数,它们应该与已知的氟-碳耦合常数相符。

根据以上两点,可以找到 δ/ppm:129.55,129.88;137.43,139.88;155.52,155.64 三对谱线,计算相应的耦合常数分别为 33 Hz、245 Hz、12 Hz,分别与氟-碳的 ^2J、^1J、^2J 相符。由于电负性基团的取代,虽然同为 ^2J,但是数值有比较大的差别(33 Hz 和 12 Hz)。

从表 8-10 知,在碳原子上相连的氢原子总数为 19,加上 3 个活泼氢,共 22 个氢原子,与结构式相符。

该化合物的 HSQC 谱及其局部放大谱(结合氢谱和碳谱)的数据可以整理为表 8-11。

表 8-11　该化合物 HSQC 谱及其局部放大谱(结合氢谱和碳谱)**数据归纳**

δ_C/ppm	δ_H/ppm
14.30	0.94
18.38	1.44
23.39	1.38
29.03	1.39
29.48	1.71
67.36	4.20
75.90	3.72
76.13	4.17
80.91	4.10
93.92	5.71
129.72	8.00
138.66	
152.52	
155.38	
155.58	

应用 HSQC 谱后,氢谱中一些重叠的峰得以分辨开了,如 1.39 ppm 和 4.20 ppm 附近。

在表 8-11 中,我们把因氟耦合裂分的两条谱线合并为中心位置了。在氢谱中重叠的峰组进行了分辨。

该化合物 COSY 谱和 COSY 谱放大谱的数据总结为表 8-12。

表 8-12　该化合物 COSY 谱和 COSY 谱放大谱数据归纳

δ_H/ppm	耦合的氢 δ_H/ppm
0.94	1.38,1.39,(1.71)
1.38	0.94,1.39,1.71
1.39	0.94,1.38,1.71
1.44	4.10
1.71	(0.94),1.38,1.39,4.20
3.72	4.10,4.17
4.10	1.44
4.17	3.72,5.71
4.20	1.71
5.04	
5.40	
5.71	4.17
8.00	
10.52	

注:小括号表示弱耦合。

该化合物 HMBC 谱和 HMBC 谱放大谱的数据总结为表 8-13。

表 8-13　该化合物 HMBC 谱和 HMBC 谱放大谱数据归纳

δ_H/ppm	长程耦合的碳 δ_C/ppm	备注
0.94	23.39,29.03,29.48,(67.36)	
1.38,1.39	14.30,23.39,29,67.36	29 ppm 附近不能分辨
1.44	76,80.91	76 ppm 附近不能分辨
1.71	23.39,29,67.36	29 ppm 附近不能分辨
3.72	18.38	
4.10	76	76 ppm 附近不能分辨
4.16	80.91	
4.20	29.03,29.48,152.52	
5.04		
5.40		
5.71	76	76 ppm 附近不能分辨
8.00	93.9,138.66,155	155 ppm 附近不能分辨
10.52		

在表 8-13 中,所有[1]J 耦合的峰都没有写入。

表 8-9～表 8-13 把所有核磁共振谱图的数据都包括了。

从表 8-12 的 1、2、3、5 行找到耦合关系,再从表 8-11 的 1、3、4、5、6 行找到相应碳原子的化学位移数值,表 8-13 的 1、2、4 行可以辅助判断耦合关系。这样就可以指认该化合物结构式中戊基部分:

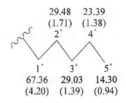

从表 8-12 的 4、6、7、8、12 行找到耦合关系,再从表 8-11 的 2、7、8、9、10 行找到相应碳原子的化学位移数值,表 8-13 的 3、5、6、11 行可以辅助判断耦合关系。这样就可以指认该化合物结构式中五元糖环的骨架部分:

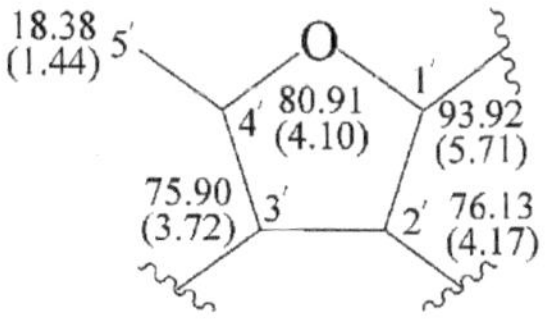

从表 8-11 倒数第 5 行可以指认杂芳环上面唯一的 CH。从表 8-13 倒数第 2 行可以完成六元杂环和五元糖环的连接的指认:

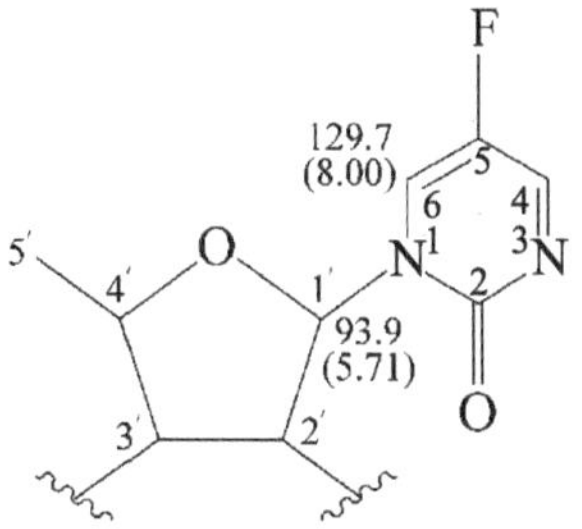

从表 8-13 的倒数第 6 行,可以完成戊基和旁边的酰基的连接的指认:

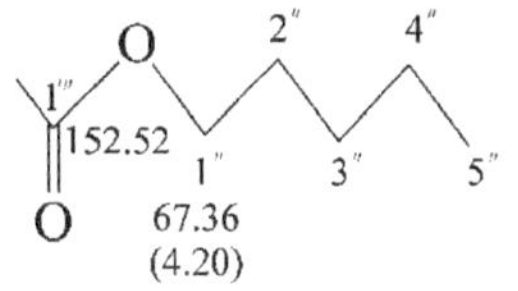

上述结构单元之外的季碳原子 2-、4-在碳谱中有合适的化学位移数值。

从变换溶剂,氢谱中 3 个峰消失可知该化合物含 3 个活泼氢,当然也就有 3 个相应的杂原子。

综合上面的分析,可以确定所有核磁共振谱图与预定的结构式是符合的。

例 8-6 某样品的核磁共振氢谱、氢谱局部放大谱、碳谱、碳谱局部放大谱、DEPT 谱、DEPT 谱局部放大谱、COSY 谱、COSY 谱局部放大谱、HSQC 谱、HSQC 谱局部放大谱、HMBC 谱、HMBC 谱局部放大谱分别如图 8-51～图 8-75 所示。试分析所有谱图是否与下列结构式相符:

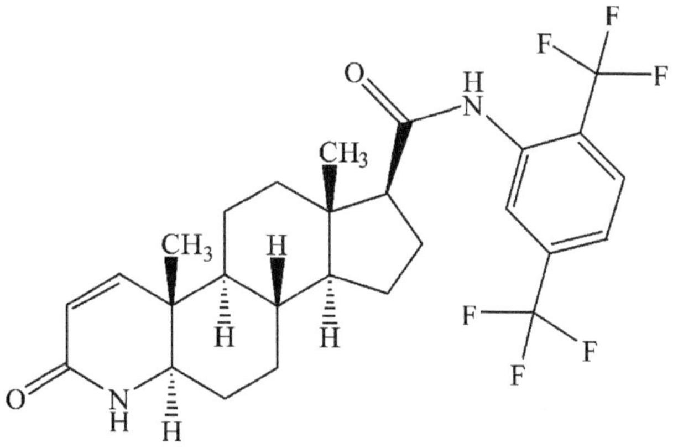

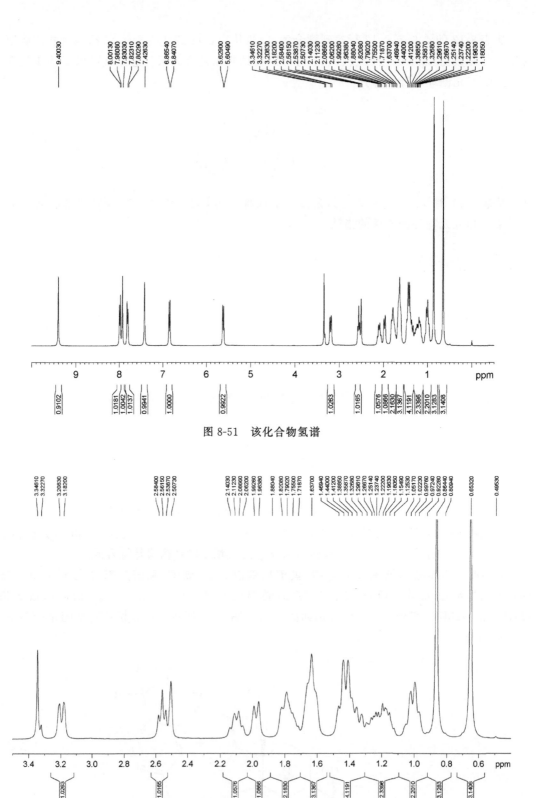

图 8-51　该化合物氢谱

图 8-52　该化合物氢谱放大谱(1)

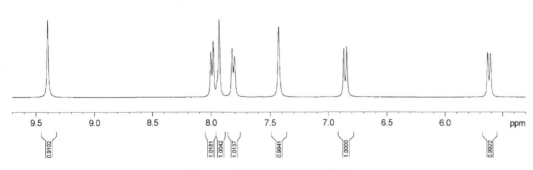

图 8-53　该化合物氢谱放大谱（2）

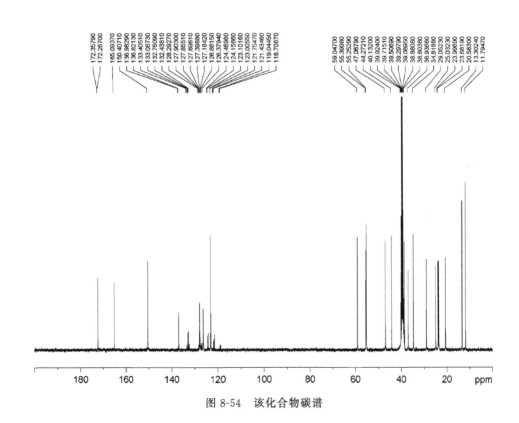

图 8-54　该化合物碳谱

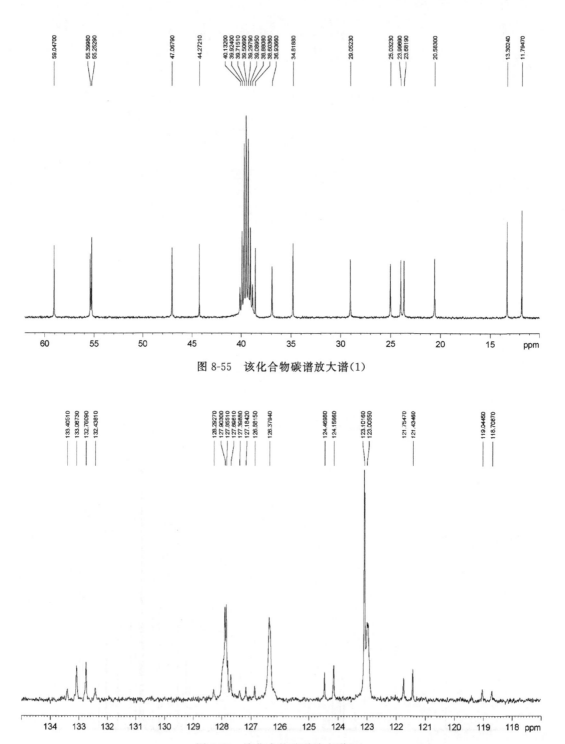

图 8-55　该化合物碳谱放大谱(1)

图 8-56　该化合物碳谱放大谱(2)

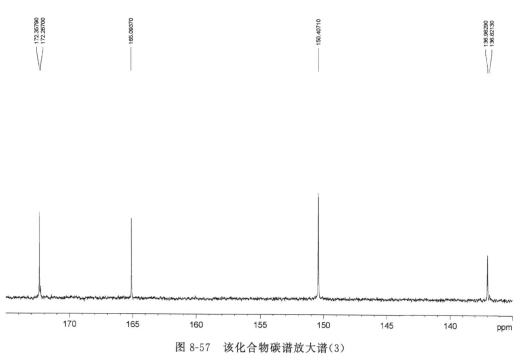

图 8-57　该化合物碳谱放大谱（3）

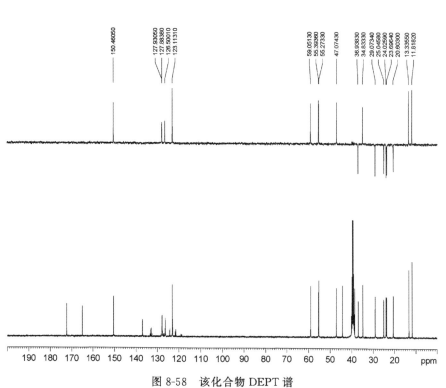

图 8-58　该化合物 DEPT 谱

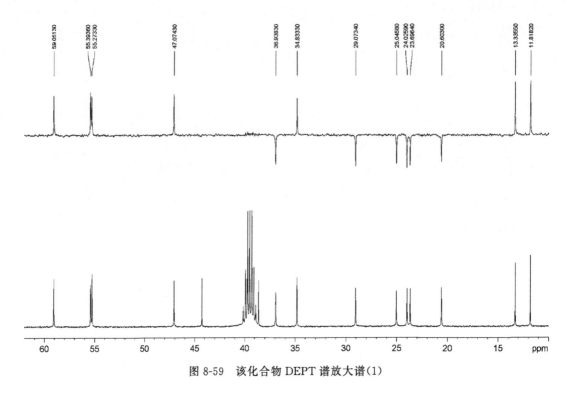

图 8-59　该化合物 DEPT 谱放大谱(1)

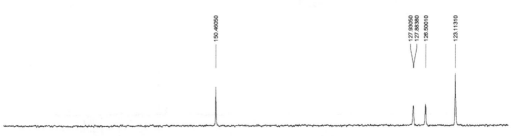

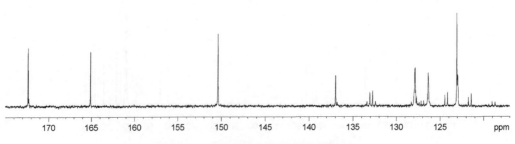

图 8-60　该化合物 DEPT 谱放大谱(2)

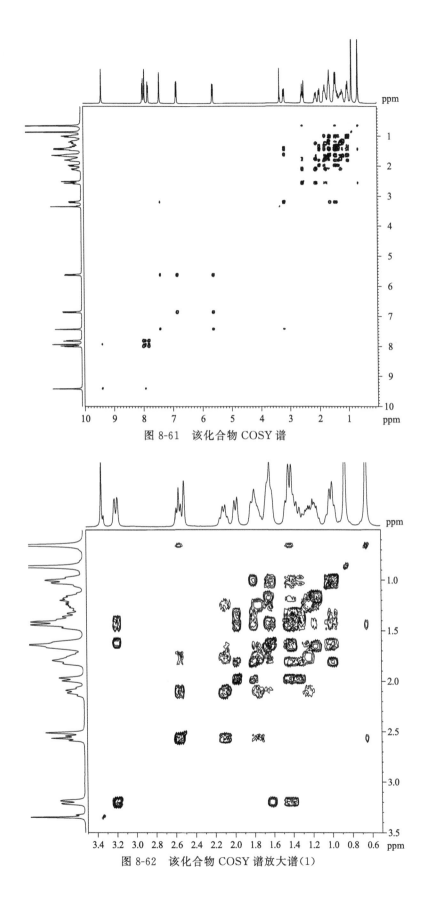

图 8-61 该化合物 COSY 谱

图 8-62 该化合物 COSY 谱放大谱(1)

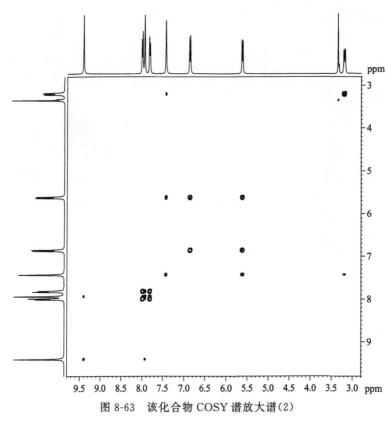

图 8-63　该化合物 COSY 谱放大谱（2）

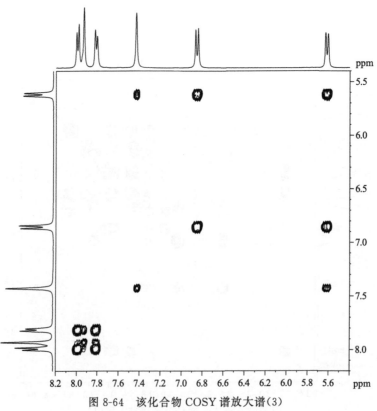

图 8-64　该化合物 COSY 谱放大谱（3）

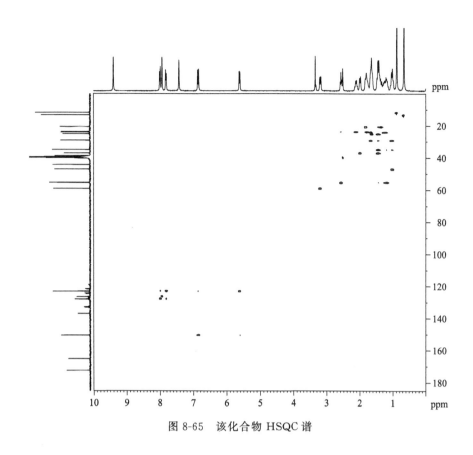

图 8-65　该化合物 HSQC 谱

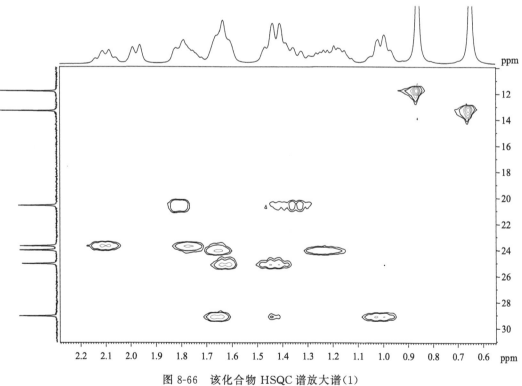

图 8-66　该化合物 HSQC 谱放大谱（1）

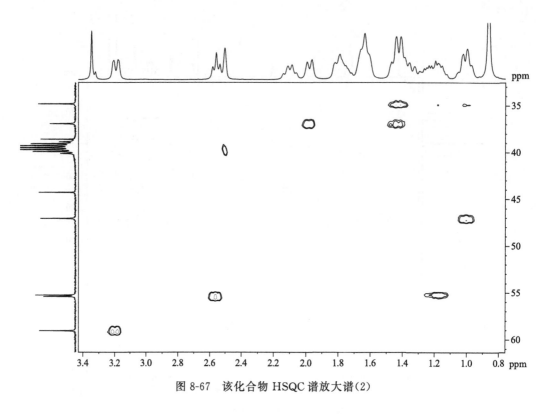

图 8-67　该化合物 HSQC 谱放大谱(2)

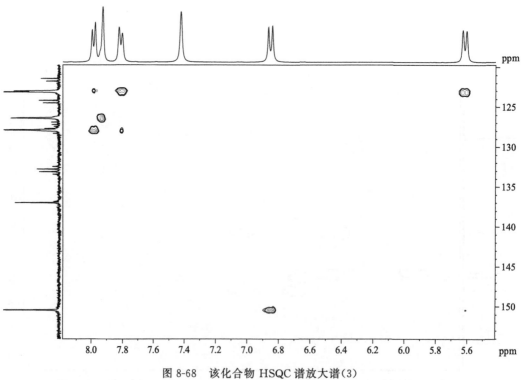

图 8-68　该化合物 HSQC 谱放大谱(3)

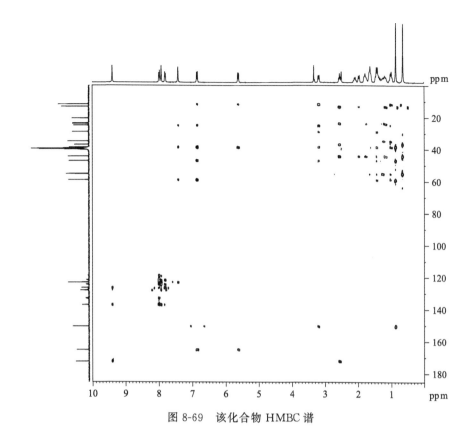

图 8-69　该化合物 HMBC 谱

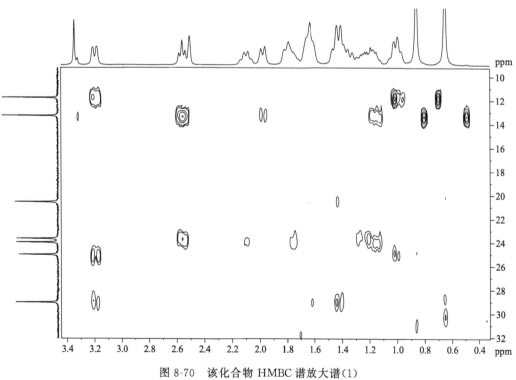

图 8-70　该化合物 HMBC 谱放大谱(1)

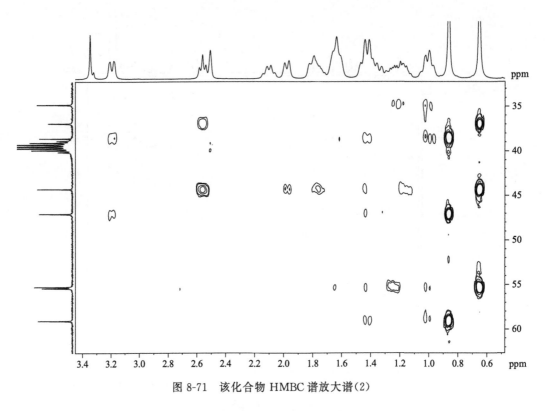

图 8-71　该化合物 HMBC 谱放大谱（2）

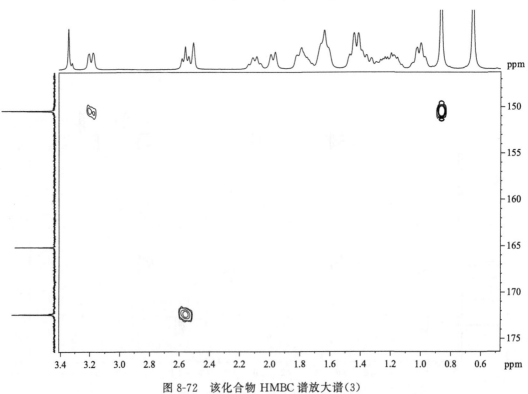

图 8-72　该化合物 HMBC 谱放大谱（3）

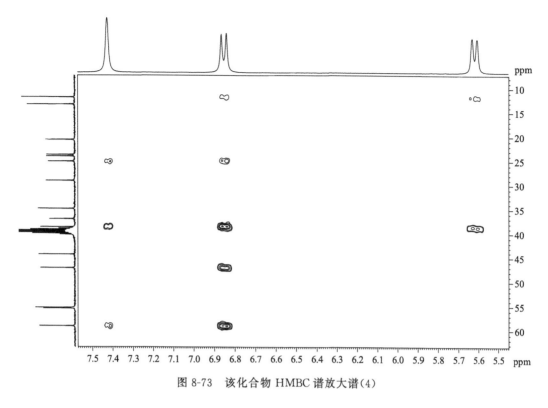

图 8-73 该化合物 HMBC 谱放大谱(4)

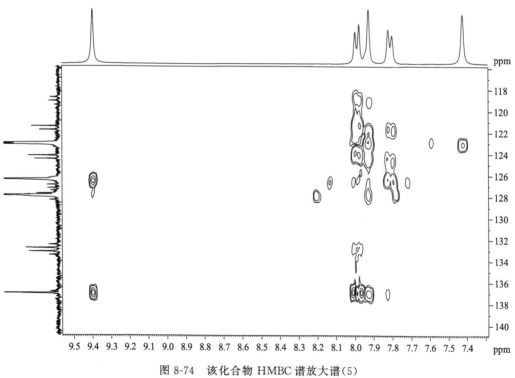

图 8-74 该化合物 HMBC 谱放大谱(5)

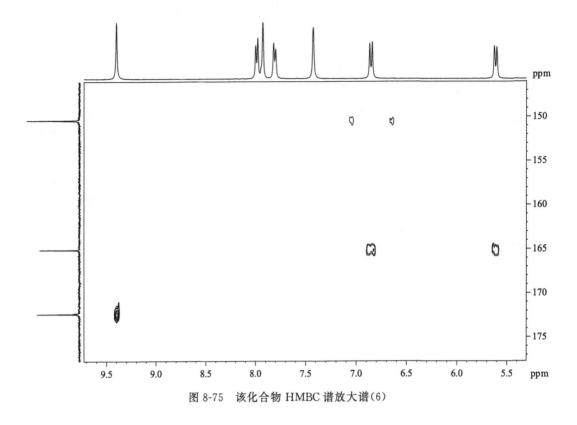

图 8-75　该化合物 HMBC 谱放大谱(6)

解　我们经常面临的两类问题是从谱图推测未知物结构或者通过对谱图的指认来确认某化合物的预定结构。无论是哪一类问题,如何从谱图读取数据都是非常重要的,这是本题的重要预期目的之一。

该化合物氢谱中 2.51 ppm 和 3.33 ppm 的峰为溶剂峰。

首先分析该化合物的氢谱和氢谱局部放大谱。由于氢谱的峰组重叠处不少,有些局部重叠的峰组可以分开,有些则不能。以 1.33~1.47 ppm 的区域为例,该区域一共对应 4 个氢原子。但是可以看到 1.33~1.39 ppm 的峰组和 1.39~1.47 ppm 的峰组从形状到强度都有很大的差别,因此在表 8-14 中把它们列为两行了。

氢谱和氢谱放大谱的数据整理为表 8-14。在该表中,重叠的峰组很多,通过二维谱(特别是 HSQC 谱)可以把氢谱重叠的峰组分开。

表 8-14　该化合物氢谱和氢谱局部放大谱数据归纳

δ_H/ppm	氢原子数目	峰形	备注
0.65	3	s	
0.86	3	s	
1.02	2	m	似有峰组重叠
1.18	1	m	
1.24	1	m	
1.35	1	m	峰组重叠

δ_H/ppm	氢原子数目	峰形	备注
1.43	3	m	峰组重叠
1.65	3	m	似有峰组重叠
1.79	2	m	似有峰组重叠
1.98	1	d	
2.10	1	m	
2.56	1	t	
3.20	1	d	
5.61	1	d	
6.85	1	d	
7.43	1	s	
7.81	1	d	
7.93	1	s	
7.99	1	d	
9.40	1	s	

下面分析该化合物的碳谱。

该化合物的碳谱中 39.51 ppm 的峰组为溶剂峰(DMSO)。该化合物的碳谱、碳谱局部放大谱(结合 DEPT 谱和 DEPT 谱局部放大谱)的数据可以整理为表 8-15。

表 8-15 该化合物碳谱、碳谱局部放大谱(结合 DEPT 谱和 DEPT 谱局部放大谱)**数据归纳**

δ_C/ppm	碳原子种类	备注
11.79	CH_3	
13.30	CH_3	
20.58	CH_2	
23.68	CH_2	
23.99	CH_2	
25.03	CH_2	
29.05	CH_2	
34.82	CH	
36.94	CH_2	
38.60	C	
44.27	C	
47.07	CH	
55.25	CH	
55.39	CH	
59.05	CH	
122.79	C	四重峰中心
123.01	CH	可见裂分
123.10	CH	

δ_C/ppm	碳原子种类	备注
123.11	C	四重峰中心
126.38	CH	
127.84	C	四重峰中心
127.88	CH	可见裂分
132.93	C	四重峰中心
136.98	C	
150.41	CH	
165.09	C	
172.36	C	

如果化合物不含氟等产生耦合裂分的原子,每种化学等价的碳原子只产生一条谱线。在当今高频核磁共振谱仪的测试下,谱线不会有重叠现象。

因为这个化合物含氟,在分析碳谱(芳香区)的时候,要特别仔细。由于氟(由 3 个氟一组)的裂分,在 118.71～133.41 ppm 的区域,可以看到若干规则的四重峰(δ/ppm):

118.71,121.43,124.16,126.88;119.04,121.75,124.47,127.18;耦合常数约 253 Hz。

127.18,127.69,—,128.29;耦合常数约 51 Hz。

132.44,132.76,133.09,133.41;耦合常数约 32 Hz。

中心在 127.88 ppm 的四重峰,耦合常数约 4 Hz。

中心在 123.01 ppm 的谱峰,可见裂分,由于谱图上数据打印不全,不能计算耦合常数,从谱图上估计,与 127.88 ppm 的裂分相近。

在 DEPT 谱的放大谱中,打印的化学位移数值与碳谱中的数值有很微小的差别,需要对比碳谱放大谱以确定碳原子级数。

表 8-15 只列出了中心的数值。

分析该化合物的 HSQC 谱和 HSQC 谱局部放大谱,再结合氢谱和碳谱的数据可以整理为表 8-16。

表 8-16　该化合物 HSQC 谱和 HSQC 谱局部放大谱(结合氢谱和碳谱)数据归纳

δ_C/ppm	δ_H/ppm
11.79	0.86
13.30	0.65
20.58	1.35,1.81
23.68	1.78,2.10
23.99	1.24,1.65
25.03	1.43,1.63
29.05	1.02,1.66
34.82	1.43
36.94	1.44,1.98

δ_C/ppm	δ_H/ppm
38.60	
44.27	
47.07	1.02
55.25	1.18
55.39	2.56
59.05	3.20
122.79	
123.00	7.81
123.10	5.61
123.11	
126.38	7.93
127.84	
127.88	7.99
132.93	
136.98	
150.41	6.85
165.09	
172.36	

在表 8-16 中,氢谱还剩余两个峰(7.43 ppm 和 9.40 ppm),它们是连接在杂原子上的氢。它们两个如何区分? 用 COSY 谱或 HMBC 谱都可以。

通过 HSQC 谱,氢谱中重叠的峰组都看清楚了,都分别读取了。

该化合物的 COSY 谱和 COSY 谱的局部放大谱再结合氢谱的数据可以整理为表 8-17。

表 8-17　该化合物 COSY 谱和 COSY 谱的局部放大谱(结合氢谱)数据归纳

δ_H/ppm	耦合的氢 δ/ppm	备注
0.65	(1.45),(2.58)	
0.86		
1.02	(1.35),1.43,1.65,1.81	
1.18	(1.24),1.43,1.65	
1.24	(1.18),1.80,2.10	
1.35	(1.02),1.44,1.80,1.98	
1.43	(0.65),1.02,(1.24),1.35,1.66,1.80,1.98,3.20	1.42~1.44 ppm 与其他氢的耦合不好区分
1.65	1.02,1.18,1.44,1.78,(2.10),3.20	
1.78	1.24,2.10,2.56	
1.81	1.02,1.35,1.45,1.98	

δ_H/ppm	耦合的氢 δ/ppm	备注
1.98	1.35,1.44,1.81	
2.10	1.24,1.78,2.56	
2.56	(0.65),1.78,2.10	
3.20	1.42,1.65,7.43	
5.61	6.85,7.43	
6.85	5.61	
7.43	3.20,5.61	
7.81	(7.93),7.99	
7.93	(7.81),9.40	
7.99	7.81	
9.40	7.93	

注:小括号表示弱耦合。

由于 COSY 谱的分辨率不高,氢谱中化学位移靠近的峰组不能分开,故列为一行。

该化合物的 HMBC 谱和 HMBC 谱局部放大谱可以整理为表 8-18。

表 8-18　该化合物 HMBC 谱和 HMBC 谱局部放大谱数据归纳

δ_H/ppm	长程耦合的碳原子 δ/ppm
0.65	36.94,44.27,55
0.86	38.60,47.07,59.05,150.41
1.02	(34.82),(38.60),(55),(59.05)
1.18	13.30,23.99,44.27
1.24	(34.82),55
1.44	(20.58),29.05,(38.60),(44.27),(47.07),55,59.05
1.65	
1.78	(23.99)
1.80	(44.27)
1.98	(13.30),(44.27)
2.10	23.99
2.56	13.30,23.68,36.94,44.27,172.36
3.20	11.79,25.03,29.05,38.60,47.07,150.41
5.61	(11.79),38.60,165.09
6.85	(11.79),(25.03),38.60,47.07,59.05,165.09
7.43	(25.03),(38.60),59.05,123
7.81	123,126.38
7.93	123.11,136.98
7.99	122.79,132.93,136.98
9.40	126.38,136.98,172.36

注:小括号表示弱耦合。

当相关峰的位置不能精细确定时,碳谱谱线只写整数,氢谱峰组则写中心位置。

在上面的表中,^1J 耦合的相关峰没有列入。

表 8-14~表 8-18 包括了所有的核磁共振谱图数据。下面的工作就是逐步进行指认了。

由于下面的原因,对于这个化合物谱图的指认是具有相当大的难度的:

(1) 分子式复杂:$C_{27}H_{30}F_6N_2O_2$。

(2) 氢谱中不少峰组重叠,随之而来的是 COSY 谱中不少相关峰不能分辨。

(3) 碳谱中若干谱线很靠近,使读取 HMBC 谱的数据产生困难,氟原子的裂分更使困难加大。

虽然有上述困难,该化合物核磁共振谱图指认仍然可以完成,原因如下:

(1) 从碳谱可以读出 27 个碳原子的化学位移数值。

(2) 从 HSQC 谱可以读出与每个碳原子相连的氢原子的化学位移数值。

(3) 由于 COSY 谱相关峰不能分辨而不能确定的连接关系可以利用 HMBC 谱得到。

(4) 通过放大核磁共振谱图的电子版可以读取不少数据。在显示屏上,通常谱图显示的比例是 75%,若干谱线靠近,可以加大比例至 200%、400% 甚至更大。

当然,如果要完全表述出来,篇幅很大,因此这里仅写出相对简单的两个结构单元的指认。

(1) 指认结构式左下的含羰基和双键的六元环。

烯氢的化学位移数值是独特的(5.61 ppm 和 6.85 ppm),可以作为寻找连接关系的起点,7.43 ppm 的 NH 也可以作为确定连接关系的起点。

根据表 8-18 第 14~16 行,可以找到该六元环的碳原子以及在环上取代的碳原子的化学位移数值。

(2) 指认结构式最右边的取代苯环。

从表 8-17 倒数第 2~倒数第 4 行,可知为 1,2,4-取代苯环,并确定苯环剩余氢原子的化学位移数值,结合 HSQC 谱的数据则知道了这些碳原子的化学位移数值。

从碳谱可知被氟原子耦合裂分的碳原子以及有关的耦合常数,这样就知道了那些碳原子距离氟原子的距离(跨越多少根化学键)。

从表 8-18 倒数第 2~倒数第 4 行,根据上面苯环剩余氢原子的化学位移数值,可以确定苯环其余的碳原子以及它们的化学位移数值。

该化合物最后的指认如下:

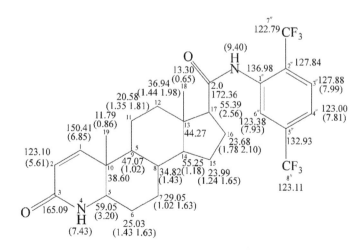

第9章 谱学方法测定构型、构象

1874 年,范特霍夫(van't Hoff)和勒贝尔(Le Bel)几乎同时分别提出了一切分子均以立体(三维空间)形式存在的理论,开辟了有机化学的新纪元。1929 年哈沃斯(Haworth)首次提出"构象"这个词。哈塞尔(Hassell)和巴顿(Barton)由于发展和应用构象的原理而共同荣获了 1969 年诺贝尔化学奖。1975 年普雷洛格(Prelog)和康福思(Cornforth)又因立体化学的研究而成为诺贝尔化学奖得主。大量研究表明:有机化合物的构型、构象与其物理、化学性质、生物活性和功能密切相关。因此,构型、构象的研究成为日益受到重视的课题。

X 射线单晶衍射是确定分子绝对构型的最好方法,但其前提是制备样品的单晶。当样品非晶态或高相对分子质量的分子不能或难以制备单晶时,或者要研究复杂分子在溶液中的构象,X 射线单晶衍射也不能胜任。因此,就一般情况而论,谱学方法是很理想的方法。它常能有效地确定分子的构型、构象,又不消耗样品或只消耗很少的样品(质谱),因而通常是应重点考虑的方法。虽然如此,20 世纪末出版的立体化学专著[1,2]中,谱学方法仍阐述甚少。另一方面,虽然已有多本立体化学分析方法著作[3-7],但因仅限于对某一种谱学方法的讨论,读者看完之后还难以形成一个综合、简明的方法学的概念。本章的内容是作者在阅读大量文献及自己科研的基础上为达到上述目的而进行的一个尝试。这样做的难度很大,因为在结构鉴定的著作中全面论及构型、构象尚未见先例,综合性的谱学方法确定构型、构象也未见专著及综述。本章难免不够全面和略显分散。

第 8 章主要解决原子间的相互连接顺序即"结构"(constitution)问题,对双键的顺、反式作了鉴别,其他的立体化学课题基本未阐述。现以谱学方法为线索,依次对构型、构象的测定进行讨论。

本章主要讨论有机化合物构型、构象的确定。鉴于生命科学的迅猛发展,谱学方法又有共同性,因此一些生物分子的构象课题就一并讨论了。

9.1 核磁共振方法

由第 1~4 章和第 8 章的内容可以看到核磁共振在鉴定有机物结构中的重要作用,因此可以推测,核磁共振在解决立体化学问题时作用仍然突出,实际情况正是如此。这主要因为核磁共振能提供丰富的立体化学信息。就一般的有机化合物而论,^{13}C 核和氢核的化学位移、同核和异核的耦合常数、同核和异核的 NOE 都可能反映化合物的构型、构象。其次,核磁共振合适的时标使我们便于用它研究一些化合物的构象互变过程(参阅 2.8.1),也可以在低温状态区分不同的构象。因此,用谱学方法确定分子的构型、构象时,核磁共振方法最为常见,效果通常最好。

随着 2D NMR 及 3D NMR 的发展,核磁共振法的优点进一步发扬光大。因为运用多维核磁共振之后,才能准确地完成谱图的指认,得到精确的 J 值,获得丰富的 NOE 信息。

9.1.1 化学位移

化学位移是核磁共振谱的最基本参数,它与原子核所处的化学环境直接相关。立体化学环境的改变也会引起 δ 值的改变。因此,对比 δ 值的变化通常可以得到关于立体化学的信息。早在 20 世纪 70 年代初期,即已用碳谱 δ 值来研究取代乙烯的立体化学[8]。这确实是一条重要的途径。

1. ^{13}C 化学位移

虽然氢谱 δ 值也反映立体化学的信息,但是碳谱 δ 值反映的信息比氢谱更加重要。这是因为碳谱 δ 值对立体化学因素比较敏感,碳谱 δ 值范围也比氢谱大得多。总的来说,影响碳谱 δ 值的立体化学因素包括空间位阻的影响和屏蔽、去屏蔽的作用。具体分析主要有以下几点:

(1) 取代基的 γ-旁式效应将使 γ-位置的碳原子产生高场位移(参阅 3.2.2)。

(2) 某些基团,特别是大的环状共轭体系,对其周围基团有较强的各向异性屏蔽作用。由此可以推断前者与后者在空间的关系。

(3) 以六元环为典型,不同方向(如平伏或直立)的键将对环上的碳原子产生不同的屏蔽或去屏蔽作用。

(4) 大基团的取代使被取代碳原子 δ 值加大。

下面举例说明:

(C9-1)　　　　(C9-2)

顺式 2-丁烯(C9-1)两个 CH_3 的 δ 值比反式 2-丁烯(C9-2)的 δ 值小约 5 ppm,这是前者存在 γ-旁式效应,两个甲基在空间相互挤压的结果。

与此相类似,就有下面的差别:

(C9-3)　　　　　　　　　　　(C9-4)

再对比下面两个化合物的某些 δ 值:

(exo)　　　　　　　　(endo)
(C9-5)　　　　　　　　(C9-6)

其中 C-7 的 δ 值差别最大。这是因为在(C9-6)中,C-7 未受到 γ-旁式作用;而在(C9-5)中,C-1、C-3 对 C-7 均有 γ-旁式作用,所以其 δ 值有较大幅度的下降。另一方面,在(C9-5)中,对 C-1 和 C-3 来说,仅有 C-7 对它有 γ-旁式作用;而在(C9-6)中,C-9、C-10 二者对 C-1、C-3 均有 γ-旁式作用,因而 C-1、C-3 的 δ 值在(C9-6)中较(C9-5)为低。C-9、C-10 与之类似[9]。

利用化学位移的差别可以区分赤式(erythro form)和苏式(threo form)。以 2,3-二卤丁烷（C9-7）为例[10]：

$$CH_3—CHX—CHX—CH_3$$
$$\underset{1}{}\quad\underset{2}{}\quad\underset{3}{}\quad\underset{4}{}$$

(C9-7)

由于绕碳碳单键可以自由旋转，因此无论对赤式还是苏式，各自均有三种构象异构体，如图 9-1 所示。

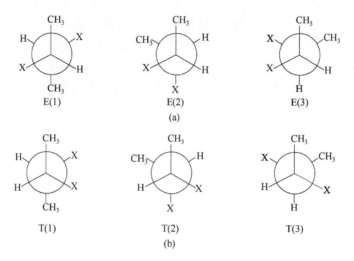

图 9-1　赤式（a）或苏式（b）各有三种构象

虽然碳碳键是可以自由旋转的，但当与 C-2 原子相连的三个基团的投影与 C-3 原子相连的三个基团相重时，这种蚀式构象（eclipsed conformation）的势能高，因此无论是赤式还是苏式，都分别以三种构象异构体存在。

由于卤素原子体积大，容易产生电子壳层间的斥力，因此对赤式而言，E(1) 的概率大于 E(2) 或 E(3)；对苏式而言则是 T(3) 的概率大于 T(1) 或 T(2)。

从 γ-旁式效应分析，端甲基受到 γ-旁式效应的作用有高场位移。考虑赤式，在 E(2) 或 E(3) 中，四个基团挤在一起，γ-旁式效应强于 E(1)，即 E(1) 中的 γ-旁式效应较弱。考虑苏式，T(2) 或 T(3) 中，四个基团挤在一起，γ-旁式效应较强。

综合这两方面的分析：对赤式而言，E(1) 存在的概率较大，而它的 γ-旁式效应较弱；对苏式而言，T(3) 存在的概率较大，而它的 γ-旁式效应较强，因此苏式中 CH_3 的 δ 值应比赤式中 CH_3 的 δ 值小。实验结果恰与此分析相符：当 X 分别为氯、溴和碘时，苏式的 CH_3 相比于赤式的 CH_3 的 δ 值分别低 3.7 ppm、5.8 ppm 和 9.5 ppm。

取代环己烷的构象平衡一直是研究的重点之一。事实上，巴顿的诺贝尔化学奖论文正起于此。大量研究表明，取代环己烷的优势构象为取代基处于平伏键的（e）而不是取代基处于直立键的（a），如图 9-2 所示。

在（a）构象中，R 对 C-3、C-5 有 γ-旁式作用，在（e）中则无，因此（a）的 C-3、C-5 的 δ 值较（e）中低。当 R 分别为 $—CH_3$、$—CH_2CH_3$、$—CH\begin{smallmatrix}CH_3\\[2pt]CH_3\end{smallmatrix}$ 时，$\Delta\delta$ 顺次为 6.0 ppm、5.6 ppm、5.3 ppm。反

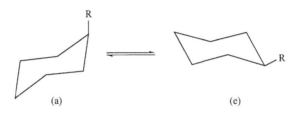

图 9-2　单取代环己烷存在优势构象

之,R 基中的 α-碳原子(—CH₃、—CH₂—、$\overset{|}{\underset{|}{—CH}}$)$\delta$ 值在(a)中也较低。γ-旁式效应起主要作用,还有其他影响因素,因而环中的其他碳原子 δ 值也有差别[11]。

　　当温度不够低时,由于构象的相互转换,相应的碳原子只能观测到一个平均化的信号(参阅 2.8.1)。为增加每种构象的存在时间,必须降低温度,但样品的温度降低又导致(a)的比例下降甚至消失,因而为测得两种构象的碳谱需采用特殊的技术。

　　环己烷取代的立体化学效应是显著的。把取代的碳原子定为 1-位。当有直立键的取代基时,C-1 原子的 δ 值较平伏键取代时常有几个 ppm 的低场位移。3-、5-位碳原子则因 γ-旁式效应而有几个 ppm 的高场位移。这样的讨论可延伸到糖类化合物。葡萄糖衍生物的糖头异构体可由此而区分。例如,α-D-葡萄糖苷与 β-D-葡萄糖苷相比,前者 C-1 原子 δ 值比后者约大 4 ppm;前者 C-3 和 C-5 的 δ 值则比后者约小 6 ppm。

　　在主-客体化学(host-guest chemistry)中,杯芳烃(calixarene)是继冠醚(crown ether)和环糊精(cyclodextrin)之后的一类新化合物。杯芳烃最普遍的形式是对位烷基酚以亚甲基桥键相连的环状化合物。亚甲基桥在酚羟基的邻位。按照对位烷基酚的数目为 4、6、8 等,分别称为杯[4]芳烃(calix[4]arene)、杯[6]芳烃、杯[8]芳烃。以环[4]芳烃而论,可能存在四种构象:锥形(cone)、部分锥形(partial cone)、1,2-交替(1,2-alternate)和 1,3-交替(1,3-alternate),分别如图 9-3 中(a)、(b)、(c)和(d)所示。

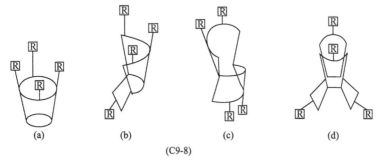

(C9-8)

图 9-3　杯[4]芳烃的四种构象

　　由图 9-3 可知,杯[4]芳烃构象的变化在—CH₂—上必然会有所反映。在 Gutsche 所做的前驱性工作[12]中即已指出这点(该文重点采用氢谱)。Jaime 等[13]则重点研究以芳环间的—CH₂—作为杯芳烃构象的表征。通过对 24 种杯[4]芳烃(C9-8)的研究,归纳出 Ar—CH₂—Ar 大致在 31 ppm 和 37 ppm。当两苯环方向相同时,其间的—CH₂—约在 31 ppm;当两苯环方向相反时,其间的—CH₂—约在 37 ppm。由此可区分各种构象。若为锥形构象,将只有 31 ppm 附近的两个峰;若为部分锥形构象,则有 31 ppm 和 37 ppm 附近的两个峰,余类推。

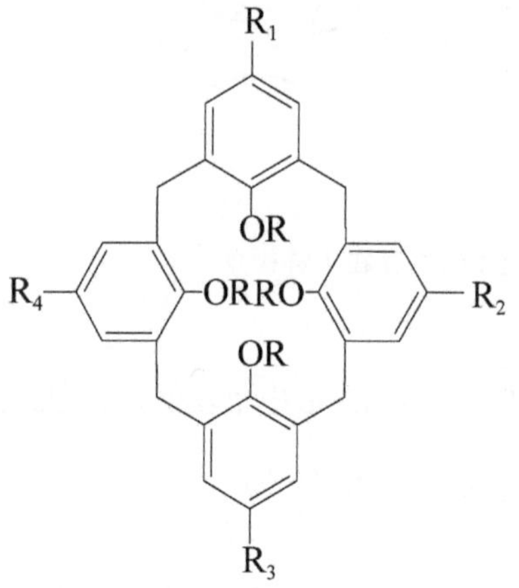

(C9-8)

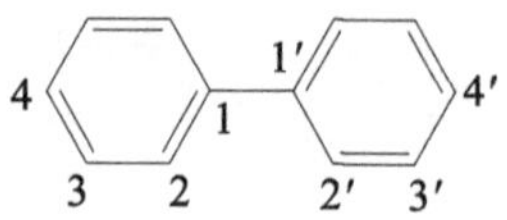

(C9-9)

Roberts 研究了联苯衍生物(C9-9),当 2-及 2′-位被取代之后,两个苯环之间会产生一个扭曲角。测量 C-1′和 C-4′的 δ 之差,可以确定扭曲角的数值[14]。

下面介绍一个较复杂的分子的例子[15]。

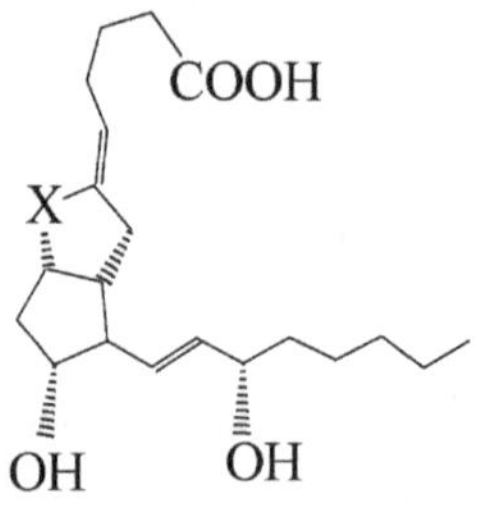

(C9-10)   X＝O,前列环素
(C9-11)   X＝CH₂,卡巴环素

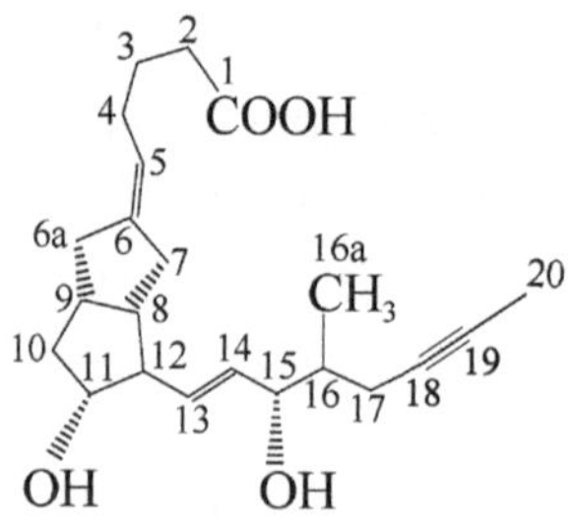

(C9-12)

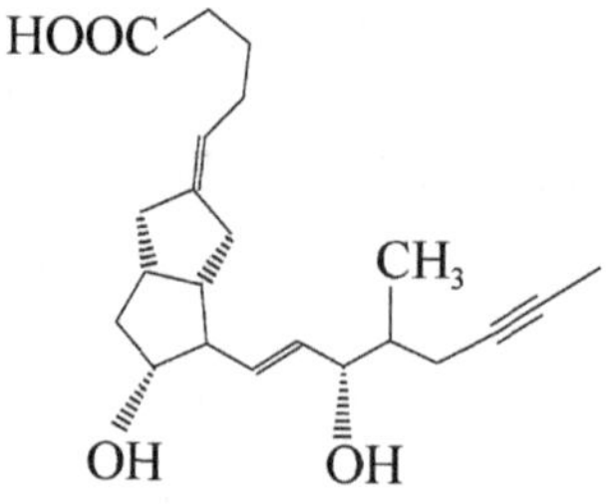

(C9-13)

(C9-10)前列环素(prostacyclin)是有效的血管舒张剂,血小板凝聚的抑制剂。因烯醚(enolether)基团造成该化合物很不稳定,故将氧原子取代为 CH₂(C9-11),称为卡巴环素(carbacyclin)。(C9-11)也具有较好的疗效。再经系统的研究将(C9-11)的较长支链加以变化,得到伊洛前列素(iloprost)(C9-12),它实际上具有与(C9-10)这种天然产物相近的生物功能。在合成时,会产生两种异构体,其原因是较短的支链相对于环外双键有两种不同的构型:(C9-12)和(C9-13)(isoiloprost)。这两种异构体可以分开(但立体结构不易确定),显示很不同的生物效应。培养 X 射线衍射的单晶未成功,估计有较高生物活性的为(C9-12),与天然产物有相似的构型;活性差的则为(C9-13),但需确切的证明。

完成此研究的指导思想就是作出两个异构体的碳谱,通过二维谱分别完成碳谱的指认。由前述的 γ-旁式效应,对比两套标号为 6a 和 7 的碳原子的 δ 值,即可区分这两种异构体。

由于存在 C-16 的两个非对映异构体(diastereoisomer),因此若干位置的碳原子的谱线均呈现双峰。这给碳谱的指认增加了困难。

主要靠 C,H-接力相干转移谱(relayed coherence transfer spectrum)和 COSY,再配合 DEPT 数据,完成了碳谱的指认。

最后结果有

δ/ppm	6a	7
异构体 1	35.9	38.1
异构体 2	41.2	32.5

从此结果可知,异构体 1 应为(C9-12),因 C-4 对 C-6a 产生 γ-旁式效应,使后者有明显的高场位移。异构体 2 则是(C9-13),C-4 的 γ-旁式效应使 C-7 产生高场位移。

从这个例子,我们看到了核磁共振对解决立体化学问题的有力功效。设想在拿到两个纯品之后作出两张红外谱图,尽管两张谱图的指纹区有差别,但难以从中判断出构型。

蛋白质分子在溶液中的二级结构也会在 ^{13}C 化学位移上反映出来。对 100 多个氨基酸残基的统计有[16]:

α 螺旋(α-helix)时,C-α 平均位移(3.09±1.06)ppm,C-β 平均位移(-0.38±0.85)ppm。

β 折叠(β-sheet)时,C-α 平均位移(1.48±1.23)ppm,C-β 平均位移(2.16±1.91)ppm。

2. ^{1}H 化学位移

如前所述,由于氢谱化学位移范围窄,其对立体化学欠敏感,并且耦合裂分可能造成指认的困难,因此 ^{1}H 化学位移在立体化学中的应用不如 ^{13}C 化学位移,但仍然不失为确定有机化合物构型的一种方法。

以 1,2-二苯乙烯为例,在顺式异构体中两个烯氢的化学位移数值为 6.50 ppm,而在反式异构体中两个烯氢的化学位移数值则为 7.00 ppm。这是因为与苯环共平面的氢原子受到去屏蔽作用,而如果氢原子在苯环上则受到屏蔽作用。在反式异构体中,两个烯氢原子都受到两个苯环的去屏蔽作用,因此化学位移数值较大;在顺式异构体中,两个烯氢原子都只受到邻近的一个苯环的去屏蔽作用,因此化学位移数值较小。

又如,下面两个异构体:

(C9-14)   (C9-15)

对比两个异构体的 C-4 原子直立键的甲基。在(C9-14)中,该甲基离苯环较远,没有受到苯环的屏蔽作用,化学位移数值为 1.00 ppm;在(C9-15)中,该甲基离苯环较近,受到苯环的屏蔽作用,因而化学位移数值为 0.35 ppm。

再看下面两个异构体中的烯氢的化学位移数值。在(C9-16)中,该氢原子离羰基近,即羰基对它的去屏蔽作用强,因此化学位移数值较大,为 7.85 ppm;而在(C9-17)中,该氢原子离羰基远,即羰基对它的去屏蔽作用较弱,因此化学位移数值较小,为 6.35 ppm。

(C9-16)   (C9-17)

当指认能明确完成时,从 ^{1}H 化学位移也可以得到有关信息,如从取代烯氢原子化学位移值确定双键的构型;六元环的直立氢和平伏氢 δ 值的不同有可能得到构象信息(参阅 2.1.2)。

当分子中存在各向异性的屏蔽基团时,从 ^{1}H 的化学位移可得出立体化学的信息。

利用 ^{1}H 的化学位移值来决定蛋白质分子的二级结构是值得推荐的。在统计大量已知二级结构的蛋白质分子的 ^{1}H 化学位移值的基础上,Wishart 等提出了化学位移指数(chemical shift index,CSI)的方法[17,18]。蛋白质分子的二级结构与氨基酸残基中 α-CH 的 δ_H 密切相关。以无规卷曲的 α-CH 的 δ_H 为基准(指数为 0),在 α 螺旋中,α-CH 的 δ_H 移向高场(指数 -1);在 β 折叠中,该 δ_H 则移向低场(指数 $+1$)。连续四个(或以上)残基注为"-1"而未被"$+1$"间断,则可定为 α 螺旋。连续三个(或以上)残基注为"$+1$"而未被"-1"间断,则可定为 β 折叠。这种方法简便且具有与传统 NOE 方法相近的精度。

9.1.2 耦合常数

磁性核之间的耦合作用是通过化学键传递的,而立体化学的因素会影响耦合常数的数值,因而通过测定耦合常数的数值可以得到立体化学的信息。当然,需注意到耦合常数与其他因素也有关,如取代基电负性、键长等。

参考文献[19-21]对耦合常数与立体化学的关系有较好的总结。

1. 同核耦合常数

虽然 ^{13}C-^{13}C 之间的同核耦合常数也反映立体化学信息[19],但 J_{CC} 的测定是复杂的(如 INADEQUATE),或需作同位素标记,因此我们在这里的讨论仅限于 J_{HH}。

1)同碳(二氢)耦合(geminal coupling)常数 ^2J

下述例子反映了 ^2J 与立体化学的关系。在化合物(C9-18)$_{eq}$ 中,S 的孤对电子与邻碳直立氢的键平行,其 ^2J 较(C9-18)$_{ax}$ 更"正"一些(从绝对值看是更小一点)。

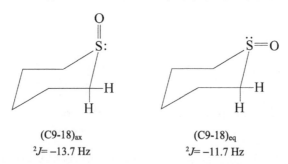

(C9-18)$_{ax}$ (C9-18)$_{eq}$

$^2J = -13.7$ Hz $^2J = -11.7$ Hz

(C9-19)两个异构体与之类似:

(C9-19)$_{ax}$ (C9-19)$_{eq}$

$^2J = -13.6$ Hz $^2J = -12.6$ Hz

肽链中氨基酸残基的构象由 ϕ、ψ、χ_1 和 ω 四个扭曲角决定,如图 9-4 所示。

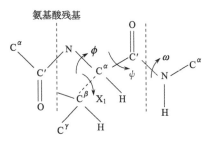

扭曲角 ψ 与 C-α 上两个 H(如果该残基 C-α 上有两个氢)的 ^2J 相关。不少人研究过含甘氨酸或 N-甲基甘氨酸(sarcosine)残基的肽,测量该残基中的 $^2J_{HCH}$,并与 X 射线衍射数据比较。总结表明 ψ 为 90° 时,^2J 值最大(^2J 符号为负,从绝对值来看是最小);ψ 为 0° 或 180° 时,^2J 值最小(其绝对值最大)。最大、最小差值约 6 Hz[20]。

图 9-4　肽链中氨基酸残基的构象

2) 邻位耦合(vicinal coupling)常数 ^3J

从前面氢谱的讨论可知,^3J 是最重要的耦合常数。

一般来说,在以核磁共振法测定构型、构象时通常先想到 NOE,但对大分子而言,NOE 的结果有可能得到非单一解,此时测定 J 的数值就更有意义。

本书在 2.2.3 中已阐述了 Karplus 方程。由 ^3J 数值的测量,可得到相应二面角的大小,因而可得到立体化学的信息。在那里我们也讨论了 Karplus 方程在立体化学中的若干应用,此处再作一定的补充。

由于六元环的 J_{aa} 与 J_{ae}、J_{ee} 有较大的差别,因此由 H-1 和 H-2 耦合常数的测量可推出 C-1 原子上取代基的方位。

再如,某未知物可能是下列两个结构式中的一个:

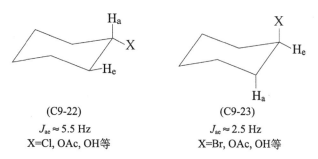

(C9-20)　　　　　　(C9-21)

在(C9-20)中,含 H_a 与 H_b 的二面角约为 90°,因此 J_{ab} 应近于零。在(C9-21)中,含 H_a 与 H_b 的二面角约为 45°,实测的 J_{ab} 为 4 Hz,因而可判断未知物为(C9-21)。

二面角是影响 ^3J 的重要因素,但取代基的电负性等也影响 ^3J 的数值。值得一提的是,电负性取代基团的方位也可能影响 ^3J 的大小。

(C9-22)　　　　　　　　　　(C9-23)

$J_{ae} \approx 5.5$ Hz　　　　　　$J_{ae} \approx 2.5$ Hz

X=Cl, OAc, OH 等　　　　X=Br, OAc, OH 等

当 X 处于平伏键时,J_{ae} 较 X 处于直立键时大一倍还多。

3) 长程耦合常数

由于在一般情况下,长程耦合的数值很小,因而用以确定构型、构象不得力。有在特殊情况下用长程耦合(使峰的半高宽加大)来确定构象的例子[7]。

2. 异核耦合常数

异核耦合常数包括碳-氢、氮-氢、磷-氢等之间的耦合常数。作为有机化合物骨架的碳原子自然是最重要的,因此着重讨论碳-氢之间的耦合常数。

1) $^1J_{CH}$

$^1J_{CH}$ 的数值较大(参阅 3.3.1),很容易测定。

$^1J_{CH}$ 与立体化学的关系很显著的一个例子是确定糖苷(glucoside)的异头(anomeric)异构体,如确定是 α-吡喃糖(取代基在 C-1 的直立键方向)还是 β-吡喃糖(取代基在 C-1 的平伏键方向)。$^1J_{C-1,H-eq}$ 的值约为 170 Hz。$^1J_{C-1,H-ax}$ 的值约为 160 Hz,即 $^1J_{C-1,H-eq}$ 比 $^1J_{C-1,H-ax}$ 约大 10 Hz。当有其他取代时,这两个 $^1J_{CH}$ 的数值都会发生变化,但差值仍维持约 10 Hz。因此,从 $^1J_{CH}$ 可以确定是哪一种糖头异构体,这样的结果进一步延伸到含氮或氧的其他六元杂环,连接杂原子的碳原子仍有类似的结果。这方面有大量的文献参考,文献[22]是一例。

$^1J_{CH}$ 也可用于蛋白质构象的研究。对于伸展的(extended)β 折叠,$^1J_{C\alpha H\alpha}$ 有一个相对较小的平均值(140.5±1.8)Hz;而 α 螺旋则有一较大的平均值(146.5±1.8)Hz[16]。

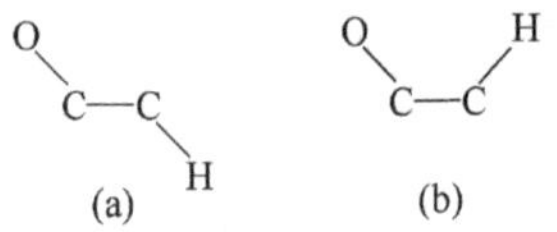

2) $^2J_{CH}$

所讨论的 ^{13}C 核和 ^1H 核同连于另一碳原子,^{13}C 核和 ^1H 核相距两根化学键,因此也称同碳耦合。

图 9-5　$^2J_{CCH}$有两种符号,正值(a)和负值(b)

与由 ^1J 确定糖头异构体类似,$^2J_{CH}$ 也提供重要信息。研究发现当 O—C—C—H 中的 O 与 H 构成"反式"[图 9-5(a)]时,$^2J_{CCH}$ 为正值。当 O—C—C—H 中 O 与 H 构成"顺式",$^2J_{CCH}$ 为负值。

因此,$^2J_{CH}$ 也可以确定是何种糖头异构体。以下列两化合物(C9-24,25)为例:

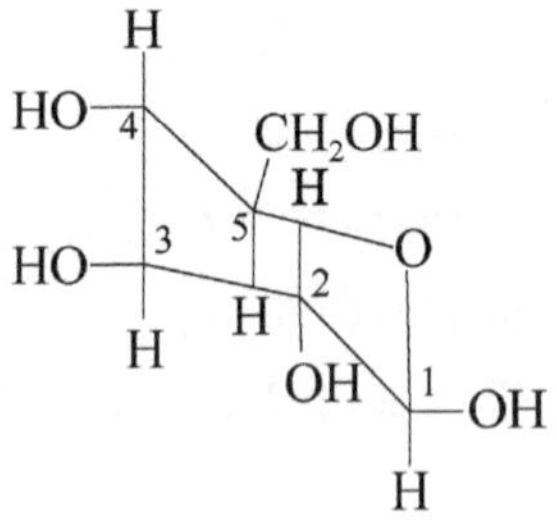

(C9-24) 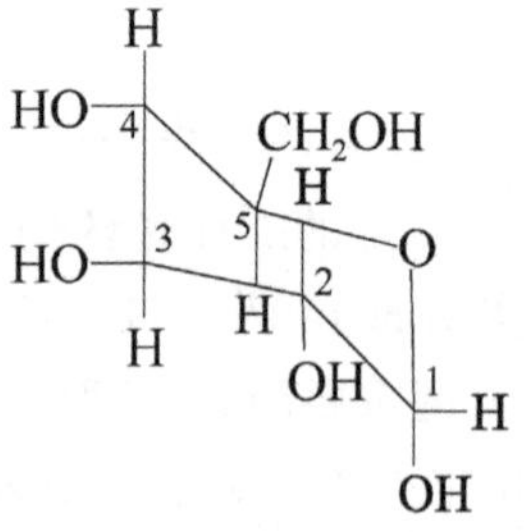　　　　　(C9-25)

在(C9-24)中,C-1 上的 OH 和 H-2 处于 C-1—C-2 的同侧,与图 9-5(b)相对应,$^2J_{C-1,H-2}$ 为 -5.7 Hz;(C9-25)中的 $^2J_{C-1,H-2}$ 则与图 9-5(a)相对应,$^2J_{C-1,H-2}$ 小于 1 Hz,但为正值[19]。

基于大量的研究,对于取代的乙烯(C9-26)总结了 $^2J_{C-1,H}$ 的数值。

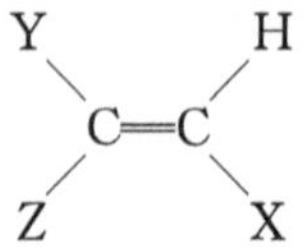

(C9-26)

在一定的 X、Y、Z 取代基存在下,有一确定的 $^2J_{C-1,H}$ 值,从一整套数据可分析出其 $^2J_{CH}$ 有加和性。计算的 ^2J 与实测值较为接近[19]。

$$
\begin{array}{cc}
\text{Cl}\qquad\text{Cl} & \text{Cl}\qquad\text{H} \\
\diagdown\quad\diagup & \diagdown\quad\diagup \\
\text{C}=\text{C} & \text{C}=\text{C} \\
\diagup\quad\diagdown & \diagup\quad\diagdown \\
\text{H}\qquad\text{H} & \text{H}\qquad\text{Cl}
\end{array}
$$

$$\qquad\qquad\text{(C9-27)}\qquad\qquad\qquad\qquad\text{(C9-28)}$$

实测　$^2J_{CCH}=15.4\ \text{Hz}$ 　　　　实测　$^2J_{CCH}<0.3\ \text{Hz}$

计算　$^2J_{CCH}=16.3\ \text{Hz}$ 　　　　计算　$^2J_{CCH}=0.9\ \text{Hz}$

因此,由 $^2J_{CCH}$ 可以知道取代乙烯的构型。

3) $^3J_{CH}$

氢-氢的 ^3J 有 Karplus 方程。人们自然就要寻求碳-氢之间的 ^3J 是否有类似的方程。无论从理论计算还是实验测定(X 射线单晶衍射测定二面角,核磁共振测定 $^3J_{CH}$)都得到了肯定的结论:碳-氢之间的 ^3J 仍可用 Karplus 方程来描述。当然有关常数是不同的。

或由理论计算,或由实验测定,针对不同的结构,有相应的 Karplus 方程的系数。例如,对于丙烷体系,理论计算有

$$^3J_{CH}=4.26-1.00\cos\theta+3.56\cos2\theta$$

虽然 $^3J_{CH}$ 的测定比 $^3J_{HH}$ 困难,但由 $^3J_{CH}$ 得到构型、构象信息是可取的,因为从化合物的结构来看,有时不存在跨越三根键的两个氢,但确有跨越三根键的碳和氢原子。下列两对例子说明了 $^3J_{CH}$ 在确定取代双键构型中的作用,有关的碳、氢原子用"*"号标出。

$$
\begin{array}{cc}
\text{HOOC}^*\qquad\text{CH}_3 & \text{HOOC}^*\qquad\text{H}^* \\
\diagdown\quad\diagup & \diagdown\quad\diagup \\
\text{C}=\text{C} & \text{C}=\text{C} \\
\diagup\quad\diagdown & \diagup\quad\diagdown \\
\text{H}\qquad\text{H}^* & \text{H}\qquad\text{CH}_3
\end{array}
$$

$$\qquad\text{(C9-29)}\qquad\qquad\qquad\qquad\text{(C9-30)}$$

$$^3J_{CH}=14.50\ \text{Hz}\qquad\qquad\qquad ^3J_{CH}=6.78\ \text{Hz}$$

$$
\begin{array}{cc}
\text{HOOC}^*\qquad\text{CH}_3 & \text{HOOC}^*\qquad\text{H}^* \\
\diagdown\quad\diagup & \diagdown\quad\diagup \\
\text{C}=\text{C} & \text{C}=\text{C} \\
\diagup\quad\diagdown & \diagup\quad\diagdown \\
\text{CH}_3\qquad\text{H}^* & \text{CH}_3\qquad\text{CH}_3
\end{array}
$$

$$\qquad\text{(C9-31)}\qquad\qquad\qquad\qquad\text{(C9-32)}$$

$$^3J_{CH}=13.2\ \text{Hz}\qquad\qquad\qquad ^3J_{CH}=7.4\ \text{Hz}$$

关于氢-氢耦合和碳-氢跨越两三根化学键的耦合对确定构型和构象的作用,Riccio 等有一篇综述[23]。

4) 其他异核的 ^3J

除测定 $^3J_{CH}$ 之外,还可见 $^3J_{NH}$、$^3J_{NC}$ 的测定,其主要目的均是用于蛋白质分子的立体化学研究。在做这样的研究时,一般均需应用富集 ^{15}N 的样品[24]。

3. 耦合常数的获得

耦合常数的获得有多种途径,以测定耦合常数为标题的研究论文非常多。

简单的情况下,耦合常数可从通常的一维谱直接读取。

二维核磁共振谱的产生和发展为测定各种耦合常数提供了多种途径。要进行完全的归纳是困难的,也是会很快被突破的。下面仅举一些例子加以说明。

二维 J 分辨谱可以得到精确的 J 值。当然,对于同核 J 分辨谱而言,仅对弱耦合体系适用(强耦合体系峰组复杂,不能直接读出 J 值)。

相敏位移相关谱能较好地显示 J 值。但当数字分辨不够时有可能遇见困难,当正峰和负峰相互局部交盖时更是如此。

为克服这个缺点,E. COSY(exclusive COSY)[25]应用较多。E. COSY 由 DQF-COSY(双量子滤波 COSY)以及 TQF-COSY(三量子滤波 COSY)加权相加而得,交叉峰的精细结构简化,因而易于读取耦合常数。

以上所述例子是从峰形的角度来测出氢、氢之间的耦合常数。

由于位移相关类二维谱相关峰的强度与耦合常数 J 有关(参阅附录 1),因此可从相关峰的强度来求 J。例如,从 TOCSY 相关峰的强度,用迭代返回计算法(iterative back calculation)得到 J[26]。

若要测量异核和氢核之间的耦合常数(如 $^3J_{CH}$),由于对 ^{13}C 进行采样灵敏度低,因而比较好的方式为反转(inverse)检出氢核,这方面也有很多论文,文献[27]是一例。

为获得异核耦合常数,创立了很多新的脉冲序列。这里仅介绍一个用 ^{13}C 的选择性激发测量长程 ^{1}H-^{13}C 耦合常数的例子[28]。

在该脉冲序列中,选择性的 90°脉冲仅激发某种感兴趣的 ^{13}C 核。从这个选择性脉冲到检测 ^{1}H 的 90°脉冲的中点应用一个 BIRD 脉冲(参阅 4.1.4),使该碳原子的化学位移和 ^1J 耦合重聚焦,长程耦合则未被去耦,因而在对氢核进行采样所得的"一维"谱中,得到表示长程耦合的峰的分裂,从而得到 ^{1}H-^{13}C 长程耦合常数。

若需测定碳和异核之间的耦合常数(如 $^3J_{CN}$),前已叙述,需采用富集了 ^{13}C 和 ^{15}N 的样品。

9.1.3 NOE

虽然 NOE 在 20 世纪 50 年代中期即被发现,但直到 1965 年,它才被 Anet 和 Bourn 首次在化学上应用[29]。12 年后,NOE 的第一本专著问世[30]。1989 年出版了 NOE 的第二本专著[4]。关于 NOE 的文献大量、广泛地分布在有关刊物之中。

在以核磁共振法研究立体化学时,NOE 常比化学位移 δ 和耦合常数 J 更具优越性。Brakta 等的工作[31]是一个很好的例子。为了研究吡喃葡萄糖苷(glucopyranoside)和呋喃葡萄糖苷(glucofuranoside)的异头异构体,他们合成了 33 种葡萄糖苷(其中大多数具有 α-,β-两种糖头异构体),系统研究了 ^{1}H-^{13}C 耦合常数和 NOE。结论为 NOE 是最可靠的。后面再具体论述。

关于 NOE 的应用,下列诸点是应注意的:

(1) 为测定 NOE,需对样品的核磁共振谱图有准确的指认。最常用的是同核 NOE,故需指认好氢谱。也可研究异核 NOE,此时需另指认好异核的谱图。总的来说,指认可由位移相关谱类的二维谱完成。当然,在一些情况下 NOE 是指认的有力工具。

(2) NOE 的测定有一维谱和二维谱两大类。一维谱是作 NOE 的差谱。先作常规的氢谱并保存。再预先照射某选定的峰组,使其上、下两能级粒子数相等,在这样前提下再测氢谱。两张氢谱相减,若无 NOE,则是一水平线。若强度有变化(出现正峰或负峰),则说明有 NOE。这样做的优点是灵敏度较高,比较容易得到好的 NOE 结果。当然此时预辐照的选择就很关键。二维谱的方式即测 NOESY 或 ROESY(参阅 4.7 节)。在 NOE 类的二维谱中,核组间的 NOE 全部能观察到,是非选择性的。但缺点有以下三点:一是灵敏度较差,不如 NOE 差谱;

二是作 NOE 类二维谱不像作其他二维谱,混合时间若选不好,效果就不好;三是可能有假峰(artifacts),具体是采用一维方式还是采用二维方式,与体系的具体情况有关。

（3）NOE 的具体数值除与研究的分子密切相关之外,也与仪器(工作频率)、实验条件等有关,因而准确性和相互可比性不够好,这是需要注意的。

（4）NOE 信息的价值与两个相关的磁性核跨越的化学键的数目有关。当两核越是跨越了多根化学键还显示 NOE 时,则越能排除相当多的(构型、构象)可能性,因而提供较重要的立体化学信息。

（5）在应用 NOE 时,常有某些预定的分子模型,根据 NOE 的结果可以从中作出明确的选择。

（6）NOE 最适合用于刚性分子。在这种情况下,核组之间具有确定的距离。根据 NOE 可以得到分子的立体化学信息。

（7）若样品为柔性(flexible)分子,相对于核磁共振的时标(参阅 2.8.1),这样的分子在溶液中存在较快的构象互变,NOE 测定的是一个平均效果,因而无法得到具体构象的信息。此时下列途径可以考虑:

（i）做变温实验。使体系的温度降低,其变化有可能成为相对于核磁共振时标的慢变换过程,如果样品在溶液中有优势构象,可能得到 NOE 结果。

（ii）加入使溶液变黏稠的物质,如 SDS(十二烷基磺酸钠),使构象转换的速率降低。

（iii）将样品分子进行化学修饰,即将其结构稍加变化以便测得 NOE。

下面举一些 NOE 的例子说明它在立体化学中的应用。

先介绍前面已提到过的 Brakta 等的工作[31],现仅介绍吡喃葡萄糖苷的研究,其结构如下:

α-型 (C9-33)   β-型 (C9-34)

从 ^1H 化学位移来看,β-糖苷的 H-1 处于直立键,其 δ 值应较 α-糖苷的低,较多的 α-、β-成对的异构体确实如此,但也有二者相差无几甚至个别颠倒现象,因而从总体考虑不够可靠。

从 ^1H-^{13}C 的 ^1J 耦合常数来看,大多数 C-$1'$和 H-$1'_{eq}$的 ^1J 比 C-$1'$和 H-$1'_{ax}$的 ^1J 大,但有时二者也近于等同,因而将其作为判别准则也感欠妥。

再看 $^3J(H,H)$,对 β-糖苷,H-$1'$是直立氢,因而 H-$1'$和 H-$2'_{ax}$的 ^3J 值较大,这对区分 α-型和 β-型似乎是很有利的。但当是 α-型时,由于取代基处于直立键,构象不稳定,存在构象相互转换,因而 H-$1'$和 H-$2'_{ax}$的 ^3J 值常比预期的大,所以造成区分 α-型和 β-型的困难。

采用 NOE(作 NOE 差谱)则克服了所有的不确定性。当辐照 H-$1'$时,对 β-型糖苷均可观察到 H-$5'$峰的强度变化(因二者在环同侧,空间位置相近);反过来若为 α-糖苷,则观察不到上述现象,H-$1'$和 H-$5'$之间没有 NOE 的作用。因此,NOE 是区分 α-吡喃葡萄糖苷和 β-吡喃葡萄糖苷的最可靠方法。

下面看一对异构体[32]：

(2S, 4R)
(C9-35)

(2R, 4R)
(C9-36)

仍然作 NOE 差谱，当辐照 ROCH$_2$—时，一个异构体在 H-4 和 H-5b 观察到 NOE。对另一个异构体，仍辐照该—CH$_2$—，结果观察到 H-5a 和 H-7b 有 NOE。此结果清楚地说明前者是 (C9-36)，后者是 (C9-35)。

另一个例子是 Plourde 等的研究[33]。他们研究的对象为 (C9-37)，需要确定是 R 还是 S 构型。

(+)-1 R=CH$_3$
(+)-2 R=Ph

A
(C9-37)

B
(C9-37')

用 NOE 是一个好方法。测定 H-3-H-6 或 H-3-H-10 的 NOE 就可以知晓。对两个异构体来说，结果相同：当辐照 H-3 时，H-6 没有 NOE，H-10 则有 NOE，说明这两个异构体都是 R 构型。

Kasal 等[34]对甾体的研究也是一个不错的例子。甾体由 A、B、C、D 四个环组成（参阅例 8-6，其结构式从左下到右上的四个环分别命名为 A、B、C、D，该题的指认标注有甾体碳原子的编号）。常见的是 A 环和 B 环之间以反式相并接，因此 5-氢位于 α-位。在天然化合物中也有 A 环和 B 环是以顺式相并接的，这样 5-氢就位于 β-位。如何确定 A 环和 B 环之间是怎样连接的呢？用 NOE 就是一个很好的方法。当 A 环和 B 环之间以反式相并接时，能够观察到下面氢原子之间的 NOE：1α-3α，1α-5α，1α-9，2β-4β，2β-19，3α-5α，4β-19，5α-7α，5α-9。反之，当 A 环和 B 环之间以顺式相并接时，观察到下面氢原子之间的 NOE：1α-19，1β-3β，1β-5β，2α-4α，2α-9，3β-5β，4α-8α，4β-6α，5β-19。

C 环和 D 环的情况与上面类似。常见的是 C 环和 D 环之间以反式相并接，此时 14-氢位于 α-位，但是也有以顺式相并接的，此时 14-氢位于 β-位，同样通过 NOE 可以鉴别。

类似的同核 NOE 的研究很多，了解了上面四个例子之后，其他可以类推。

前面说过，也可以测定异核间的 NOE，在一些特定场合是很有用的。

下面一对异构体需要区分：

$$(C9\text{-}38) \qquad\qquad (C9\text{-}39)$$

—NH$_2$ 总与一个羰基距离相近,形成氢键,而两个羰基的 δ 值又是可区分的。因此,辐照氨基的氢,观察哪个羰基碳有 NOE 即可区分这两个异构体。

以上所述同核(氢-氢之间)或异核 NOE 都仅是从"定性"的角度应用 NOE,即根据 NOE 找出哪些核对之间的空间距离较近,较多地着重于异构体的区分、判断。NOE 的功效不仅于此;从 NOE 的定量数据,通过一定的计算可以求得有关核对之间的距离。

这样的工作一般由 NOESY 类二维谱来完成。二维谱是指(两个)变量为两个频率的谱图,它是一个三维图形,只是采用等高线等方法把它用两维平面表现出来。计算二维谱的峰的强度,其本质就是计算峰的体积,即对体积积分。早已有较简便的计算方法[35],现通常由软件计算。

由 NOE 的定量数据进行核对之间距离的计算,较多地应用以下两种方法。

第一种方法[36,37]是采用从短到长的几个混合时间,分别测定 NOESY,由此可得到混合时间对 NOESY 相关峰强度的曲线。由该曲线的初始斜率,可以算出有关核对的交叉弛豫速率,如 σ_{ij}、σ_{kl}。若以 r_{ij}、r_{kl} 表示有关核对(i 和 j、k 和 l)之间的距离,有

$$r_{ij}/r_{kl} = (\sigma_{ij}/\sigma_{kl})^{1/6} \qquad\qquad (9\text{-}1)$$

若已知一个 r,则可由式(9-1)算出其他的 r。通常选同碳二氢的距离 0.178 nm 作为参照。

为简化起见,可只测一个混合时间的 NOESY,将相关峰积分,按其值分为强、中、弱三类,与之对应的距离上限分别为 0.27 nm、0.33 nm、0.50 nm[38]。

第二种方法是测出 NOESY 谱中所有相关峰和对角线峰的强度,构成完整的 NOESY 峰强度矩阵,该方法称为全弛豫矩阵分析(complete relaxation matrix analysis)[39]。此方法比较精确,但条件也比较苛刻,因此应用于相对简单的体系。

从 NOE 得到的若干原子核之间的距离作为分子动力学(molecular dynamics,MD)的重要限制条件,经计算可以得到分子的确切构象。有兴趣的读者可阅读文献[36,40]。

用核磁共振方法研究蛋白质分子在溶液中的构象更有其优点。一方面,由于蛋白质分子难于制备单晶,因而所测的 X 射线单晶衍射的数据有限。另一方面,蛋白质分子在单晶中的构象与它在溶液中的构象还可能存在差别。核磁共振法测定的是在溶液中的构象。蛋白质分子还与有机小分子不同,后者有可能在溶液中没有一个稳定的构象。而蛋白质分子一般有稳定的二级结构。因此,用核磁共振法研究蛋白质分子在溶液中的构象是很合适,也是很重要的。

维特里希(Wüthrich)对蛋白质和核酸的核磁共振研究作出了很大的贡献,特别是前者。对这方面有兴趣的读者可阅读他的专著[41]。维特里希由于在发展核磁共振测定生物大分子溶液中三维结构的贡献而分享了 2002 年诺贝尔化学奖。

随着三维及更高维核磁共振谱的发展,谱峰的分辨率不断提高,核磁共振谱仪频率不断增

高,使测定的信噪比不断改善(同时也提高分辨率)。已能用核磁共振方法研究分子质量在
40 000 Da 左右的生物大分子体系。特殊情况下已达 64 kDa[42]。用核磁共振法研究蛋白质分
子在溶液中的二级结构将显示越来越大的优越性。

9.2 质 谱 法

自从 20 世纪 60 年代以来,有机质谱学家就致力于用质谱法来解决立体化学问题。由第
5 章可知,质谱法较其他谱学方法有无可比拟的高灵敏度。因此,当样品量极微又需要解决立
体化学的问题时,仅能寄希望于质谱法。

当然,从总体看在解决立体化学问题时质谱法比不上核磁共振法,后者的手段多,适用面
广,通常可以得出结论。但是对于多类的有机化合物,质谱法对立体化学的研究也是行之有效
的。文献[6]有全面的综述。

由于本章讨论的是以谱学方法研究有机化合物的构型、构象,因此在这里按电子轰击电离
(EI)源、软电离技术和反应质谱(reaction mass spectrometry,RMS)进行讨论。把一些较为突
出的结果作为例子列出。

9.2.1 电子轰击电离源

电子轰击电离源是有机质谱应用最早也是使用最普遍的电离方法,因此我们从它开始
讨论。

在不少的场合,使用 EI,不同构型的有机化合物有可能因分子离子的碎化过程不同或几
条碎化途径的侧重不同而呈现某些离子丰度的不同,从而加以区分。马来酸(maleic acid,
C9-40)、富马酸(fumaric acid,C9-41)及其衍生物是很好的例子。

(C9-40)　　　　(C9-41)

马来酸中,两个羧基空间距离相近,有利于一个羧基上氢原子的转移,因而易发生失去
CO_2 分子的反应。这使得其分子离子峰的强度大大降低,而 $M^+ -44(m/z\ 72)$ 则成为基峰。
与此相反,富马酸则有相当强的分子离子峰,$M^+ -44$ 的峰弱,$M^+ -18$(失水)是它的一个重要
特征[43]。

这两种酸的二甲酯的质谱也显示很大的差别[44]。富马酸二甲酯分子离子峰的相对强度
(4.7%)强于马来酸二甲酯(1.2%)。分别检测由分子离子产生的亚稳离子,二者具有更大的
差别。马来酸二甲酯的分子离子生成 $m/z\ 113$ 的离子,富马酸二甲酯的分子离子则生成
$m/z\ 114$ 和 85 的离子。$m/z\ 113$ 的相对强度,马来酸二甲酯为 100%,而富马酸二甲酯为
0%。估计马来酸二甲酯生成了下列结构的离子,而富马酸二甲酯无对应的结构。

$$\text{(C9-42)}$$

马来酸二乙酯和富马酸二乙酯的 EI 谱较其二甲酯有更大的差别[44]。马来酸二乙酯的基峰是 m/z 99,而富马酸二乙酯的基峰是 m/z 127。此外还有一些峰的强度差异较大。

马来酸二乙酯的基峰 m/z 99 经精密质量的测定知其组成为 $[C_4H_3O_3]^+$。由两种同位素标记化合物(以 C_2D_5—、CD_3CH_2—取代 C_2H_5—)的质谱推测其反应机理可能为

$$\text{(structure, } m/z\ 127) \quad \text{(structure, } m/z\ 99)$$

由亚稳离子的研究,m/z 127 到 m/z 99 的亚稳离子的峰形是单纯的高斯型,说明该反应途径的唯一性。

对富马酸二乙酯来说,虽然也有相应于 m/z 127 到 m/z 99 的亚稳离子峰,但其峰形为高斯型和平顶型的组合。再经两种相应的氘代标记化合物(同马来酸二乙酯)的质谱及离子精密质量的测定,推测富马酸二乙酯的碎裂有以下反应机理:

$$-OC_2H_5$$

$$m/z\ 127$$

$$HO... \quad m/z\ 99 \quad \xleftarrow{-C_2H_4} \quad H_5C_2O... m/z\ 127 \quad \xrightarrow{-CO} \quad H_5C_2O-CH=CH-C\equiv O^+ \quad m/z\ 99$$

$$\xrightarrow{-(CH_3CHO+CO)} \quad CH_2=CH-C\equiv O^+ \quad m/z\ 55$$

即富马酸二乙酯的质谱峰 m/z 99 是由两种离子(各具有其元素组成和结构)组成的。

在 RDA 碎裂过程(参阅 6.2.3)中,立体化学因素可能起重要作用。例如,化合物(C9-43, *cis*)可产生 RDA 碎裂。而其异构体(C9-43, *trans*),邻接环己烯的二氢为反式,则不发生 RDA 碎裂。由于这个原因,前者的分子离子峰较弱(因易于经 RDA 碎裂),后者分子离子峰则较强[6]。

(C9-43, *cis*)　　　　　　　　　　　　(C9-43, *trans*)

一般来说,反式异构体比顺式异构体的 EI 质谱有下列特征:分子离子峰较强,碎片离子峰强度较大。

在有机质谱中,单萜类化合物是一类特殊的化合物。结构上有很大差异的两种化合物可能具有相似的质谱。但另一方面,构型不同的异构体也可能在 EI 谱(使用 70 eV 或低能量的 20 eV)中得到区分[45]。

(C9-44, *cis*)　　　　　　　　　　(C9-44, *trans*)

对比这两种异构体的质谱,(C9-44, *trans*)具有特征离子 m/z 84 和 m/z 109。在低能 (20 eV)电离时,(C9-44, *trans*)的 $M^{\ddot{+}}$ 峰(m/z 152)及 $M^{\ddot{+}}-H_2O$(m/z 134)较(C9-44, *cis*)强度大不少。对比下列两种异构体:

(C9-45, *cis*)　　　　　　　　　　(C9-45, *trans*)

二者具有不同的基峰:(C9-45, *cis*)的基峰为 m/z 139,(C9-45, *trans*)的基峰为 m/z 69[45]。

再考虑:

(C9-46, *cis*)　　　　　　　　　　(C9-46, *trans*)

对这两种化合物来说,三种重要的离子为 $M^{\ddot{+}}$(m/z 136)、$M^{\ddot{+}}-CH_3$(m/z 121)和 m/z 93(这是单萜类化合物极常见的离子)。70 eV 质谱中,(C9-46, *cis*)的基峰为 m/z 121,而(C9-46, *trans*)的基峰为 m/z 93,且 $M^{\ddot{+}}$ 峰的相对强度较低。当电子能量降低到 12 eV 时,二者的 $M^{\ddot{+}}$ 峰均成基峰,此时(C9-46, *trans*)的 m/z 80 的峰较强[46]。

9.2.2 软电离技术

从上面 EI 谱的讨论可知,当降低电子的能量(如从 70 eV 降到 20 eV 以下)时,立体化学异构体的质谱的差别增大。因此,可以设想,当以软电离取代 EI 时,能获得更多的立体化学信息,事实的确如此。由于软电离中 CI 的历史最长,因此用 CI 获得立体化学信息的例子占较多比例。采用其他软电离的有关文献相对较少,文献[47]是利用 FAB 的一例。

下面以单萜氧化物为例,说明 CI 质谱在区分立体化学异构体中的应用[48]。

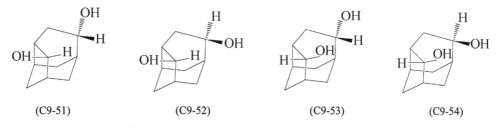

对比这四个异构体的 NICI-CID 质谱(负离子化学电离,再进行碰撞诱导裂解,检测其子离子)。羟基在直立键位置的异构体(C9-47)、(C9-48)以 m/z 135、m/z 83 为特征。羟基在平伏键的异构体(C9-49)、(C9-50)则以 m/z 133、109、41 为特征。

固定羟基位置,对比其邻位甲基的立体异构体(C9-47 与 C9-48,C9-49 与 C9-50),质谱的差别则很少。

这个结果是可以理解的,因为羟基是决定其分子离子碎化的决定性基团,所以对质谱起着较重要的作用。

前面已介绍过的(C9-44 *cis*,*trans*),NICI-CID 质谱的结果比 EI 谱有更大的差别。

与马来酸和富马酸的衍生物的碎裂情况有些相似,1,4-顺式二取代的环己烷二酯(两个酯基团空间距离近)在化学电离时能产生失去醇的产物,而 1,4-反式二取代物则无该反应发生[49]。

下面介绍用 CI 谱区分金刚烷(adamantane)衍生物异构体的例子[50]。四个异构体不仅能相互区分,而且可以从结构相关的角度予以解析。

(C9-51)	(C9-52)	(C9-53)	(C9-54)

采用 EI,这四个异构体不能相互区分。采用异丁烷为反应气作 CI,则得到满意的结果,如下所示:

m/z	结构	C9-51	C9-52	C9-53	C9-54
133	$[M-OH-H_2O]^+$	18.4	8.1	4.2	3.6
151	$[M-OH]^+$	49.7	69.4	67.0	15.1
167	$[M-H]^+$	1.7	4.8	7.5	18.3
169	$[M+H]^+$	2.4	3.2	4.7	50.8
207	$[M+C_4H_9-H_2O]^+$	13.4	5.4	2.1	1.5
225	$[M+C_4H_9]^+$	3.8	1.1	3.0	1.0

从上述数据可知,这四个异构体完全可以相互区分。其中,(C9-54)最为突出,因它的 $[M+H]^+$ 和 $[M-H]^+$ 比其余三个异构体高得多,特别是前者。其原因是在这四个异构体中,仅(C9-54)可在分子内形成直线形的 O—H$^+$—O 质子桥,因而 $[M+H]^+$ 有高度的稳定性。$[M-H]^+$ 的丰度高也可解释。

从 $[M-H]^+$ 的特别低的丰度可以把(C9-51)与另外三个异构体相区别。

从 m/z 151 的高丰度可将(C9-52)和(C9-53)与其余两个异构体相区别。而从 $[M-H]^+$ 等峰,也可做到(C9-52)和(C9-53)的相互区分。

下面再补充一对 β-氨基醇(β-amino alcohol)的立体异构体的例子[51]。

仍用异丁烷作反应气。以上两种异构体产生的 $[M+H-H_2O]^+$ 丰度有明显的差别。在(C9-56)中,两个基团相距较远,$[M+H-H_2O]^+$ 的相对丰度是 4.5%;但在(C9-55)中,因两基团相距近,在进行失水反应的同时,有羟基上的氢往氨基上转移的竞争反应,因而 $[M+H-H_2O]^+$ 的相对丰度降到 0.5%。

(C9-55)　　　　　(C9-56)

9.2.3　反应质谱

自 20 世纪 80 年代中期开始,陈耀祖、Winkler、Nikolaev 等几个研究组在用质谱鉴别立体化学异构体上取得了较大的进展,提出了反应质谱(reaction mass spectrometry,RMS)或立体选择性反应质谱(stereoselective reaction mass spectrometry)的概念,把质谱在立体化学上的应用提高到一个新的高度。

关于反应质谱的定义,目前存在一些差别。现用陈耀祖等的定义[52]:反应质谱是一种技术,将一种反应剂导入离子源(可以是 CI、EI、FAB 等),在离子源中反应剂和样品通过立体选择性的离子-分子反应生成某些特征性的离子,从这些离子的相对丰度,可得到关于样品分子的立体化学信息。

虽然反应质谱与软电离技术密切相关,但反应质谱应用反应剂,而且取得了较好的成果,因而本书将它列为新的一小节。

研究反应质谱基于下列考虑:在凝聚相中存在立体选择性反应,因而可以探讨这些反应是否可以在气相中进行,并用质谱把它反映出来。

反应剂通常为绝对构型已知的手性化合物。但也可以是具有前手性的化合物[53]。

下面介绍几个较典型的例子。

(1)确定麻黄定(ephedrine)、伪麻黄定(pseudoephedrine)等六个不对称二级醇的绝对构型[54]。

以 R-和 S-1-苯基丁酸酐(S-1-phenylbutyric anhydride)为反应剂,用异丁烷为反应气的化学电离源测定其质谱。每一种二级醇都分别与 R-和 S-1-苯基丁酸酐反应,生成特征性的酯离子 $[M_s+M_r+H-C_6H_5CHEtCO_2H]^+$,其中 M_s 表示样品分子,M_r 表示反应剂分子。当样品分子的构型与反应剂分子的构型相同时,该离子的丰度较高。若二者的构型不同,则该离子的丰度较低。该离子的丰度定义为 B，再定义 $[M_s+H]^+$ 的丰度为 A，$r=B/A$ 则是生成特征性的酯离子的能力的一个量度。对 r 加注脚标：r_R 表示反应剂构型为 R 时的 r 值；r_S 表示反应剂构型为 S 时的 r 值。若样品构型为 R（如麻黄定），r_R/r_S 大于 1。若样品构型为 S（如伪麻黄定），r_R/r_S 则小于 1。用这样的规则，如样品构型未知，分别用 R、S 构型的反应剂在化学电离源作反应质谱，测出 r_R 和 r_S，由其比值则可确定样品分子的构型。

（2）α-氨基酸构型的确定[52]。

仍是采用异丁烷为反应气的化学电离源。

用 R 和 S 苯乙醇酸（mandelic acid）作反应剂，考察特征离子 $[M_s+M_r+H-18]^+$；用 R- 和 S-2-甲基丁酸作反应剂，考察特征离子 $[M_s+M_r+H]^+$；或用 R- 和 S-α-苯基乙胺（phenyl-ethylamine）作反应剂，考察特征离子 $[M_s+M_r+H]^+$，都得到了与前面所述的不对称二级醇相似的结果：若样品分子与反应剂分子构型相同，生成的特征离子丰度较高；若二者构型不同，则特征离子丰度较低。

（3）区分顺式 1,2-环戊二醇和反式 1,2-环戊二醇[53]。

在甲烷为反应气的化学电离源中加入反应剂二氯甲烷，并用少量氨作催化剂（氨由碳酸铵原位分解产生）。样品分子生成的特征性加和离子为 $[MNH_4+CH_2Cl_2-2HCl]^+$，m/z 132，很可能的结构为

(C9-57)
m/z 132

顺式 1,2-环戊二醇的加和离子丰度比反式的高得多。这是因为反式加和离子的环张力太大。

用同样条件也可以区分顺式 1,2-环己二醇及其反式异构体。但由于六元环的椅式构象有较大的易变性，因此效果不如五元环二醇。此时必须比较 $[MNH_4+CH_2Cl_2-2HCl]^+$ 与 $[MNH_4]^+$ 的丰度比。

用此条件也区分了若干单糖的异构体。

（4）确定非对称二级醇的绝对构型[54]。

此处研究对象与（1）中所述[53]基本相同，但样品数更大（13 个化合物）。很重大的差别在于这里是用快原子轰击（FAB）作的。反应剂为 $(2R,3R)$- 和 $(2S,3S)$-2,3-二苯甲酰氧基丁二酸酐（2,3-dibenzoyloxy succinic anhydride）或 $(2R,3R)$- 和 $(2S,3S)$-2,3-二乙酰氧基丁二酸酐（2,3-diacetoxy succinic anhydride）。考察的是特征的单酯离子 $[M_s+M_r+H]^+$。计算丰度比 $[M_s+M_r+H]^+/[M_s+H]^+$。其结果为：当样品构型与反应剂构型不同时，该丰度比较高；当样品构型与反应剂构型相同时，该丰度比较低。需注意到此结果与 CI 的结果是相反的。

9.3　红外光谱和拉曼光谱法

分子的振动光谱，即红外光谱和拉曼光谱也可用于构型、构象的研究，但其文献相对质谱

少,相对于核磁共振更是少得多,且未见系统性的总结。

利用红外光谱可以较好地区分顺反异构体。当化合物为反式时,双键振动时偶极矩变化小,因而红外吸收弱;顺式振动时偶极矩变化较大,因而红外吸收较强。

	顺式	反式
C=C 伸缩振动	~1650 cm^{-1}(中等强度)	~1675 cm^{-1}(弱)
C—H 变形振动	750~675 cm^{-1}(中等强度)	965 cm^{-1}(强)

拉曼光谱与之类似:

	顺式	反式
C=C 伸缩振动	~1655 cm^{-1}	~1670 cm^{-1}
C—H 变形振动	~690 cm^{-1}	~970 cm^{-1}

从第 7 章可知:拉曼光谱和红外光谱一样,反映的都是分子的振动频率,因此在一般情况下,同一振动在两种谱中的位置无大的差异(但强度的差别大),上述数据也是一个说明。

红外光谱也可能对非对映异构体作出分辨。麻黄碱(C9-58)和伪麻黄碱(C9-59)结构的差别在于羟基的取向不同。

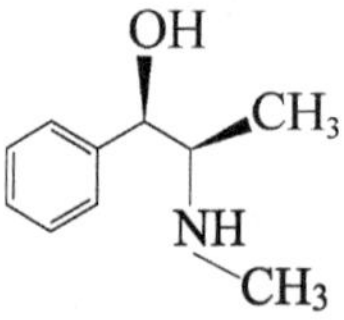

(C9-58) 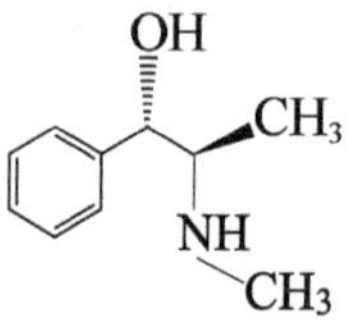　　　(C9-59)

对比它们的红外谱图,在指纹区 750~1150 cm^{-1} 的吸收有明显的差别,在羟基的官能团区吸收也有差别。

当甾族化合物含酮羰基时,酮羰基的红外峰位置与酮羰基在甾核中所处位置有关。在某些场合该吸收位置还与环接点上的氢原子的向位(处于 α-位还是 β-位)有关。甾族化合物(C9-60)的骨架具有以下编号:

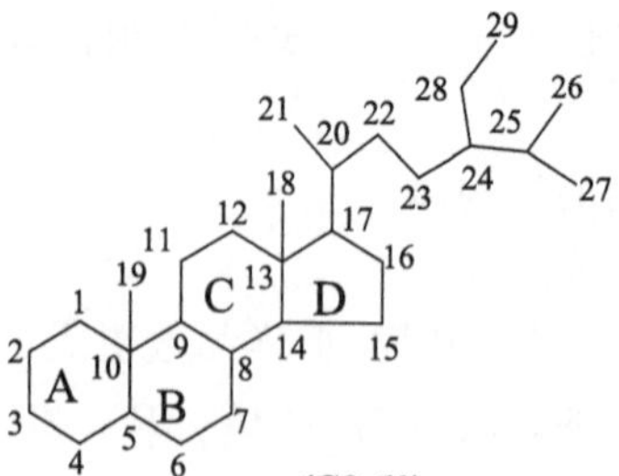

(C9-60)

下列羰基谱峰数据可反映出立体化学的差别(括号内为环上氢原子向位):

结构	6-CO(5α-)	6-CO(5β-)
$\tilde{\nu}$/cm^{-1}	1712~1714	1706~1708

已有用红外光谱确定六元环构象的数据。氟代环己烷的 C—F 平伏键吸收在1062 cm^{-1},而 C—F 直立键吸收在 1129 cm^{-1}。气态氯代环己烷中 C—Cl 平伏键的伸缩振动吸收在 742 cm^{-1},C—Cl 直立键的吸收则在 688 cm^{-1}。在红外谱图中同时显示了这两个谱峰,说明

两种构象同时存在。设这两个吸收的强度分别为 I_1 和 I_2，如果知道这两种构象的摩尔吸收系数或其比值（a_1/a_2），就可以求出两种构象的比例和平衡常数。

如果做红外的变温实验，即在一系列温度中测得一系列 I_1、I_2 的值，a_1 和 a_2 的比值即可计算出来，因为有式(9-2)[55]：

$$\ln\left(\frac{I_1}{I_2}\right) = -\frac{\Delta H^0}{RT} + \ln\left(\frac{a_2}{a_1}\right)\frac{\Delta S^0}{R} \tag{9-2}$$

式中，除 a_1、a_2 已叙述之外，其余均为热力学中的定义。

由于氢键的形成会降低红外吸收的频率，因此在一些特定的场合也可用于异构体的区分。

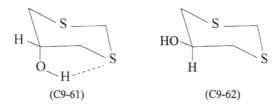

(C9-61)   (C9-62)

	C9-61	C9-62
O—H	$3520\ cm^{-1}$	$3610\ cm^{-1}$
C—OH	$\sim 964\ cm^{-1}$	$\sim 1060\ cm^{-1}$

在(C9-61)中，由于形成分子内氢键，因此羟基的频率降低，C—OH 也是如此。

为研究蛋白质分子非共价作用(noncovalent interaction)对构象的影响，Gellman 等选择了一系列二酰胺化合物作为简化的模型[56]。该二酰胺类化合物在溶液中有两种构象：一种无分子内氢键，一种有分子内氢键。

涉及氢键的研究，使用红外光谱较核磁共振有其优越性。因为在氢键和非氢键之间的转换相对于核磁共振的时标是一个快过程，核磁共振测定的是一个平均化的结果；而红外光谱的时标比核磁共振快几个数量级，该转换对红外光谱来说是一个慢过程，所以红外光谱能清楚地观察到处于平衡下的氢键状态和非氢键状态。

上述体系观察到两个吸收。一个吸收在 $3460\sim3450\ cm^{-1}$，峰较尖，指认为无氢键的 N—H 伸缩振动峰，另一个吸收在 $3330\sim3300\ cm^{-1}$，峰较宽，是存在分子内氢键时的 N—H 伸缩振动峰。

当结构式中 $n=1$ 时，具有分子内氢键的构象占优势。而 $n=2\sim5$ 时，分子内无氢键的构象较多。当温度降低时，具有分子内氢键的构象比例上升，特别是 $n=4$ 的二酰胺。

采用一定的方法，可得到构象转换的平衡常数。

多肽或蛋白质分子均含多个酰胺单元。红外光谱或拉曼光谱很适合用于研究它们在溶液中的构象。在它们的振动光谱中有 9 个谱峰,按波数递减的方向,命名为酰胺 A、B 和酰胺 Ⅰ~Ⅶ带。其余的谱峰较弱,归属于氨基酸支链的振动。酰胺 Ⅰ~Ⅲ带对构象研究比较重要(特别是酰胺 Ⅰ 带)。酰胺 Ⅰ 带在 1680~1600 cm^{-1},主要源自羰基伸缩振动的贡献。酰胺 Ⅱ 带在 1580~1480 cm^{-1},酰胺 Ⅲ 带在 1300~1230 cm^{-1}。前者主要是 N—H 的弯曲振动,混有 C—N 伸缩振动;后者主要是 C—N 伸缩振动,混有 N—H 弯曲振动。这些峰对构象是敏感的,可归属到 α 螺旋、平行和反平行的 β 折叠、β 转角(turn)及无规环绕(random coil)等。有不少人做过这方面的研究,在这里引两篇论文的结果供读者参考。

Dong、Huang 等研究了 12 种球状蛋白质(globular protein),归纳如下[57]:

平均频率/cm^{-1}	指认
1624.0±0.5	β折叠
1627.0±1.0	β折叠
1632.0±1.0	β折叠及伸展链(extended chain)
1638.0±1.0	β折叠
1642.0±1.0	β折叠
1650.0±1.0	无序
1656.0±2.0	α螺旋
1666.0±1.0	转角
1672.0±1.0	转角
1680.0±1.0	转角
1688.0±1.0	转角

Byler 和 Susi 研究了 21 种球状蛋白质,总结如下[58]:

平均频率/cm^{-1}	指认
1637	伸展链
1631	伸展链
1624	伸展链
1675	伸展链
1654	α螺旋
1645	无序
1663	转角和弯曲
1670	转角和弯曲
1683	转角和弯曲
1688	转角和弯曲
1694	转角和弯曲

需说明的是,以上结果都是对酰胺 Ⅰ 带进行去卷积或二阶导数(second derivative)处理,然后进行曲线拟合(curve fitting)而得到的。在数学处理过程中包含人为的因素(如设定曲线

的峰形），因而所得结果是不够确凿的。二维红外位移相关谱的出现为这个问题的解决提供了一条新途径。Nabet 和 Pezolet 用二维红外光谱结合 H-D 交换研究了肌红蛋白（myoglobin）的二级结构[59]。同步相关谱和异步相关谱清晰地显示了峰的分解。应该说这是一个新的、理想的方法。这篇论文的成功之处还在于它把实施二维红外光谱的周期性微扰推广到非周期性的微扰（H-D 交换不断往深度进行），因而扩大了二维红外光谱的应用范围。

采用富集同位素的样品有助于红外谱带的指认，从而获得较准确的蛋白质及肽类化合物的二级结构的信息。例如，Tadesse 等研究一个具有 25 个氨基酸残基的肽[60]，其中 5～9 为丙氨酸残基，占样品中丙氨酸的主体；17～21 则为甘氨酸残基，占样品中甘氨酸的主体。上述两段分别变成 ^{13}C 富集的，于是共有三个样品。当 5～9 的丙氨酸为 ^{13}C 富集之后，原来 1621 cm^{-1} 的红外吸收转为 1584 cm^{-1} 的吸收，低频位移 37 cm^{-1}，与 ^{12}C 到 ^{13}C 酰胺 I 带的期待值相符，这说明原 5～9 的丙氨酸残基吸收位置为 1621 cm^{-1}，相应于 β 缠绕（strand）。17～21 残基则无序。

拉曼光谱对有机化合物结构的细微变化可能有清晰的反映（参阅 7.6.2），对于一些有机化合物构型、构象的区分也取得了较好的结果[61]。例如，α- 和 β-D-葡萄糖的拉曼光谱有很大的差别：已不是某些峰的位移和强度变化，而是二者的总体外观有很大的差别。

当采用傅里叶变换振动圆二色（Fourier transform vibrational circular dichroism，FT-VCD）时，立体异构体能得到很好的区分[62]，这是一条可行的途径。

参 考 文 献

[1] Juaristi E. Introduction to Stereochemistry and Conformational Analysis. New York：John Wiley&Sons Inc.，1991

[2] Dodziuk H. Modern Conformational Analysis：Elucidating Novel Exciting Molecular Structures. New York：VCH Publishers，1995

[3] Martin G E，Zektzer A S. Two-Dimensional NMR Methods for Establishing Molecular Connectivity：A Chemist's Guide to Experiment Selection，Performance，and Interpretation. New York：VCH Publishers，1988

[4] Neuhaus D，Williamson M. The Nuclear Overhauser Effect in Structural and Conformational Analysis. New York：VCH Publishers，1989

[5] Croasmun W R，Carlson R M K. Two-Dimensional NMR Spectroscopy：Applications for Chemists and Bio-chemists. 2nd ed. New York：VCH Publishers，1994

[6] Splitter J S，Tureček F. Applications of Mass Spectrometry to Organic Stereochemistry. New York：VCH Publishers，1994

[7] Pihlaja K，Kleinpeter E. Carbon-13 NMR Chemical Shifts in Structural and Stereochemical Analysis. New York：VCH Publishers，1994

[8] de Haan J W，van de Ven L J M. Org Magn Reson，1973，5：147-153

[9] Kleinpeter E，Kühn H，Mühlstädt M. Org Magn Reson，1976，8：279

[10] Schneider H J，Lonsdorfer M. Org Magn Reson，1981，16：133-137

[11] Squillacote M E，Neth J M. Mag Reson Chem，1987，25：53-56

[12] Gutsche C D，Dhawan B，Levine J A，et al. Tetrahedron，1983，39：409-426

[13] Jaime C，de Mendoza J，Prados P，et al. J Org Chem，1991，56：3372-3376

[14] Roberts R M G. Magn Reson Chem，1985，23：52-54

[15] Schenker K V，von Philipsborn W，Evans C A. Helv Chim Acta，1986，69：1718-1727

[16] Spera S,Bax A. J Am Chem Soc,1991,113:5490-5492

[17] Wishart D S,Sykes B D,Richards F M. Biochemistry,1992,31:1647-1651

[18] Wishart D S,Sykes B D,Richards F M. J Mol Biol,1991,222:311-333

[19] Marshall J L. Carbon-Carbon and Carbon-Proton NMR Couplings:Applications to Organic Stereochemistry and Conformational Analysis. Deerfield Beach:Verlag Chemie International Inc.,1983

[20] Bystrov V F. Progress in NMR Spectroscopy. Oxford:Pergamon Press,1976

[21] Hansen P E. Prog NMR Spectrosc,1981,14:175-296

[22] Vuister G W,Delaglio F,Bax A. J Am Chem Soc,1992,114:9674-9675

[23] Riccio R,Bifulco G,Cimino P,et al. Pure Appl Chem,2003,75:295-308

[24] Vuister G W,Wang A C,Bax A. J Am Chem Soc,1993,115:5334-5335

[25] Griesinger C,Sorensen O W,Ernst R R. J Chem Phys,1986,85:6837-6852

[26] van Duynhoven J P M,Goudriaan J,Hilbers C W,et al. J Am Chem Soc,1992,114:10055-10056

[27] Wollborn U,Willker W,Leibfritz D. J Magn Reson A,1993,103:86-89

[28] Adams B,Lerner L. J Magn Reson A,1993,103:97-102

[29] Anet F A L,Bourn A. J Am Chem Soc,1965,87:5250-5251

[30] Noggle J H,Schimer R E. The Nuclear Overhauser Effect. New York:Academic Press,1977

[31] Brakta M,Farr R N,Chaguir B,et al. J Org Chem,1993,58:2992-2998

[32] Mucci A,Schenetti L,Brasili L,et al. Magn Reson Chem,1995,33:167-173

[33] Plourde G L,Susag L M,Dick D G. Molbank,2008,M579

[34] Kasal A,Budesinsky M,Drasar P. Steroids,2002,67:57-70

[35] Holak T A,Scarsdale J N,Prestegard J H. J Magn Reson,1987,74:546-549

[36] Reggelin M,Hoffmann H,Kock M,et al. J Am Chem Soc,1992,114:3272-3277

[37] Yu C,Yang T H,Young J J. Biochim Biophys Acta,1991,1075:141-145

[38] Kohno T,Kim J,Kobayashi K,et al. Biochemistry,1995,34:10256-10265

[39] Boelens R,Koning T M G,Kaptein R. J Mol Struct,1988,173:299-311

[40] Mronga S,Muller G,Fischer J,et al. J Am Chem Soc,1993,115:8414-8420

[41] Wüthrich K. NMR of Proteins and Nucleic Acids. New York:John Wiley & Sons,1986

[42] Shan X,Gardner K H,Muhandiram D R,et al. J Am Chem Soc,1996,118:6570-6579

[43] Benoit F,Holmes J L,Isaacs N S. Org Mass Spectrom,1969,2:591

[44] Harrison A G,Nacson S,Mandelbaum A. Org Mass Spectrom,1987,22:283-288

[45] 湯川泰秀,伊東監修. テルペンスペクトル集成. 東京:東京広川店,1974

[46] Brophy J J,Maccoll A. Org Mass Spectrom,1992,27:1042-1051

[47] Sawada M,Shizuma M,Takai Y,et al. J Am Chem Soc,1992,114:4405-4406

[48] Decouzon M,Gal J F,Geribaldi,S,et al. Org Mass Spectrom,1990,25:312-316

[49] Mandelbaum A. Advances in Mass Spectrometry. Vol. 13. New York:John Wiley & Sons,1995

[50] Munson B,Jelus B L,Hatch F,et al. Org Mass Spectrom,1980,15:161-165

[51] Chapman J R. Practical Organic Mass Spectrometry. 2nd ed. New York:John Wiley & Sons,1993

[52] Chen Y Z,Li H,Yang H J,et al. Org Mass Spectrom,1988,23:821-824

[53] Tu Y P,Yang G Y,et al. Org Mass Spectrom,1991,26:645-648

[54] Yang H J,Chen Y Z. Org Mass Spectrom,1992,27:736-740

[55] Marples B A. Elementary Organic Stereochemistry and Conformational Analysis. London:Royal Society of Chemistry,1981

[56] Gellman S H,Dado G P,Liang G B,et al. J Am Chem Soc,1991,113:1164-1173

[57] Dong A,Huang P,Caughey W S. Biochemistry,1990,29:3303-3308

[58] Byler D M,Susi H. Biopolymers,1986,25:469-487

[59] Nabet A,Pezolet M. Appl Spectrosc,1997,51:466-469

[60] Tadesse L,Nazarbaghi R,Walters L. J Am Chem Soc,1991,113:7036-7037

[61] Hendra P,Jones C,Warnes G. Fourier Transform Raman Spectroscopy. Chichester:Ellis Horwood Limited,1991

[62] Long F,Freedman T B,Tague T J,et al. Appl Spectrosc,1997,51:504-507

第 10 章　固体核磁共振

本书第 1～8 章全面而深入地阐述了有机化合物的结构鉴定,第 9 章则讨论了应用谱学方法测定有机化合物的构型和构象。

本章内容为固体核磁共振。它不和前面谱学鉴定结构的内容配套,而是构成独立的一章。

一些样品是不能溶解于或者难溶解于任何溶剂的,如某些高聚物、某些材料。某些高聚物虽然可以溶解于特定溶剂,但是溶解之后结构发生变化。对于上述这些样品,只适合采用固体核磁共振的方法测定。

一些例子更显示了固体核磁共振的特殊魅力。某些药物除了要结构正确以外,还要求特定的晶形,固体核磁共振恰好满足这点。

这里举一个最简单的例子[1]。聚乙烯高聚物可能是晶形,也可能是无定形。如果用溶剂溶解来测定核磁共振,二者是没有区别的。如果直接测定固体核磁共振,就能够了解得很清楚。晶形的聚乙烯在 33 ppm 处出一尖锐的单峰,无定形的聚乙烯在 31 ppm 处出一钝峰。

再看一些天然样品,也只有固体核磁共振较适合分析,如植物的茎和叶、煤、页岩等。

从核磁共振发展的初期开始,固体核磁共振实验就伴随着液体样品的核磁共振实验出现了。但是,如果不采取特殊的措施,得到的固体核磁共振谱图具有很宽的谱线,无法解析更无法应用,因此发展缓慢。到 20 世纪 80 年代,由于核磁共振谱仪的进步以及有关技术的发展,固体核磁共振的发展步伐才加快了,固体核磁谱线的分辨率逐步接近液体核磁谱线,灵敏度也有了很大提高。到 21 世纪初,固体核磁共振方法已臻成熟。

10.1　固体核磁共振的特点

本节讨论固体核磁共振的特点,即固体核磁共振与液体核磁共振的差别。

固体核磁共振和液体核磁共振的不同表现源于化学位移的各向异性,异核之间以及同核之间的偶极-偶极耦合。下面将逐一讨论。

10.1.1　化学位移的各向异性

当有磁矩的原子核处于外加的静磁场中时,原子核受到外加静磁场的作用,该核的核外电子也受到外加静磁场的作用,因为运动的核外电子也有磁矩。在外加静磁场的作用下,运动的核外电子产生一个小的磁场,叠加到外加的静磁场上,从而对核产生屏蔽-去屏蔽作用。

对于非 sp³ 杂化的碳原子来说,它们的电子结构不是球形对称的,往往呈现椭球的形状。这个椭球对于碳原子的屏蔽作用是随方向改变的,即取决于椭球的长轴与静磁场方向的夹角。当椭球的长轴沿着静磁场方向时,碳原子有最小的化学位移数值。当椭球的最短轴沿着静磁场方向时,碳原子有最大的化学位移数值。当椭球的另一个短轴(它垂直于椭球的长轴和最短轴)沿着静磁场方向时,碳原子有介于上述两个化学位移之间的某一数值。以上三个数值可分别用 $\delta_{33}, \delta_{11}, \delta_{22}$ 表示。

在测定固体核磁共振样品时,使用粉末样品。因此,上述的电子云椭球就分布在所有可能的方向。此时得到的谱图将是一个连续的谱带。谱带的右侧(化学位移数值最小)是δ_{33},谱带的左侧(化学位移数值最大)是δ_{11},谱带中间的极大值是δ_{22}。

细心的读者可能会发现,在讨论液体样品的化学位移时,一个基团只有一个化学位移数值啊!

这里就涉及液体样品的核磁共振实验的时标。每种仪器都有各自的时标,它相当于照相机快门的速度。我们用一台照相机对一位运动员拍照。如果照相机快门足够快,我们得到运动员瞬间的影像。如果照相机快门的速度慢,我们得到的是运动员的一条运动轨迹。

在液体样品中,分子相对于核磁共振的时标很快转动,核磁共振实验测定的是一个平均值,因此得到的是谱线而不是宽的谱带。

请读者注意,此时不能从"图像"的角度来看,好像和上面照相的结果是反的(照相时时标快才得到清晰的像),而是要从时标的概念来分析。现在进行的是核磁共振实验。时标慢得到的是结果的叠加。在液体核磁共振实验中,核磁共振的时标慢,得到的是结果的叠加。恰恰这个叠加是个平均,样品中不同的分子的同一官能团平均的结果都是一样的,因此我们得到一条谱线。而在固体核磁共振实验中,时标相对是快的,每个分子得到一条谱线,但是不同的分子相对于静磁场的角度不同,因此形成了一个谱带。

对于固体核磁共振实验来说,化学位移的哈密顿算符分为两部分,一个是各向同性部分,另一个是各向异性部分。如果该化学键的电子云两个短轴相等,此时

$$\delta_{11} = \delta_{22}$$

在这样的情况下,化学位移的哈密顿算符可表述如下[2]:

$$H_{CS} = \gamma B_0 I_z \left[\delta_{ISO} + \frac{1}{2} \delta_{CSA} (3\cos^2\theta - 1) \right] \tag{10-1}$$

式中,H_{CS}为化学位移的哈密顿算符;γ为磁旋比;B_0为静磁场强度;I_z为自旋算符I的z分量;θ为电子云椭圆长轴与静磁场的夹角;δ_{ISO}为化学位移的各向同性部分;δ_{CSA}为化学位移的各向异性部分。有

$$\delta_{ISO} = \frac{1}{3} (\delta_{11} + \delta_{22} + \delta_{33}) \tag{10-2}$$

它就是液体样品在核磁共振实验中测定的化学位移数值。

δ_{CSA}描述化学位移各向异性的大小:

$$\delta_{CSA} = \delta_{33} - \delta_{ISO} \tag{10-3}$$

从上面的讨论可以知道,在固体核磁共振实验中,化学位移不是某个固定数值,而是一个分布,因为θ是变化的。

10.1.2 异核间的偶极耦合

本书前面多处讨论过耦合,是通过化学键传递的耦合,也称标量耦合。

本小节讨论的耦合是偶极耦合。由于每个有磁矩的原子核都是一个小磁矩,每两个磁矩之间就有相互作用,这个作用是通过空间传递的,与化学键无关。偶极耦合作用远远强于通过化学键的标量耦合作用,从耦合常数的大小可知,它们相差了好几个数量级。

既然讨论异核耦合,涉及的是两种核。按照惯例,把同位素丰度高的核(如^1H)标记为 I,把同位素丰度低的核(如^{13}C)标记为 S。由于它们都具有磁矩,因此它们之间具有相互作用,其哈密顿算符(经过简化)实际上如式(10-4)所示[1,2]:

$$H_{IS} = -d(3\cos^2\theta - 1)I_z S_z \tag{10-4}$$

式中，θ 为 I 核和 S 核连接矢量和静磁场 B_0 之间的夹角；I_z 为 I 核自旋算符 I 的 z 轴分量；S_z 为 S 核自旋算符 S 的 z 轴分量；d 为 I 核和 S 核的偶极耦合常数，有[1]

$$d = (\mu_0/4\pi)(\hbar\gamma_I\gamma_S/r_{IS}^3) \tag{10-5}$$

式中，μ_0 为导磁率；$\hbar = h/2\pi$；γ_I 为 I 核的磁旋比；γ_S 为 S 核的磁旋比；r_{IS} 为 I 核和 S 核之间的距离。

从式(10-4)和式(10-5)可清楚地看到以下三点：

(1) 偶极耦合常数正比于两种核的磁旋比，这是很容易理解的，核的磁旋比越大，核的磁矩就越大，相互的作用就越强。

(2) 偶极耦合反比于两个核间距的三次方，因为随着核间距的加大，核磁矩之间的作用迅速下降。

(3) 偶极耦合与两个核连线矢量和静磁场的角度相关，因为有 $(3\cos^2\theta - 1)$ 这一项。

从式(10-5)可知偶极耦合常数是很大的，因此要设法减小。

10.1.3 同核间的偶极耦合

前面讨论了异核间的偶极耦合，现在讨论同核间的偶极耦合。

对于同核偶极耦合的哈密顿算符，有[2,3]

$$H_{II} = -d\frac{1}{2}(3\cos^2\theta - 1)[3I_{1z}I_{2z} - (\boldsymbol{I}_1 \cdot \boldsymbol{I}_2)] \tag{10-6}$$

此处的 d 是同核偶极耦合常数

$$d = (\mu_0/4\pi)(\hbar\gamma_I^2/r_{IS}^3) \tag{10-7}$$

需要注意的是，此处 r_{IS} 表示的是两个同核之间的距离而不是两个异核之间的距离。

已知：

$$\boldsymbol{I}_1 \cdot \boldsymbol{I}_2 = \boldsymbol{I}_{1x}\boldsymbol{I}_{2x} + \boldsymbol{I}_{1y}\boldsymbol{I}_{2y} + \boldsymbol{I}_{1z}\boldsymbol{I}_{2z} \tag{10-8}$$

再利用升降算符：

$$I^+ = I_x + iI_y \tag{10-9}$$

$$I^- = I_x - iI_y \tag{10-10}$$

利用式(10-8)～式(10-10)，式(10-7)转换为式(10-11)：

$$H_{II} = -d\frac{1}{2}(3\cos^2\theta - 1)\left[2I_{1z}I_{2z} - \frac{1}{2}(I_1^+ I_2^- + I_1^- I_2^+)\right] \tag{10-11}$$

式(10-11)对所有的核种都是适用的，但是我们主要关心的是氢核之间的偶极耦合。

由于氢核的磁旋比最大，因此氢核之间的偶极耦合作用很强。即使采用下面所述的魔角旋转，仍然不能得到分辨率高的固体氢谱。

10.2 固体核磁共振实验的理论基础

从上述可知，如果不采用一些特定的方法，固体核磁共振实验只能得到很宽的谱线，不能得到有用的信息。

固体核磁共振实验的发展与下面所述方法的发展密切相关。

10.2.1 魔角旋转

无论是化学位移的各向异性还是偶极耦合都使谱线变宽。魔角旋转(magic-angle spinning,MAS)消除化学位移使谱线变宽的作用,使异核偶极耦合的谱线变窄,是固体核磁共振实验的重要方法。

魔角 54.7° 是怎么得来的呢？它是从上面我们多次出现的:$3\cos^2\theta - 1 = 0$ 求解出来的。这个角度是一个很直观的角度。

设想一个立方体放在一张水平的桌子上。立方体的下面四个角按照顺时针方向依次标注为 1,2,3,4;立方体的上面四个角按照顺时针方向依次标注为 5,6,7,8。显然,5 和 1,6 和 2,7 和 3,8 和 4 的连线为四条垂线。如果从立方体的 1 出发,立方体的对角线就是 1 和 7 的连线。1 和 7 与 1 和 5 的夹角就是魔角。

这很好理解。1 和 5 的连线是立方体的一条棱。1 和 6,1 和 8 的连线分别是立方体的两个面的对角线。只有 1 和 7 的连线是立方体的对角线。

在进行魔角旋转实验时,粉末状的样品装在转子内,转子相对于静磁场构成魔角,高速旋转。

如前所述,为消除化学位移的各向异性,需要化学键的椭圆长轴与静磁场构成魔角。实验中则是转子与静磁场构成魔角。为什么转子绕静磁场魔角旋转就能够去除化学位移的各向异性呢？这是因为存在下列关系[3]:

$$3\cos^2\theta - 1 = \frac{1}{2}(3\cos^2\theta_R - 1)(3\cos^2\beta - 1) \qquad (10\text{-}12)$$

式中,θ 为化学键长轴与静磁场构成的角度;θ_R 为转子与静磁场构成的角度,在魔角旋转中该角度为魔角;β 为化学键长轴与转子构成的角度,对于粉末状样品来说,它包括了所有可能的角度。因此,当转子绕静磁场进行魔角旋转时,$3\cos^2\theta_R - 1$ 为零,则 $3\cos^2\theta - 1$ 也等于零,无论 β 是什么角度。

10.2.2 交叉极化

在 4.1.6 中已经讨论过 Hartmann-Hahn 匹配和交叉极化,交叉极化时必须使用 Hartmann-Hahn 匹配,即它是交叉极化的必要条件。由于当时的讨论是为了完成 HOHAHA 和 TOCSY 实验,讨论较简单。现在的讨论主要是为了固体核磁中灵敏度低的异核(最常用的为碳核)的测定,讨论较为深入。

需要强调,交叉极化的实现对固体核磁共振实验的发展起了很大作用。

每种具有磁矩的原子核都具有独特的磁旋比 γ,它与共振频率成正比。例如,在 14.0926 T(特斯拉)的磁感强度下,^{1}H 核的共振频率是 600.000 MHz,而 ^{13}C 核的共振频率是 150.864 MHz。磁旋比越大,也就是共振频率越高的核,核磁共振测定的灵敏度就越高,最高的是 ^{1}H 核。

另外,同位素丰度与核磁共振测定的灵敏度成正比。^{1}H 核的同位素丰度非常接近 100%,因此 ^{1}H 核具有最高的核磁共振测定的灵敏度。

下面再来看 ^{13}C 核。它的磁旋比 γ 小,同位素丰度仅约 1%,核磁共振测定的灵敏度就很低。如果不采用特殊的方法,测定 ^{13}C 核很难得到信噪比好的谱图。

基于上面的讨论可知,如果能够把 ^{1}H 核的磁旋比 γ 大、同位素丰度接近 100%、核磁共振测定灵敏度高的优点传递给^{13}C核,那将是一个非常理想的结果。

交叉极化的实验是这样进行的:

首先对^{1}H核施加一个90°脉冲,在旋转坐标系中,脉冲从x'方向施加。^{1}H核的磁化矢量从旋转坐标系的z'轴转到y'轴。现在复习1.4.2旋转坐标系的内容。由于对^{1}H核施加的是^{1}H核的共振的射频,按照式(1-32),在这个旋转坐标系中,对^{1}H核的有效磁场仅为B_1,B_1的数值是这个射频场的强度。

紧接着这个90°脉冲,立即把B_1的施加方向从x'轴移到y'轴。一般情况下,磁化矢量是绕着磁场方向旋转的。现在磁化矢量沿着y'轴,磁场也在y'轴,因此磁化矢量就不能脱离y'轴了,这就是4.1.5所讲的自旋锁定。

再复习关于磁化矢量的概念。在没有外加磁场时,磁性核的取向是任意的。当存在外加磁场时,磁性核有两种取向:一种是大体与外加磁场方向平行;另一种是大体与外加磁场方向反平行。对它们单位体积的矢量求和,就得到了磁化矢量。以上两种状态的磁性核分别以α和β表示。

现在(对^{1}H核)的旋转坐标系中仅存在B_1,这如同在实验室坐标系中施加静磁场B_0的情况。在旋转坐标系中,^{1}H核相应地有α*和β*,此处的*表示在旋转坐标系中。

需要注意的是,目前在旋转坐标系中的磁化矢量是从在静磁场中的磁化矢量旋转而来的。静磁场的强度单位是T,旋转磁场的强度单位是Gs(高斯),1 T=10 000 Gs。因此,在旋转磁场中^{1}H核的高能级与低能级粒子数之比远远超过对应的平衡数值。

这个自旋锁定脉冲的时间一般为100 μs~10 ms。

在对^{1}H核施加自旋锁定脉冲的同时,对^{13}C核也施加自旋锁定脉冲,即射频施加在^{13}C核的旋转坐标系的y'轴上。

需要注意以下两点:

(1)对^{13}C核施加的脉冲是^{13}C核的共振频率,因此在讨论交叉极化时应用两个旋转坐标系。

(2)不像对^{1}H核开始有个90°脉冲,因此在^{13}C核的旋转坐标系开始时没有^{13}C核的磁化矢量。

除上述两点之外,其他与对^{1}H的讨论相同。

我们讨论的重点是在自旋锁定期间发生了什么。

在同时对^{1}H核和^{13}C核进行自旋锁定时,仔细调节两个射频的强度(一般是固定一种核的射频强度,然后微调第二种核的射频强度),使之达到

$$\gamma_H B_{1H} = \gamma_C B_{1C} \tag{10-13}$$

式中,γ_H和γ_C分别为^{1}H核和^{13}C核的磁旋比;B_{1H}和B_{1C}分别为^{1}H通道和^{13}C通道的射频功率。

这个条件就是Hartmann-Hahn匹配。

在Hartmann-Hahn匹配的条件下,^{1}H核和^{13}C核的跃迁能级相等。由于它们之间的偶极耦合作用,前面所述的在旋转坐标系中^{1}H核的高能级与低能级粒子数之比远远超过对应平衡的优势向^{13}C核转移。在开始自旋锁定时,^{13}C核没有磁化矢量,经过这个作用,^{13}C高、低能级粒子数之比迅速上升,远远超过在静磁场存在时的情况。这个过程称为交叉极化。

从磁化矢量的模型来看,就是^{13}C核的磁化矢量迅速增长。这个磁化矢量在旋转坐标系中是静止的,但是从实验室坐标系来看,它在不断旋转,切割检出线圈,因此产生核磁共振信号。

交叉极化之后,停止自旋锁定,对 ^{1}H 核去耦,对 ^{13}C 核采样,于是得到信噪比高的碳谱。

在自旋锁定期间,由于偶极耦合作用,两种核之间有能量交换,所以称为接触脉冲(contact pulse)。

从整个实验的时间轴来看,分为三个时间段:

(1) 对 ^{1}H 核施加 90°脉冲。

(2) 接触脉冲,分别对两种核自旋锁定,它们之间发生能量交换。^{13}C 核的磁化矢量快速增长。

(3) 对 ^{1}H 去耦,对 ^{13}C 采样。

图 10-1 表明了用交叉极化测定固体样品碳谱的脉冲序列。

从上面的讨论我们知道了交叉极化的作用。除了在固体核磁共振(非氢核)的一维谱测定时起着重要作用之外,在固体二维核磁共振谱异核相关谱的实验中也必须应用它。

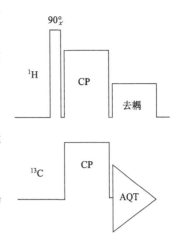

图 10-1　用交叉极化测定固体样品碳谱的脉冲序列

10.3　固体二维核磁共振谱

本书第 4 章全面而深入地讨论了(液态)二维核磁共振谱。很容易推想:在固体核磁共振技术中,二维谱也必然起着重要的作用。当然,由于是固体样品,脉冲序列将与用于液态样品的不同。

我们通常最关心的是固体异核相关二维核磁共振谱。

用于固体异核相关二维核磁共振谱 ^{1}H-^{13}C HETCOR 的脉冲序列如图 10-2 所示。

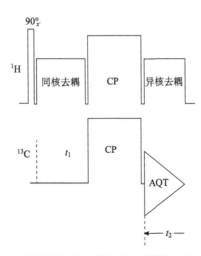

图 10-2　用于固体异核相关二维核磁共振谱 ^{1}H-^{13}C HETCOR 的
脉冲序列

该脉冲序列的原理解释如下。

首先对氢核施加一个 90°脉冲,氢核的磁化矢量从 z' 轴旋转到 y' 轴(在旋转坐标系中)。紧接着就是 t_1 期,如同我们以前的认知,t_1 是逐步增加的。在 t_1,各 ^{1}H 核的横向磁化矢量以一定的圆频率(其共振圆频率与旋转坐标系旋转圆频率之差)在旋转坐标系 $x'y'$ 平面上转动,因此起了自旋标记或频率标记的作用(不同的官能团有所区分)。t_1 之后,进行交叉极化,^{1}H 核的磁化矢量向 ^{13}C 核转移。如 10.2.2 的讨论,这个转移是通过偶极耦合传递的。^{1}H 核的磁化矢量首先向与它相连的 ^{13}C 核转移。在交叉极化之后,t_2 开始,进行对 ^{1}H 核的异核去耦,得到碳的信号。经过对 t_2,t_1 的两次傅里叶变换,得到 ^{1}H-^{13}C 的异核位移相关二维谱。

10.4　固体核磁共振的实验方法

本节介绍固体核磁共振的具体实验方法。

10.4.1　样品准备

由于是固体核磁共振的测量,自然无需溶剂。如果样品可粉碎,则粉碎、过筛。如果样品是橡胶类物品,直接剪碎加入样品管。

10.4.2　样品管

根据检测的要求,选择不同直径的样品管。直径越小,旋转速度越高;直径越大,样品管装的样品越多,灵敏度越高。

日本电子公司的 JNM-ECZ600R 谱仪样品管的种类和有关参数见表 10-1。

表 10-1　样品管的种类和有关参数*

样品管直径/mm	8.0	6.0	4.0	3.2	2.5	1.0	0.75
转速/kHz	8	10	19	24	32	80	100
体积/μL	616		69	49	17	0.8	0.29

*此表由日本电子公司提供。

10.4.3　安放样品管

在测试液体样品时,样品管是沿着铅垂的方向转动的,因此样品管很容易更换。

在固体核磁共振实验中,需要样品管沿着魔角旋转,魔角与铅垂方向构成 54.7°,因此样品管的更换比液体核磁共振复杂。

使用日本电子公司的固体核磁共振谱仪,由于磁体是窄腔,磁体和含魔角旋转探头的中心棒之间的间隙小,在更换样品管时,需要把该中心棒从下面抽出,在杆的上部,从处于魔角的探头中取出样品管,再放入下面需要测定的样品管。

布鲁克公司的固体核磁共振谱仪的磁体有宽腔和标准腔,更换样品管都比较方便。现以标准腔为例,如图 10-3 所示,该图由布鲁克公司提供。

装载样品管的定子的方向由探头底部的装置经杠杆调节,样品管的放入和取出则在气流的作用下更换。因此,在测定样品之后,将定子转为铅垂方向,随即可以从上面更换样品管。

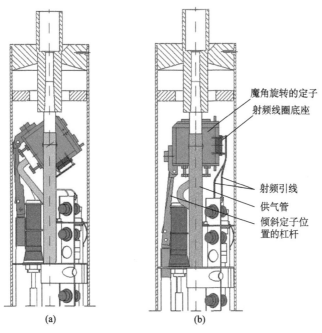

图 10-3 定子在魔角方向(a)和定子在铅垂方向(b)

10.5 固体核磁共振谱图举例

本节列出在清华大学分析中心所做的一些固体核磁共振谱图,阐明固体核磁共振的应用。所用仪器均为日本电子公司的 JNM-ECZ600R(600 MHz)。

聚丙烯粉末的固体核磁共振碳谱如图 10-4 所示。

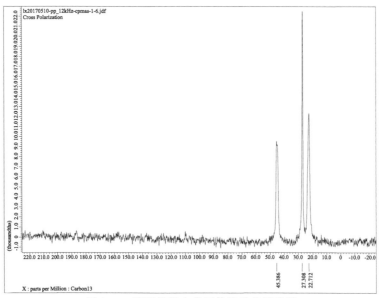

图 10-4 聚丙烯粉末的固体核磁共振碳谱

实验条件:CPMAS 碳谱,样品管直径 3.2 mm,转速 12 kHz,接触时间 2 ms,弛豫时间 3 s

聚丙烯的单元为—CH(CH₃)—CH₂—，在图 10-4 中只显示了 3 个碳原子的峰。如果从液体核磁共振的角度来看，似乎结果就是这样，往下没有文章了。而从固体核磁共振的角度来看，就有进一步的信息。由于每种碳原子只有一个峰，说明样品聚丙烯是等规(isotactic)晶形。如果是间规(syndiotactic)晶形，亚甲基会有两条谱线。

化合物(C10-1)的结构式如下(波纹线表示结构重复)：

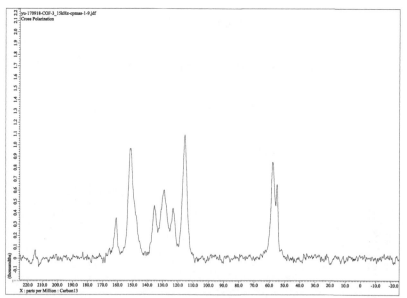

化合物(C10-1)的固体核磁共振碳谱如图 10-5 所示。

图 10-5　化合物(C10-1)的固体核磁共振碳谱
实验条件：CPMAS 碳谱，探头直径 3.2 mm，转速 15 kHz，接触时间 2 ms，弛豫时间 3 s

由于化合物(C10-1)结构对称，因此谱峰的数目减半。

化合物(C10-2)的结构式如下：

2-氨基-4,5-二甲氧基苯甲酸甲酯

化合物(C10-2)的固体核磁共振碳谱如图 10-6 所示。

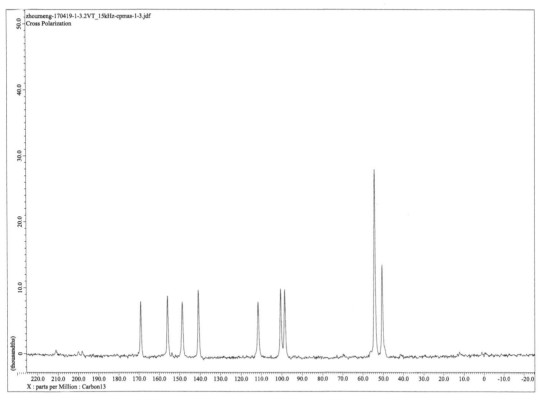

图 10-6　化合物(C10-2)的固体核磁共振碳谱

实验条件:CPMAS 碳谱,探头直径 3.2 mm,转速 15 kHz,接触时间 2 ms,弛豫时间 3 s

$LiMn_2O_4$ 的晶体结构如下:

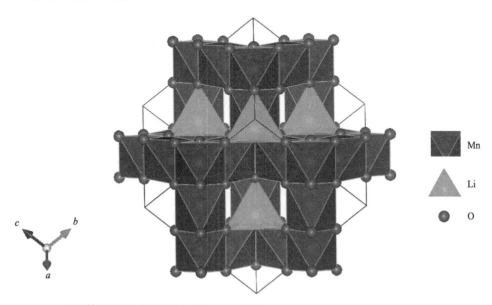

$LiMn_2O_4$ 的固体核磁共振锂谱如图 10-7 所示。

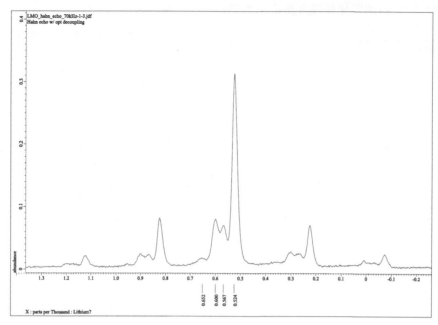

图 10-7　LiMn₂O₄ 的固体核磁共振锂谱

实验条件：^{7}Li，自旋回波，探头直径 1 mm，转速 70 kHz，弛豫时间 0.1 s

在目前实验条件下，可见对称分布的 5 处谱带。以最高的谱带为例，可以看到至少 4 个信号，它们反映了晶体中锂的不同环境。锂可以处在不同的层面（从表层到里层），不同的位置（中间或边缘）。因此，固体核磁共振谱图和溶液的核磁共振谱图可以有很大的差别。

硅藻土的固体核磁共振硅谱如图 10-8 所示。

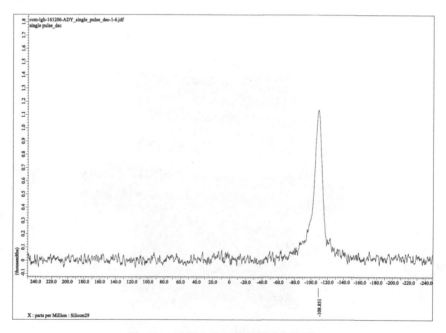

图 10-8　硅藻土的固体核磁共振硅谱

实验条件：探头直径 3.2 mm，转速 15 kHz，弛豫时间 5 s

氧化聚丙烯的固体核磁共振 ^{17}O 谱如图 10-9 所示。

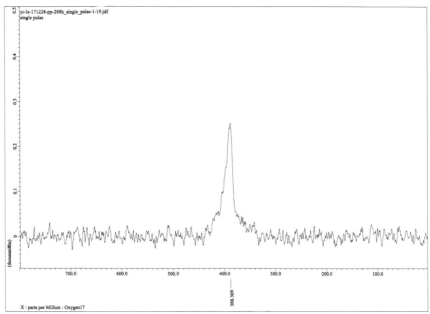

图 10-9　氧化聚丙烯的固体核磁共振 ^{17}O 谱
实验条件:探头直径 8 mm,转速 6 kHz,弛豫时间 5 s

下面的 4 张谱图都源自一个样品,都是 ^{31}P-^{31}P 双量子相关谱。该样品是阿仑膦酸钠 (C10-3) 和羟基磷灰石 (C10-4) 的混合物。

阿仑膦酸钠 (C10-3) 的分子式是 $C_4H_{12}NO_7P_2Na \cdot 3H_2O$,其结构式如下:

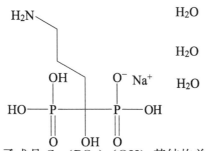

羟基磷灰石 (C10-4) 的分子式是 $Ca_5(PO_4)_3(OH)$,其结构单元如下:

图 10-10～图 10-13 都是 ^{31}P-^{31}P 双量子相关谱。该谱的水平坐标是化学位移,垂直坐标是两倍化学位移。从相关谱可以看到同核的耦合作用。图 10-13 有详细的标注,谱图的分析和 COSY 是完全类似的。

图 10-14 和图 10-15 是甘氨酸(C10-5,$H_2N—CH_2—COOH$)的 ^{1}H-^{1}H 双量子相关谱,从中可看到 ^{1}H-^{1}H 的耦合作用。谱图解析请看图 10-10～图 10-13 的介绍。

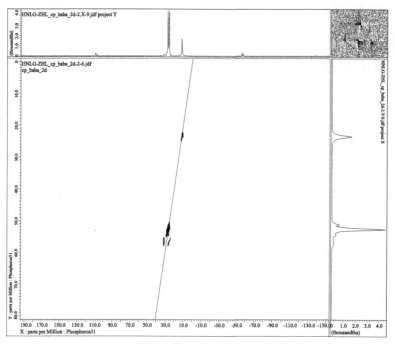

图 10-10　该混合物的 ^{31}P-^{31}P 双量子相关谱 1

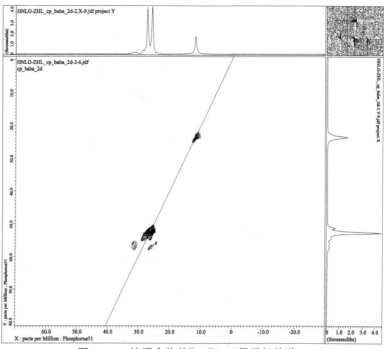

图 10-11　该混合物的 ^{31}P-^{31}P 双量子相关谱 2

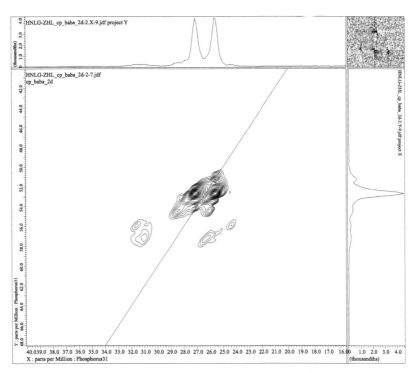

图 10-12　该混合物的^{31}P-^{31}P 双量子相关谱 3

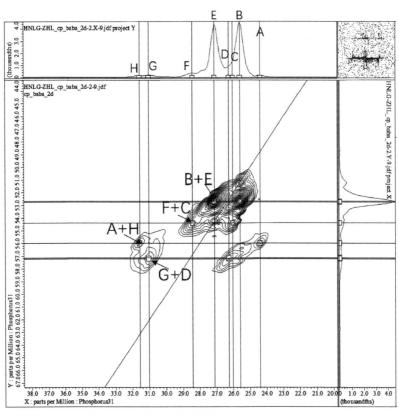

图 10-13　该混合物的^{31}P-^{31}P 双量子相关谱 4

图 10-10~图 10-13 实验条件：^{31}P-^{31}P 2D 双量子相关，探头直径 3.2 mm，转速 20 kHz，弛豫时间 2 s，接触时间 3 ms

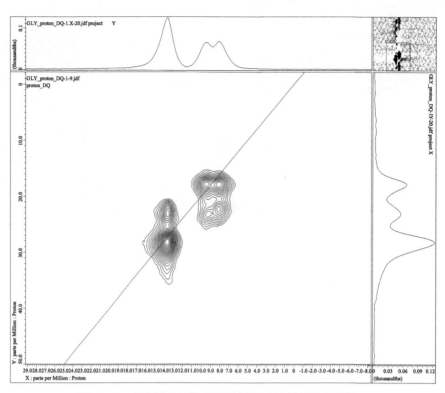

图 10-14　甘氨酸的固体核磁共振¹H-¹H 双量子相关谱 1

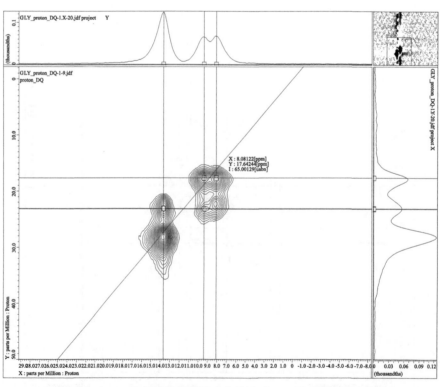

图 10-15　甘氨酸的固体核磁共振¹H-¹H 双量子相关谱 2

图 10-14 和图 10-15 实验条件:¹H-¹H 双量子相关,探头直径 1 mm,转速 60 kHz,弛豫时间 2 s

参 考 文 献

[1] Ando I, Asakura T. Solid State NMR of Polymers. Amsterdam: Elsevier, 1998

[2] Laws D D, Bitter H-M L, Jerschow A. Angew Chim Int Ed, 2002, 41(17): 3096-3129

[3] Duer M J. Solid-State NMR Spectroscopy, Principles and Applications. Oxford: Blackwell Science, 2002

附　　录

附录1　用乘积算符分析脉冲序列的原理

宏观磁化矢量模型很直观地阐明了核磁共振信号的产生,也能解释很多脉冲序列的作用,从而说明了相应的二维谱的原理。但磁化矢量模型的应用存在限制:对非 90°、180°的脉冲序列往往难于解释,因此我们分析的脉冲一般均为 90°、180°;接连采用两个 90°脉冲也不能解释。因此,在第 4 章中,DEPT、COSY、INADEQUATE 等实验均难以用磁化矢量模型解释。

对于脉冲序列的分析,量子力学提供一个通用的方法,即密度矩阵(density matrix)的方法。它构成一个完整的、严密的理论。化学工作者要掌握这一套理论比较困难,需要花费许多时间。另一方面,这一套理论的复杂之处主要在于证明其运算方法,而真正到具体运算,即对脉冲序列的具体分析时则是简单的。针对化学工作者,现也有不少文献对这样的方法作了简略的介绍,但往往显得有些零碎而不系统,因而读后缺乏一个全面的了解。

基于上述情况,作者认为有必要写这个附录。从定义、方法的建立来看是不严格的,以避开量子力学的难点;从具体的运算来看,是详细的、准确的。因此,读者可对这种方法有一个全面的了解,并可自行对一般的脉冲序列进行分析。

另作两点说明:

(1) 我们的讨论仅限于现在应用最广的乘积算符(product operator)方法,它适用于弱耦合体系,我们进一步限于二自旋弱耦合体系,这对大部分情况都是有效的。

(2) 尽量把乘积算符的方法和我们熟悉的磁化矢量模型相联系。

1. 用算符来表征自旋状态和各种作用

以前,我们用磁化矢量模型,M_x,M_y 和 M_z 分别表示磁化矢量在 x 轴,y 轴和 z 轴的分量,现在则分别用算符 I_x,I_y 和 I_z 来表征。要说明的是,原来我们用“′”来表示旋转坐标系,以与实验室坐标系相区别,现在我们去除“′”,但均指旋转坐标系。

二自旋(弱耦合)体系的有关算符将在后面介绍。

以前讨论的采用射频使磁化矢量沿 x' 轴或 y' 轴转动,现在表示为经由 I_x 或 I_y 的作用。

横向磁化矢量在 $x'y'$ 平面上绕 z' 轴的转动描述为 $2\pi\delta t I_z$ 的作用。其中 δ 为化学位移,t 为转动的时间。

对于二自旋体系,由于自旋耦合作用,两个横向磁化矢量会以不同的角速度相对旋转坐标系旋转(当旋转坐标系的旋转速度与其化学位移相同时,一个横向磁化矢量沿顺时针方向旋转,另一个沿反时针方向旋转)。现将其描述为 $\pi J t I_z S_z$ 的作用。I 和 S 分别对应二自旋体系的两个核,$I_z S_z$ 前的系数 J 为耦合常数,t 为转动的时间。

总之,自旋状态用算符表征,射频的作用由算符表征,由化学位移或耦合常数的演化(evolution)也用算符表示。

2. 算符的运算法则

既然自旋状态以算符来表征,射频的作用、因化学位移和耦合常数引起的演化也用算符表示,因此分析一个脉冲序列的作用也就是进行算符的运算。作为一个步骤来说,就是某一算符经另一算符的作用变成另外的算符(或保持不变)。

在我们讨论的范围,有关的算符之间仅有两种情况:对易(commute)的和反对易(anti-commute)的。

设 A,B 为任意两个算符。

$$[A,B] \equiv AB - BA \tag{1}$$

$$\text{对易:} [A,B] = 0 \tag{2}$$

$$\text{或} \quad AB = BA \tag{3}$$

$$\text{反对易:} AB = -BA \tag{4}$$

如果 A,B 两个算符对易,A 经 B 作用之后仍保持不变,则表示为

$$
\begin{array}{c}
A \\
B \Downarrow \\
A
\end{array} \tag{5}
$$

如果 B_1,B_2 之间是对易的,而 A 要受它们的作用,则 B_1,B_2 的作用顺序对于最终结果是无关的,即可以按任意顺序进行:先 B_1 后 B_2;或是先 B_2 或 B_1。表示 δ 演化的算符 I_z 和表示 J 作用的算符 $I_z S_z$ 是对易的,因此我们在分析脉冲序列中的某一步时,可以先讨论因 δ 的演化,也可以先分析因 J 引起的演化。

如果 A、B 两个算符是反对易的,A 经 B 作用之后会产生两个算符:一个是原来的算符,另一个是新的算符。它们分别还有一个系数:$\cos b$ 和 $\sin b$。b 是算符 B 的系数。我们将这种情况表示为

$$C = AB \tag{7}$$

为简化表示,我们仅表示为

在得最后的结果时,把 $\cos b$、$\sin b$ 分别加进去。至于 $C = AB$,实际运算时则查表直接写出。

当 $\cos b = 0$ 时,上述运算仅余 C 一项。为了简化表示,又要与两算符对易的情况相区别,我们表示为

$$
\begin{array}{c}
A \\
b B \Big|(S) \\
\downarrow \\
C
\end{array} \tag{9}
$$

或 $\sin b = 0$ 时

$$\begin{array}{c} \mathbf{A} \\ b\mathbf{B} \downarrow (\mathrm{C}) \\ \mathrm{A} \end{array} \tag{9'}$$

3. Pauli 矩阵

Pauli 矩阵是自旋算符的矩阵表示。对于自旋量子数 $I = 1/2$ 的单自旋体系,有

$$\sigma_x = \frac{1}{2}\begin{pmatrix} 0 & 1 \\ 1 & 0 \end{pmatrix} \tag{10}$$

$$\sigma_y = \frac{1}{2}\begin{pmatrix} 0 & -i \\ i & 0 \end{pmatrix} \tag{11}$$

$$\sigma_z = \frac{1}{2}\begin{pmatrix} 1 & 0 \\ 0 & -1 \end{pmatrix} \tag{12}$$

它们相应于前述的 $\mathbf{I}_x, \mathbf{I}_y, \mathbf{I}_z$。
另有

$$\sigma_0 = \frac{1}{2}\begin{pmatrix} 1 & 0 \\ 0 & 1 \end{pmatrix} \tag{13}$$

它相应于单位矩阵。

Pauli 矩阵具有下列性质:

(1)
$$\sigma_u^2 \equiv \frac{1}{2}\sigma_0 \qquad u = 0, x, y, z \tag{14}$$

(2)
$$\sigma_u \sigma_v = \frac{i}{2}\sigma_w \tag{15}$$

(当按 x, y, z 的顺序时,如 $\sigma_x \sigma_y = \dfrac{i}{2}\sigma_z$)

或

$$\sigma_u \sigma_v = -\frac{i}{2}\sigma_w \tag{16}$$

(当按 z, y, x 的顺序时,如 $\sigma_y \sigma_x = -\dfrac{i}{2}\sigma_z$)

(3)
$$\sigma_0 \cdot \sigma_u = \frac{1}{2}\sigma_u \qquad (u = x, y, z) \tag{17}$$

以上四式通过矩阵乘法很容易证明。

4. 二自旋体系的乘积算符

如前所述,二自旋体系以 IS 表示。这里 I 和 S 可能是同核,也可能是异核。

表征二自旋体系状态的算符由单自旋体系的算符通过直积(direct product)扩充而成。这也是乘积算符名称的由来。由于单自旋体系是四个算符,二自旋体系就有 $4 \times 4 = 16$ 个算符。我们可以把这 16 个算符分为下面五组:

(1) $I_0 S_0$

(2) $I_x S_0$, $I_y S_0$, $I_z S_0$, $I_0 S_x$, $I_0 S_y$, $I_0 S_z$

(3) $I_z S_z$

(4) $I_x S_z$, $I_y S_z$, $I_z S_x$, $I_z S_y$

(5) $I_x S_x$, $I_x S_y$, $I_y S_x$, $I_y S_y$

下面对这五组分别进行讨论。

第(1)组的 $I_0 S_0$ 相当于单位算符。

第(2)组的六个算符实际上即为 I_x , I_y , I_z , S_x , S_y , S_z ,因与之相乘的 I_0 或 S_0 相应于单位算符。从前述可知,它们相应于磁化矢量沿三个坐标轴的分量。其中的 I_x , I_y , S_x , S_y 均为可检测信号。

第(3)组 $I_z S_z$ 表示自旋纵向的有序排布。从前面的叙述已知,在考虑自旋耦合的演化时要用这个算符。

第(4)组的每个算符相应于两个反向的横向磁化矢量。以 $I_x S_z$ 为例,它表示相应于 S 自旋沿 $\pm z$ 轴的两个状态下 I 自旋沿 $\pm x$ 轴的两个反向的磁化矢量。

第(5)组的算符是零量子相干和双量子相干的组合。

乘积算符的构成方法为

$$I_u S_v = 2 I_u \otimes S_v \tag{18}$$

例如:

$$I_x S_z = 2 I_x \otimes S_z = 2 \times \frac{1}{2} \begin{pmatrix} 0 & 1 \\ 1 & 0 \end{pmatrix} \otimes S_z$$

$$= \begin{pmatrix} 0 & 0 & & \\ 0 & 0 & & S_z \\ S_z & & 0 & 0 \\ & & 0 & 0 \end{pmatrix} = \frac{1}{2} \begin{pmatrix} 0 & 0 & 1 & 0 \\ 0 & 0 & 0 & -1 \\ 1 & 0 & 0 & 0 \\ 0 & -1 & 0 & 0 \end{pmatrix}$$

与 Pauli 矩阵的式(14)~式(17)相应,这 16 个乘积算符具有下列性质:

(1) $(I_u S_v)^2 = \frac{1}{2} I_0 S_0 \tag{19}$

$$u = 0, x, y, z$$

$$v = 0, x, y, z$$

(2) 16 个乘积算符之间是对易的或反对易的,即

$$[I_u S_v, I_n S_m] = 0 \tag{20}$$

$$I_u S_v \cdot I_n S_m = I_n S_m \cdot I_u S_v \tag{21}$$

或

$$I_u S_v \cdot I_n S_m = -I_n S_m \cdot I_u S_v \tag{22}$$

(3) $\quad I_u S_v \cdot I_n S_m = 4(I_u \cdot S_v) \otimes (I_n \cdot S_m)$

$$= 4(I_u \cdot I_n) \otimes (S_v \cdot S_m)$$

$$= I_a \cdot S_b \tag{23}$$

对式(23),自然是

$$I_a = 2 I_u \cdot I_n \tag{24}$$

$$S_b = 2 S_v \cdot S_m \tag{25}$$

式(23)~式(25)对于乘积算符的运算起很大的简化作用,因为把二自旋体系乘积算符的运算"分解"成单自旋体系自旋算符的运算了。因此,用这几个式子,可以方便地得到我们将经常应用的附表1。

5. 乘积算符的运算表

上面我们已经知道,二自旋体系(含两个单自旋体系)的各种状态用 16 个算符表征,而经由射频脉冲的作用或 δ、J 的演化也就是受到几个算符的作用,无非是按式(5)~式($9'$)进行,作用之后产生的算符仍属 16 个算符之列。因此,我们可利用这个性质,构筑一个表,从表中直接读出式(6)右侧的结果(左侧不变),从而使运算方便地完成。

射频脉冲的作用:I_x,I_y,S_x,S_y,

化学位移的演化:I_z,S_z,

耦合的演化:I_zS_z。

因此,属于"作用"类的算符就七个:I_x,I_y,I_z,S_x,S_y,S_z,I_zS_z。

属于描述自旋体系状态的则是 15 个乘积算符,因为 I_0S_0 除外。另外,我们将 I_0S_x,I_0S_y,I_0S_z,I_xS_0,I_yS_0,I_zS_0 分别简化为 S_x,S_y,S_z,I_x,I_y 和 I_z,这个表也就包含了单自旋体系的运算。

还要说明的是,在乘积算符的运算中,有两种旋转方向:一种是右旋表示法,另一种是左旋表示法。我们现采用的是后者。I_z 受 I_x 作用,当脉冲为 90° 时,产生 I_y(而不是 $-I_y$!),以便与磁化矢量的讨论相一致。

在上述基础上,我们构筑了附表1——二自旋体系乘积算符运算表。

附表1　二自旋体系乘积算符运算表

	I_x	I_y	I_z	S_x	S_y	S_z	I_zS_z
I_x	E	I_z	$-I_y$	E	E	E	$-I_yS_z$
I_y	$-I_z$	E	I_x	E	E	E	I_xS_z
I_z	I_y	$-I_x$	E	E	E	E	E
S_x	E	E	E	E	S_z	$-S_y$	$-I_zS_y$
S_y	E	E	E	$-S_z$	E	S_x	I_zS_x
S_z	E	E	E	S_y	$-S_x$	E	E
I_zS_z	I_yS_z	$-I_xS_z$	E	I_zS_y	$-I_zS_x$	E	E
I_xS_z	E	I_zS_z	$-I_yS_z$	I_xS_y	$-I_xS_x$	E	$-I_y$
I_yS_z	$-I_zS_z$	E	I_xS_z	I_yS_y	$-I_yS_x$	E	I_x
I_zS_x	I_yS_x	$-I_xS_x$	E	E	I_zS_z	$-I_zS_y$	$-S_y$
I_zS_y	I_yS_y	$-I_xS_y$	E	$-I_zS_z$	E	I_zS_x	S_x
I_xS_x	E	I_zS_x	$-I_yS_x$	E	I_xS_z	$-I_xS_y$	E
I_xS_y	E	I_zS_y	$-I_yS_y$	$-I_xS_z$	E	I_xS_x	E
I_yS_x	$-I_zS_x$	E	I_xS_x	E	I_yS_z	$-I_yS_y$	E
I_yS_y	$-I_zS_y$	E	I_xS_y	$-I_yS_z$	E	I_yS_x	E

注:(1) 表中左边第一列为二自旋体系的可能状态。

(2) 表中顶行表示射频脉冲及 δ、J 演化的算符。

(3) 表中列出的为运算结果的算符,其中 E 表示有关的二算符对易,故保持不变。

6. 脉冲序列的分析

经过前面几点的讨论,分析脉冲序列作用的具体运算已经很清楚了,现归纳如下:

(1) 确定起始状态,常为 I_z,它相应于磁化矢量模型的讨论时在平衡状态下有在 z 轴方向的 M_0。

(2) 首先考虑射频脉冲的作用。根据脉冲作用的轴(x', y'),相应地选用 I_x,I_y(或者相应地再加 S_x,S_y)。

(3) 计算完脉冲的作用之后,考虑 δ 的演化和 J 的演化,这两者的算符是对易的,谁先谁后都行。

(4) 以上的运算,按式(5)、式(8)、式(9)或式(9′)画成倒扣的树枝状结构。若是垂直往下或往左支出去,则照写原来的算符;若是往右支出去,则从附表 1 查出作用结果的算符。

(5) 根据具体的脉冲序列,重复(2)~(4)。

(6) 在得到最后结果之后,找出可检测信号: I_x,I_y,S_x,S_y。

(7) 分别列出可检测信号前的乘积因子,分析出可检测信号的特点。

完成上述步骤之后,我们就完成了对某一具体脉冲序列的作用的分析。

下面以对 COSY 的分析为例。其脉冲序列为(不考虑相循环)

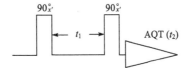

我们讨论的是 IS 二自旋体系,现从 I_z 开始,因 S_z 是完全类似的。

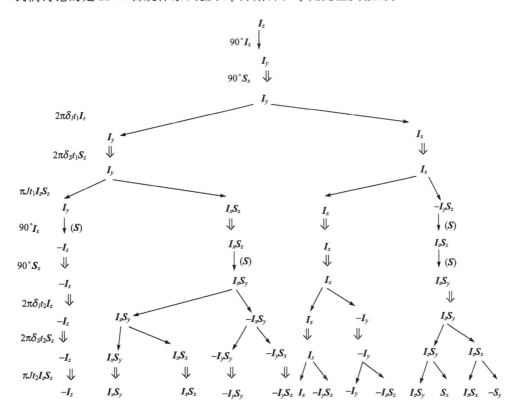

从上面的运算可知,虽然每一步的运算很简单,但运算的步骤繁多。对两个脉冲的简单序列,我们共运算 10 步,最后得到 13 项。

13 项中仅 I_x, $-I_y$, S_x, $-S_y$ 四项为可检测信号。信号的大小则要把每次运算所得的系数乘起来。

以 I_x 为例,其前面累乘的系数为

$$\sin(2\pi\delta_I t_1)\cos(\pi J t_1)\cos(2\pi\delta_I t_2)\cos(\pi J t_2)$$

从这个数值可知它是一个对角线峰,因为它与 t_2 相关的是 δ_I,与 t_1 相关的也是 δ_I,所以在两次傅里叶变换之后,ω_2, ω_1 的值都为 δ_I,此即对角线峰,从这个系数也可知道在 ω_2 及 ω_1 方向均显示 J 的耦合裂分。

$-I_y$ 的分析与 I_x 类似。

另一方面,由于起于 I_z,终于 I_x 或 $-I_y$,并未有向另一自旋 S 的传递,因此也知必然为对角线峰。

下面我们看 S_x,其前面累乘的系数为

$$\sin(2\pi\delta_I t_1)\sin(\pi J t_1)\cos(2\pi\delta_S t_2)\sin(\pi J t_2)$$

从这个系数可知,与 t_2 相关的为 δ_S,而与 t_1 相关的为 δ_I,经两次傅里叶变换之后,ω_2 为 δ_S,ω_1 为 δ_I,因此这是一个相关峰。从这个系数也可知在 ω_2 和 ω_1 方向均显示耦合裂分。

$-S_y$ 的分析与之类似。

从起于 I_z,终于 S_x 或 $-S_y$,说明自旋 I 传递到了自旋 S,因而也可知产生了相关峰。

另外,由于相关峰的强度正比于 $\sin(\pi J t_1)\sin(\pi J t_2)$,因此当 J 小时,增加 t_1, t_2 对加大相关峰的强度是有利的,所以在 COSYLR 的脉冲序列中,我们在第二个 90° 脉冲的前后各加了一个时间间隔 Δ,因而可以加大因长程耦合(J 小)的相关峰的强度。

参 考 文 献

[1] Freeman R.A Handbook of Nuclear Magnetic Resonance. New York: Longman Scientific & Technical, 1988
[2] Lallemand J Y. Seminars of 2D NMR. Beijing, 1985

附录 2　常见官能团红外吸收特征频率

化合物类型	官能团	吸收频率/cm⁻¹					备注
		4000~2500	2500~2000	2000~1500	1500~900	900 以下	
烷基	—CH₃	2960,尖[70] 2870,尖[30]			1460,[<15] 1380,[15]		(1) 甲基与氧连时,2870 cm⁻¹ 的吸收移向低波数 (2) 偕二甲基使 1380 cm⁻¹ 的吸收产生双峰
	—CH₂	2925,尖[75] 2850,尖[45]			1470,[8]	725~720[3]	(1) 与氧,氮原子相连时,2850 cm⁻¹ 吸收移向低波数 (2) —(CH₂)ₙ—中,$n>$4 时方有 725~720 cm⁻¹ 的吸收,当 n 小时往往向高波数移动
	△ 三元碳环	3080~3000,[变]					三元环上有氢时,方有此吸收
不饱和烃	=CH₂	3080,[30] 2975,[中]					
	=CH—	3020,[中]					
	C=C			1675~1600,[中~弱]			
	—CH=CH₂				990,尖[50] 910,尖[110]		共轭烯移向较低波数

化合物类型	官能团	吸收频率/cm^{-1}					备注
		4000~2500	2500~2000	2000~1500	1500~900	900以下	
不饱和烃	—C=CH₂					895,尖[100~150]	
	反式二氢				965,尖[100]		
	顺式二氢					800~650,[40~100]	常出峰于 730~675 cm^{-1}
	三取代烯					840~800,尖[40]	
	≡CH	3300,尖[100]					
	—C≡C—		2140~2100,[5]				未端炔基
			2260~2190,[1]				中间炔基
苯环及芳杂环	C=C			1600,尖[<100] 1580,[变] 1500,尖[<100]	1450,[中]		
	=CH	3030,[<60]					

化合物类型	官能团	吸收频率/cm⁻¹					备注
		4000~2500	2500~2000	2000~1500	1500~900	900 以下	
苯环及稠芳环				2000~1600,[5]			当该区无其他吸收峰时,可见几个弱吸收峰
						900~850,[中]	苯环上孤立氢(如苯环上五取代)
						860~800,尖[强]	苯环上两个相邻氢,常出现在820~800 cm⁻¹处
						800~750,尖[强]	苯环上有三个相邻氢
						770~730,尖[强]	苯环上有四个相邻氢
						710~690,尖[强]	苯环上有四个或五个相邻氢
						920~720,尖[强]	苯环单取代,1,3-二取代,1,3,5-及1,2,3-三取代时附加此吸收
杂芳环	吡啶	3075~3020,尖[强]		1620~1590,[中] 1500,[中]			900 cm⁻¹以下苯环的吸收位置似于苯环(以相邻氢的数目考虑)
	呋喃	3165~3125,[中,弱]		~1600,~1500	~1400		
	吡咯	3490,尖[强] 3125~3100,[弱]		1600~1500,[变](两个吸收峰)			NH产生的吸收
	噻吩	3125~3050		~1520	~1410	750~690,[强]	=CH产生的吸收

化合物类型	官能团	吸收频率/cm⁻¹					备注
		4000~2500	2500~2000	2000~1500	1500~900	900以下	
醇和酚	游离态						
	伯醇 —CH₂OH	3640,尖[70]			1050,尖[60~200]		存在于非极性溶剂的稀溶液中
	仲醇 —CHOH	3630,尖[55]			1100,尖[60~200]		
	叔醇 —C—OH	3620,尖[45]			1150,尖[60~200]		
	酚	3610,尖[中]			1200,尖[60~200]		
	分子间氢键				同上		
	二聚体	3600~3500					
	多聚体	3300,宽[强]					常掩盖多聚体的吸收峰
	分子内氢键						
	多元醇	3600~3500,[50~100]					
	π氢键	3600~3500					
	螯合键	3200~2500,宽[弱]					

续表

化合物类型	官能团	吸收频率/cm⁻¹					备注
		4000~2500	2500~2000	2000~1500	1500~900	900 以下	
醚	C—O—C				1150~1070,[强]		
	=C—O—C				1275~1200,[强] 1075~1020,[强]		
	（环氧 O 三元环）	3050~3000,[中,弱]			1250,[强]	950~810,[强] 840~750,[强]	环上有氢时方有此吸收峰
酮	链状饱和酮			1725~1705, 尖[300~600]			
	环状酮						
	大于七元环			1720~1700,尖[极强]			
	六元环			1725~1705,尖[极强]			
	五元环			1750~1740,尖[极强]			
	四元环			1775,尖[极强]			
	三元环			1850,尖[极强]			
	不饱和酮						
	α,β-不饱和酮			1685~1665,尖[极强] 1650~1600,尖[极强]			羰基吸收 烯键吸收

续表

化合物类型	官能团	吸收频率/cm⁻¹					备注
		4000~2500	2500~2000	2000~1500	1500~900	900 以下	
酮	Ar—CO—			1700~1680,尖[极强]			羰基吸收
	Ar—CO—Ar {α,β,α′,β′-不饱和酮			1670~1660,尖[极强]			羰基吸收
	α-取代酮						
	α-卤代酮			1745~1725,尖[极强]			
	α二卤代酮			1765~1745,尖[极强]			
	二酮 O O ‖ ‖ —C—C—			1730~1710,尖[极强]			当两个羰基不相连时,基本上回复到饱和酮的吸收位置
醌							
	1,2-苯醌			1690~1660,尖[极强]			
	1,4-苯醌						
	草醌			1650,尖[极强]			
醛	饱和醛	2820[弱],2720[弱]		1740~1720,尖[极强]			
	不饱和醛						
	α,β-不饱和醛			1705~1680,尖[极强]			
	α,β,γ,δ-不饱和醛			1680~1660,尖[极强]			
	Ar—CHO			1715~1695,尖[极强]			

化合物类型	官能团	吸收频率/cm⁻¹					备注
		4000~2500	2500~2000	2000~1500	1500~900	900 以下	
羧酸	饱和羧酸	3000~2500,宽		1760,[1500]	1440~1395,[中·强]		1760 cm⁻¹ 为单体吸收
				1725~1700,[1500]	1320~1210,[强] 920,宽[中]		1725~1700 cm⁻¹ 为二聚体吸收,可能见到两个吸收,分别为单体及二聚体吸收
	α,β-不饱和羧酸			1720,[极强] 1715~1690,[极强]			分别为单体及二聚体吸收
	Ar—COOH			1700~1680,[极强]			
	α-卤代羧酸			1740~1720,[极强]			
酸酐	饱和·链状酸酐			1820,[极强] 1760,[极强]	1170~1045,[极强]		由于有对称和反对称振动,酸酐均有两个强吸收
	α,β-不饱和酸酐			1775,[极强] 1720,[极强]			
	六元环酸酐			1800,[极强] 1750,[极强]	1300~1175,[极强]		
	五元环酸酐			1865,[极强] 1785,[极强]	1300~1200,[极强]		
羧酸酯	饱和链状羧酸酯			1750~1730,尖 [500~1000]	1300~1050 (两个峰),[极强]		

化合物类型	官能团	吸收频率/cm⁻¹					备注
		4000~2500	2500~2000	2000~1500	1500~900	900以下	
羧酸酯	α,β-不饱和羧酸酯			1730~1715,[极强]	1300~1250,[极强] 1200~1050,[极强]		
	α-卤代羧酸酯			1770~1745,[极强]			
	Ar—COOR			1730~1715,[极强]	1300~1250,[极强] 1180~1100,[极强]		
	CO—O—C≡C—			1770~1745,[极强]			
	(环酯)			1740,[极强]			
	(环酯)			1750~1735,[极强]			
	(环酯)			1720,[极强]			
	(环酯)			1760,[极强]			同时还有 C=C 吸收峰(1685 cm⁻¹)

续表

化合物类型	官能团	吸收频率/cm⁻¹					备注
		4000~2500	2500~2000	2000~1500	1500~900	900以下	
羧酸酯	（环状结构图 $-O$ $=O$）			1780~1760,[极强]			
羧酸盐	—COO⁻			1610~1550,[强]	1420~1300,[强]		
酰氯	饱和酰氯			1815~1770,尖[极强]			$-\overset{O}{\underset{\parallel}{C}}-F$ 在较高波数处，$-\overset{O}{\underset{\parallel}{C}}-Br$、$-C-I$ 在较低波数处
	α,β-不饱和酰氯			1780~1750,尖[极强]			
酰胺	伯酰胺 —CONH₂	3500,3400,双峰[强]（3350~3200,两个峰）					(1) 小括号内数值为缔合状态的吸收峰 (2) 内酰胺的吸收位置随着环的减小而向高波数方向移 N—H 吸收

化合物类型	官能团	吸收频率/cm⁻¹					备注
		4000~2500	2500~2000	2000~1500	1500~900	900以下	
酰胺	伯酰胺 —CONH₂			1690(1650),尖[极强] 1600(1640),[强]			羰基吸收,酰胺Ⅰ带 酰胺Ⅱ带,固态有两个峰
		3440,[强] (3300,3070)					N—H吸收
	仲酰胺 —CONH—			1680(1665),尖[极强]			酰胺Ⅰ带
				1530(1550),[变]			酰胺Ⅱ带
					1260(1300),[中,强]		酰胺Ⅲ带
	叔酰胺 —CON<			1650(1650)			
胺	伯胺 R—NH₂ 及 Ar—NH₂	3500(3400),[中,强] 3400(3300),[中,强]		1640~1560,[中,强]			小括号内数值为缔合 状态吸收峰
	仲胺 RNHR'	3350~3310,[弱]					
	Ar—NHR	3450,[中]					
	Ar—NHAr'	3490,[中]					

化合物类型	官能团	吸收频率/cm⁻¹					备注
		4000~2500	2500~2000	2000~1500	1500~900	900 以下	
胺	杂环上 NH	3490,[强]					
	叔胺 Ar—N(R)(R')				1350~1260,[中]		
铵盐	—NH₃⁺	3000~2000宽吸收带上—至数峰[强]		1600~1575,[强] 1550~1500,[强]			
	—NH₂⁺	3000~2250宽吸收带上—至数峰[强]		1620~1560,[中]			
	—NH⁺	2700~2250宽吸收带上—至数峰[强]					
腈	R—CN		2260~2240,尖[变]				
	α,β-不饱和腈		2240~2215,尖[变]				
	Ar—CN		2240~2215,尖[变]				
硫氰酸酯	R—S—C≡N		2140,尖[极强]				
	Ar—S—C≡N		2175~2160,尖[极强]				

化合物类型	官能团	吸收频率/cm⁻¹					备注
		4000~2500	2500~2000	2000~1500	1500~900	900 以下	
异硫氰酸酯	R—N=C=S		2140~1990,尖[极强]				
	Ar—N=C=S		2130~2040,尖[极强]				
亚胺	C=N—			1690~1630,[中]			共轭时移向低波数方向
肟	C=N—OH	3650~3500,宽[强]		1680~1630,[变]	960~930		3650~3500 cm⁻¹的吸收在缔合时移向低波数方向
重氮	—N=N			1630~1575,[变]			
硝基	R—NO₂			1550,尖[极强]	1370,尖[极强]		
	Ar—NO₂			1535,尖[极强]	1345,尖[极强]		
硝酸酯	—O—NO₂			1650~1600,[强]	1300~1250,[强]		
亚硝基	—NO			1600~1500,[强]			
亚硝酸酯	—ONO			1680~1650,[变] 1625~1610,[变]			

化合物类型	官能团	吸收频率/cm⁻¹					备注
		4000~2500	2500~2000	2000~1500	1500~900	900 以下	
含硫化合物	硫醇—SH	2600~2550,[弱]					
	C=S				1200~1050,[强]		
	亚砜 S=O				1060~1040,尖[300]		
	砜 O=S=O				1350~1310, 尖[250~600], 1160~1120, 尖[500~900],		
	磺酸盐 R—SO₃⁻M⁺				1200,宽[极强] 1050,[强]		M⁺表示金属离子
	磺酰胺 R—SO₂—N<				1370~1330,[极强] 1180~1160,[极强]		
卤化物	C—F				1400~1000,[极强]		
	C—Cl					800~600,[强]	
	C—Br					600~500,[强]	
	C—I					500[强]	

续表

化合物类型	官能团	吸收频率/cm⁻¹					备注
		4000~2500	2500~2000	2000~1500	1500~900	900 以下	
含磷化合物	P—H		2440~2280,[中,弱]				
	P—C					750~650	
	P=O				1300~1250,[强]		
	P—O—R				1050~1030,[强]		
	P—O—Ar				1190,[强]		

注:(1) 本表仅列出常见官能团的特征红外吸收。

(2) 表中所列吸收峰位置均为常见数值。

(3) 吸收峰形状标注在吸收峰位置之后,"尖"表示尖锐的吸收峰,"宽"表示宽而钝的吸收峰,若处于上述二者的中间状况则不加标注。

(4) 吸收峰强度标注在吸收峰位置及峰形之后的括号中,"极强"、"强"、"中"、"弱"分别表示吸收峰的强度。

极强——表观摩尔吸收系数大于 200;

强——表观摩尔吸收系数为 75~200;

中——表观摩尔吸收系数为 25~75;

弱——表观摩尔吸收系数小于 25。

(当有近似的表观摩尔吸收系数值时,则标注该数值)

(5) 参考文献:Nakanishi K,Solomon P H. Infrared Absorption Spectroscopy. 2nd ed. San Francisco:Holden-Day,1977。

Subject Index(spectroscopic methods and theories)